河南省“十四五”普通高等教育规划教材

首届河南省教材建设奖优秀教材(高等教育类)一等奖

概率论与数理统计

（第三版）

主　编　徐雅静　曲双红

副主编　黄士国　段清堂　汪远征

科学出版社

北　京

内 容 简 介

本书是河南省“十四五”普通高等教育规划教材重点立项，是将传统纸质教材内容与教学视频等相关数字资源链接在一起的新形态立体化教材.

本书内容由概率论与数理统计两部分组成. 概率论部分包括概率论基础、随机变量及其分布、多维随机变量及其分布、随机变量的数字特征、大数定律和中心极限定理；数理统计部分包括数理统计基础、参数估计、假设检验、相关分析与一元回归分析、方差分析.

本书利用 Excel 数据处理与统计分析技术，图文并茂地给出实验内容和实验过程，便于读者自学掌握. 本书数字资源包括理论讲解视频、实验讲解视频、拓展练习和拓展阅读材料. 拓展阅读材料中编入了大量的课程思政案例，将立德树人融入知识传授之中. 学习者在学习过程中，可以通过扫描二维码观看相关教学视频及拓展学习内容，还可以扫码进入章末测试环节，测试所学内容.

本书可供普通高等院校工科、理科(非数学专业)、经济管理、政法等有关专业的学生作为概率论与数理统计教材使用，也可作为教师参考用书或供社会学习者自学使用.

图书在版编目(CIP)数据

概率论与数理统计/徐雅静，曲双红主编. —3 版. —北京：科学出版社，2022.8

河南省“十四五”普通高等教育规划教材

ISBN 978-7-03-072815-9

Ⅰ.①概… Ⅱ.①徐… ②曲… Ⅲ.①概率论-高等学校-教材②数理统计-高等学校-教材 Ⅳ. ①O21

中国版本图书馆 CIP 数据核字(2022)第 140609 号

责任编辑：张中兴　梁　清　孙翠勤／责任校对：杨聪敏

责任印制：赵　博／封面设计：蓝正设计

科学出版社出版

北京东黄城根北街 16 号

邮政编码：100717

http://www.sciencep.com

天津市新科印刷有限公司印刷

科学出版社发行　各地新华书店经销

*

2009 年 8 月第 一 版　开本：720×1000　1/16

2015 年 8 月第 二 版　印张：28 1/4

2022 年 8 月第 三 版　字数：570 000

2025 年 1 月第三十次印刷

定价：69.00 元

(如有印装质量问题，我社负责调换)

前 言

Preface

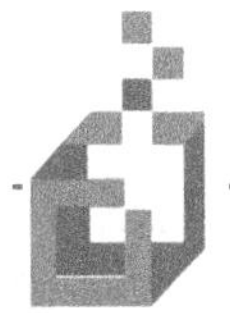

本书第一版于 2009 年出版发行, 第二版作为河南省“十二五”普通高等教育规划教材于 2015 年出版发行, 十几年来, 本书得到了广大使用学生和教师的充分认可, 并在 2021 年首届河南省教材建设奖优秀教材 (高等教育类) 评选中获一等奖. 党的二十大报告指出要“推进教育数字化，建设全民终身学习的学习型社会、学习型大国”. 这对概率论与数理统计教材建设和课程开发提出了新的要求. 为适应新时代人才培养目标, 优化概率论与数理统计的教与学, 我们的作者团队在河南省“十四五”普通高等教育规划教材重点立项的基础上, 与国家级一流本科课程配套进行教材建设. 本书在第二版的基础上进一步修订, 将传统纸质教材内容与国家级一流本科课程的教学视频等相关数字资源融合, 形成新形态立体化教材.

在教材编写过程中, 我们致力于为学生提供丰富的教学辅助资源. 本书的数字资源包括理论讲解视频、实验讲解视频以及拓展练习与拓展阅读材料. 拓展练习主要包含难度稍高或综合性较强的练习题, 旨在帮助学生提高知识水平. 此外, 拓展内容还包括学科发展简史、应用案例、补充理论证明和大量的课程思政案例, 以弘扬爱国情怀和科学精神, 帮助学生树立社会主义核心价值观, 以落实立德树人根本任务. 学生可以通过扫描二维码观看相关教学视频和拓展学习内容, 还可以扫码进入章末测试环节, 测试所学内容.

本书链接的数字资源形式规范、内容丰富, 其中的教学视频讲解细致, 为读者营造出一对一的视频授课环境. 数字资源作为课堂教学的延伸, 可为学习者预习、复习、查漏补缺提供便利, 也可为教师开展混合式教学等教学改革提供必要的资源支持.

本书第三版除增加链接数字资源外, 还更新或增加了以下内容:

1. 更新了部分例题、习题和应用案例, 使其更具应用性和时代感;
2. 升级了实验用软件 Excel 版本, 相关实验过程和图表均作了相应更新;
3. 每章内容后面增加了“知识结构图”, 对有关内容进行梳理, 便于学生系统

学习掌握;

4. 各小节后附有“同步自测”供学习者自我检测学习效果使用;

5. 改变了第 9、10 两章中一些统计量的表示方式, 使书写和使用更加方便.

本书实验部分针对不同的问题采用了 Excel 的两种不同处理方法. 实验方法一是学习型：利用 Excel 的函数和公式完成实验内容, 通过调用函数和编辑公式, 可以帮助学生加深对所学知识的理解和记忆; 实验方法二是应用型: 直接使用 Excel 的“数据分析”工具完成实验内容, 简单、便捷, 以应用为目的.

实验内容的学习可以根据教学时数, 采用全讲、选讲或学生自学的方式进行.

与本书配套的辅导教材针对学习者在学习过程中经常遇到的诸多问题, 精心挑选了一些具有代表性的典型例题及考研真题, 对其进行详细的解答与剖析, 借以向读者展示解决各类问题的一般途径和方法, 提高学生的解题能力. 为避免重复, 本次修订将前两版中各章后面的练习 (B) 删去, 纳入辅导教材.

本书由徐雅静、曲双红任主编, 黄士国、段清堂、汪远征任副主编. 其中第 1 章由黄士国、卢金梅编写, 第 2 章由黄士国编写, 第 3 章由段清堂、卢金梅编写, 第 4、5、6 章由曲双红编写, 第 7 章由徐雅静编写, 第 8 章由徐雅静、徐英编写, 第 9 章由徐英编写, 第 10 章由汪远征编写, 附录由汪远征、卢金梅编写. 习题答案由徐雅静编写.

本书所链接的理论教学视频及其他拓展资源第 1 章、第 2 章、第 6~10 章由徐雅静、徐英录制和编写, 第 3~5 章由曲双红、卢金梅录制和编写, 实验讲解视频由卢金梅录制.

本书的编写得到了郑州轻工业大学和科学出版社的大力支持, 以及很多其他用书单位和教师的大力支持, 在此一并表示衷心感谢!

限于编者水平, 书中难免有疏漏与不当之处, 恳请专家及广大读者批评指正.

编　者

2022 年 6 月

2023 年 7 月修改

资源使用说明

亲爱的读者:

您好,《概率论与数理统计》是一本新形态教材, 如何使用本教材的拓展资源提升学习效果呢? 请看下面的小提示.

您可以对本书资源进行激活, 流程如下:

(1) 刮开封底激活码的涂层, 微信扫描二维码, 根据提示, 注册登录到中科助学通平台, 激活本书的配套自测题资源.

(2) 激活配套资源以后, 有两种方式可以查看资源, 一是微信直接扫描资源码, 二是关注"中科助学通"微信公众号, 点击页面底端"开始学习", 选择相应科目, 查看科目下面的图书资源.

您可以在每章知识学习完毕后, 扫描章末二维码进行测试, 自查相关知识掌握情况.

让我们一起来开始概率论与数理统计学习旅程吧!

编　者

2024 年 7 月

目 录 Contents

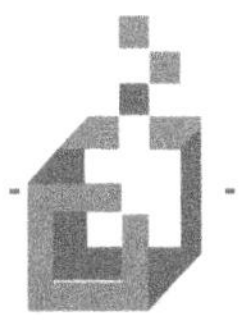

第1章 Chapter 概率论基础

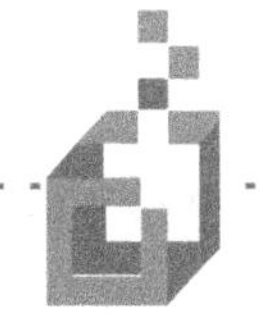

客观世界中存在着两类现象, 一类叫做必然现象, 一类叫做随机现象. 我们把在一定条件下必然发生的现象称为**必然现象**. 例如, 在标准大气压下, 100°C 的纯水必然沸腾; 在地面向上抛出的物体必然会下落; 异性电荷相吸, 同性电荷相斥等等. 我们把在一定条件下并不总是出现相同结果的现象称为**随机现象**. 自然界和社会生活中随机现象广泛存在. 例如, 抛硬币朝上一面可能是正面或反面; 一天内进入某超市的人数有多有少; 测量物体长度的误差有大有小; 某地区一年的降雨量有多有少; 某日股市有涨有跌, 等等.

尽管随机现象的结果不能确定，但并非无规律可寻. 人们通过长期的反复观察或实践，逐渐发现所谓结果的不确定性 (或称随机性)，只是对一次或少数几次观察而言，当相同条件下对随机现象进行大量重复观察时，会发现所得的结果呈现出某种规律. 这种在对随机现象进行大量重复观察时发现的规律性称为**随机现象的统计规律性**. 例如, 多次重复抛掷一枚硬币, 观察发现正面朝上和反面朝上的次数大致各占一半, 而且大体上抛掷次数越多, 越接近这一比例; 新生儿的性别有男有女, 但是大量的调查发现, 新生儿中男性和女性大致各占一半; 某地区一年的降雨量是随机的、不确定的, 但是连续考察若干年, 发现该地区的年降雨量会在一个较小的范围内变化, 呈现出一定的规律.

掌握了随机现象的统计规律性, 人们可以更好地生产、生活或者开展经营活动等等. 比如, 农民掌握了某地区降雨量的规律, 可以计划农作物的灌溉量, 从而提高粮食产量; 商场掌握了客流量的规律, 就可以很好地安排营销活动, 从而提高经营效益.

概率论是从数量化的角度研究和揭示随机现象的统计规律性的一门数学学科. 20 世纪以来, 概率论广泛应用于工业、国防、国民经济及工程技术等各个领域.

本章主要介绍随机事件与概率、古典概型与几何概型、条件概率与乘法公式、全概率公式和贝叶斯公式、事件的独立性等概率论中最基本、最重要的概念和概率的计算方法.

【信任度下降问题】

伊索寓言《牧童与狼》讲述了这样一个故事：一个小孩每天去山上放羊，山里常有狼出没. 有一天，他在山上喊："狼来了！狼来了！"山下的村民闻声便去打狼，可到山上，发现狼并没有来；第二天仍是如此；第三天，狼真的来了，可无论小孩怎么叫也没有人来救他，因为前两次他说了谎，人们不再相信他了.

试定量分析此寓言中村民对这小孩的信任度是如何下降的？

1.1 随机试验与样本空间

1.1.1 随机试验

客观世界中随机现象普遍存在. 为了研究随机现象的统计规律性，我们需要进行大量试验.

这里讲到的试验是一个含义广泛的术语. 它不仅包括各种科学试验，也包括对客观事物所进行的"调查"、"观察"等.

概率论中把满足以下特点的试验称为**随机试验**：

(1) 试验可以在相同条件下重复进行；

(2) 每次试验的可能结果不止一个，并且能事先明确试验的所有可能结果；

(3) 进行一次试验之前不能确定到底哪一个结果会出现.

注意，这里所说的相同条件是相对而言的，应用中，如果某个条件的变化对试验结果的影响是微乎其微的，我们就可以认为该条件没有发生变化.

随机试验通常用大写字母 E 表示.

例 1.1 下面举一些随机试验的例子：

E_1：抛一枚硬币，观察哪一面朝上；

E_2：抛一枚骰子，观察朝上一面的点数；

E_3：观测某品牌电视机的寿命；

E_4：记录 110 一天接到的报警次数；

E_5：在圆心为原点的单位圆内任取一点.

随机试验又简称**试验**.

1.1.2 样本空间

定义 1.1 随机试验的一切可能的基本结果组成的集合称为**样本空间**, 记为 $\Omega=\{\omega\}$, 其中 ω 表示基本结果, 又称为**样本点**.

研究随机现象首先要了解它的样本空间.

例 1.2 对例 1.1 中的随机试验, 写出它们对应的样本空间. 我们用 $\Omega_i(i=1,2,\cdots,5)$ 表示 $E_i(i=1,2,\cdots,5)$ 的样本空间.

抛一枚硬币, 观察哪一面朝上：$\Omega_1=\{$正面朝上, 反面朝上$\}$;

抛一枚骰子, 观察朝上一面的点数：$\Omega_2=\{1,2,3,4,5,6\}$;

观测某品牌电视机的寿命：$\Omega_3=\{t|t\geqslant 0\}$;

记录 110 一天接到的报警次数：$\Omega_4=\{0,1,2,\cdots\}$;

在圆心为原点的单位圆内任取一点：$\Omega_5=\{(x,y)|x^2+y^2<1\}$.

可以看出, 样本空间的形式多种多样, 样本点可以用数字表示, 也可以用文字表示; 样本点可以有有限个, 也可以有无限个; 样本空间可以是连续的数集, 也可以是可列无限的数集等. 仅含有两个样本点的样本空间是最简单的样本空间.

同步自测 1-1

一、填空

写出下面随机试验的样本空间:

1. 同时掷 2 枚骰子, 记录它们的点数之和 ________________.

2. 袋中有 5 只球, 其中 3 只白球 2 只黑球, 从袋中任意取一球, 观察其颜色 ____________.

3. 袋中有 5 只球, 其中 3 只白球 2 只黑球, 从袋中不放回地任意取 3 只球, 记录取到的黑球个数 ________________.

4. 在区间 (2, 3) 内任取一点 ________________.

二、单项选择

1. 一对夫妻将来准备要两个孩子, 两个孩子的性别所有可能的结果为 ( ).

(A) {男男, 女女}　　(B) {男男, 男女, 女女}

(C) {男男, 女男, 女女}　　(D) {男男, 男女, 女男, 女女}

2. 一个袋子中有分别标上①、②、③的三个球, 不放回地任取两个球上的数值之和构成的样本空间为 ( ).

(A) $\{2, 3, 4\}$　　(B) $\{3, 4, 5\}$

(C) $\{4, 5, 6\}$　　(D) $\{1, 2, 3\}$

3. 某生产车间生产出 n 件合格品时停止生产, 其生产产品的总量构成的样本空间为 ( ).

(A) $\{1, 2, \cdots, n, \cdots\}$　　(B) $\{1, 2, \cdots, n\}$

(C) $\{n, n+1, n+2, \cdots\}$　　(D) $\{n\}$

1.2 随机事件及其概率

1.2.1 随机事件

对于随机试验, 我们有时不仅关心它的某个基本结果, 常常还会对某些基本结果组成的集合感兴趣. 比如掷骰子试验, 我们可能对是否出现了偶数点感兴趣, 也就是我们可能会关注样本空间的子集 $\{2, 4, 6\}$, 而试验结果可能是该子集中某个样本点出现了, 也可能三个样本点都不出现, 我们把这个子集称为随机事件, 显然, 当且仅当 $\{2, 4, 6\}$ 中某一个样本点出现时, 我们可以说 "掷骰子出现偶数点" 这一随机事件发生了. 一般地, 我们有下面的定义:

定义 1.2 随机试验的若干基本结果组成的集合 (样本空间的子集) 称为**随机事件**, 简称**事件**, 只含有一个基本结果的事件称为**基本事件**.

随机事件常用大写英文字母 $A, B, C, \cdots$ 来表示.

关于随机事件概念的几点说明:

(1) 随机事件可以用样本空间的子集来表示, 当且仅当这一子集中的某个样本点出现时, 称这一事件发生了;

(2) 基本事件是指只含有一个样本点的单点集;

(3) 样本空间 Ω 作为自身的子集, 包含所有的样本点, 在每次试验中它总是发生的, 称为**必然事件**. 空集 $\varnothing$ 作为样本空间的子集, 不包含任何样本点, 在每次试验中都不发生, 称为**不可能事件**.

例 1.3 掷一枚骰子观察出现的点数, 样本空间为 $\Omega=\{1,2,3,4,5,6\}$.

$A_1=\{1,3,5\}$ 表示随机事件 "出现奇数点";

$A_2=\{2,4,6\}$ 表示随机事件 "出现偶数点";

$A_3=\{5,6\}$ 表示随机事件 "出现点数大于等于 5";

$A_4=\{5\}$ 表示随机事件 "出现 5 点", 它是一个基本事件;

事件 "出现的点数不大于 6" 是必然事件, 可用 Ω 表示;

事件 "出现的点数大于 6" 是不可能事件, 可用 $\varnothing$ 表示.

【微视频1-2】样本空间及随机事件

1.2.2 事件间的关系及运算

伴随一个随机试验可以有很多随机事件, 概率论的任务之一就是要研究事件之间的关系, 以及各种事件发生的可能性. 由于事件可以用集合表示, 因而事件间的关系及运算实质上是集合间的关系及运算, 但是要搞清楚各种关系和运算在概率论中的含义. 下面对事件的讨论总是假设在同一个样本空间 Ω 中进行.

1. 事件间的关系

1) 包含

若事件 A 中的样本点都在事件 B 中, 则称 A 包含于 B, 或者 B 包含 A, 记为 $A\subset B$. 也称 A 为 B 的**子事件**.

显然, $A\subset B$ 意味着事件 A 发生则事件 B 必发生.

例如, $A=$"掷一枚骰子, 出现 3 点", $B=$"掷一枚骰子, 出现奇数点", 则有 $A\subset B$, 称 A 为 B 的子事件. 再例如, $C=$"有女生上课迟到", $D=$"有人上课迟到", 则 $C\subset D$, C 为 D 的子事件.

2) 相等

如果事件 A 与事件 B 满足 $A\subset B$ 且 $B\subset A$, 则称 A 与 B **相等**, 记为 $A=B$.

显然, 两个事件相等意味着这两个事件是同一个集合. 因此, 事件 A,B 中有一个发生则另一个也必发生.

有时不同语言描述的事件也可能是同一件事. 例如, 记事件 A 为"掷两枚骰子出现的点数之和为奇数", 记事件 B 为"掷两枚骰子出现的点数为一奇一偶". 容易看出, 事件 A 与事件 B 对应了同样的集合, A 发生必然导致 B 发生, B 发生也必然导致 A 发生, 所以 $A=B$.

3) 互不相容 (互斥)

如果事件 A 和 B 没有相同的样本点, 则称 A 与 B **互不相容**或**互斥**.

显然, 事件 A 和 B 互不相容意味着 A, B 不能同时发生.

例如: $A=$"掷一枚骰子出现 3 点或 5 点", $B=$"掷一枚骰子出现偶数点", 即 $A=\{3,5\}$, $B=\{2,4,6\}$. 显然 A 与 B 没有相同的样本点, A 与 B 互不相容, 所以 A, B 不能同时发生.

4) 对立 (互逆)

若事件 B 是由 Ω 中不在 A 中的所有样本点组成的集合, 则称 B 与 A **对立**或**互逆**, 也称 B 为 A 的对立事件或逆事件.

显然, 事件 A 和 B 对立意味着事件 A 和 B 中有且只有一个发生.

例如, $A=$"掷一枚骰子, 出现奇数点", $B=$"掷一枚骰子, 出现偶数点", 即 $A=\{1,3,5\}$, $B=\{2,4,6\}$, 显然 A 与 B 对立, A 与 B 必有一个发生且不能同时发生.

A 的对立事件记作 $\overline{A}$, 表示 A 不发生. 显然 $\overline{\overline{A}}=A$.

2. 事件的运算

1) 事件 A 与 B 的和

由 A 与 B 的全部样本点组成的集合, 称为事件 A 与 B 的**和** (或**并**), 记为 $A\cup B$.

由于和事件 $A\cup B$ 中的样本点至少属于 A 与 B 之一, 所以 $A\cup B$ 发生表示事件 A, B 至少有一个发生.

例如, 甲、乙两人同时向一个目标射击, $A=$“甲击中目标”, $B=$“乙击中目标”, $C=$“目标被击中”, 则 $C=A\cup B$.

请思考：若 $A\cup B=A\cup C$, 一定能得到 $B=C$ 吗?

事件的和运算可推广到有限个或可列无限个事件的情形, 假设有事件 $A_1, A_2, \cdots, A_n, \cdots$, 则 $\bigcup\limits_{i=1}^{n} A_i$ 称为**有限和**; $\bigcup\limits_{i=1}^{\infty} A_i$ 称为**可列无限和**.

2) 事件 A 与 B 的积

由既属于 A 又属于 B 的样本点组成的集合, 称为事件 A 与 B 的**积** (或**交**), 记为 $A\cap B$ 或 AB.

由于积事件 $A\cap B$ 中的样本点同时属于 A 和 B, 所以 $A\cap B$ 或 AB 发生表示事件 A 与 B 同时发生.

例如, 某试卷共两道大题, 每道题 10 分, $A=$“答对第 1 题”, $B=$“答对第 2 题”, $C=$“得 20 分”, 则 $C=A\cap B$, 或记为 $C=AB$.

请思考：若 $AB=AC$, 一定能得到 $B=C$ 吗?

事件的积运算也可推广到有限个或可列无限个事件的情形. 假设有事件 $A_1, A_2, \cdots, A_n, \cdots$, 则 $\bigcap\limits_{i=1}^{n} A_i$ 称为**有限积**; $\bigcap\limits_{i=1}^{\infty} A_i$ 称为**可列无限积**.

显然, 事件 A 与 B 互不相容当且仅当其积事件为不可能事件, 即 $AB=\varnothing$. 事件 A 与 B 对立当仅当其积事件为不可能事件, 且其和事件为必然事件, 即 $AB=\varnothing$ 且 $A\cup B=\Omega$.

3) 事件 A 与 B 的差

由属于事件 A 而不属于事件 B 的样本点全体组成的集合称为 A 与 B 的差, 记为 $A-B$.

由于差事件 $A-B$ 中的样本点只属于 A 而不属于 B, 所以 $A-B$ 发生表示事件 A 发生而 B 不发生.

显然, $\overline{A}=\Omega-A$, $A-B=A-AB=A\overline{B}$.

例如, 掷一枚骰子, $A=$“出现奇数点”, $B=$“出现的点数小于 5”, $C=$“出现 5 点”, 由于 $A=\{1,3,5\}$, $B=\{1,2,3,4\}$, $C=\{5\}$, 易见, $C=A-B=$

$A-AB=A\overline{B}$.

3. 事件运算满足的定律

事件的运算定律和集合的运算定律相同. 设 A, B, C 为事件, 则有

交换律 $A\cup B=B\cup A$, $AB=BA$.

结合律 $(A\cup B)\cup C=A\cup(B\cup C)$, $(AB)C=A(BC)$.

分配律 $(A\cup B)C=(AC)\cup(BC)$, $(AB)\cup C=(A\cup C)(B\cup C)$.

对偶律 $\overline{A\cup B}=\overline{A}\,\overline{B}$, $\overline{AB}=\overline{A}\cup\overline{B}$.

对偶律口诀：左边到右边, 长线变短线, 和变积, 积变和.

例 1.4 设 A, B, C 表示三个随机事件, 试将下列事件用 A, B, C 表示出来.

(1) A 发生, 且 B 与 C 至少有一个发生;

(2) A 与 B 发生, 而 C 不发生;

(3) A, B, C 中恰有一个发生;

(4) A, B, C 中至少有两个发生;

(5) A, B, C 中至多有两个发生;

(6) A, B, C 中不多于一个发生.

解 (1) $A(B\cup C)$;

(2) $AB\overline{C}$;

(3) $A\overline{B}\,\overline{C}\cup\overline{A}B\overline{C}\cup\overline{A}\,\overline{B}C$;

(4) $AB\cup BC\cup AC$;

(5) 考虑该事件的对立事件为 A, B, C 都发生, 所以该事件可以表示为 $\overline{ABC}$;

(6) 该事件为 (4) 的对立事件, 因此该事件可表示为 $\overline{AB\cup BC\cup CA}$.

想一想：上例中答案的写法唯一吗？你能写出一些不同的形式吗？

例 1.5 向指定目标射三枪, 观察射中目标的情况. 用 A_i 表示事件 "第 i 枪击中目标", $i=1,2,3$. 试用 A_1, A_2, A_3 表示以下各事件：

(1) 只击中第一枪;

(2) 三枪都没击中;

(3) 至少击中一枪;

(4) 至多击中两枪.

解 (1) 事件 "只击中第一枪", 意味着 "第一枪击中目标"、"第二枪未击中目标"、"第三枪未击中目标", 三个事件同时发生, 所以可表示成 $A_1\overline{A}_2\overline{A}_3$.

(2) 事件 "三枪都没击中", 意味着 "第一枪未击中目标"、"第二枪未击中目标"、"第三枪未击中目标", 三个事件同时发生, 所以可表示成 $\overline{A}_1\overline{A}_2\overline{A}_3$.

(3) 事件 "至少击中一枪", 就是事件 A_1, A_2, A_3 至少有一个发生, 所以可表示成 $A_1\cup A_2\cup A_3$ 或

$$A_1\overline{A}_2\overline{A}_3\cup\overline{A}_1A_2\overline{A}_3\cup\overline{A}_1\overline{A}_2A_3\cup A_1A_2\overline{A}_3\cup A_1\overline{A}_2A_3\cup\overline{A}_1A_2A_3\cup A_1A_2A_3.$$

(4) 事件 "至多击中两枪" 意味着三枪不能同时击中, 即事件 A_1, A_2, A_3 不能同时发生, 所以可表示成 $\overline{A_1A_2A_3}$.

【微视频1-3】
事件的关系

【微视频1-4】
事件的运算

1.2.3 事件的概率及性质

随机事件 (除必然事件和不可能事件外) 发生与否具有偶然性, 即在一次试验中它可能发生也可能不发生, 但是在大量重复试验中它又呈现出内在的规律性, 即它发生的可能性大小是确定的, 且是可以度量的. 所谓随机事件的**概率**, 概括地说, 就是用来描述随机事件发生的可能性大小的数量指标, 它是概率论中最基本的概念之一.

在概率论发展史上, 曾有过概率的古典定义、概率的几何定义、概率的统计定义等, 这些定义各适合一类随机现象, 我们希望对每个事件都能找到一个数, 用它来表示事件在一次试验中发生的可能性大小. 下面先从事件发生的频率与概率的统计定义谈起.

1. 频率与概率的统计定义

定义 1.3 设 E 为任一随机试验, A 为其中任一事件, 在相同条件下, 把试验 E 独立地重复做 n 次, 事件 A 在这 n 次试验中发生的次数 n_A 称为事件 A 发生的**频数**. 比值 $f_n(A)=n_A/n$ 称为事件 A 在这 n 次试验中发生的**频率**.

易知频率有如下性质:

(1) 对于任一事件 A, 有 $0\leqslant f_n(A)\leqslant 1$;

(2) 对于必然事件 Ω, 有 $f_n(\Omega)=1$;

(3) 对于互不相容的事件 A, B, 有

$$f_n(A\cup B)=f_n(A)+f_n(B).$$

人们在实践中发现, 在相同条件下重复进行同一试验, 当试验次数 n 很大时, 事件 A 发生的频率呈现出一定的 "稳定性". 例如, 多次重复抛掷一枚硬币, 正面出现的频率虽然有波动, 但随着抛掷次数的逐渐增大, 频率逐渐稳定于 0.5 附近. 历史上许多统计学家用抛掷硬币的方法对频率的稳定性进行验证, 他们的结论如表 1.1 所示, 这些结论都说明了随着试验次数的增加, 频率逐渐稳定于 0.5 附近.

表 1.1 抛掷硬币试验

试验者	掷币次数 n	正面次数 n_A	n_A/n
De Morgan	2048	1061	0.5181
Buffon	4040	2048	0.5069
J.Kerrich	7000	3516	0.5023
J.Kerrich	8000	4034	0.5043
J.Kerrich	9000	4538	0.5042
J.Kerrich	10000	5067	0.5067
Feller	10000	4979	0.4979
K.Pearson	12000	6019	0.5016
K.Pearson	24000	12012	0.5005
V. E. Romanovsky	80640	39699	0.4923

一般来说, 随着试验次数 n 的增大, 事件 A 发生的频率逐渐稳定于一个确定的数值附近, 这个数值表明了事件 A 发生的可能性的大小. 据此给出概率的统计定义.

定义 1.4 设有随机试验 E, 如果当试验的次数 n 充分大时, 事件 A 发生的频率 $f_n(A)$ 稳定在某数 p 附近, 则称数 p 为事件 A 发生的**概率**, 记为 $P(A)=p$.

值得注意的是, 概率的统计定义是以试验为基础的, 但这并不是说概率取决于试验. 事实上, 事件 A 发生的概率是事件 A 的一种属性, 也就是说它完全取决于事件 A 本身, 是先于试验客观存在的一个数.

概率的统计定义只是描述性的, 一般不能用来计算事件的概率, 通常只有在 n 充分大时, 将事件发生的频率作为事件发生的概率的近似值. 根据频率和概率的这种关系以及理论研究的需要, 1933 年, 苏联数学家柯尔莫哥洛夫 (Kolmogorov) 给出了概率的公理化定义.

想一想：现实中有哪些用频率近似代替概率的例子?

2. 概率的公理化定义与性质

定义 1.5 设 Ω 是一随机试验的样本空间, 对于该随机试验的每一个事件 A 赋予一个实数, 记为 $P(A)$, 如果函数 $P(\cdot)$ 满足下列条件:

(1) **非负性** 对于每一个事件 A, 有 $P(A)\geqslant 0$;

(2) **规范性** 对于必然事件 Ω, 有 $P(\Omega)=1$;

(3) **可列可加性** 设 A_1, A_2, $\cdots$ 是两两互不相容的事件, 即对于 $i\neq j$, $A_iA_j=\varnothing$, i, $j=1,2,\cdots$, 有

$$P\left(A_1\cup A_2\cup\cdots\right)=P\left(A_1\right)+P\left(A_2\right)+\cdots,$$

则称 $P(A)$ 为事件 A 发生的**概率**.

概率的公理化定义使概率论成为一门严格的演绎科学, 取得了与其他数学学科同等的地位. 在公理化定义的基础上, 现代概率论不仅在理论上取得了一系列的突破, 也在应用上取得了巨大的成就.

利用概率的公理化定义, 可以导出概率的一些性质.

性质 1 $P(\varnothing)=0$.

证 由于可列个不可能事件之和仍是不可能事件, 所以

$$\Omega=\Omega\cup\varnothing\cup\varnothing\cup\cdots\cup\varnothing\cup\cdots.$$

因为不可能事件与任何事件都是互不相容的, 由概率的可列可加性得

$$P(\Omega)=P(\Omega)+P(\varnothing)+P(\varnothing)+\cdots+P(\varnothing)+\cdots,$$

于是

$$P(\varnothing)+P(\varnothing)+\cdots+P(\varnothing)+\cdots=0.$$

再由概率的非负性得

$$P(\varnothing)=0.$$

请思考：概率为 0 的事件一定是不可能事件吗？概率为 1 的事件一定是必然事件吗？

性质 2 (有限可加性) 若 $A_1, A_2, \cdots, A_n$ 是两两互不相容的事件, 则有

$$P(A_1\cup A_2\cup\cdots\cup A_n)=P(A_1)+P(A_2)+\cdots+P(A_n).$$

证 对 $A_1, A_2, \cdots, A_n, \varnothing, \varnothing, \cdots$, 应用概率的可列可加性, 得

$$\begin{aligned}&P(A_1\cup A_2\cup\cdots\cup A_n)\\&=P(A_1\cup A_2\cup\cdots\cup A_n\cup\varnothing\cup\varnothing\cup\cdots)\\&=P(A_1)+P(A_2)+\cdots+P(A_n)+P(\varnothing)+P(\varnothing)+\cdots\\&=P(A_1)+P(A_2)+\cdots+P(A_n).\end{aligned}$$

性质 3 对任一事件 A, 有 $P(\overline{A})=1-P(A)$.

证 因为 A 与 $\overline{A}$ 互不相容, 且 $A\cup\overline{A}=\Omega$, 由概率的规范性和有限可加性得 $P(\overline{A})+P(A)=1$, 所以 $P(\overline{A})=1-P(A)$.

性质 4 对任意两个事件 A, B, 有 $P(A-B)=P(A)-P(AB)$.

证 因为 $A=(A-B)\cup(AB)$, 且 $A-B$ 与 AB 互不相容, 由性质 2 知, $P(A)=P(A-B)+P(AB)$, 所以 $P(A-B)=P(A)-P(AB)$.

特别地, 若 $B \subset A$, 则 $P(A-B)=P(A)-P(B)$, 且 $P(A) \geqslant P(B)$.

性质 5 (加法公式) 对于任意两事件 A, B, 有 $P(A \cup B)=P(A)+P(B)-P(AB)$.

证 因 $A \cup B=A \cup(B-AB)$, 且 $A(B-AB)=\varnothing$, 故由性质 2 及性质 4 得

$$P(A \cup B)=P(A)+P(B-AB)=P(A)+P(B)-P(AB).$$

加法公式容易推广到三个事件求和以及更多事件求和的情形:

$$P(A \cup B \cup C)=P(A)+P(B)+P(C)-P(AB)-P(BC)-P(AC)+P(ABC)$$

对于任意 n 个事件 $A_1, A_2, \cdots, A_n$, 有

$$\begin{aligned}
& P\left(A_1 \cup A_2 \cup \cdots \cup A_n\right) \\
= & \sum_{i=1}^n P\left(A_i\right)-\sum_{1 \leqslant i<j \leqslant n} P\left(A_i A_j\right)+\sum_{1 \leqslant i<j<k \leqslant n} P\left(A_i A_j A_k\right)+\cdots \\
& +(-1)^{n-1} P\left(A_1 A_2 \cdots A_n\right).
\end{aligned}$$

例 1.6 设事件 A, B 的概率分别为 $\frac{1}{3}, \frac{1}{2}$. 在下列两种情况下分别求 $P(B\overline{A})$ 的值:

(1) A 与 B 互不相容;

(2) $A \subset B$.

解 (1) 由于 $B\overline{A}=B-A$, 由性质 4, $P(B\overline{A})=P(B-A)=P(B)-P(AB)$, 因为 A 与 B 互不相容, 即 $AB=\varnothing$, 所以 $P(B\overline{A})=P(B)-P(AB)=P(B)=\frac{1}{2}$.

(2) 因为 $A \subset B$, 所以 $AB=A$, 由性质 4 知, $P(B\overline{A})=P(B-A)=P(B)-P(AB)=P(B)-P(A)=\frac{1}{2}-\frac{1}{3}=\frac{1}{6}$.

例 1.7 设甲、乙两人向同一目标进行射击, 已知甲击中目标的概率为 0.7, 乙击中目标的概率为 0.6, 两人同时击中目标的概率为 0.4, 求:

(1) 至少有一人击中目标的概率;

(2) 甲击中目标而乙未击中目标的概率;

(3) 目标不被击中的概率.

解 设 $A=$“甲击中目标”, $B=$“乙击中目标”, 则 $P(A)=0.7$, $P(B)=0.6$, $P(AB)=0.4$.

(1) $P(A \cup B)=P(A)+P(B)-P(AB)=0.7+0.6-0.4=0.9$.

(2) $P(A\overline{B}) = P(A - B) = P(A) - P(AB) = 0.7 - 0.4 = 0.3.$

(3) $P(\overline{A}\,\overline{B}) = P(\overline{A \cup B}) = 1 - P(A \cup B) = 1 - P(A) - P(B) + P(AB)$

$= 1 - 0.7 - 0.6 + 0.4 = 0.1.$

【微视频1-5】概率的定义

【微视频1-6】概率的性质

【拓展练习1-1】加法公式推广

同步自测 1-2

一、填空

1. 设 A, B, C 是三个随机事件, 试以 A, B, C 来表示下列事件:

(1) 仅有 A 发生 ________.

(2) A, B, C 中至少有一个发生 ________.

(3) A, B, C 中恰有两个发生 ________.

(4) A, B, C 中最多有一个发生 ________.

(5) A, B, C 都不发生 ________.

(6) A 不发生, B, C 中至少有一个发生 ________.

2. 设 Ω 为样本空间, A, B, C 是任意的三个随机事件, 根据概率的性质, 则

(1) $P(\overline{A}) =$ ________.

(2) $P(B - A) = P(B\overline{A}) =$ ________.

(3) $P(A \cup B \cup C) =$ ________.

3. A, B, C 是三个随机事件, 且 $P(A) = P(B) = P(C) = 1/4$, $P(AC) = 1/8$, $P(AB) = P(BC) = 0$, 则

(1) A, B, C 中至少有一个发生的概率为 ________.

(2) A, B, C 都发生的概率为 ________.

(3) A, B, C 都不发生的概率为 ________.

二、单项选择

1. 设 A, B 和 C 是任意三个事件, 则下列选项中正确的是 (　　).

(A) 若 $A \cup C = B \cup C$, 则 $A = B$　　(B) 若 $A - C = B - C$, 则 $A = B$

(C) 若 $AB = \varnothing$ 且 $\overline{A}\,\overline{B} = \varnothing$, 则 $\overline{A} = B$　　(D) 若 $AC = BC$, 则 $A = B$

2. 设 A, B 是任意两个事件, 则下列各选项中错误的是 (　　).

(A) 若 $AB = \varnothing$, 则 $\overline{A}, \overline{B}$ 可能互不相容

(B) 若 $AB = \varnothing$, 则 $\overline{A}, \overline{B}$ 也可能相容

(C) 若 $AB \neq \varnothing$, 则 $\overline{A}, \overline{B}$ 也可能相容

(D) 若 $AB \neq \varnothing$, 则 $\overline{A}, B$ 一定互不相容

3. 设 A 和 B 是任意两个互不相容的事件, 而且 $P(A) > 0$, $P(B) > 0$, 则必有 (　　).

(A) $P(A \cup \overline{B}) = P(\overline{B})$　　(B) $\overline{A}$ 和 $\overline{B}$ 相容

(C) $\overline{A}$ 和 $\overline{B}$ 互不相容　　(D) $P(A\overline{B}) = P(B)$

4. 对于任意两个事件 A 和 B, 若 $P(AB)=0$, 则必有 (　　).

(A) $\overline{A}\,\overline{B}=\varnothing$　　(B) $P(A-B)=P(A)$

(C) $P(A)P(B)=0$　　(D) $\overline{A}\,\overline{B}\neq\varnothing$

5. 设事件 A, B, C 有包含关系：$A\subset C, B\subset C$, 则 (　　).

(A) $P(C)=P(AB)$　　(B) $P(C)\leqslant P(A)+P(B)-1$

(C) $P(C)\geqslant P(A)+P(B)-1$　　(D) $P(C)=P(A\cup B)$

1.3 古典概型与几何概型

1.3.1 排列与组合公式

1. 排列

从 n 个不同元素中任取 r $(r\leqslant n)$ 个元素排成一列 (考虑元素出现的先后次序), 称此为一个**排列**. 此种排列的总数为

$$\mathrm{A}_n^r=n(n-1)\cdots(n-r+1)=\frac{n!}{(n-r)!}.$$

若 $r=n$, 则称为全排列, 全排列的总数为 $\mathrm{A}_n^n=n!$.

2. 重复排列

从 n 个不同元素中每次取出一个, 放回后再取出下一个, 如此连续取 r 次所得的排列称为**重复排列**, 此种重复排列的总数共有 n^r 个, 这里 r 允许大于 n.

3. 组合

从 n 个不同元素中任取 $r(r\leqslant n)$ 个元素并成一组 (不考虑元素出现的先后次序), 称为一个**组合**. 此种组合的总数为

$$\mathrm{C}_n^r=\frac{n(n-1)\cdots(n-r+1)}{r!}=\frac{n!}{r!(n-r)!},$$

易知

$$\mathrm{A}_n^r=\mathrm{C}_n^r r!,\quad \mathrm{C}_n^r=\mathrm{C}_n^{n-r}.$$

排列与组合公式在古典概型的概率计算中经常被用到.

1.3.2 古典概型

具有以下两个特点的试验称为**古典概型**:

(1) **有限性** 试验的样本空间只含有限个样本点;

(2) **等可能性** 试验中每个样本点出现的可能性相同.

对于古典概型, 若样本空间中共有 n 个样本点, 事件 A 包含 k 个样本点, 则事件 A 的概率为

$$P(A)=\frac{\text{事件}A\text{中所包含样本点的个数}}{\Omega\text{中所有样本点的个数}}=\frac{k}{n}. \tag{1.1}$$

容易验证, 由上式确定的概率满足概率公理化定义中的条件.

为解题方便, 常将式 (1.1) 表示为

$$P(A)=\frac{N(A)}{N(\Omega)},$$

其中 $N(A)$ 表示 A 中的样本点数, $N(\Omega)$ 表示 Ω 中的样本点数.

例 1.8 (随机取数问题) 从 $1, 2, \cdots, 10$ 共 10 个数字中任取一个, 取后放回, 先后取出 7 个数字构成排列, 试求下列各事件的概率:

(1) $A=$ "7 个数字全不相同";

(2) $B=$ "7 个数字中不含 10 与 1";

(3) $C=$ "7 个数字中 10 恰好出现两次".

解 因为是有放回取数, 每次取数都有 10 个不同的结果, 所以, 取出的 7 个数共有 10^7 个不同的结果, 即 $N(\Omega)=10^7$.

(1) 虽然是有放回取数, 但 7 个数字完全不相同, 相当于从 10 个数字中不放回地任取 7 个数, 第 1 次有 10 个结果, 第 2 次有 9 个结果, $\cdots$, 第 7 次有 4 个结果. 所以, 事件 A 中共有 $10\times 9\times 8\times 7\times 6\times 5\times 4=\mathrm{A}_{10}^{7}$ 个不同的结果 (样本点), 即 $N(A)=\mathrm{A}_{10}^{7}$. 因此

$$P(A)=\frac{N(A)}{N(\Omega)}=\frac{\mathrm{A}_{10}^{7}}{10^7}=\frac{10\times 9\times 8\times 7\times 6\times 5\times 4}{10^7}\approx 0.0605.$$

(2) 由于是有放回取数, 取出的 7 个数字中不含 10 与 1, 每次取出数都有 8 个结果, 所以, 事件 B 中包含了 8^7 个不同的结果 (样本点), $N(B)=8^7$. 因此

$$P(B)=\frac{N(B)}{N(\Omega)}=\frac{8^7}{10^7}\approx 0.2097.$$

(3) 对于事件 C, 出现两次数字 10 可以是 7 次抽取中的任意两次, 故有 C_7^2 种结果, 其他 5 次抽取中, 每次只能抽取剩下 9 个数字中的任何一个, 所以, 事件 C 中共包含 $\mathrm{C}_7^2\times 9^5$ 个不同的结果 (样本点), 即 $N(C)=\mathrm{C}_7^2\times 9^5$. 因此

$$P(C)=\frac{N(C)}{N(\Omega)}=\frac{\mathrm{C}_7^2\times 9^5}{10^7}\approx 0.1240.$$

例 1.9 (摸球问题) 袋中有 a 个白球, b 个红球, k 个人依次在袋中取一个球, 考虑下列两种取球方式, 求第 $i(i=1,2,\cdots,k)$ 个人取到白球的概率. (1) 有放回抽样 (即前一人取一个球观察颜色后放回袋中, 后一个人再取一球). (2) 不放回抽样 (即前一人取一个球观察颜色后不放回袋中, 后一个人再取一球).

解 这里应将所有的球看作是不相同的 $a+b$ 个球, 不妨认为它们有各自不同的编号. 记事件 $B_i=$“第 i 个人取到白球”$(i=1,2,\cdots,k)$.

(1) 有放回抽样的情况.

由于是有放回抽样, 对于 $i=1,2,\cdots,k$, 均有 $N(B_i)=a, N(\Omega)=a+b$.

$$P(B_i)=\frac{N(B_i)}{N(\Omega)}=\frac{a}{a+b},\quad i=1,2,\cdots,k.$$

(2) 不放回抽样的情况.

k 个人各取一球, 共有 $(a+b)(a+b-1)\cdots[(a+b)-(k-1)]=\mathrm{A}_{a+b}^k$ 个不同的结果, 即 $N(\Omega)=\mathrm{A}_{a+b}^k$, 第 i 人取到白球, 可以是 a 个白球中的任一个, 有 a 个不同的结果, 其余被取的 $k-1$ 个球可以是其余 $a+b-1$ 个球中的任意 $k-1$ 个, 共有

$$(a+b-1)(a+b-2)\cdots\{(a+b-1)-[(k-1)-1]\}=\mathrm{A}_{a+b-1}^{k-1}$$

个不同的结果, 因此 $N(B_i)=a\mathrm{A}_{a+b-1}^{k-1}$. 所以

$$\begin{aligned}P(B_i)&=\frac{N(B_i)}{N(\Omega)}=\frac{a\mathrm{A}_{a+b-1}^{k-1}}{\mathrm{A}_{a+b}^k}\\&=\frac{a(a+b-1)(a+b-1-1)\cdots[a+b-1-((k-1)-1)]}{(a+b)(a+b-1)\cdots[(a+b)-k+1]}\\&=\frac{a}{a+b},\quad i=1,2,\cdots,k.\end{aligned}$$

从计算结果可以看到, 无论是有放回抽样还是不放回抽样, $P(B_i)$ 均与 i 无关, 这表明, 两种情况下, 每个人取到白球的概率是一样的, 尽管取球的先后次序不同, 大家机会是均等的.

类似的问题如购买彩票等, 无论先买后买, 中奖的概率是一样的.

例 1.10 (抽样问题) 设某厂库中有 200 件产品, 其中有 6 件次品, 从中任意抽取 50 件, 求取到的产品中恰好有 2 件次品的概率.

解 设 $A=$ "取到的产品中恰好有 2 件次品";

从 200 件产品中任取 50 件, 所有可能的结果为 C_{200}^{50} 种, 即 $N(\Omega)=\mathrm{C}_{200}^{50}$. 取到的 2 件次品应为 6 件次品中的任意 2 件, 共有 C_6^2 种结果; 抽到的其余 48 件应为 194 件正品中的任意 48 件, 共有 C_{194}^{48} 种结果, 因此 $N(A)=\mathrm{C}_6^2\times\mathrm{C}_{194}^{48}$. 故有

$$P(A)=\frac{N(A)}{N(\Omega)}=\frac{\mathrm{C}_6^2\times\mathrm{C}_{194}^{48}}{\mathrm{C}_{200}^{50}}\approx 0.3012.$$

例 1.11 (分房问题) 有 n 个人, 每个人都以同样的概率被分配在 $N(n\leqslant N)$ 间房中的每一间中, 试求下列各事件的概率:

(1) $A=$ "某指定 n 间房中各有一人";

(2) $B=$ "恰有 n 间房, 其中各有一人";

(3) $C=$ "某指定房中恰有 $m(m\leqslant n)$ 人";

(4) $D=$ "至少有两个人在同一房间中".

解 因为每个人都可以被分配到 N 间房中任一间, 所以, n 个人被分配在 N 间房中的方式共有 N^n 种, 即 $N(\Omega)=N^n$.

(1) 指定某 n 间房, 第一个人可以被分配到其中任一间, 有 n 种结果; 第二个人可被分配到余下 $n-1$ 间中的任一间, 有 $n-1$ 种结果, $\cdots$, 最后一个人被分配到指定的最后一间房中, 只有一种结果. 因而某指定 n 间房中各有一人的不同结果共有 $n!$ 个, 即 $N(A)=n!$. 于是

$$P(A)=\frac{N(A)}{N(\Omega)}=\frac{n!}{N^n}.$$

(2) 事件 B 中的 n 间房可自 N 间中任意选出, 共有 C_N^n 种结果; 对选定的某 n 间房, 其中各有一人的结果有 $n!$ 种. 因而事件 B 中共含有 $\mathrm{C}_N^n n!$ 个样本点, 即 $N(B)=\mathrm{C}_N^n\cdot n!$. 于是

$$P(B)=\frac{N(B)}{N(\Omega)}=\frac{\mathrm{C}_N^n n!}{N^n}=\frac{N!}{N^n(N-n)!}.$$

(3) 事件 C 中的 m 个人可自 n 个人中任意选出, 共有 C_n^m 种结果, 其余 $n-m$ 个人可以任意分配在其余 $N-1$ 间房里, 共有 $(N-1)^{n-m}$ 个结果, 因而事件 C

中共有 $\mathrm{C}_n^m(N-1)^{n-m}$ 个样本点, 即 $N(C)=\mathrm{C}_n^m(N-1)^{n-m}$. 于是

$$P(C)=\frac{N(C)}{N(\Omega)}=\frac{\mathrm{C}_n^m(N-1)^{n-m}}{N^n}.$$

(4) 容易知道, 事件 D 是事件 B 的对立事件, 所以

$$D=\overline{B},\quad P(D)=1-P(B)=1-\frac{\mathrm{C}_N^n\cdot n!}{N^n}.$$

以上四个例子具有典型的意义, 许多表面上看似不同的问题, 实际上可以归结为这几类问题中的某一类.

请思考：在古典概型中, 概率为 0 的事件一定是不可能事件吗？概率为 1 的事件一定是必然事件吗？

【微视频1-8】古典概型

【拓展练习1-2】生日游戏

【拓展练习1-3】接待站的问题

【拓展阅读1-2】天上掉馅饼了吗?

1.3.3 几何概型

具有以下两个特点的试验称为**几何概型**：

(1) 随机试验的样本空间为某可度量的区域 Ω;

(2) Ω 中任一区域所表示的事件发生的可能性大小与该区域的几何度量成正比, 与该区域的位置和形状无关.

对于几何概型, 若事件 A 是 Ω 中的某一区域, 且 A 可以度量, 则事件 A 的概率为

$$P(A)=\frac{A\text{的几何度量}}{\Omega\text{的几何度量}}$$

其中, 如果 Ω 是一维、二维或三维的区域, 则 Ω 的几何度量分别是长度、面积或体积.

例 1.12 (会面问题) 甲、乙两人约定在下午 6 点到 7 点之间在某处会面, 并约定先到者应等候另一人 20 分钟, 过时即可离去, 求两人能会面的概率.

解 以 x 和 y 分别表示甲、乙两人到达约会地点的时间 (以分钟为单位), 在平面上建立 xOy 直角坐标系, 如图 1.1 所示. 因为甲、乙都是在 0 到 60 分钟内等可能到达, 两个人到达约定地点的所有结果构成了边长为 60 的正方形区域, 易

知, 这是一个几何概型问题. 样本空间 $\Omega=\{(x,y)|\ 0\leqslant x,y\leqslant 60\}$, 事件 $A=$ “两人能会面” $=\{(x,y)|0\leqslant x,y\leqslant 60,|x-y|\leqslant 20\}$. 因此

$$P(A)=\frac{A\text{的面积}}{\Omega\text{的面积}}=\frac{60^2-40^2}{60^2}=\frac{5}{9}.$$

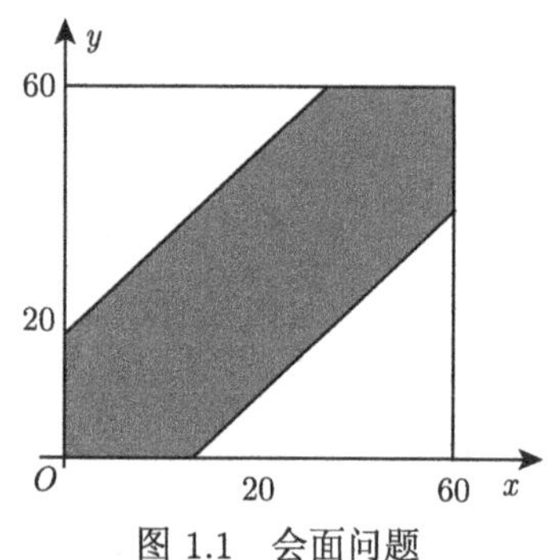

图 1.1 会面问题

例 1.13 随机向边长为 1 的正方形内投点, 试求点投在正方形的一条对角线上的概率, 如图 1.2 所示.

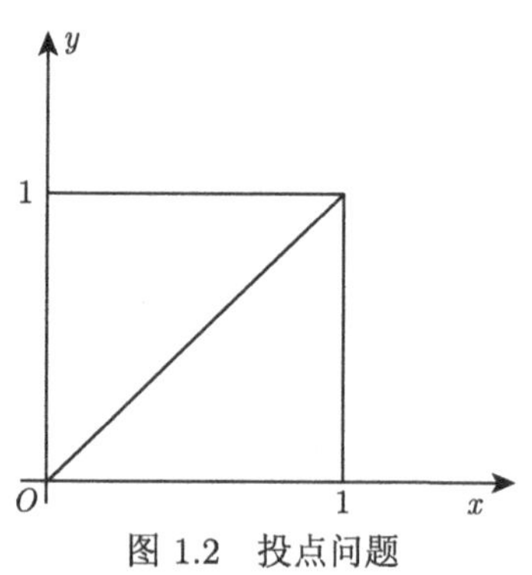

图 1.2 投点问题

解 样本空间 $\Omega=\{(x,y)|0<x,y<1\}$, 事件 $A=$ “点投在正方形的一条对角线上” $=\{(x,y)|0<x,y<1,x=y\}$, 因此

$$P(A)=\frac{\text{一条对角线的面积}}{\text{正方形的面积}}=\frac{0}{1}=0.$$

注意: 虽然本例中 A 事件的概率为 0, 但点还是可以投到这条对角线上的. 这说明, 概率为 0 的事件未必是不可能事件, 也是可能发生的. 类似地, 概率为 1 的事件也未必是必然事件, 也不是一定要发生的.

【微视频1-9】几何概型

【拓展阅读1-3】蒲丰投针问题

同步自测 1-3

一、填空

1. 袋中有 n 只球, 记有号码 $1, 2, 3, \cdots, n(n>5)$. 则事件

(1) 任意取出两只球, 号码为 1, 2 的概率为 ________________.

(2) 任意取出三只球, 没有号码为 1 的概率为 ________________.

(3) 任意取出五只球, 号码 1, 2, 3 中至少出现一个的概率为 ________________.

2. 从一批由 5 件正品、5 件次品组成的产品中, 任意取出三件产品, 则其中恰有一件次品的概率为 ________________.

3. 已知在 10 只晶体管中有 2 只次品, 在其中任取两次, 每次随机地取一只, 做不放回抽样, 则

(1) 两只都是正品的概率为 ________________.

(2) 一只正品, 一只为次品的概率为 ________________.

(3) 两只都为次品的概率为 ________________.

(4) 第二次取出的是次品的概率为 ________________.

4. 3 只球随机地投放到 4 只盒子中, 至多有两个球投放到同一个盒子中的概率为 ________________.

二、单项选择

1. 口袋中有 5 个白球, 3 个黑球, 从中任取 2 个, 恰好颜色不相同的概率为 (　　).

(A) 13/28　　(B) 13/56

(C) 15/56　　(D) 15/28

2. 三个同学一起看电影, 在第一排 20 个座位中随意坐下, 他们三个座位相邻的概率为 (　　).

(A) 3/190　　(B) 57/171

(C) 57/342　　(D) 9/114

3. 在 5 件产品中, 有 3 件一等品和 2 件二等品. 若从中任取 2 件, 那么以 0.7 为概率的事件是 (　　).

(A) 两件都是一等品　　(B) 恰有 1 件一等品

(C) 至少有 1 件一等品　　(D) 至多有 1 件一等品

4. 转盘摇奖游戏中, 转盘的半径为 R, 某一圆心角为 α 对应的弧长为 L, 指针指向该弧时获奖, 则下面哪个不是获奖的概率 (　　).

(A) $\alpha/2\pi$　　(B) $L/2\pi R$

(C) $\frac{1}{2}LR/\pi R^2$　　(D) $\alpha/2\pi R$

5. 甲、乙两人相约一小时内随机到达在某地点相见, 甲比乙早到 10 分钟以上的概率为 (　　).

(A) 1　　(B) 25/36

(C) 1/2　　(D) 25/72

6. 随机地从圆心在原点、半径为 10 的圆内取一点, 则该点距圆心的距离大于 3 小于 4 的概率为 (　　).

(A) 16/100　　(B) 7/100

(C) 1/2　　(D) 9/100

1.4　条件概率与乘法公式

1.4.1　条件概率

在实际问题中, 除了直接考虑某事件 B 发生的概率 $P(B)$ 外, 有时还会碰到这样的问题, 就是 "在已知事件 A 已经发生的条件下, 考虑事件 B 发生的概率". 一般情况下, 后者的概率与前者的概率不同, 为了区别, 我们常把后者称为条件概率, 记为 $P(B|A)$, 读作事件 A 发生条件下, 事件 B 发生的条件概率. 先看一个例子.

例 1.14　某厂的 100 件产品中有 5 件是不合格品, 而 5 件不合格品中有 3 件次品, 2 件废品. 现从 100 件产品中任意抽取一件, 假定每件产品被抽到的可能性都相同, 求:

(1) 抽到次品的概率;

(2) 在已知抽到的产品是不合格品的条件下, 抽到次品的概率.

解　设 $A=$ "抽到的产品是不合格品", $B=$ "抽到的产品是次品".

(1) 100 件产品中有 3 件次品, 所以

$$P(B)=\frac{3}{100}.$$

(2) 在已知抽到的产品是不合格品的条件下求抽到次品的概率, 即求 "事件 A 发生条件下, 事件 B 发生的条件概率 $P(B|A)$", 这好比预先给了我们一个 "情报", 使得我们可以在 "缩小的样本空间" 中考虑问题, 即只需考虑在 5 件不合格品中抽到次品的概率. 所以

$$P(B|A)=\frac{3}{5}.$$

可见, 这时的无条件概率 $P(B)$ 和条件概率 $P(B|A)$ 不同, 即 $P(B)\neq P(B|A)$.

一般地, 如何定义条件概率呢? 我们先从上例来分析一种关系, 进而给出条件概率的一般定义.

先来计算 $P(A)$ 和 $P(AB)$.

由于 100 件产品中有 5 件是不合格品, 所以 $P(A)=\dfrac{5}{100}$.

而 AB 表示"抽到的产品既是不合格品, 同时又是次品", 100 件产品中只有 3 件既是不合格品又是次品, 所以 $P(AB)=\dfrac{3}{100}$.

通过简单计算, 易得

$$P(B|A)=\frac{3}{5}=\frac{3/100}{5/100}=\frac{P(AB)}{P(A)}.$$

事实上, 上述结果具有一般性, 据此给出条件概率的定义.

定义 1.6 设 A 与 B 是同一样本空间的两个事件, 若 $P(A)>0$, 则称

$$P(B|A)=\frac{P(AB)}{P(A)} \tag{1.2}$$

为在事件 A 发生的条件下, 事件 B 发生的**条件概率**.

不难验证, 条件概率满足概率的公理化定义中的三个条件:

(1) **非负性** 对任意事件 B, $P(B|A)\geqslant 0$;

(2) **规范性** $P(\Omega|A)=1$;

(3) **可列可加性** 设事件 $B_1,B_2,\cdots,B_n,\cdots$ 两两互不相容, 则

$$P\left(\bigcup_{i=1}^{\infty}B_i|A\right)=\sum_{i=1}^{\infty}P(B_i|A).$$

所以, 条件概率也具有概率的所有其他性质.

试一试: 请仿照前述概率的性质, 写出条件概率满足的其他 5 个性质.

例 1.15 某家庭中有两个孩子, 已知其中至少有一个是男孩, 求两个都是男孩的概率 (假设男、女孩出生率相同).

解 设 $A=$ "至少有一个男孩", $B=$ "两个都是男孩". 本题要求的是条件概率 $P(B|A)$.

用 g 代表女孩, b 代表男孩. 则样本空间 $\Omega=\{\mathrm{bb},\mathrm{bg},\mathrm{gb},\mathrm{gg}\}$, $B=\{\mathrm{bb}\}$, $A=\{\mathrm{bb},\mathrm{bg},\mathrm{gb}\}$.

考虑缩小样本空间法:

已知事件 A 发生了, 此时样本空间缩小为 $\Omega_A=\{\mathrm{bb},\mathrm{bg},\mathrm{gb}\}=A$, 又有 $B=\{\mathrm{bb}\}$, 所以

$$P(B|A)=\frac{N(AB)}{N(\Omega_A)}=\frac{N(AB)}{N(A)}=\frac{1}{3}.$$

也可以用条件概率公式求解:

易知 $P(A)=\dfrac{N(A)}{N(\Omega)}=\dfrac{3}{4}$, $P(B)=\dfrac{N(B)}{N(\Omega)}=\dfrac{1}{4}$, 且 $B\subset A$. 由条件概率公式

$$P(B|A)=\frac{P(AB)}{P(A)}=\frac{P(B)}{P(A)}=\frac{1/4}{3/4}=1/3.$$

例 1.16 设某种动物从出生起活 20 岁以上的概率为 80%, 活 25 岁以上的概率为 40%. 如果现在有一个 20 岁的这种动物, 求它能活 25 岁以上的概率.

解 设事件 $A=$“该种动物能活 20 岁以上”, 事件 $B=$“该种动物能活 25 岁以上”. 依题意, $P(A)=0.8$, 由于 $B\subset A$, 因此 $P(AB)=P(B)=0.4$. 由条件概率公式得

$$P(B|A)=\frac{P(AB)}{P(A)}=\frac{0.4}{0.8}=0.5.$$

说明 由于本题中这种动物的总数未知, 能活 25 岁或 20 岁的动物数量也未知, 所以不适合用缩小样本空间法来求条件概率, 而用条件概率公式法很方便.

例 1.17 已知 $P(\overline{A})=0.3$, $P(B)=0.4$, $P(A\overline{B})=0.5$, 求条件概率 $P(B|A\cup\overline{B})$.

解 由条件概率公式

$$P(B|A\cup\overline{B})=\frac{P[B(A\cup\overline{B})]}{P(A\cup\overline{B})}=\frac{P[BA\cup B\overline{B}]}{P(A\cup\overline{B})}=\frac{P(AB)}{P(A)+P(\overline{B})-P(A\overline{B})},$$

由于 $P(A\overline{B})=P(A-B)=P(A)-P(AB)$, 所以 $P(AB)=P(A)-P(A\overline{B})$, 于是

$$P(B|A\cup\overline{B})=\frac{P(A)-P(A\overline{B})}{P(A)+P(\overline{B})-P(A\overline{B})}=\frac{1-0.3-0.5}{1-0.3+1-0.4-0.5}=\frac{1}{4}.$$

【微视频1-10】条件概率

【拓展练习1-4】条件概率的性质

1.4.2 乘法公式

由条件概率公式容易得到下面的乘法公式.

定理 1.1 设 A 与 B 是同一样本空间的两个事件, 如果 $P(A)>0$, 则

$$P(AB)=P(A)P(B|A). \tag{1.3}$$

如果 $P(B)>0$, 则

$$P(AB)=P(B)P(A|B). \tag{1.4}$$

上面 (1.3) 和 (1.4) 式均称为事件概率的**乘法公式**.

乘法公式容易推广到任意有限多个事件的情形:

若 $P(AB)>0$, 则

$$P(ABC)=P(A)P(B|A)P(C|AB);$$

若 $P(A_1A_2\cdots A_{n-1})>0$, 则

$$P(A_1A_2\cdots A_n)=P(A_1)P(A_2|A_1)P(A_3|A_1A_2)\cdots P(A_n|A_1A_2\cdots A_{n-1}).$$

例 1.18 某人忘记了电话号码的最后一位数字, 因而他随意地拨号. 求他拨号不超过三次而接通电话的概率.

解 设 $A_i=$"第 i 次接通电话", $i=1,2,3$, $B=$"拨号不超过 3 次接通电话", 则事件 B 可表达为

$$B=A_1\cup\overline{A}_1A_2\cup\overline{A}_1\overline{A}_2A_3.$$

由概率的有限可加性和乘法公式

$$\begin{aligned}P(B)&=P(A_1)+P(\overline{A}_1A_2)+P(\overline{A}_1\overline{A}_2A_3)\\&=P(A_1)+P(\overline{A}_1)P(A_2|\overline{A}_1)+P(\overline{A}_1)P(\overline{A}_2|\overline{A}_1)P(A_3|\overline{A}_1\overline{A}_2)\\&=\frac{1}{10}+\frac{9}{10}\times\frac{1}{9}+\frac{9}{10}\times\frac{8}{9}\times\frac{1}{8}=\frac{3}{10}.\end{aligned}$$

请思考: 若已知电话号码最后一位数字是奇数, 那么他拨号不超过三次而接通电话的概率又是多少?

例 1.19 猎手在距猎物 10 米处开枪, 击中概率为 0.6. 若击不中, 待开第二枪时猎物已逃至 30 米远处, 此时击中概率为 0.25, 若再击不中, 则猎物已逃至 50 米远处, 此时只有 0.1 的击中概率. 求猎手三枪内击中猎物的概率.

解 设 $A_i=$"第 i 枪击中猎物", $i=1,2,3$, 则所求概率为 $P(A_1\cup A_2\cup A_3)$. 由对立事件的概率及条件概率公式可得

$$\begin{aligned}P(A_1\cup A_2\cup A_3)&=1-P(\overline{A_1\cup A_2\cup A_3})=1-P(\overline{A}_1\overline{A}_2\overline{A}_3)\\&=1-P(\overline{A}_1)P(\overline{A}_2|\overline{A}_1)P(\overline{A}_3|\overline{A}_1\overline{A}_2)\\&=1-(1-0.6)(1-0.25)(1-0.1)\\&=0.73.\end{aligned}$$

同步自测 1-4

一、填空

1. 若盒中有 10 个木质球, 6 个玻璃球. 木质球有 3 个红色, 7 个蓝色; 玻璃球有 2 个红色, 4 个蓝色. 现在从盒中任取一球, 用 A 表示“取到蓝色球”, B 表示“取到玻璃球”, 则 $P(B|A)=$ ________.

2. 若盒中装有 3 只螺口与 7 只卡口灯泡, 这些灯泡的外形与功率都相同且灯口向下放着, 现需要一只卡口灯泡, 电工师傅每次从中任取一只并不放回, 则在他第 1 次抽到的是螺口灯泡的条件下, 第 2 次抽到的是卡口灯泡的概率为 ________.

3. 若 $P(A)=\dfrac{1}{2}$, $P(B)=\dfrac{1}{3}$, $P(B|A)=\dfrac{2}{3}$, 则 $P(A|B)=$ ________.

4. 一批零件共 100 个, 次品率为 10%, 每次从其中任取一个零件, 取出的零件不再放回去, 第三次才取得合格品的概率为 ________.

5. 若 $P(A)=0.5$, $P(B)=0.6$, $P(B|A)=0.8$, 则 $P(\overline{A\cup B})=$ ________.

6. 设 A, B, C 是随机事件, A 与 C 互不相容, $P(AB)=\dfrac{1}{2}$, $P(C)=\dfrac{1}{3}$, 则 $P(AB|\overline{C})=$ ________.

二、单项选择

1. 设 A, B 为随机事件, $P(B)>0$, $P(A|B)=1$, 则必有 (　　).

(A) $P(A\cup B)=P(A)$　　(B) $A\subset B$

(C) $P(A)=P(B)$　　(D) $P(AB)=P(A)$

2. 设 A_1, A_2 和 B 是任意事件, $0<P(B)<1$, $P(A_1\cup A_2|B)=P(A_1|B)+P(A_2|B)$, 则 (　　).

(A) $P(A_1\cup A_2)=P(A_1)+P(A_2)$

(B) $P(A_1\cup A_2)=P(A_1|B)+P(A_2|B)$

(C) $P(A_1B\cup A_2B)=P(A_1B)+P(A_2B)$

(D) $P(A_1\cup A_2|\overline{B})=P(A_1|\overline{B})+P(A_2|\overline{B})$

3. 设事件满足条件：$0<P(A)<1$, $P(B)>0$, $P(B|A)=P(B|\overline{A})$, 则 (　　).

(A) $P(A|B)=P(\overline{A}|B)$　　(B) $P(A|B)\neq P(\overline{A}|B)$

(C) $P(AB)\neq P(A)P(B)$　　(D) $P(AB)=P(A)P(B)$

1.5　全概率公式和贝叶斯公式

1.5.1　全概率公式

在处理复杂事件的概率时, 我们经常将这个复杂事件分解为若干个互不相容的较简单的事件之和, 先求这些简单事件的概率, 再利用有限可加性得到所求事件的概率, 这种方法就是全概率公式的思想方法.

定义 1.7 设试验 E 的样本空间为 Ω, $A_1, A_2, \cdots, A_n$ 为 E 的一组事件, 若

(1) $A_1, A_2, \cdots, A_n$ 两两互不相容;

(2) $\bigcup_{i=1}^{n} A_i = \Omega$.

则称 $A_1, A_2, \cdots, A_n$ 为**完备事件组**或**样本空间的一个划分**.

定理 1.2 设试验 E 的样本空间为 Ω, $A_1, A_2, \cdots, A_n$ 为一完备事件组, 且满足 $P(A_i) > 0, i = 1, 2, \cdots, n$. 则对任一事件 B, 有

$$P(B) = \sum_{i=1}^{n} P(A_i) P(B|A_i). \tag{1.5}$$

(1.5) 式称为**全概率公式**.

证 因为 $B = B\Omega = B\left(\bigcup_{i=1}^{n} A_i\right) = \bigcup_{i=1}^{n}(BA_i)$, 由于 $A_1, A_2, \cdots, A_n$ 两两互不相容, 且 $BA_i \subset A_i$, 由概率的有限可加性得到

$$P(B) = P\left(\bigcup_{i=1}^{n}(BA_i)\right) = \sum_{i=1}^{n} P(BA_i),$$

由假设 $P(A_i) > 0, i = 1, 2, \cdots, n$ 及乘法公式得到

$$P(B) = \sum_{i=1}^{n} P(BA_i) = \sum_{i=1}^{n} P(A_i) P(B|A_i).$$

全概率公式是概率论中的一个非常重要的公式, 它能使复杂事件的概率计算化繁就简, 是计算复杂事件概率的有效方法.

利用全概率公式求事件 B 的概率, 关键是寻找可能导致事件 B 发生的一个完备事件组 $A_1, A_2, \cdots, A_n$, 即寻找导致事件 B 发生的所有互不相容的原因事件组, 且 $P(A_i)$ 和 $P(B|A_i)$ 为已知或容易求得.

例 1.20 假设有 3 箱同种型号零件, 里面分别装有 50 件、30 件、40 件零件, 而且一等品分别有 20 件、12 件和 24 件. 现在任取一箱, 再从所取的一箱中任取一个零件, 试求取出的零件是一等品的概率.

解 设 $A_i =$ "取到的零件为第 i 箱中的零件", $i = 1, 2, 3$, $B =$ "取到的零件是一等品". 显然 A_1, A_2, A_3 中任何一个发生都可能导致事件 B 发生, 且 A_1, A_2, A_3 构成了一个完备事件组, 由题意知

$$P(A_1)=P(A_2)=P(A_3)=\frac{1}{3},$$

$$P(B|A_1)=\frac{20}{50}=0.4,\quad P(B|A_2)=\frac{12}{30}=0.4,\quad P(B|A_3)=\frac{24}{40}=0.6.$$

由全概率公式得

$$P(B)=\sum_{i=1}^{3}P(A_i)P(B|A_i)=\frac{1}{3}(0.4+0.4+0.6)=\frac{7}{15}.$$

在例 1.20 中, 容易提出这样的问题：已知取出的零件是一等品, 问该零件来自这三箱中某一箱的概率分别是多大？

这类问题是已知某事件 (结果) 已经发生, 反过来去寻找导致该事件 (结果) 发生的某种原因的条件概率, 解决这类问题的有效方法就是下面的贝叶斯公式.

【微视频1-12】
全概率公式

【拓展练习1-6】
全概率公式应用

1.5.2 贝叶斯公式

定理 1.3 设试验 E 的样本空间为 Ω, B 为 E 的事件, $A_1, A_2, \cdots, A_n$ 为完备事件组, 且 $P(B)>0$, $P(A_i)>0$, $i=1,2,\cdots,n$, 则

$$P(A_i|B)=\frac{P(A_i)P(B|A_i)}{\sum\limits_{j=1}^{n}P(A_j)P(B|A_j)},\quad i=1,2,\cdots,n. \tag{1.6}$$

(1.6) 式称为**贝叶斯公式**.

容易看出将全概率公式 (1.5) 以及乘法公式 $P(A_iB)=P(A_i)P(B|A_i)$ 代入条件概率公式 $P(A_i|B)=\dfrac{P(A_iB)}{P(B)}(i=1,2,\cdots,n)$ 中, 就得到了贝叶斯公式 (1.6). 显然 $\sum\limits_{i=1}^{n}P(A_i|B)=1$.

注意：贝叶斯公式用于已知某个由多原因事件导致的复杂事件发生时, 求各个原因事件发生的条件概率. 相当于已知结果追查原因.

贝叶斯公式是英国哲学家贝叶斯 (Bayes) 于 1763 年首先提出的, 经过多年的发展和完善, 这一公式的思想已经发展成为一整套统计推断方法, 即 “贝叶斯方法", 这一方法在计算机诊断、模式识别、基因组成、蛋白质结构、经济分析等很多方面都有应用.

例 1.21 (续例 1.20) 已知取出的零件是一等品, 问该零件来自这三箱的概率分别有多大?

解 设 A_i = "取到的零件为第 i 箱中的零件", $i=1,2,3, B$ = "取到的零件是一等品". 由例 1.20 知

$$P(A_1)=P(A_2)=P(A_3)=\frac{1}{3},\quad P(B|A_1)=\frac{20}{50}=0.4,$$

$$P(B|A_2)=\frac{12}{30}=0.4,\quad P(B|A_3)=\frac{24}{40}=0.6,\quad P(B)=\frac{7}{15}.$$

由贝叶斯公式得

$$P(A_1|B)=\frac{P(A_1)P(B|A_1)}{P(B)}=\frac{\frac{1}{3}\times 0.4}{\frac{7}{15}}=\frac{2}{7},$$

$$P(A_2|B)=\frac{P(A_2)P(B|A_2)}{P(B)}=\frac{\frac{1}{3}\times 0.4}{\frac{7}{15}}=\frac{2}{7},$$

$$P(A_3|B)=\frac{P(A_3)P(B|A_3)}{P(B)}=\frac{\frac{1}{3}\times 0.6}{\frac{7}{15}}=\frac{3}{7}.$$

例 1.22 玻璃杯成箱出售, 每箱 20 只, 假设各箱含 0, 1, 2 只残次品的概率分别是 0.8, 0.1 和 0.1. 某顾客欲购一箱玻璃杯, 在购买时, 售货员随机取出一箱, 顾客开箱随机地查看四只, 若无残次品, 则买下该箱玻璃杯, 否则退回, 试求:

(1) 顾客买下该箱玻璃杯的概率 α;

(2) 在顾客买下的一箱中, 确实没有残次品的概率 β.

解 设 B = "顾客买下该箱玻璃杯", A_i = "抽到的一箱中有 i 只残次品", $i=0,1,2$.

(1) 事件 B 在下面三种情况下均会发生：抽到的一箱中没有残次品、有 1 只残次品或有 2 只残次品. 显然 A_0, A_1, A_2 是一个导致 B 发生的完备事件组. 且由题意知

$$P(A_0)=0.8,\quad P(A_1)=0.1,\quad P(A_2)=0.1,$$

$$P(B|A_0)=\frac{\mathrm{C}_{20}^4}{\mathrm{C}_{20}^4}=1,\quad P(B|A_1)=\frac{\mathrm{C}_{19}^4}{\mathrm{C}_{20}^4}=\frac{4}{5},\quad P(B|A_2)=\frac{\mathrm{C}_{18}^4}{\mathrm{C}_{20}^4}=\frac{12}{19},$$

由全概率公式得

$$\begin{aligned}\alpha=P(B)&=P(A_0)P(B|A_0)+P(A_1)P(B|A_1)+P(A_2)P(B|A_2)\\&=0.8\times 1+0.1\times\frac{4}{5}+0.1\times\frac{12}{19}\approx 0.94.\end{aligned}$$

(2) 由贝叶斯公式, 有

$$\beta=P(A_0|B)=\frac{P(A_0)P(B|A_0)}{P(B)}=\frac{0.8\times 1}{0.94}\approx 0.85.$$

请思考：若顾客开箱随机地查看五只玻璃杯, 在顾客买下的一箱中, 确实没有残次品的概率 β 又是多少？由此可以发现一个什么规律？

在使用贝叶斯公式时, 如果 A 和 $\overline{A}$ 是导致 B 发生的完备事件组, 且 $0<P(A)<1$, 事件 B 为试验 E 的任一事件, $P(B)>0$, 则贝叶斯公式的一种常用简单形式为

$$P(A|B)=\frac{P(A)P(B|A)}{P(A)P(B|A)+P(\overline{A})P(B|\overline{A})}.$$

例 1.23 9 支手枪中有 5 支已校准过, 4 支未校准. 一名射手用校准过的枪射击时, 命中率为 0.9, 用未校准过的枪射击时, 命中率为 0.3, 现从这 9 支枪中任取一支射击. (1) 求他能命中目标的概率; (2) 如果他命中目标, 求所用的枪是校准过的概率.

解 (1) 设 $B=$ "命中目标", $A=$ "所用的枪校准过", 易知 A 和 $\overline{A}$ 是导致 B 发生的完备事件组, 根据题意知

$$P(A)=5/9,\quad P\left(\overline{A}\right)=4/9,$$

$$P(B\mid A)=0.9,\quad P\left(B\mid\overline{A}\right)=0.3.$$

由全概率公式, 有

$$P(B)=P(A)P(B|A)+P(\overline{A})P(B|\overline{A})=\frac{5}{9}\times 0.9+\frac{4}{9}\times 0.3=\frac{19}{30}.$$

(2) 由贝叶斯公式, 有

$$P(A\mid B)=\frac{P(B\mid A)P(A)}{P(B)}=\frac{0.9\times 5/9}{19/30}=\frac{15}{19}.$$

例 1.24 设 10 件产品中有 2 件次品, 8 件正品. 现每次从中任取一件产品, 且取后不放回, 试求:

(1) 第二次取到次品的概率;

(2) 若已知第二次取到次品, 第一次取到的也是次品的概率.

解 设 $A_i=$"第 i 次取到次品", $i=1,2$.

(1) 易知 $A_1,\overline{A_1}$ 构成导致 A_2 发生的完备事件组, 于是由全概率公式有

$$P(A_2)=P(A_2|A_1)P(A_1)+P\left(A_2|\overline{A_1}\right)P\left(\overline{A_1}\right)=\frac{1}{9}\times\frac{2}{10}+\frac{2}{9}\times\frac{8}{10}=\frac{1}{5}.$$

(2) 由贝叶斯公式

$$P(A_1|A_2)=\frac{P(A_2|A_1)P(A_1)}{P(A_2)}=\frac{\frac{1}{9}\times\frac{2}{10}}{\frac{1}{5}}=\frac{1}{9}.$$

例 1.25 根据以往的记录, 某种诊断肝炎的试验有如下效果: 对肝炎病人的试验呈阳性的概率为 0.95; 非肝炎病人的试验呈阴性的概率为 0.95. 对自然人群进行普查的结果为: 有千分之五的人患有肝炎. 现有某人做此试验结果为阳性, 问此人确有肝炎的概率为多少?

解 设 $A=$"此人确有肝炎", $B=$"此人做此试验结果为阳性". 易知 A 和 $\overline{A}$ 是导致 B 发生的完备事件组, 根据题意知

$$P(B|A)=0.95,\quad P(\overline{B}|\overline{A})=0.95,\quad P(A)=0.005,$$

从而

$$P(\overline{A})=1-P(A)=0.995,\quad P(B|\overline{A})=1-P(\overline{B}|\overline{A})=0.05.$$

由贝叶斯公式, 有

$$P(A|B)=\frac{P(A)P(B|A)}{P(A)P(B|A)+P(\overline{A})P(B|\overline{A})}=\frac{0.005\times0.95}{0.005\times0.95+0.995\times0.05}\approx0.087.$$

本题的结果表明, 虽然 $P(B|A)=0.95$, $P(\overline{B}|\overline{A})=0.95$, 这两个概率都很高, 但是 $P(A|B)=0.087$, 即试验结果为阳性的人有肝炎的概率只有 8.7%. 如果不注意这一点, 将 $P(B|A)$ 和 $P(A|B)$ 搞混, 将会得出错误诊断.

在贝叶斯公式中, 事件 A_i 发生的概率 $P(A_i)$, $i=1,2,\cdots,n$, 通常是人们在试验之前对 A_i 的认知, 习惯上称其为**先验概率**. 若试验后事件 B 发生了, 在这种信息下考察 A_i 的概率 $P(A_i|B),(i=1,2,\cdots,n)$, 它反映了导致 B 发生的各种原因的可能性大小, 是对 A_i 的重新认识, 常称为**后验概率**. 后验概率对我们认识事件往往有着重要的意义.

【微视频1-13】
贝叶斯公式

【拓展练习1-7】
抗体检测问题

同步自测 1-5

一、填空

1. $A_1, A_2, \cdots, A_n$ 为样本空间 Ω 的一个完备事件组, 且 $P(A_i)>0\ (i=1,2,\cdots,n)$, 则对 Ω 中的事件 B 有

(1) $P(B)=$ ________________.

(2) 若 $P(B)>0$, 则 $P(A_i|B)=$ ________________.

2. 用 3 个机床加工同一种零件, 零件由各机床加工的概率分别为 0.5, 0.3, 0.2, 各机床加工的零件为合格品的概率分别等于 0.94, 0.9, 0.95, 全部产品的合格率为 ____________.

3. 一个机床有 1/3 的时间加工零件 A, 其余时间加工零件 B, 加工零件 A 时, 停机的概率是 0.3, 加工零件 B 时, 停机的概率是 0.4, 这个机床停机的概率为 ____________.

4. 有两个口袋, 甲袋中装有 2 个白球 1 个黑球, 乙袋中装有 1 个白球 2 个黑球. 由甲袋中任取 1 个球放入乙袋, 再从乙袋中任取出 1 个球, 取到白球的概率为 ____________.

5. 已知一批产品中 90%是合格品, 检查时, 一个合格品被误认为是次品的概率为 0.05, 一个次品被误认为是合格品的概率为 0.02, 一个经检查后被认为是合格品的产品确是合格品的概率为 ____________.

二、单项选择

1. 袋中装有 3 个黑球、5 个白球、2 个红球, 随机地取出一个, 将球放回后, 再放入一个与取出颜色相同的球, 第二次再在袋中任取一球, 第二次抽得黑球的概率为 (　　).

(A) 33/110　　(B) 3/10　　(C) 3/11　　(D) 7/10

2. 三个箱子, 第一个箱子中有 4 个黑球, 1 个白球; 第二个箱子中有 3 个黑球, 3 个白球; 第三个箱子中有 3 个黑球, 5 个白球. 现随机地取一个箱子, 再从这个箱子中取出一个球, 已知取出的球是白球, 此球属于第二个箱子的概率为 (　　).

(A) 40/53　　(B) 10/53　　(C) 53/120　　(D) 20/53

3. 甲、乙两台机器制造大量的同一种机器零件, 根据长期资料总结, 甲机器制造出的零件废品率为 1%, 乙机器制造出的零件废品率为 2%, 现有同一机器制造的一批零件, 估计这一批零件是乙机器制造的可能性比它们是甲机器制造的可能性大一倍. 今从该批零件中任意取出一件, 经检查恰好是废品, 根据检查结果, 这批零件为甲机器制造的概率为 (　　).

(A) 0.3　　(B) 0.4　　(C) 0.5　　(D) 0.2

4. 工厂仓库中混合存放有规格相同的产品, 其中甲车间生产的产品占 70%, 乙车间生产的产品占 30%. 甲车间生产的产品的次品率为 1/10, 乙车间生产的产品的次品率为 2/15. 现从这些产品中任取一件进行检验, 若取出的是次品, 该次品是甲车间生产的概率为 (　　).

(A) 3/10　　(B) 7/11　　(C) 9/10　　(D) 13/15

1.6 独 立 性

1.6.1 事件的独立性

1. 两个事件的独立性

我们知道条件概率 $P(B|A)$ 与无条件概率 $P(B)$ 不一定相等, 但是在一些特殊情况下它们可能会相等.

例 1.26 设试验 E 为“抛甲、乙两枚硬币, 观察正反面出现的情况”, 则 E 的样本空间可以表示为 $\Omega = \{$甲正乙正, 甲正乙反, 甲反乙反, 甲反乙正$\}$; 设事件 $A =$“甲币出现正面”, 事件 $B =$“乙币出现正面”, 则 $P(A) = 0.5$, $P(B) = 0.5$, $P(B|A) = 0.5$, $P(A|B) = 0.5$, 从而 $P(B|A) = P(B)$, $P(A|B) = P(A)$, 易知这时 $P(AB) = P(A)P(B)$.

事实上, 甲币是否出现正面与乙币是否出现正面是互不影响的, 即事件 A 和 B 是否发生互不影响, 这时我们称事件 A 和 B 相互独立. 一般地, 有下面定义:

定义 1.8 设 A, B 是两个事件, 如果 $P(AB) = P(A)P(B)$, 则称 A 与 B **相互独立**, 简称 A 与 B **独立**.

从定义看到, 独立的概念具有对称性, A 与 B 独立, 则 B 与 A 独立.

容易证明, 当 $P(A) > 0$ 时, A 与 B 相互独立当且仅当 $P(B|A) = P(B)$;

当 $P(B) > 0$ 时, A 与 B 相互独立当且仅当 $P(A|B) = P(A)$.

需要注意的是, 不要把事件 A 与 B 的独立性与事件 A 与 B 互不相容相混淆. 事实上, 当 $P(A)P(B) > 0$ 时, 有

如果 A 与 B 相互独立, 则 A 与 B 一定不互不相容; 如果 A 与 B 互不相容, 则 A 与 B 一定不相互独立.

例 1.27 证明若事件 A 与 B 相互独立, 则下列各对事件也相互独立:

$$A \text{ 与 } \overline{B}, \quad \overline{A} \text{ 与 } B, \quad \overline{A} \text{ 与 } \overline{B}.$$

证 因为 $A = A(B \cup \overline{B}) = AB \cup A\overline{B}$, 由概率的有限可加性和 A, B 相互独立得

$$\begin{aligned} P(A) &= P(AB \cup A\overline{B}) = P(AB) + P(A\overline{B}) \\ &= P(A)P(B) + P(A\overline{B}), \end{aligned}$$

那么

$$P(A\overline{B}) = P(A)[1 - P(B)] = P(A)P(\overline{B}).$$

因此, A 与 $\overline{B}$ 相互独立.

由此, 可推出 $\overline{A}$ 与 $\overline{B}$ 相互独立, 再由 $\overline{\overline{B}} = B$ 又推出 $\overline{A}$ 与 B 相互独立.

2. 多个事件的独立性

定义 1.9 设 A, B, C 为三个事件, 如果等式

$$P(AB) = P(A)P(B),$$

$$P(BC) = P(B)P(C),$$

$$P(AC) = P(A)P(C),$$

$$P(ABC) = P(A)P(B)P(C)$$

都成立, 则称事件 A, B, C **相互独立**.

一般地, 如果事件 $A_1, A_2, \cdots, A_n$ $(n \geqslant 2)$ 中任意 k $(2 \leqslant k \leqslant n)$ 个事件积事件的概率都等于各个事件的概率之积, 则称 $A_1, A_2, \cdots, A_n$ **相互独立**; 如果 $A_1, A_2, \cdots, A_n$ 中任意两个事件相互独立, 则称 $A_1, A_2, \cdots, A_n$ **两两独立**.

显然, 若 n 个事件相互独立, 则一定两两独立. 反之, 则不一定成立.

例 1.28 将一个均匀的正四面体的第一面染上红、黄、蓝三色, 将其他三面分别染上红色、黄色、蓝色, 设 A, B, C 分别表示掷一次四面体红色、黄色、蓝色与桌面接触的事件, 则显然

$$P(A) = P(B) = P(C) = \frac{1}{2},$$

$$P(AB) = \frac{1}{4} = P(A)P(B),$$

$$P(AC) = \frac{1}{4} = P(A)P(C),$$

$$P(BC) = \frac{1}{4} = P(B)P(C),$$

$$P(ABC) = \frac{1}{4} \neq P(A)P(B)P(C) = \frac{1}{8}.$$

此例表明, 事件 A, B, C 两两独立, 但是 A, B, C 不相互独立.

例 1.29 设口袋中有 100 个球, 其中有 7 个是红色的, 25 个是黄色的, 24 个是黄蓝两色的, 1 个是红黄蓝三色的, 其余 43 个是无色的. 现从中任取一个球, 以 A、B、C 分别表示取得的球有红色、有黄色、有蓝色这些事件.

显然 $P(A) = \frac{2}{25}$, $P(B) = \frac{1}{2}$, $P(C) = \frac{1}{4}$, $P(AB) = \frac{1}{100}$, $P(BC) = \frac{1}{4}$, $P(AC) = \frac{1}{100}$, $P(ABC) = \frac{1}{100}$, 故

$$P(ABC) = P(A)P(B)P(C).$$

但显然又有

$$P(AB) \neq P(A)P(B),$$
$$P(AC) \neq P(A)P(C),$$
$$P(BC) \neq P(B)P(C).$$

即 A, B, C 不相互独立.

此例表明, 即使 $P(ABC) = P(A)P(B)P(C)$, 也不能保证 A, B, C 两两独立, 更不能保证三事件相互独立.

由独立性的定义, 可以得到以下两点推论:

(1) 若 $A_1, A_2, \cdots, A_n\ (n \geqslant 2)$ 相互独立, 则其中任意 $k\ (2 \leqslant k \leqslant n)$ 个事件也相互独立.

(2) 若 $A_1, A_2, \cdots, A_n\ (n \geqslant 2)$ 相互独立, 将其中任意多个事件换成它们各自的对立事件, 所得的 n 个事件仍然相互独立.

在实际应用中, 事件的独立性常常根据事件的实际意义去判断. 一般情况下, 若各事件之间没有关联或关联很弱, 就可以认为它们是相互独立的. 如果根据实际意义判断一组事件是相互独立的, 则关于它们的积事件的概率计算就很简单.

例 1.30 设某地区某时间每人的血清中含有某种病毒的概率为 0.4%, 混合 100 个人的血清, 求血清中含有该病毒的概率.

解 设 A_i = "第 i 人的血清中含有某种病毒", $i = 1, 2, \cdots, 100$, 可以认为诸 A_i 是相互独立的, 从而诸 $\overline{A_i}$ 也是相互独立的, 且 $P(\overline{A_i}) = 1 - 0.004 = 0.996$, 则要求的概率为

$$\begin{aligned} P\left(\bigcup_{i=1}^{100} A_i\right) &= 1 - P\left(\overline{\bigcup_{i=1}^{100} A_i}\right) = 1 - P\left(\bigcap_{i=1}^{100} \overline{A_i}\right) \\ &= 1 - \prod_{i=1}^{100} P(\overline{A_i}) = 1 - 0.996^{100} \approx 0.33. \end{aligned}$$

例 1.31 从 1 至 9 这 9 个数字中有放回地取 3 个数字, 每次任取 1 个, 求所取的 3 个数之积能被 10 整除的概率.

解 1 设 A = "所取的 3 个数之积能被 10 整除", A_1 = "所取的 3 个数中含有数字 5", A_2 = "所取的 3 个数中含有偶数", 则 $A = A_1A_2$, 所以

$$\begin{aligned} P(A) = P(A_1A_2) &= 1 - P(\overline{A_1A_2}) = 1 - P(\overline{A}_1 \cup \overline{A}_2) \\ &= 1 - P(\overline{A}_1) - P(\overline{A}_2) + P(\overline{A}_1\overline{A}_2) \\ &= 1 - \left(\frac{8}{9}\right)^3 - \left(\frac{5}{9}\right)^3 + \left(\frac{4}{9}\right)^3 \approx 1 - 0.786 = 0.214. \end{aligned}$$

解 2 设 $A_k=$“第 k 次取得数字 5”, $B_k=$“第 k 次取得偶数”, $k=1,2,3$, 则 $A=(A_1\cup A_2\cup A_3)\cap(B_1\cup B_2\cup B_3)$, 由事件的对偶律得

$$\begin{aligned}\overline{A}&=(\overline{A_1\cup A_2\cup A_3})\cup(\overline{B_1\cup B_2\cup B_3})\\&=(\overline{A}_1\overline{A}_2\overline{A}_3)\cup(\overline{B}_1\overline{B}_2\overline{B}_3),\end{aligned}$$

所以 $P(\overline{A})=P(\overline{A}_1\overline{A}_2\overline{A}_3)+P(\overline{B}_1\overline{B}_2\overline{B}_3)-P(\overline{A}_1\overline{A}_2\overline{A}_3\overline{B}_1\overline{B}_2\overline{B}_3)$. 由于是有放回的取数, 所以各次抽取结果相互独立, 并且

$$P(\overline{A}_1)=P(\overline{A}_2)=P(\overline{A}_3)=\frac{8}{9},$$

$$P(\overline{B}_1)=P(\overline{B}_2)=P(\overline{B}_3)=\frac{5}{9},$$

$$P(\overline{A}_1\overline{B}_1)=P(\overline{A}_2\overline{B}_2)=P(\overline{A}_3\overline{B}_3)=\frac{4}{9},$$

因此

$$\begin{aligned}P(\overline{A})&=P(\overline{A}_1)P(\overline{A}_2)P(\overline{A}_3)+P(\overline{B}_1)P(\overline{B}_2)P(\overline{B}_3)-P(\overline{A}_1\overline{B}_1)P(\overline{A}_2\overline{B}_2)P(\overline{A}_3\overline{B}_3)\\&=\left(\frac{8}{9}\right)^3+\left(\frac{5}{9}\right)^3-\left(\frac{4}{9}\right)^3\approx 0.786,\end{aligned}$$

$$P(A)=1-P(\overline{A})\approx 1-0.786=0.214.$$

【微视频1-14】事件的独立性

【拓展练习1-8】独立性的证明

【拓展阅读1-4】“三个臭皮匠，赛过诸葛亮”

1.6.2 试验的独立性

为了研究某随机事件, 我们常常需要重复做大量试验, 比如, 把一枚硬币反复抛掷多次, 对一目标连续重复射击, 在一大批产品中抽取若干个来逐个测试它们的某项指标, 等等, 这些实际上就是在重复某项试验, 如果 n 次重复试验的结果相互独立, 我们就称这些试验为 n **重独立重复试验**.

定义 1.10 在 n 重独立重复试验中, 如果每次试验的可能结果只有两个对立的结果 A 和 $\overline{A}$, 则称这种试验为 n **重伯努利试验**.

在 n 重伯努利试验中, 假设事件 A 在每次试验中发生的概率均为 $P(A)=p(0<p<1)$, 现在计算在 n 重伯努利试验中事件 A 发生 k 次的概率 p_k, $k=0,1,2,\cdots,n$.

由于试验是相互独立的，如果事件 A 在 n 次独立试验中某指定的 k 次试验（比如说前 k 次试验）中发生，而在其余 $n-k$ 次试验中不发生，其概率为

$$P(A_1A_2\cdots A_k\overline{A_{k+1}}\cdots\overline{A_n})=P(A_1)P(A_2)\cdots P(A_k)P(\overline{A_{k+1}})\cdots P(\overline{A_n})$$
$$=p^k(1-p)^{n-k},$$

其中 A_i 表示"A 在第 i 次试验中发生"，$i=1,2,\cdots,n$.

事实上，在 n 次独立重复试验中，结果出现事件 A 的 k 次试验并非指定，由组合知识，A 在 n 次试验中发生 k 次共有 C_n^k 种不同的结果，而每种结果的概率都是 $p^k(1-p)^{n-k}$. 由于这些结果是两两互不相容的，故 A 发生 k 次的概率为

$$p_k=\mathrm{C}_n^kp^k(1-p)^{n-k},\quad k=0,1,2,\cdots,n. \tag{1.7}$$

由于公式 (1.7) 正好是 $[p+(1-p)]^n$ 的二项展开式的通项，我们常称公式 (1.7) 为**二项概率公式**.

显然

$$\sum_{k=0}^{n}p_k=\sum_{k=0}^{n}\mathrm{C}_n^kp^k(1-p)^{n-k}=1.$$

例 1.32 八门火炮同时独立地向同一目标各射击一发炮弹，共有不少于 2 发炮弹命中目标时，目标就被击毁，如果每门炮命中目标的概率为 0.6，求击毁目标的概率.

解 设 $A=$"一门火炮命中目标"，则 $P(A)=0.6$. 本题可看作 $p=0.6, n=8$ 的 n 重伯努利试验，所求概率是事件 A 在 8 次独立试验中至少出现两次的概率，即

$$\sum_{k=2}^{8}p_k=1-\sum_{k=0}^{1}p_k=1-\sum_{k=0}^{1}\mathrm{C}_8^k(0.6)^k(0.4)^{8-k}=0.9915.$$

同步自测 1-6

一、填空

1. 两事件 A, B 相互独立的充要条件为 ________；A, B, C 三事件相互独立的充要条件为 ________.

2. 已知在 10 只晶体管中，有 2 只次品，在其中任取两次，每次随机地取一只，做有放回抽样，则

(1) 两只都是正品的概率为 ________.

(2) 一只正品，一只为次品的概率为 ________.

(3) 两只都为次品的概率为 ________.

(4) 第二次取出的是次品的概率为 ________.

3. 从厂外打电话给某工厂的一个车间，要由总机转入. 若总机打通的概率为 0.6，车间分机占线的概率为 0.3，假定两者是独立的，从厂外向车间打电话能打通的概率为 ________.

4. A, B 是两个随机事件, 且 $P(A)=0.4, P(A\cup B)=0.7$.

(1) 若 A 与 B 互不相容, 则 $P(B)=$ ________________.

(2) 若 A 与 B 相互独立, 则 $P(B)=$ ________________.

5. 一个袋子中有 2 个黑球和若干个白球, 现有放回地摸球 4 次, 每次摸一个球, 若至少摸到 1 个白球的概率是 80/81, 则袋子中白球的数量是 ____________.

二、单项选择

1. 将一枚硬币独立地抛掷两次, 引进事件 $A_1=$ "第一次出现正面", $A_2=$ "第二次出现正面", $A_3=$ "正、反面各出现一次", 则事件 ( ).

(A) A_1, A_2, A_3 相互独立　　(B) A_1, A_2, A_3 两两相互独立

(C) 无法判定 A_1, A_2, A_3 的独立性　　(D) 以上都不正确

2. 对于任意两个事件 A 和 B, 则 ( ).

(A) 若 $AB\neq\varnothing$, 则 A, B 一定独立　　(B) 若 $AB\neq\varnothing$, 则 A, B 有可能独立

(C) 若 $AB=\varnothing$, 则 A, B 一定独立　　(D) 若 $AB=\varnothing$, 则 A, B 一定不独立

3. 设 A、B 为两个随机事件, 且 $P(B)>0, P(A|B)=1$, 则必有 ( ).

(A) $P(A\cup B)>P(A)$　　(B) $P(A\cup B)>P(B)$

(C) $P(A\cup B)=P(A)$　　(D) $P(A\cup B)=P(B)$

4. 设随机事件 A 与 B 相互独立, 且 $P(B)=0.5, P(A-B)=0.3$ 则 $P(B-A)=$ ( ).

(A) 0.1　　(B) 0.2

(C) 0.3　　(D) 0.4

5. 设随机事件 A 与 B 互不相容, 且有 $P(A)>0, P(B)>0$, 则下列关系成立的是 ( ).

(A) A, B 相互独立　　(B) A, B 不相互独立

(C) A, B 互为对立事件　　(D) A, B 不互为对立事件

6. 设事件 A 与 B 独立, 则下面的说法中错误的是 ( ).

(A) A 与 $\overline{B}$ 独立　　(B) $\overline{A}$ 与 $\overline{B}$ 独立

(C) $P(\overline{A}B)=P(\overline{A})P(B)$　　(D) A 与 B 一定互斥

1.7 Excel 数据分析功能简介

Excel 是微软公司办公软件 Office 的组件之一, 其超强的电子表格功能使其成为最受大众喜欢的软件之一, 同时其具有的数据分析功能已经越来越受到人们关注.

Excel 除了可以执行简单的加、减、乘、除等算术运算外, 还能进行较为复杂的函数运算, 为各种统计数据制作图表, 其种类繁多的统计计算函数以及附带的数据分析工具可以为数理统计带来极大的便利. 本书所涉 Excel 函数及数据分析工具大多基于 Excel 的 2010 版及以后版本.

1.7.1 统计函数简介

Excel 的超强计算功能源自其拥有的庞大函数库, 其中常用的数学与统计函数的功能简介列入【拓展阅读 1-5】中, 函数格式、参数的含义及具体用法可在书

后附录二或 Excel 的帮助中查到.

下面给出一个简单的例子说明 Excel 函数的使用方法.

【实验 1.1】 用 Excel 计算例 1.8 中的概率.

即求 $P(A)=\dfrac{10\times 9\times 8\times 7\times 6\times 5\times 4}{10^7}$, $P(B)=\dfrac{8^7}{10^7}$ 和 $P(C)=\dfrac{C_7^2\times 9^5}{10^7}$.

实验准备

学习附录二中如下函数:

(1) 函数 FACT 的使用格式: FACT(number)

功能: 返回数 number 的阶乘, 如果输入的 number 不是整数, 则截尾取整.

(2) 函数 POWER 的使用格式: POWER(number, power)

功能: 返回给定数字的乘幂. 其中 number 为底数, power 为指数.

(3) 函数 COMBIN 的使用格式: COMBIN(number, number_chosen)

功能: 返回从给定数目的对象集合中提取若干对象的组合数. number 为对象的总数量, number_chosen 为每一组合中对象的数量.

实验步骤

(1) 在单元格 B1 中输入公式:=FACT(10)/FACT(3)/POWER(10,7)

(2) 在单元格 B2 中输入公式:=POWER(8,7)/POWER(10,7)

(3) 在单元格 B3 中输入公式:=COMBIN(7,2)*POWER(9,5)/POWER(10,7)

即得计算结果: $P(A)=0.06048$, $P(B)=0.209715$, $P(C)=0.124003$, 如图 1.3 所示.

	A	B
1	$P(A)=$	0.06048
2	$P(B)=$	0.209715
3	$P(C)=$	0.124003

图 1.3 计算概率值

【拓展阅读1-5】Excel常用数学与统计函数

【实验讲解1-1】阶乘、乘幂、组合数的计算

1.7.2 数据分析工具简介

Microsoft Excel 提供了一组数据分析工具, 称为“分析工具库”, 在建立复杂统计或工程分析时可节省步骤. 只需为每一个分析工具提供必要的数据和参数,

该工具就会使用适当的统计或工程宏函数, 在输出表格中显示相应的结果. 其中有些工具在生成输出表格时还能同时生成图表.

表 1.2 列出 "分析工具库" 中包括的常用工具. 若要使用这些工具, 可以选择 "数据" 选项卡中的 "数据分析". 如果没有显示 "数据分析" 命令, 则需要加载 "分析工具库" 加载项程序.

表 1.2 "分析工具库" 中包括的常用工具

分析类型	分析名称	功能
方差分析	单因素方差分析	对两个或更多样本的数据执行简单的方差分析
	可重复双因素方差分析	用于当数据按照二维进行分类时的可重复双因素方差分析
	无重复双因素方差分析	用于当数据按照二维进行分类时的双因素方差分析
相关分析	相关系数	用于相关分析
协方差	协方差	用于使用协方差工具来检验两个变量, 以便确定两个变量的变化是否相关
描述统计	描述统计	用于生成数据源区域中数据的单变量统计分析报表, 提供有关数据趋中性和易变性的信息
	直方图	用于计算数据单元格区域和数据接收区间的单个和累积频率. 此工具可用于统计数据集中某个数值出现的次数
	随机数发生器	用于产生指定分布的独立随机数来填充某个区域. 可以通过概率分布来表示总体中的主体特征
	排位与百分比排位	产生一个数据表, 在其中包含数据表中各个数值的顺序排位和百分比排位. 该工具用来分析数据表中各数值间的相对位置关系
回归分析	回归	通过对一组观察值使用 "最小二乘法" 直线拟合来进行线性回归分析. 本工具可用来分析单个因变量是如何受一个或几个自变量影响的
抽样分析	抽样	以数据源区域为总体, 从而为其创建一个样本
F-检验	F-检验: 双样本方差	通过双样本 F-检验, 对两个样本总体的方差进行比较
t-检验	t-检验: 平均值的成对二样本分析	基于每个样本检验样本总体平均值是否相等
	t-检验: 双样本等方差假设	假设两组数据取自具有相同方差的分布, 进行双样本 t-检验
	t-检验: 双样本异方差假设	假设两组数据取自具有不同方差的分布, 进行双样本 t-检验
z-检验	z-检验: 双样本平均差检验	对具有已知方差的平均值进行双样本 z-检验

加载 "分析工具库" 加载项程序的方法如下:

(1) 在 Excel "文件" 菜单中选择 "选项", 打开 "Excel 选项" 对话框, 如图 1.4 所示.

(2) 选择 "加载项"—"分析工具库", 单击 "转到" 按钮, 如图 1.5 所示.

(3) 在打开的“加载宏”对话框中复选“分析工具库”, 最后单击“确定”按钮, 如图 1.6 所示.

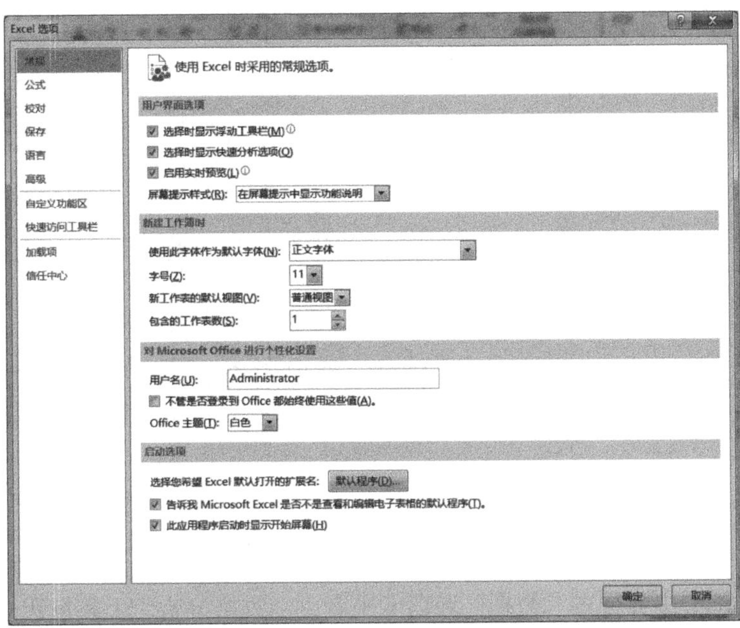

图 1.4 “Excel 选项”对话框

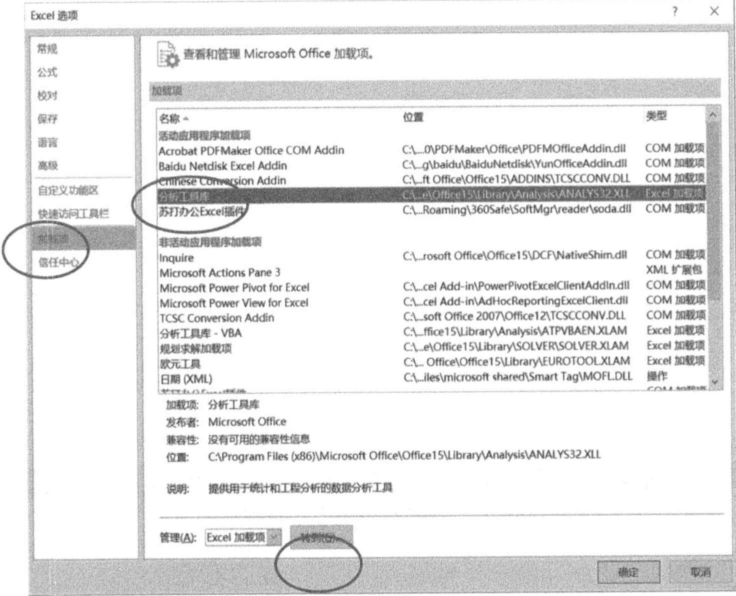

图 1.5 管理“加载项”

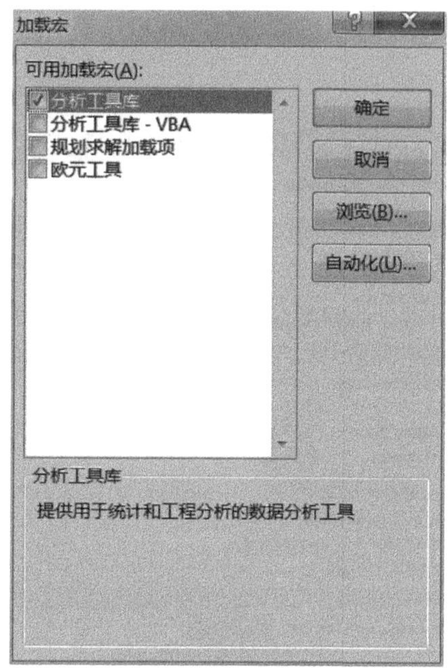

图 1.6 “加载宏” 对话框

即可在 Excel 主界面的 “数据” 选项卡中看到 “数据分析” 工具按钮, 如图 1.7 所示.

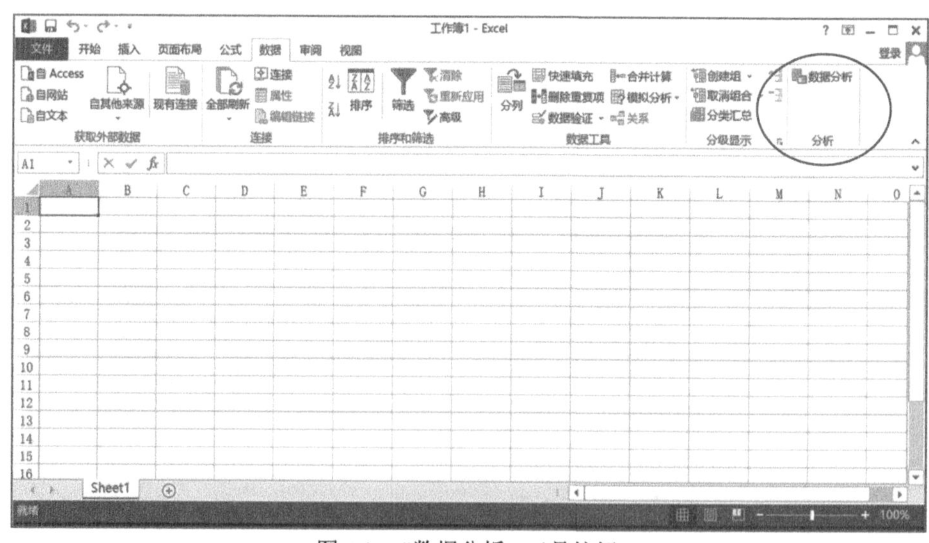

图 1.7 “数据分析” 工具按钮

第 1 章知识结构图

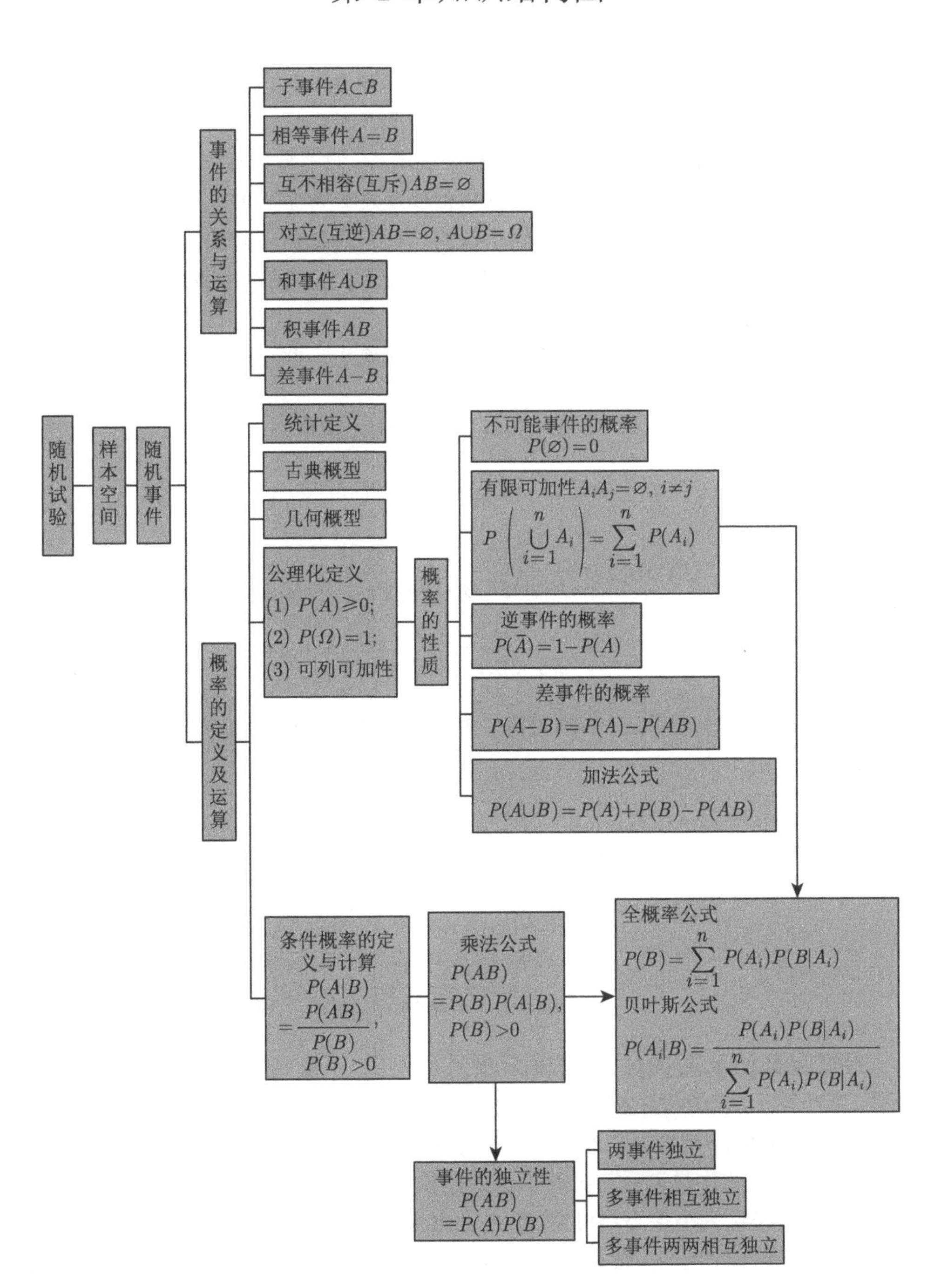

- 随机试验 — 样本空间 — 随机事件
  - 事件的关系与运算
    - 子事件 $A\subset B$
    - 相等事件 $A=B$
    - 互不相容(互斥) $AB=\varnothing$
    - 对立(互逆) $AB=\varnothing$, $A\cup B=\Omega$
    - 和事件 $A\cup B$
    - 积事件 AB
    - 差事件 $A-B$
  - 概率的定义及运算
    - 统计定义
    - 古典概型
    - 几何概型
    - 公理化定义 (1) $P(A)\geqslant 0$; (2) $P(\Omega)=1$; (3) 可列可加性
      - 概率的性质
        - 不可能事件的概率 $P(\varnothing)=0$
        - 有限可加性 $A_iA_j=\varnothing$, $i\neq j$ $P\left(\bigcup\limits_{i=1}^{n}A_i\right)=\sum\limits_{i=1}^{n}P(A_i)$ → 全概率公式
        - 逆事件的概率 $P(\bar{A})=1-P(A)$
        - 差事件的概率 $P(A-B)=P(A)-P(AB)$
        - 加法公式 $P(A\cup B)=P(A)+P(B)-P(AB)$
    - 条件概率的定义与计算 $P(A|B)=\dfrac{P(AB)}{P(B)}$, $P(B)>0$
      - 乘法公式 $P(AB)=P(B)P(A|B)$, $P(B)>0$
        - → 全概率公式 $P(B)=\sum\limits_{i=1}^{n}P(A_i)P(B|A_i)$；贝叶斯公式 $P(A_i|B)=\dfrac{P(A_i)P(B|A_i)}{\sum\limits_{i=1}^{n}P(A_i)P(B|A_i)}$
        - → 事件的独立性 $P(AB)=P(A)P(B)$
          - 两事件独立
          - 多事件相互独立
          - 多事件两两相互独立

【信任度下降问题解答】

伊索寓言《牧童与狼》讲述了这样一个故事：一个小孩每天去山上放羊，山里常有狼出没. 有一天，他在山上喊："狼来了！狼来了！" 山下的村民闻声便去打狼，可到山上，发现狼并没有来；第二天仍是如此；第三天，狼真的来了，可无论小孩怎么叫也没有人来救他，因为前两次他说了谎，人们不再相信他了.

试定量分析此寓言中村民对这小孩的信任度是如何下降的?

解 用贝叶斯公式分析村民对这小孩的信任度是如何下降的.

记 $A=$"小孩可信", $B=$"小孩说谎", 不妨设过去村民对小孩印象为 $P(A)=0.8$, $P(\overline{A})=0.2$.

可信的孩子说谎要比不可信的孩子说谎的概率小一些, 不妨假设

$$P(B|A)=0.1,\quad P(B|\overline{A})=0.5.$$

$P(A|B)$ 表示当小孩说了一次谎后, 村民对他的可信程度. 由贝叶斯公式

$$\begin{aligned}P(A|B)&=\frac{P(A)P(B|A)}{P(A)P(B|A)+P(\overline{A})P(B|\overline{A})}\\&=\frac{0.8\times 0.1}{0.8\times 0.1+0.2\times 0.5}\approx 0.444.\end{aligned}$$

这表明, 村民上一次当后, 对小孩的信任度由原来的 0.8 调整为 0.444. 调整后, 重复上面过程, 记

$$P(A)=0.444,\quad P(\overline{A})=0.556.$$

$$\begin{aligned}P(A|B)&=\frac{P(A)P(B|A)}{P(A)P(B|A)+P(\overline{A})P(B|\overline{A})}\\&=\frac{0.444\times 0.1}{0.444\times 0.1+0.556\times 0.5}\approx 0.138.\end{aligned}$$

经过两次上当, 村民对小孩的信任度已经从 0.8 下降到 0.138 了. 如此低的信任度, 难怪第三次呼叫时, 村民不再上山打狼了.

注意, 开始的 $P(A)=0.8$ 是村民最初对小孩的印象, 是先验概率, 而 $P(A|B)\approx 0.138$ 是小孩两次说谎后村民对小孩的印象, 是后验概率, 最后这个后验概率发挥了作用, 村民认为小孩不再可信, 不再上山打狼了.

这个案例告诉我们, 做人一定要诚信、不说谎. 否则, 失信于人, 终将害人害己.

习 题 1

1. 设 $P(AB)=0$, 则下列说法哪些是正确的?

(1) A 和 B 互不相容;

(2) A 和 B 相容;

(3) AB 是不可能事件;

(4) AB 不一定是不可能事件;

(5) $P(A)=0$ 或 $P(B)=0$;

(6) $P(A-B)=P(A)$.

2. 按照从小到大顺序排列 $P(A)$, $P(A\cup B)$, $P(AB)$, $P(A)+P(B)$, 并说明理由.

3. 已知事件 A, B 满足 $P(AB)=P(\overline{A}\,\overline{B})$, 记 $P(A)=p$, 试求 $P(B)$.

4. 已知 $P(A)=0.7$, $P(A-B)=0.3$, 试求 $P(\overline{AB})$.

5. 已知 $P(A)=1/2$, $P(B)=1/3$, $P(C)=1/5$, $P(AB)=1/10$, $P(AC)=1/15$, $P(BC)=1/20$, $P(ABC)=1/30$, 试求 $P(A\cup B)$, $P(\overline{A}\,\overline{B})$, $P(A\cup B\cup C)$, $P(\overline{A}\,\overline{B}\,\overline{C})$.

6. 在房间里有 10 个人, 分别佩戴从 1 号到 10 号的纪念章, 任抽 3 人记录其纪念章的号码. 求:

(1) 求最小号码为 5 的概率;

(2) 求最大号码为 5 的概率.

7. 将 3 个球随机地放入 4 个杯子中去, 求杯子中球的最大个数分别为 1, 2, 3 的概率.

8. 设 5 个产品中有 3 个合格品, 2 个不合格品, 从中不放回地任取 2 个, 求取出的 2 个中全是合格品, 仅有一个合格品和没有合格品的概率各为多少?

9. 口袋中有 5 个白球, 3 个黑球, 从中任取两个, 求取到的两个球颜色相同的概率.

10. 若在区间 (0, 1) 内任取两个数, 求事件 “两数之和小于 6/5” 的概率.

11. 随机地向半径为 a 的半圆 $0<y<\sqrt{2ax-x^2}$ 内掷一点, 点落在半圆内任何区域的概率与区域的面积成正比, 求原点和该点的连线与 x 轴的夹角小于 $\dfrac{\pi}{4}$ 的概率.

12. 已知 $P(A)=\dfrac{1}{4}$, $P(B|A)=\dfrac{1}{3}$, $P(A|B)=\dfrac{1}{2}$, 求 $P(A\cup B)$.

13. 设 10 件产品中有 4 件不合格品, 从中任取两件, 已知所取两件产品中有一件是不合格品, 则另一件也是不合格品的概率是多少?

14. 某人决定去甲、乙、丙三国之一旅游. 注意到这三国此季节下雨的概率分别为 1/2, 2/3, 1/2, 他去这三个国家旅游的概率分别为 1/4, 1/4, 1/2. 据此信息计算他旅游遇上下雨的概率是多少? 如果已知他遇上雨天, 那么他到甲国旅游的概率又是多少?

15. 将两信息分别编码为 a 和 b 传递出去, 接收站收到时, a 被误收作 b 的概率为 0.02, 而 b 被误收作 a 的概率为 0.01, 信息 a 与信息 b 传送的频繁程度为 2∶1, 若接收站收到的信息是 a, 问原发信息是 a 的概率是多少?

16. 设人群中男女人口之比为 51∶49, 男性中有 5%是色盲患者, 女性中有 2.5%是色盲患者. 仅从人群中随机抽取一人, 恰好是色盲患者, 求此人是男性的概率.

17. 三人独立地去破译一份密码, 已知各人能译出的概率分别为 $\dfrac{1}{5}$, $\dfrac{1}{3}$, $\dfrac{1}{4}$, 问三人中至少有一人能将此密码译出的概率是多少?

18. 设事件 A 与 B 相互独立, 已知 $P(A) = 0.4$, $P(A \cup B) = 0.7$, 求 $P(\overline{B}|A)$.

19. 甲、乙两人独立地对同一目标射击一次, 其命中率分别为 0.6 和 0.5, 现已知目标被命中, 则它是甲射中的概率是多少?

20. 某零件用两种工艺加工, 第一种工艺有三道工序, 各道工序出现不合格品的概率分别为 0.3, 0.2, 0.1; 第二种工艺有两道工序, 各道工序出现不合格品的概率分别为 0.3, 0.2. 假设两种工艺中各道工序相互独立. 试问:

(1) 用哪种工艺加工得到合格品的概率较大些?

(2) 第二种工艺两道工序出现不合格品的概率都是 0.3 时, 情况又如何?

第 2 章 Chapter 随机变量及其分布

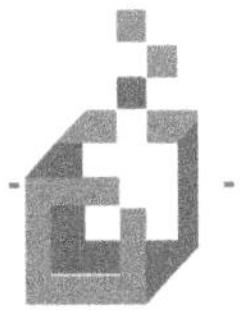

概率论从数量的角度来研究随机现象的统计规律性, 通过建立起一系列的公式和定理, 来描述、处理和解决各种与随机现象有关的理论和应用问题. 为此, 需要建立试验的样本空间与实数集合的对应关系, 也就是引入随机变量的概念. 本章介绍随机变量的有关概念、常用的随机变量以及随机变量函数的分布.

【工作效率问题】

某工厂有 80 台同类型设备, 各台工作是相互独立的, 发生故障的概率都是 0.01, 且一台设备的故障能有一人处理. 为了提高设备维修的效率, 节省人力资源, 考虑两种配备维修工人的方法: 其一是由 4 人维护, 每人负责 20 台; 其二是由 3 人共同维护 80 台.

试比较两种配备维修工人方法的工作效率, 即比较这两种方法在设备发生故障时不能及时维修的概率的大小.

2.1 随 机 变 量

2.1.1 随机变量的概念

我们已经知道, 有些随机试验的结果本身就是数量, 例如, 掷一枚骰子观察出现的点数, 记录某地每天的最高气温等; 有些随机试验的结果不是数量, 例如, 检查一个产品, 结果可能是 “合格” 或 “不合格”, 但是我们可以将其数量化, 比如用 “1” 表示 “合格”, 用 “0” 表示 “不合格”, 这样, 随机试验的结果也可以用数量表示了. 把随机试验的结果数量化, 便于应用数学知识研究随机现象, 使得对随机现象的研究更深入和简单. 再看一个例子.

例 2.1 将一枚硬币连续抛 3 次, 观察正面朝上的情况. 如果用 “1” 表示正面朝上, “0” 表示反面朝上, 那么, 试验的样本空间为

$$\Omega=\{(1,1,1),(1,1,0),(1,0,1),(0,1,1),(1,0,0),(0,1,0),(0,0,1),(0,0,0)\}.$$

若用 X 表示正面朝上的次数, 那么 X 是一个变量, 它的取值随试验结果而变化, 具体写出来就是

$$X = X(\omega) = \begin{cases} 0, & 若\omega = (0,0,0), \\ 1, & 若\omega = (0,0,1)或(0,1,0)或(1,0,0), \\ 2, & 若\omega = (1,1,0)或(1,0,1)或(0,1,1), \\ 3, & 若\omega = (1,1,1). \end{cases}$$

这是一个实值单值函数, 它的定义域是样本空间 Ω, 值域为 $\{0,1,2,3\}$, 我们称之为随机变量.

下面给出随机变量的定义.

定义 2.1 设随机试验的样本空间为 $\Omega = \{\omega\}$, $X = X(\omega)$ 是定义在样本空间 Ω 上的实值单值函数, 称 $X = X(\omega)$ 为**随机变量**.

常用大写字母 X, Y, Z 等表示随机变量, 其取值常用小写字母 x, y, z 等表示.

由定义知, 随机变量的取值随试验结果而定, 在试验之前不能预知它最终取到什么值. 由于随机试验的结果具有随机性, 随机变量的取值也就具有随机性, 在考虑它的取值的时候, 需要同时考虑相应的概率. 这说明了随机变量与普通变量有着本质的区别.

引入随机变量后, 我们很容易用随机变量表示随机事件和随机事件发生的概率. 如用随机变量 X 表示掷一枚骰子出现的点数, 则可用 $\{X = 1\}$ 和 $\{X \leqslant 3\}$ 分别表示事件 "出现的点数为 1" 和事件 "出现的点数不超过 3", 而用 $P\{X = 1\}$, $P\{X \leqslant 3\}$ 分别表示两事件发生的概率.

2.1.2 随机变量的分布函数

对于随机变量, 最重要的是了解它的取值规律. 为此, 我们引入随机变量的分布函数的概念.

定义 2.2 设 X 是一个随机变量, 对任意实数 x, 称事件 $\{X \leqslant x\}$ 发生的概率

$$F(x) = P\{X \leqslant x\}, \quad -\infty < x < \infty \tag{2.1}$$

为随机变量 X 的**分布函数**.

由分布函数的定义易知, 对任意实数 $a, b(a \leqslant b)$, 有

$$P\{a < X \leqslant b\} = P\{X \leqslant b\} - P\{X \leqslant a\} = F(b) - F(a),$$

$$P\{X > a\} = 1 - P\{X \leqslant a\} = 1 - F(a).$$

可见, 若已知 X 的分布函数 $F(x)$, 那么, 计算 X 落在某个区间的概率就非常方便了. 由于分布函数是一个普通的函数, 通过它可以方便地利用数学方法来研究随机变量.

分布函数 $F(x)$ 具有以下三条基本性质:

(1) **单调性** $F(x)$ 是定义在整个实数轴 $(-\infty, +\infty)$ 上的单调非减函数, 即对任意的 $x_1 < x_2$, 有 $F(x_1) \leqslant F(x_2)$.

(2) **有界性** 对任意的 x, 有 $0 \leqslant F(x) \leqslant 1$, 且

$$F(-\infty) = \lim_{x \to -\infty} F(x) = 0,$$

$$F(+\infty) = \lim_{x \to +\infty} F(x) = 1.$$

(3) **右连续性** $F(x)$ 是 x 的右连续函数, 即对任意的 x_0, 有

$$\lim_{x \to x_0^+} F(x) = F(x_0).$$

性质 (1) 和 (2) 很直观, 性质 (3) 的证明超出本书的要求, 故略去, 有兴趣的读者可以查阅相关文献.

注意, 上述三个性质是一个函数成为某个随机变量的分布函数的充要条件.

例 2.2 证明 $F(x) = \dfrac{1}{\pi}\left[\arctan x + \dfrac{\pi}{2}\right], -\infty < x < +\infty$ 是一个分布函数.

证 由于 $F(x)$ 在整个数轴上是连续、严格单调递增函数, 且 $F(+\infty) = 1$, $F(-\infty) = 0$, $0 \leqslant F(x) \leqslant 1$, 它满足分布函数的三条基本性质, 所以 $F(x)$ 是一个分布函数.

该函数称为**柯西分布函数**.

例 2.3 设 X 的分布函数是 $F(x) = \begin{cases} A, & x < 0, \\ 1/2, & 0 \leqslant x < 1, \\ B, & x \geqslant 1. \end{cases}$ 求常数 A 和 B 的值, 并求 $P\{X = 1\}$.

解 由于 $\lim\limits_{x \to -\infty} F(x) = 0$, $\lim\limits_{x \to +\infty} F(x) = 1$, 所以 $A = 0$, $B = 1$, 即

$$F(x) = \begin{cases} 0, & x < 0, \\ 1/2, & 0 \leqslant x < 1, \\ 1, & x \geqslant 1. \end{cases}$$

$$P\{X=1\}=P\{X\leqslant 1\}-P\{X<1\}=F(1)-P\{X<1\}.$$

因为 $P\{X<1\}=\lim\limits_{x\to 1^-}P\{X\leqslant x\}=\lim\limits_{x\to 1^-}F(x)=1/2$, 所以

$$P\{X=1\}=F(1)-\lim_{x\to 1^-}F(x)=1-1/2=1/2.$$

例 2.4 向半径为 r 的圆内随机抛一点, 求此点到圆心的距离 X 的分布函数, 并求 $P\left\{X>\dfrac{2r}{3}\right\}$.

解 根据定义, X 的分布函数 $F(x)=P\{X\leqslant x\}$, $-\infty<x<\infty$. 因为 X 表示向圆内随机抛的点到圆心的距离, 所以 $0\leqslant X\leqslant r$. 于是

若 $x<0$, $\{X\leqslant x\}$ 为不可能事件, 则 $F(x)=P\{X\leqslant x\}=0$;

若 $x\geqslant r$, $\{X\leqslant x\}$ 为必然事件, $F(x)=P\{X\leqslant x\}=1$;

若 $0\leqslant x<r$, 事件 $\{X\leqslant x\}$ 表示所抛的点落在半径为 x 的圆内, 由几何概型知

$$F(x)=P\{X\leqslant x\}=\frac{\pi x^2}{\pi r^2}=\left(\frac{x}{r}\right)^2,$$

从而, X 的分布函数为

$$F(x)=\begin{cases}0, & x<0,\\ \left(\dfrac{x}{r}\right)^2, & 0\leqslant x<r,\\ 1, & x\geqslant r,\end{cases}$$

且

$$P\left\{X>\frac{2r}{3}\right\}=1-P\left\{X\leqslant\frac{2r}{3}\right\}=1-F\left(\frac{2r}{3}\right)=1-\left(\frac{2}{3}\right)^2=\frac{5}{9}.$$

引入了随机变量和分布函数后, 我们就可以利用高等数学的许多结果和方法来研究各种随机现象了. 下一节将分别按照离散和连续两种类型来更深入地研究随机变量及其分布, 其他类型的随机变量本书不作介绍.

【微视频2-2】随机变量的分布函数

【拓展练习2-1】分布函数的性质及应用

同步自测 2-1

一、填空

1. 设随机变量 X 的分布函数为 $F(x)$, 若 $a<b$, 且 $p_1=P\{X=a\}$, $p_2=P\{X=b\}$, 则根据分布函数的定义, $P\{a<X\leqslant b\}=$________, $P\{a<X<b\}=$________, $P\{a\leqslant X\leqslant b\}=$________, $P\{a\leqslant X<b\}=$________.

2. 设随机变量 X 的分布函数 $F(x)=\begin{cases}A+B\mathrm{e}^{-2x}, & x>0,\\ 0, & x\leqslant 0,\end{cases}$ 则 $A=$________, $B=$________, $P\{-1<X\leqslant 1\}=$________.

二、单项选择

1. 设 $F(x)=P\{X\leqslant x\}$ 是随机变量 X 的分布函数, 则下列选项中不正确的是 (　　).

(A) $F(x)$ 是减函数　　(B) $F(x)$ 是不减函数

(C) $F(x)$ 右连续　　(D) $F(-\infty)=0, F(+\infty)=1$

2. 设随机变量 X 的分布函数 $F(x)=\begin{cases}0, & x<0,\\ 1/2, & 0\leqslant x<1,\\ 1, & x\geqslant 1,\end{cases}$ 则 $P\{X=0\}=$ (　　).

(A) 0　　(B) 1/2　　(C) 1　　(D) 1/4

3. 设随机变量 X 的分布函数 $F(x)=\begin{cases}0, & x<0,\\ \sin x, & 0\leqslant x<\pi/2,\\ 1, & x\geqslant \pi/2,\end{cases}$ 则 $P\{X>\pi/6\}=$ (　　).

(A) 1　　(B) 2　　(C) 0.5　　(D) 0.2

4. 设 $F_1(x)$ 和 $F_2(x)$ 都是随机变量的分布函数, 在下列 a 和 b 的各对取值中, 能够使得 $F(x)=aF_1(x)-bF_2(x)$ 为某个随机变量的分布函数的是 (　　).

(A) $a=\dfrac{2}{3}, b=-\dfrac{2}{3}$　　(B) $a=\dfrac{3}{5}, b=-\dfrac{2}{5}$

(C) $a=-\dfrac{1}{2}, b=\dfrac{3}{2}$　　(D) $a=\dfrac{1}{2}, b=-\dfrac{3}{2}$

2.2 离散型随机变量

有些随机变量, 它全部可能取到的值为有限个或可列无限多个, 这种随机变量称为**离散型随机变量**. 如掷一枚骰子出现的点数, 一昼夜 110 接到的呼叫次数, 均为离散型随机变量.

2.2.1 离散型随机变量及其分布律

定义 2.3 设 X 是一个离散型随机变量, 若 X 的全部可能取值为 $x_1, x_2, \cdots, x_i, \cdots$, 则 X 取 x_i 的概率

$$P\{X=x_i\}=p_i,\quad i=1,2,\cdots$$

称为 X 的**概率分布**或简称**分布律**.

X 的分布律也可用如下方式表示:

X	x_1	x_2	$\cdots$	x_i	$\cdots$
P	p_1	p_2	$\cdots$	p_i	$\cdots$

显然分布律具有如下性质:

(1) **非负性** $p_i \geqslant 0, i=1,2,\cdots$;

(2) **归一性** $\sum\limits_{i=1}^{\infty} p_i = 1$.

注意, 上述两条性质是一个数列为某个离散型随机变量的分布律的充要条件.

根据分布函数的定义, 易知离散型随机变量 X 的分布函数可表示为

$$F(x)=P\{X \leqslant x\}=\sum_{x_i \leqslant x} p_i, \quad -\infty<x<\infty.$$

例 2.5 设一汽车在开往目的地的道路上需经过四组信号灯, 每组信号灯以概率 p 禁止汽车通过, 以 X 表示汽车首次停下来时已通过的信号灯的组数 (设各组信号灯的工作是相互独立的), 求 X 的分布律.

解 因为每一组信号灯禁止汽车通过的概率为 p, 允许汽车通过的概率为 $1-p$. X 所有可能取的值为 0, 1, 2, 3, 4. 则 X 的分布律为

$$P\{X=i\}=(1-p)^i p, \quad i=0,1,2,3;$$

$$P\{X=4\}=(1-p)^4.$$

也可以将 X 的分布律表示为

X	0	1	2	3	4
P	p	$(1-p)p$	$(1-p)^2p$	$(1-p)^3p$	$(1-p)^4$

例 2.6 已知离散型随机变量 X 的分布律为

X	-1	0	1
P	1/3	1/6	a

求 a 的值及 $P\{-1 \leqslant X<0\}$, $P\{X<1\}$ 和 $P\{X>1\}$.

解 由分布律的归一性知 $1/3+1/6+a=1$, 得到 $a=1/2$.

$$P\{-1 \leqslant X<0\}=P\{X=-1\}=1/3,$$

$$P\{X<1\}=P\{X=-1\}+P\{X=0\}=1/3+1/6=1/2,$$

由于 $\{X>1\}$ 是不可能事件, 所以 $P\{X>1\}=0$.

例 2.7 设离散型随机变量 X 的分布律为

X	-1	2	3
P	$1/4$	$1/2$	$1/4$

试求 $P\{X\leqslant 0.5\}$, $P\{1.5<X\leqslant 2.5\}$, 并写出 X 的分布函数.

解 $P\{X\leqslant 0.5\}=P\{X=-1\}=1/4$,

$$P\{1.5<X\leqslant 2.5\}=P\{X=2\}=1/2.$$

X 的分布函数为

$$\begin{aligned}F(x)&=P\{X\leqslant x\}\\&=\begin{cases}0, & x<-1,\\ P\{X=-1\}, & -1\leqslant x<2,\\ P\{X=-1\}+P\{X=2\}, & 2\leqslant x<3,\\ P\{X=-1\}+P\{X=2\}+P\{X=3\}, & x\geqslant 3\end{cases}\\&=\begin{cases}0, & x<-1,\\ 1/4, & -1\leqslant x<2,\\ 1/4+1/2, & 2\leqslant x<3,\\ 1/4+1/2+1/4, & x\geqslant 3\end{cases}=\begin{cases}0, & x<-1,\\ 1/4, & -1\leqslant x<2,\\ 3/4, & 2\leqslant x<3,\\ 1, & x\geqslant 3\end{cases}\end{aligned}$$

$F(x)$ 的图形呈阶梯形右连续, 如图 2.1 所示, 在 X 的可能取值 $-1, 2, 3$ 处有跳跃, 其跃度分别为 $1/4, 1/2, 1/4$.

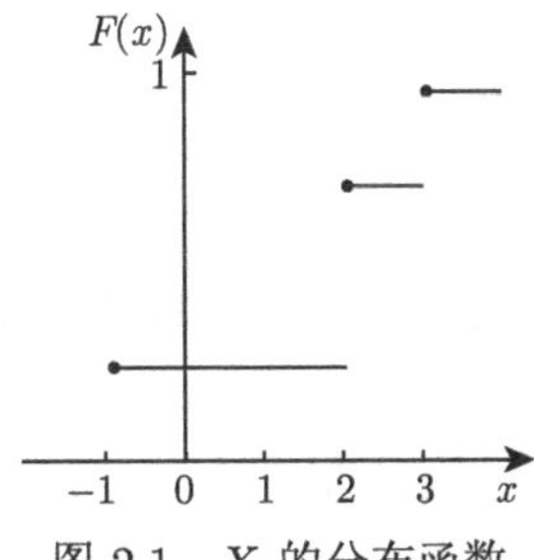

图 2.1 X 的分布函数

【微视频2-3】
离散型随机变
量及其分布律

2.2.2 常用离散型随机变量

1. 0-1 分布

定义 2.4 如果随机变量 X 只可能取 0 与 1 两个值, 它的分布律是

$$P\{X=k\}=(1-p)^{1-k}p^k, \quad k=0,1\,(0<p<1),$$

则称 X 服从参数为 p 的 0-1 **分布**或**两点分布**. 0-1 分布的分布律也可写成

X	0	1
P	$1-p$	p

对于一个随机试验, 如果它的样本空间 Ω 只包含两个样本点 ω_1、ω_2, 我们总能在 Ω 上定义一个服从 0-1 分布的随机变量

$$X=X(\omega)=\begin{cases}0, & \omega=\omega_1,\\ 1, & \omega=\omega_2\end{cases}$$

来描述这个随机试验的结果.

2. 二项分布

在前面介绍的 n 重伯努利试验中我们已经知道, 若事件 A 在每次试验中发生的概率为 $P(A)=p(0<p<1)$, 则 n 次试验中事件 A 发生 k 次的概率为

$$p_k=\mathrm{C}_n^k p^k(1-p)^{n-k}, \quad k=0,1,\cdots,n.$$

定义 2.5 如果随机变量 X 的分布律是

$$P\{X=k\}=\mathrm{C}_n^k p^k(1-p)^{n-k}, \quad k=0,1,\cdots,n,$$

则称 X 服从参数为 n,p 的**二项分布**, 记为 $X\sim B(n,p)$.

实际上, 二项分布是 n 重伯努利试验的概率模型. 显然, $B(1,p)$ 就是参数为 p 的 0-1 分布.

二项分布是一种常用的离散型分布. 例如, 在一大批产品中随机抽查 10 个产品, 10 个产品中不合格品的个数 X 服从二项分布 $B(10,p)$, 其中 p 为不合格品率; 又如, 在某地区随机调查 50 个人, 50 个人中患色盲的人数 Y 服从二项分布 $B(50,p)$, 其中 p 为色盲率.

例 2.8 一大批零件, 其次品率为 0.05, 现从中任意连续抽取 5 个, 求其中至少有一个是次品的概率.

解 将抽取一个零件观察它是否为次品作为一次试验, 任意连续抽取 5 个可以看作是连续进行了 5 次试验. 本题是不放回抽样, 因而各次试验并不独立, 这不是 5 重伯努利试验. 但由于零件总数很多, 且只需抽出 5 个, 故可近似地作为有放回抽样来处理, 这种抽样过程可近似看成是 5 重伯努利试验.

以 X 记抽出的 5 个零件中次品的个数, 则 $X \sim B(5, 0.05)$, 所以, 所求概率为

$$P\{X \geqslant 1\} = 1 - P\{X = 0\} = 1 - \mathrm{C}_5^0 0.05^0 (1-0.05)^{5-0} = 0.2262.$$

例 2.9 有甲、乙两种颜色和味道都极为相似的酒各 4 杯, 如果从中挑选 4 杯, 能将甲种酒全挑选出来, 算是试验成功一次.

(1) 某人随机去挑选, 问他试验成功的概率是多少?

(2) 某人声称他通过品尝能区分两种酒, 他连续试验 10 次, 成功 3 次, 试推断他是猜对的还是确有区分的能力 (设各次试验是相互独立的).

解 (1) 一次随机挑选成功的概率 $p = \dfrac{1}{\mathrm{C}_8^4} = \dfrac{1}{70}$;

(2) 设 10 次随机挑选成功的次数为 X, 则 $X \sim B\left(10, \dfrac{1}{70}\right)$. 10 次随机挑选成功 3 次的概率为

$$P\{X = 3\} = \mathrm{C}_{10}^3 \left(\frac{1}{70}\right)^3 \left(1 - \frac{1}{70}\right)^7 \approx 0.0003.$$

以上概率为随机挑选下的概率, 远远小于该人成功的频率 $3/10 = 0.3$, 因此, 可以推断他确有区分能力而不是猜对的.

3. 泊松分布

泊松分布是概率论中又一种重要的离散型分布, 它在理论和实践中都有广泛的应用.

定义 2.6 如果随机变量 X 的分布律为 $P\{X = k\} = \dfrac{\lambda^k}{k!}\mathrm{e}^{-\lambda}$, $\lambda > 0$ 为参数, $k = 0, 1, 2, \cdots$, 则称 X 服从参数为 λ 的**泊松分布**, 记为 $X \sim P(\lambda)$.

例 2.10 某种铸件的砂眼 (缺陷) 数服从参数为 $\lambda = 0.5$ 的泊松分布, 试求该铸件至多有一个砂眼 (合格品) 的概率和至少有 2 个砂眼 (不合格品) 的概率.

解 以 X 表示铸件的砂眼数，由题意知 $X\sim P(0.5)$. 则该种铸件上至多有 1 个砂眼的概率为

$$P\{X\leqslant 1\}=P\{X=0\}+P\{X=1\}=\frac{0.5^0}{0!}\mathrm{e}^{-0.5}+\frac{0.5^1}{1!}\mathrm{e}^{-0.5}=0.91.$$

至少有 2 个砂眼的概率为

$$P\{X\geqslant 2\}=1-P\{X\leqslant 1\}=0.09.$$

在二项分布 $B(n,p)$ 的概率计算中，往往计算量很大，利用下面的泊松定理近似计算，可以大大减少计算量. 下面不加证明地给出泊松定理.

定理 2.1 (泊松定理) 设 $\lambda>0$ 是一个常数，n 是任意正整数，设 $np=\lambda$ (p 与 n 有关)，则对于任一固定的非负整数 k，有

$$\lim_{n\to\infty}\mathrm{C}_n^k p^k(1-p)^{n-k}=\frac{\lambda^k}{k!}\mathrm{e}^{-\lambda}.$$

定理的条件 $np=\lambda$ (常数) 意味着当 n 很大时 p 必定很小. 因此，当 n 很大 p 很小时，有下面近似计算公式

$$\mathrm{C}_n^k p^k(1-p)^{n-k}\approx\frac{\lambda^k}{k!}\mathrm{e}^{-\lambda},\quad k=0,1,2,\cdots,\quad 其中\lambda=np.$$

该公式说明，在对二项分布 $B(n,p)$ 计算概率时，如果 n 很大 p 很小，可以用泊松分布 $P(\lambda)$ 来近似计算，其中参数为 $\lambda=np$. 下面给出一个利用泊松分布作近似计算的例子.

例 2.11 已知某种非传染疾病的发病率为 0.001，某单位共有 5000 人，问该单位患有这种疾病的人数不超过 5 人的概率为多少？

解 设该单位患有这种疾病的人数为 X，则 $X\sim B(5000,0.001)$，所求概率为

$$P\{X\leqslant 5\}=\sum_{k=0}^{5}\mathrm{C}_{5000}^k 0.001^k 0.999^{5000-k},$$

由于这时 $n=5000$ 很大，$p=0.001$ 很小，取 $\lambda=np=5$，则 $X\overset{近似}{\sim}P(5)$ 可用泊松分布 $P(5)$ 近似计算上面概率，并查附录一中附表 1 得

$$P\{X\leqslant 5\}\approx\sum_{k=0}^{5}\frac{5^k}{k!}\mathrm{e}^{-5}=0.616.$$

例 2.12 某射手每次射击击中目标的概率为 0.05, 现在连续射击 100 次, 求他击中目标 $k(k=0,1,2,\cdots,100)$ 次的概率. 若射手至少命中 5 次才可以参加下一步的考核, 求该射手不能参加考核的概率.

解 设 X 为射手击中目标的次数, 由题意知 $X\sim B(100,0.05)$, 则射手击中目标 $k(k=0,1,2,\cdots,100)$ 次的概率为

$$P\{X=k\}=\mathrm{C}_{100}^{k}0.05^{k}0.95^{100-k},\quad k=0,1,2,\cdots,100.$$

该射手不能参加考核的概率为

$$P\{X\leqslant 4\}=\sum_{k=0}^{4}\mathrm{C}_{100}^{k}0.05^{k}0.95^{100-k},$$

由于 X 近似服从参数为 $\lambda=100\times 0.05=5$ 的泊松分布, 即 $X\overset{\text{近似}}{\sim}P(5)$, 可以由泊松分布近似计算出上面概率, 并查附录一中附表 1 得

$$P\{X\leqslant 4\}\approx\sum_{k=0}^{4}\frac{\lambda^{k}}{k!}\mathrm{e}^{-5}=0.44.$$

在应用中, 诸如服务系统中寻求服务的呼叫次数, 产品的缺陷 (如布匹上的疵点、玻璃内的气泡等) 个数, 一定时期内出现的稀有事件 (如意外事故、自然灾害等) 个数, 放射性物质发射出的离子数等, 这些例子都是 n 很大 p 很小的二项分布, 所以常用泊松分布对其概率模型进行研究. 以服务系统中的呼叫次数为例, 服务设施的用户数 n 很大, 每个用户在指定时间内使用这个设施的概率 p 很小, 而且各用户使用情况又独立. 因此, 服务系统中的呼叫次数应是 n 很大 p 很小的二项分布, 由泊松定理, 可以近似认为服从 $\lambda=np$ 的泊松分布.

【实验 2.1】用 Excel 计算例 2.11 中的概率.

实验准备

学习附录二中的如下 Excel 函数:

(1) 二项分布概率函数 BINOM.DIST.

(2) 泊松分布概率函数 POISSON.DIST.

实验步骤

(1) 在单元格 B2 中输入 n 值: 5000

(2) 在单元格 B3 中输入 p 值: 0.001

(3) 在单元格 B4 中输入公式: =B2*B3

(4) 在单元格 B5 中输入 k 值: 5

(5) 在单元格 B6 中输入公式：=BINOM.DIST(B5,B2,B3,TRUE)

(6) 在单元格 B7 中输入公式：=POISSON.DIST(B5,B4,TRUE)

即得二项分布和泊松分布的计算结果分别为

$$P\{X \leqslant 5\} = 0.615960669, \quad P\{X \leqslant 5\} = 0.615960655,$$

如图 2.2 所示.

	A	B	C
1	二项分布及泊松分布的计算		
2	$n=$	5000	
3	$p=$	0.001	
4	$\lambda=$	5	
5	$k=$	5	
6	$P(X<=k)=$	0.615960669	二项分布计算结果
7	$P(X<=k)=$	0.615960655	泊松分布计算结果

图 2.2 计算例 2.11 中的概率

【实验 2.2】用 Excel 验证二项分布与泊松分布的关系.

实验准备

学习附录二中如下 Excel 函数：

(1) 二项式分布概率函数 BINOM.DIST;

(2) 泊松分布概率函数 POISSON.DIST.

实验步骤

(1) 在 Excel 中输入参数：

在单元格 B2 中输入 n 值：10;

在单元格 D2 中输入 λ 值：4;

在单元格 F2 中输入 p 值公式：=D2/B2.

如图 2.3 左所示.

(2) 在单元格 B4 中输入二项分布$B(n,p)$的概率计算公式：

$$= \text{BINOM.DIST(A4, \$B\$2, \$F\$2, FALSE)},$$

并将公式复制到单元格区域 B5:B16 中；

(3) 在单元格 C4 中输入泊松分布$P(\lambda)$的概率计算公式：

$$= \text{POISSON.DIST(A4, \$D\$2, FALSE)},$$

并将公式复制到单元格区域 C5:C16 中，计算结果如图 2.3 右所示.

	A	B	C	D	E	F
1	二项分布与泊松分布					
2	$n=$	10	$\lambda=$	4	$p=$	0.4
3	k	$B(n,p)$	$P(\lambda)$			
4	1					
5	2					
6	3					
7	4					
8	5					
9	6					
10	7					
11	8					
12	9					
13	10					
14	11					
15	12					
16	13					

	A	B	C	D	E	F
1	二项分布与泊松分布					
2	$n=$	10	$\lambda=$	4	$p=$	0.4
3	k	$B(n,p)$	$P(\lambda)$			
4	1	0.040311	0.073263			
5	2	0.120932	0.146525			
6	3	0.214991	0.195367			
7	4	0.250823	0.195367			
8	5	0.200658	0.156293			
9	6	0.111477	0.104196			
10	7	0.042467	0.05954			
11	8	0.010617	0.02977			
12	9	0.001573	0.013231			
13	10	0.000105	0.005292			
14	11	#NUM!	0.001925			
15	12	#NUM!	0.000642			
16	13	#NUM!	0.000197			

图 2.3　计算二项分布与泊松分布的概率值

(4) 作折线图. 选中单元格区域 B4:C16, 选择 Excel 顶部工具栏中的“插入”选项卡, 单击图标右侧的下拉箭头, 选择“带数据标记的折线图”, 如图 2.4 左, 即可得到概率分布的折线图, 修饰后如图 2.4 右所示.

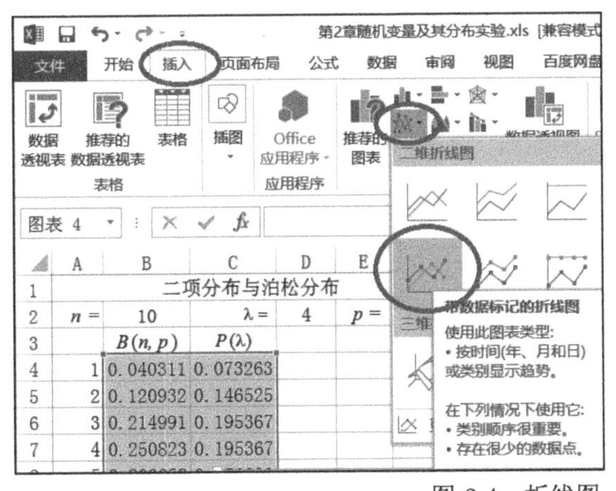

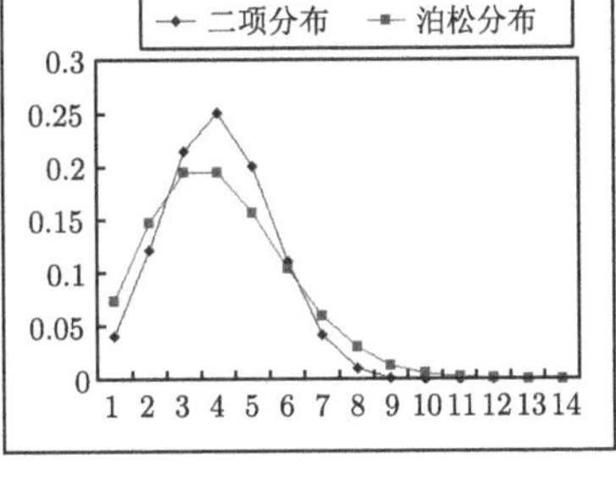

图 2.4　折线图

(5) 修改单元格 B2 中的 n 值为 20, 50, 140, 可以看到二项分布的图形逐渐逼近泊松分布的图形, 如图 2.5 所示.

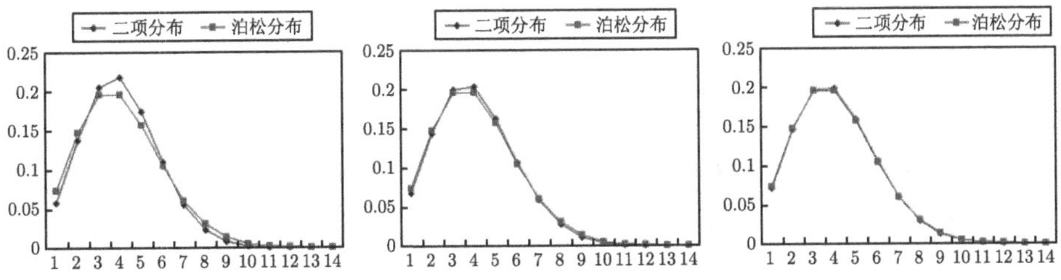

图 2.5　二项分布逐渐逼近泊松分布

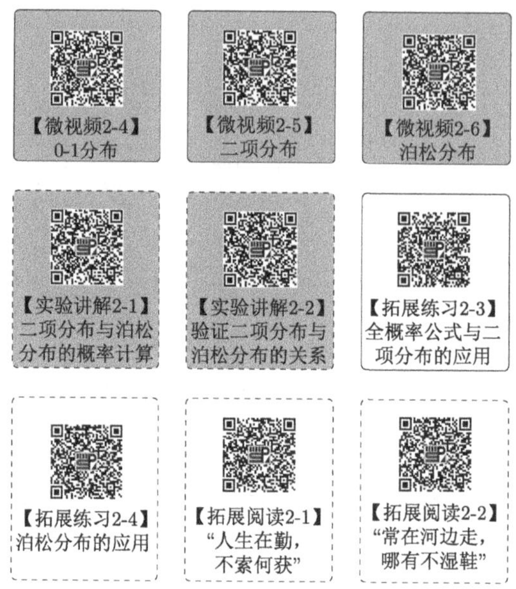

同步自测 2-2

一、填空

1. 设离散型随机变量 X 的分布律为

X	-2	-1	0	1	3
p	0.2	0.1	0.4	0.1	0.2

则 $P\{X^2>1\}=$ __________.

2. 设随机变量 X 的分布律为

X	0	1	2	3
p	0.1	0.3	0.4	0.2

则 X 的分布函数值 $F(2)=$ __________.

3. 随机变量 X 的分布律为

X	0	1	2	3	$\cdots$	n	$\cdots$
p	0.7	$0.7k$	$0.7k^2$	$0.7k^3$	$\cdots$	$0.7k^n$	$\cdots$

则 $k=$ __________.

4. 设随机变量 X 为服从二项分布 $B(20,0.3)$, X 的分布律为 __________.

5. 设随机变量 X 服从参数为 6 的泊松分布, 则其分布律为 __________.

6. 设随机变量 X 的分布律为 $P\{X=k\}=a\dfrac{\lambda^k}{k!},k=0,1,2,\cdots;\lambda>0$ 为常数, 则常数 $a=$ __________.

二、单项选择

1. 三个人独立地向一架飞机射击, 每个人击中飞机的概率均为 0.4, 则飞机被击中的概率为 ( ).

(A) 0.6^3 (B) $1-0.6^3$ (C) 0.4^3 (D) $1-0.4^3$

2. 某人向同一目标独立重复射击, 每次射击命中目标的概率均为 $p(0<p<1)$. 则此人第 4 次射击恰好第 2 次命中目标的概率为 ( ).

(A) $3p(1-p)^2$ (B) $6p(1-p)^2$ (C) $3p^2(1-p)^2$ (D) $6p^2(1-p)^2$

3. 设随机变量 X 服从参数 $\lambda=2$ 的泊松分布, 则 ( ).

(A) $P\{X\leqslant 1\}=\mathrm{e}^{-2}$ (B) $P\{X<1\}=\mathrm{e}^{-2}$

(C) $P\{X<2\}=2\mathrm{e}^{-2}$ (D) $P\{X=0\}=2\mathrm{e}^{-2}$

4. 一电话交换台每分钟接到呼唤次数 X 服从 $\lambda=3$ 的泊松分布, 那么每分钟接到的呼叫次数 X 大于 10 的概率为 ( ).

(A) $\dfrac{3^{10}}{10!}\mathrm{e}^{-3}$ (B) $\displaystyle\sum_{k=11}^{\infty}\frac{3^k}{k!}\mathrm{e}^{-3}$ (C) $\displaystyle\sum_{k=11}^{\infty}\frac{3^k}{10!}\mathrm{e}^{-3}$ (D) 都不正确

5. 每张奖券中奖的概率为 0.1, 某人购买了 20 张号码杂乱的奖券, 设中奖的张数为 X, 则 X 服从 ( ) 分布.

(A) 二项分布 (B) 泊松分布 (C) 指数分布 (D) 正态分布

2.3 连续型随机变量

2.3.1 连续型随机变量及其概率密度

有些随机变量, 它的全部取值可以充满一个或多个区间, 例如, 电子元件的寿命、测量误差等, 这类随机变量与离散型随机变量不同, 根据这类变量的分布函数的特点, 我们给出如下定义:

定义 2.7 如果对于随机变量 X 的分布函数 $F(x)$, 存在非负函数 $f(x)$, 使得对于任意实数 x 有

$$F(x)=\int_{-\infty}^{x}f(t)\mathrm{d}t, \tag{2.2}$$

则称 X 为**连续型随机变量**. 其中函数 $f(x)$ 称为 X 的**概率密度函数**, 简称**概率密度**或**密度函数**.

从 (2.2) 式可以看出, 连续型随机变量的分布函数一定是连续函数, 且在 $F(x)$ 的导数存在的点处有

$$F'(x)=f(x). \tag{2.3}$$

显然, 概率密度有如下基本性质:

(1) **非负性** $f(x)\geqslant 0$;

(2) **归一性** $\displaystyle\int_{-\infty}^{+\infty}f(x)\mathrm{d}x=1.$

注意, 以上两条基本性质是判别某个函数能否成为概率密度函数的充要条件. 另外, 对于连续型随机变量有下面重要结论:

连续型随机变量 X 取任一确定常数 a 的概率为 0, 即 $P\{X=a\}=0$.

事实上, 设 X 为连续型随机变量, 它的分布函数为 $F(x)$, 由于

$$\{X=a\}\subset\{a-\Delta x<X\leqslant a\}\quad(\text{其中}\Delta x>0)$$

由概率的性质得

$$0\leqslant P\{X=a\}\leqslant P\{a-\Delta x<X\leqslant a\}=F(a)-F(a-\Delta x),$$

在上述不等式中令 $\Delta x\to 0$, 并注意到 X 为连续型随机变量, 其分布函数 $F(x)$ 是连续的, 即得

$$P\{X=a\}=0.$$

这表明: 概率为 0 的事件不一定是不可能事件, 尽管不可能事件发生的概率为 0; 类似地, 必然事件发生的概率为 1, 但概率为 1 的事件不一定是必然事件.

由于连续型随机变量 X 取任一确定常数的概率为 0, 所以计算事件 "$a\leqslant X\leqslant b$" 发生的概率可以不考虑两个端点, 也就是有

$$\begin{aligned}P\{a\leqslant X\leqslant b\}&=P\{a<X\leqslant b\}=P\{a\leqslant X<b\}=P\{a<X<b\}\\&=F(b)-F(a)=\int_a^b f(t)\mathrm{d}t,\end{aligned}$$

这给计算概率带来很大的方便.

例 2.13 连续型随机变量 X 的概率密度为 $f(x)=A\mathrm{e}^{-|x|}(-\infty<x<\infty)$, 求:

(1) 系数 A;

(2) 随机变量 X 落在区间 (0,1) 内的概率;

(3) 随机变量 X 的分布函数.

解 (1) 由概率的归一性知

$$1=\int_{-\infty}^{+\infty}f(x)\mathrm{d}x=\int_{-\infty}^{+\infty}A\mathrm{e}^{-|x|}\mathrm{d}x=2\int_0^{+\infty}A\mathrm{e}^{-x}\mathrm{d}x=2A,$$

故 $A=\dfrac{1}{2}$.

(2) $P\{0<X<1\}=\displaystyle\int_0^1 f(x)\mathrm{d}x=\int_0^1\frac{1}{2}\mathrm{e}^{-x}\mathrm{d}t=-\frac{1}{2}\mathrm{e}^{-x}|_0^1=\frac{1}{2}(1-\mathrm{e}^{-1})\approx 0.3161.$

(3) $F(x)=\displaystyle\int_{-\infty}^{x}f(t)\mathrm{d}t=\int_{-\infty}^{x}\frac{1}{2}\mathrm{e}^{-|t|}\mathrm{d}t.$

当 $x<0$ 时, $F(x)=\int_{-\infty}^{x}\frac{1}{2}\mathrm{e}^{t}\mathrm{d}t=\frac{1}{2}\mathrm{e}^{x}$;

当 $x\geqslant 0$ 时, $F(x)=\int_{-\infty}^{0}\frac{1}{2}\mathrm{e}^{t}\mathrm{d}t+\int_{0}^{x}\frac{1}{2}\mathrm{e}^{-t}\mathrm{d}t=\frac{1}{2}[\mathrm{e}^{t}|_{-\infty}^{0}+(-\mathrm{e}^{-t})|_{0}^{x}]=1-\frac{1}{2}\mathrm{e}^{-x}$.

所以 X 的分布函数为 $F(x)=\begin{cases}\frac{1}{2}\mathrm{e}^{x}, & x<0,\\ 1-\frac{1}{2}\mathrm{e}^{-x}, & x\geqslant 0.\end{cases}$

例 2.14 设随机变量 X 的概率密度为

$$f(x)=\begin{cases}2x, & 0<x<1,\\ 0, & \text{其他}.\end{cases}$$

现对 X 进行 n 次独立重复观测, 以 Y 表示观测值不大于 0.1 的次数, 试求随机变量 Y 的分布律.

解 事件"观测值不大于 0.1"的概率为

$$P\{X\leqslant 0.1\}=\int_{-\infty}^{0.1}f(x)\mathrm{d}x=\int_{0}^{0.1}2x\mathrm{d}x=0.01.$$

由题意 $Y\sim B(n,0.01)$, 于是 Y 的分布律为

$$P\{Y=k\}=\mathrm{C}_n^k(0.01)^k(0.99)^{n-k},\quad k=0,1,2,\cdots,n.$$

例 2.15 设随机变量 X 的分布函数为 $F(x)=A+B\arctan x, -\infty<x<+\infty$, 求:

(1) 系数 A 和 B; (2) X 落在 $(-1,1)$ 内的概率; (3) X 的概率密度.

解 (1) 由于 $F(-\infty)=0, F(+\infty)=1$, 可知

$$\begin{cases}A+B\times\left(-\frac{\pi}{2}\right)=0,\\ A+B\times\frac{\pi}{2}=1.\end{cases}$$

解得

$$A=\frac{1}{2},\quad B=\frac{1}{\pi}.$$

于是

$$F(x)=\frac{1}{2}+\frac{1}{\pi}\arctan x,\quad -\infty<x<+\infty.$$

(2) $P\{-1<X<1\}=F(1)-F(-1)$

$$=\left(\frac{1}{2}+\frac{1}{\pi}\arctan 1\right)-\left(\frac{1}{2}+\frac{1}{\pi}\arctan(-1)\right)=\frac{1}{2}.$$

(3) $f(x)=F'(x)=\dfrac{1}{\pi(1+x^2)},-\infty<x<+\infty.$

例 2.16 已知随机变量的概率密度函数为

$$f(x)=\begin{cases} ax+b, & 0<x<2, \\ 0, & \text{其他}, \end{cases}$$

且 $P\{1<X<3\}=0.25$, 试确定常数 a 和 b 并求 $P\{X>1.5\}$.

解 由概率密度的性质及概率密度的定义得

$$\int_{-\infty}^{+\infty} f(x)\mathrm{d}x=\int_0^2 (ax+b)\mathrm{d}x=2a+2b=1;$$

$$P\{1<X<3\}=\int_1^3 f(x)\mathrm{d}x=\int_1^2 (ax+b)\mathrm{d}x=1.5a+b=0.25.$$

解方程组 $\begin{cases} 2a+2b=1, \\ 1.5a+b=0.25, \end{cases}$ 得到 $a=-0.5$, $b=1$, 即

$$f(x)=\begin{cases} -0.5x+1, & 0<x<2, \\ 0, & \text{其他}. \end{cases}$$

所以 $P\{X>1.5\}=\int_{1.5}^{+\infty} f(x)\mathrm{d}x=\int_{1.5}^2 (-0.5x+1)\mathrm{d}x=0.0625.$

【微视频2-7】
连续型随机变量及其概率密度

【拓展练习2-5】
概率密度及分布函数的性质及应用

2.3.2 常用连续型随机变量

1. 均匀分布

定义 2.8 如果连续型随机变量 X 具有概率密度

$$f(x)=\begin{cases}\dfrac{1}{b-a}, & a<x<b,\\ 0, & \text{其他},\end{cases} \tag{2.4}$$

其中 a, $b(a<b)$ 为两个常数, 则称 X 在区间 (a, b) 上服从**均匀分布**, 记为 $X\sim U(a,b)$. 均匀分布的分布函数为

$$F(x)=\begin{cases}0, & x<a,\\ \dfrac{x-a}{b-a}, & a\leqslant x<b,\\ 1, & x\geqslant b.\end{cases} \tag{2.5}$$

均匀分布的概率密度 $f(x)$ 与分布函数 $F(x)$ 的图形见图 2.6.

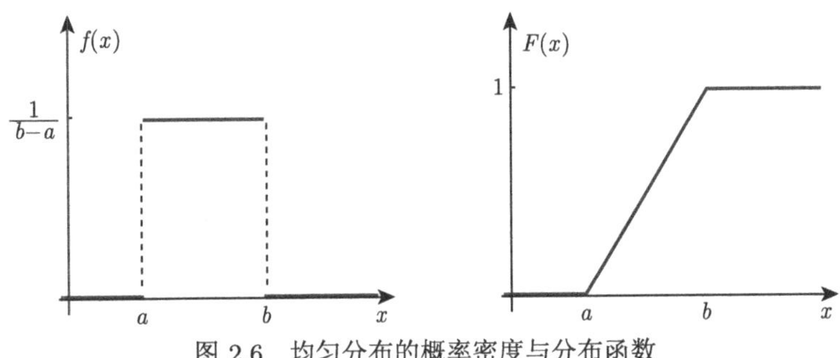

图 2.6 均匀分布的概率密度与分布函数

在应用中, 定点计算的舍入误差被认为是服从均匀分布的随机变量, 假定运算中的数据只保留小数点后 1 位数, 小数点第 2 位数四舍五入, 那么, 每次运算的舍入误差服从区间 $(-0.05, 0.05)$ 上的均匀分布 $U(-0.05, 0.05)$. 再者, 假定班车每隔 a 分钟发出一辆, 乘客由于不了解时间表, 到达本站的时间是任意的 (具有等可能性), 故可以认为候车时间服从区间 $(0, a)$ 上的均匀分布 $U(0, a)$.

例 2.17 某公共汽车站从上午 7 时起, 每 15 分钟来一班车, 如果乘客在 7:00 到 7:30 之间随机到达此站, 试求他候车时间少于 5 分钟的概率, 并求他一周内有三天候车时间不超过 5 分钟的概率.

解 设 X 为乘客一次乘车的候车时间 (单位: 分钟), 则 $X\sim U(0, 15)$.

$$f(x)=\begin{cases}\dfrac{1}{15}, & 0<x<15,\\ 0, & \text{其他}.\end{cases}$$

乘客一次乘车候车不超过 5 分钟的概率为 $P\{0\leqslant X\leqslant 5\}=\int_0^5\frac{1}{15}\mathrm{d}x=\frac{1}{3}$.

设 Y 表示乘客在一周 7 天内候车不超过 5 分钟的天数. 则 $Y\sim B(7,\ 1/3)$, 于是, 乘客一周内有三天候车时间不超过 5 分钟的概率为

$$P\{Y=3\}=\mathrm{C}_7^3\left(\frac{1}{3}\right)^3\left(\frac{2}{3}\right)^4\approx 0.256.$$

2. 指数分布

定义 2.9 如果随机变量 X 的概率密度为

$$f(x)=\begin{cases}\dfrac{1}{\theta}\mathrm{e}^{-\frac{x}{\theta}}, & x>0,\\ 0, & x\leqslant 0\end{cases}\quad(\theta>0), \tag{2.6}$$

其中 $\theta>0$ 为常数, 则称 X 服从参数为 θ 的**指数分布**, 记为 $X\sim Exp(\theta)$.

指数分布的分布函数为

$$F(x)=\begin{cases}1-\mathrm{e}^{-\frac{x}{\theta}}, & x>0,\\ 0, & x\leqslant 0.\end{cases} \tag{2.7}$$

指数分布的概率密度 $f(x)$ 与分布函数 $F(x)$ 的图形如图 2.7 所示.

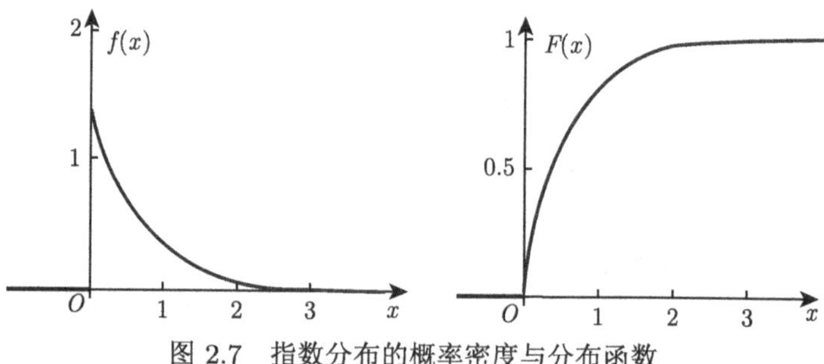

图 2.7 指数分布的概率密度与分布函数

指数分布常用于描述只取非负值的随机变量, 如电子元器件的寿命, 随机服务系统的服务时间等常用指数分布来研究. 指数分布在可靠性理论与排队论中有着广泛的应用.

下面给出指数分布的一个有趣性质.

定理 2.2 (指数分布的无记忆性) 设 $X\sim Exp(\theta)$, 则对任意实数 $s>0,\ t>0$, 有

$$P\{X>s+t\,|\,X>s\}=P\{X>t\}. \tag{2.8}$$

证 因为 $X\sim Exp(\theta)$, 由式 (2.7) 易知, 当 $x>0$ 时, $P\{X>x\}=1-F(x)=\mathrm{e}^{-\frac{x}{\theta}}$. 由条件概率公式

$$P\{X>s+t|X>s\}=\frac{P\{(X>s+t)\cap(X>s)\}}{P\{X>s\}},$$

考虑到 $s>0,t>0,s+t>s$, 则

$$P\{X>s+t|X>s\}=\frac{P\{X>s+t\}}{P\{X>s\}}=\frac{\mathrm{e}^{-(s+t)/\theta}}{\mathrm{e}^{-s/\theta}}=\mathrm{e}^{-t/\theta}=P\{X>t\}.$$

如果 X 表示某一元件的寿命, (2.8) 式说明若元件已使用超过了 s 小时, 它能再使用 t 小时以上的条件概率, 与从开始使用时算起能使用 t 小时以上的概率相等. 也就是说, 元件对它已使用过的 s 小时没有记忆. 指数分布的无记忆性使指数分布具有广泛的应用性.

例 2.18 假定自动取款机对每位顾客的服务时间 (单位: 分钟) 服从参数 $\theta=3$ 的指数分布. 如果有一顾客恰好在你之前走到空闲的取款机, 求 (1) 你至少等候 3 分钟的概率; (2) 你等候时间在 3 分钟至 6 分钟之间的概率; (3) 如果你到达取款机时, 正有一名顾客使用着取款机, 问题 (1)、(2) 的概率又是多少?

解 以 X 表示自动取款机对前面这位顾客的服务时间, 那么, X 也就是你等待的时间, 根据题意, $X\sim Exp(\theta)$, 由 (2.6) 式, X 的概率密度为

$$f(x)=\begin{cases}\dfrac{1}{3}\mathrm{e}^{-\frac{x}{3}}, & x>0,\\ 0, & x\leqslant 0.\end{cases}$$

(1) 你至少等候 3 分钟的概率为

$$P\{X\geqslant 3\}=\int_3^{+\infty}f(x)\mathrm{d}x=\int_3^{+\infty}\frac{1}{3}\mathrm{e}^{-\frac{x}{3}}\mathrm{d}x=-\mathrm{e}^{-\frac{x}{3}}|_3^{+\infty}=\mathrm{e}^{-1}\approx 0.368.$$

(2) 你等候时间在 3 分钟至 6 分钟之间的概率为

$$P\{3\leqslant X\leqslant 6\}=\int_3^6 f(x)\mathrm{d}x=\int_3^6\frac{1}{3}\mathrm{e}^{-\frac{x}{3}}\mathrm{d}x=-\mathrm{e}^{-\frac{x}{3}}|_3^6=\mathrm{e}^{-1}-\mathrm{e}^{-2}\approx 0.233.$$

另外，由 (2.7) 式，X 的分布函数为 $F(x)=\begin{cases}1-\mathrm{e}^{-\frac{x}{3}}, & x>0,\\ 0, & x\leqslant 0,\end{cases}$ 上面两个概率也可以按如下方式计算:

$$P\{X\geqslant 3\}=1-F(3)=1-(1-\mathrm{e}^{-\frac{3}{3}})=\mathrm{e}^{-1}\approx 0.368.$$

$$P\{3 \leqslant X \leqslant 6\} = F(6) - F(3) = (1 - \mathrm{e}^{-\frac{6}{3}}) - (1 - \mathrm{e}^{-\frac{3}{3}}) = \mathrm{e}^{-1} - \mathrm{e}^{-2} \approx 0.233.$$

(3) 如果你到达取款机时, 正有一名顾客使用着取款机, 同时没有其他人在排队等候, 由指数分布的无记忆性, 你等候多久的概率与取款机已经为该顾客服务了多长时间无关, 从而, 此种情况下上述两个事件的概率不变.

3. 正态分布

定义 2.10 如果随机变量 X 的概率密度为

$$f(x) = \frac{1}{\sqrt{2\pi}\sigma}\mathrm{e}^{\frac{-(x-\mu)^2}{2\sigma^2}}, \quad -\infty < x < +\infty, \tag{2.9}$$

其中 μ, $\sigma(\sigma > 0)$ 为常数, 则称 X 服从参数为 μ, σ 的**正态分布** (又称为**高斯分布**), 记为 $X \sim N(\mu, \sigma^2)$.

正态分布 $N(\mu, \sigma^2)$ 的分布函数为

$$f(x) = \frac{1}{\sqrt{2\pi}\sigma}\int_{-\infty}^{x}\mathrm{e}^{\frac{-(t-\mu)^2}{2\sigma^2}}\mathrm{d}t, \quad -\infty < x < +\infty. \tag{2.10}$$

正态分布的概率密度 $f(x)$ 与分布函数 $F(x)$ 的图形如图 2.8.

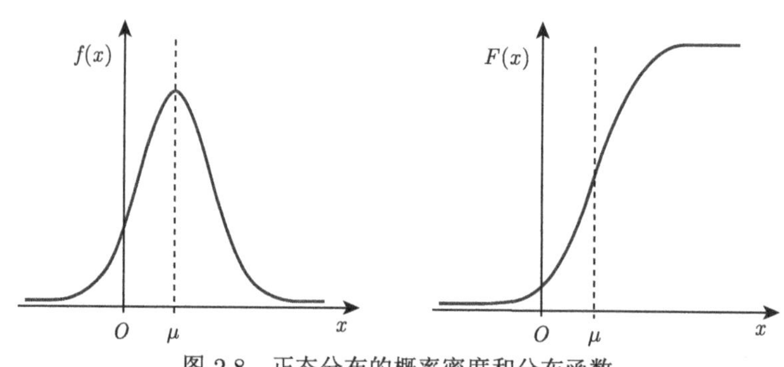

图 2.8 正态分布的概率密度和分布函数

$f(x)$ 的图形具有以下的性质:

(1) 曲线关于 $x = \mu$ 对称;

(2) 当 $x = \mu$ 时取到最大值 $f(\mu) = \dfrac{1}{\sqrt{2\pi}\sigma}$;

(3) 在 $x = \mu \pm \sigma$ 处曲线有拐点, 曲线以 Ox 轴为渐近线;

(4) 如果固定 σ, 改变 μ 的值, 则图形沿着 x 轴平移且不改变其形状, 如图 2.9 所示. 因此, 称 μ 为位置参数;

(5) 如果固定 μ, 改变 σ 的值, 则 σ 愈小, 图形变得愈尖, 因而 X 落在 μ 附近的概率越大, 即正态概率密度的尺度由参数 σ 所确定, 如图 2.10 所示. 因此, 称 σ 为尺度参数.

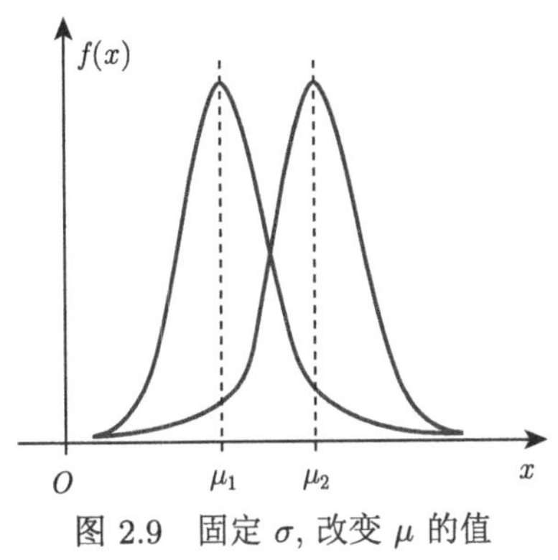

图 2.9 固定 σ, 改变 μ 的值

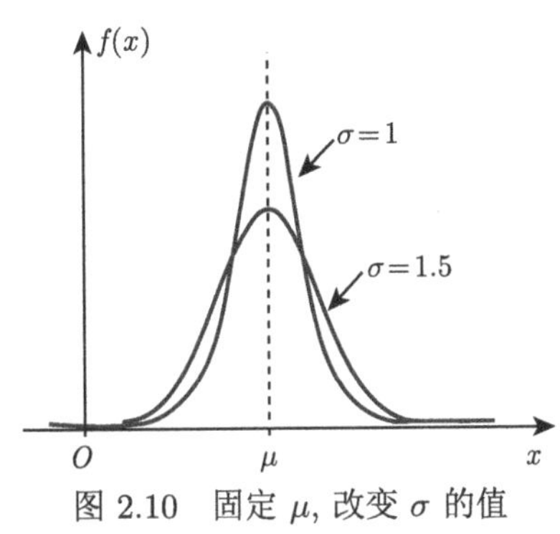

图 2.10 固定 μ, 改变 σ 的值

特别地, 当 $\mu=0, \sigma=1$ 时称 X 服从**标准正态分布**, 记作 $X \sim N(0,1)$, 其概率密度和分布函数分别用 $\varphi(x)$ 和 $\Phi(x)$ 表示, 即

$$\varphi(x)=\frac{1}{\sqrt{2\pi}}\mathrm{e}^{-\frac{x^2}{2}}, \quad -\infty<x<+\infty,$$

$$\Phi(x)=\frac{1}{\sqrt{2\pi}}\int_{-\infty}^{x}\mathrm{e}^{-\frac{t^2}{2}}\mathrm{d}t, \quad -\infty<x<+\infty.$$

标准正态分布的概率密度如图 2.11 所示. 由对称性易知

$$\Phi(-x)=1-\Phi(x).$$

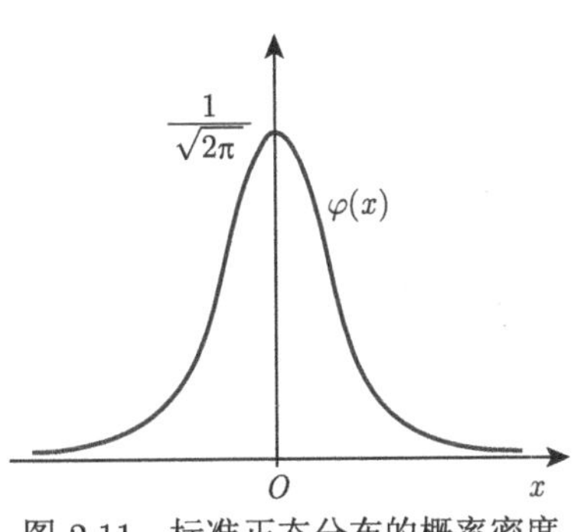

图 2.11 标准正态分布的概率密度

附录一中附表 2 对 $x \geqslant 0$ 给出了 $\Phi(x)$ 的值, 可供查用.

例 2.19 设 $X \sim N(0,1)$, 利用附录一中附表 2, 求下列事件的概率:

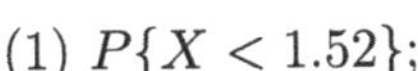

(1) $P\{X<1.52\}$;

(2) $P\{X<-1.52\}$;

(3) $P\{|X|<1.52\}$.

解 (1) $P\{X<1.52\}=\Phi(1.52)=0.9357$.

(2) $P\{X<-1.52\}=1-\Phi(1.52)=0.0643$.

$$(3) P\{|X| < 1.52\} = \Phi(1.52) - \Phi(-1.52)$$

$$= 2\Phi(1.52) - 1 = 0.8714.$$

【微视频2-8】均匀分布

【微视频2-9】指数分布

【微视频2-10】正态分布

【实验讲解2-3】正态分布的概率计算

【拓展练习2-6】指数分布的应用

同步自测 2-3

一、填空

1. 设随机变量 X 的概率密度为 $f(x)=\begin{cases} cx^4, & 0<x<1, \\ 0, & 其他, \end{cases}$ 则常数 $c=$____________.

2. 设随机变量 X 的概率密度为 $f(x)=\begin{cases} k\cos 2x, & -\pi/4<x<\pi/4, \\ 0, & 其他, \end{cases}$ 则 $k=$______.

3. 设随机变量 X 的概率密度为 $f(x)=\begin{cases} 2x, & 0<x<1, \\ 0, & 其他, \end{cases}$ 若 $P\{X>k\}=\dfrac{1}{4}$, 则 $k=$____________.

4. 已知连续型随机变量 X 的概率密度为 $f(x)=\begin{cases} x, & 0\leqslant x\leqslant 1, \\ 2-x, & 1<x\leqslant 2, \\ 0, & 其他, \end{cases}$ 则 $P\{X\leqslant 1.5\}=$____________.

5. 设连续型随机变量 X 的分布函数为

$$F(x)=\begin{cases} 0, & x<0, \\ a\sin x, & 0\leqslant x<\dfrac{\pi}{2}, \\ 1, & x\geqslant \dfrac{\pi}{2}, \end{cases}$$

则 $a=$____________.

6. 设随机变量 Y 服从参数为 1 的指数分布, a 为常数且大于零, 则 $P\{Y\leqslant a+1|Y>a\}=$____________.

7. 设 $X\sim N(3,2^2)$, 那么当 $P\{X\geqslant c\}=P\{X<c\}$ 时, 则 $c=$____________.

二、单项选择

1. 若 $f(x)$ 是连续型随机变量的概率密度, 则有 (　　).

(A) $f(x)$ 的定义域为 $[0,1]$

(B) $f(x)$ 的值域为 $[0,1]$

(C) $f(x)$ 大于 0

(D) $f(x)$ 在 $(-\infty,+\infty)$ 上非负

2. 如果 $F(x)$ 是连续型随机变量的分布函数, 则下列四个选项不成立的是 (　　).

(A) $F(x)$ 在整个实轴上连续

(B) $F(x)$ 在整个实轴上有界

(C) $F(x)$ 是非负函数

(D) $F(x)$ 严格单调增加

3. 下列函数可以作为密度函数的是 (　　).

(A) $f(x)=\begin{cases}\dfrac{1}{1+x^2}, & x>0\\ 0, & \text{其他}\end{cases}$

(B) $f(x)=\begin{cases}\sin x, & 0<x<\pi\\ 0, & \text{其他}\end{cases}$

(C) $f(x)=\begin{cases}\mathrm{e}^{-(x-a)}, & x>a\\ 0, & \text{其他}\end{cases}$

(D) $f(x)=\begin{cases}x^3, & -1<x<1\\ 0, & \text{其他}\end{cases}$

4. 随机变量 X 的概率密度为 $f(x)=\begin{cases}1-ax^2, & -1\leqslant x\leqslant 1,\\ 0, & \text{其他},\end{cases}$ 则 $a=$ (　　).

(A) 2　　(B) 3/2　　(C) 1　　(D) -1

5. 设随机变量 X 的概率密度与分布函数分别为 $f(x)$ 与 $F(x)$, 则下列选项正确的是 (　　).

(A) $0\leqslant f(x)\leqslant 1$

(B) $P\{X=x\}\leqslant F(x)$

(C) $P\{X=x\}=F(x)$

(D) $P\{X=x\}=f(x)$

6. 设随机变量 X 的概率密度 $f(x)$ 是偶函数, $F(x)$ 是 X 的分布函数, 则对于任意实数 a, 有 (　　).

(A) $F(-a)=2F(a)-1$

(B) $F(-a)=0.5-\int_0^a f(x)\mathrm{d}x$

(C) $F(-a)=F(a)$

(D) $F(-a)=1-\int_0^a f(x)\mathrm{d}x$

7. 设 $F_1(x)$ 和 $F_2(x)$ 都是随机变量的分布函数, $f_1(x)$ 和 $f_2(x)$ 是相应的概率密度, 则 (　　).

(A) $f_1(x)f_2(x)$ 是概率密度

(B) $f_1(x)+f_2(x)$ 是概率密度

(C) $F_1(x)F_2(x)$ 是分布函数

(D) $F_1(x)+F_2(x)$ 是分布函数

8. 指数分布的概率密度为 $f(x)=\begin{cases}4\mathrm{e}^{-4x}, & x>0,\\ 0, & \text{其他},\end{cases}$ 则其分布函数为 (　　).

(A) $F(x)=\begin{cases}1-4\mathrm{e}^{-4x}, & x>0,\\ 0, & \text{其他}\end{cases}$

(B) $F(x)=\begin{cases}1-\mathrm{e}^{-x}, & x>0,\\ 0, & \text{其他}\end{cases}$

(C) $F(x)=\begin{cases}1-\mathrm{e}^{-4x}, & x>0\\ 0, & \text{其他}\end{cases}$

(D) 都不对

9. 指数分布的概率密度为 $f(x)=\begin{cases}2\mathrm{e}^{-2x}, & x>0,\\ 0, & \text{其他},\end{cases}$ 则 $P\{X\leqslant 3\}=$ (　　).

(A) $1-3\mathrm{e}^{-6}$　　(B) $1-\mathrm{e}^{-6}$　　(C) $1-2\mathrm{e}^{-6}$　　(D) 都不对

10. 随机变量 X 服从正态分布 $N(2,\ 4)$, 其概率密度 $f(x)=($　　$)$.

(A) $\frac{1}{2\pi}\mathrm{e}^{-\frac{(x-2)^2}{2\sqrt{2}}},\ x\in(-\infty,\ +\infty)$　　(B) $\frac{1}{2\sqrt{2\pi}}\mathrm{e}^{-\frac{(x-2)^2}{8}},\ x\in(-\infty,\ +\infty)$

(C) $\frac{1}{2\sqrt{2\pi}}\mathrm{e}^{-\frac{(x-2)^2}{4}},\ x\in(-\infty,\ +\infty)$　　(D) $\frac{1}{2\sqrt{\pi}}\mathrm{e}^{-\frac{(x-2)^2}{4}},\ x\in(-\infty,\ +\infty)$

2.4 随机变量函数的分布

在实际应用中, 有些随机变量往往不能直接观测到, 而它却是某个能直接观测到的随机变量的函数. 例如, 大小随机变化的圆的半径 R 是可以测量的, 而面积是不可测量的, 但可以通过 $\frac{1}{2}\pi R^2$ 来计算. 在这一节中, 我们将讨论如何由已知的随机变量 X 的分布求它的函数 $Y=g(X)(g(\cdot)$ 是已知的连续函数) 的分布.

2.4.1 离散型随机变量函数的分布

对离散型随机变量 X, 如果已知它的分布律, 可以求出 X 的函数 $Y=g(X)$ 的分布律.

设 X 是离散型随机变量, X 的分布律为

X	x_1	x_2	$\cdots$	x_i	$\cdots$
P	p_1	p_2	$\cdots$	p_i	$\cdots$

则 $Y=g(X)$ 也是一个离散型随机变量, 由上表可得

$Y=g(X)$	$g(x_1)$	$g(x_2)$	$\cdots$	$g(x_i)$	$\cdots$
P	p_1	p_2	$\cdots$	p_i	$\cdots$

若 $g(x_1),\ g(x_2),\ \cdots,\ g(x_i),\ \cdots$ 中有某些值相等, 将相等的值在表中合并成一个值, 其对应概率为各相等值对应的概率之和, 并按从小到大的顺序排列, 这样就得到了 Y 的分布律.

例 2.20 已知随机变量 X 的分布律为

X	-2	-1	0	1	2
P	0.2	0.1	0.1	0.3	0.3

求 $Y=X^2+X,\ Z=X^2+1$ 的分布律.

解 由 X 的分布律可得如下表格:

P	0.2	0.1	0.1	0.3	0.3
X	-2	-1	0	1	2
$Y=X^2+X$	2	0	0	2	6
$Z=X^2+1$	5	2	1	2	5

由此表格得 Y 和 Z 的分布律分别为

Y	0	2	6
P	0.2	0.5	0.3

和

Z	1	2	5
P	0.1	0.4	0.5

2.4.2 连续型随机变量函数的分布

对连续型随机变量 X, 如果已知它的分布, 可以求出 X 的函数 $Y=g(X)$ 的分布函数或概率密度.

设随机变量 X 的概率密度为 $f_X(x)$, 为了求 $Y=g(X)$ 的概率密度 $f_Y(y)$, 可先求其分布函数

$$\begin{aligned}F_Y(y)&=P\{Y\leqslant y\}=P\{g(X)\leqslant y\}\\&=P\{X\in D\},\quad \text{其中 } \{X\in D\} \text{ 与 } \{g(X)\leqslant y\} \text{ 为相等事件.}\end{aligned}$$

然后, 将分布函数 $F_Y(y)$ 对 y 求导, 即可求出概率密度 $f_Y(y)$.

由于不管是要求 Y 的分布函数还是概率密度, 总是先从求 Y 的分布函数入手, 我们把这种方法称为**分布函数法**.

例 2.21 设随机变量 X 的概率密度为

$$f_x(x)=\begin{cases}2x, & 0<x<1,\\ 0, & \text{其他},\end{cases}$$

$Y=3X-1$, 求 Y 的概率密度.

解 分别记 X, Y 的分布函数为 $F_X(x), F_Y(y)$. 先求 Y 的分布函数 (用 X 的分布函数来表示)

$$F_Y(y)=P\{Y\leqslant y\}=P\{3X-1\leqslant y\}=P\left\{X\leqslant\frac{y+1}{3}\right\}=F_X\left(\frac{y+1}{3}\right),$$

再将分布函数 $F_Y(y)$ 对 y 求导, 可得 Y 的概率密度 (用 X 的概率密度表示)

$$f_Y(y)=F_Y'(y)=\frac{1}{3}f_X\left(\frac{y+1}{3}\right).$$

最后将 X 的概率密度代入上式整理得到

$$f_Y(y)=\frac{1}{3}f_X\left(\frac{y+1}{3}\right)=\begin{cases}\dfrac{1}{3}\times\dfrac{2(y+1)}{3}, & 0<\dfrac{y+1}{3}<1,\\ 0, & \text{其他}\end{cases}$$

$$=\begin{cases}\dfrac{2(y+1)}{9}, & -1<y<2,\\ 0, & \text{其他}.\end{cases}$$

例 2.22 设 $X\sim N(0,1)$, 求 $Y=|X|$ 的概率密度.

解 先求 Y 的分布函数 (用 X 的分布函数来表示)

$$F_Y(y)=P\{Y\leqslant y\}=P\{|X|\leqslant y\}.$$

当 $y<0$ 时, $\{Y\leqslant y\}$ 是不可能事件, 所以 $F_Y(y)=0$,
当 $y\geqslant 0$ 时, $F_Y(y)=P\{-y\leqslant X\leqslant y\}=\varPhi(y)-\varPhi(-y)=2\varPhi(y)-1$, 于是

$$F_Y(y)=\begin{cases}2\varPhi(y)-1, & y\geqslant 0,\\ 0, & y<0.\end{cases}$$

再将上式对 y 求导可得 Y 的概率密度 (用 X 的概率密度表示)

$$f_Y(y)=\begin{cases}2\varphi(y), & y\geqslant 0,\\ 0, & y<0.\end{cases}$$

最后将 X 的概率密度 $\varphi(x)=\dfrac{1}{\sqrt{2\pi}}\mathrm{e}^{-\frac{x^2}{2}}$, $-\infty<x<+\infty$ 代入上式整理即可

$$f_Y(y)=\begin{cases}\sqrt{\dfrac{2}{\pi}}\mathrm{e}^{-\frac{y^2}{2}}, & y\geqslant 0,\\ 0, & y<0.\end{cases}$$

例 2.23 设随机变量 X 具有概率密度 $f_X(x)$, $-\infty<x<\infty$, 求 $Y=X^2$ 的概率密度.

解 分别记 X, Y 的分布函数为 $F_X(x)$, $F_Y(y)$. 先求 Y 的分布函数 $F_Y(y)$.
由于 $Y=X^2\geqslant 0$, 故当 $y<0$ 时, $F_Y(y)=0$;
当 $y\geqslant 0$ 时, 有

$$\begin{aligned}F_Y(y)&=P\{Y\leqslant y\}=P\left\{X^2\leqslant y\right\}=P\{-\sqrt{y}\leqslant X\leqslant\sqrt{y}\}\\&=F_X(\sqrt{y})-F_X(-\sqrt{y}),\end{aligned}$$

将 $F_Y(y)$ 关于 y 求导数, 得 Y 的概率密度为

$$f_Y(y) = F'_Y(y) = \begin{cases} (F_X(\sqrt{y}))' - (F_X(-\sqrt{y}))', & y > 0, \\ 0, & y \leqslant 0 \end{cases}$$

$$= \begin{cases} \dfrac{1}{2\sqrt{y}}[f_X(\sqrt{y}) + f_X(-\sqrt{y})], & y > 0, \\ 0, & y \leqslant 0. \end{cases} \tag{2.11}$$

可以将 (2.11) 式作为公式使用, 例如, 若 $X \sim N(0,1)$, 其概率密度为

$$\varphi(x) = \frac{1}{\sqrt{2\pi}} \mathrm{e}^{-\frac{x^2}{2}}, \quad -\infty < x < +\infty,$$

由 (2.11) 式可得 $Y = X^2$ 的概率密度为

$$f_Y(y) = \begin{cases} \dfrac{1}{\sqrt{2\pi}} y^{-\frac{1}{2}} \mathrm{e}^{-\frac{y}{2}}, & y > 0, \\ 0, & y \leqslant 0. \end{cases}$$

此时称 Y 服从自由度为 1 的 **χ^2 分布**.

用分布函数法, 可以证明下述正态分布的重要性质.

定理 2.3 设 $X \sim N(\mu, \sigma^2)$, 则

(1) $Y = aX + b \sim N(a\mu + b, (a\sigma)^2)$, 其中 $a\ (\neq 0)$, b 为常数;

(2) $Y = \dfrac{X - \mu}{\sigma} \sim N(0,1)$.

证 (1) 分别记 Y 的分布函数及概率密度为 $F_Y(y)$ 和 $f_Y(y)$, 则由分布函数的定义知, 对任意实数 y

$$F_Y(y) = P\{Y \leqslant y\} = P\{aX + b \leqslant y\},$$

若 $a > 0$, 则有

$$F_Y(y) = P\left\{X \leqslant \frac{y-b}{a}\right\} = F_X\left(\frac{y-b}{a}\right);$$

若 $a < 0$, 则有

$$F_Y(y) = P\left\{X \geqslant \frac{y-b}{a}\right\} = 1 - F_X\left(\frac{y-b}{a}\right).$$

将上面两式分别对 y 求导得 $f_Y(y) = \dfrac{1}{|a|} f_X\left(\dfrac{y-b}{a}\right)$.

由于 $f_X(x)=\dfrac{1}{\sqrt{2\pi}\sigma}\mathrm{e}^{-\frac{(x-\mu)^2}{2\sigma^2}}, -\infty<x+\infty$, 所以

$$\begin{aligned}f_Y(y)&=\frac{1}{|a|}f_X\left(\frac{y-b}{a}\right)=\frac{1}{|a|}\frac{1}{\sqrt{2\pi}\sigma}\mathrm{e}^{-\left(\frac{y-b}{a}-\mu\right)^2/\left(2\sigma^2\right)}\\&=\frac{1}{|a|}\frac{1}{\sqrt{2\pi}\sigma}\mathrm{e}^{\frac{-[y-(a\mu+b)]^2}{2(a\sigma)^2}}.\end{aligned}$$

故 $Y=aX+b\sim N(a\mu+b,(a\sigma)^2)$.

(2) 在 (1) 中取 $a=1/\sigma$, $b=-\mu/\sigma$, 即得 $Y\sim N(0,1)$.

通常称变换 $Y=\dfrac{X-\mu}{\sigma}$ 为对 X 进行的**标准化变换**.

由定理 2.3, 若 $X\sim N(\mu,\sigma^2)$, 则 X 的分布函数可写成

$$F(x)=P\{X\leqslant x\}=P\left\{\frac{X-\mu}{\sigma}\leqslant\frac{x-\mu}{\sigma}\right\}=\Phi\left(\frac{x-\mu}{\sigma}\right).$$

这样, 利用 $\Phi(x)$ 的函数表 (附录一中附表 2) 就能计算服从一般正态分布的随机变量的分布函数值 $F(x)$, 从而, 关于正态分布的概率计算就很方便了.

例 2.24 设 $X\sim N(108,9)$, 试求 $P\{102<X<117\}$.

解 1
$$\begin{aligned}P\{102<X<117\}&=F(117)-F(102)\\&=\Phi\left(\frac{117-108}{3}\right)-\Phi\left(\frac{102-108}{3}\right)\\&=\Phi(3)-\Phi(-2)=\Phi(3)+\Phi(2)-1\\&=0.9987+0.9772-1=0.9759.\end{aligned}$$

解 2
$$\begin{aligned}P\{102<X<117\}&=P\left\{\frac{102-108}{3}<\frac{X-108}{3}<\frac{117-108}{3}\right\}\\&=P\left\{-2<\frac{X-108}{3}<3\right\}\\&=\Phi(3)-\Phi(-2)=0.9759.\end{aligned}$$

例 2.25 若 $X\sim N(\mu,\sigma^2)$, 求下列三个概率:

$$P\{|X-\mu|<\sigma\},\quad P\{|X-\mu|<2\sigma\},\quad P\{|X-\mu|<3\sigma\}.$$

解 $P\{|X-\mu|<\sigma\}=P\left\{\left|\dfrac{X-\mu}{\sigma}\right|<1\right\}=2\Phi(1)-1$, 查 $\Phi(x)$ 的函数表 (附录一中附表 2) 得 $\Phi(1)=0.8413$, 代入上式计算得到 $P\{|X-\mu|<\sigma\}=0.6826$.

类似地

$$P\{|X-\mu|<2\sigma\}=P\left\{\left|\frac{X-\mu}{\sigma}\right|<2\right\}=2\Phi(2)-1=0.9544,$$

$$P\{|X-\mu|<3\sigma\}=P\left\{\left|\frac{X-\mu}{\sigma}\right|<3\right\}=2\Phi(3)-1=0.9974.$$

从这个数据看到, 服从正态分布的随机变量的值几乎完全落在区间 $(\mu-3\sigma,\mu+3\sigma)$ 内, 这就是人们所说的 "3σ 法则".

例 2.26 已知 $X\sim N(2,\sigma^2)$, 且 $P\{1<X<3\}=0.6826$, 求 $P\{2\leqslant X\leqslant 3\}$.

解 因为 $X\sim N(2,\sigma^2)$,

$$\begin{aligned}P\{1<X<3\}&=P\left\{\frac{1-2}{\sigma}\leqslant\frac{X-2}{\sigma}\leqslant\frac{3-2}{\sigma}\right\}=P\left\{\frac{-1}{\sigma}\leqslant\frac{X-2}{\sigma}\leqslant\frac{1}{\sigma}\right\}\\&=\Phi\left(\frac{1}{\sigma}\right)-\Phi\left(-\frac{1}{\sigma}\right)=2\Phi\left(\frac{1}{\sigma}\right)-1=0.6826.\end{aligned}$$

解得 $\Phi\left(\frac{1}{\sigma}\right)$=0.8413, 于是

$$\begin{aligned}P\{2\leqslant X\leqslant 3\}&=P\left\{\frac{2-2}{\sigma}\leqslant\frac{X-2}{\sigma}\leqslant\frac{3-2}{\sigma}\right\}=P\left\{0\leqslant\frac{X-2}{\sigma}\leqslant\frac{1}{\sigma}\right\}\\&=\Phi\left(\frac{1}{\sigma}\right)-\Phi(0)=0.8413-0.5=0.3413.\end{aligned}$$

例 2.27 某人家住城市西区, 工作单位在东区, 上班有两条路线可选择, 一条是横穿市区, 路程近, 花费时间少, 但堵塞严重, 所需时间服从 $N(30,100)$, 另一条是沿环城公路, 路程远, 花费时间多, 但堵塞少, 所需时间服从 $N(40,16)$. 问:

(1) 如果上班前 50 分钟出发, 应选哪条路线?

(2) 若上班前 45 分钟出发, 又应选哪条路线?

解 设 X 表示上班所用时间, 选择路线的标准是准时上班的概率越大越好. 有 50 分钟的时间可用, 准时上班的概率分别为

按第一条路线, $X\sim N(30,100)$,

$$P\{X\leqslant 50\}=P\left\{\frac{X-30}{10}\leqslant\frac{50-30}{10}\right\}=\Phi(2)=0.9772.$$

按第二条路线, $X\sim N(40,16)$,

$$P\{X\leqslant 50\}=P\left\{\frac{X-40}{4}\leqslant\frac{50-40}{4}\right\}=\Phi(2.5)=0.9938.$$

故应选择第二条线路.

有 45 分钟的时间可用, 准时上班的概率分别为

按第一条路线, $P\{X \leqslant 45\}=\varPhi\left(\dfrac{45-30}{10}\right)=\varPhi(1.5)=0.9332.$

按第二条路线, $P\{X \leqslant 45\}=\varPhi\left(\dfrac{45-40}{4}\right)=\varPhi(1.25)=0.8944.$

故应选第一条路线.

【实验 2.3】 用 Excel 计算例 2.24 中概率.

实验准备

学习附录二中如下 Excel 函数:

正态分布函数 NORM.DIST.

实验步骤

(1) 在单元格 B2 中输入计算 $P\{X<102\}$ 的公式:

$$=\text{NORM.DIST}(102, 108, 3, \text{TRUE}).$$

(2) 在单元格 B3 中输入计算 $P\{X<117\}$ 的公式:

$$=\text{NORM.DIST}(117, 108, 3, \text{TRUE}).$$

(3) 在单元格 B4 中输入计算 $P\{102<X<117\}$ 的公式: =B3-B2.

即得计算结果:

$$P\{102<X<117\}=0.9759,$$

如图 2.12 所示.

	A	B	C
1	设 $X\sim N(108, 9)$		
2	$P\{X<102\}=$	0.02275	
3	$P\{X<117\}=$	0.99865	
4	$P\{102<X<117\}=$	0.9759	
5			

图 2.12　计算例 2.24 中的概率

【微视频2-11】离散型随机变量函数的分布

【微视频2-12】连续型随机变量函数的分布

【微视频2-13】正态分布的标准化

【拓展练习2-7】正态分布的应用

同步自测 2-4

一、填空

1. 设随机变量 X 的概率密度为 $f(x)=\dfrac{1}{\pi(1+x^2)}$, 则 $Y=2X$ 的概率密度为 ________.

2. 设随机变量 X 的分布函数为 $F(x)$, 则 $Y=3X+1$ 的分布函数 $F_Y(y)=$ ________.

3. 设随机变量 $X\sim N(2,\sigma^2)$ 且 $P\{2<X\leqslant 3\}=0.3$ 则 $P\{X<1\}=$ ________.

4. 设随机变量 X 服从标准正态分布 $N(0,1)$, 则 $Y=2X-1$ 服从 ________.

5. 设随机变量 $X\sim N(1,2^2)$, 则 $P\{X<2.2\}=$ ________, $P\{-1.6<X<5.8\}=$ ________, $P\{|X|\leqslant 3.5\}=$ ________.

二、单项选择

1. 设随机变量 X 的分布函数为 $F(x)$, 则 $Y=(X+4)/2$ 的分布函数为 (　　).

(A) $F_Y(y)=F(y/2)+2$　　(B) $F_Y(y)=F(y/2+2)$

(C) $F_Y(y)=F(2y)-4$　　(D) $F_Y(y)=F(2y-4)$

2. 设 $X\sim U(0,1)$, 则 $Y=1-X$ 的概率密度为 (　　).

(A) $f_Y(y)=\begin{cases}1, & 0<y<2\\ 0, & \text{其他}\end{cases}$　　(B) $f_Y(y)=\begin{cases}1, & 0<y<1\\ 0, & \text{其他}\end{cases}$

(C) $f_Y(y)=\begin{cases}1, & -1<y<0\\ 0, & \text{其他}\end{cases}$　　(D) 都不是

3. 设 X 服从正态分布 $X\sim N(\mu,\sigma^2)$ 则随着 σ 的增大, 概率 $P\{|X-\mu|<\sigma\}$(　　).

(A) 单调增加　　(B) 单调减少　　(C) 保持不变　　(D) 增减不变

4. 已知随机变量 X 服从正态分布 $X\sim N(2,2^2)$ 且 $Y=aX+b$ 服从标准正态分布, 则 (　　).

(A) $a=2, b=-2$　　(B) $a=-2, b=-1$

(C) $a=1/2, b=-1$　　(D) $a=1/2, b=1$

5. 设随机变量 $X\sim N(0,1)$, X 的分布函数为 $\Phi(x)$, 则 $P\{|X|>2\}=$ (　　).

(A) $2[1-\Phi(2)]$　　(B) $2\Phi(2)-1$　　(C) $2-\Phi(2)$　　(D) $1-2\Phi(2)$

第 2 章知识结构图

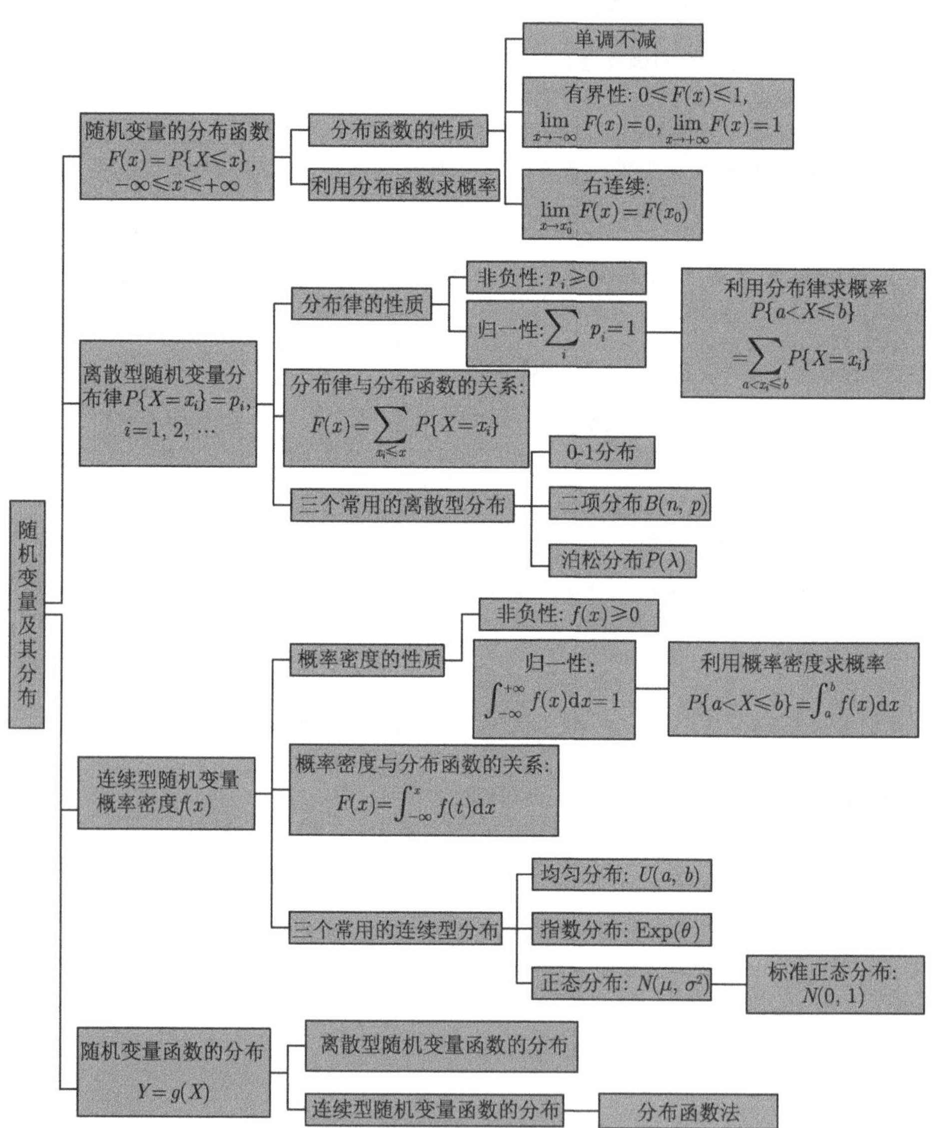

【工作效率问题解答】

某工厂有 80 台同类型设备, 各台工作是相互独立的, 发生故障的概率都是 0.01, 且一台设备的故障可由一人处理. 为了提高设备维修的效率, 节省人力资源,考虑两种配备维修工人的方法：其一是由 4 人维护，每人负责 20 台；其二是由 3 人共同维护 80 台.

试比较两种配备维修工人方法的工作效率，即比较这两种方法在设备发生故障时不能及时维修的概率的大小.

解 在第一种方法中, 设事件 $A_i =$ "第 i 个人维护的 20 台设备发生故障不能及时维修" $(i=1,2,3,4)$, $X =$ "第 1 个人维护的 20 台设备同一时刻发生故障的台数", 则 80 台设备发生故障不能及时得到维修的概率为

$$P\{A_1 \cup A_2 \cup A_3 \cup A_4\} \geqslant P\{A_1\} = P\{X \geqslant 2\}.$$

由于 $X \sim B(20, 0.01)$, 所以有

$$P\{X \geqslant 2\} = 1 - \sum_{k=0}^{1} P\{X=k\} = 1 - \sum_{k=0}^{1} \mathrm{C}_{20}^{k}(0.01)^k(0.99)^{20-k} = 0.0169,$$

即 $P\{A_1 \cup A_2 \cup A_3 \cup A_4\} \geqslant 0.0169$.

在第二种方法中, 设 $Y =$ "80 台设备同一时刻发生故障的台数", 由于 $Y \sim B(80, 0.01)$, 故 80 台设备发生故障不能及时得到维修的概率为

$$P\{Y \geqslant 4\} = 1 - \sum_{k=0}^{3} P\{Y=k\} = 1 - \sum_{k=0}^{3} \mathrm{C}_{80}^{k}(0.01)^k(0.99)^{80-k} = 0.0087.$$

可见, 第二种方法不仅节省了人力, 而且提高了维修效率.

第二种方案下, 虽然配备的人员少, 但由于团结协作, 发生故障后需要等待的概率反倒低一些. 俗话说 "一根筷子容易断, 一把筷子难折断""众人拾柴火焰高"等, 都是这个道理. 一滴水在阳光下很快就会被晒干, 只有汇入江河湖海才能得到无限的循环. 同样, 个人的力量是有限的, 只有个人投入到集体团队中, 通过高效沟通、良好协作, 才能激发出无限力量, 实现自身价值.

习 题 2

1. 一枚骰子抛掷两次, 以 X 表示两次中所得的最小点数.

(1) 试求 X 的分布律;

(2) 写出 X 的分布函数.

2. 某种抽奖活动规则是这样的：袋中放红色球及白色球各 5 只, 抽奖者交纳一元钱后得到一次抽奖的机会, 然后从袋中一次取出 5 只球, 若 5 只球同色, 则获奖 100 元, 否则无奖, 以 X 表示某抽奖者在一次抽取中净赢钱数, 求 X 的分布律.

3. 设随机变量 X 的分布律为

X	-1	1	2
P	$1/4$	$1/2$	$1/4$

(1) 求 X 的分布函数;

(2) 求 $P\left\{X \leqslant \frac{1}{2}\right\}, P\left\{\frac{3}{2} < X \leqslant \frac{5}{2}\right\}, P\{1 \leqslant x \leqslant 3\}$.

4. 设随机变量 X 的分布律为 $P\{X = k\} = \frac{1}{2^k}, k = 1, 2, \cdots$. 求:

(1) $P\{X = \text{偶数}\}$;

(2) $P\{X \geqslant 5\}$.

5. 设随机变量 X 的概率密度为 $f(x) = \begin{cases} a\cos x, & |x| \leqslant \frac{\pi}{2}, \\ 0, & |x| > \frac{\pi}{2}, \end{cases}$ 试求:

(1) 系数 a;

(2) X 落在区间 $\left(0, \frac{\pi}{4}\right)$ 内的概率.

6. 设连续随机变量 X 的分布函数为 $F(x) = \begin{cases} 0, & x < 0, \\ Ax^2, & 0 \leqslant x < 1, \\ 1, & x \geqslant 1, \end{cases}$

试求: (1) 系数 A; (2) X 落在区间 (0.3, 0.7) 内的概率; (3) X 的概率密度.

7. 设事件 A 在每一次试验中发生的概率为 0.3, 当 A 发生不少于 3 次时, 指示灯发出信号. 现进行 5 次独立试验, 试求指示灯发出信号的概率.

8. 某公安局在长度为 t 的时间间隔内收到的紧急呼救的次数 X 服从参数为 $0.5t$ 的泊松分布, 而与时间间隔的起点无关 (时间以小时计).

(1) 求某一天中午 12 时至下午 3 时没有收到紧急呼救的概率;

(2) 求某一天中午 12 时至下午 5 时至少收到一次紧急呼救的概率.

9. 某人进行射击, 每次射击的命中率为 0.02, 独立射击 400 次, 试求至少击中 2 次的概率 (利用泊松分布近似求解).

10. 设随机变量 X 服从 (0, 5) 上的均匀分布, 求 x 的方程 $4x^2 + 4Xx + X + 2 = 0$ 有实根的概率.

11. 某种型号的电灯泡使用时间 (单位: 小时) 为一随机变量 X, 其概率密度为

$$f(x) = \begin{cases} \frac{1}{5000}\mathrm{e}^{-\frac{x}{5000}}, & x > 0, \\ 0, & x \leqslant 0, \end{cases}$$

求一个这种型号的电灯泡使用了 1000 小时仍可继续使用 5000 小时以上的概率.

12. 已知离散随机变量 X 的分布律为

X	-2	-1	0	1	3
P	$1/5$	$1/6$	$1/5$	$1/15$	$11/30$

试求 $Y = X^2$ 与 $Z = |X|$ 的分布律.

13. 设随机变量 X 服从正态分布 $N(\mu, \sigma^2)$, 求 $Y = \mathrm{e}^X$ 的概率密度.

14. 设 $X \sim U(0, 1)$, 试求 $Y = 1 - X$ 的概率密度.

15. 设 $X \sim U(1, 2)$, 试求 $Y = \mathrm{e}^{2X}$ 的概率密度.

16. 设随机变量 X 的概率密度为

$$f(x) = \begin{cases} \dfrac{3}{2}x^2, & -1 < x < 1, \\ 0, & \text{其他}, \end{cases}$$

试求下列随机变量的概率密度:

(1) $Y_1 = 3X$;

(2) $Y_2 = 3 - X$.

17. 设顾客在某银行窗口等待服务的时间 X (以分钟计) 服从参数为 5 的指数分布. 某顾客在窗口等待服务, 若超过 10 分钟, 他就离开. 他一个月要到银行 5 次, 以 Y 表示他未等到服务而离开窗口的次数. 写出 Y 的分布律, 并求 $P\{Y \geqslant 1\}$.

18. 设 $X \sim N(3, 4)$,

(1) 求 $P\{2 < X \leqslant 5\}$, $P\{-4 < X \leqslant 10\}$, $P\{|X| > 2\}$, $P\{X > 3\}$;

(2) 设 d 满足 $P\{X > d\} \geqslant 0.9015$, 问 d 至多为多少?

19. 设随机变量 X 服从正态分布 $N(0, \sigma^2)$, 若 $P\{(|X| > k\} = 0.1$, 试求 $P\{X < k\}$.

20. 测量距离时产生的随机误差 X(单位: m) 服从正态分布 $N(10, 5^2)$, 做三次独立测量, 求:

(1) 至少有一次误差绝对值不超过 5m 的概率;

(2) 只有一次误差绝对值不超过 5m 的概率.

21. 某地抽样调查结果表明, 考生的外语成绩 (百分制) 近似服从正态分布, 平均成绩为 72 分, 84 分以上占考生总数的 2.3%, 试求考生的外语成绩在 60 分至 84 分之间的概率.

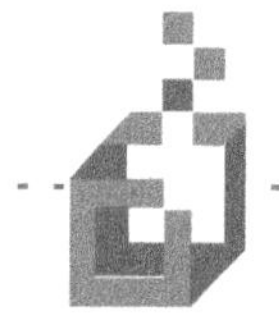

多维随机变量及其分布

在第 2 章中, 讨论的问题中只涉及一个随机变量, 而在实际问题的研究中, 除了经常用到一个随机变量之外, 还常常会遇到多个随机变量的情形. 例如, 在研究儿童的生长发育情况时, 常用身高和体重两个随机变量来描述; 在研究某地区的气候特征时, 常需考虑气温和降水两个随机变量; 在研究飞机在空中的位置时, 需要经度、纬度、高度三个随机变量来描述; 在研究国民经济状况时, 需要用国内生产总值 (GDP)、固定资产投资、各产业产值、人均消费额等多个随机变量来描述. 因此, 在实际应用中, 需要考虑多个随机变量及其相互关系.

本章主要介绍二维随机变量的情形, 讨论二维随机变量及其分布的有关概念、理论和应用. 从二维随机变量到 n 维随机变量的推广是直接的、形式上的, 并无实质性困难, 我们将在本章最后一节对 n 维随机变量的相关概念进行简单介绍.

【轮船停泊问题】

某码头仅能容纳一只船, 预知某日将有甲、乙两船独立地来到该码头, 且在 24 小时内各时刻来到的可能性都相等, 如果它们停靠的时间分别为 3 小时和 4 小时, 试求有一只船要在江中等待的概率.

3.1 二维随机变量及其分布

3.1.1 二维随机变量及其分布函数

定义 3.1 设 X, Y 是定义在同一个样本空间 $\Omega = \{\omega\}$ 上的两个随机变量, 则称 (X, Y) 为**二维随机变量**, 或**二维随机向量**.

与一维随机变量的情形类似, 对于二维随机变量, 我们可以通过分布函数来描述其概率分布规律.

需要注意的是, 二维随机变量的性质不仅与 X 的性质及 Y 的性质有关, 还依赖于这两个随机变量之间的相互关系, 所以仅逐个研究 X 和 Y 两个一维随机变量的性质是不够的, 还必须把二维随机变量 (X, Y) 作为一个整体加以研究.

我们首先引入二维随机变量分布函数的概念.

定义 3.2 设 (X, Y) 是二维随机变量, 对于任意实数 x, y, 将事件 $\{X \leqslant x\}$, $\{Y \leqslant y\}$ 同时发生的概率

$$F(x,y) = P\{X \leqslant x, Y \leqslant y\} \tag{3.1}$$

称为二维随机变量 (X, Y) 的**分布函数**, 或 X 与 Y 的**联合分布函数**.

容易给出二维随机变量分布函数的几何解释. 如果将二维随机变量 (X, Y) 看成是平面上的随机点, 那么其分布函数 $F(x, y)$ 在平面上任一点 (x, y) 处的函数值就是随机点 (X, Y) 落在以 (x, y) 为右上角顶点的无穷矩形区域内的概率(如图 3.1).

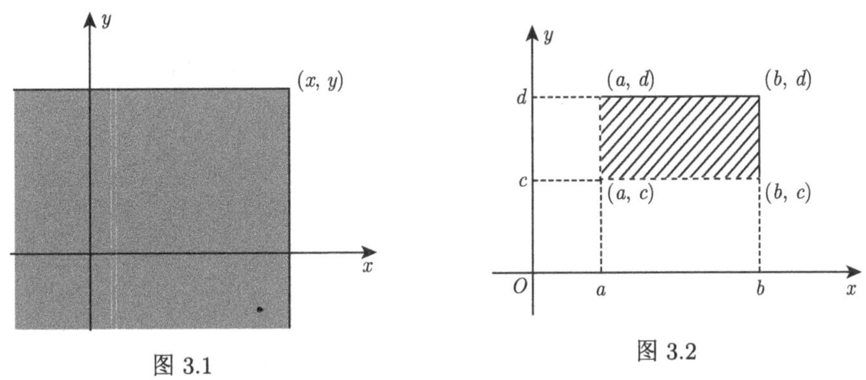

图 3.1

图 3.2

根据以上几何解释, 借助于图 3.2(这里假设 $a < b, c < d$), 容易得到随机点 (X, Y) 落在矩形区域 $\{(x,y)|a < x \leqslant b,\ c < y \leqslant d\}$ 内的概率:

$$P\{a < X \leqslant b, c < Y \leqslant d\} = F(b,d) - F(a,d) - F(b,c) + F(a,c). \tag{3.2}$$

对任意实数 x 和 y, 我们不加证明地给出二维随机变量 (X, Y) 分布函数 $F(x, y)$ 的如下四条性质.

(1) 单调性: $F(x, y)$ 分别对 x 或 y 均是单调不减的, 即

对任意实数 x_1, x_2, 当 $x_1 < x_2$ 时, 有 $F(x_1, y) \leqslant F(x_2, y)$;

对任意实数 y_1, y_2, 当 $y_1 < y_2$ 时, 有 $F(x, y_1) \leqslant F(x, y_2)$.

(2) 有界性: $0 \leqslant F(x,y) \leqslant 1$, 且

$$F(-\infty, y) = \lim_{x \to -\infty} F(x,y) = 0,$$

$$F(x, -\infty) = \lim_{y \to -\infty} F(x,y) = 0,$$

$$F(+\infty, +\infty) = \lim_{\substack{x \to +\infty \\ y \to +\infty}} F(x,y) = 1.$$

(3) 右连续性: $F(x, y)$ 分别对每个自变量都是右连续的, 即

对任意实数 x_0, 有 $\lim\limits_{x\to x_0^+} F(x,y)=F(x_0,y)$;

对任意实数 y_0, 有 $\lim\limits_{y\to y_0^+} F(x,y)=F(x,y_0)$.

(4) 对任意的实数 a, b, c, d, 且 $a<b, c<d$, 有下式成立:

$$F(b,d)-F(a,d)-F(b,c)+F(a,c)\geqslant 0.$$

这一性质可由式 (3.2) 及概率的非负性得到.

注意, 上述分布函数 $F(x, y)$ 的性质 (4) 不能由前三条性质推出.

例如, 函数

$$F(x,y)=\begin{cases}0, & x+y<-1,\\ 1, & x+y\geqslant -1.\end{cases}$$

显然 $F(x, y)$ 满足前三条性质 (1), (2), (3), 但它不满足 (4).

我们不妨取 $a=c=-1$, $b=d=1$, 则

$$\begin{aligned}&F(b,d)-F(a,d)-F(b,c)+F(a,c)\\=&F(1,1)-F(-1,1)-F(1,-1)+F(-1,-1)\\=&1-1-1+0\\=&-1<0.\end{aligned}$$

可见, 对于 $a=c=-1$, $b=d=1$, 本题中的二元函数 $F(x, y)$ 是不满足第 (4) 条性质的. 这说明, 性质 (4) 是不能由前三条性质推出的.

事实上, 同时满足上述四条性质的二元函数 $F(x, y)$ 才能成为某个二维随机变量的分布函数. 即上述四条性质是一个二元函数 $F(x, y)$ 能成为某个二维随机变量的分布函数的充要条件.

与一维随机变量类似, 本书仅介绍两类常见的二维随机变量: 离散型和连续型.

【微视频3-1】二维随机变量及联合分布函数

【拓展练习3-1】利用二维随机变量分布函数求概率

3.1.2 二维离散型随机变量及其分布律

对于任意一个二维随机变量, 其概率分布可以用其分布函数来描述. 对于一个二维离散型随机变量, 其概率分布还可以用其分布律来描述.

定义 3.3 如果二维随机变量 (X, Y) 只取有限个或可列个数对 (x_i, y_j), 则称 (X, Y) 为**二维离散型随机变量**, 并称

$$P\{X=x_i, Y=y_j\}=p_{ij}, \quad i, j=1,2, \cdots \tag{3.3}$$

为 (X, Y) 的**分布律**, 或 X 与 Y 的**联合分布律**. 二维离散型随机变量 (X, Y) 的分布律也可用如下表格形式来表示.

X \ Y	y_1	y_2	$\cdots$	y_j	$\cdots$
x_1	p_{11}	p_{12}	$\cdots$	p_{1j}	$\cdots$
x_2	p_{21}	p_{22}	$\cdots$	p_{2j}	$\cdots$
$\cdots$	$\cdots$	$\cdots$	$\cdots$	$\cdots$	$\cdots$
x_i	p_{i1}	p_{i2}	$\cdots$	p_{ij}	$\cdots$
$\cdots$	$\cdots$	$\cdots$	$\cdots$	$\cdots$	$\cdots$

二维离散型随机变量 (X,Y) 的分布律有如下基本性质：

(1) **非负性** $p_{ij} \geqslant 0, \ i, j=1,2, \cdots$.

(2) **归一性** $\sum\limits_{i=1}^{+\infty} \sum\limits_{j=1}^{+\infty} p_{ij}=1$.

二维离散型随机变量 (X, Y) 的分布函数和分布律有如下关系：

$$F(x, y)=P\{X \leqslant x, Y \leqslant y\}=\sum_{x_i \leqslant x, y_j \leqslant y} p_{ij}. \tag{3.4}$$

其中和式是对所有满足 $x_i \leqslant x, y_j \leqslant y$ 的 i, j 进行的求和.

例 3.1 设二维离散型随机变量 (X, Y) 的分布律如下：

X \ Y	1	2	3	4
1	0.1	0	0.1	0
2	0.3	0	0.1	0.2
3	0	0.2	0	0

求 $P\{X>1, Y \geqslant 3\}, P\{X=1\}$.

解 $P\{X>1, Y \geqslant 3\}$

$$\begin{aligned}
&=P\{X=2, Y=3\}+P\{X=2, Y=4\} \\
&\quad+P\{X=3, Y=3\}+P\{X=3, Y=4\} \\
&=0.1+0.2+0+0=0.3;
\end{aligned}$$

$$
\begin{aligned}
&P\{X=1\}\\
=&P\{X=1,Y=1\}+P\{X=1,Y=2\}\\
&+P\{X=1,Y=3\}+P\{X=1,Y=4\}\\
=&0.1+0+0.1+0=0.2.
\end{aligned}
$$

例 3.2 甲、乙两人独立进行射击, 甲每次命中率为 0.2, 乙每次命中率为 0.5. 以 X, Y 分别表示甲、乙各射击两次的命中次数, 试求 (X, Y) 的分布律.

解 由题知, 随机变量 X, Y 均可取 0, 1, 2. 由于甲、乙是独立进行射击, 所以事件 $\{X=i\}$ 与 $\{Y=j\}$ 相互独立, $i, j=0, 1, 2$. 于是

$$
\begin{aligned}
P\{X=i,Y=j\}=&P\{X=i\}P\{Y=j\}\\
=&\mathrm{C}_2^i 0.2^i 0.8^{2-i}\mathrm{C}_2^j 0.5^j 0.5^{2-j},\quad i,j=0,1,2.
\end{aligned}
$$

故 (X, Y) 的分布律为

X \ Y	0	1	2
0	0.16	0.32	0.16
1	0.08	0.16	0.08
2	0.01	0.02	0.01

说明：求一个二维离散型随机变量 (X, Y) 的分布律, 关键是写出 (X, Y) 所有可能取到的数对及其发生的概率.

【微视频3-2】二维离散型随机变量及其分布律

【拓展练习3-2】求二维离散型随机变量的分布律

3.1.3 二维连续型随机变量及其概率密度

类似于一维连续型随机变量, 我们给出二维连续型随机变量及其概率密度的概念.

定义 3.4 如果存在二元非负函数 $f(x, y)$, 使得二维随机变量 (X, Y) 的分布函数 $F(x, y)$ 可表示为

$$
F(x,y)=\int_{-\infty}^{y}\int_{-\infty}^{x}f(u,v)\mathrm{d}u\mathrm{d}v, \tag{3.5}
$$

则称 (X, Y) 为**二维连续型随机变量**, 称 $f(x, y)$ 为 (X, Y) 的**概率密度**, 或 X 与 Y 的**联合概率密度**.

二维连续型随机变量 (X,Y) 的概率密度具有如下性质:

(1) **非负性** $f(x, y) \geqslant 0$;

(2) **归一性** $\int_{-\infty}^{+\infty}\int_{-\infty}^{+\infty} f(x,y)\mathrm{d}x\mathrm{d}y = 1$;

(3) 在 $F(x, y)$ 偏导数存在的点上, 有

$$f(x,y) = \frac{\partial^2 F(x,y)}{\partial x \partial y}; \tag{3.6}$$

(4) 二维随机变量 (X, Y) 可以看成平面上的一个随机点, 对于一个二维连续型随机变量 (X, Y), 随机点 (X, Y) 落在平面上某个区域 G 内的概率为

$$P\{(X,Y) \in G\} = \iint\limits_G f(x,y)\mathrm{d}x\mathrm{d}y. \tag{3.7}$$

说明: 前三条性质容易由相关定义得到.

对于性质 (4), 其证明需要更多的数学知识, 这里不再介绍, 但这是一个非常重要的结论. 只要知道了二维连续型随机变量 (X, Y) 的概率密度, 就可以求它落在某个平面区域 G 内的概率了, 性质 (4) 将上述问题转化为一个二重积分的计算. 由二重积分的几何意义可知, $P\{(X,Y) \in G\}$ 的值等于以平面区域 G 为底, 以曲面 $z = f(x, y)$ 为顶的曲顶柱体的体积.

例 3.3 已知随机变量 X 与 Y 的联合概率密度为

$$f(x,y) = \begin{cases} \mathrm{e}^{-(x+y)}, & 0 < x < +\infty, 0 < y < +\infty, \\ 0, & \text{其他}. \end{cases}$$

试求 $P\{X < Y\}$.

解 由联合概率密度的性质 (4) 知

$$P\{X < Y\} = \iint\limits_{\{x<y\}} f(x,y)\mathrm{d}x\mathrm{d}y,$$

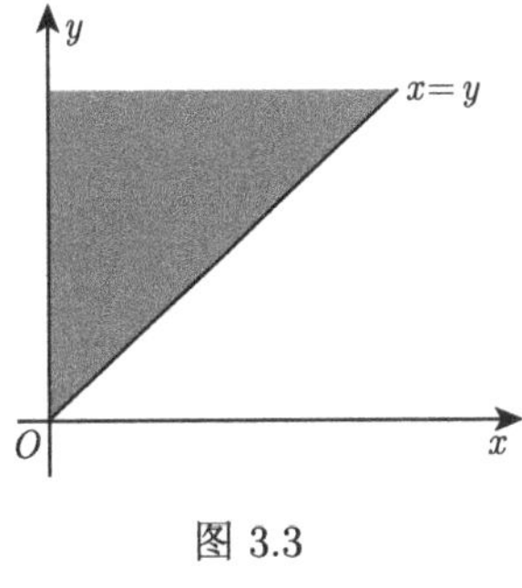

图 3.3

区域 $\{(x\ ,\ y)|x < y\}$ 与 $f(x, y)$ 取非零值对应的区域 $\{(x,y)|0 < x < +\infty, 0 < y < +\infty\}$ 的交集如图 3.3 中阴影部分. 所以

$$P\{X < Y\} = \iint\limits_{\{x<y\}} f(x,y)\mathrm{d}x\mathrm{d}y$$

$$
\begin{aligned}
&= \int_0^{+\infty}\int_x^{+\infty} \mathrm{e}^{-(x+y)}\mathrm{d}y\mathrm{d}x \\
&= \int_0^{+\infty} \mathrm{e}^{-x}\int_x^{+\infty} \mathrm{e}^{-y}\mathrm{d}y\mathrm{d}x \\
&= \int_0^{+\infty} \mathrm{e}^{-2x}\mathrm{d}x = \frac{1}{2}.
\end{aligned}
$$

例 3.4 已知随机变量 X 与 Y 的联合概率密度为

$$
f(x,y)=\begin{cases} k\mathrm{e}^{-(2x+3y)}, & x>0,y>0, \\ 0, & \text{其他}. \end{cases}
$$

(1) 确定常数 k 的值;

(2) 求 (X, Y) 的分布函数;

(3) 求 $P\{X < Y\}$;

(4) 求 $P\{X < 1, Y < 1\}$.

解 (1) 由联合概率密度的性质 (1) 知

$$
\begin{aligned}
1 &= \int_{-\infty}^{+\infty}\int_{-\infty}^{+\infty} f(x,y)\mathrm{d}x\mathrm{d}y \\
&= \int_0^{+\infty}\int_0^{+\infty} k\mathrm{e}^{-(2x+3y)}\mathrm{d}x\mathrm{d}y \\
&= k\int_0^{+\infty} \mathrm{e}^{-2x}\mathrm{d}x\int_0^{+\infty} \mathrm{e}^{-3y}\mathrm{d}y \\
&= k\left[-\frac{1}{2}\mathrm{e}^{-2x}\right]_0^{+\infty}\left[-\frac{1}{3}\mathrm{e}^{-3y}\right]_0^{+\infty} \\
&= \frac{1}{6}k,
\end{aligned}
$$

所以 $k=6$. 于是

$$
f(x,y)=\begin{cases} 6\mathrm{e}^{-(2x+3y)}, & x>0,y>0, \\ 0, & \text{其他}. \end{cases}
$$

(2) 根据分布函数的定义, 有

$$
F(x,y)=\int_{-\infty}^{y}\int_{-\infty}^{x} f(x,y)\mathrm{d}x\mathrm{d}y
$$

$$
= \begin{cases} \int_0^y \int_0^x 6\mathrm{e}^{-(2x+3y)}\mathrm{d}x\mathrm{d}y, & x>0,y>0, \\ 0, & \text{其他} \end{cases}
$$

$$
= \begin{cases} (1-\mathrm{e}^{-2x})(1-\mathrm{e}^{-3y}), & x>0,y>0, \\ 0, & \text{其他}. \end{cases}
$$

(3) 由联合概率密度的性质 (4) 知

$$
P\{X<Y\} = \iint\limits_{\{x<y\}} f(x,y)\mathrm{d}x\mathrm{d}y.
$$

先画出区域 $\{(x,\ y)|x<y\}$ 与联合概率密度 $f(x,\ y)$ 取非零值对应的区域 $\{(x,y)|0<x<+\infty,0<y<+\infty\}$ 的交集, 记为 D_1, 如图 3.4(a) 中的阴影部分, D_1 即为最终的积分区域.

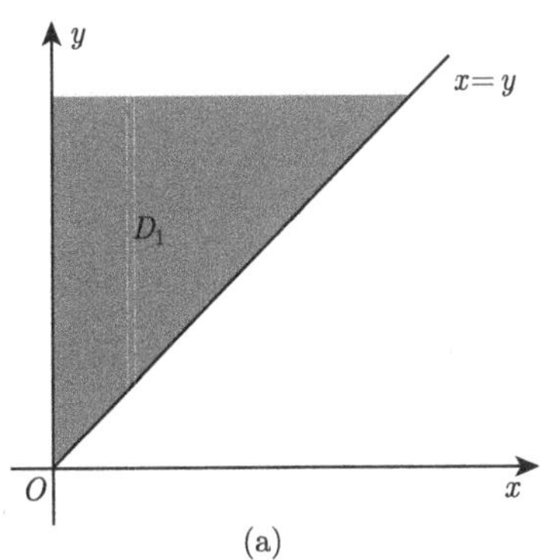

(a)

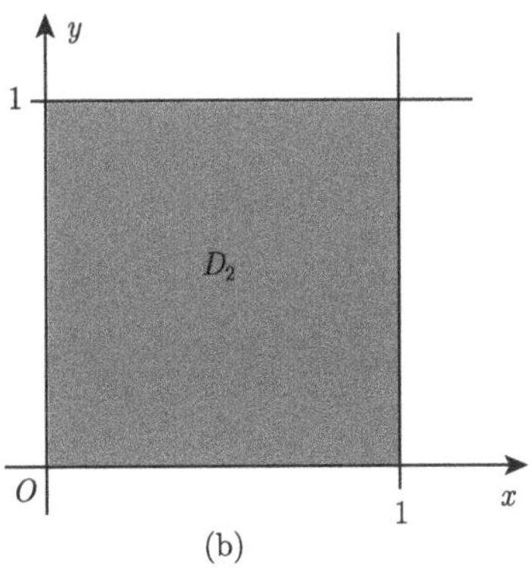

(b)

图 3.4

所以

$$
\begin{aligned}
P\{X<Y\} &= \iint\limits_{\{x<y\}} f(x,y)\mathrm{d}x\mathrm{d}y \\
&= \iint\limits_{D_1} 6\mathrm{e}^{-(2x+3y)}\mathrm{d}x\mathrm{d}y \\
&= \int_0^{+\infty}\int_0^y 6\mathrm{e}^{-(2x+3y)}\mathrm{d}x\mathrm{d}y \\
&= \int_0^{+\infty} 3\mathrm{e}^{-3y}(1-\mathrm{e}^{-2y})\mathrm{d}y
\end{aligned}
$$

$$= \left[-\mathrm{e}^{-3y} + \frac{3}{5}\mathrm{e}^{-5y}\right]_0^{+\infty}$$

$$= 1 - \frac{3}{5} = \frac{2}{5}.$$

(4) 由联合概率密度的性质 (4) 知,

$$P\{X<1,Y<1\} = \iint\limits_{\{x<1,y<1\}} f(x,y)\mathrm{d}x\mathrm{d}y.$$

先画出区域 $\{(x, y)|x<1, y<1\}$ 与联合概率密度 $f(x, y)$ 取非零值对应的区域 $\{(x,y)|0<x<+\infty, 0<y<+\infty\}$ 的交集, 记为 D_2, 如图 3.4(b) 中的阴影部分, D_2 即为最终的积分区域. 所以, 有

$$\begin{aligned}
P\{X<1,Y<1\} &= \iint\limits_{\{x<1,y<1\}} f(x,y)\mathrm{d}x\mathrm{d}y \\
&= \iint\limits_{D_2} 6\mathrm{e}^{-(2x+3y)}\mathrm{d}x\mathrm{d}y \\
&= \int_0^1\int_0^1 6\mathrm{e}^{-(2x+3y)}\mathrm{d}x\mathrm{d}y \\
&= \left(\int_0^1 2\mathrm{e}^{-2x}\mathrm{d}x\right)\left(\int_0^1 3\mathrm{e}^{-3y}\mathrm{d}y\right) \\
&= \left[-\mathrm{e}^{-2x}\right]_0^1\left[-\mathrm{e}^{-3y}\right]_0^1 \\
&= (1-\mathrm{e}^{-2})(1-\mathrm{e}^{-3}).
\end{aligned}$$

【微视频3-3】二维连续型随机变量及其概率密度

【拓展练习3-3】求二维连续型随机变量的分布函数

3.1.4 常用二维分布

常用的二维分布有二维均匀分布和二维正态分布.

1. 二维均匀分布

定义 3.5 设 G 是平面上的一个有界区域, 其面积为 A, 令

$$f(x,y)=\begin{cases}\dfrac{1}{A}, & (x,y)\in G,\\ 0, & \text{其他},\end{cases} \tag{3.8}$$

称以 $f(x,\ y)$ 为概率密度的二维连续型随机变量 $(X,\ Y)$ 服从区域 G 上的**均匀分布**.

例 3.5 设二维随机变量 $(X,\ Y)$ 服从区域 $G=\{(x,y)|0\leqslant x\leqslant 2,\ 0\leqslant y\leqslant 2\}$ 上的均匀分布, 求 $P\{|X-Y|\leqslant 1\}$.

解 依题意, $(X,\ Y)$ 的概率密度为

$$f(x,y)=\begin{cases}\dfrac{1}{4}, & (x,y)\in G,\\ 0, & \text{其他}.\end{cases}$$

设 D 表示区域 $\{(x,y)||x-y|\leqslant 1\}$, $f(x,y)$ 取非零值对应的区域 G 与区域 D 的交集见图 3.5 中阴影区域, 记该区域的面积为 $S_{D\cap G}$, 因此

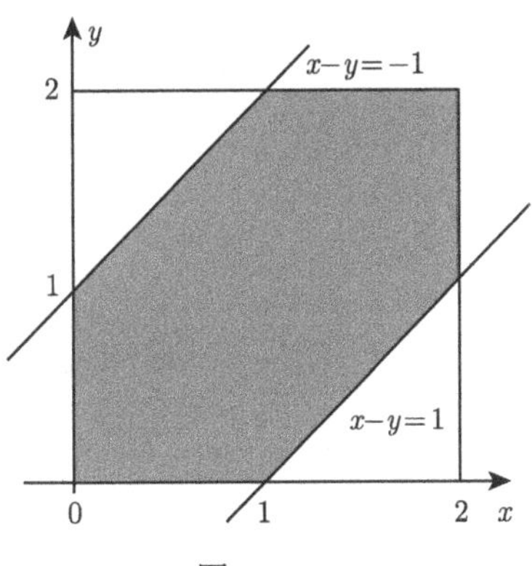

图 3.5

$$\begin{aligned}P\{|X-Y|\leqslant 1\}&=\iint\limits_{\{|x-y|\leqslant 1\}} f(x,y)\mathrm{d}x\mathrm{d}y\\&=\iint\limits_{D\cap G}\frac{1}{4}\mathrm{d}x\mathrm{d}y\\&=\frac{1}{4}\times S_{D\cap G}\\&=\frac{1}{4}\times 3=\frac{3}{4}.\end{aligned}$$

2. 二维正态分布

二维正态分布是一种重要的分布.

定义 3.6 如果二维连续型随机变量 $(X,\ Y)$ 的概率密度为

$$f(x,y)=\frac{1}{2\pi\sigma_1\sigma_2\sqrt{1-\rho^2}}\exp\left\{-\frac{1}{2(1-\rho^2)}\left[\frac{(x-\mu_1)^2}{\sigma_1^2}\right.\right.$$

$$-2\rho\frac{(x-\mu_1)(y-\mu_2)}{\sigma_1\sigma_2}+\frac{(y-\mu_2)^2}{\sigma_2^2}\Bigg]\Bigg\},\quad -\infty<x,\ y<+\infty,$$

则称 $(X,\ Y)$ 服从**二维正态分布**, 记为 $(X,Y)\sim N(\mu_1,\mu_2,\sigma_1^2,\sigma_2^2,\rho)$, 其中五个参数的取值范围分别为: $-\infty<\mu_1,\mu_2<+\infty;\sigma_1,\sigma_2>0;-1<\rho<1$.

二维正态分布 $N(\mu_1,\mu_2,\sigma_1^2,\sigma_2^2,\rho)$ 的概率密度的图形很像一顶向四周无限延伸的草帽, 其中心点在 $(\mu_1,\ \mu_2)$ 处, 其等高线是椭圆. 如果用平行于 xOz 平面或者 yOz 平面去截图形, 其截线将显示为正态曲线.

图 3.6 为二维标准正态分布 $N(0,\ 0,\ 1,\ 1,\ 0)$ 的概率密度曲面图.

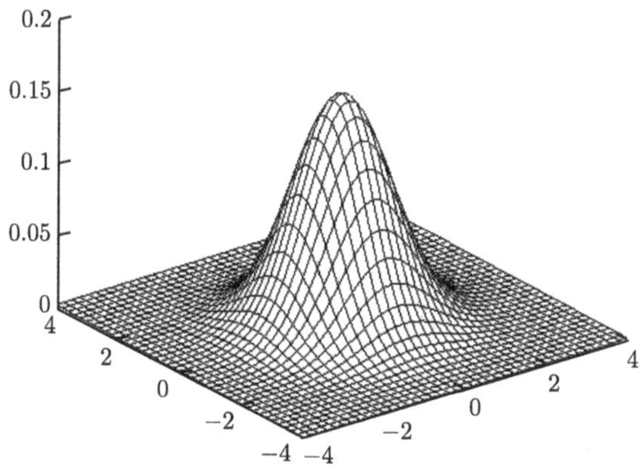

图 3.6 二维标准正态分布概率密度曲面图

例 3.6 设 $(X,Y)\sim N(0,0,\sigma^2,\sigma^2,0)$, 求 $P\{X<Y\}$.

解 易知 $(X,\ Y)$ 的概率密度为

$$f(x,y)=\frac{1}{2\pi\sigma^2}\mathrm{e}^{-\frac{x^2+y^2}{2\sigma^2}}\quad(-\infty<x,\ y<+\infty),$$

所以

$$P\{X<Y\}=\iint\limits_{\{x<y\}}\frac{1}{2\pi\sigma^2}\mathrm{e}^{-\frac{x^2+y^2}{2\sigma^2}}\,\mathrm{d}x\mathrm{d}y.$$

引进极坐标, 令

$$\begin{cases}x=r\cos\theta,\\y=r\sin\theta,\end{cases}$$

则

$$P\{X<Y\}$$

$$
\begin{aligned}
&= \int_{\frac{\pi}{4}}^{\frac{5\pi}{4}} \int_0^{+\infty} \frac{1}{2\pi\sigma^2} r \mathrm{e}^{-\frac{r^2}{2\sigma^2}} \mathrm{d}r \mathrm{d}\theta \\
&= \int_{\frac{\pi}{4}}^{\frac{5\pi}{4}} \frac{1}{2\pi} \left[-\mathrm{e}^{-\frac{r^2}{2\sigma^2}} \right]_0^{+\infty} \mathrm{d}\theta \\
&= \int_{\frac{\pi}{4}}^{\frac{5\pi}{4}} \frac{1}{2\pi} \mathrm{d}\theta \\
&= \frac{1}{2}.
\end{aligned}
$$

同步自测 3-1

一、填空

1. 如果 (X, Y) 是二维离散型随机变量, 其分布律为 $p_{ij}(i=1,2,\cdots,j=1,2,\cdots)$, 根据分布律的性质, 有 $\sum_{i=1}^{\infty}\sum_{j=1}^{\infty} p_{ij} =$ ________.

2. 设 (X, Y) 是二维连续型随机变量, $f(x, y)$ 为其概率密度, 则 (X, Y) 的分布函数 $F(x,y)=P\{X \leqslant x, Y \leqslant y\}=$ ________; $\int_{-\infty}^{+\infty}\int_{-\infty}^{+\infty} f(x,y)\mathrm{d}x\mathrm{d}y=$ ________.

3. 假设二维连续型随机变量 (X, Y) 在 G 上服从二维均匀分布 (G 是平面上一个有界区域, 其面积为 A), 则概率密度 $f(x, y)=$ ________.

4. 设二维离散型随机变量 (X, Y) 的分布律如下表:

X \ Y	−1	0
1	1/4	1/4
2	1/6	a

则 a 的值为 ________.

5. 设二维连续型随机变量 (X, Y) 的概率密度为

$$
f(x,y)=\begin{cases} k, & x^2 \leqslant y \leqslant x, \\ 0, & \text{其他}, \end{cases}
$$

则 $k=$ ________, $P\{X>0.5\}=$ ________.

二、单选选择

1. 设二维随机变量 (X, Y) 的概率密度为

$$
f(x,y)=\begin{cases} 6x, & 0 \leqslant x \leqslant y \leqslant 1, \\ 0, & \text{其他}, \end{cases}
$$

则 $P\{X=Y\}$=(　　).

(A) 0 (B) $\frac{1}{6}$ (C) $\frac{1}{3}$ (D) $\frac{1}{2}$

2. 设二维随机变量 (X, Y) 的概率密度为

$$f(x,y)=\begin{cases} c, & -1 \leqslant x \leqslant 1, 0 \leqslant y \leqslant 2, \\ 0, & \text{其他}. \end{cases}$$

则 $c =($ $)$.

(A) $\frac{1}{2}$ (B) $\frac{1}{3}$ (C) $\frac{1}{4}$ (D) $\frac{1}{6}$

3. 设 X 和 Y 的联合分布律为

X \ Y	0	1
0	5/8	1/8
1	1/8	1/8

则 $P\{X = Y\} =($ $)$.

(A) $\frac{1}{8}$ (B) $\frac{1}{4}$ (C) $\frac{5}{8}$ (D) $\frac{3}{4}$

4. 设二维随机变量 (X, Y) 的概率密度为

$$f(x,y)=\begin{cases} Axy, & 0 < x < 2, 0 < y < 1, \\ 0, & \text{其他}. \end{cases}$$

则常数 A=( ).

(A) 1 (B) 2 (C) 3 (D) 4

5. 设二维随机变量 (X, Y) 的概率密度为

$$f(x,y)=\begin{cases} \frac{1}{4}, & 0 < x < 2, 0 < y < 2, \\ 0, & \text{其他}. \end{cases}$$

则 $P\{X > Y\} =($ $)$.

(A) $\frac{1}{4}$ (B) $\frac{1}{2}$ (C) $\frac{3}{4}$ (D) 1

3.2 二维随机变量的边缘分布

二维随机变量 (X, Y) 作为一个整体有其概率分布, 而 X 和 Y 本身都是一维随机变量, 当然也有自己的概率分布, 所以在考察一个二维随机变量 (X, Y) 的分布时, 除了考虑 X 与 Y 的联合概率分布之外, 还应考虑以下三个方面的信息: 每个分量的信息, 即边缘分布; 两个分量之间的关系, 即相关系数; 当给定一个分量时, 另一个分量的概率分布, 即条件分布.

本节主要学习二维随机变量的边缘分布, 即对于一个二维随机变量, 考虑其每个分量的概率分布. 先来讨论二维随机变量的边缘分布函数.

3.2.1 二维随机变量的边缘分布函数

设 $F(x, y)$ 为二维随机变量 (X, Y) 的分布函数, X 和 Y 作为一维随机变量, 也分别有自己的分布函数, 不妨依次记为 $F_X(x)$, $F_Y(y)$. 根据分布函数定义, 有

$$F_X(x) = P\{X \leqslant x\} = P\{X \leqslant x, Y < +\infty\} = \lim_{y \to +\infty} F(x, y) = F(x, +\infty).$$

同理, 有

$$F_Y(y) = P\{Y \leqslant y\} = P\{X < +\infty, Y \leqslant y\} = \lim_{x \to +\infty} F(x, y) = F(+\infty, y).$$

于是, 有如下定义.

定义 3.7 设二维随机变量 (X, Y) 具有分布函数 $F(x, y)$, 称

$$F_X(x) = \lim_{y \to +\infty} F(x, y) = F(x, +\infty) \tag{3.9}$$

和

$$F_Y(y) = \lim_{x \to +\infty} F(x, y) = F(+\infty, y) \tag{3.10}$$

分别为二维随机变量 (X, Y) 关于 X 和关于 Y 的**边缘分布函数**.

特别指出, 以上两式表明, 对于任意一个二维随机变量, 由其联合分布函数可以求出它的每个分量的分布函数, 但是反过来, 由各个分量的分布函数不一定能得到其联合分布函数.

例 3.7 设二维随机变量 (X, Y) 的分布函数为

$$F(x, y) = \frac{1}{\pi^2}\left(\arctan x + \frac{\pi}{2}\right)\left(\arctan y + \frac{\pi}{2}\right), \quad -\infty < x, y < +\infty,$$

分别求 (X, Y) 关于 X 和 Y 的边缘分布函数 $F_X(x)$, $F_Y(y)$.

解 由定义,

$$\begin{aligned}
F_X(x) &= \lim_{y \to +\infty} F(x, y) \\
&= \lim_{y \to +\infty}\left[\frac{1}{\pi^2}\left(\arctan x + \frac{\pi}{2}\right)\left(\arctan y + \frac{\pi}{2}\right)\right] \\
&= \frac{1}{\pi^2}\left(\arctan x + \frac{\pi}{2}\right) \cdot \pi \\
&= \frac{1}{\pi}\arctan x + \frac{1}{2}, \quad -\infty < x < +\infty.
\end{aligned}$$

同理可求得,

$$F_Y(y)=\frac{1}{\pi}\arctan y+\frac{1}{2},\quad -\infty<y<+\infty.$$

3.2.2 二维离散型随机变量的边缘分布律

对于一个二维离散型随机变量 (X, Y), 假定其分布律为

$X \backslash Y$	y_1	y_2	$\cdots$	y_j	$\cdots$
x_1	p_{11}	p_{12}	$\cdots$	p_{1j}	$\cdots$
x_2	p_{21}	p_{22}	$\cdots$	p_{2j}	$\cdots$
$\cdots$	$\cdots$	$\cdots$	$\cdots$	$\cdots$	$\cdots$
x_i	p_{i1}	p_{i2}	$\cdots$	p_{ij}	$\cdots$
$\cdots$	$\cdots$	$\cdots$	$\cdots$	$\cdots$	$\cdots$

X 和 Y 作为一维随机变量, 也有自己的分布律, 即所谓边缘分布律, 那么如何通过 X 与 Y 的联合分布律来得到两个边缘分布律呢?

由上表不难发现,

$$P\{X=x_i\}=\sum_{j=1}^{\infty}P\{X=x_i,Y=y_j\}=\sum_{j=1}^{\infty}p_{ij},\quad i=1,2,\cdots,$$

$$P\{Y=y_j\}=\sum_{i=1}^{\infty}P\{X=x_i,Y=y_j\}=\sum_{i=1}^{\infty}p_{ij},\quad j=1,2,\cdots.$$

一般地, 有如下定义.

定义 3.8 设二维离散型随机变量 (X, Y) 的分布律为 $P\{X=x_i, Y=y_j\}=p_{ij}$, $i, j=1, 2, \cdots$, 称

$$P\{X=x_i\}=\sum_{j=1}^{\infty}p_{ij},\quad i=1,2,\cdots \tag{3.11}$$

与

$$P\{Y=y_j\}=\sum_{i=1}^{\infty}p_{ij},\quad j=1,2,\cdots \tag{3.12}$$

分别为 (X, Y) 关于 X、关于 Y 的**边缘分布律**.

(X, Y) 关于 X、关于 Y 的边缘分布律也可分别简单地记作

$$p_{i\cdot} = \sum_{j=1}^{\infty} p_{ij}, \quad i = 1, 2, \cdots ; \tag{3.13}$$

$$p_{\cdot j} = \sum_{i=1}^{\infty} p_{ij}, \quad j = 1, 2, \cdots . \tag{3.14}$$

说明：二维离散型随机变量的边缘分布律也可以在联合分布律的表格中分别对联合分布律进行行、列求和, 更加直观地得到.

例 3.8 试求例 3.2 中 (X, Y) 分别关于 X, Y 的边缘分布律. 甲、乙两人独立进行射击, 甲每次命中率为 0.2, 乙每次命中率为 0.5. 以 X, Y 分别表示甲、乙各射击两次的命中次数.

解 在例 3.2 中, 我们已经求出 (X, Y) 的分布律为

X \ Y	0	1	2
0	0.16	0.32	0.16
1	0.08	0.16	0.08
2	0.01	0.02	0.01

易得 (X, Y) 关于 X 边缘分布律为

X	0	1	2
P	0.64	0.32	0.04

(X, Y) 关于 Y 边缘分布律为

Y	0	1	2
P	0.25	0.5	0.25

例 3.9 设口袋中有五个球, 有两个球上标有数字 1, 三个球上标有数字 0, 现从中摸两个球, 考虑两种摸球方式：(1) 有放回地摸两个球, (2) 无放回地摸两个球. 以 X 表示第一次摸到的球上标有的数字, 以 Y 表示第二次摸到的球上标有的数字, 求 (X, Y) 的联合分布律及其两个边缘分布律.

解 (1) (X, Y) 所有可能取值为 $(0, 0), (0, 1), (1, 0), (1, 1)$.

由于是有放回摸球, 因而, 事件 $\{X = i\}(i= 0, 1)$ 与事件 $\{Y = j\}(j = 0, 1)$ 相互独立, 所以,

$$P\{X = 0, Y = 0\} = P\{X = 0\}P\{Y = 0\} = \frac{3}{5} \cdot \frac{3}{5} = \frac{9}{25},$$

$$P\{X=0,Y=1\}=P\{X=0\}P\{Y=1\}=\frac{3}{5}\cdot\frac{2}{5}=\frac{6}{25},$$

同理可求得

$$P\{X=1,Y=0\}=\frac{6}{25},\quad P\{X=1,Y=1\}=\frac{4}{25}.$$

于是 (X, Y) 的分布律及其两个边缘分布律如下：

$X \backslash Y$	0	1	$P\{X=x_i\}$
0	$\frac{9}{25}$	$\frac{6}{25}$	$\frac{3}{5}$
1	$\frac{6}{25}$	$\frac{4}{25}$	$\frac{2}{5}$
$P\{Y=y_j\}$	$\frac{3}{5}$	$\frac{2}{5}$	1

(2) 在无放回摸球情况下, (X, Y) 所有可能的取值仍然为 (0, 0), (0, 1), (1, 0), (1, 1). 由于是无放回摸球, 所以事件 $\{X=i\}(i=0, 1)$ 与事件 $\{Y=j\}(j=0, 1)$ 不再相互独立, 此时, 我们有

$$P\{X=0,Y=0\}=P\{X=0\}P\{Y=0|X=0\}=\frac{3}{5}\cdot\frac{2}{4}=\frac{3}{10},$$

$$P\{X=0,Y=1\}=P\{X=0\}P\{Y=1|X=0\}=\frac{3}{5}\cdot\frac{2}{4}=\frac{3}{10},$$

同理

$$P\{X=1,Y=0\}=\frac{3}{10},\quad P\{X=1,Y=1\}=\frac{1}{10}.$$

于是 (X, Y) 的分布律及其两个边缘分布律如下：

$X \backslash Y$	0	1	$P\{X=x_i\}$
0	$\frac{3}{10}$	$\frac{3}{10}$	$\frac{3}{5}$
1	$\frac{3}{10}$	$\frac{1}{10}$	$\frac{2}{5}$
$P\{Y=y_j\}$	$\frac{3}{5}$	$\frac{2}{5}$	1

从本例可以看出, 在两种摸球方式下, 两个边缘分布律是相同的, 但 (X, Y) 的分布律却不同. 这说明对于一个二维随机变量, 由其联合分布可得到它的两个边缘分布, 但由它的两个边缘分布却不一定能确定其联合分布.

3.2.3 二维连续型随机变量的边缘概率密度

设二维连续型随机变量 (X, Y) 的分布函数为 $F(x, y)$, 概率密度为 $f(x, y)$. 现在考虑 X 的分布函数 $F_X(x)$. 根据边缘分布函数的定义以及二维连续型随机变量的分布函数与其概率密度的关系, 有

$$F_X(x) = F(x, +\infty) = \int_{-\infty}^{x} \left(\int_{-\infty}^{+\infty} f(x, y)\mathrm{d}y \right) \mathrm{d}x,$$

由连续型随机变量的定义知, X 是一个连续型随机变量, 上式两边关于 x 求导, 即得 X 的概率密度为

$$f_X(x) = \int_{-\infty}^{+\infty} f(x, y)\mathrm{d}y.$$

同样, Y 也是一个连续型随机变量, 其概率密度为

$$f_Y(y) = \int_{-\infty}^{+\infty} f(x, y)\mathrm{d}x.$$

一般地, 有如下定义

定义 3.9 设二维连续型随机变量 (X, Y) 的概率密度为 $f(x, y)$, 称

$$f_X(x) = \int_{-\infty}^{+\infty} f(x, y)\mathrm{d}y \tag{3.15}$$

与

$$f_Y(y) = \int_{-\infty}^{+\infty} f(x, y)\mathrm{d}x \tag{3.16}$$

分别为 (X, Y) 关于 X, 关于 Y 的**边缘概率密度**.

例 3.10 设二维随机变量 (X, Y) 服从矩形区域 $\{(x, y) | a < x < b,\ c < y < d\}$ 上的均匀分布, 求 (X, Y) 分别关于 X 和 Y 的边缘概率密度.

解 依题意, (X, Y) 的概率密度为

$$f(x,y)=\begin{cases}\dfrac{1}{(b-a)(d-c)}, & a<x<b, c<y<d,\\ 0, & \text{其他}.\end{cases}$$

易得

$$f_X(x)=\int_{-\infty}^{+\infty} f(x,y)\mathrm{d}y=\begin{cases}\dfrac{1}{b-a}, & a<x<b,\\ 0, & \text{其他}.\end{cases}$$

$$f_Y(y)=\int_{-\infty}^{+\infty} f(x,y)\mathrm{d}x=\begin{cases}\dfrac{1}{d-c}, & c<y<d,\\ 0, & \text{其他}.\end{cases}$$

本例表明, 在矩形区域上服从均匀分布的二维随机变量, 其两个边缘分布也都是均匀分布.

应当注意, 对于在其他平面区域上服从均匀分布的二维随机变量, 不一定有上述结论, 请看下例.

例 3.11 设二维随机变量 (X, Y) 服从单位圆域 $\{(x,y)|x^2+y^2\leqslant 1\}$ 上的均匀分布, 求 (X, Y) 分别关于 X 和 Y 的边缘概率密度.

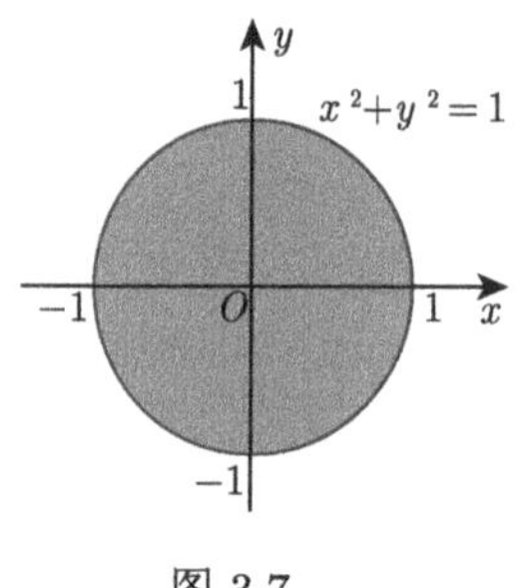

图 3.7

解 (X, Y) 的概率密度为

$$f(x,y)=\begin{cases}\dfrac{1}{\pi}, & x^2+y^2\leqslant 1,\\ 0, & \text{其他}.\end{cases}$$

单位圆域 $\{(x,y)|x^2+y^2\leqslant 1\}$ 对应的区域见图 3.7 中阴影区域.

则

$$\begin{aligned}f_X(x)&=\int_{-\infty}^{+\infty} f(x,y)\mathrm{d}y\\ &=\begin{cases}\displaystyle\int_{-\sqrt{1-x^2}}^{\sqrt{1-x^2}}\frac{1}{\pi}\mathrm{d}y, & -1\leqslant x\leqslant 1,\\ 0, & \text{其他}\end{cases}\\ &=\begin{cases}\dfrac{2}{\pi}\sqrt{1-x^2}, & -1\leqslant x\leqslant 1,\\ 0, & \text{其他}.\end{cases}\end{aligned}$$

同理可得

$$f_Y(y)=\begin{cases}\dfrac{2}{\pi}\sqrt{1-y^2}, & -1\leqslant y\leqslant 1,\\ 0, & \text{其他}.\end{cases}$$

可见, 尽管 $(X,\ Y)$ 服从单位圆域上的均匀分布, 但其两个边缘分布并不是均匀分布.

例 3.12 设二维随机变量 (X,Y) 的概率密度为

$$f(x,y)=\begin{cases}1, & 0\leqslant x\leqslant 1, |y|<x,\\ 0, & \text{其他}.\end{cases}$$

求两个边缘概率密度 $f_X(x)$ 和 $f_Y(y)$.

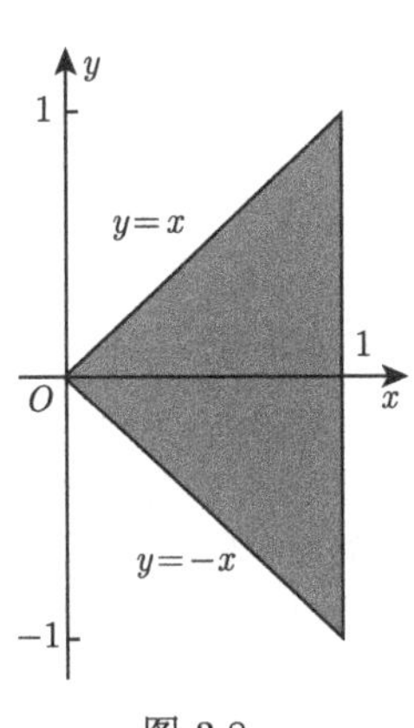

图 3.8

解 $f(x,y)$ 取非零值对应的区域见图 3.8 中阴影区域. 故

$$f_X(x)=\int_{-\infty}^{+\infty}f(x,y)\mathrm{d}y=\begin{cases}\displaystyle\int_{-x}^{x}\mathrm{d}y, & 0\leqslant x\leqslant 1,\\ 0, & \text{其他}\end{cases}=\begin{cases}2x, & 0\leqslant x\leqslant 1,\\ 0, & \text{其他}.\end{cases}$$

$$f_Y(y)=\int_{-\infty}^{+\infty}f(x,y)\mathrm{d}x=\begin{cases}\displaystyle\int_{-y}^{1}\mathrm{d}x, & -1<y<0,\\ \displaystyle\int_{y}^{1}\mathrm{d}x, & 0\leqslant y<1,\\ 0, & \text{其他}\end{cases}=\begin{cases}1+y, & -1<y<0,\\ 1-y, & 0\leqslant y<1,\\ 0, & \text{其他}.\end{cases}$$

例 3.13 设二维随机变量 $(X,Y)\sim N(\mu_1,\mu_2,\sigma_1^2,\sigma_2^2,\rho)$, 试证明 (X,Y) 关于 X, 关于 Y 的两个边缘概率密度 $f_X(x)$ 和 $f_Y(y)$ 分别为

$$f_X(x)=\frac{1}{\sqrt{2\pi}\sigma_1}\mathrm{e}^{-\frac{(x-\mu_1)^2}{2\sigma_1^2}},\quad -\infty<x<+\infty,$$

$$f_Y(y)=\frac{1}{\sqrt{2\pi}\sigma_2}\mathrm{e}^{-\frac{(y-\mu_2)^2}{2\sigma_2^2}},\quad -\infty<y<+\infty.$$

本例的详细证明请参见 [拓展阅读 3-1].

本例结果表明, 对于一个二维正态分布, 它的两个边缘分布都是一维正态分布, 即如果 $(X,Y)\sim N\left(\mu_1,\mu_2,\sigma_1^2,\sigma_2^2,\rho\right)$, 那么, X,Y 均服从一维正态分布, 并且都不依赖于参数ρ, 亦即, 对于给定的四个参数 $\mu_1,\mu_2,\sigma_1,\sigma_2$, 尽管不同的$\rho$ 对应不同的二维正态分布, 但它们的边缘分布都是一样的.

这一事实再次表明, 对于一个二维随机变量, 单由它的两个边缘分布一般来说是不能确定其联合分布的.

【微视频3-6】二维连续型随机变量的边缘概率密度

【拓展阅读3-1】求二维正态分布的边缘概率密度

同步自测 3-2

一、填空

1. 若已知二维离散型随机变量 (X, Y) 的分布律为 $P\{X=x_i, Y=y_j\}=p_{ij}, i, j=1, 2, \cdots$, 则随机变量 (X, Y) 关于 X 的边缘分布律为________.

2. 设 $f(x, y)$ 是二维连续型随机变量 (X, Y) 的概率密度, 则 (X, Y) 关于 X, Y 的边缘概率密度分别为 $f_X(x)=$________; $f_Y(y)=$________.

3. 设二维随机变量 (X, Y) 的概率密度为

$$f(x,y)=\begin{cases}\dfrac{1}{4}, & -1\leqslant x\leqslant 1, 0\leqslant y\leqslant 2,\\ 0, & \text{其他}.\end{cases}$$

则 (X, Y) 关于 Y 的边缘概率密度为 $f_Y(y)=$________.

4. 设平面区域 D 由曲线 $y=\dfrac{1}{x}$ 及直线 $y=0, x=1, x=\mathrm{e}^2$ 所围成, 二维连续型随机变量 (X, Y) 在区域 D 上服从均匀分布, 则 X 与 Y 的联合概率密度 $f(x,y)=$________; (X, Y) 关于 X 的边缘概率密度 $f_X(x)=$________; $f_X(x)$ 在 $x=2$ 处的值为________.

二、单项选择

1. 设随机变量 X 与 Y 的联合分布函数为 $F(x,y)$, $F_X(x)$ 和 $F_Y(y)$ 分别为 X 和 Y 的分布函数, 则对任意实数 a, b, 概率 $P\{X>a, Y>b\}=$(　　).

(A) $1-F(a,b)$　　(B) $F(a,b)+1-[F_X(a)+F_Y(b)]$

(C) $1-F_X(a)+F_Y(b)$　　(D) $F(a,b)-1+[F_X(a)+F_Y(b)]$

2. 已知二维随机变量 (X, Y) 的分布函数为 $F(X, Y)$, 则 (X, Y) 关于 Y 的边缘分布函数 $F_Y(y)=$(　　).

(A) $\lim\limits_{x\to+\infty} F(x,y),\ -\infty<x<+\infty$　　(B) $\lim\limits_{x\to+\infty} F(x,y),\ -\infty<y<+\infty$

(C) $\lim\limits_{y\to+\infty} F(x,y),\ -\infty<x<+\infty$　　(D) $\lim\limits_{y\to+\infty} F(x,y),\ -\infty<y<+\infty$

3. 设二维随机变量 (X, Y) 的分布律如下表:

$X \backslash Y$	-1	0
1	$\frac{1}{4}$	$\frac{1}{4}$
2	$\frac{1}{6}$	a

则 (X, Y) 关于 Y 的边缘分布律为 (　　).

(A)

Y	-1	0
P	$\frac{1}{4}$	$\frac{1}{4}$

(B)

Y	-1	0
P	$\frac{5}{12}$	$\frac{7}{12}$

(C)

Y	-1	0
P	$\frac{1}{2}$	$\frac{1}{2}$

(D)

Y	-1	0
P	$\frac{1}{6}$	$\frac{1}{3}$

4. 假设随机变量 X 与 Y 的联合概率密度为

$$f(x,y)=\begin{cases}\dfrac{1}{2}\sin(x+y), & 0\leqslant x\leqslant\dfrac{\pi}{2},0\leqslant y\leqslant\dfrac{\pi}{2},\\ 0, & \text{其他},\end{cases}$$

则 X 的边缘概率密度 $f_X(x)=($　　$)$.

(A) $\begin{cases}\dfrac{\sin x-\cos x}{2}, & 0\leqslant x\leqslant\dfrac{\pi}{2}\\ 0, & \text{其他}\end{cases}$　　(B) $\begin{cases}\dfrac{\cos x-\sin x}{2}, & 0\leqslant x\leqslant\dfrac{\pi}{2}\\ 0, & \text{其他}\end{cases}$

(C) $\begin{cases}\dfrac{\sin y+\cos y}{2}, & 0\leqslant y\leqslant\dfrac{\pi}{2}\\ 0, & \text{其他}\end{cases}$　　(D) $\begin{cases}\dfrac{\sin x+\cos x}{2}, & 0\leqslant x\leqslant\dfrac{\pi}{2}\\ 0, & \text{其他}\end{cases}$

3.3 二维随机变量的条件分布

对二维随机变量 (X, Y) 而言, 所谓条件分布, 就是在给定其中一个随机变量取某个值的条件下, 考虑另一个随机变量的分布.

我们由条件概率来引出条件分布的概念.

3.3.1 二维离散型随机变量的条件分布

设二维离散型随机变量 (X, Y) 的分布律为

$$P\{X=x_i,Y=y_j\}=p_{ij},\quad i=1,2,\cdots;j=1,2,\cdots,$$

对于一切使得 $P\{Y=y_j\}>0$ 的 y_j, 根据条件概率的定义, 有

$$P\{X=x_i|Y=y_j\}=\frac{P\{X=x_i,Y=y_j\}}{P\{Y=y_j\}},\quad i=1,2,\cdots.$$

这就是在给定 $Y=y_j$ 的条件下 X 的条件分布律, 可以简单地记作 $p_{i|j}$.

类似地, 对于一切使得 $P\{X=x_i\}>0$ 的 x_i,

$$P\{Y=y_j|X=x_i\}=\frac{P\{X=x_i,Y=y_j\}}{P\{X=x_i\}},\quad j=1,2,\cdots.$$

这就是在给定 $X=x_i$ 的条件下 Y 的条件分布律, 可以简单地记作 $p_{j|i}$. 于是, 有如下定义.

定义 3.10 设二维离散型随机变量 (X,Y) 的分布律为

$$P\{X=x_i,Y=y_j\}=p_{ij},\quad i=1,2,\cdots;j=1,2,\cdots,$$

对一切使 $P\{Y=y_j\}=p_{\cdot j}=\sum\limits_{i=1}^{+\infty}p_{ij}>0$ 的 y_j, 称

$$P\{X=x_i|Y=y_j\}=\frac{P\{X=x_i,Y=y_j\}}{P\{Y=y_j\}},\quad i=1,2,\cdots \tag{3.17}$$

为给定 $Y=y_j$ 的条件下 X 的**条件分布律**.

同理, 对一切使 $P\{X=x_i\}=p_{i\cdot}=\sum\limits_{j=1}^{+\infty}p_{ij}>0$ 的 x_i, 称

$$P\{Y=y_j|X=x_i\}=\frac{P\{X=x_i,Y=y_j\}}{P\{X=x_i\}},\quad j=1,2,\cdots \tag{3.18}$$

为给定 $X=x_i$ 的条件下 Y 的**条件分布律**.

式 (3.17) 和 (3.18) 也可简单地记作

$$p_{i|j}=\frac{p_{ij}}{p_{\cdot j}},\quad i=1,2,\cdots; \tag{3.19}$$

$$p_{j\,|\,i}=\frac{p_{ij}}{p_{i\cdot}},\quad j=1,2,\cdots. \tag{3.20}$$

例 3.14 设二维离散型随机变量 (X,Y) 的分布律为

X \ Y	1	2	3
1	0.1	0.3	0.2
2	0.2	0.05	0.15

试求 X 和 Y 的条件分布律.

解 容易求得 (X,Y) 分别关于 X 和 Y 的边缘分布律如下:

X \ Y	1	2	3	$P\{X=x_i\}$
1	0.1	0.3	0.2	0.6
2	0.2	0.05	0.15	0.4
$P\{Y=y_j\}$	0.3	0.35	0.35	1

因为 $P\{Y=1\}$=0.3, 所以用上表中联合分布律的第一列元素分别除以 0.3, 可以得到在给定 $Y=1$ 的条件下 X 的条件分布律:

$X\|Y=1$	1	2
$P\{X=x_i\|Y=1\}$	$\frac{1}{3}$	$\frac{2}{3}$

类似地, 因 $P\{Y=2\}=0.35$, 用联合分布律的第二列元素分别除以 0.35, 可以得到在给定 $Y=2$ 的条件下 X 的条件分布律:

$X\|Y=2$	1	2
$P\{X=x_i\|Y=2\}$	$\frac{6}{7}$	$\frac{1}{7}$

因 $P\{Y=3\}=0.35$, 用联合分布律的第三列元素分别除以 0.35, 可以得到在给定 $Y=3$ 的条件下 X 的条件分布律:

$X\|Y=3$	1	2
$P\{X=x_i\|Y=3\}$	$\frac{4}{7}$	$\frac{3}{7}$

同理, 因 $P\{X=1\}=0.6$, 用联合分布律的第一行元素分别除以 0.6, 可以得到在给定 $X=1$ 的条件下 Y 的条件分布律:

$Y\|X=1$	1	2	3
$P\{Y=y_j\|X=1\}$	$\frac{1}{6}$	$\frac{1}{2}$	$\frac{1}{3}$

因 $P\{X=2\}=0.4$, 用联合分布律的第二行元素分别除以 0.4, 可以得到在给定 $X=2$ 的条件下 Y 的条件分布律:

$Y\|X=2$	1	2	3
$P\{Y=y_j\|X=2\}$	$\frac{1}{2}$	$\frac{1}{8}$	$\frac{3}{8}$

从这个例子可以看出, 对于一个二维离散型随机变量, 其条件分布律有多个, 若 X 和 Y 的取值更多, 则条件分布律也会更多. 每一个条件分布都是从一个侧面描述一种状态下的特定分布, 可见条件分布的内容非常丰富, 其应用也更加广泛.

例 3.15 一名射手进行射击, 击中目标的概率为 $p(0<p<1)$, 射击直至击中目标两次为止. 以 X 表示首次击中目标所进行的射击次数, 以 Y 表示射击总次数, 试求 X 与 Y 的联合分布律及其条件分布律.

解 依题意 $Y=n$ 表示在第 n 次射击时击中目标, 且在第 1 次, 第 2 次, $\cdots$, 第 $n-1$ 次射击中只有一次击中目标. 由于各次射击是相互独立的, 于是不管 $m(m<n)$ 是多少, 总有

$$P\{X=m,Y=n\}=p^2q^{n-2},$$

其中, $m=1,2,\cdots,n-1;n=2,3,\cdots,q=1-p$.

这就是 (X,Y) 的分布律. 又

$$\begin{aligned}P\{X=m\}&=\sum_{n=m+1}^{\infty}P\{X=m,Y=n\}\\&=\sum_{n=m+1}^{\infty}p^2q^{n-2}\\&=p^2\sum_{n=m+1}^{\infty}q^{n-2}\\&=p^2\frac{q^{m-1}}{1-q}=pq^{m-1},\quad m=1,2,\cdots.\end{aligned}$$

$$\begin{aligned}P\{Y=n\}&=\sum_{m=1}^{n-1}P\{X=m,Y=n\}\\&=\sum_{m=1}^{n-1}p^2q^{n-2}=(n-1)p^2q^{n-2},\quad n=2,3,\cdots.\end{aligned}$$

于是所求的条件分布律如下:

当 $n=2,3,\cdots$ 时,

$$P\{X=m|Y=n\}=\frac{p^2q^{n-2}}{(n-1)p^2q^{n-2}}=\frac{1}{n-1},\quad m=1,2,\cdots,n-1;$$

当 $m=1,2,\cdots,$ 时,

$$P\{Y=n|X=m\}=\frac{p^2q^{n-2}}{pq^{m-1}}=pq^{n-m-1},\quad n=m+1,m+2,\cdots.$$

例如,

$$P\{X=m|Y=3\}=\frac{1}{2},\quad m=1,2;$$

$$P\{Y=n|X=3\}=pq^{n-4},\quad n=4,5,\cdots.$$

3.3.2 二维连续型随机变量的条件分布

设二维连续型随机变量 (X, Y) 的概率密度为 $f(x, y)$, (X, Y) 关于 Y 的边缘概率密度为 $f_Y(y)$, 给定 y, 对于任意给定的 $\varepsilon > 0$ 和任意的 x, 考虑条件概率

$$P\{X \leqslant x | y < Y \leqslant y+\varepsilon\}.$$

设 $P\{y < Y \leqslant y+\varepsilon\} > 0$, 则有

$$\begin{aligned}&P\{X \leqslant x | y < Y \leqslant y+\varepsilon\}\\ =&\frac{P\{X \leqslant x, y < Y \leqslant y+\varepsilon\}}{P\{y < Y \leqslant y+\varepsilon\}}\\ =&\frac{\displaystyle\int_{-\infty}^{x}\left[\int_{y}^{y+\varepsilon} f(x, y)\mathrm{d}y\right]\mathrm{d}x}{\displaystyle\int_{y}^{y+\varepsilon} f_Y(y)\mathrm{d}y}.\end{aligned}$$

当 $f_Y(y)$ 和 $f(x, y)$ 在 y 处连续, 且 ε 很小时, 由积分中值定理, 上式右端的分子、分母可分别近似于 $\varepsilon\displaystyle\int_{-\infty}^{x} f(x, y)\mathrm{d}x$ 和 $\varepsilon f_Y(y)$. 于是当 ε 很小时, 有

$$P\{X \leqslant x | y < Y \leqslant y+\varepsilon\} \approx \frac{\varepsilon\displaystyle\int_{-\infty}^{x} f(x, y)\mathrm{d}x}{\varepsilon f_Y(y)} = \int_{-\infty}^{x}\frac{f(x, y)}{f_Y(y)}\mathrm{d}x.$$

上式右端即为二维连续型随机变量 (X, Y) 在 $Y = y$ 条件下 X 的条件分布函数, 由一维连续型随机变量概率密度的定义知, 上式右端的被积函数正是 $Y = y$ 条件下, X 的条件概率密度. 于是, 我们给出以下定义.

定义 3.11 设二维连续型随机变量 (X, Y) 的概率密度为 $f(x, y)$, (X, Y) 关于 X, 关于 Y 的边缘概率密度分别为 $f_X(x)$ 和 $f_Y(y)$.

若对于固定的 y, $f_Y(y) > 0$, 则称 $\dfrac{f(x, y)}{f_Y(y)}$ 为二维连续型随机变量 (X, Y) 在 $Y = y$ 的条件下 X 的**条件概率密度**, 记为

$$f_{X|Y}(x|y) = \frac{f(x,y)}{f_Y(y)}. \tag{3.21}$$

若对于固定的 x, $f_X(x) > 0$, 称 $\dfrac{f(x,y)}{f_X(x)}$ 为二维连续型随机变量 (X,Y) 在 $X = x$ 的条件下 Y 的**条件概率密度**, 记为

$$f_{Y|X}(y\,|x) = \frac{f(x,y)}{f_X(x)}. \tag{3.22}$$

例 3.16 设二维连续型随机变量 (X, Y) 服从区域 $G = \{(x,y)|x^2+y^2<4\}$ 上的均匀分布, 试求在给定 $Y = y$ 的条件下 X 的条件概率密度 $f_{X|Y}(x|y)$.

解 因为 (X, Y) 服从区域 $G = \{(x,y)|x^2+y^2<4\}$ 上的均匀分布, 所以 (X, Y) 的概率密度为

$$f(x,y) = \begin{cases} \dfrac{1}{4\pi}, & x^2+y^2<4, \\ 0, & \text{其他}. \end{cases}$$

由此, 可求得 (X, Y) 关于 Y 的边缘概率密度为

$$f_Y(y) = \begin{cases} \dfrac{1}{2\pi}\sqrt{4-y^2}, & -2<y<2, \\ 0, & \text{其他}. \end{cases}$$

所以当 $-2<y<2$, $f_Y(y) \neq 0$ 时, 有

$$f_{X|Y}(x\,|y) = \frac{f(x,y)}{f_Y(y)} = \begin{cases} \dfrac{\dfrac{1}{4\pi}}{\dfrac{1}{2\pi}\sqrt{4-y^2}} = \dfrac{1}{2\sqrt{4-y^2}}, & -\sqrt{4-y^2}<x<\sqrt{4-y^2}, \\ 0, & \text{其他}. \end{cases}$$

可见, 当 $-2<y<2$ 时, 在给定 $Y=y$ 条件下, X 服从 $(-\sqrt{4-y^2}, \sqrt{4-y^2}\,)$ 上的均匀分布.

例 3.17 设随机变量 X 在区间 $(0, 1)$ 上随机取值, 当观察到 $X = x(0<x<1)$ 时, 另一个随机变量 Y 在区间 $(x, 1)$ 上随机取值, 求 Y 的概率密度 $f_Y(y)$.

解 依题意, X 具有概率密度

$$f_X(x) = \begin{cases} 1, & 0<x<1, \\ 0, & \text{其他}. \end{cases}$$

对于任意给定的值 $x(0<x<1)$, 在 $X=x$ 的条件下 Y 的条件概率密度为

$$f_{Y|X}(y|x)=\begin{cases}\dfrac{1}{1-x}, & x<y<1,\\ 0, & \text{其他}.\end{cases}$$

于是 (X,Y) 的概率密度为

$$f(x,y)=f_{Y|X}(y|x)f_X(x)=\begin{cases}\dfrac{1}{1-x}, & 0<x<y<1,\\ 0, & \text{其他}.\end{cases}$$

进而可求得 (X,Y) 关于 Y 的边缘概率密度

$$\begin{aligned}f_Y(y)&=\int_{-\infty}^{+\infty}f(x,y)\mathrm{d}x\\&=\begin{cases}\displaystyle\int_0^y\frac{1}{1-x}\mathrm{d}x, & 0<y<\mathbf{1},\\ 0, & \text{其他}\end{cases}\\&=\begin{cases}-\ln(1-y), & 0<y<1,\\ 0, & \text{其他}.\end{cases}\end{aligned}$$

【微视频3-8】二维连续型随机变量的条件分布

【拓展阅读3-3】求二维连续型随机变量的条件分布

同步自测 3-3

一、填空

1. 设二维离散型随机变量 (X,Y) 的联合分布律为

X \ Y	1	2	4
1	0.1	0.4	0.1
2	0.1	0.2	0.1

则 $P\{X=1|Y=2\}=$ ____________.

2. 设随机变量 X 服从区间 (0, 1) 上的均匀分布, 在 $X=x(0<x<1)$ 的条件下, 随机变量 Y 在区间 $(0,x)$ 上服从均匀分布, 设随机变量 X 与 Y 的联合概率密度为 $f(x,y)$, 则 $f\left(\frac{1}{2},\frac{1}{3}\right)=$__________.

二、单项选择

1. 设二维离散型随机变量 (X,Y) 的联合分布律为

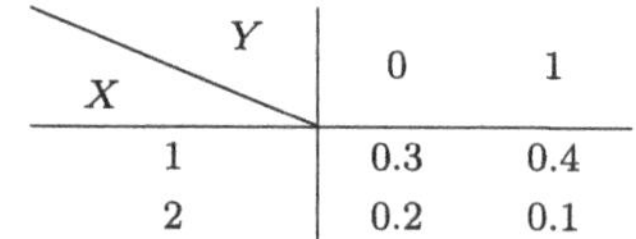

X \ Y	0	1
1	0.3	0.4
2	0.2	0.1

则 $P\{X=2|Y=0\}=($ $)$.

(A) 0.2 (B) 0.3 (C) 0.4 (D) 1

2. 设二维连续型随机变量 (X,Y) 的概率密度为 $f(x,y)$, $f_X(x)$ 和 $f_Y(y)$ 分别表示 X 和 Y 的概率密度, 则 (X,Y) 在 $Y=y$ 的条件下, X 的条件概率密度 $f_{X|Y}(x|y)$ 为 ( ).

(A) $f_X(x)$ (B) $f_Y(y)$ (C) $\dfrac{f(x,y)}{f_X(x)}$ (D) $\dfrac{f(x,y)}{f_Y(y)}$

3.4 二维随机变量的相互独立性

独立性在概率论和数理统计的研究中占有十分重要的地位. 在第 1 章, 我们讨论过随机事件的独立性, 两个事件 A 与 B 相互独立, 是指 $P(AB)=P(A)P(B)$. 本节, 我们将通过随机事件的独立性引出随机变量独立性的概念.

设二维随机变量 (X,Y) 具有分布函数 $F(x,y)$, (X,Y) 关于 X,Y 的边缘分布函数分别为 $F_X(x)$, $F_Y(y)$. 根据分布函数的定义, 对任意实数 x,y 有

$$F_X(x)=P\{X\leqslant x\},$$

$$F_Y(y)=P\{Y\leqslant y\},$$

$$F(x,y)=P\{X\leqslant x,Y\leqslant y\}.$$

如果对任意实数 x, y, 事件 $\{X\leqslant x\}$ 与事件 $\{Y\leqslant y\}$ 均相互独立, 即有

$$P\{X\leqslant x,Y\leqslant y\}=P\{X\leqslant x\}P\{Y\leqslant y\} \tag{3.23}$$

成立, 也即, 对任意实数 x, y, 有

$$F(x,y)=F_X(x)F_Y(y)$$

成立, 那么我们就说随机变量 X 与 Y 是相互独立的.

有如下定义.

定义 3.12 设二维随机变量 (X, Y) 的分布函数为 $F(x, y)$, (X,Y) 关于 X, Y 的边缘分布函数分别为 $F_X(x), F_Y(y)$, 如果对任意实数 x, y, 都有

$$F(x,y) = F_X(x)F_Y(y) \tag{3.24}$$

成立, 则称随机变量 X 与 Y **相互独立**.

特别地, 如果 (X, Y) 是二维离散型随机变量, 其分布律为 $P\{X = x_i, Y = y_j\} = p_{ij}$, $i, j = 1, 2, \cdots$, 则 X 与 Y 相互独立的充要条件可写为

$$P\{X = x_i, Y = y_j\} = P\{X = x_i\}P\{Y = y_j\} \tag{3.25}$$

或者写成

$$p_{ij} = p_{i\cdot}p_{\cdot j}, \quad i = 1, 2, \cdots; j = 1, 2, \cdots. \tag{3.26}$$

如果 (X, Y) 是二维连续型随机变量, 其概率密度为 $f(x, y)$, 则 X 与 Y 相互独立的充要条件可写为：对任意的实数 x, y,

$$f(x,y) = f_X(x)f_Y(y) \tag{3.27}$$

几乎处处成立. 这里, “几乎处处成立” 是指平面上除去面积为零的点外, 上式处处成立.

例 3.18 在例 3.9 中, 对于两种摸球方式 (1) 有放回地摸两个球, (2) 无放回地摸两个球, 我们已经分别求出了 (X, Y) 的分布律及其两个边缘分布律.

现在考察随机变量 X 与 Y 的相互独立性.

解 (1) 在有放回摸球情形下, (X, Y) 的分布律及其两个边缘分布律为

X \ Y	0	1	$P\{X = x_i\}$
0	$\frac{9}{25}$	$\frac{6}{25}$	$\frac{3}{5}$
1	$\frac{6}{25}$	$\frac{4}{25}$	$\frac{2}{5}$
$P\{Y = y_j\}$	$\frac{3}{5}$	$\frac{2}{5}$	1

显然, 对于任意的 $i = 1, 2, j = 1, 2$, 均有

$$p_{ij} = p_{i\cdot}p_{\cdot j},$$

所以 X 和 Y 相互独立.

(2) 在无放回摸球情形下, (X, Y) 的分布律及其两个边缘分布律为

X \ Y	0	1	$P\{X=x_i\}$
0	$\frac{3}{10}$	$\frac{3}{10}$	$\frac{3}{5}$
1	$\frac{3}{10}$	$\frac{1}{10}$	$\frac{2}{5}$
$P\{Y=y_j\}$	$\frac{3}{5}$	$\frac{2}{5}$	1

因为

$$P\{X=0,Y=0\}=\frac{3}{10},$$

而

$$P\{X=0\}P\{Y=0\}=\frac{3}{5}\times\frac{3}{5}=\frac{9}{25}.$$

显然,

$$P\{X=0,Y=0\}\neq P\{X=0\}P\{Y=0\},$$

所以 X 与 Y 不是相互独立的.

例 3.19 设随机变量 X 和 Y 的联合分布律为

X \ Y	y_1	y_2	y_3
x_1	a	$\frac{1}{9}$	c
x_2	$\frac{1}{9}$	b	$\frac{1}{3}$

若 X 与 Y 相互独立, 求参数 a, b, c 的值.

解 首先求出两个边缘分布律

X \ Y	y_1	y_2	y_3	$p_{i\cdot}$
x_1	a	$\frac{1}{9}$	c	$a+c+\frac{1}{9}$
x_2	$\frac{1}{9}$	b	$\frac{1}{3}$	$b+\frac{4}{9}$
$p_{\cdot j}$	$a+\frac{1}{9}$	$b+\frac{1}{9}$	$c+\frac{1}{3}$	$a+b+c+\frac{5}{9}=1$

由于 X 与 Y 相互独立, 所以 $p_{22}=p_{2\cdot}p_{\cdot 2}$, 即

$$b=\left(b+\frac{4}{9}\right)\left(b+\frac{1}{9}\right),$$

可解得 $b=\frac{2}{9}$.

再由 X 与 Y 相互独立的条件得到 $p_{23}=p_{2\cdot}p_{\cdot 3}$, 即

$$\frac{1}{3}=\left(b+\frac{4}{9}\right)\left(c+\frac{1}{3}\right),$$

将 $b=\frac{2}{9}$ 代入上式, 解得 $c=\frac{1}{6}$.

最后利用

$$a+b+c+\frac{5}{9}=1,$$

可得到 $a=\frac{1}{18}$.

说明：本题根据 X 与 Y 相互独立的充要条件, 一共可以写出 6 个关于 a, b, c 的不同方程, 另外再加上归一性条件, 共有 7 个方程, 因而在求解 a, b, c 的过程中, 所选用的方程是不唯一的.

例 3.20 已知随机变量 X 与 Y 相互独立且都服从 0-1 分布, 分布律分别为

X	0	1
P	0.4	0.6

,

Y	0	1
P	0.3	0.7

定义随机变量 $Z=\begin{cases}1 & \text{当 } X+Y \text{ 为偶数},\\ 0 & \text{当 } X+Y \text{ 为奇数},\end{cases}$ 求 (X, Z) 的分布律, 并判断 X 与 Z 是否相互独立?

解 由 X 与 Y 的分布律、X 与 Y 的相互独立性, 以及随机变量 Z 的定义, 可得到下表:

p_{ij}	0.12	0.28	0.18	0.42
(X, Y)	(0, 0)	(0, 1)	(1, 0)	(1, 1)
Z	1	0	0	1
(X, Z)	(0, 1)	(0, 0)	(1, 0)	(1, 1)

于是, 得到 (X, Z) 的分布律及其边缘分布律为

X \ Z	0	1	$p_{i\cdot}$
0	0.28	0.12	0.4
1	0.18	0.42	0.6
$p_{\cdot j}$	0.46	0.54	1

由于 $P\{X=0, Z=0\}=0.28$, 而 $P\{X=0\}P\{Z=0\}=0.4\times 0.46=0.184$, 二者显然不相等, 所以 X 与 Z 不独立.

例 3.21 在例 3.11 中, 二维随机变量 (X, Y) 服从单位圆域 $\{(x,y)|x^2+y^2\leqslant 1\}$ 上的均匀分布, 判断随机变量 X 与 Y 的相互独立性.

解 (X, Y) 的概率密度为

$$f(x,y)=\begin{cases}\dfrac{1}{\pi}, & x^2+y^2\leqslant 1,\\ 0, & \text{其他}.\end{cases}$$

在例 3.11 中, 我们已经求得两个边缘概率密度分别为

$$f_X(x)=\begin{cases}\dfrac{2}{\pi}\sqrt{1-x^2}, & -1\leqslant x\leqslant 1,\\ 0, & \text{其他};\end{cases}\qquad f_Y(y)=\begin{cases}\dfrac{2}{\pi}\sqrt{1-y^2}, & -1\leqslant y\leqslant 1,\\ 0, & \text{其他}.\end{cases}$$

显然, 在单位圆域 $\{(x,y)|x^2+y^2\leqslant 1\}$ 上, 有 $f(x,y)\neq f_X(x)f_Y(y)$, 所以 X 与 Y 不是相互独立的.

例 3.22 在例 3.12 中, 二维随机变量 (X, Y) 的概率密度为

$$f(x,y)=\begin{cases}1, & 0\leqslant x\leqslant 1, |y|<x,\\ 0, & \text{其他},\end{cases}$$

考察两个随机变量 X 与 Y 的相互独立性.

解 在例 3.12 中, 我们已经求出 (X,Y) 的两个边缘概率密度分别为

$$f_X(x)=\begin{cases}2x, & 0\leqslant x\leqslant 1,\\ 0, & \text{其他};\end{cases}\qquad f_Y(y)=\begin{cases}1+y, & -1<y<0,\\ 1-y, & 0\leqslant y<1,\\ 0, & \text{其他}.\end{cases}$$

显然在面积非零的区域上, $f(x,y)\neq f_X(x)f_Y(y)$, 所以 X 与 Y 不是相互独立的.

例 3.23 某电子仪器由两部件构成, 以 X 和 Y 分别表示两部件的寿命 (单位: 千小时), 已知 X 与 Y 的联合分布函数为

$$F(x,y)=\begin{cases}1-\mathrm{e}^{-0.5x}-\mathrm{e}^{-0.5y}+\mathrm{e}^{-0.5(x+y)}, & x\geqslant 0, y\geqslant 0,\\ 0, & \text{其他}.\end{cases}$$

问 X 与 Y 是否相互独立?

解 1 由边缘分布函数的定义, 可得

$$F_X(x)=\lim_{y\to+\infty}F(x,y)=\begin{cases}1-\mathrm{e}^{-0.5x}, & x\geqslant 0,\\ 0, & x<0.\end{cases}$$

$$F_Y(y)=\lim_{x\to+\infty}F(x,y)=\begin{cases}1-\mathrm{e}^{-0.5y}, & y\geqslant 0,\\ 0, & y<0.\end{cases}$$

显然, 对任意实数 x,y, 均有 $F(x,y)=F_X(x)F_Y(y)$, 故 X 与 Y 相互独立.

解 2 根据分布函数与概率密度的关系, 可得

$$f(x,y)=\frac{\partial^2F(x,y)}{\partial x\partial y}=\begin{cases}0.25\mathrm{e}^{-0.5(x+y)}, & x\geqslant 0,y\geqslant 0,\\ 0, & \text{其他}.\end{cases}$$

进而可分别求得两个边缘概率密度,

$$f_X(x)=\int_{-\infty}^{+\infty}f(x,y)\mathrm{d}y=\begin{cases}\displaystyle\int_0^{+\infty}0.25\mathrm{e}^{-0.5(x+y)}\mathrm{d}y, & x\geqslant 0,\\ 0, & x<0\end{cases}$$

$$=\begin{cases}0.5\mathrm{e}^{-0.5x}, & x\geqslant 0,\\ 0, & x<0;\end{cases}$$

$$f_Y(y)=\int_{-\infty}^{+\infty}f(x,y)\mathrm{d}x=\begin{cases}\displaystyle\int_0^{+\infty}0.25\mathrm{e}^{-0.5(x+y)}\mathrm{d}x, & y\geqslant 0,\\ 0, & y<0\end{cases}$$

$$=\begin{cases}0.5\mathrm{e}^{-0.5y}, & y\geqslant 0,\\ 0, & y<0.\end{cases}$$

因为对任意实数 x,y, 均有 $f(x,y)=f_X(x)f_Y(y)$, 所以 X 与 Y 相互独立.

例 3.24 设 (X,Y) 服从二维正态分布, 证明 X 与 Y 相互独立的充要条件是 $\rho=0$.

证 二维正态分布的概率密度为

$$f(x,y)=\frac{1}{2\pi\sigma_1\sigma_2\sqrt{1-\rho^2}}\exp\left\{-\frac{1}{2(1-\rho^2)}\left[\frac{(x-\mu_1)^2}{\sigma_1^2}-2\rho\frac{(x-\mu_1)(y-\mu_2)}{\sigma_1\sigma_2}+\frac{(y-\mu_2)^2}{\sigma_2^2}\right]\right\},$$

由例 3.13 知,

$$f_X(x)=\frac{1}{\sqrt{2\pi}\sigma_1}\mathrm{e}^{-\frac{(x-\mu_1)^2}{2\sigma_1^2}},\quad -\infty<x<+\infty,$$

$$f_Y(y)=\frac{1}{\sqrt{2\pi}\sigma_2}\mathrm{e}^{-\frac{(y-\mu_2)^2}{2\sigma_2^2}},\quad -\infty<y<+\infty.$$

所以

$$f_X(x)f_Y(y)=\frac{1}{2\pi\sigma_1\sigma_2}\exp\left\{-\frac{1}{2}\left[\frac{(x-\mu_1)^2}{\sigma_1^2}+\frac{(y-\mu_2)^2}{\sigma_2^2}\right]\right\}.$$

显然, 若 $\rho=0$, 则对任意实数 x,y, 均有 $f(x,y)=f_X(x)f_Y(y)$, 即 X 与 Y 相互独立.

反之, 若 X 与 Y 相互独立, 由于 $f(x,y)$, $f_X(x)$, $f_Y(y)$ 均为连续函数, 故对任意实数 x,y, 均有 $f(x,y)=f_X(x)f_Y(y)$ 成立.

特别地, 令 $x=\mu_1, y=\mu_2$, 可以得到

$$\frac{1}{2\pi\sigma_1\sigma_2\sqrt{1-\rho^2}}=\frac{1}{2\pi\sigma_1\sigma_2},$$

所以 $\rho=0$.

【微视频3-9】随机变量的相互独立性

【拓展练习3-5】吸烟与患病的关系问题

【拓展练习3-6】二维随机变量的应用：会面问题

同步自测 3-4

一、填空

1. 若已知二维离散型随机变量 (X,Y) 的分布律为 $P\{X=x_i,Y=y_j\}=p_{ij}$, i, $j=1$, $2,\cdots$, 两个边缘分布律分别为 $p_{i\cdot}$, $p_{\cdot j}$, 则 X 与 Y 相互独立的充要条件是____________.

2. 设 $f(x,y)$ 是二维连续型随机变量 (X,Y) 的概率密度, 两个边缘概率密度分别为 $f_X(x)$, $f_Y(y)$, 则 X 与 Y 相互独立的充要条件是____________.

二、单项选择

1. 设随机变量 X 和 Y 相互独立且都服从 0-1 分布:

$$P\{X=0\}=P\{Y=0\}=\frac{2}{3},\quad P\{X=1\}=P\{Y=1\}=\frac{1}{3},$$

则 $P\{X=Y\}$ 等于 (　　).

(A) 0　　(B) $\frac{5}{9}$　　(C) $\frac{7}{9}$　　(D) 1

2. 设随机变量 X 与 Y 不相互独立, 则其联合概率密度 $f(x,y)$ 可能为 (　　).

(A) $\begin{cases}\mathrm{e}^{-x}, & 0<y<x\\ 0, & \text{其他}\end{cases}$　　(B) $\begin{cases}\mathrm{e}^{-(x+y)}, & x>0,y>0\\ 0, & \text{其他}\end{cases}$

(C) $\begin{cases} e^{-y}, & 0<x<1, y>0 \\ 0, & \text{其他} \end{cases}$ (D) $\begin{cases} 2e^{-(x+2y)}, & x>0, y>0 \\ 0, & \text{其他} \end{cases}$

3. 设随机变量 X, Y 独立, 且分别服从参数为 1 和 4 的指数分布, 则 $P\{X<Y\}=($).

(A) $\frac{1}{5}$ (B) $\frac{1}{3}$ (C) $\frac{2}{3}$ (D) $\frac{4}{5}$

3.5 二维随机变量函数的分布

本节主要讨论二维随机变量函数的分布问题, 也就是已知一个二维随机变量 (X,Y) 的分布, 求其函数 $Z=g(X,Y)$ 的分布问题. 顺便指出, 本节的某些结论是可以推广的.

3.5.1 二维离散型随机变量函数的分布

设 (X, Y) 为二维离散型随机变量, 则 $Z=g(X,Y)$ 是一维离散型随机变量. 若已知 (X, Y) 的分布律, 可以得到 $Z=g(X,Y)$ 的分布律.

下面我们通过一个例子来说明.

例 3.25 设二维离散型随机变量 (X, Y) 的分布律为

X \ Y	-1	0	1
1	0.2	0.1	0.1
2	0.1	0	0.1
3	0	0.3	0.1

试求：$Z_1=X$, $Z_2=\dfrac{Y}{X}$, $Z_3=\min\{X, Y\}$ 的分布律.

解 将 (X, Y) 的分布律及各个函数相应的取值列于同一表中

p_{ij}	0.2	0.1	0.1	0.1	0	0.1	0	0.3	0.1
(X, Y)	$(1, -1)$	$(1, 0)$	$(1, 1)$	$(2, -1)$	$(2, 0)$	$(2, 1)$	$(3, -1)$	$(3, 0)$	$(3, 1)$
$Z_1=X$	1	1	1	2	2	2	3	3	3
$Z_2=\dfrac{Y}{X}$	-1	0	1	$-\dfrac{1}{2}$	0	$\dfrac{1}{2}$	$-\dfrac{1}{3}$	0	$\dfrac{1}{3}$
$Z_3=\min\{X,Y\}$	-1	0	1	-1	0	1	-1	0	1

易得 Z_1, Z_2, Z_3 的分布律 (取相同值的概率予以合并):

$Z_1=X$	1	2	3
P	0.4	0.2	0.4

$Z_2=\dfrac{Y}{X}$	-1	$-\dfrac{1}{2}$	0	$\dfrac{1}{3}$	$\dfrac{1}{2}$	1
P	0.2	0.1	0.4	0.1	0.1	0.1

$Z_3=\min\{X,Y\}$	-1	0	1
p	0.3	0.4	0.3

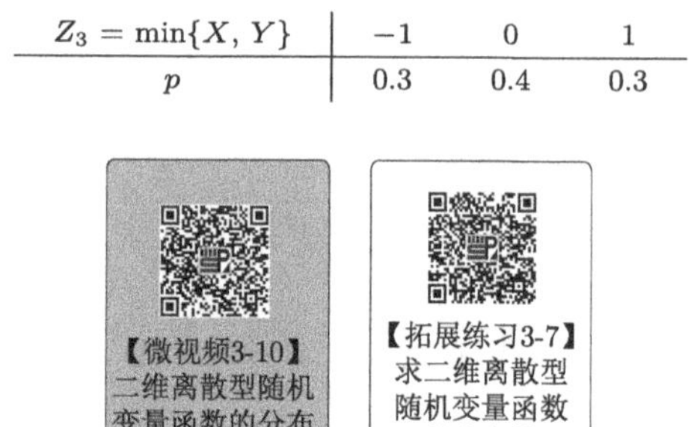

3.5.2 二维连续型随机变量函数的分布

如果 (X, Y) 为二维连续型随机变量, 其概率密度为 $f(x, y)$, $Z=g(X,Y)$ 为 X, Y 的连续函数, 则它是一个一维连续型随机变量, 具有概率密度 $f_Z(z)$.

求 $Z=g(X,Y)$ 的概率密度 $f_Z(z)$ 的一般方法如下.

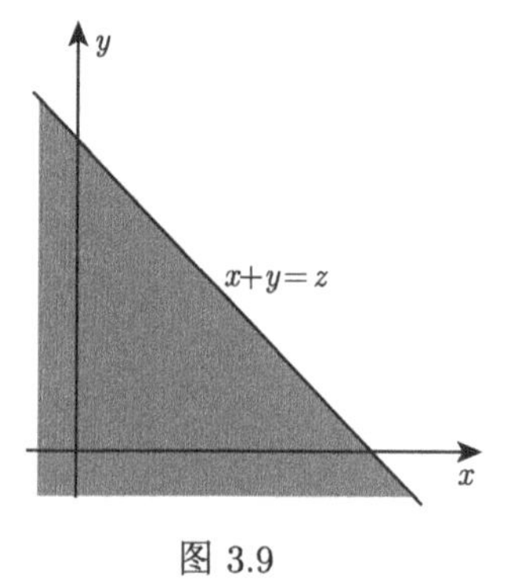

图 3.9

(1) 先求 Z 的分布函数 $F_Z(z)$:

$$F_Z(z)=P\{Z\leqslant z\}=P\{g(X,Y)\leqslant z\}=P\{(X,Y)\in D_Z\}=\iint\limits_{D_Z} f(x,y)\mathrm{d}x\mathrm{d}y,$$

其中 $D_Z=\{(x,y)\,|g(x,y)\leqslant z\}$.

(2) 对 $F_Z(z)$ 关于 z 求导数, 即得 Z 的概率密度为

$$f_Z(z)=F_Z'(z)=\frac{\mathrm{d}}{\mathrm{d}z}\iint\limits_{D_Z} f(x,y)\mathrm{d}x\mathrm{d}y.$$

上述这种求二维连续型随机变量函数的概率密度的方法, 通常称为**分布函数法**.

例 3.26 (和的分布) 设二维连续型随机变量 (X, Y) 的概率密度为 $f(x, y)$, 求 $Z=X+Y$ 的概率密度 $f_Z(z)$.

解 事件 $\{X+Y\leqslant z\}$ 对应的区域见图 3.9 中阴影区域.

$$F_Z(z)=P\{X+Y\leqslant z\}=\iint\limits_{\{x+y\leqslant z\}} f(x,y)\mathrm{d}x\mathrm{d}y=\int_{-\infty}^{+\infty}\left[\int_{-\infty}^{z-y} f(x,y)\mathrm{d}x\right]\mathrm{d}y.$$

对内层积分 $\int_{-\infty}^{z-y} f(x,y)\mathrm{d}x$ 作变量替换, 令 $x=u-y$, 则

$$\int_{-\infty}^{z-y} f(x,y)\mathrm{d}x = \int_{-\infty}^{z} f(u-y,y)\mathrm{d}u.$$

于是

$$\begin{aligned} F_Z(z) &= \int_{-\infty}^{+\infty} \left[\int_{-\infty}^{z} f(u-y,y)\mathrm{d}u\right] \mathrm{d}y \\ &= \int_{-\infty}^{z} \left[\int_{-\infty}^{+\infty} f(u-y,y)\mathrm{d}y\right] \mathrm{d}u. \end{aligned}$$

上式两边分别关于 z 求导数, 可得

$$f_Z(z) = \int_{-\infty}^{+\infty} f(z-y,y)\mathrm{d}y. \tag{3.28}$$

由 X, Y 的对称性, 类似上面步骤又可得到

$$f_Z(z) = \int_{-\infty}^{+\infty} f(x,z-x)\mathrm{d}x. \tag{3.29}$$

特别地, 若记 X, Y 的概率密度分别为 $f_X(x)$ 和 $f_Y(y)$, 则当 X 与 Y 相互独立时, (3.28) 式和 (3.29) 式可分别写成

$$f_Z(z) = \int_{-\infty}^{+\infty} f_X(z-y)f_Y(y)\mathrm{d}y, \tag{3.30}$$

$$f_Z(z) = \int_{-\infty}^{+\infty} f_X(x)f_Y(z-x)\mathrm{d}x. \tag{3.31}$$

这两个公式称为**卷积公式**, 记为 $f_X * f_Y$, 即

$$f_X * f_Y = \int_{-\infty}^{+\infty} f_X(z-y)f_Y(y)\mathrm{d}y = \int_{-\infty}^{+\infty} f_X(x)f_Y(z-x)\mathrm{d}x. \tag{3.32}$$

在求两个随机变量和的分布时, 上述几个式子都可作为公式使用, 请看下例.

例 3.27 设 X 和 Y 是两个相互独立的随机变量, 其概率密度分别为

$$f_X(x) = \begin{cases} 1, & 0 \leqslant x \leqslant 1, \\ 0, & \text{其他}; \end{cases} \qquad f_Y(y) = \begin{cases} \mathrm{e}^{-y}, & y > 0, \\ 0, & \text{其他}. \end{cases}$$

求随机变量 $Z = X + Y$ 的概率密度.

解 这里不妨用 (3.31) 式求之.

因为

$$f_Z(z) = \int_{-\infty}^{+\infty} f_X(x)f_Y(z-x)\mathrm{d}x,$$

先找出被积函数 $f_X(x)f_Y(z-x)$ 取非零值所对应的区域. 欲使 $f_X(x)f_Y(z-x)>0$, 即

$$f_X(x)>0,\quad f_Y(z-x)>0,$$

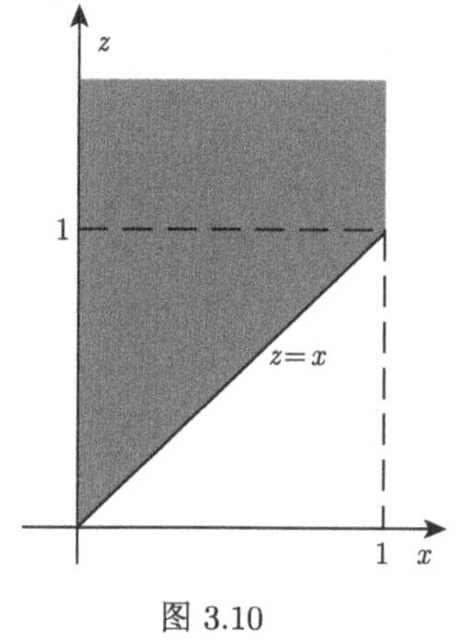

图 3.10

由 $f_X(x)$ 与 $f_Y(y)$ 的表达式可知, x 与 z 必须满足

$$\begin{cases}0\leqslant x\leqslant 1,\\ z-x>0,\end{cases}$$

即

$$\begin{cases}0\leqslant x\leqslant 1,\\ z>x.\end{cases}$$

将上述 x 与 z 的满足的条件所对应的区域描绘在 xOz 平面上, 如图 3.10 中的阴影区域.

(1) $z<0$ 时, 由于 $f_X(x)f_Y(z-x)=0$, 故 $f_Z(z)=0$.

(2) $0\leqslant z<1$ 时, $f_Z(z)=\displaystyle\int_0^z \mathrm{e}^{-(z-x)}\mathrm{d}x=\left[\mathrm{e}^{x-z}\right]_0^z=1-\mathrm{e}^{-z}$.

(3) $z\geqslant 1$ 时, $f_Z(z)=\displaystyle\int_0^1 \mathrm{e}^{-(z-x)}\mathrm{d}x=\left[\mathrm{e}^{x-z}\right]_0^1=\mathrm{e}^{1-z}-\mathrm{e}^{-z}=(\mathrm{e}-1)\mathrm{e}^{-z}$.

综上, $Z=X+Y$ 的概率密度为

$$f_Z(z)=\begin{cases}0, & z<0,\\ 1-\mathrm{e}^{-z}, & 0\leqslant z<1,\\ (\mathrm{e}-1)\mathrm{e}^{-z}, & z\geqslant 1.\end{cases}$$

特别指出, 本题也可以用 (3.30) 式来求解, 有兴趣的读者不妨试着完成.

【微视频3-11】二维连续型随机变量函数的分布

【拓展练习3-8】求二维连续型随机变量函数的概率密度

【拓展阅读3-4】掷飞镖游戏

3.5.3 几种常用分布的可加性

对于服从同一类分布的相互独立的随机变量, 如果其和仍然服从此类分布, 则称此类分布具有**可加性**.

作为二维随机变量函数分布的特殊情况, 本节我们通过几道例题来讨论几种常用分布的可加性.

例 3.28(泊松分布的可加性) 设 $X \sim P(\lambda_1), Y \sim P(\lambda_2)$, 且 X 与 Y 相互独立, 则

$$Z = X + Y \sim P(\lambda_1 + \lambda_2).$$

证 首先指出, $Z = X + Y$ 取值为 0, 1, 2, $\cdots$.

对任意非负整数 k, 事件 $\{Z = k\}$ 是诸互不相容事件 $\{X = i, Y = k - i\}$, $i = 0, 1, \cdots, k$ 的和事件, 即

$$\{Z = k\} = \{X + Y = k\} = \bigcup_{i=0}^{k} \{X = i, Y = k - i\},$$

且诸事件 $\{X = i, Y = k - i\}$, $i = 0, 1, \cdots, k$ 两两互不相容.

根据概率的有限可加性, 同时考虑到 X 与 Y 的相互独立性、泊松分布的分布律, 以及二项式定理, 有

$$\begin{aligned}
P\{Z = k\} = P\left\{\bigcup_{i=0}^{k} \{X = i, Y = k - i\}\right\} \\
&= \sum_{i=0}^{k} P\{X = i, Y = k - i\} \\
&= \sum_{i=0}^{k} P\{X = i\} P\{Y = k - i\} \\
&= \sum_{i=0}^{k} \left(\frac{\lambda_1^i}{i!} \mathrm{e}^{-\lambda_1}\right) \left(\frac{\lambda_2^{k-i}}{(k-i)!} \mathrm{e}^{-\lambda_2}\right) \\
&= \frac{(\lambda_1 + \lambda_2)^k}{k!} \mathrm{e}^{-(\lambda_1 + \lambda_2)} \sum_{i=0}^{k} \frac{k!}{i!(k-i)!} \left(\frac{\lambda_1}{\lambda_1 + \lambda_2}\right)^i \left(\frac{\lambda_2}{\lambda_1 + \lambda_2}\right)^{k-i} \\
&= \frac{(\lambda_1 + \lambda_2)^k}{k!} \mathrm{e}^{-(\lambda_1 + \lambda_2)} \left(\frac{\lambda_1}{\lambda_1 + \lambda_2} + \frac{\lambda_2}{\lambda_1 + \lambda_2}\right)^k \\
&= \frac{(\lambda_1 + \lambda_2)^k}{k!} \mathrm{e}^{-(\lambda_1 + \lambda_2)}, \quad k = 0, 1, 2, \cdots.
\end{aligned}$$

所以, $X + Y \sim P(\lambda_1 + \lambda_2)$.

本例的结论表明, 泊松分布具有可加性.

例 3.28 的结论可以直接应用. 例如: 设 $X \sim P(2), Y \sim P(3)$, 且 X 与 Y 相互独立, 则 $Z = X + Y \sim P(5)$.

请读者思考：当两个随机变量 X 与 Y 相互独立时，$X-Y$ 服从泊松分布吗？想一想，为什么？

对于二项分布，在参数 p 相同的情况下，二项分布也具有可加性，请看下例.

例 3.29 (二项分布的可加性) 若 $X\sim B(n,p), Y\sim B(m,p)$，且 X 与 Y 相互独立，则 $Z=X+Y\sim B(n+m,p)$.

本例的证明留给读者，也可参考【拓展阅读 3-5】.

我们不加证明地指出，例 3.29 的结论有如下推广结果.

设 k 个相互独立的随机变量 $X_i\sim B(n_i,p), i=1,2,\cdots,k$，则 $\sum\limits_{i=1}^{k}X_i\sim B\Big(\sum\limits_{i=1}^{k}n_i,p\Big)$.

特别地，如果 $X_1,X_2,\cdots,X_n$ 为 n 个相互独立且均服从 $B(1,p)$ 的随机变量，则 $\sum\limits_{i=1}^{n}X_i\sim B(n,p)$. 这表明，服从二项分布 $B(n,p)$ 的随机变量可以分解成 n 个相互独立、均服从参数为 p 的 0-1 分布的随机变量之和.

下面来讨论正态分布的可加性，先来看一个特例.

例 3.30 设 X 和 Y 都服从 $N(0,\ 1)$ 且相互独立，求 $Z=X+Y$ 的概率密度.

解 由 (3.31) 式，有

$$\begin{aligned}
f_Z(z)&=\int_{-\infty}^{+\infty}f_X(x)f_Y(z-x)\mathrm{d}x\\
&=\frac{1}{2\pi}\int_{-\infty}^{+\infty}\mathrm{e}^{-\frac{x^2}{2}}\mathrm{e}^{-\frac{(z-x)^2}{2}}\mathrm{d}x\\
&=\frac{1}{2\pi}\mathrm{e}^{-\frac{z^2}{4}}\int_{-\infty}^{+\infty}\mathrm{e}^{-\left(x-\frac{z}{2}\right)^2}\mathrm{d}x.
\end{aligned}$$

令 $t=x-\dfrac{z}{2}$，则有

$$f_Z(z)=\frac{1}{2\pi}\mathrm{e}^{-\frac{z^2}{4}}\int_{-\infty}^{+\infty}\mathrm{e}^{-t^2}\mathrm{d}t=\frac{1}{2\pi}\mathrm{e}^{-\frac{z^2}{4}}\cdot\sqrt{\pi}=\frac{1}{2\sqrt{\pi}}\mathrm{e}^{-\frac{z^2}{4}},$$

即 $Z\sim N(0,\ 2)$.

请读者思考：设 X 和 Y 都服从标准正态分布 $N(0,\ 1)$ 且相互独立，那么 $Z=X-Y$ 服从什么分布？

例 3.30 的结果可以推广到一般正态随机变量的情况，见下例.

例 3.31 (正态分布的可加性) 设 X 与 Y 相互独立, 且 $X \sim N(\mu_1, \sigma_1^2)$, $Y \sim N(\mu_2, \sigma_2^2)$, 则有

$$X + Y \sim N(\mu_1 + \mu_2, \sigma_1^2 + \sigma_2^2).$$

本例的证明过程略去, 有兴趣的读者可以自行推导或参看【拓展阅读 3-6】.

本例结果表明, 两个相互独立的正态随机变量之和仍为正态随机变量, 其分布中的两个参数分别是原来分布中两个相应参数的和.

显然, 这个结论可以推广到有限个相互独立的正态随机变量之和的情形.

另外, 根据第 2 章正态分布的性质, 我们知道, 如果随机变量 $X \sim N(\mu, \sigma^2)$, 那么对于任意非零实数 a, 有 $aX \sim N(a\mu, a^2\sigma^2)$, 由此, 同时结合例 3.31 的结论, 我们可以得到更一般结果：有限个相互独立的正态随机变量的线性组合仍服从正态分布. 即有下面定理：

定理 3.1(正态分布的重要性质) 若 X_1, $X_2, \cdots, X_n$ 为相互独立的随机变量, 且 $X_i \sim N(\mu_i, \sigma_i^2), i = 1, 2, \cdots, n$, C_1, $C_2, \cdots, C_n$ 为 n 个任意常数, 则

$$\sum_{i=1}^{n} C_i X_i \sim N\left(\sum_{i=1}^{n} C_i \mu_i, \sum_{i=1}^{n} C_i^2 \sigma_i^2\right). \tag{3.33}$$

例 3.32 设 $X \sim N(1, 4), Y \sim N(1, 5)$, 且 X 与 Y 相互独立, 则 $X + 3Y$ 及 $X - 3Y$ 各服从什么分布?

解 根据定理 3.1, 显然, $X + 3Y \sim N(4, 49), X - 3Y \sim N(-2, 49)$.

【微视频3-12】
几种常用分布
的可加性

【拓展阅读3-5】
二项分布
的可加性

【拓展阅读3-6】
正态分布
的可加性

3.5.4 最大值与最小值的分布

设有二维随机变量 (X, Y), 且 X 与 Y 相互独立, $\max(X, Y)$ 和 $\min\,(X, Y)$ 作为 X, Y 的函数, 它们的分布在实际问题中经常遇到, 本节我们就来讨论最大值与最小值的分布.

例 3.33 (最大值与最小值的分布) 设随机变量 X 与 Y 相互独立, 试在以下几种情况下分别求 $Z_1 = \max(X, Y)$ 和 $Z_2 = \min(X, Y)$ 的分布.

(1) $X \sim F_X(x), Y \sim F_Y(y)$;

(2) X 与 Y 同分布, 即 $X \sim F(x), Y \sim F(x)$;

(3) X 与 Y 为连续型随机变量, X 与 Y 同分布, 其概率密度均为 $f(x)$.

解 (1) 根据一维随机变量分布函数的定义以及两个随机变量相互独立的充要条件, 可得 $Z_1=\max(X,Y)$ 的分布函数为

$$\begin{aligned}F_{\max}(z)&=P\{Z_1\leqslant z\}\\&=P\{\max(X,Y)\leqslant z\}\\&=P\{X\leqslant z,Y\leqslant z\}\\&=P\{X\leqslant z\}P\{Y\leqslant z\}\\&=F_X(z)F_Y(z).\end{aligned}$$

即有

$$F_{\max}(z)=F_X(z)F_Y(z).\tag{3.34}$$

$Z_2=\min(X,Y)$ 的分布函数为

$$\begin{aligned}F_{\min}(z)&=P\{Z_2\leqslant z\}\\&=P\{\min(X,Y)\leqslant z\}\\&=1-P\{\min(X,Y)>z\}\\&=1-P\{X>z,Y>z\}\\&=1-P\{X>z\}P\{Y>z\}\\&=1-[1-P\{X\leqslant z\}][1-P\{Y\leqslant z\}]\\&=1-[1-F_X(z)][1-F_Y(z)].\end{aligned}$$

即有

$$F_{\min}(z)=1-[1-F_X(z)][1-F_Y(z)].\tag{3.35}$$

(2) 因为 X 与 Y 同分布, $X\sim F(x)$, $Y\sim F(x)$, 将 X 与 Y 共同的分布函数 $F(x)$ 分别代入 (3.34) 式和 (3.35) 式, 即得 Z_1 和 Z_2 的分布函数分别为

$$F_{\max}(z)=[F(z)]^2,\tag{3.36}$$

$$F_{\min}(z)=1-[1-F(z)]^2.\tag{3.37}$$

(3) 由于连续型随机变量 X,Y 同分布, 所以 Z_1 和 Z_2 的分布函数仍为 (3.36) 式和 (3.37) 式, 其概率密度可由 (3.36) 和 (3.37) 两式分别关于 z 求导得到, 即有

$$f_{\max}(z)=2[F(z)]f(z),\tag{3.38}$$

$$f_{\min}(z)=2[1-F(z)]f(z). \tag{3.39}$$

特别指出, 例 3.33 的结论可以推广到任意 n 个随机变量的情况.

设 $X_1, X_2,\cdots,X_n$ 是相互独立的 n 个随机变量, 分别具有分布函数 $F_{X_i}(z)$, $i=1,2,\cdots,n$, 则 $Z_1=\max(X_1,X_2,\cdots,X_n)$ 的分布函数为

$$F_{\max}(z)=\prod_{i=1}^{n}F_{X_i}(z). \tag{3.40}$$

$Z_2=\min(X_1,X_2,\cdots,X_n)$ 的分布函数为

$$F_{\min}(z)=1-\prod_{i=1}^{n}[1-F_{X_i}(z)]. \tag{3.41}$$

当 $X_1, X_2,\cdots,X_n$ 相互独立, 且具有相同的分布函数 $F(x)$ 时, 有

$$F_{\max}(z)=[F(z)]^n, \tag{3.42}$$

$$F_{\min}(z)=1-[1-F(z)]^n. \tag{3.43}$$

当 $X_1, X_2,\cdots,X_n$ 是连续型随机变量, 且相互独立, 并具有相同的概率密度 $f(x)$ 时, 有

$$f_{\max}(z)=n[F(z)]^{n-1}f(z), \tag{3.44}$$

$$f_{\min}(z)=n[1-F(z)]^{n-1}f(z). \tag{3.45}$$

例 3.34 设某系统 L 由两个相互独立的子系统 L_1, L_2 联接而成, 联接方式分别为 (1) 串联; (2) 并联; (3) 备用 (开关完全可靠, 当 L_1 损坏时, L_2 自动开始工作), 如图 3.11 所示. 已知 L_1, L_2 的使用寿命分别为 X, Y, 其概率密度分别为

$$f_X(x)=\begin{cases}\alpha\mathrm{e}^{-\alpha x}, & x>0,\\ 0, & x\leqslant 0,\end{cases}\qquad f_Y(y)=\begin{cases}\beta\mathrm{e}^{-\beta y}, & y>0,\\ 0, & y\leqslant 0,\end{cases}$$

其中 $\alpha>0,\beta>0,\alpha\neq\beta$. 分别对以上三种联接方式写出系统 L 的使用寿命 Z 的概率密度.

解 依题意, 易知 X, Y 均服从指数分布, 则

$$F_X(x)=\begin{cases}1-\mathrm{e}^{-\alpha x}, & x>0,\\ 0, & x\leqslant 0,\end{cases}\qquad F_Y(y)=\begin{cases}1-\mathrm{e}^{-\beta y}, & y>0,\\ 0, & y\leqslant 0.\end{cases}$$

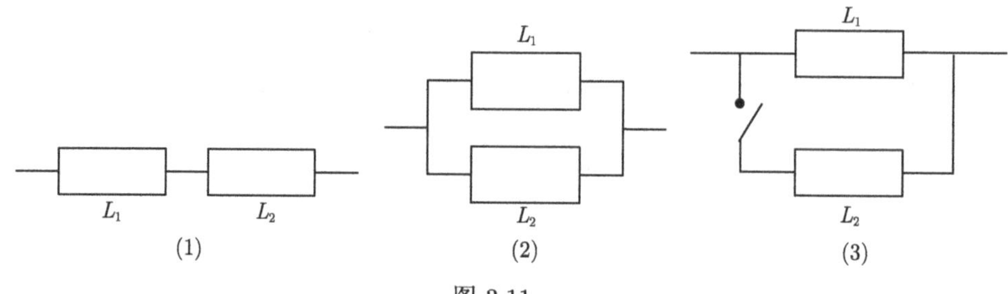

图 3.11

(1) 串联时, 系统 L 的使用寿命 $Z=\min\{X, Y\}$, 其分布函数为

$$F_Z(z)=1-[1-F_X(z)][1-F_Y(z)]$$
$$=\begin{cases}1-\mathrm{e}^{-(\alpha+\beta)z}, & z>0,\\ 0, & z\leqslant 0.\end{cases}$$

于是

$$f_Z(z)=\begin{cases}(\alpha+\beta)\,\mathrm{e}^{-(\alpha+\beta)z}, & z>0,\\ 0, & z\leqslant 0.\end{cases}$$

(2) 并联时, 系统 L 的使用寿命 $Z=\max\{X, Y\}$, 其分布函数为

$$F_Z(z)=F_X(z)F_Y(z)$$
$$=\begin{cases}(1-\mathrm{e}^{-\alpha z})(1-\mathrm{e}^{-\beta z}), & z>0,\\ 0, & z\leqslant 0.\end{cases}$$

所以,

$$f_Z(z)=\begin{cases}\alpha\mathrm{e}^{-\alpha z}+\beta\mathrm{e}^{-\beta z}-(\alpha+\beta)\mathrm{e}^{-(\alpha+\beta)z}, & z>0,\\ 0, & z\leqslant 0.\end{cases}$$

(3) 对于备用的情况, 系统 L 的使用寿命为 $Z=X+Y$.

由于 X 与 Y 相互独立, 由卷积公式,

$$f_Z(z)=\int_{-\infty}^{+\infty} f_X(x)f_Y(z-x)\mathrm{d}x.$$

根据 X 和 Y 的概率密度的表达式, 易得, 被积函数 $f_X(x)f_Y(z-x)$ 取非零值的条件为

$$\begin{cases}x>0,\\ z-x>0,\end{cases}$$

即

$$z>x>0.$$

将该条件所对应的区域画在 xOz 平面上, 如图 3.12 所示阴影区域.

当 $z \leqslant 0$ 时, 由于 $f_X(x)f_Y(z-x)=0$, 故 $f_Z(z)=0$.

当 $z>0$ 时,

$$\begin{aligned}f_Z(z)&=\int_0^z \alpha e^{-\alpha x}\beta e^{-\beta(z-x)}dx\\&=\int_0^z \alpha\beta e^{(\beta-\alpha)x}e^{-\beta z}dx\\&=\alpha\beta e^{-\beta z}\cdot\frac{1}{\beta-\alpha}\left[e^{(\beta-\alpha)x}\right]_0^z\\&=\frac{\alpha\beta}{\alpha-\beta}(e^{-\beta z}-e^{-\alpha z}).\end{aligned}$$

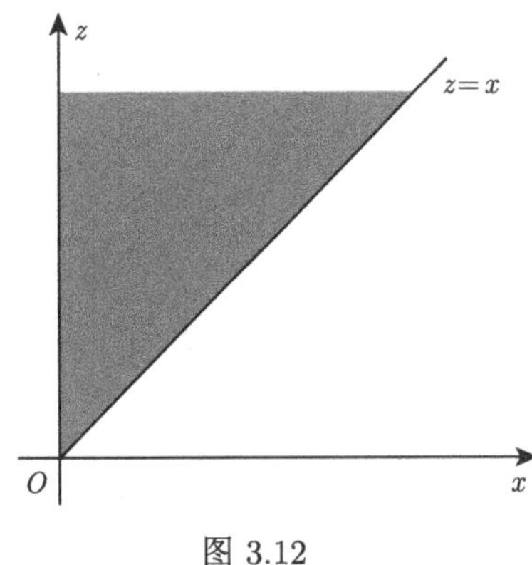

图 3.12

从而

$$f_Z(z)=\begin{cases}\dfrac{\alpha\beta}{\alpha-\beta}(e^{-\beta z}-e^{-\alpha z}), & z>0,\\ 0 & z\leqslant 0.\end{cases}$$

顺便指出, 由本题结论可见, 两个都服从指数分布的随机变量, 其最小值 $Z=\min(X,Y)$ 的分布仍是指数分布.

例 3.35 设随机变量 X 与 Y 相互独立, 且均服从区间 (0, 3) 上的均匀分布, 求 $P\{\max(X,Y)\leqslant 1\}$.

解 1 因为 X 与 Y 均服从区间 (0, 3) 上的均匀分布, 则它们的概率密度分别为

$$f_X(x)=\begin{cases}\dfrac{1}{3}, & 0<x<3,\\ 0, & 其他,\end{cases}\qquad f_Y(y)=\begin{cases}\dfrac{1}{3}, & 0<y<3,\\ 0, & 其他.\end{cases}$$

又由于 X 与 Y 相互独立, 则 X 与 Y 的联合概率密度为

$$f(x,y)=f_X(x)f_X(x)=\begin{cases}\dfrac{1}{9}, & 0<x<3, 0<y<3,\\ 0, & 其他.\end{cases}$$

所以

$$\begin{aligned}P\{\max(X,Y)\leqslant 1\}&=P\{X\leqslant 1, Y\leqslant 1\}\\&=\iint\limits_{\{x\leqslant 1,y\leqslant 1\}} f(x,y)dxdy\end{aligned}$$

$$= \int_0^1 \int_0^1 \frac{1}{9} \mathrm{d}x\mathrm{d}y$$
$$= \frac{1}{9}.$$

解 2 因为 X 与 Y 均服从区间 (0, 3) 上的均匀分布, 则它们的概率密度分别为

$$f_X(x) = \begin{cases} \frac{1}{3}, & 0 < x < 3, \\ 0, & \text{其他}, \end{cases} \qquad f_Y(y) = \begin{cases} \frac{1}{3}, & 0 < y < 3, \\ 0, & \text{其他}. \end{cases}$$

又随机变量 X 与 Y 相互独立, 所以有

$$\begin{aligned} P\{\max(X,Y) \leqslant 1\} &= P\{X \leqslant 1, Y \leqslant 1\} \\ &= P\{X \leqslant 1\} \cdot P\{Y \leqslant 1\} \\ &= \left(\int_{-\infty}^1 f_X(x)\mathrm{d}x\right)\left(\int_{-\infty}^1 f_Y(y)\mathrm{d}x\right) \\ &= \left(\int_0^1 \frac{1}{3}\mathrm{d}x\right)\left(\int_0^1 \frac{1}{3}\mathrm{d}x\right) \\ &= \frac{1}{3} \cdot \frac{1}{3} = \frac{1}{9}. \end{aligned}$$

【微视频3-13】最大值与最小值的分布

【拓展练习3-9】最大值分布求概率

【拓展阅读3-7】路灯寿命问题

同步自测 3-5

一、填空

1. 设二维随机变量 (X, Y) 的分布律为

$X \backslash Y$	-1	1	2
-1	$\frac{5}{20}$	$\frac{2}{20}$	$\frac{6}{20}$
2	$\frac{3}{20}$	$\frac{3}{20}$	$\frac{1}{20}$

$Z=X+Y$, 则 $P\{Z=0\}=$__________.

2. 设 $X\sim P(2), Y\sim P(1.5)$, 且 X 与 Y 相互独立, 则 $Z=X+Y\sim$ __________.

3. 设 $X\sim B(10,0.1), Y\sim B(5,0.1)$, 且 X 与 Y 相互独立, 则 $Z=X+Y\sim$ __________.

4. 设 $X\sim N(1,2), Y\sim N(-2,3)$, 且 X 与 Y 独立, 则 $X+Y\sim$ __________, $X-2Y\sim$ __________.

5. 设随机变量 X 的概率密度为

$$f(x)=\begin{cases}\dfrac{1}{2}, & -1<x<0,\\ \dfrac{1}{4}, & 0\leqslant x<2,\\ 0, & \text{其他},\end{cases}$$

令 $Y=X^2$, $F(x, y)$ 为二维随机变量 (X, Y) 的分布函数, 则 $F\left(-\dfrac{1}{2},4\right)=$ __________.

二、单项选择

1. 设随机变量 X 与 Y 相互独立, 且 $X\sim N(0, 4)$, $Y\sim N(-1, 5)$, 则 $X+Y$ 服从 ( ).

(A) $N(-1, 1)$ (B) $N(-1, 9)$ (C) $N(0, 1)$ (D) $N(0,9)$

2. 设随机变量 X, Y 独立同分布, 且 X 的分布函数为 $F(x)$, 则 $Z=\max\{X, Y\}$ 的分布函数为 ( ).

(A) $F^2(x)$ (B) $F(x)F(y)$

(C) $1-[1-F(x)]^2$ (D) $[1-F(x)]\,[1-F(y)]$

3. 设随机变量 X, Y 独立同分布, 且 X 的分布函数为 $F(x)$, 则 $Z=\min\{X, Y\}$ 的分布函数为 ( ).

(A) $F^2(x)$ (B) $F(x)F(y)$

(C) $1-[1-F(x)]^2$ (D) $[1-F(x)][1-F(y)]$

4. 设随机变量 X 与 Y 独立同分布, 且 X 的分布律如下表

X	0	1
P	$\frac{1}{2}$	$\frac{1}{2}$

则随机变量 $Z=\max\{X, Y\}$ 的分布律为 ( ).

(A)

X	0	1
P	$\frac{1}{2}$	$\frac{1}{2}$

(B)

Z	0	1
P	$\frac{1}{2}$	$\frac{1}{2}$

(C)

Z	0	1	2
P	$\frac{1}{4}$	$\frac{1}{4}$	$\frac{1}{2}$

(D)

Z	0	1
P	$\frac{1}{4}$	$\frac{3}{4}$

5. 已知 X 与 Y 的联合分布律为

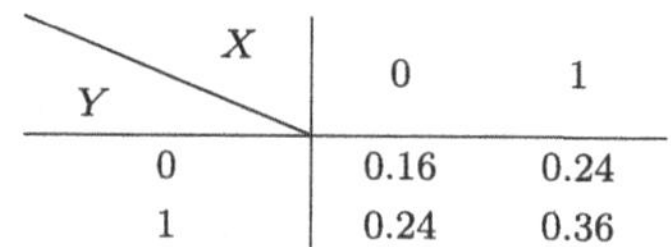

Y \ X	0	1
0	0.16	0.24
1	0.24	0.36

则 $P\{\max(X, Y) = 1\} =($ $)$.

(A) 0.16　　(B) 0.24　　(C) 0.36　　(D) 0.84

6. 设随机变量 X 和 Y 相互独立, 且 $X \sim N(1, 1)$, $Y \sim N(-1, 2)$, 则 ( ).

(A) $P\{X + Y \leqslant 0\} = \frac{1}{2}$　　(B) $P\{X + Y \leqslant 1\} = \frac{1}{2}$

(C) $P\{X - Y \leqslant 0\} = \frac{1}{2}$　　(D) $P\{X - Y \leqslant 1\} = \frac{1}{2}$

3.6 n 维随机变量

前面几节我们系统讨论了二维随机变量的相关内容. 在实际问题中, 除了二维随机变量以外, 还常常会遇到 $n(n \geqslant 3)$ 维随机变量. 例如在本章开始所提到的对飞机在空中的定位, 需要用经度 (X)、纬度 (Y)、高度 (Z) 这三个随机变量来描述, 从而形成了一个三维随机变量 (X, Y, Z). 再如, 在讨论某商场每年商品销售状况时, 如果用 X_i 表示该商场第 i 个月的商品销售额, $i= 1, 2, \cdots, 12$, 这就形成了一个 12 维随机变量 $(X_1, X_2, \cdots, X_{12})$, 等等.

在本章的最后, 我们将二维随机变量的一些概念和结论直接推广到 n 维随机变量.

3.6.1 n 维随机变量的概念

如果 $X_1, X_2, \cdots, X_n$ 是定义在同一个样本空间 $\Omega = \{\omega\}$ 上的 n 个随机变量, 则称

$$(X_1, X_2, \cdots, X_n)$$

为 **n 维随机变量**或 **n 维随机向量**.

例如, 在研究每个家庭的支出情况时, 我们感兴趣于每个家庭 (样本点ω) 的衣、食、住、行四个方面, 若用 $X_1(\omega), X_2(\omega), X_3(\omega), X_4(\omega)$ 分别表示在衣、食、住、行方面的花费, 则 (X_1, X_2, X_3, X_4) 就是一个四维随机变量.

3.6.2 n 维随机变量的分布函数

分布函数仍是描述 n 维随机变量概率分布的重要工具.

设有 n 维随机变量 $(X_1, X_2, \cdots, X_n)$, 对任意 n 个实数 $x_1, x_2, \cdots, x_n$, 称

$$F(x_1, x_2, \cdots, x_n) = P\{X_1 \leqslant x_1, X_2 \leqslant x_2, \cdots, X_n \leqslant x_n\} \tag{3.46}$$

为 $(X_1, X_2, \cdots, X_n)$ 的**分布函数**.

说明: n 维随机变量的分布函数 $F(x_1, x_2, \cdots, x_n)$ 具有类似于二维随机变量分布函数的性质.

n 维随机变量也有离散型和连续型等类型, 下面简单介绍它们的概念.

3.6.3 n 维离散型随机变量

如果 n 维随机变量 $(X_1, X_2, \cdots, X_n)$ 取有限个或可列无限个数组 $(x_1, x_2, \cdots, x_n) \in \mathbf{R}^n$, 则称 $(X_1, X_2, \cdots, X_n)$ 为 **n 维离散型随机变量.**

对于 n 维离散型随机变量, 其概率分布除了可以用分布函数来描述外, 还可以用分布律来描述. 仿照 3.1.2 中二维离散型随机变量定义, 我们称

$$P\{X_1 = x_1, X_2 = x_2, \cdots, X_n = x_n\} = p(x_1, x_2, \cdots, x_n), \quad (x_1, x_2, \cdots, x_n) \in \mathbf{R}^n$$

为 n 维离散型随机变量 $(X_1, X_2, \cdots, X_n)$ 的分布律.

n 维离散型随机变量的分布律具有类似 3.1.2 节中二维离散型随机变量的分布律的性质.

3.6.4 n 维连续型随机变量

与 3.1.3 中二维连续型随机变量类似, 为引入 n 维连续型随机变量的概率密度函数, 要用到 n 维随机变量的分布函数及 n 重积分.

对 n 维随机变量 $(X_1, X_2, \cdots, X_n)$, 如果存在非负函数 $f(x_1, x_2, \cdots, x_n)$, 使得对任意 n 个实数 $x_1, x_2, \cdots, x_n$, 有

$$F(x_1, x_2, \cdots, x_n) = \int_{-\infty}^{x_n} \cdots \int_{-\infty}^{x_2} \int_{-\infty}^{x_1} f(u_1, u_2, \cdots, u_n) \mathrm{d}u_1 \mathrm{d}u_2 \cdots \mathrm{d}u_n \tag{3.47}$$

成立, 则称 $(X_1, X_2, \cdots, X_n)$ 为 n 维连续型随机变量, 称 $f(x_1, x_2, \cdots, x_n)$ 为 $(X_1, X_2, \cdots, X_n)$ 的概率密度函数, 简称概率密度.

n 维连续型随机变量的概率密度 $f(x_1, x_2, \cdots, x_n)$ 具有类似于 3.1.3 中二维连续型随机变量概率密度的性质.

3.6.5 n 维随机变量的边缘分布

设 n 维随机变量 $(X_1, X_2, \cdots, X_n)$ 的分布函数为 $F(x_1, x_2, \cdots, x_n)$, $(X_1, X_2, \cdots, X_n)$ 的边缘分布比二维的情况要复杂得多, 其中常用的是关于每个分量 X_i $(i = 1, 2, \cdots, n)$ 的边缘分布.

n 维随机变量 $(X_1, X_2, \cdots, X_n)$ 关于第 $i(i = 1, 2, \cdots, n)$ 个分量 X_i 的边缘分布函数定义为

$$F_{X_i}(x_i) = F(+\infty, \cdots, +\infty, x_i, +\infty, \cdots, +\infty), \tag{3.48}$$

其中 $i=1, 2, \cdots, n$.

设 n 维连续型随机变量 $(X_1, X_2, \cdots, X_n)$ 具有概率密度为 $f(x_1, x_2, \cdots, x_n)$, 那么 $(X_1, X_2, \cdots, X_n)$ 关于第 $i(i=1, 2, \cdots, n)$ 个分量 X_i 的**边缘概率密度**为

$$
\begin{aligned}
&f_{X_i}(x_i)\\
&=\int_{-\infty}^{+\infty}\cdots\int_{-\infty}^{+\infty}\int_{-\infty}^{+\infty}\cdots\int_{-\infty}^{+\infty} f(x_1, x_2, \cdots, x_n)\mathrm{d}x_1\cdots\mathrm{d}x_{i-1}\mathrm{d}x_{i+1}\cdots\mathrm{d}x_n,
\end{aligned}
\tag{3.49}
$$

其中 $i=1, 2, \cdots, n$.

3.6.6 n 维随机变量的独立性

设 n 维随机变量 $(X_1, X_2, \cdots, X_n)$ 具有分布函数 $F(x_1, x_2, \cdots, x_n)$, $F_{X_i}(x_i)(i=1, 2, \cdots, n)$ 为其关于第 $i(i=1, 2, \cdots, n)$ 个分量 X_i 的边缘分布函数, 如果对任意 n 个实数 $x_1, x_2, \cdots, x_n$, 都有

$$
F(x_1, x_2, \cdots, x_n)=\prod_{i=1}^{n} F_{X_i}(x_i) \tag{3.50}
$$

成立, 则称 $X_1, X_2, \cdots, X_n$ **相互独立**.

在 n 维离散型随机变量的情形, 如果对于任意 n 个取值 $x_1, x_2, \cdots, x_n$, 有

$$
P\{X_1=x_1, X_2=x_2, \cdots, X_n=x_n\}=\prod_{i=1}^{n} P\{X_i=x_i\}, \tag{3.51}
$$

则称 $X_1, X_2, \cdots, X_n$ **相互独立**.

在 n 维连续型随机变量的情形, 假设 $(X_1, X_2, \cdots, X_n)$ 具有概率密度 $f(x_1, x_2, \cdots, x_n)$, $f_{X_i}(x_i)(i=1, 2, \cdots, n)$ 为其关于第 $i(i=1, 2, \cdots, n)$ 个分量 X_i 的边缘概率密度, 如果对任意 n 个实数 $x_1, x_2, \cdots, x_n$,

$$
f(x_1, x_2, \cdots, x_n)=\prod_{i=1}^{n} f_{X_i}(x_i) \tag{3.52}
$$

几乎处处成立, 则称 $X_1, X_2, \cdots, X_n$ 相互独立. 这里“几乎处处成立”是指除去测度为零的点集外处处成立.

【微视频3-14】
n 维随机变量

第 3 章知识结构图

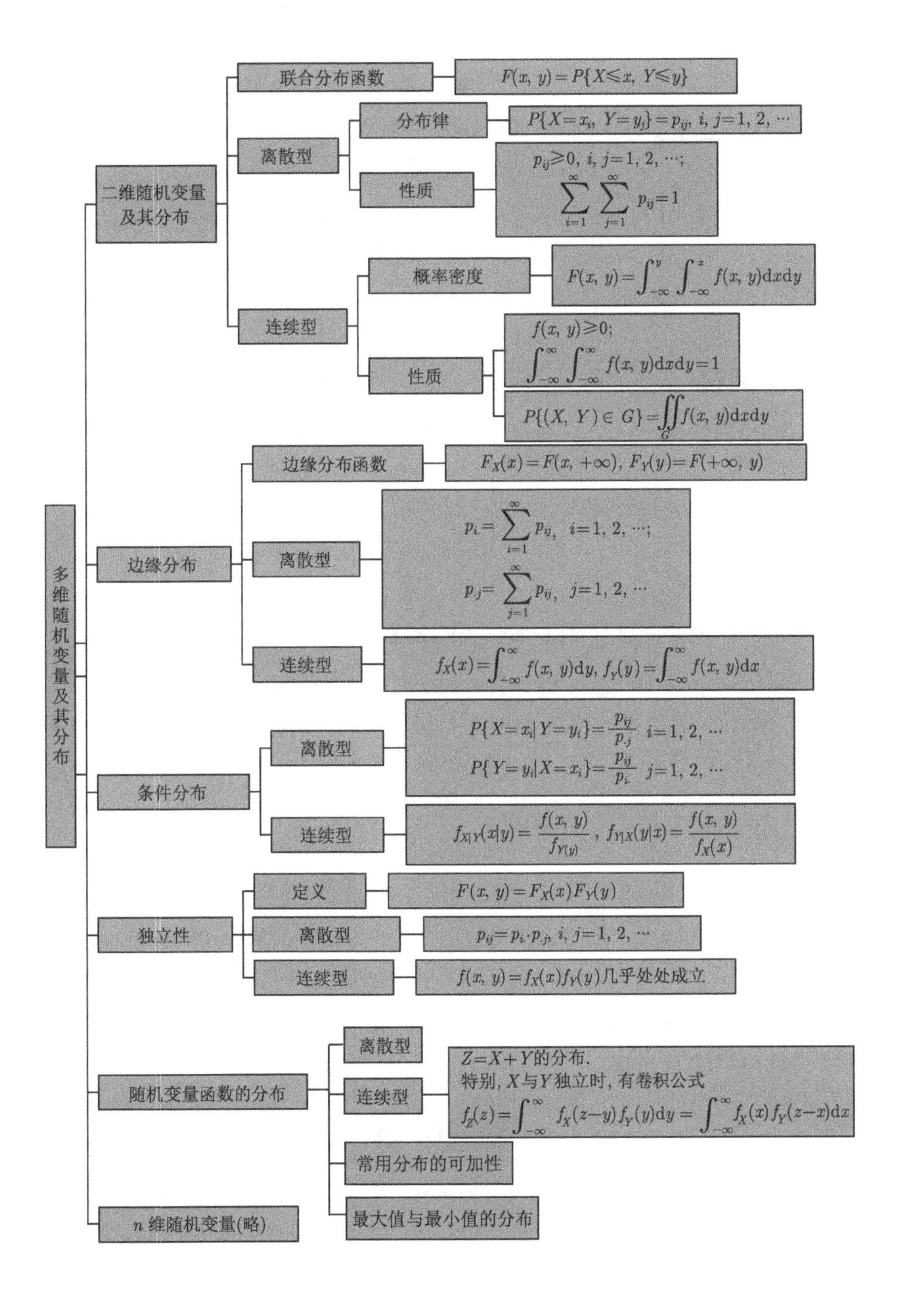

- 多维随机变量及其分布
  - 二维随机变量及其分布
    - 联合分布函数 — $F(x, y)=P\{X\leqslant x, Y\leqslant y\}$
    - 离散型
      - 分布律 — $P\{X=x_i, Y=y_j\}=p_{ij}, i, j=1, 2, \cdots$
      - 性质 — $p_{ij}\geqslant 0, i, j=1, 2, \cdots$; $\sum_{i=1}^{\infty}\sum_{j=1}^{\infty}p_{ij}=1$
    - 连续型
      - 概率密度 — $F(x, y)=\int_{-\infty}^{y}\int_{-\infty}^{x}f(x, y)\mathrm{d}x\mathrm{d}y$
      - 性质
        - $f(x, y)\geqslant 0$; $\int_{-\infty}^{\infty}\int_{-\infty}^{\infty}f(x, y)\mathrm{d}x\mathrm{d}y=1$
        - $P\{(X, Y)\in G\}=\iint_G f(x, y)\mathrm{d}x\mathrm{d}y$
  - 边缘分布
    - 边缘分布函数 — $F_X(x)=F(x, +\infty), F_Y(y)=F(+\infty, y)$
    - 离散型 — $p_{i\cdot}=\sum_{j=1}^{\infty}p_{ij},\ i=1, 2, \cdots$; $p_{\cdot j}=\sum_{i=1}^{\infty}p_{ij},\ j=1, 2, \cdots$
    - 连续型 — $f_X(x)=\int_{-\infty}^{\infty}f(x, y)\mathrm{d}y, f_Y(y)=\int_{-\infty}^{\infty}f(x, y)\mathrm{d}x$
  - 条件分布
    - 离散型 — $P\{X=x_i|Y=y_j\}=\frac{p_{ij}}{p_{\cdot j}}\ i=1, 2, \cdots$; $P\{Y=y_j|X=x_i\}=\frac{p_{ij}}{p_{i\cdot}}\ j=1, 2, \cdots$
    - 连续型 — $f_{X|Y}(x|y)=\frac{f(x, y)}{f_{Y}(y)}, f_{Y|X}(y|x)=\frac{f(x, y)}{f_X(x)}$
  - 独立性
    - 定义 — $F(x, y)=F_X(x)F_Y(y)$
    - 离散型 — $p_{ij}=p_{i\cdot}\cdot p_{\cdot j}, i, j=1, 2, \cdots$
    - 连续型 — $f(x, y)=f_X(x)f_Y(y)$几乎处处成立
  - 随机变量函数的分布
    - 离散型
    - 连续型 — $Z=X+Y$的分布. 特别, X与Y独立时, 有卷积公式 $f_Z(z)=\int_{-\infty}^{\infty}f_X(z-y)f_Y(y)\mathrm{d}y=\int_{-\infty}^{\infty}f_X(x)f_Y(z-x)\mathrm{d}x$
    - 常用分布的可加性
    - 最大值与最小值的分布
  - n 维随机变量(略)

【轮船停泊问题解答】

某码头仅能容纳一只船, 预知某日将有甲、乙两船独立地来到该码头, 且在 24 小时内各时刻来到的可能性都相等, 如果它们停靠的时间分别为 3 小时和 4 小时, 试求有一只船要在江中等待的概率.

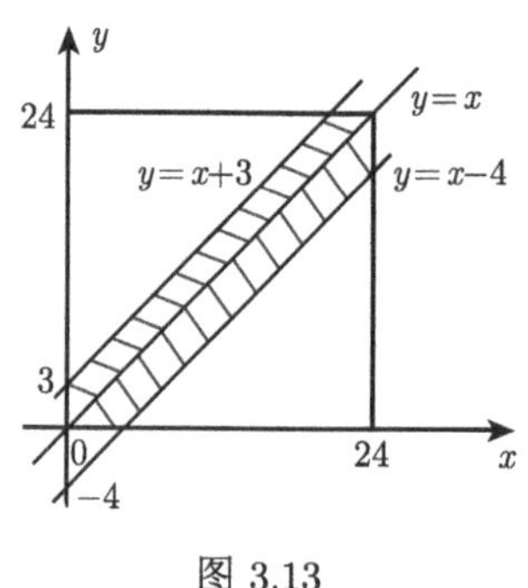

图 3.13

解 设 X, Y 分别为甲、乙两船到达码头的时间, 由题意知 $X \sim U(0,24)$, $Y \sim U(0,24)$, 所以 X 与 Y 的概率密度分别为

$$f_X(x)=\begin{cases}\dfrac{1}{24}, & 0<x<24,\\ 0, & \text{其他};\end{cases}$$

$$f_Y(y)=\begin{cases}\dfrac{1}{24}, & 0<y<24,\\ 0, & \text{其他}.\end{cases}$$

由于 X, Y 相互独立, 所以 X 与 Y 的联合概率密度为

$$f(x,y)=f_X(x)f_Y(y)=\begin{cases}\dfrac{1}{24^2}, & 0<x<24,\ 0<y<24,\\ 0, & \text{其他}.\end{cases}$$

所求概率为

$$P\{\{Y<X<Y+4\}\cup\{X<Y<X+3\}\}=P\{(X,Y)\in G\},$$

其中 $G=\{(x,y)|y<x<y+4\}\cup\{(x,y)|x<y<x+3\}$.

由于 $f(x,y)$ 的非零区域为 $D=\{(x,y)|0<x<24,\ 0<y<24\}$, 于是, 所求概率

$$P\{(X,Y)\in G\}=\iint\limits_G f(x,y)\mathrm{d}x\mathrm{d}y=\iint\limits_{G\cap D}\frac{1}{24^2}\mathrm{d}x\mathrm{d}y$$

$$=\frac{1}{24^2}\iint\limits_{G\cap D}\mathrm{d}x\mathrm{d}y=\frac{S_{G\cap D}}{24^2}=\frac{24^2-\dfrac{1}{2}\times 21^2-\dfrac{1}{2}\times 20^2}{24^2}\approx 0.27.$$

其中 $S_{G\cap D}$ 表示区域 $G\cap D$ 的面积 (见图 3.13 中阴影区域), 因此有一只船要在江中等待的概率约为 0.27.

习　题　3

1. 设口袋中有 3 个球, 它们上面依次标有数字 1, 1, 2, 现从口袋中无放回地连续摸出两个球, 以 X, Y 分别表示第一次与第二次摸出的球上标有的数字, 求 (X, Y) 的分布律.

2. 设盒中装有 8 支圆珠笔芯, 其中 3 支是蓝的, 3 支是绿的, 2 支是红的, 现从中随机抽取 2 支, 以 X, Y 分别表示抽取的蓝色与红色笔芯数, 试求:

(1) X 和 Y 的联合分布律;

(2) $P\{X+Y \leqslant 1\}$.

3. 设二维随机变量 (X, Y) 的概率密度为

$$f(x,y)=\begin{cases} Axy, & 0<x<1, 0<y<1, \\ 0, & \text{其他}. \end{cases}$$

试求:

(1) 常数 A;

(2) $P\{X=Y\}$;

(3) $P\{X<Y\}$.

4. 设二维随机变量 (X, Y) 的联合概率密度为

$$f(x,y)=\begin{cases} x^2+\dfrac{xy}{3}, & 0<x<1,\ 0<y<2, \\ 0, & \text{其他}. \end{cases}$$

求 $P\{X+Y \geqslant 1\}$.

5. 将一枚硬币掷 3 次, 以 X 表示前两次中正面出现的次数, 以 Y 表示 3 次中正面出现的次数, 求 (X, Y) 的分布律及其关于 X 和关于 Y 的边缘分布律.

6. 设二维离散型随机变量 (X, Y) 的分布律如下:

X \ Y	-1	0
1	$\frac{1}{5}$	$\frac{1}{5}$
2	$\frac{2}{5}$	a

(1) 求 a 的值;

(2) 求 (X, Y) 关于 X 和关于 Y 的边缘分布律与边缘分布函数.

7. 设二维离散型随机变量 (X, Y) 的可能取到的数对分别为 $(0, 0), (-1, 1), (-1, 2), (1, 0)$, 取这些数对对应的概率依次为 $\frac{1}{6}, \frac{1}{3}, \frac{1}{12}, \frac{5}{12}$, 分别求 (X, Y) 关于 X 和关于 Y 的边缘分布律.

8. 设二维随机变量 (X, Y) 的概率密度为

$$f(x,y)=\begin{cases} \mathrm{e}^{-y}, & 0<x<y, \\ 0, & \text{其他}. \end{cases}$$

求 (X,Y) 分别关于 X 和关于 Y 的边缘概率密度 $f_X(x)$, $f_Y(y)$.

9. 设二维随机变量 (X, Y) 的概率密度为

$$f(x,y)=\begin{cases} cx^2y, & 0<x^2 \leqslant y<1, \\ 0, & \text{其他}. \end{cases}$$

(1) 确定常数 c;

(2) 分别求 (X,Y) 关于 X 和关于 Y 的边缘概率密度 $f_X(x)$, $f_Y(y)$.

10. 设平面区域 D 由曲线 $y=\dfrac{1}{x}$ 及直线 $y=0, x=1, x=\mathrm{e}^2$ 围成, 二维随机变量 (X,Y) 在区域 D 上服从均匀分布, 分别求 (X,Y) 关于 X 和关于 Y 的边缘概率密度 $f_X(x)$, $f_Y(y)$.

11. 设二维随机变量 (X, Y) 的概率密度为

$$f(x,y)=\begin{cases} 3x, & 0<x<1, 0<y<x, \\ 0, & \text{其他}. \end{cases}$$

试求条件概率密度 $f_{Y|X}(y|x)$.

12. 设二维随机变量 (X, Y) 的概率密度为

$$f(x,y)=\begin{cases} 1, & 0<x<1, |y|<x, \\ 0, & \text{其他}. \end{cases}$$

求条件概率密度 $f_{X|Y}(x|y)$.

13. 已知随机变量 Y 的概率密度为

$$f_Y(y)=\begin{cases} 5y^4, & 0<y<1, \\ 0, & \text{其他}. \end{cases}$$

在给定 $Y=y$ 条件下, 随机变量 X 的条件概率密度为

$$f_{X|Y}(x|y)=\begin{cases} \dfrac{3x^2}{y^3}, & 0<x<y<1, \\ 0, & \text{其他}. \end{cases}$$

求概率 $P\{X>0.5\}$.

14. 对于二维随机变量 (X, Y), 根据第 9 题中定义的概率密度形式, 请结合你计算的常数 c 的结果以及你得到的两个边缘概率密度.

(1) 分别求两个条件概率密度 $f_{X|Y}(x|y)$, $f_{Y|X}(y|x)$;

(2) 求条件概率 $P\left\{Y>\dfrac{3}{4}\middle|X=\dfrac{1}{2}\right\}$.

15. 设随机变量 X 和 Y 的联合分布律为

X \ Y	1	2	3
1	$\dfrac{1}{6}$	$\dfrac{1}{9}$	$\dfrac{1}{18}$
2	$\dfrac{1}{3}$	a	b

若 X 与 Y 相互独立, 求参数 a, b 的值.

16. 已知二维离散型随机变量 (X, Y) 的分布律如下:

$X \backslash Y$	3	4	5
1	0.1	0.2	0.3
2	0	0.1	0.2
3	0	0	0.1

(1) 分别求 (X, Y) 关于 X 和关于 Y 的边缘分布律;
(2) 判断 X 和 Y 是否相互独立?
17. 试判断第 6 题中的随机变量 X 与 Y 的相互独立性.
18. 试判断第 7 题中的随机变量 X 与 Y 的相互独立性.
19. 设二维随机变量 (X, Y) 的分布律如下所示:

$X \backslash Y$	2	5	8
0.4	0.15	0.30	0.35
0.8	0.05	0.12	0.03

(1) 分别求 (X, Y) 关于 X 和关于 Y 的边缘分布律;
(2) 判断 X 与 Y 是否相互独立?
20. 设二维随机变量 (X, Y) 的概率密度为

$$f(x,y)=\begin{cases}\dfrac{1}{4}, & 0<x<2, |y|<x,\\ 0, & \text{其他}.\end{cases}$$

(1) 分别求 (X,Y) 关于 X 和关于 Y 的两个边缘概率密度 $f_X(x)$, $f_Y(y)$;
(2) 问 X 与 Y 是否相互独立?
21. 试判断第 8 题中的随机变量 X 与 Y 的相互独立性.
22. 试判断第 9 题中的随机变量 X 与 Y 的相互独立性.
23. 试判断第 10 题中的随机变量 X 与 Y 的相互独立性.
24. 设二维随机变量 (X, Y) 的分布律为

$X \backslash Y$	-1	0	1
0	0.05	0.15	0.2
1	0.07	0.11	0.22
2	0.04	0.07	0.09

试分别求 $Z=\max\{X, Y\}$ 和 $W=\min\{X, Y\}$ 的分布律.

25. 设二维随机变量 (X, Y) 的分布律为

$X \backslash Y$	-1	1	2
-1	0.1	0.2	0.3
2	0.2	0.1	0.1

求：(1) $Z_1 = X + Y$ 的分布律;

(2) $Z_2 = \max\{X,Y\}$ 的分布律.

26. 设随机变量 X 和 Y 相互独立, 试在以下情况下求 $Z = X + Y$ 的概率密度.

(1) $X \sim U(0, 1)$, $Y \sim U(0, 1)$;

(2) $X \sim U(0, 1)$, $Y \sim \mathrm{Exp}(1)$.

27. 设 $X \sim N(0, 1)$, $Y \sim N(1, 1)$, 且 X 与 Y 独立, 求 $P\{X + Y \leqslant 1\}$.

28. 设随机变量 (X, Y) 的概率密度为

$$f(x,y) = \begin{cases} \dfrac{1}{2}(x+y)\mathrm{e}^{-(x+y)}, & x > 0, y > 0, \\ 0, & \text{其他}. \end{cases}$$

(1) 问 X 和 Y 是否相互独立?

(2) 求 $Z = X + Y$ 的概率密度.

29. 设随机变量 X, Y 相互独立, 若 X 和 Y 均服从 $(0, 1)$ 上的均匀分布, 求 $U = \min\{X, Y\}$ 和 $V = \max\{X, Y\}$ 的概率密度.

第3章自测题

第4章 Chapter 随机变量的数字特征

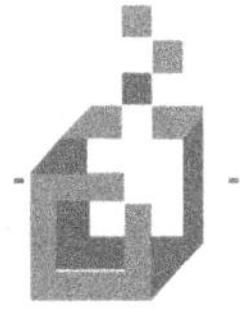

前面我们已经系统学习了随机变量的概率分布：分布函数、分布律及概率密度，知道了随机变量的概率分布能够完整地描述随机变量的取值规律，同时也了解到如何通过随机变量的概率分布求某些事件发生的概率. 但是，在许多具体问题中，随机变量的概率分布有时是不容易求出来的，有时也不需要完全知道其概率分布，仅需知道它的某些统计特征就可以了. 这些能代表随机变量主要特征的数值，通常称为随机变量的数字特征，它们是由随机变量的概率分布决定的常数，可以从不同角度更加直观地刻画随机变量在某些方面的特征.

例如，考察大批量生产的某种型号节能灯，其寿命可以用随机变量来描述. 如果知道了这个随机变量的概率分布，就可以算出节能灯寿命落在任一指定区间内的概率，这是对节能灯寿命状况的完整刻画. 假如我们现在仅知道节能灯的平均寿命，它虽然不能对节能灯的整个寿命状况提供一个完整的刻画，但却可以在一个重要方面反映节能灯寿命的状况，这往往是我们最为关心的一个方面. 类似的例子有很多，比如，在评价某地区粮食产量状况时，最关心的是该地区粮食的平均亩产量；在检查一批棉花的质量时，所关心的是棉花纤维的平均长度等等. 这里，节能灯的平均寿命、粮食的平均亩产量、棉花纤维的平均长度等，这个重要的数字特征就是相应随机变量的数学期望，也称均值.

除了数学期望之外，有时还需要衡量一个随机变量取值的分散程度. 例如，在检查一批棉花的质量时，除了关心棉花纤维的平均长度以外，还要考虑纤维的长度与平均长度的偏离程度，平均长度越长、偏离程度越小，表明棉花的质量就越好、越稳定. 这个描述随机变量取值分散程度的数字特征就是方差.

从以上例子可以看到，某些与随机变量相关的数字，虽然不能完整地描述其概率分布，但却可以概括描述它在某些方面的特征.

数学期望和方差是刻画随机变量的两个最重要的数字特征，在理论和实践中都具有重要的意义，它们能更直接、更简洁、更清晰地反映出随机变量的本质. 对多维随机变量, 还需要考虑能够刻画各分量之间关系的数字特征, 如协方差、相关系数等. 除了上面提到的数字特征之外, 还有其他诸如变异系数、偏度系数、峰度系数、矩等数字特征.

本章主要介绍随机变量的几个最常用的数字特征: 数学期望、方差 (标准差)、协方差、相关系数和矩.

【分赌本问题】

1654 年, 法国人德•梅尔向数学家帕斯卡提出了一个使他苦恼了很久的问题, 为描述方便, 我们不妨将该问题简化如下.

甲、乙两人各出赌注 30 个金币进行赌博, 约定谁先赢 3 局, 就赢得全部的赌注 60 个金币. 假定两人赌技相当, 且每局无平局出现. 如果当甲赢了两局, 乙赢了一局时, 因故不得不中止赌局, 问如何分这 60 个金币的赌注才算公平?

4.1 数学期望

本节我们来学习随机变量最重要的一个数字特征: 数学期望.

4.1.1 数学期望的概念

1. 离散型随机变量的数学期望

先来看一个例子.

例 4.1(掷骰子游戏) 投掷一枚骰子规定掷出 1 点得 1 分, 掷出 2 点或 3 点得 2 分, 掷出 4 点或 5 点或 6 点得 4 分. 投掷一次所得的分数 X 是一个随机变量, 则 X 的分布律为

X	1	2	4
p	$\frac{1}{6}$	$\frac{2}{6}$	$\frac{3}{6}$

试问: 预期投掷一次骰子的平均得分是多少?

能否用 $\dfrac{1+2+4}{3}=\dfrac{7}{3}$ 作为预期投掷一次骰子的平均得分呢? 显然这是不可取的, 因为每个分数出现的概率不同, 不能简单地取它们的算术平均数作为平均得分.

理论上骰子可以无限地投掷下去, 预期投掷一次的平均得分应该和具体的投掷次数没有关系, 但是我们可以先从 n 次投掷中投掷一次的平均得分考虑起.

解 假设在 n 次投掷中, 得 1 分的有 n_1 次, 得 2 分的有 n_2 次, 得 4 分的有

n_3 次, 则投掷一次的平均得分为

$$\frac{n_1x_1+n_2x_2+n_3x_3}{n}=\sum_{i=1}^{3}x_i\frac{n_i}{n}.$$

注意到 $\frac{n_i}{n}$ 是事件 $\{X=x_i\}$ 发生的频率, 当 n 充分大时, 在某种意义下接近于事件 $\{X=x_i\}$ 发生的概率 $P\{X=x_i\}$, 不妨记为 p_i, 于是

$$\frac{n_1x_1+n_2x_2+n_3x_3}{n}=\sum_{i=1}^{3}x_i\frac{n_i}{n}\approx\sum_{i=1}^{3}x_ip_i=1\times\frac{1}{6}+2\times\frac{2}{6}+4\times\frac{3}{6}=\frac{17}{6}(\text{分}).$$

$\sum_{i=1}^{3}x_ip_i=\frac{17}{6}$这个平均分是随机变量$X$ 的取值以概率为权重的加权平均值, 与投掷次数没有关系, 是预期投掷一次骰子的平均得分, 我们把它看作是随机变量 X 的平均值, 并称之为数学期望.

一般地, 对于离散型随机变量, 有如下定义.

定义 4.1 设离散型随机变量 X 的分布律为 $P\{X=x_i\}=p_i, i=1, 2, \cdots$, 如果级数 $\sum_{i=1}^{\infty}x_ip_i$ 绝对收敛, 则称 $\sum_{i=1}^{\infty}x_ip_i$ 为随机变量 X 的**数学期望**或**均值**, 也可以称为该分布的**数学期望**或**均值**, 记为 $E(X)$ 或 EX, 即

$$E(X)=\sum_{i=1}^{\infty}x_ip_i. \tag{4.1}$$

如果级数 $\sum_{i=1}^{\infty}|x_i|p_i$ 发散, 则称随机变量 X 的数学期望不存在.

特别指出:

(1) 随机变量 X 的数学期望 $E(X)$ 是一个常量.

(2) 数学期望与一般的平均值不同, 它是从概率的角度来描述随机变量 X 取所有可能值的平均值, 具有重要的统计意义.

(3) 级数的绝对收敛保证了级数的和不随级数各项次序的改变而改变, 之所以这样要求是因为数学期望是反映随机变量 X 取所有可能值的平均值, 它不应随级数中各项求和次序的改变而改变.

例 4.2 假定 X 有如下分布律:

X	1000	5000	10000	20000
p	0.05	0.2	0.5	0.25

求 $E(X)$.

解 根据 (4.1) 式, 有

$$E(X)=1000\times 0.05+5000\times 0.2+10000\times 0.5+20000\times 0.25=11050.$$

例 4.3 某一彩票中心发行彩票 10 万张, 每张 2 元. 设头等奖 1 个, 奖金 1 万元, 二等奖 2 个, 奖金各 5000 元; 三等奖 10 个, 奖金各 1000 元; 四等奖 100 个, 奖金各 100 元; 五等奖 1000 个, 奖金各 10 元. 每张彩票的成本费为 0.3 元, 请计算彩票发行单位的创收利润.

解 设每张彩票中奖的数额为随机变量, 则有

X	10000	5000	1000	100	10	0
p	$1/10^5$	$2/10^5$	$10/10^5$	$100/10^5$	$1000/10^5$	p_0

其中 $p_0=1-(1/10^5+2/10^5+10/10^5+100/10^5+1000/10^5)\approx 0.98887$.

每张彩票平均能得到的奖金为

$$\begin{aligned}E(X)=&10000\times\frac{1}{10^5}+5000\times\frac{2}{10^5}+1000\times\frac{10}{10^5}+100\\&\times\frac{100}{10^5}+10\times\frac{1000}{10^5}+0\times p_0=0.5(\text{元}).\end{aligned}$$

每张彩票平均可赚：$2-0.5-0.3=1.2$(元).

因此彩票发行单位发行 10 万张彩票的创收利润为 100000×1.2=120000(元).

下面, 我们来求几种常用离散分布的数学期望, 并请读者牢记.

例 4.4 设随机变量 X 服从二项分布 $B(n,p)$, 求它的数学期望.

解 由于 $P\{X=k\}=\mathrm{C}_n^k p^k(1-p)^{n-k}$, $k=0,1,2,\cdots,n$. 因而

$$\begin{aligned}E(X)&=\sum_{k=0}^{n}kP\{X=k\}=\sum_{k=0}^{n}k\mathrm{C}_n^k p^k(1-p)^{n-k}\\&=\sum_{k=1}^{n}k\mathrm{C}_n^k p^k(1-p)^{n-k}=np\sum_{k=1}^{n}\mathrm{C}_{n-1}^{k-1}p^{k-1}(1-p)^{(n-1)-(k-1)}\\&=np\sum_{k=0}^{n-1}\mathrm{C}_{n-1}^{k}p^{k}(1-p)^{(n-1)-k}=np(p+1-p)^{n-1}=np.\end{aligned}$$

可见, 二项分布的数学期望是其两个参数的乘积 np.

例 4.5 设随机变量 X 服从参数为$\lambda(\lambda>0)$ 的泊松分布, 求它的数学期望.

解 由于 $P\{X=k\}=\dfrac{\lambda^k}{k!}\mathrm{e}^{-\lambda}, k=0, 1, 2, \cdots$, 因而

$$\begin{aligned}E(X)&=\sum_{k=0}^{\infty}kP\{X=k\}=\sum_{k=0}^{\infty}k\frac{\lambda^k}{k!}\mathrm{e}^{-\lambda}\\&=\sum_{k=1}^{\infty}k\frac{\lambda^k}{k!}\mathrm{e}^{-\lambda}=\sum_{k=1}^{\infty}\frac{\lambda^k}{(k-1)!}\mathrm{e}^{-\lambda}=\lambda\mathrm{e}^{-\lambda}\sum_{k=1}^{\infty}\frac{\lambda^{k-1}}{(k-1)!}\\&=\lambda\mathrm{e}^{-\lambda}\sum_{k=0}^{\infty}\frac{\lambda^k}{k!}=\lambda\mathrm{e}^{-\lambda}\mathrm{e}^{\lambda}=\lambda.\end{aligned}$$

可见, 泊松分布的数学期望等于它的参数λ.

2. 连续型随机变量的数学期望

连续型随机变量的数学期望的定义类似于离散型随机变量, 只需要在离散型随机变量数学期望的定义中, 将分布律改为概率密度, 将求和改为求积分即可.

定义 4.2 设连续型随机变量 X 的概率密度为 $f(x)$, 若积分 $\displaystyle\int_{-\infty}^{+\infty}xf(x)\mathrm{d}x$ 绝对收敛, 则称其为 X 的**数学期望**或**均值**, 也可以称为该分布的**数学期望**或**均值**, 记为 $E(X)$ 或 EX, 即

$$E(X)=\int_{-\infty}^{+\infty}xf(x)\mathrm{d}x. \tag{4.2}$$

若积分 $\displaystyle\int_{-\infty}^{+\infty}|x|f(x)\mathrm{d}x$ 不收敛, 则称 X 的数学期望不存在.

根据定义, 随机变量的数学期望不一定都存在. 著名的柯西分布是数学期望不存在的经典例子：设随机变量 X 服从柯西分布, 其概率密度为

$$f(x)=\frac{1}{\pi(1+x^2)},\quad -\infty<x<+\infty,$$

由于积分 $\displaystyle\int_{-\infty}^{+\infty}\frac{|x|\mathrm{d}x}{\pi(1+x^2)}$ 发散, 因而 $E(X)$ 不存在.

例 4.6 在制作某种食品时, 假设把面粉所占食材的比例记为 X, 且 X 的概率密度为

$$f(x)=\begin{cases}6x(1-x), & 0<x<1,\\ 0 & \text{其他},\end{cases}$$

求 X 的数学期望 $E(X)$.

解 根据 (4.2) 式, 有

$$E(X)=\int_{-\infty}^{+\infty}xf(x)\mathrm{d}x=\int_0^1 6x^2(1-x)\mathrm{d}x=6\left[\frac{1}{3}x^3-\frac{1}{4}x^4\right]_0^1=\frac{1}{2}.$$

例 4.7 设某厂生产的某型号零件的长度 X 是一个随机变量, 它的概率密度是

$$f(x)=\begin{cases}\dfrac{4}{\pi(1+x^2)}, & 0<x\leqslant 1,\\ 0, & \text{其他}.\end{cases}$$

求该型号零件的平均长度.

解 根据连续型随机变量数学期望的定义, 有

$$\begin{aligned}E(X)&=\int_{-\infty}^{\infty}xf(x)\mathrm{d}x\\&=\int_0^1 x\cdot\frac{4}{\pi(1+x^2)}\mathrm{d}x\\&=\int_0^1\frac{2}{\pi(1+x^2)}\mathrm{d}(x^2+1)\\&=\frac{2}{\pi}\left[\ln(1+x^2)\right]_0^1\\&=\frac{2}{\pi}\ln 2.\end{aligned}$$

例 4.8 设某种家电的寿命 X(以年计) 是一个随机变量, 其分布函数为

$$F(x)=\begin{cases}1-\dfrac{25}{x^2}, & x>5,\\ 0, & \text{其他},\end{cases}$$

求这种家电的平均寿命 $E(X)$.

解 先求出随机变量 X 的概率密度. 由于 $f(x)=F'(x)$, 所以

当 $x>5$ 时, $f(x)=-\dfrac{-2\times 25}{x^3}=\dfrac{50}{x^3}$;

当 $x\leqslant 5$ 时, $f(x)=0$.

根据 (4.2) 式, 有

$$E(X)=\int_{-\infty}^{+\infty}xf(x)\mathrm{d}x=\int_5^{+\infty}x\frac{50}{x^3}\mathrm{d}x=\left[-\frac{50}{x}\right]_5^{+\infty}=10.$$

所以这种家电的平均寿命为 10 年.

几种常用连续型随机变量的数学期望都是存在的, 下面来计算它们的数学期望.

例 4.9 设随机变量 X 服从区间 (a, b) 上的均匀分布, 求 $E(X)$.

解 由于均匀分布的概率密度为

$$f(x)=\begin{cases}\dfrac{1}{b-a}, & a<x<b,\\ 0, & \text{其他},\end{cases}$$

因而

$$E(X)=\int_a^b xf(x)\mathrm{d}x=\int_a^b \frac{x}{b-a}\mathrm{d}x=\frac{b^2-a^2}{2(b-a)}=\frac{a+b}{2}.$$

可见, 均匀分布的数学期望也与两个参数 a, b 有关, 等于 $\dfrac{a+b}{2}$.

例 4.10 设随机变量 X 服从参数为$\theta(\theta>0)$ 的指数分布, 求 $E(X)$.

解 由于指数分布的概率密度为

$$f(x)=\begin{cases}\dfrac{1}{\theta}\mathrm{e}^{-x/\theta}, & x>0,\\ 0, & \text{其他},\end{cases}$$

因而

$$\begin{aligned}E(X)&=\int_{-\infty}^{+\infty} xf(x)\mathrm{d}x=\int_0^{+\infty} x\frac{1}{\theta}\mathrm{e}^{-x/\theta}\mathrm{d}x\\&=-\int_0^{+\infty} x\mathrm{d}\mathrm{e}^{-x/\theta}=-x\,\mathrm{e}^{-x/\theta}\Big|_0^{+\infty}+\int_0^{+\infty}\mathrm{e}^{-x/\theta}\mathrm{d}x\\&=0+\int_0^{+\infty}\mathrm{e}^{-x/\theta}\mathrm{d}x=-\theta\,\mathrm{e}^{-x/\theta}\Big|_0^{+\infty}=\theta.\end{aligned}$$

可见, 指数分布的数学期望是它的参数θ.

【微视频4-1】离散型随机变量的数学期望

【微视频4-2】连续型随机变量的数学期望

【拓展阅读4-1】数学期望的应用：面试策略问题

4.1.2 随机变量函数的数学期望

在实际应用中, 我们常常需要求随机变量函数的数学期望. 例如, 假设某种零件的横截面为圆面, 它的直径 X 是一个随机变量, 则截面面积 $Y=\pi X^2/4$ 也是一个随机变量. 如果我们知道了 X 的概率分布, 现在考虑如何求截面面积 Y 的数学期望.

问题的一般描述为：已知随机变量 X 的概率分布, 如何计算 X 的某个函数 $g(X)$ 的数学期望呢？

当然, 由于 $g(X)$ 也是一个随机变量, 它的概率分布可以通过 X 的概率分布求出来, 然后再利用随机变量数学期望的定义来计算 $g(X)$ 的数学期望. 显然这种方法有些麻烦, 那么是否可以不通过求 $g(X)$ 的概率分布, 而是直接根据 X 的概率分布来求得 $g(X)$ 的数学期望呢？答案是肯定的. 下面我们不加证明地给出如下定理.

定理 4.1 假定 Y 是随机变量 X 的函数: $Y=g(X)$, g 是连续函数.

(1) 设 X 是离散型随机变量, 其分布律为 $P\{X=x_i\}=p_i, i=1,2,\cdots$. 若级数 $\sum\limits_{i=1}^{\infty} g(x_i)p_i$ 绝对收敛, 则有

$$E(Y)=E[g(X)]=\sum_{i=1}^{\infty} g(x_i)p_i. \tag{4.3}$$

(2) 设 X 是连续型随机变量, 其概率密度为 $f(x)$, 若积分 $\int_{-\infty}^{+\infty} g(x)f(x)\mathrm{d}x$ 绝对收敛, 则有

$$E(Y)=E[g(X)]=\int_{-\infty}^{+\infty} g(x)f(x)\mathrm{d}x. \tag{4.4}$$

定理 4.1 告诉我们：求随机变量 X 的函数 $Y=g(X)$ 的数学期望 $E(Y)$ 时, 不必知道 Y 的概率分布, 只需知道 X 的概率分布就可以了.

例 4.11 设随机变量 X 的分布律为

X	-1	0	1	2
p	0.1	0.2	0.4	0.3

求 $E(X)$, $E(2X-1)$, $E(X^2)$.

解 根据 (4.1) 容易求得

$$E(X)=(-1)\times 0.1+0\times 0.2+1\times 0.4+2\times 0.3=-0.1+0+0.4+0.6=0.9.$$

再根据 (4.3) 式, 我们有

$$\begin{aligned}E(2X-1)&=[2\times(-1)-1]\times 0.1+[2\times 0-1]\times 0.2+[2\times 1-1]\\&\quad\times 0.4+[2\times 2-1]\times 0.3\\&=-0.3-0.2+0.4+0.9=0.8.\end{aligned}$$

$$E(X^2) = (-1)^2 \times 0.1 + 0^2 \times 0.2 + 1^2 \times 0.4 + 2^2 \times 0.3$$
$$= 0.1 + 0 + 0.4 + 1.2 = 1.7.$$

例 4.12 对球体的直径作近似测量, 假设其直径服从区间 (a, b) 上的均匀分布, 求球体体积的数学期望.

解 我们用随机变量 X 表示球体的直径, 用 Y 表示球体的体积.

依题意, X 的概率密度为

$$f(x) = \begin{cases} \dfrac{1}{b-a}, & a < x < b, \\ 0, & \text{其他}. \end{cases}$$

球体的体积为

$$Y = \frac{4}{3}\pi\left(\frac{X}{2}\right)^3 = \frac{1}{6}\pi X^3,$$

所以

$$\begin{aligned} E(Y) &= E\left(\frac{1}{6}\pi X^3\right) = \int_{-\infty}^{+\infty}\left(\frac{1}{6}\pi x^3\right) f(x)\mathrm{d}x \\ &= \int_a^b \left(\frac{1}{6}\pi x^3\right)\frac{1}{b-a}\mathrm{d}x = \frac{\pi}{6(b-a)}\int_a^b x^3\mathrm{d}x \\ &= \frac{\pi}{6(b-a)}\left[\frac{1}{4}x^4\right]_a^b = \frac{\pi}{24}(a+b)(a^2+b^2). \end{aligned}$$

例 4.13 某矿物的一个样品中含有杂质的比例为 X, 其概率密度为

$$f(x) = \begin{cases} \dfrac{3}{2}x^2 + x, & 0 \leqslant x \leqslant 1, \\ 0, & \text{其他}, \end{cases}$$

一个样品的价值 (以元计) 为 $Y = 5 - 0.5X$, 求 $E(Y)$.

解
$$\begin{aligned} E(Y) &= \int_{-\infty}^{+\infty}(5-0.5x)f(x)\mathrm{d}x \\ &= \int_0^1 (5-0.5x)\left(\frac{3}{2}x^2 + x\right)\mathrm{d}x = \int_0^1\left(-\frac{3}{4}x^3 + 7x^2 + 5x\right)\mathrm{d}x \\ &= \left[-\frac{3}{4}\cdot\frac{1}{4}x^4 + \frac{7}{3}x^3 + \frac{5}{2}x^2\right]_0^1 = -\frac{3}{16} + \frac{7}{3} + \frac{5}{2} = \frac{223}{48}. \end{aligned}$$

下面将定理 4.1 的结论直接推广到二维随机变量的情形.

定理 4.2 设 Z 是随机变量 X 与 Y 的函数: $Z=g(X, Y)$, g 是连续函数.

(1) 若 (X, Y) 是二维离散型随机变量, 其分布律为

$$P\{X=x_i, Y=y_j\}=p_{ij}, \quad i,j=1,2,\cdots,$$

则有

$$E(Z)=E[g(X,Y)]=\sum_{j=1}^{\infty}\sum_{i=1}^{\infty}g(x_i,y_j)p_{ij} \quad (\text{假设该级数绝对收敛}). \tag{4.5}$$

(2) 若 (X, Y) 是二维连续型随机变量, 其概率密度为 $f(x,y)$, 则有

$$E(Z)=E[g(X,Y)]=\int_{-\infty}^{+\infty}\int_{-\infty}^{+\infty}g(x,y)f(x,y)\mathrm{d}x\mathrm{d}y \quad (\text{假设该积分绝对收敛}). \tag{4.6}$$

由定理 4.2 可见, 求随机变量 X 与 Y 的函数 $Z=g(X, Y)$ 的数学期望, 不必知道 Z 的概率分布, 只需要知道 (X, Y) 的概率分布就可以了.

例 4.14 已知随机变量 X 与 Y 的联合分布律为

X \ Y	1	2
1	1/8	1/4
2	1/2	1/8

求 $Z=X^2Y$ 的数学期望.

解 根据定理 4.2 中 (4.5) 式, 有

$$\begin{aligned}E(Z)=&E(X^2Y)\\=&(1^2\times 1)\times\frac{1}{8}+(1^2\times 2)\times\frac{1}{4}+(2^2\times 1)\times\frac{1}{2}+(2^2\times 2)\times\frac{1}{8}\\=&1\times\frac{1}{8}+2\times\frac{1}{4}+4\times\frac{1}{2}+8\times\frac{1}{8}\\=&\frac{1}{8}+\frac{1}{2}+2+1=\frac{29}{8}.\end{aligned}$$

例 4.15 已知随机变量 X 与 Y 的联合分布律为

X \ Y	7	9	10
7	0.05	0.05	0.10
9	0.05	0.10	0.35
10	0	0.20	0.10

(1) 求 $\min(X, Y)$ 的数学期望;

(2) 求 $X+Y$ 的数学期望.

解 $$(1)E[\min(X,Y)]=\sum_{j=1}^{3}\sum_{i=1}^{3}\min(x_i,y_j)p_{ij}$$
$$=7\times0.05+7\times0.05+7\times0.10$$
$$+7\times0.05+9\times0.10+9\times0.35$$
$$+7\times0+9\times0.20+10\times0.10$$
$$=0.35+0.35+0.7+0.35+0.9+3.15+0+1.8+1$$
$$=8.6.$$

$$(2)E(X+Y)=\sum_{j=1}^{3}\sum_{i=1}^{3}(x_i+y_j)p_{ij}$$
$$=14\times0.05+16\times0.05+17\times0.10$$
$$+16\times0.05+18\times0.10+19\times0.35$$
$$+17\times0+19\times0.20+20\times0.10$$
$$=0.7+0.8+1.7+0.8+1.8+6.65+0+3.8+2$$
$$=18.25.$$

例 4.16 设二维随机变量 (X, Y) 的概率密度为

$$f(x,y)=\begin{cases}12y^2, & 0\leqslant y\leqslant x\leqslant 1,\\ 0, & 其他.\end{cases}$$

求 $E(X), E(Y), E(XY), E(X+Y)$.

解 先画出 (X, Y) 的概率密度 $f(x, y)$ 取非零值对应的区域 $D=\{(x,y)|0\leqslant y\leqslant x\leqslant 1\}$, 如图 4.1 中的阴影区域.

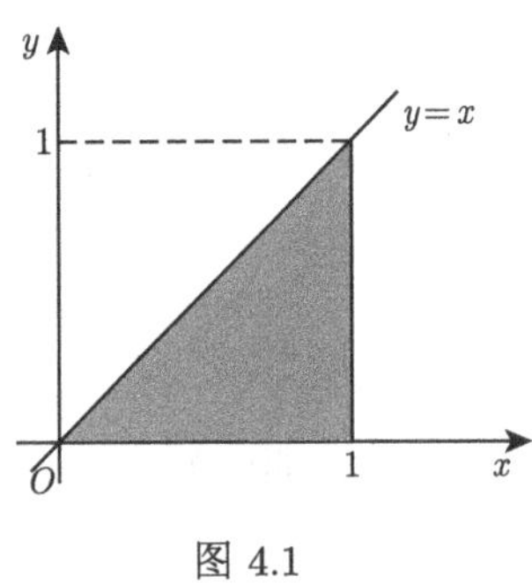

图 4.1

根据定理 4.2 中 (4.6) 式, 有

$$E(X)=\int_{-\infty}^{+\infty}\int_{-\infty}^{+\infty}xf(x,y)\mathrm{d}x\mathrm{d}y=\iint\limits_{D}x\cdot12y^2\mathrm{d}x\mathrm{d}y$$
$$=\int_0^1\int_0^x12xy^2\mathrm{d}y\mathrm{d}x=\int_0^1 12x\left[\frac{1}{3}y^3\right]_0^x\mathrm{d}x$$

$$
\begin{aligned}
&= \int_0^1 4x^4 \mathrm{d}x = \left[\frac{4}{5}x^5\right]_0^1 = \frac{4}{5},\\
E(Y) &= \int_{-\infty}^{+\infty}\int_{-\infty}^{+\infty} y f(x,y)\mathrm{d}x\mathrm{d}y\\
&= \iint_D y\cdot 12y^2 \mathrm{d}x\mathrm{d}y = \int_0^1\int_0^x 12y^3\mathrm{d}y\mathrm{d}x = \int_0^1 3x^4\mathrm{d}x = \frac{3}{5},\\
E(XY) &= \int_{-\infty}^{+\infty}\int_{-\infty}^{+\infty} xy f(x,y)\mathrm{d}x\mathrm{d}y\\
&= \iint_D xy\cdot 12y^2 \mathrm{d}x\mathrm{d}y = \int_0^1\int_0^x 12xy^3\mathrm{d}y\mathrm{d}x = \int_0^1 3x^5\mathrm{d}x = \frac{1}{2},\\
E(X+Y) &= \int_{-\infty}^{+\infty}\int_{-\infty}^{+\infty} (x+y) f(x,y)\mathrm{d}x\mathrm{d}y = \iint_D (x+y)\cdot 12y^2\mathrm{d}x\mathrm{d}y\\
&= \int_0^1\int_0^x 12(x y^2 + y^3)\mathrm{d}y\mathrm{d}x = \int_0^1 7x^4\mathrm{d}x = \frac{7}{5}.
\end{aligned}
$$

请读者思考下面两个问题.

(1) 在例 4.16 中, $E(X)$, $E(Y)$ 是否可以通过一维随机变量的数学期望的定义式来求? 如何求?

(2) 请观察本题中 $E(X)$, $E(Y)$, $E(X+Y)$ 的结果, 你发现了什么?

4.1.3 数学期望的性质

现在我们基于定理 4.1 和定理 4.2 来证明数学期望的几个常用性质.

以下均假设所涉及的数学期望是存在的.

(1) 设 c 是任意常数, 则有

$$E(c) = c. \tag{4.7}$$

(2) 设 X 是任一随机变量, c 是任意常数, 则有

$$E(cX) = cE(X), \tag{4.8}$$

$$E(X+c) = E(X) + c. \tag{4.9}$$

(3) 设 X, Y 是任意两个随机变量, 则有

$$E(X+Y)=E(X)+E(Y). \tag{4.10}$$

说明：该性质可推广到有限个随机变量之和的情形.

(4) 设 X, Y 是两个相互独立的随机变量, 则有

$$E(XY)=E(X)E(Y). \tag{4.11}$$

说明：该性质可推广到有限个相互独立的随机变量之积的情形.

证 (1) 常数 c 可以看作是一个特殊的随机变量, 它只可能取值 c, 因而它取 c 的概率为 1, 于是 $E(c)=c\cdot 1=c$.

以下仅就 X 为连续型随机变量的情形给出 (2)、(3) 和 (4) 的证明, 离散型情形类似可证.

设二维连续型随机变量 (X, Y) 具有概率密度 $f(x, y)$, 其两个边缘概率密度分别为 $f_X(x)$, $f_Y(y)$.

(2) $E(cX)=\int_{-\infty}^{+\infty} cxf(x)\mathrm{d}x = c\int_{-\infty}^{+\infty} xf(x)\mathrm{d}x = cE(X)$,

$$\begin{aligned}
E(X+c)&=\int_{-\infty}^{+\infty}(x+c)f(x)\mathrm{d}x=\int_{-\infty}^{+\infty}xf(x)\mathrm{d}x+\int_{-\infty}^{+\infty}cf(x)\mathrm{d}x\\
&=E(X)+c\int_{-\infty}^{+\infty}f(x)\mathrm{d}x=E(X)+c.
\end{aligned}$$

(3) $$\begin{aligned}
E(X+Y)&=\int_{-\infty}^{+\infty}\int_{-\infty}^{+\infty}(x+y)f(x,y)\mathrm{d}x\mathrm{d}y\\
&=\int_{-\infty}^{+\infty}\int_{-\infty}^{+\infty}xf(x,y)\mathrm{d}x\mathrm{d}y+\int_{-\infty}^{+\infty}\int_{-\infty}^{+\infty}yf(x,y)\mathrm{d}x\mathrm{d}y\\
&=E(X)+E(Y).
\end{aligned}$$

(4) 若 X 与 Y 相互独立, 此时 $f(x, y)=f_X(x)f_Y(y)$, 故有

$$\begin{aligned}
E(XY)&=\int_{-\infty}^{+\infty}\int_{-\infty}^{+\infty}xyf(x,y)\mathrm{d}x\mathrm{d}y\\
&=\left[\int_{-\infty}^{+\infty}xf_X(x)\mathrm{d}y\right]\left[\int_{-\infty}^{+\infty}yf_Y(y)\mathrm{d}x\right]\\
&=E(X)E(Y).
\end{aligned}$$

说明：在例 4.11 中, 如果用数学期望的性质 (2), 则有

$$E(2X-1)=2E(X)-1=2\times 0.9-1=0.8;$$

在例 4.16 中, 如果用性质 (3), 则有

$$E(X+Y)=E(X)+E(Y)=\frac{4}{5}+\frac{3}{5}=\frac{7}{5}.$$

不难发现, 这些结果与用定理 4.1、定理 4.2 直接求解的结果是一致的, 但是在计算上却简便了许多.

例 4.17 设随机变量 X 服从正态分布 $N(\mu,\sigma^2)$, 求 $E(X)$.

解 由于 $X\sim N(\mu,\sigma^2)$, 则由定理 2.3 有

$$Z=\frac{X-\mu}{\sigma}\sim N(0,1),$$

Z 的概率密度为

$$\varphi(z)=\frac{1}{\sqrt{2\pi}}\mathrm{e}^{-\frac{z^2}{2}},$$

因而

$$E(Z)=\int_{-\infty}^{+\infty}z\varphi(z)\mathrm{d}z=\int_{-\infty}^{+\infty}\frac{z}{\sqrt{2\pi}}\mathrm{e}^{-\frac{z^2}{2}}\mathrm{d}z=0,$$

所以

$$E(X)=E(\sigma Z+\mu)=\sigma E(Z)+\mu=\mu.$$

可见, 若随机变量 X 服从正态分布 $N(\mu,\sigma^2)$, 参数 μ 的意义是 X 的数学期望.

【微视频4-5】
数学期望的性质

同步自测 4-1

一、填空

1. 设随机变量 X 的分布律为

X	-2	0	2
p	0.4	0.3	0.3

则 $E(X)=$__________, $E(X^2)=$__________, $E(3X+5)=$__________.

2. 设随机变量 X 服从二项分布 $B(n,\ p)$, 则它的数学期望为__________.

3. 设随机变量 X 服从参数为$\lambda(\lambda>0)$ 的泊松分布, 则它的数学期望为______.

4. 设随机变量 X 服从区间 $(a,\ b)$ 上的均匀分布, 则 $E(X)=$__________.

5. 设随机变量 X 服从参数为$\theta(\theta>0)$ 的指数分布, 则 $E(X)=$ ________.

6. 设 $X\sim P(2)$, 则 $Y=3X-2$ 的数学期望 $E(Y)=$ ________.

7. 设随机变量 X 的密度函数 $f(x)=\dfrac{1}{2\sqrt{2\pi}}\mathrm{e}^{-\frac{(x-1)^2}{8}}$, 则 $E(2X-3)=$ ________.

8. 设二维随机变量 (X,Y) 的概率密度为 $f(x,y)=\begin{cases}\dfrac{1}{\pi}, & x^2+y^2\leqslant 1,\\ 0 & 其他,\end{cases}$ 则 $E(XY)$ $=$________.

9. 设随机变量 $\theta\sim U(-\pi,\pi)$, $X=\sin\theta$, $Y=\cos\theta$, 则 $E(X)=$ ________, $E(Y)=$ ________, $E(XY)=$ ________.

二、单项选择

1. 设随机变量 X 的分布律为

X	0	1	3
p	0.75	0.05	0.2

则 $E(X)$=(　　).

(A) 0.05　　(B) 0.25　　(C) 0.65　　(D) 0.75

2. 设随机变量 X 的概率密度为 $f(x)=\begin{cases}1+x, & -1\leqslant x\leqslant 0,\\ 1-x, & 0<x\leqslant 1,\\ 0, & 其他,\end{cases}$ 则 $E(X)$ =(　　).

(A) 0　　(B) 4　　(C) 2　　(D) 不存在

3. 设随机变量 X 的概率密度为 $f(x)=\begin{cases}\dfrac{1}{\pi\sqrt{1-x^2}}, & |x|<1,\\ 0, & 其他,\end{cases}$ 则 $E(X)$ =(　　).

(A) 0　　(B) 1　　(C) 2　　(D) 3

4. 设随机变量 X 和 Y 的概率密度分别为

$$f_X(x)=\begin{cases}2\mathrm{e}^{-2x}, & x\geqslant 0,\\ 0, & x<0,\end{cases}\qquad f_Y(y)=\begin{cases}4\mathrm{e}^{-4y}, & y\geqslant 0,\\ 0, & y<0,\end{cases}$$

则 $E(2X-3Y)=$ (　　).

(A) 4　　(B) 2　　(C) $\dfrac{1}{2}$　　(D) $\dfrac{1}{4}$

5. 已知随机变量 X_1,X_2,X_3 都服从二项分布 $B(10,0.1)$, 则 $E(3X_1-X_2+2X_3)$ =(　　).

(A) 1　　(B) 2　　(C) 3　　(D) 4

6. 设随机变量 (X,Y) 的分布律为

X \ Y	0	1	2
0	$\frac{3}{28}$	$\frac{9}{28}$	$\frac{3}{28}$
1	$\frac{3}{14}$	$\frac{3}{14}$	$\frac{1}{28}$

则 $E(X-Y)=($ $)$.

(A) $-\frac{1}{2}$ (B) $\frac{1}{2}$ (C) $-\frac{5}{14}$ (D) $\frac{5}{14}$

4.2 方 差

随机变量的数学期望刻画的是其分布“位置”的数字特征, 它反映了随机变量取值的平均水平. 一般而言, 随机变量的取值总是在其数学期望周围波动, 而数学期望本身是无法反映出随机变量取值的“波动”大小的.

例如, 前面曾提到, 在检验棉花的质量时, 既要注意棉花纤维的平均长度, 还要注意棉花纤维长度与平均长度的偏离程度, 也就是棉花纤维长度相对于其平均长度的波动性大小.

那么, 怎样去度量这个波动性大小或者说偏离程度呢? 本节介绍的方差和标准差就是度量这种“波动性”大小的两个最重要的数字特征.

如果用 $E[X-E(X)]$ 来描述可不可以呢? 显然是不行的. 因为这时正负偏差可能会抵消掉一部分, 所以不能反映出真实的偏离程度; 如果用 $E[|X-E(X)|]$ 来描述原则上是可以的, 但因该式中含有绝对值而不便计算; 因此, 通常用 $E\{[X-E(X)]^2\}$ 来描述随机变量的取值与其数学期望的偏离程度, 这就是随机变量的方差.

4.2.1 方差的概念与计算

定义 4.3 设 X 是随机变量, 若 $E\{[X-E(X)]^2\}$ 存在, 则称其为 X 的**方差**, 或者相应分布的**方差**, 记为 $D(X)$ 或 $\mathrm{Var}(X)$, 即

$$D(X)=\mathrm{Var}(X)=E\{[X-E(X)]^2\}, \tag{4.12}$$

称 $\sqrt{D(X)}$ 为 X 的**标准差**或相应分布的**标准差**.

方差和标准差的作用相似, 都可以用来描述随机变量的取值相对于其数学期望的集中或分散程度. 方差与标准差越小, 随机变量的取值越集中; 反之, 方差与标准差越大, 随机变量的取值就越分散.

方差和标准差的差别主要在量纲上. 由于标准差与所讨论的随机变量、数学期望有相同的量纲, 所以在实际中, 人们更喜欢选用标准差, 但是应当注意到, 标准差必须通过方差才能得到.

特别地, 如果 X 是离散型随机变量, 其分布律为 $P\{X=x_i\}=p_i, i=1,2,\cdots$, 则

$$D(X)=\sum_{i=1}^{\infty}[x_i-E(X)]^2p_i. \tag{4.13}$$

如果 X 是连续型随机变量, 其概率密度为 $f(x)$, 则

$$D(X)=\int_{-\infty}^{+\infty}[x-E(X)]^2 f(x)\mathrm{d}x. \tag{4.14}$$

将方差的定义式 (4.12) 右端展开, 并利用数学期望性质可得

$$\begin{aligned}D(X)&=E\{[X-E(X)]^2\}\\&=E\{X^2-2XE(X)+[E(X)]^2\}\\&=E(X^2)-2E(X)E(X)+[E(X)]^2\}\\&=E(X^2)-[E(X)]^2.\end{aligned}$$

即

$$D(X)=E(X^2)-[E(X)]^2. \tag{4.15}$$

今后我们会经常利用这个式子来计算随机变量 X 的方差 $D(X)$.

由 (4.15) 式可以看出, 如果一个随机变量的方差存在, 其数学期望必然存在; 但反过来, 当一个随机变量的数学期望存在时, 其方差却未必存在.

例 4.18 假设随机变量 X 的分布律为

X	0	1	2
p	0.6	0.3	0.1

求 $D(X)$.

解 由于

$$E(X)=0\times 0.6+1\times 0.3+2\times 0.1=0.5,$$

$$E(X^2)=0^2\times 0.6+1^2\times 0.3+2^2\times 0.1=0.7,$$

所以

$$D(X)=E(X^2)-[E(X)]^2=0.7-0.5^2=0.45.$$

例 4.19 在例 4.6 中, 已知随机变量 X 的概率密度为

$$f(x)=\begin{cases}6x(1-x), & 0<x<1,\\ 0, & \text{其他}.\end{cases}$$

求 X 的方差 $D(X)$.

解 在例 4.6 中, 我们已经求得 X 的数学期望为 $E(X)=\dfrac{1}{2}$, 现在来计算 $E(X^2)$.

$$E(X^2)=\int_{-\infty}^{+\infty}x^2f(x)\mathrm{d}x=\int_0^1 6x^3(1-x)\mathrm{d}x=6\left[\frac{1}{4}x^4-\frac{1}{5}x^5\right]_0^1=\frac{3}{10},$$

所以

$$D(X)=E(X^2)-[E(X)]^2=\frac{3}{10}-\left(\frac{1}{2}\right)^2=\frac{1}{20}.$$

例 4.20 已知随机变量 X 的概率密度为

$$f(x)=\begin{cases} ax^2+bx+c, & 0\leqslant x\leqslant 1,\\ 0, & \text{其他}, \end{cases}$$

又 $E(X)=0.5$, $D(X)=0.15$, 求 a, b, c.

解 由于

$$\begin{aligned}\int_{-\infty}^{+\infty}f(x)\mathrm{d}x&=\int_0^1(ax^2+bx+c)\mathrm{d}x=\left[\frac{a}{3}x^3+\frac{b}{2}x^2+cx\right]_0^1\\&=\frac{a}{3}+\frac{b}{2}+c=1,\\ E(X)&=\int_{-\infty}^{+\infty}xf(x)\mathrm{d}x=\int_0^1x(ax^2+bx+c)\mathrm{d}x\\&=\frac{a}{4}+\frac{b}{3}+\frac{c}{2}=0.5,\\ E(X^2)&=\int_{-\infty}^{+\infty}x^2f(x)\mathrm{d}x=\int_0^1x^2(ax^2+bx+c)\mathrm{d}x\\&=\frac{a}{5}+\frac{b}{4}+\frac{c}{3},\end{aligned}$$

另一方面,

$$E(X^2)=D(X)+[E(X)]^2=0.15+0.5^2=0.4,$$

所以有

$$\frac{a}{5}+\frac{b}{4}+\frac{c}{3}=0.4,$$

从上面三个关于 a, b, c 的方程中可以解得

$$a=12,\quad b=-12,\quad c=3.$$

下面来计算几种常用分布的方差, 并请读者牢记.

例 4.21 设随机变量 X 服从参数为$\lambda(\lambda>0)$ 的泊松分布, 求 $D(X)$.

解 由于 X 的分布律为

$$P\{X=k\}=\frac{\lambda^k}{k!}\mathrm{e}^{-\lambda},\quad k=0,1,2,\cdots.$$

在例 4.5 中已经求得 $E(X)=\lambda$, 下面来计算 $E(X^2)$.

$$\begin{aligned}E(X^2)&=E[X(X-1)+X]=E[X(X-1)]+E(X)\\&=\sum_{k=0}^{\infty}k(k-1)\frac{\lambda^k}{k!}\mathrm{e}^{-\lambda}+\lambda=\sum_{k=2}^{\infty}k(k-1)\frac{\lambda^k}{k!}\mathrm{e}^{-\lambda}+\lambda\\&=\lambda^2\mathrm{e}^{-\lambda}\sum_{k=2}^{\infty}\frac{\lambda^{k-2}}{(k-2)!}+\lambda=\lambda^2\mathrm{e}^{-\lambda}\sum_{k=0}^{\infty}\frac{\lambda^k}{k!}+\lambda\\&=\lambda^2\mathrm{e}^{-\lambda}\mathrm{e}^{\lambda}+\lambda=\lambda^2+\lambda,\end{aligned}$$

所以

$$D(X)=E(X^2)-[E(X)]^2=\lambda^2+\lambda-\lambda^2=\lambda.$$

可见, 泊松分布的方差与其数学期望相同, 均为参数λ.

例 4.22 设随机变量 X 服从区间 (a,b) 上的均匀分布, 求 $D(X)$.

解 在例 4.9 中已经求得 $E(X)=\dfrac{a+b}{2}$, 现在来计算 $E(X^2)$.

由于均匀分布的概率密度为

$$f(x)=\begin{cases}\dfrac{1}{b-a}, & a<x<b,\\ 0, & \text{其他}.\end{cases}$$

所以

$$E(X^2)=\int_a^b\frac{x^2}{b-a}\mathrm{d}x=\frac{b^3-a^3}{3(b-a)}=\frac{b^2+ab+a^2}{3},$$

进而, 有

$$D(X)=\frac{b^2+ab+a^2}{3}-\left(\frac{a+b}{2}\right)^2=\frac{(b-a)^2}{12}.$$

可见, 均匀分布的方差与其两个参数 a,b 有关, 等于 $\dfrac{(b-a)^2}{12}$.

例 4.23 设随机变量 X 服从参数为$\theta(\theta>0)$ 的指数分布, 求 $D(X)$.

解 由于指数分布的概率密度为 $f(x)=\begin{cases}\dfrac{1}{\theta}\mathrm{e}^{-\frac{x}{\theta}}, & x>0,\\ 0, & \text{其他}.\end{cases}$

在例 4.10 中已经求得 $E(X)=\theta$, 下面来计算 $E(X^2)$.

$$\begin{aligned}E(X^2)&=\int_{-\infty}^{+\infty}x^2f(x)\mathrm{d}x=\int_0^{+\infty}\frac{1}{\theta}x^2\mathrm{e}^{-\frac{1}{\theta}x}\mathrm{d}x\\&=-\int_0^{+\infty}x^2\mathrm{d}\mathrm{e}^{-\frac{1}{\theta}x}=-x^2\,\mathrm{e}^{-\frac{1}{\theta}x}\Big|_0^{+\infty}+\int_0^{+\infty}\mathrm{e}^{-\frac{1}{\theta}x}\mathrm{d}x^2\\&=\int_0^{+\infty}2x\mathrm{e}^{-\frac{1}{\theta}x}\mathrm{d}x=-2\theta\int_0^{+\infty}x\mathrm{d}\mathrm{e}^{-\frac{1}{\theta}x}\\&=-2\theta\,x\,\mathrm{e}^{-\frac{1}{\theta}x}\Big|_0^{+\infty}+2\theta\int_0^{+\infty}\mathrm{e}^{-\frac{1}{\theta}x}\mathrm{d}x\\&=-2\theta^2\,\mathrm{e}^{-\frac{1}{\theta}x}\Big|_0^{+\infty}=2\theta^2.\end{aligned}$$

所以

$$D(X)=E(X^2)-[E(X)]^2=2\theta^2-\theta^2=\theta^2.$$

可见, 指数分布的方差为 θ^2.

【微视频4-6】方差的概念与计算

【拓展阅读4-2】方差性质4的证明

4.2.2 方差的性质

利用方差的定义式 (4.12) 和计算公式 (4.15), 可以计算一些随机变量的方差. 但有的时候, 直接利用定义式或计算公式, 方差的计算可能不够简练, 甚至比较复杂. 下面我们借助于方差的定义式或其计算公式, 导出方差的几条常用性质, 不仅可以帮助我们进一步理解方差的含义, 而且可以简化方差的计算. 需要注意, 方差的性质与数学期望的性质完全不同, 在学习过程中, 要注意体会与理解.

方差有如下性质 (以下均假设所涉及的随机变量的方差是存在的):

(1) 设 c 是任意常数, 则

$$D(c)=0. \tag{4.16}$$

(2) 设 c 是任意常数, X 是一个随机变量, 则

$$D(cX) = c^2 D(X), \tag{4.17}$$

$$D(X+c) = D(X). \tag{4.18}$$

(3) 设 X, Y 是任意两个随机变量, 则有

$$D(X+Y) = D(X) + D(Y) + 2E\{[X-E(X)][Y-E(Y)]\}. \tag{4.19}$$

特别地, 当 X 与 Y 相互独立时, 有

$$D(X+Y) = D(X) + D(Y). \tag{4.20}$$

(4) 如果随机变量 X 满足 $D(X)=0$, 则

$$P\{X=c\} = 1(\text{其中 } c \text{ 为常数}). \tag{4.21}$$

证 (1) 利用方差的计算公式 (4.15), 可得

$$D(c) = E(c^2) - [E(c)]^2 = c^2 - c^2 = 0.$$

(2) 根据方差的定义式 (4.12) 及数学期望的性质, 有

$$\begin{aligned} D(cX) &= E\{[cX - E(cX)]^2\} = E\{[c^2[X-E(X)]^2\} \\ &= c^2 E\{[X-E(X)]^2\} = c^2 D(X). \end{aligned}$$

$$\begin{aligned} D(X+c) &= E\{[(X+c) - E(X+c)]^2\} \\ &= E\{[X-E(X)]^2\} = D(X). \end{aligned}$$

(3) 先把 $X+Y$ 看作一个整体, 根据方差的定义式及数学期望的性质, 有

$$\begin{aligned} D(X+Y) &= E\{[(X+Y) - E(X+Y)]^2\} \\ &= E\{[(X-E(X)) + (Y-E(Y))]^2\} \\ &= E\{[X-E(X)]^2\} + E\{[Y-E(Y)]^2\} + 2E\{[X-E(X)][Y-E(Y)]\} \\ &= D(X) + D(Y) + 2E\{[X-E(X)][Y-E(Y)]\}. \end{aligned}$$

将上式右端的第三项展开, 有

$$2E\{[X-E(X)][Y-E(Y)]\}$$

$$=2[E(XY)-E(X)E(Y)-E(Y)E(X)+E(X)E(Y)]$$
$$=2[E(XY)-E(X)E(Y)].$$

即

$$E\{[X-E(X)][Y-E(Y)]\}=E(XY)-E(X)E(Y). \tag{4.22}$$

由数学期望的性质 (4) 可知, 当 X 与 Y 相互独立时, 上式右端为零, 于是有

$$D(X+Y)=D(X)+D(Y).$$

性质 (4) 的证明从略, 有兴趣的读者可参考【拓展阅读 4-2】.

由方差的性质 (2) 和 (3), 容易得到如下的推广结果:

若 $X_1, X_2, \cdots, X_n$ 是 n 个相互独立的随机变量, $c_1, c_2, \cdots, c_n$ 为任意 n 个常数, 则

$$D\left(\sum_{i=1}^{n} c_i X_i\right)=\sum_{i=1}^{n} c_i^2 D(X_i). \tag{4.23}$$

在前面例 4.4 中已经用定义求出了二项分布的数学期望, 现在换个角度, 我们用数学期望和方差的性质来计算二项分布的数学期望及其方差.

例 4.24 设随机变量 X 服从二项分布 $B(n, p)$, 求 $E(X)$ 和 $D(X)$.

解 X 可视为 n 重伯努利试验中某个事件 A 发生的次数, p 为每次试验中事件 A 发生的概率. 引入 n 个相互独立且均服从 0-1 分布的随机变量 $X_i(i=1, 2, \cdots, n)$:

$$X_i=\begin{cases}1, & \text{第 } i \text{ 次试验中 } A \text{ 发生},\\ 0, & \text{第 } i \text{ 次试验中 } A \text{ 不发生},\end{cases}$$

则

$$X=X_1+X_2+\cdots+X_n \sim B(n,p),$$

且

$$P\{X_i=1\}=p, \quad P\{X_i=0\}=1-p, \quad i=1,2,\cdots,n.$$

容易求得

$$E(X_i)=1\times p+0\times(1-p)=p,$$
$$D(X_i)=E(X_i^2)-[E(X_i)]^2=1^2\times p+0^2\times(1-p)-p^2=p(1-p).$$

因为 $X_1, X_2, \cdots, X_n$ 相互独立, 由数学期望和方差的性质可得

$$E(X)=\sum_{i=1}^{n} E(X_i)=np,$$

$$D(X) = \sum_{i=1}^{n} D(X_i) = np(1-p).$$

例 4.25 某车间有 20 台机床, 每台机床每年发生故障的概率均为 1/10, 设 X 表示该车间 10 年内有机床发生故障的年数, 求 X 的数学期望 $E(X)$ 及标准差 $\sqrt{D(X)}$ (设各台机床的工作相互独立, 且该车间每年是否有机床发生故障也相互独立).

解 因为每台机床每年发生故障的概率均为 $\frac{1}{10}$, 所以每台机床在第 $i(\ i = 1,2,\cdots,10)$ 年不发生故障的概率均为 $\frac{9}{10}$.

于是, 该车间在第 $i(\ i = 1,2,\cdots,10)$ 年内所有机床都不发生故障的概率为 $\left(\frac{9}{10}\right)^{20}$, 所以在第 $i(i = 1,2,\cdots,10)$ 年内该车间有机床发生故障的概率为 $1-\left(\frac{9}{10}\right)^{20}$.

记 10 年内该车间有机床发生故障的年数为 X, 则

$$X \sim B\left(10,\ 1-\left(\frac{9}{10}\right)^{20}\right),$$

从而

$$E(X) = 10 \times \left(1-\left(\frac{9}{10}\right)^{20}\right) \approx 8.784(\text{年}),$$

$$D(X) = 10 \times \left(1-\left(\frac{9}{10}\right)^{20}\right)\left(\frac{9}{10}\right)^{20},$$

$$\sqrt{D(X)} = \sqrt{10 \times \left(1-\left(\frac{9}{10}\right)^{20}\right)\left(\frac{9}{10}\right)^{20}} \approx 1.0334(\text{年}).$$

在本节最后, 我们利用方差的性质来求正态分布的方差.

例 4.26 设随机变量 X 服从正态分布 $N(\mu,\sigma^2)$, 求 $D(X)$.

解 设 $Z = \frac{X-\mu}{\sigma}$, 由于 $X \sim N(\mu,\sigma^2)$, 所以 $Z{\sim}N(0,1)$.

在例 4.17 中, 我们已经求得 $E(Z) = 0$, 下面来求 $E(Z^2)$.

$$E(Z^2) = \int_{-\infty}^{+\infty} z^2\varphi(z)\mathrm{d}z = \int_{-\infty}^{\infty} \frac{z^2}{\sqrt{2\pi}}\mathrm{e}^{\frac{-z^2}{2}}\mathrm{d}z$$

$$
\begin{aligned}
&= \frac{-1}{\sqrt{2\pi}} \int_{-\infty}^{+\infty} z \mathrm{e}^{\frac{-z^2}{2}} \mathrm{d}\left(\frac{-z^2}{2}\right) = -\frac{1}{\sqrt{2\pi}} \int_{-\infty}^{+\infty} z \mathrm{d}\mathrm{e}^{\frac{-z^2}{2}} \\
&= \frac{-1}{\sqrt{2\pi}} z \mathrm{e}^{\frac{-z^2}{2}} \Big|_{-\infty}^{+\infty} + \frac{1}{\sqrt{2\pi}} \int_{-\infty}^{\infty} \mathrm{e}^{\frac{-z^2}{2}} \mathrm{d}z \\
&= 0 + 1 = 1.
\end{aligned}
$$

所以

$$
D(Z) = E(Z^2) - [E(Z)]^2 = 1 - 0 = 1,
$$

故

$$
D(X) = D(\sigma Z + \mu) = \sigma^2 D(Z) = \sigma^2.
$$

可见, 若随机变量 X 服从正态分布 $N(\mu, \sigma^2)$, 参数 σ^2 的意义是 X 的方差.

【微视频4-7】方差的性质

【微视频4-8】常用分布的方差

【拓展阅读4-2】方差性质4的证明

同步自测 4-2

一、填空

1. 若 $f(x) = \dfrac{1}{2\sqrt{2\pi}} \mathrm{e}^{-\frac{(x-1)^2}{8}}$ 为随机变量 X 的密度函数, 则 $D(X)$ 的值为__________, $E(2X^2 - 3) =$__________.

2. 随机变量 X 服从参数为 1 的泊松分布, 则 $P\{X = E(X^2)\} =$__________.

3. 已知随机变量 X 服从 $B(n,p)$, $E(X) = 2.4$, $D(X) = 1.44$, 则 $n=$__________, $p=$__________.

4. 设随机变量 X 表示 10 次独立重复射击命中目标的次数, 每次射中模板概率为 0.4, 则 $E(X^2)=$__________.

5. 设随机变量 X 与 Y 相互独立, 方差分别为 1, 4, 则 $2X - 5Y$ 的方差为__________.

6. 设 $X \sim N(0,\ 1)$, $Y \sim N(0,\ 1)$, 且 X 与 Y 相互独立, 则 $D(X - Y) =$__________.

二、单项选择

1. 随机变量 X 的概率密度为 $f(x) = \begin{cases} \dfrac{1}{2}\cos\dfrac{x}{2}, & 0 \leqslant x \leqslant \pi, \\ 0, & \text{其他}, \end{cases}$ 对 X 独立重复观察 4 次, 用 Y 表示观察值大于 $\dfrac{\pi}{3}$ 的次数, 则 Y^2 的数学期望为 (　　).

(A) 1　　(B) 2　　(C) 3　　(D) 5

2. 已知随机变量 X 服从 $B(n,p)$, $E(X) = 2.4$, $D(X) = 1.68$, 则 (　　).

(A) $n = 4, p = 0.6$　　(B) $n = 6, p = 0.4$

(C) $n=8,p=0.3$ (D) $n=24,p=0.1$

3. 设随机变量 X 服从参数为$\lambda(\lambda>0)$ 的泊松分布, 则 $E(X^2)$=( ).

(A) λ (B) λ^2 (C) $\lambda+\lambda^2$ (D) $\lambda^2-\lambda$

4. 对任意两个随机变量 X 和 Y, 以下选项正确的是 ( ).

(A) $D(X+Y)=D(X)+D(Y)$ (B) $E(X+Y)=E(X)+E(Y)$

(C) $E(XY)=E(X)E(Y)$ (D) $D(XY)=D(X)D(Y)$

5. 设随机变量 X 和 Y 的概率密度分别为

$$f_X(x)=\begin{cases}2\mathrm{e}^{-2x}, & x>0,\\ 0, & x\leqslant 0,\end{cases}\qquad f_Y(y)=\begin{cases}4\mathrm{e}^{-4y}, & y>0,\\ 0, & y\leqslant 0,\end{cases}$$

且 X 和 Y 相互独立, 则 $D(2X-3Y)$ =( ).

(A) $\dfrac{25}{16}$ (B) $\dfrac{5}{4}$ (C) $\dfrac{25}{9}$ (D) $\dfrac{5}{3}$

6. 设 $X\sim N(3,2),Y\sim U(2,8)$, 且 X 与 Y 相互独立, 则 $D(2X-Y)=$ ( ).

(A) 1 (B) 5 (C) 7 (D) 11

4.3 协方差及相关系数、矩

对于二维随机变量 (X, Y), X 和 Y 各自的数学期望仅仅分别反映了它们各自的平均取值水平, X,Y 各自的方差仅仅分别反映了它们各自的取值相对于其数学期望的分散程度, 但二者之间的关系尚未明确. 本节就来讨论描述 X 与 Y 之间相互关系的数字特征：协方差和相关系数.

4.3.1 协方差

由 4.2.2 节中方差的性质, 对于任意两个随机变量 X, Y, 有 (4.19) 式成立

$$D(X+Y)=D(X)+D(Y)+2E\{[X-E(X)][Y-E(Y)]\}.$$

特别地, 当 X 与 Y 相互独立时, 有 (4.20) 式, 成立:

$$D(X+Y)=D(X)+D(Y).$$

这是因为, 当 X 与 Y 相互独立时,

$$E\{[X-E(X)][Y-E(Y)]\}=0.$$

这意味着, 若

$$E\{[X-E(X)][Y-E(Y)]\}\neq 0,$$

则 X 与 Y 不相互独立.

这说明, $E\{[X-E(X)][Y-E(Y)]\}$ 这个式子在一定程度上反映了两个随机变量 X 与 Y 之间的某种关系.

有如下定义.

定义 4.4 设有二维随机变量 (X, Y), 如果 $E\{[X-E(X)][Y-E(Y)]\}$ 存在, 则称其为随机变量 X 与 Y 的**协方差**, 记为 $\mathrm{Cov}(X, Y)$, 即

$$\mathrm{Cov}(X,Y)=E\{[X-E(X)][Y-E(Y)]\}. \tag{4.24}$$

这样, 方差的性质 (3) 中 (4.19) 式可以改写为

$$D(X+Y)=D(X)+D(Y)+2\mathrm{Cov}(X,Y). \tag{4.25}$$

由协方差的定义式 (4.24) 及 (4.22) 式可得

$$\mathrm{Cov}(X,Y)=E(XY)-E(X)E(Y). \tag{4.26}$$

今后常利用这个式子来计算两个随机变量 X 与 Y 的协方差 $\mathrm{Cov}(X, Y)$.

由协方差定义, 不难得到协方差的如下性质:

(1) $\mathrm{Cov}(X, Y)=\mathrm{Cov}(Y, X)$;

(2) $\mathrm{Cov}(X, X)=D(X)$;

(3) $\mathrm{Cov}(aX, bY)=ab\ \mathrm{Cov}(Y, X)$, a, b 为常数;

(4) $\mathrm{Cov}(X_1+X_2, Y)=\mathrm{Cov}(X_1, Y)+\mathrm{Cov}(X_2, Y)$;

(5) 当随机变量 X 与 Y 相互独立时, 有

$$\mathrm{Cov}(X,Y)=0.$$

例 4.27 已知二维离散型随机变量 (X, Y) 的分布律为

X \ Y	-1	0	2
0	0.1	0.3	0
1	0.3	0	0.1
2	0.1	0	0.1

求 $\mathrm{Cov}(X, Y)$.

解 容易求得 X 的分布律为

X	0	1	2
p	0.4	0.4	0.2

Y 的分布律为

Y	-1	0	2
p	0.5	0.3	0.2

于是

$$E(X)=0\times 0.4+1\times 0.4+2\times 0.2=0.8,$$

$$E(Y)=-1\times 0.5+0\times 0.3+2\times 0.2=-0.1.$$

根据 (X, Y) 的分布律, 又可求得

$$\begin{aligned}E(XY)=&0\times(-1)\times 0.1+0\times 0\times 0.3+0\times 2\times 0\\&+1\times(-1)\times 0.3+1\times 0\times 0+1\times 2\times 0.1\\&+2\times(-1)\times 0.1+2\times 0\times 0+2\times 2\times 0.1\\=&0+0+0-0.3+0+0.2-0.2+0+0.4\\=&\ 0.1.\end{aligned}$$

所以,

$$\begin{aligned}\mathrm{Cov}(X,Y)&=E(XY)-E(X)E(Y)\\&=0.1-0.8\times(-0.1)=0.18.\end{aligned}$$

例 4.28 设二维连续型随机变量 (X, Y) 具有概率密度

$$f(x,y)=\begin{cases}8xy, & 0\leqslant x\leqslant y\leqslant 1,\\0, & \text{其他},\end{cases}$$

求 $\mathrm{Cov}(X, Y)$ 及 $D(X+Y)$.

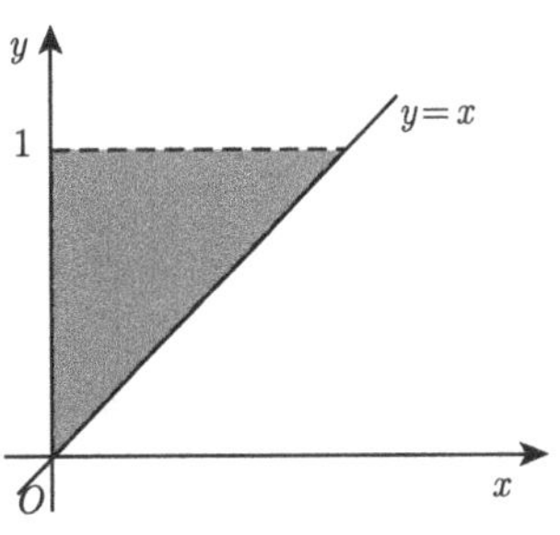

图 4.2

解 记 $f(x, y)$ 取非零值对应的区域为 $D=\{(x,y)|0\leqslant x\leqslant y\leqslant 1\}$, 如图 4.2 中阴影区域.

$$\begin{aligned}E(X)&=\int_0^1\int_x^1 x\cdot 8xy\mathrm{d}y\mathrm{d}x\\&=\int_0^1 8x^2\times\left[\frac{1}{2}y^2\right]_x^1\mathrm{d}x=\int_0^1 4x^2(1-x^2)\mathrm{d}x\\&=\left[4\times\frac{1}{3}x^3-4\times\frac{1}{5}x^5\right]_0^1\end{aligned}$$

$$= \frac{4}{3} - \frac{4}{5} = \frac{8}{15},$$

$$E(X^2) = \int_0^1 \int_x^1 x^2 \cdot 8xy\mathrm{d}y\mathrm{d}x = \int_0^1 8x^3 \times \left[\frac{1}{2}y^2\right]_x^1 \mathrm{d}x = \int_0^1 4(x^3 - x^5)\mathrm{d}x = \frac{1}{3},$$

$$E(Y) = \int_0^1 \int_x^1 y \cdot 8xy\mathrm{d}y\mathrm{d}x = \int_0^1 8x \times \frac{1}{3}(1 - x^3)\mathrm{d}x = \frac{4}{5},$$

$$E(Y^2) = \int_0^1 \int_x^1 y^2 \cdot 8xy\mathrm{d}y\mathrm{d}x = \int_0^1 8x \left[\frac{1}{4}y^4\right]_x^1 \mathrm{d}x = \int_0^1 2(x - x^5)\mathrm{d}x = \frac{2}{3},$$

$$E(XY) = \int_0^1 \int_x^1 xy \cdot 8xy\mathrm{d}y\mathrm{d}x = \int_0^1 8x^2 \times \frac{1}{3}(1 - x^3)\mathrm{d}x = \frac{4}{9}.$$

所以有

$$\mathrm{Cov}(X, Y) = E(XY) - E(X)E(Y) = \frac{4}{9} - \frac{8}{15} \times \frac{4}{5} = \frac{4}{225},$$

$$D(X) = E(X^2) - [E(X)]^2 = \frac{1}{3} - \left(\frac{8}{15}\right)^2 = \frac{11}{225},$$

$$D(Y) = E(Y^2) - [E(Y)]^2 = \frac{2}{3} - \left(\frac{4}{5}\right)^2 = \frac{2}{75},$$

$$D(X+Y) = D(X) + D(Y) + 2\mathrm{Cov}(X, Y) = \frac{11}{225} + \frac{2}{75} + 2 \times \frac{4}{225} = \frac{1}{9}.$$

例 4.29 设二维连续型随机变量 (X, Y) 具有概率密度

$$f(x, y) = \begin{cases} 3, & (x, y) \in G, \\ 0, & \text{其他}, \end{cases}$$

其中区域 G 由曲线 $y = x^2$ 与 $x = y^2$ 围成, 如图 4.3 所示, 求 $\mathrm{Cov}(X, Y)$ 及 $D(X+Y)$.

解 $E(X) = \int_0^1 \int_{x^2}^{\sqrt{x}} 3x\mathrm{d}y\mathrm{d}x = \int_0^1 3x(\sqrt{x} - x^2)\mathrm{d}x$

$$= 3 \times \left(\frac{2}{5}x^{\frac{5}{2}} - \frac{1}{4}x^4\right)\Big|_0^1 = \frac{9}{20},$$

$$E(X^2) = \int_0^1 \int_{x^2}^{\sqrt{x}} 3x^2\mathrm{d}y\mathrm{d}x = \int_0^1 3x^2(\sqrt{x} - x^2)\mathrm{d}x = 3 \times \left(\frac{2}{7}x^{\frac{7}{2}} - \frac{1}{5}x^5\right)\Big|_0^1 = \frac{9}{35},$$

$$E(XY) = \int_0^1 \int_{x^2}^{\sqrt{x}} 3xy\mathrm{d}y\mathrm{d}x = \int_0^1 \frac{3}{2}x(x - x^4)\mathrm{d}x = \frac{3}{2} \times \left(\frac{1}{3}x^3 - \frac{1}{6}x^6\right)\Big|_0^1 = \frac{1}{4},$$

$$D(X)=E(X^2)-[E(X)]^2=\frac{9}{35}-\left(\frac{9}{20}\right)^2=\frac{153}{2800}.$$

由 X 与 Y 的对称性, 可得

$$E(Y)=E(X)=\frac{9}{20},\quad D(Y)=D(X)=\frac{153}{2800}.$$

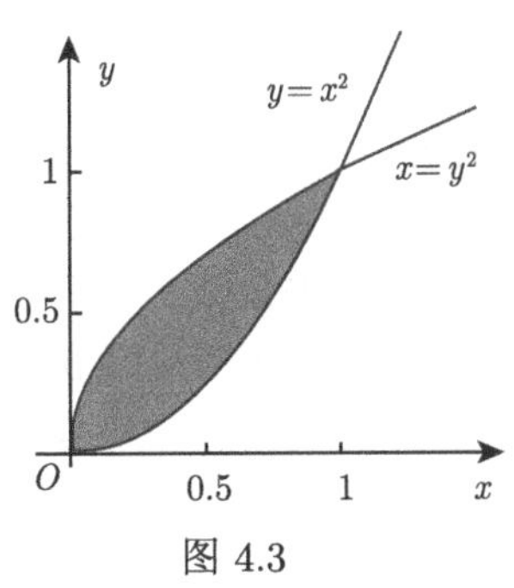

图 4.3

所以有

$$\begin{aligned}\operatorname{Cov}(X,Y)&=E(XY)-E(X)E(Y)\\&=\frac{1}{4}-\frac{9}{20}\times\frac{9}{20}=\frac{19}{400},\\D(X+Y)&=D(X)+D(Y)+2\operatorname{Cov}(X,Y)\\&=\frac{153}{2800}+\frac{153}{2800}+2\times\frac{19}{400}=\frac{143}{700}.\end{aligned}$$

4.3.2 相关系数

协方差是对两个随机变量协同变化关系的一种度量, 其大小可在一定程度上反映 X 与 Y 之间的相互关系, 但它还受到 X 与 Y 本身度量单位的影响. 为避免随机变量因本身度量单位不同而影响它们之间相互关系的度量, 可先将每个随机变量 "标准化", 令

$$X^*=\frac{X-E(X)}{\sqrt{D(X)}},\quad Y^*=\frac{Y-E(Y)}{\sqrt{D(Y)}},$$

不难得到,

$$\operatorname{Cov}(X^*,Y^*)=\frac{\operatorname{Cov}(X,Y)}{\sqrt{D(X)D(Y)}}.$$

请读者自行验证上述结果.

显然, $\operatorname{Cov}(X^*,Y^*)$ 已经消除了随机变量本身单位的影响, 可作为 X 与 Y 之间相互关系的一种度量, 这就是 X 与 Y 的相关系数.

有如下定义.

定义 4.5 称

$$\rho_{XY}=\frac{\mathrm{Cov}(X,Y)}{\sqrt{D(X)}\sqrt{D(Y)}}\quad (D(X)\neq 0, D(Y)\neq 0) \tag{4.27}$$

为随机变量 X 与 Y 的**相关系数**.

说明几点:

(1) 相关系数是一个无量纲的量.

(2) ρ_{XY} 常简记为ρ.

(3) 相关系数与协方差具有相同的符号, 即它们同为正、同为负或者同为 0.

例 4.30 对于例 4.27 中的二维离散型随机变量 (X, Y), 求 X 与 Y 的相关系数ρ_{XY}.

解 在例 4.27 中, 已经求出 X 的分布律和 Y 的分布律分别为

X	0	1	2
P	0.4	0.4	0.2

Y	-1	0	2
P	0.5	0.3	0.2

并且已经得到

$$E(X)=0.8,\quad E(Y)=-0.1,\quad E(XY)=0.1,\quad \mathrm{Cov}(X,Y)=0.18.$$

进一步, 可求得

$$E(X^2)=0^2\times 0.4+1^2\times 0.4+2^2\times 0.2=1.2,$$

$$E(Y^2)=(-1)^2\times 0.5+0^2\times 0.3+2^2\times 0.2=1.3$$

所以,

$$D(X)=E(X^2)-[E(X)]^2=1.2-0.8^2=0.56,$$

$$D(Y)=E(Y^2)-[E(Y)]^2=1.3-(-0.1)^2=1.29.$$

于是,

$$\rho_{XY}=\frac{\mathrm{Cov}(X,Y)}{\sqrt{D(X)D(Y)}}=\frac{0.18}{\sqrt{0.56\times 1.29}}\approx 0.2118.$$

例 4.31 对于例 4.28 中的二维连续型随机变量 (X, Y), 求 X 与 Y 的相关系数ρ_{XY}.

解 在例 4.28 中, 已经求出

$$\mathrm{Cov}(X,Y)=\frac{4}{225},\quad D(X)=\frac{11}{225},\quad D(Y)=\frac{2}{75}$$

所以,

$$\rho_{XY}=\frac{\mathrm{Cov}(X,Y)}{\sqrt{D(X)D(Y)}}=\frac{\frac{4}{225}}{\sqrt{\frac{11}{225}\times\frac{2}{75}}}\approx 0.4924.$$

下面不加证明地给出相关系数的两条性质.

(1) $|\rho_{XY}|\leqslant 1$;

(2) $|\rho_{XY}|=1$ 的充要条件是, 存在常数 $a(a\neq 0)$, b, 使得

$$P\{Y=aX+b\}=1. \tag{4.28}$$

特别地, $\rho_{XY}=1$ 时, $a>0$; $\rho_{XY}=-1$ 时, $a<0$.

为帮助进一步理解相关系数, 下面对其性质作几点说明.

(1) 相关系数ρ_{XY} 刻画的是 X 与 Y 之间线性关系的强弱, 因此也称为 “线性相关系数”.

(2) 若 $|\rho_{XY}|=1$, 则 X 与 Y 之间的线性关系最强. 若$\rho_{XY}=1$, 称 X 与 Y 完全正相关, 若$\rho_{XY}=-1$, 称 X 与 Y 完全负相关.

(3) 若 $0<|\rho_{XY}|<1$, 则表示 X 与 Y 有 “一定程度” 的线性关系. X 与 Y 的线性关系程度随着 $|\rho_{XY}|$ 的增大而增强: $|\rho_{XY}|$ 越接近于 1, 它们之间的线性关系程度越高; 而 $|\rho_{XY}|$ 越接近于 0 时, 它们之间的线性关系程度越低.

注意, 从两个随机变量的协方差是看不出上述结果的. 也就是说, 如果两个随机变量 X 与 Y 的协方差很小, 但当其两个标准差也很小时, 其比值也就是它们的相关系数不见得会很小.

(4) 若 $0<\rho_{XY}\leqslant 1$, 称 X 与 Y 正相关; 若$-1\leqslant\rho_{XY}<0$, 称 X 与 Y 负相关.

(5) 若$\rho_{XY}=0$, 称 X 与 Y **不相关**. 不相关是指, X 与 Y 之间不存在线性关系. 但此时, X 与 Y 之间还可能会存在其他非线性关系, 比如平方关系、对数关系等其他函数关系.

(6) 如果 X 与 Y 不相关, 则必有 X 与 Y 的协方差等于 0, 反之亦然.

这样, 根据 (4.19) 式或者 (4.25) 式, 方差性质 (3) 第二个结论中的 “独立性” 条件可减弱为 “不相关”, 即

如果随机变量 X 与 Y 不相关, 则有

$$D(X+Y)=D(X)+D(Y) \tag{4.29}$$

成立.

进而, 方差性质 (2), 性质 (3) 的推广结果 (4.23) 式可修改为

若 $X_1, X_2, \cdots, X_n$ 是 n 个两两不相关的随机变量, $c_1, c_2, \cdots, c_n$ 为任意 n 个常数, 则

$$D\left(\sum_{i=1}^{n} c_i X_i\right) = \sum_{i=1}^{n} c_i^2 D(X_i). \tag{4.30}$$

由协方差的性质 (5) 及相关系数的定义, 容易得到两个随机变量独立与不相关的关系, 有如下定理.

定理 4.3 若 X 与 Y 相互独立, 则$\rho_{XY} = 0$, 即 X 与 Y 不相关, 反之不真.

这意味着, X 与 Y 不相关仅指 X 与 Y 之间不存在线性关系, 并不能说明 X 与 Y 不具有其他关系.

例 4.32 设随机变量 Z 服从区间 $(-\pi, \pi)$ 上的均匀分布, 又 $X = \sin Z$, $Y = \cos Z$, 试求 X 与 Y 的相关系数ρ_{XY}.

解 由于随机变量 Z 的概率密度为

$$f_Z(z) = \begin{cases} \dfrac{1}{2\pi}, & -\pi < z < \pi, \\ 0, & \text{其他}, \end{cases}$$

所以

$$E(X) = \frac{1}{2\pi}\int_{-\pi}^{\pi} \sin z \mathrm{d}z = 0,$$

$$E(Y) = \frac{1}{2\pi}\int_{-\pi}^{\pi} \cos z \mathrm{d}z = 0,$$

$$E(XY) = \frac{1}{2\pi}\int_{-\pi}^{\pi} \sin z \cos z \mathrm{d}z = 0.$$

因而 $\mathrm{Cov}(X, Y) = 0$, 进而有$\rho_{XY} = 0$.

这表明随机变量 X 与 Y 不相关, 即它们之间没有线性关系. 但显然, $X^2 + Y^2 = 1$, X 与 Y 之间存在非线性关系, 所以 X 与 Y 不是相互独立的.

例 4.33 设随机变量 (X,Y) 的分布律为

X \ Y	0	1	2
0	3/28	9/28	3/28
1	3/14	3/14	0
2	1/28	0	0

求 $E(X)$, $E(Y)$, $\mathrm{Cov}(X, Y)$, ρ_{XY}. 并判断 X 和 Y 是否相关? 是否独立?

解 $E(X)=0\times\left(\frac{3}{28}+\frac{9}{28}+\frac{3}{28}\right)+1\times\left(\frac{3}{14}+\frac{3}{14}+0\right)+2\times\left(\frac{1}{28}+0+0\right)$

$$=\frac{7}{14}=\frac{1}{2},$$

$$E(Y)=0\times\left(\frac{3}{28}+\frac{3}{14}+\frac{1}{28}\right)+1\times\left(\frac{9}{28}+\frac{3}{14}+0\right)+2\times\left(\frac{3}{28}+0+0\right)=\frac{21}{28}=\frac{3}{4},$$

$$\begin{aligned}E(XY)=&0\times0\times\frac{3}{28}+0\times1\times\frac{9}{28}+0\times2\times\frac{3}{28}\\&+1\times0\times\frac{3}{14}+1\times1\times\frac{3}{14}+1\times2\times0\\&+2\times0\times\frac{1}{28}+2\times1\times0+2\times2\times0\\=&\frac{3}{14},\end{aligned}$$

$$E(X^2)=0^2\times\left(\frac{3}{28}+\frac{9}{28}+\frac{3}{28}\right)+1^2\times\left(\frac{3}{14}+\frac{3}{14}+0\right)+2^2\times\left(\frac{1}{28}+0+0\right)=\frac{4}{7},$$

$$E(Y^2)=0^2\times\left(\frac{3}{28}+\frac{3}{14}+\frac{1}{28}\right)+1^2\times\left(\frac{9}{28}+\frac{3}{14}+0\right)+2^2\times\left(\frac{3}{28}+0+0\right)=\frac{27}{28},$$

$$D(X)=E(X^2)-[E(X)]^2=\frac{4}{7}-\left(\frac{1}{2}\right)^2=\frac{9}{28},$$

$$D(Y)=E(Y^2)-[E(Y)]^2=\frac{27}{28}-\left(\frac{3}{4}\right)^2=\frac{45}{112},$$

$$\mathrm{Cov}(X,Y)=E(XY)-E(X)E(Y)=\frac{3}{14}-\frac{1}{2}\times\frac{3}{4}=-\frac{9}{56},$$

$\rho_{XY}=\dfrac{\mathrm{Cov}(X,Y)}{\sqrt{D(X)}\sqrt{D(Y)}}=\dfrac{-\frac{9}{56}}{\sqrt{\frac{9}{28}}\sqrt{\frac{45}{112}}}=-\dfrac{\sqrt{5}}{5}$, 所以 X 和 Y 存在负相关关系.

根据 X 与 Y 的联合分布律容易求出,

$$P\{X=2\}=\frac{1}{28},P\{Y=2\}=\frac{3}{28},$$

而

$$P\{X=2,Y=2\}=0,$$

显然

$$P\{X=2,Y=2\}\neq P\{X=2\}P\{Y=2\},$$

所以 X 和 Y 不相互独立.

例 4.34 设二维连续型随机变量 (X,Y) 的概率密度为

$$f(x,y)=\begin{cases}\dfrac{1}{\pi}, & x^2+y^2<1,\\ 0 & \text{其他}.\end{cases}$$

试验证 X 和 Y 是不相关的, 但 X 和 Y 不是相互独立的.

解 概率密度 $f(x,y)$ 取非零值对应的区域如图 4.4 中阴影区域.

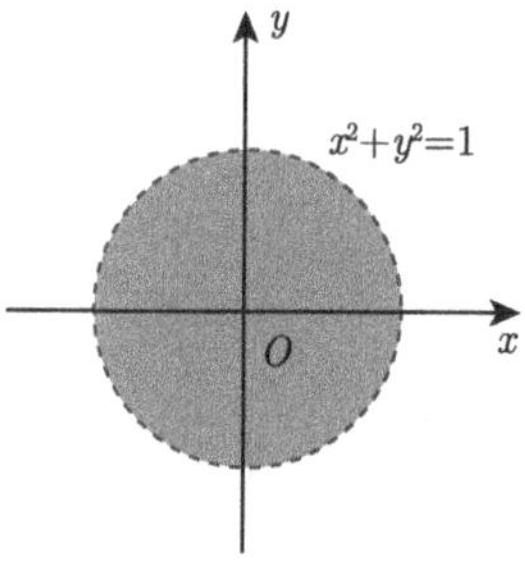

图 4.4

$$E(X)=\int_{-1}^{1}\int_{-\sqrt{1-x^2}}^{\sqrt{1-x^2}}\frac{x}{\pi}\,\mathrm{d}y\mathrm{d}x=\int_{-1}^{1}\frac{2x\sqrt{1-x^2}}{\pi}\mathrm{d}x=0,$$

$$E(Y)=\int_{-1}^{1}\int_{-\sqrt{1-x^2}}^{\sqrt{1-x^2}}\frac{y}{\pi}\,\mathrm{d}y\mathrm{d}x=0,$$

$$E(XY)=\int_{-1}^{1}\int_{-\sqrt{1-x^2}}^{\sqrt{1-x^2}}\frac{xy}{\pi}\,\mathrm{d}y\mathrm{d}x=0,$$

所以 $\mathrm{Cov}(X,Y)=0$, $\rho_{XY}=0$, 即 X 和 Y 是不相关的.

由于

$$f_X(x)=\int_{-\infty}^{+\infty}f(x,y)\mathrm{d}y=\begin{cases}\displaystyle\int_{-\sqrt{1-x^2}}^{\sqrt{1-x^2}}\frac{1}{\pi}\,\mathrm{d}y, & -1<x<1,\\ 0, & \text{其他}\end{cases}$$

$$=\begin{cases}\dfrac{2\sqrt{1-x^2}}{\pi}, & -1<x<1,\\ 0, & \text{其他}.\end{cases}$$

$$f_Y(y)=\int_{-\infty}^{+\infty}f(x,y)\mathrm{d}x=\begin{cases}\displaystyle\int_{-\sqrt{1-y^2}}^{\sqrt{1-y^2}}\frac{1}{\pi}\,\mathrm{d}x, & -1<y<1,\\ 0, & \text{其他}\end{cases}$$

$$=\begin{cases}\dfrac{2\sqrt{1-y^2}}{\pi}, & -1<y<1,\\ 0, & 其他.\end{cases}$$

显然, 当 $x^2+y^2<1$ 时, $f(x,y)\neq f_X(x)f_Y(y)$, 所以 X 和 Y 不是相互独立的.

4.3.3 矩

在本章最后, 我们给出几个常用的矩的概念. 矩的概念在后面数理统计部分有重要应用.

定义 4.6 设 X 和 Y 是随机变量, 若 $E(X^k)(k=1,2,\cdots)$ 存在, 称其为 X 的 k **阶原点矩**, 简称 k **阶矩**.

若 $E\{[X-E(X)]^k\}(k=2,3,\cdots)$ 存在, 称其为 X 的 k **阶中心矩**.

若 $E(X^kY^l)(k,l=1,2,\cdots)$ 存在, 称其为 X 与 Y 的 $k+l$ **阶混合原点矩**.

若 $E\{[X-E(X)]^k[Y-E(Y)]^l\}(k,l=1,2,\cdots)$ 存在, 称其为 X 与 Y 的 $k+l$ **阶混合中心矩**.

显然, X 的数学期望 $E(X)$ 是 X 的一阶原点矩, X 的方差 $D(X)$ 是 X 的二阶中心矩, X 与 Y 的协方差 $\mathrm{Cov}(X,Y)$ 是 X 与 Y 的二阶混合中心矩.

【实验 4.1】 设 X 与 Y 的联合分布律如下:

X \ Y	0	1	2	3	4
0	0.05	0.04	0.01	0	0
1	0.05	0.1	0.03	0.02	0
2	0.03	0.05	0.15	0.05	0.02
3	0	0.02	0.08	0.1	0.05
4	0	0	0.02	0.05	0.08

试求:

(1) 数学期望 $E(X)$, $E(Y)$, $E(XY)$.

(2) 方差 $D(X)$, $D(Y)$.

(3) 协方差 $\mathrm{Cov}(X,Y)$.

(4) 相关系数 ρ_{XY}.

实验准备

学习附录二中如下 Excel 函数:

(1) 计算多个数值求和的函数 SUM.

(2) 计算多个区域对应数值乘积之和的函数 SUMPRODUCT.

(3) 计算平方根的函数 SQRT.

实验步骤

(1) 整理数据如图 4.5 所示.

	A	B	C	D	E	F	G
1	Y \ X	0	1	2	3	4	$P\{X=x_i\}$
2	0	0.05	0.04	0.01	0	0	
3	1	0.05	0.1	0.03	0.02	0	
4	2	0.03	0.05	0.15	0.05	0.02	
5	3	0	0.02	0.08	0.1	0.05	
6	4	0	0	0.02	0.05	0.08	
7	$P\{Y=y_j\}$						
8							
9							
10	$E(XY)=$						
11	$E(X)=$		$D(X)=$				
12	$E(Y)=$		$D(Y)=$				
13							
14	$\mathrm{Cov}(X,Y)=$						
15	$\rho_{XY}=$						

图 4.5　整理数据

(2) 计算边缘分布律 $P\{X=x_i\}$ 和 $P\{Y=y_j\}$.

在单元格 G2 中输入公式: = SUM(B2:F2), 并将其复制到单元格区域 G3:G6.

在单元格 B7 中输入公式: =SUM(B2:B6), 并将其复制到单元格区域 C7:F7.

(3) 计算期望 $E(XY)$.

首先在单元格 B9 中输入公式: =SUMPRODUCT($A2:$A6,B2:B6), 并将其复制到单元格区域 C9:F9, 得到中间数组, 如图 4.6 所示.

	A	B	C	D	E	F	G
1	Y \ X	0	1	2	3	4	$P\{X=x_i\}$
2	0	0.05	0.04	0.01	0	0	0.1
3	1	0.05	0.1	0.03	0.02	0	0.2
4	2	0.03	0.05	0.15	0.05	0.02	0.3
5	3	0	0.02	0.08	0.1	0.05	0.25
6	4	0	0	0.02	0.05	0.08	0.15
7	$P\{Y=y_j\}$	0.13	0.21	0.29	0.22	0.15	
8							
9		0.11	0.26	0.65	0.62	0.51	

图 4.6　计算矩阵乘积

然后在单元格 B10 中输入公式: =SUMPRODUCT(B9:F9,B1:F1). 即得数学期望 $E(XY)$, 如图 4.7 所示.

(4) 计算数学期望 $E(X)$, $E(Y)$ 和方差 $D(X)$, $D(Y)$.

在单元格 B11 中输入公式: =SUMPRODUCT(A2:A6,G2:G6);

在单元格 B12 中输入公式: =SUMPRODUCT(B1:F1,B7:F7);

在单元格 D11 中输入公式:

=SUMPRODUCT(A2:A6,A2:A6,G2:G6) − B11*B11;

在单元格 D12 中输入公式:

=SUMPRODUCT(B1:F1,B1:F1,B7:F7) − B12*B12.

	A	B	C	D	E	F	G
1	$X \backslash Y$	0	1	2	3	4	$P\{X=x_i\}$
2	0	0.05	0.04	0.01	0	0	0.1
3	1	0.05	0.1	0.03	0.02	0	0.2
4	2	0.03	0.05	0.15	0.05	0.02	0.3
5	3	0	0.02	0.08	0.1	0.05	0.25
6	4	0	0	0.02	0.05	0.08	0.15
7	$P\{Y=y_j\}$	0.13	0.21	0.29	0.22	0.15	
8							
9		0.11	0.26	0.65	0.62	0.51	
10	$E(XY)=$	5.46					

图 4.7 计算数学期望 $E(XY)$

结果如图 4.8 所示.

(5) 计算协方差 Cov(X, Y).

在单元格 B14 中输入公式：=B10−B11*B12

结果如图 4.8 所示.

(6) 计算相关系数 ρ_{XY}.

在单元格 B15 中输入公式：=B14/SQRT(D11*D12).

结果如图 4.8 所示.

	A	B	C	D	E	F	G
1	$X \backslash Y$	0	1	2	3	4	$P\{X=x_i\}$
2	0	0.05	0.04	0.01	0	0	0.1
3	1	0.05	0.1	0.03	0.02	0	0.2
4	2	0.03	0.05	0.15	0.05	0.02	0.3
5	3	0	0.02	0.08	0.1	0.05	0.25
6	4	0	0	0.02	0.05	0.08	0.15
7	$P\{Y=y_j\}$	0.13	0.21	0.29	0.22	0.15	
8							
9		0.11	0.26	0.65	0.62	0.51	
10	$E(XY)=$	5.46					
11	$E(X)=$	2.15	$D(X)=$	1.4275			
12	$E(Y)=$	2.05	$D(Y)=$	1.5475			
13							
14	Cov$(X,Y)=$	1.0525					
15	$\rho_{XY}=$	0.708139					

图 4.8 计算结果

【微视频4-10】相关系数、矩

【实验讲解4-1】常用数字特征的计算

同步自测 4-3

一、填空

1. 将一枚硬币反复抛 n 次, 以 X 和 Y 分别表示正面向上和反面向上的次数, 则 X 和 Y 的相关系数为__________.

2. 对于随机变量 X, 已知 $D(X)=16, D(Y)=9, \rho_{XY}=0.2$, 则 $D(X-Y)=$__________.

3. 随机变量 X 与 Y 的相关系数为 0.5, $E(X)=E(Y)=0, E(X^2)=E(Y^2)=2$, 则 $E[(X+Y)^2]=$__________.

4. 随机变量 X 与 Y 的相关系数为 0.9, 若 $Z=X-0.4$, 则 Y 与 Z 的相关系数为__________.

5. 设随机变量 X 与 Y 独立同分布, 记 $U=X-Y, V=X+Y$, 则随机变量 U 与 V 的相关系数为__________.

二、单项选择

1. 对于任意两个随机变量 X 和 Y, 与命题 "X 与 Y 不相关" 不等价的是 ( ).

(A) $E(XY)=E(X)E(Y)$ (B) $\mathrm{Cov}(X,Y)=0$

(C) $D(XY)=D(X)D(Y)$ (D) $D(X+Y)=D(X)+D(Y)$

2. 设随机变量 $X_1, X_2, \cdots, X_n (n>1)$ 独立同分布, 且方差 $\sigma^2>0$, 令随机变量 $Y=\dfrac{1}{n}\sum\limits_{i=1}^{n} X_i$, 则 ( ).

(A) $\mathrm{Cov}(X_1,Y)=\dfrac{\sigma^2}{n}$ (B) $\mathrm{Cov}(X_1,Y)=\sigma^2$

(C) $D(X_1+Y)=\dfrac{n+2}{n}\sigma^2$ (D) $D(X_1-Y)=\dfrac{n+1}{n}\sigma^2$

3. 若随机变量 X,Y 的相关系数 $\rho_{XY}=0$, 则下列正确的是 ( ).

(A) X 和 Y 独立 (B) $D(X+Y)=D(X)+D(Y)$

(C) $D(X-Y)=D(X)-D(Y)$ (D) $D(XY)=D(X)D(Y)$

4. 如果随机变量 X 存在二阶原点矩, 则下列表达式正确的是 ( ).

(A) $E(X^2)<[E(X)]^2$ (B) $E(X^2)\geqslant[E(X)]^2$

(C) $E(X^2)\geqslant E(X)$ (D) $E(X^2)<E(X)$

5. 将长度为 1cm 的木棒随机截成两段, 则两段长度的相关系数为 ( ).

(A) 1 (B) 0.5 (C) -0.5 (D) -1

第 4 章知识结构图

以下均假设所涉及的数学期望或方差存在、有意义.

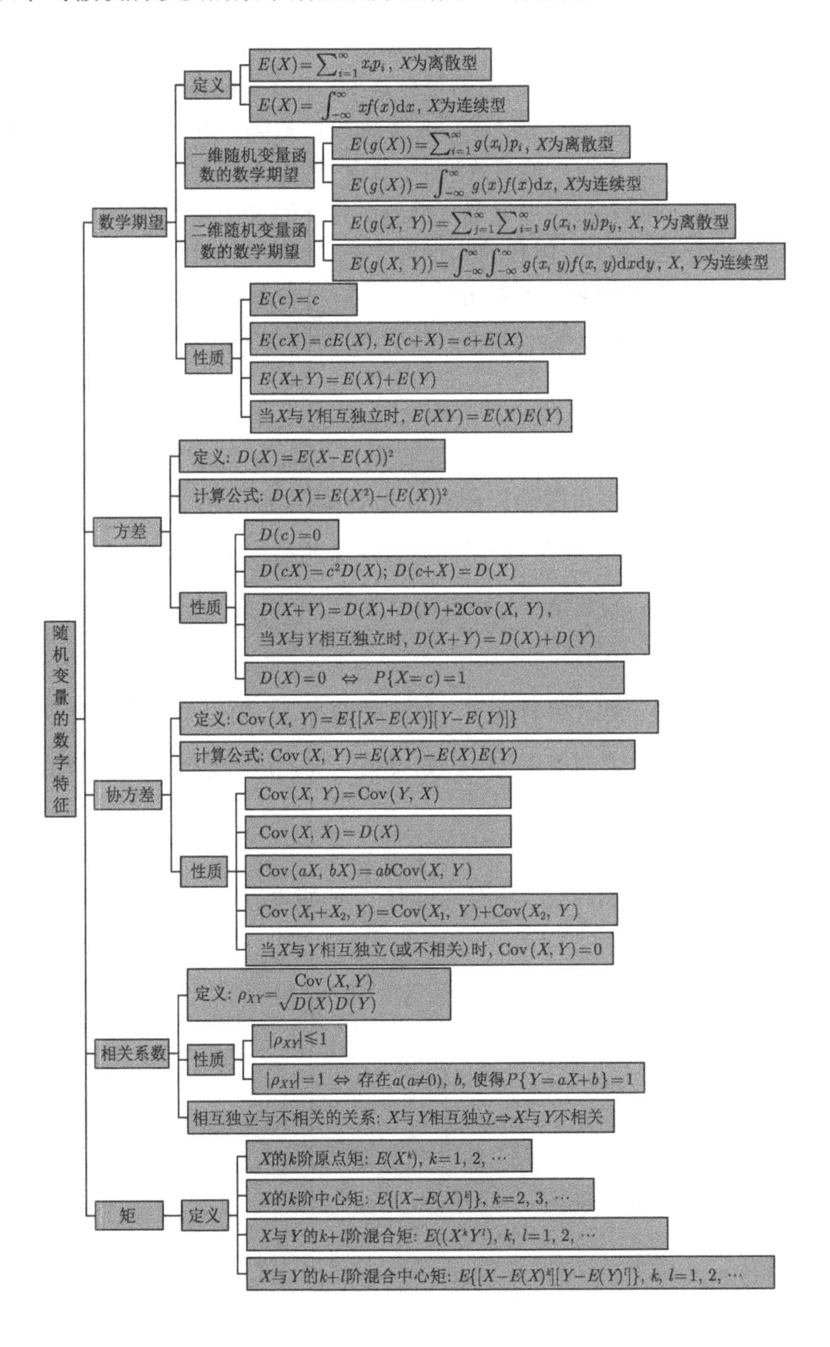

- 随机变量的数字特征
  - 数学期望
    - 定义
      - $E(X)=\sum_{i=1}^{\infty}x_ip_i$, X为离散型
      - $E(X)=\int_{-\infty}^{\infty}xf(x)\mathrm{d}x$, X为连续型
    - 一维随机变量函数的数学期望
      - $E(g(X))=\sum_{i=1}^{\infty}g(x_i)p_i$, X为离散型
      - $E(g(X))=\int_{-\infty}^{\infty}g(x)f(x)\mathrm{d}x$, X为连续型
    - 二维随机变量函数的数学期望
      - $E(g(X, Y))=\sum_{j=1}^{\infty}\sum_{i=1}^{\infty}g(x_i, y_j)p_{ij}$, X, Y为离散型
      - $E(g(X, Y))=\int_{-\infty}^{\infty}\int_{-\infty}^{\infty}g(x, y)f(x, y)\mathrm{d}x\mathrm{d}y$, X, Y为连续型
    - 性质
      - $E(c)=c$
      - $E(cX)=cE(X)$, $E(c+X)=c+E(X)$
      - $E(X+Y)=E(X)+E(Y)$
      - 当X与Y相互独立时, $E(XY)=E(X)E(Y)$
  - 方差
    - 定义: $D(X)=E(X-E(X))^2$
    - 计算公式: $D(X)=E(X^2)-(E(X))^2$
    - 性质
      - $D(c)=0$
      - $D(cX)=c^2D(X)$; $D(c+X)=D(X)$
      - $D(X+Y)=D(X)+D(Y)+2\mathrm{Cov}(X, Y)$, 当$X$与$Y$相互独立时, $D(X+Y)=D(X)+D(Y)$
      - $D(X)=0 \Leftrightarrow P\{X=c\}=1$
  - 协方差
    - 定义: $\mathrm{Cov}(X, Y)=E\{[X-E(X)][Y-E(Y)]\}$
    - 计算公式: $\mathrm{Cov}(X, Y)=E(XY)-E(X)E(Y)$
    - 性质
      - $\mathrm{Cov}(X, Y)=\mathrm{Cov}(Y, X)$
      - $\mathrm{Cov}(X, X)=D(X)$
      - $\mathrm{Cov}(aX, bX)=ab\mathrm{Cov}(X, Y)$
      - $\mathrm{Cov}(X_1+X_2, Y)=\mathrm{Cov}(X_1, Y)+\mathrm{Cov}(X_2, Y)$
      - 当X与Y相互独立(或不相关)时, $\mathrm{Cov}(X, Y)=0$
  - 相关系数
    - 定义: $\rho_{XY}=\dfrac{\mathrm{Cov}(X, Y)}{\sqrt{D(X)D(Y)}}$
    - 性质
      - $|\rho_{XY}|\leqslant 1$
      - $|\rho_{XY}|=1 \Leftrightarrow$ 存在$a(a\neq 0)$, b, 使得$P\{Y=aX+b\}=1$
    - 相互独立与不相关的关系: X与Y相互独立$\Rightarrow X$与Y不相关
  - 矩
    - 定义
      - X的k阶原点矩: $E(X^k)$, $k=1, 2, \cdots$
      - X的k阶中心矩: $E\{[X-E(X)]^k\}$, $k=2, 3, \cdots$
      - X与Y的$k+l$阶混合矩: $E((X^kY^l)$, $k, l=1, 2, \cdots$
      - X与Y的$k+l$阶混合中心矩: $E\{[X-E(X)]^k[Y-E(Y)]^l\}$, $k, l=1, 2, \cdots$

【分赌本问题解答】

1654 年, 法国人德·梅尔向数学家帕斯卡提出了一个使他苦恼了很久的问题, 为描述方便, 我们不妨将该问题简化如下.

甲、乙两人各出赌注 30 个金币进行赌博, 约定谁先赢 3 局, 就赢得全部的赌注 60 个金币. 假定两人赌技相当, 且每局无平局出现. 如果当甲赢了两局, 乙赢了一局时, 因故不得不中止赌局, 问如何分这 60 个金币的赌注才算公平?

解 这个问题引起不少人的兴趣. 首先大家注意到: 如果平均分, 对甲显然是不公平的, 因为领先的人很可能最终获胜; 如果全部归甲显然对乙又不公平, 尽管乙暂时落后, 但落后的人也有可能最终获胜. 合理的分法当然是按照一定的比例, 甲多分些, 乙少分些. 所以, 问题的焦点集中在: 按怎样的比例分配 60 个金币的赌注才算合适呢? 主要有以下两种分法.

(1) 基于已赌的局数分配: 甲赢了两局, 乙赢了一局, 故甲、乙两人按 2:1 的比例进行分配.

这种分法仅考虑了已经赌过的局数, 没有涉及未完成的局数.

(2) 帕斯卡和费马通过通信讨论, 帕斯卡于 1654 年提出了如下最终解决方案.

设想再赌下去, 至多再赌两局即可分出胜负. 由于两人水平相当, 所以每局甲、乙两人获胜的概率均为 $\frac{1}{2}$. 后两局的情况无非是以下几种情形:

如果第四局甲胜, 则赌博终止, 在这种情况下, 甲最终获胜, 这一情况发生的概率为 $\frac{1}{2}$.

如果第四局乙胜, 那么赌博继续. 在这种情况下, 如果第五局甲胜, 那么最终将是甲胜, 这种情况发生的概率为 $\frac{1}{4}$; 如果第五局乙胜, 那么最终将是乙胜, 这种情况发生的概率也为 $\frac{1}{4}$.

所以最终甲获胜的概率为 $\frac{3}{4}$, 而乙只有 $\frac{1}{4}$ 的概率获胜, 因而甲、乙应按照 3:1 的比例进行分配.

我们将甲的最终所得视为一个随机变量 X, 其可能的取值为 0 或 60, 所以 X 的分布律如下:

X	0	60
P_i	$\frac{1}{4}$	$\frac{3}{4}$

因此, 帕斯卡认为, 甲的 “期望” 所得应为

$$0 \times \frac{1}{4} + 60 \times \frac{3}{4} = 45(\text{个}).$$

即甲得 45 个金币, 乙得 15 个金币. 也就是说, 甲的期望所得是随机变量 X 的可能取值以其概率为权重的加权平均值.

这种分法不仅考虑了已赌局数, 而且还包含了对继续赌下去的一种"期望", 比第一种分配方法更为合理. 这其实也正是数学期望这个名称的由来.

在概率论发展史上, 通常把这一事件看作是概率论的起始标志.

习 题 4

1. 随机变量 X 的分布律如下表:

X	0	1	2	3
P	$\frac{1}{2}$	$\frac{1}{4}$	$\frac{1}{8}$	$\frac{1}{8}$

求 $E(X), E(4X+1), E(X^2)$.

2. 设 X 的分布律为

X	-3	0	4
P	0.8	0.1	0.1

求 $E(X), E(3X-4), E(X^2)$.

3. 某银行开展定期定额储蓄抽奖, 定期一年, 定额五万元. 按规定 10000 户头中, 头奖一个, 奖金 500 元; 二奖 10 个, 各奖 100 元; 三奖 100 个, 各奖 10 元; 四奖 1000 个, 各奖 2 元. 某人买了 5 个户头, 按平均中奖金额计算，此人能中奖多少元?

4. 某图书馆的读者借阅甲种图书的概率为 p_1, 借阅乙种图书的概率为 p_2, 设每人借阅甲乙图书的行为相互独立, 读者之间的行为也是相互独立的.

(1) 某天恰有 n 个读者, 求借阅甲种图书的人数的数学期望.

(2) 某天恰有 n 个读者, 求至少借阅甲、乙两种图书其中一种的人数的数学期望.

5. 设 $X \sim P(\lambda)$, 且 $P\{X=5\}=P\{X=6\}$, 求 $E(X)$.

6. 同时掷八枚骰子, 求八枚骰子所掷出的点数和的数学期望.

7. 设随机变量 X 的分布律为 $P\{X=k\}=\dfrac{6}{\pi^2k^2}, k=1,-2,3,-4,\cdots$, 问 X 的数学期望是否存在? 若存在, 试求出来; 若不存在, 说明理由.

8. 设随机变量 X 的分布律为 $P\left\{X=(-1)^i\dfrac{2^i}{i}\right\}=\dfrac{1}{2^i}(i=1,2,\cdots)$, 问 $E(X)$ 是否存在? 若存在, 试求出来; 若不存在, 说明理由.

9. 某厂推土机发生故障后的维修时间 T 是一个随机变量 (单位：h), 其概率密度为

$$f(t)=\begin{cases}0.02\mathrm{e}^{-0.02t}, & t>0,\\ 0, & t\leqslant 0,\end{cases}$$

求平均维修时间.

10. 设随机变量 X 的概率密度为

$$f(x)=\begin{cases}\dfrac{3}{2}(1+x)^2, & -1\leqslant x\leqslant 0,\\ \dfrac{3}{2}(1-x)^2, & 0<x\leqslant 1,\\ 0, & \text{其他},\end{cases}$$

求 $E(X)$.

11. 某新产品在未来市场上的占有率 X 是仅在区间 (0,1) 上取值的随机变量, 其概率密度为

$$f(x)=\begin{cases}k(1-x)^2, & 0<x<1,\\ 0, & \text{其他}.\end{cases}$$

(1) 确定参数 k 的值; (2) 求该产品的平均市场占有率.

12. 设连续型随机变量 X 的分布函数为

$$F(x)=\begin{cases}0, & x\leqslant 0,\\ \dfrac{x}{4}, & 0<x\leqslant 4,\\ 1, & x>4,\end{cases}$$

求 $E(X)$.

13. 设连续型随机变量 X 的分布函数为

$$F(x)=\begin{cases}1-\dfrac{8}{x^3}, & x\geqslant 2,\\ 0, & x<2,\end{cases}$$

求 $E(X)$.

14. 设随机变量 X 的密度函数 $f(x)=\begin{cases}ax+b, & 0\leqslant x\leqslant 1,\\ 0, & \text{其他},\end{cases}$ 且 $E(X)=7/12$, 求参数 a, b 的值.

15. 设随机变量 X 与 Y 的联合分布律为

X \ Y	-1	0	1
1	0.2	0.1	0.1
2	0.1	0	0.1
3	0	0.3	0.1

分别求 $E(X)$, $E(Y)$, $E(X^2)$, $E(Y^2)$, $E(XY)$.

16. 在习题 4 第 1 题中, 已知随机变量 X 的分布律

X	0	1	2	3
P	$\frac{1}{2}$	$\frac{1}{4}$	$\frac{1}{8}$	$\frac{1}{8}$

求 $D(X)$, $D(4X-2)$.

17. 甲、乙两台机床生产同一种零件, 在一天内生产的次品数分别记为 X 和 Y. 已知 X 和 Y 的分布律如下:

X	0	1	2	3
P	0.4	0.3	0.2	0.1

Y	0	1	2	3
P	0.3	0.5	0.2	0

如果两台机床的产量相同, 你认为哪台机床生产的零件质量较好？请你通过计算结果说明原因.

18. 对于习题 4 第 11 题中的随机变量 X, 求方差 $D(X)$.

19. 对于习题 4 第 12 题中的随机变量 X, 求方差 $D(X)$.

20. 对于习题 4 第 13 题中的随机变量 X, 求方差 $D(X)$.

21. 对于习题 4 第 14 题中的随机变量 X, 求方差 $D(X)$.

22. 设随机变量 X 与 Y 的联合分布律为

X \ Y	0	1	2
0	0.2	0.3	0.2
1	0.1	0	0.1
2	0	0.1	0

分别求 $E(X)$, $E(Y)$, $E(X^2), E(Y^2), E(XY), E(X-Y)$, $D(X)$, $D(Y)$.

23. 设二维连续型随机变量 (X, Y) 的概率密度为

$$f(x,y)=\begin{cases}1, & 0<x<1,\ |y|<x,\\ 0, & \text{其他},\end{cases}$$

分别求 $E(X), E(Y), D(X), D(Y)$.

24. 设随机变量 X 与 Y 的联合分布律为

X \ Y	-1	0	1
0	0.07	0.18	0.15
1	0.08	0.32	0.20

求 X 与 Y 的相关系数.

25. 设二维离散型随机变量 (X,Y) 的分布律为

X \ Y	-1	0	1
-1	1/8	1/8	1/8
0	1/8	0	1/8
1	1/8	1/8	1/8

问 X 与 Y 是否相关？是否独立？

26. 对于习题 4 第 22 题中的二维离散型随机变量 (X,Y), 求 $\mathrm{Cov}(X,Y), \rho_{XY}$.

27. 对于习题 4 第 23 题中的随机变量 (X,Y), 求 $\mathrm{Cov}(X, Y)$, ρ_{XY}.

28. 对于随机变量 X,Y,Z, 已知 $E(X)=E(Y)=1$, $E(Z)=-1$, $D(X)=D(Y)=D(Z)=1$, $\rho_{XY}=0$, $\rho_{XZ}=\frac{1}{2}$, $\rho_{YZ}=-\frac{1}{2}$, 求 $E(X+Y+Z), D(X+Y+Z)$.

29. 设二维随机变量 (X, Y), 已知 $D(X)=9$, $D(Y)=4$, $\rho_{XY}=-\frac{1}{6}$, 求 $D(X+Y)$, $D(X-3Y+4)$.

30. 设二维连续型随机变量 (X, Y) 具有概率密度

$$f(x,y)=\begin{cases}6 & x^2\leqslant y\leqslant x,\\ 0, & \text{其他},\end{cases}$$

求 $\mathrm{Cov}(X, Y)$, $D(X+Y)$.

31. 设二维连续型随机变量 (X,Y) 的概率密度为

$$f(x,y)=\begin{cases}\frac{1}{2}, & |y|<2x, 0<x<1,\\ 0, & \text{其他}.\end{cases}$$

验证 X 与 Y 是不相关的, 但 X 与 Y 不是相互独立的.

32. 已知随机变量 $X\sim N(1,9), Y\sim N(0,16)$, 它们的相关系数为 $-\frac{1}{2}$, 设 $Z=\frac{X}{3}+\frac{Y}{2}$, 求 $E(Z)$, $D(Z)$, $\mathrm{Cov}(X,Z)$.

第 5 章 Chapter 大数定律和中心极限定理

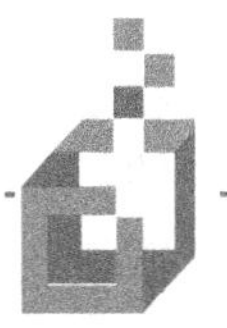

极限定理是概率论的基本理论之一, 在概率论和数理统计的理论研究和实际应用中都具有重要意义. 本章我们将介绍与随机变量序列相关的两类最基本的极限定理：大数定律和中心极限定理.

在第 1 章我们曾经指出, 随机事件在一次试验中是否发生是不确定的, 但在相同条件下大量重复进行试验时, 则会呈现出某种统计规律性. 例如, 在概率的统计定义中, 我们曾经提到, 事件发生的频率具有稳定性, 也就是说随着试验次数的逐渐增多, 事件发生的频率将逐渐稳定于一个确定的常数, 这个常数就是事件的概率. 在那里, 我们只是通过试验观察到这一事实, 并没有给出理论依据, 有了本章的大数定律, 我们将从理论上给出频率稳定性的解释. 一般而言, 大数定律讨论的是 n 个独立随机变量的算术平均值的渐近性质.

另一类基本的极限定理是中心极限定理. 在前面, 我们已经知道有限个相互独立的正态随机变量的和仍是正态随机变量. 中心极限定理将给出概率论中的另一个重要结果, 即在相当一般的条件下, 充分多个相互独立的随机变量, 不管它们的分布如何, 其和总是近似服从正态分布的. 这一事实更说明了正态分布的重要性.

本章仅介绍大数定律和中心极限定理的几个最简单、最基本的结论.

【就业率调查问题】

某部门为确定某高校应届毕业生的就业率 p, 将被调查的已就业应届毕业生的频率作为 p 的估计, 现在要保证有 90%以上的把握, 使得该高校被调查对象就业的频率与该高校应届毕业生的就业率 p 之间的差异不大于 5%, 问至少要调查多少个对象?

5.1 大数定律

对某个随机变量 X 进行大量重复观测，所得到的大批观测数据的算术平均值具有稳定性，由于这类稳定性是在对随机变量进行大量重复试验的条件下所呈现出来的，历史上把这种试验次数很大时所呈现出的统计规律统称为大数定律.

在引入大数定律之前，首先来证明一个重要的不等式——切比雪夫 (Chebyshev) 不等式.

5.1.1 切比雪夫不等式

定理 5.1 设随机变量 X 的数学期望 $E(X)$ 及方差 $D(X)$ 都存在，则对于任意正数ε，有不等式

$$P\{|X-E(X)| \geqslant \varepsilon\} \leqslant \frac{D(X)}{\varepsilon^2}, \tag{5.1}$$

即

$$P\{|X-E(X)| < \varepsilon\} \geqslant 1-\frac{D(X)}{\varepsilon^2} \tag{5.2}$$

成立. 称上述不等式为**切比雪夫不等式**.

证 (仅对连续型随机变量的情形进行证明)

设 $f(x)$ 为连续型随机变量 X 的概率密度，则

$$\begin{aligned}
P\{|X-E(X)| \geqslant \varepsilon\} &= \int\limits_{\{|x-E(X)|\geqslant\varepsilon\}} f(x)\mathrm{d}x \\
&\leqslant \int\limits_{\{|x-E(X)|\geqslant\varepsilon\}} \frac{[x-E(X)]^2}{\varepsilon^2} f(x)\mathrm{d}x \\
&\leqslant \frac{1}{\varepsilon^2}\int_{-\infty}^{+\infty} [x-E(X)]^2 f(x)\mathrm{d}x \\
&= \frac{D(X)}{\varepsilon^2}.
\end{aligned}$$

由式 (5.2) 易知，随机变量的方差 $D(X)$ 越小，那么随机变量 X 在开区间 $(E(X)-\varepsilon, E(X)+\varepsilon)$ 内取值的概率就越大，也即 $D(X)$ 越小，X 在它的期望值附近取值的可能性越大.

这也进一步说明，方差是一个反映随机变量的取值在其分布中心 $E(X)$ 附近集中程度的数量指标：$D(X)$ 越小，X 的取值越集中于 $E(X)$ 附近；反之，$D(X)$ 越大，X 的取值越分散.

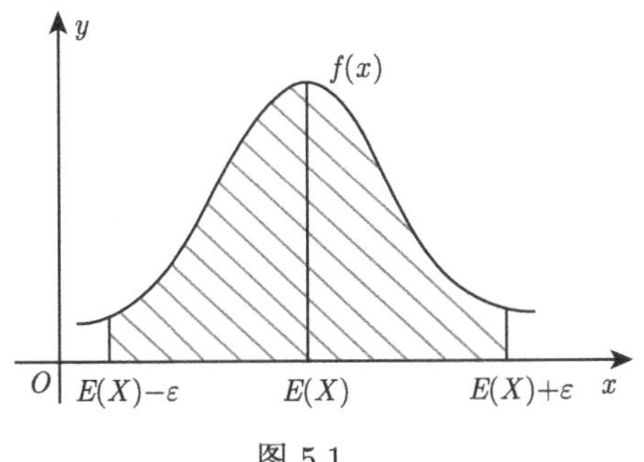

图 5.1

利用切比雪夫不等式, 我们可以在一个随机变量的分布未知的情况下估算相关事件概率值的界限, 当然这个估计是比较保守的. 如果已经知道随机变量的分布, 事件的概率可以确切地计算出来, 也就没必要利用切比雪夫不等式来估计了.

例 5.1 若某班某次高等数学课程考试的平均分为 80 分, 标准差为 10 分, 试估计本次高等数学课程考试该班学生的及格率至少为多少?

解 用随机变量 X 表示学生成绩, 依题意, 数学期望 $E(X) = 80$, 方差 $D(X) = 100$, 所以

$$\begin{aligned} P\{60 \leqslant X \leqslant 100\} &\geqslant P\{60 < X < 100\} \\ &= P\{|X - 80| < 20\} \\ &\geqslant 1 - \frac{100}{20^2} \\ &= 0.75 = 75\% . \end{aligned}$$

所以本次高等数学课程考试该班学生的及格率至少为 75%.

例 5.2 设电路供电网内有 10000 盏相同的灯, 夜间每一盏灯开着的概率为 0.8, 假设各灯的开关彼此独立, 试估计夜间同时开着的灯数在 7800 与 8200 之间的概率.

解 记 10000 盏灯中夜间同时开着的灯数为 X, 依题意, 它服从二项分布 $B(10000, 0.8)$. 若要得到精确结果, 可以用二项分布的分布律来计算:

$$P\{7800 < X < 8200\} = \sum_{k=7801}^{8199} \mathrm{C}_{10000}^{k} 0.8^k 0.2^{10000-k}.$$

显然, 直接用上式计算的计算量是很大的. 现在我们用切比雪夫不等式来估计上述概率, 首先

$$\begin{aligned} E(X) &= 10000 \times 0.8 = 8000, \\ D(X) &= 10000 \times 0.8 \times 0.2 = 1600. \end{aligned}$$

根据切比雪夫不等式, 有

$$P\{7800 < X < 8200\} = P\{|X - 8000| < 200\}$$
$$\geqslant 1 - \frac{1600}{200^2} = 0.96.$$

即 10000 盏灯中夜间同时开着的灯数在 7800 与 8200 之间的概率至少是 0.96.

可见, 利用切比雪夫不等式只能估计得到所求概率不低于 0.96. 事实上, 虽然切比雪夫不等式在理论上具有重大意义, 但估计的精度并不高. 后面我们会看到, 利用中心极限定理还可以具体求出这个概率的近似值.

例 5.3 已知 n 重伯努利试验中参数 $p = 0.75$, 问至少应做多少次试验, 才能使试验成功的频率在 0.74 和 0.76 之间的概率不低于 0.90?

解 设需做 n 次试验, 其中成功的次数为 X, 则

$$X \sim B(n, p), \quad E(X) = np, \quad D(X) = np(1-p).$$

因为

$$P\left\{0.74 < \frac{X}{n} < 0.76\right\} = P\left\{\left|\frac{X}{n} - 0.75\right| < 0.01\right\},$$

根据切比雪夫不等式有

$$P\left\{0.74 < \frac{X}{n} < 0.76\right\} \geqslant 1 - \frac{D\left(\dfrac{X}{n}\right)}{0.01^2} = 1 - \frac{\dfrac{1}{n^2}np(1-p)}{0.01^2}.$$

令

$$1 - \frac{\dfrac{1}{n^2}np(1-p)}{0.01^2} \geqslant 0.90,$$

解得

$$n \geqslant \frac{p(1-p)}{0.1 \times 0.01^2} = \frac{0.75 \times 0.25}{0.1 \times 0.01^2} = 18750.$$

即至少应做 18750 次试验才能满足题目要求.

【微视频5-1】切比雪夫不等式

【拓展练习5-1】切比雪夫不等式的应用

5.1.2 几个常用的大数定律

为描述大数定律方便, 我们引入依概率收敛的定义.

定义 5.1 设 $X_1, X_2, \cdots, X_n, \cdots$ 是一个随机变量序列, a 是一个常数, 若对任意正数ε, 有

$$\lim_{n\to\infty} P\{\,|X_n - a| < \varepsilon\} = 1, \tag{5.3}$$

则称随机变量序列 $X_1, X_2, \cdots, X_n, \cdots$ **依概率收敛于**a, 记为

$$X_n \xrightarrow{P} a \quad (n \to \infty). \tag{5.4}$$

上述定义中, 随机变量序列 $X_1, X_2, \cdots, X_n, \cdots$ 依概率收敛于常数 a 是指, 当 n 充分大时, X_n 以很大的可能性接近于常数 a, 当然, 这种接近是“概率意义下的接近”.

大数定律的一般形式可参看【拓展阅读 5-1】, 下面我们着重介绍几个常用的大数定律.

1. 切比雪夫大数定律

为简单起见, 这里仅介绍独立同分布随机变量序列的切比雪夫大数定律. 切比雪夫大数定律的一般形式可参看【拓展阅读 5-2】.

定理 5.2(切比雪夫大数定律) 设 $X_1, X_2, \cdots, X_n, \cdots$ 是相互独立、服从同一分布的随机变量序列, 且具有数学期望 $E(X_i) = \mu$ 及方差 $D(X_i) = \sigma^2$ $(i = 1, 2, \cdots)$, 则 $\dfrac{1}{n}\sum\limits_{i=1}^{n} X_i$ 依概率收敛于μ, 即对于任意正数ε, 有

$$\lim_{n\to\infty} P\left\{\left|\frac{1}{n}\sum_{i=1}^{n} X_i - \mu\right| < \varepsilon\right\} = 1, \tag{5.5}$$

即

$$\frac{1}{n}\sum_{i=1}^{n} X_i \xrightarrow{P} \mu \quad (n \to \infty). \tag{5.6}$$

证 因为 $X_1, X_2, \cdots, X_n, \cdots$ 相互独立, 服从同一分布, 且 $E(X_i) = \mu, D(X_i) = \sigma^2 (i = 1, 2, \cdots)$, 所以

$$E\left(\frac{1}{n}\sum_{i=1}^{n} X_i\right) = \frac{1}{n}\sum_{i=1}^{n} E(X_i) = \frac{1}{n}\cdot n\mu = \mu, \tag{5.7}$$

$$D\left(\frac{1}{n}\sum_{i=1}^{n}X_i\right)=\frac{1}{n^2}\sum_{i=1}^{n}D(X_i)=\frac{1}{n^2}n\sigma^2=\frac{1}{n}\sigma^2. \tag{5.8}$$

由切比雪夫不等式可得

$$P\left\{\left|\frac{1}{n}\sum_{i=1}^{n}X_i-\mu\right|<\varepsilon\right\}\geqslant 1-\frac{\sigma^2/n}{\varepsilon^2}.$$

在上式中, 令 $n\to\infty$, 并注意到概率不能大于 1, 即得

$$\lim_{n\to\infty}P\left\{\left|\frac{1}{n}\sum_{i=1}^{n}X_i-\mu\right|<\varepsilon\right\}=1.$$

定理 5.2 表明, 当 n 充分大时, 独立同分布的随机变量序列, 其前 n 项的算术平均值 $\frac{1}{n}\sum\limits_{i=1}^{n}X_i$ 接近于其数学期望 μ, 这种接近是概率意义下的接近. 通俗地说, 在定理条件下, n 个相互独立、服从同一分布的随机变量, 当 n 无限增大时, 其算术平均值几乎变成了一个常数.

这一定理从理论上说明了大量观测值的算术平均值具有稳定性, 为实际应用提供了理论依据. 例如, 在进行精密测量时, 为了提高测量的精度, 人们往往要进行若干次重复测量, 然后取测量结果的算术平均值作为最终结果.

2. 伯努利大数定律

作为定理 5.2 的特殊情况, 可以得到如下重要定理:

定理 5.3(伯努利大数定律) 设 n_A 是 n 重伯努利试验中事件 A 发生的次数, p 是事件 A 在每次试验中发生的概率, 则对于任意正数ε, 有

$$\lim_{n\to\infty}P\left\{\left|\frac{n_A}{n}-p\right|<\varepsilon\right\}=1, \tag{5.9}$$

即

$$\frac{n_A}{n}\xrightarrow{P}p\quad(n\to\infty). \tag{5.10}$$

证 引入 n 个相互独立且均服从参数为 p 的 0-1 分布的随机变量 $X_i(i=1,2,\cdots,n)$:

$$X_i=\begin{cases}1, & \text{第 } i \text{ 次试验中 } A \text{ 发生},\\ 0, & \text{第 } i \text{ 次试验中 } A \text{ 不发生},\end{cases}$$

则

$$n_A=X_1+X_2+\cdots+X_n\sim B(n,p),$$

且

$$P\{X_i=1\}=p,\quad P\{X_i=0\}=1-p,\quad i=1,2,\cdots,n,$$

于是, 有

$$E(X_i)=p,\quad D(X_i)=p(1-p),\quad i=1,2,\cdots,n.$$

由定理 5.2, 有

$$\lim_{n\to\infty}P\left\{\left|\frac{1}{n}\sum_{i=1}^{n}X_i-p\right|<\varepsilon\right\}=1,$$

即

$$\lim_{n\to\infty}P\left\{\left|\frac{n_A}{n}-p\right|<\varepsilon\right\}=1,$$

也即

$$\frac{n_A}{n}\xrightarrow{P}p\quad(n\to\infty).$$

伯努利大数定律表明, 事件 A 发生的频率 n_A/n 依概率收敛于事件 A 发生的概率 p. 也就是说, 对于任意正数ε, 只要独立重复试验的次数 n 充分大, 事件 $\left\{\left|\frac{n_A}{n}-p\right|<\varepsilon\right\}$ 实际上几乎是必定要发生的, 即对于任意给定的正数ε, 在 n 充分大时, 事件 "n_A/n 与概率 p 的偏差小于ε" 实际上几乎是必定要发生的. 这也正是在大量独立重复试验中, 频率 n_A/n 接近于概率 p 的真正含义, 也就是我们通常所说的频率稳定性的真正含义. 正是因为这种稳定性, 概率的概念才有了实际意义.

伯努利大数定律还提供了通过试验来确定事件概率的方法, 因此在实际应用中, 当试验次数很大时, 可以利用事件发生的频率来近似地代替事件发生的概率, 这是有理论依据的.

3. 辛钦大数定律

上述切比雪夫大数定律中要求随机变量序列 $X_1, X_2, \cdots, X_n, \cdots$ 的方差均存在. 实际上, 在随机变量序列相互独立、服从同一分布的场合, 并不需要这一要求, 我们不加证明地给出如下辛钦大数定理.

定理 5.4(辛钦大数定律) 设 $X_1, X_2,\cdots,X_n,\cdots$ 是相互独立、服从同一分布的随机变量序列, 且具有数学期望 $E(X_i)=\mu\ (i=1,2,\cdots)$, 则 $\frac{1}{n}\sum_{i=1}^{n}X_i$ 依概率收敛于μ, 即对任意的正数 ε, 有

$$\lim_{n\to\infty}P\left\{\left|\frac{1}{n}\sum_{i=1}^{n}X_i-\mu\right|<\varepsilon\right\}=1,\tag{5.11}$$

即

$$\frac{1}{n}\sum_{i=1}^{n}X_i \xrightarrow{P} \mu \quad (n\to\infty). \tag{5.12}$$

辛钦大数定律提供了求随机变量 X 的数学期望 $E(X)$ 的近似值的方法.

设想对随机变量 X 独立重复地观测 n 次, 得到结果 $X_1, X_2, \cdots, X_n$, 那么 $X_1, X_2, \cdots, X_n$ 应该是相互独立, 且均与 X 具有相同分布的随机变量, 所以在 $E(X)$ 存在的条件下, 按照辛钦大数定律, 当 n 足够大时, 可以把 $\frac{1}{n}\sum\limits_{i=1}^{n}X_i$ 的观察值作为 $E(X)$ 的近似值. 这样做的好处是不必去考虑 X 的分布究竟是怎样的, 我们的目的只是寻求随机变量的数学期望.

辛钦大数定律有如下推论.

推论 5.1 设随机变量 $X_1, X_2, \cdots, X_n$ 相互独立, 服从同一分布, 且 $X_i(i=1,2,\cdots,n)$ 的 k 阶矩 $E(X_i^k)=\mu_k(i=1,2,\cdots,n)$ 存在, 令

$$A_k=\frac{1}{n}\sum_{i=1}^{n}X_i^k \quad (k=1,2,\cdots), \tag{5.13}$$

则

$$A_k \xrightarrow{P} \mu_k \quad (k=1,2,\cdots). \tag{5.14}$$

证 因为 $X_1, X_2, \cdots, X_n$ 相互独立, 服从同一分布, 所以 $X_1^k, X_2^k, \cdots, X_n^k$ 也相互独立, 服从同一分布.

又 $E(X_i^k)=\mu_k$ 存在, 由辛钦大数定律,

$$A_k=\frac{1}{n}\sum_{i=1}^{n}X_i^k \xrightarrow{P} \mu_k(k=1,2,\cdots),$$

辛钦大数定律及其推论将被应用于第 7 章参数的点估计理论中, 它是点估计理论的重要依据.

【微视频5-2】
切比雪夫
大数定律

【微视频5-3】
伯努利大数定律
与辛钦大数定律

【拓展阅读5-1】
大数定律的
一般形式

【拓展阅读5-2】
切比雪夫大数定
律的一般形式

同步自测 5-1

一、填空

1. 设随机变量 X 的数学期望 $E(X)=\mu$, 方差 $D(X)=\sigma^2$, 则由切比雪夫不等式, 有 $P\left\{\left|\dfrac{X-\mu}{\sigma}\right|\geqslant 5\right\}\leqslant$______.

2. 设随机变量 X 的方差为 2, 则根据切比雪夫不等式, 有 $P\{|X-E(X)|\geqslant 2\}\leqslant$______.

3. 已知随机变量的分布律如下:

X	1	2	0
p	0.2	0.3	0.5

试利用切比雪夫不等式估计 $P\{|X-E(X)|<2\}\geqslant$______.

4. 设随机变量 X 和 Y 的数学期望都是 2, 方差分别为 1 和 4, 而相关系数为 0.5, 则根据切比雪夫不等式有 $P\{|X-Y|\geqslant 6\}\leqslant$______.

5. 设η_n 是 n 次独立重复试验中事件 A 出现的次数, p 为 A 在每次试验中出现的概率, 则对任意给定的正数ε, 有 $\lim\limits_{n\to\infty} P\left\{\left|\dfrac{\eta_n}{n}-p\right|<\varepsilon\right\}=$______.

6. 若随机变量序列 $X_1, X_2, \cdots, X_n, \cdots$ 独立同分布, 且 $E(X_i)=0$, 则 $\lim\limits_{n\to\infty} P\left\{\left|\sum\limits_{i=1}^{n} X_i\right|<n\right\}=$______.

二、单项选择

1. 若随机变量 X 的方差 $D(X)$ 存在, a 为常数, 则 $P\left\{\left|\dfrac{X-E(X)}{a}\right|\geqslant 1\right\}\leqslant$(　　).

(A) $D(X)$　　(B) 1　　(C) $\dfrac{D(X)}{a^2}$　　(D) $a^2D(X)$

2. 设 X 为一随机变量, $E(X^2)=1.1$, $D(X)$=0.1, $E(X)>0$, 则一定有 (　　).

(A) $P\{-1<X<1\}\geqslant 0.9$　　(B) $P\{0<X<2\}\geqslant 0.9$

(C) $P\{X+1\geqslant 1\}\leqslant 0.9$　　(D) $P\{|X|\geqslant 1\}\leqslant 0.1$

3. 设随机变量 X 的数学期望为 $E(X)=\mu$, 方差为 $D(X)=\sigma^2$, 则由切比雪夫不等式, 有 $P\{\mu-4\sigma<X<\mu+4\sigma\}\geqslant$(　　).

(A) $\dfrac{1}{16}$　　(B) $\dfrac{1}{15}$　　(C) $\dfrac{15}{16}$　　(D) $\dfrac{1}{2}$

4. 设随机变量 X 的数学期望为 $E(X)=\mu$, 方差为 $D(X)=\sigma^2$, 则由切比雪夫不等式, 有 $P\{|X-\mu|\geqslant 3\sigma\}\leqslant$(　　).

(A) $\dfrac{1}{9}$　　(B) $\dfrac{8}{9}$　　(C) 1　　(D) 无法确定

5. 在每次试验中, 事件 A 发生的概率均为 0.5, 利用切比雪夫不等式估计：在 1000 次独立试验中, 事件 A 发生次数在 400 至 600 之间的概率至少是 (　　).

(A) 0.125　　(B) 0.25　　(C) 0.75　　(D) 0.975

6. 设随机变量 $X_1, X_2,\cdots,X_n$ 相互独立、且均服从参数为 2 的指数分布, 当 n 充分大时, $Y_n=\dfrac{1}{n}\sum\limits_{i=1}^{n}X_i^2$ 依概率收敛于 (　　).

(A) 2　　(B) 4　　(C) 8　　(D) 16

5.2 中心极限定理

设 $X_1, X_2, \cdots, X_n, \cdots$ 是一个随机变量序列, 大数定律讨论的是其前 n 项的算术平均值 $\frac{1}{n}\sum_{i=1}^{n} X_i$ 的渐近性质. 现在我们来讨论独立随机变量之和 $\sum_{i=1}^{n} X_i$ 的极限分布. 先给出一个例子.

例 5.4 误差分析是人们经常遇到且感兴趣的随机问题, 大量研究表明, 误差产生是由大量微小的相互独立的随机因素叠加而成的. 现在考虑一位操作工在机床上加工机械轴, 要求其直径应符合规定要求, 但加工后的机械轴与规定要求总会有一定误差. 这是因为在加工时受到一些随机因素的影响, 它们分别是

(1) 在机床方面, 有机床振动与转速的影响;

(2) 在刀具方面, 有装配与磨损的影响;

(3) 在材料方面, 有钢材的成分、产地的影响;

(4) 在操作者方面, 有注意力集中程度、当天的情绪的影响;

(5) 在测量方面, 有度量工具误差、测量技术的影响;

(6) 在环境方面, 有车间温度、湿度、照明、工作电压的影响;

(7) 在具体场合, 还可列出许多其他影响因素.

由于这些因素很多, 每个因素对加工精度的影响都是很微小的, 而且每个因素的出现又都是人们无法控制的、随机的、时有时无、时正时负的. 这些因素的综合影响最终使得每个机械轴的直径产生了误差.

如果将这个误差记为 S_n, 那么 S_n 是随机变量, 且可以将 S_n 看作 n 个微小的、独立的随机因素 $X_1, X_2, \cdots, X_n$ 之和, 即

$$S_n = X_1 + X_2 + \cdots + X_n,$$

这里, n 是很大的. 我们关心的是, 当 $n \to \infty$ 时, S_n 的分布是什么?

当然, 我们可以考虑用卷积公式去计算 S_n 的分布, 但这样的计算是相当复杂的、不现实的, 而且也是不易实现的. 有时, 即使能写出 S_n 的分布, 但由于其形式过于复杂而无法使用.

在客观实际中, 类似上述 S_n 这样的随机变量有很多, 它们都是由大量的、相互独立的偶然因素综合影响所形成的, 且每个因素在总的影响中所起的作用又都是很小的, 但它们的总和却对所分析的问题有显著影响. 我们指出这种随机变量往往近似服从正态分布. 这种现象就是中心极限定理的客观背景.

中心极限定理是现代概率论的一块重要基石, 是现代统计学中大样本理论的基础, 它不是单纯的一个定理, 而是指一系列的相关定理.

本节仅介绍中心极限定理的几个简单形式.

5.2.1 独立同分布的中心极限定理

定理 5.5(独立同分布的中心极限定理) 设 $X_1, X_2, \cdots, X_n, \cdots$ 为相互独立、服从同一分布的随机变量序列, 且 $E(X_i)=\mu$, $D(X_i)=\sigma^2\neq 0(i=1, 2, \cdots)$, 则对于任意实数 x, 有

$$\lim_{n\to\infty} P\left\{\frac{\sum_{i=1}^{n} X_i - n\mu}{\sqrt{n}\sigma}\leqslant x\right\}=\int_{-\infty}^{x}\frac{1}{\sqrt{2\pi}}\mathrm{e}^{-\frac{t^2}{2}}\mathrm{d}t=\Phi(x). \tag{5.15}$$

定理 5.5 通常称为**林德伯格-莱维 (Lindeberg-Levy) 定理**, 该定理是这两位学者在 20 世纪 20 年代证明的, 这里证明从略.

我们来分析一下 (5.15) 式的含义：若记 $Y_n=\dfrac{\sum_{i=1}^{n} X_i - n\mu}{\sqrt{n}\sigma}$, 记 $F_{Y_n}(x)$ 为 Y_n 的分布函数, 则 (5.15) 式可以简写成

$$\lim_{n\to\infty} F_{Y_n}(x)=\Phi(x). \tag{5.16}$$

这表明, 当 n 充分大时, Y_n 近似服从标准正态分布 $N(0, 1)$, 即

$$\frac{\sum_{i=1}^{n} X_i - n\mu}{\sqrt{n}\sigma}\overset{\text{近似}}{\sim} N(0,1).$$

由于 $X_1, X_2, \cdots, X_n, \cdots$ 相互独立、服从同一分布, 容易得到

$$E\left(\sum_{i=1}^{n} X_i\right)=n\mu, \tag{5.17}$$

$$D\left(\sum_{i=1}^{n} X_i\right)=n\sigma^2. \tag{5.18}$$

从而当 n 充分大时, 有

$$\sum_{i=1}^{n} X_i \overset{\text{近似}}{\sim} N(n\mu, n\sigma^2).$$

将上述结果整理, 即得如下推论.

推论 5.2 设 $X_1, X_2, \cdots, X_n, \cdots$ 为相互独立、服从同一分布的随机变量序列, 且 $E(X_i)=\mu$, $D(X_i)=\sigma^2\neq 0(i=1, 2, \cdots)$, 则当 n 充分大时, 有

$$\frac{\sum_{i=1}^{n} X_i - n\mu}{\sqrt{n}\sigma} \overset{\text{近似}}{\sim} N(0,1), \tag{5.19}$$

$$\sum_{i=1}^{n} X_i \overset{\text{近似}}{\sim} N(n\mu, n\sigma^2). \tag{5.20}$$

推论 5.2 中 (5.20) 式表明, 如果 $X_1, X_2, \cdots, X_n$ 为相互独立的随机变量, 假定它们都服从相同的分布, 则不论它们服从什么分布, 只要其数学期望和方差存在, 当 n 充分大时, 作为总和的 $\sum_{i=1}^{n} X_i$ 总是近似服从正态分布. 这一结论在理论研究和实际计算中都非常重要.

将推论 5.2 稍作变化, 还可以得到定理 5.6 结论的另外表现形式.

推论 5.3 设 $X_1, X_2, \cdots, X_n, \cdots$ 为相互独立、服从同一分布的随机变量序列, 且 $E(X_i) = \mu$, $D(X_i) = \sigma^2 \neq 0 (i = 1, 2, \cdots)$, 则当 n 充分大时, 有

$$\overline{X} \overset{\text{近似}}{\sim} N\left(\mu, \frac{\sigma^2}{n}\right), \tag{5.21}$$

进一步, 有

$$\frac{\overline{X} - \mu}{\sigma/\sqrt{n}} \overset{\text{近似}}{\sim} N(0,1), \tag{5.22}$$

其中 $\overline{X} = \frac{1}{n}\sum_{i=1}^{n} X_i$.

由推论 5.3 可知, 无论 $X_1, X_2, \cdots, X_n$ 服从什么分布, 只要满足推论 5.3 的条件, 则当 n 充分大时, 其算术平均值 $\overline{X}$ 总是近似地服从正态分布. 这一结果是数理统计中大样本理论的基础.

例 5.5 用机器包装味精, 每袋净重为随机变量, 期望值为 100 克, 标准差为 10 克, 一箱内装 200 袋味精, 求一箱味精净重大于 20400 克的概率.

解 设箱中第 i 袋味精的净重为 X_i 克, $i = 1, 2, \cdots, 200$, 则 $X_1, X_2, \cdots, X_{200}$ 是 200 个相互独立、服从同一分布的随机变量, 且 $E(X_i) = 100, D(X_i) = 100$, $i = 1, 2, \cdots, 200$.

由 (5.20) 式

$$\sum_{i=1}^{200} X_i \overset{\text{近似}}{\sim} N(200 \times 100, 200 \times 100),$$

即

$$\sum_{i=1}^{200} X_i \overset{\text{近似}}{\sim} N(20000, 20000)$$

所以

$$\begin{aligned}
P\left\{\sum_{i=1}^{200} X_i > 20400\right\} &= 1 - P\left\{\sum_{i=1}^{200} X_i \leqslant 20400\right\} \\
&= 1 - P\left\{\frac{\sum_{i=1}^{200} X_i - 20000}{\sqrt{20000}} \leqslant \frac{20400 - 20000}{\sqrt{20000}}\right\} \\
&\approx 1 - \Phi(2.83) \\
&= 1 - 0.9977 = 0.0023.
\end{aligned}$$

即一箱味精净重大于 20400 克的概率约为 0.0023.

【微视频5-4】独立同分布的中心极限定理

【拓展练习5-2】独立同分布的中心极限定理的应用

5.2.2 二项分布的正态近似

现在将定理 5.5 应用于一组相互独立且均服从 0-1 分布的随机变量序列, 即设 $X_1, X_2, \cdots, X_n, \cdots$ 相互独立, 且都服从参数为 p 的 0-1 分布:

$$P\{X = k\} = p^k(1-p)^{1-k}, \quad k = 0, 1.$$

此时,

$$E(X_i) = p, \quad D(X_i) = p(1-p), \quad i = 1, 2, \cdots.$$

又记

$$\eta_n = \sum_{i=1}^{n} X_i,$$

则$\eta_n \sim B(n, p)$.

于是, 定理 5.5 的结论可写成

$$\lim_{n\to\infty} P\left\{\frac{\eta_n - np}{\sqrt{n}\sqrt{p(1-p)}} \leqslant x\right\} = \int_{-\infty}^{x} \frac{1}{\sqrt{2\pi}} \mathrm{e}^{-\frac{t^2}{2}} \mathrm{d}t = \Phi(x).$$

即有下述定理.

定理 5.6(棣莫弗-拉普拉斯中心极限定理) 设$\eta_n(n=1, 2, \cdots)$ 服从参数为 $n, p(0<p<1)$ 的二项分布, 则对于任意实数 x, 有

$$\lim_{n\to\infty} P\left\{\frac{\eta_n - np}{\sqrt{np(1-p)}} \leqslant x\right\} = \int_{-\infty}^{x} \frac{1}{\sqrt{2\pi}} \mathrm{e}^{-\frac{t^2}{2}} \mathrm{d}t = \Phi(x). \tag{5.23}$$

棣莫弗-拉普拉斯中心极限定理是定理 5.5 的一个重要特例, 它是历史上最早的中心极限定理, 由于它是专门针对二项分布的, 所以又称为“二项分布的正态近似”. 该定理最早由棣莫弗提出, 拉普拉斯进行了推广, 所以称为棣莫弗-拉普拉斯定理.

棣莫弗-拉普拉斯中心极限定理表明, 当 n 充分大时, 服从二项分布的随机变量η_n 的标准化变量近似服从标准正态分布, 即有

$$\frac{\eta_n - np}{\sqrt{np(1-p)}} \overset{\text{近似}}{\sim} N(0,1).$$

由于 $E(\eta_n)=np, D(\eta_n)=np(1-p)$, 所以又有

$$\eta_n \overset{\text{近似}}{\sim} N(np, np(1-p)).$$

于是有如下推论.

推论 5.4 设随机变量$\eta_n \sim B(n, p)$, 则当 n 充分大时, 有

$$\frac{\eta_n - np}{\sqrt{np(1-p)}} \overset{\text{近似}}{\sim} N(0,1), \tag{5.24}$$

$$\eta_n \overset{\text{近似}}{\sim} N(np, np(1-p)). \tag{5.25}$$

也就是说当 n 充分大时, 服从二项分布的随机变量η_n 近似服从正态分布, 即正态分布是二项分布的极限分布.

一般来说, 当 n 较大时, 二项分布的概率计算非常复杂, 这时我们就可以用正态分布来近似二项分布, 使概率计算得以简化.

一般地, 设随机变量 $\eta_n \sim B(n,p)$, 对于任意两个正数 n_1 和 n_2, 有

$$\begin{aligned} & P\{n_1 \leqslant \eta_n \leqslant n_2\} \\ = & \sum_{k=n_1}^{n_2} \mathrm{C}_n^k p^k (1-p)^{n-k} \end{aligned}$$

$$= P\left\{\frac{n_1 - np}{\sqrt{np(1-p)}} \leqslant \frac{\eta_n - np}{\sqrt{np(1-p)}} \leqslant \frac{n_2 - np}{\sqrt{np(1-p)}}\right\}$$

$$\approx \Phi\left(\frac{n_2 - np}{\sqrt{np(1-p)}}\right) - \Phi\left(\frac{n_1 - np}{\sqrt{np(1-p)}}\right). \tag{5.26}$$

例 5.6 在例 5.2 中, 我们已经用切比雪夫不等式估计了 10000 盏灯中夜间同时开着的灯数在 7800 与 8200 之间的概率界限, 现在我们用推论 5.4 来计算具体的概率.

解 记 10000 盏灯中夜间同时开着的灯数为 X, 则 $X \sim B(10000, 0.8)$.

根据推论 5.4, 有

$$X \overset{\text{近似}}{\sim} N(10000 \times 0.8, 10000 \times 0.8 \times 0.2),$$

即

$$X \overset{\text{近似}}{\sim} N(8000, 1600).$$

于是

$$\begin{aligned} P\{7800 < X < 8200\} &= P\left\{\frac{7800-8000}{\sqrt{1600}} < \frac{X-8000}{\sqrt{1600}} < \frac{8200-8000}{\sqrt{1600}}\right\} \\ &= P\{-5 < \frac{X-8000}{\sqrt{1600}} < 5\} \approx \Phi(5) - \Phi(-5) \\ &= 2\Phi(5) - 1 \approx 1. \end{aligned}$$

即 10000 盏灯中夜间同时开着的灯数在 7800 与 8200 之间的概率约为 1.

例 5.7 已知生产某产品的废品率 $p = 0.005$, 求 10000 件产品中废品数不大于 70 的概率.

解 记 10000 件产品中废品数为 X, 它服从二项分布 $B(10000, 0.005)$.

根据推论 5.4, 有

$$X \overset{\text{近似}}{\sim} N(10000 \times 0.005, 10000 \times 0.005 \times 0.995),$$

即

$$X \overset{\text{近似}}{\sim} N(50, 49.75).$$

于是

$$\begin{aligned} P\{X \leqslant 70\} &= P\left\{\frac{X-50}{\sqrt{49.75}} \leqslant \frac{70-50}{\sqrt{49.75}}\right\} \\ &= P\left\{\frac{X-50}{\sqrt{49.75}} \leqslant 2.84\right\} \approx \Phi(2.84) = 0.9977. \end{aligned}$$

即 10000 件产品中废品数不大于 70 的概率约为 0.9977.

在本节的最后, 我们考虑 “二项分布的正态近似” 与 “二项分布的泊松近似” (见定理 2.1(泊松定理)), 两者相比有何区别? 请看下例.

例 5.8 每发炮弹命中目标的概率均为 0.01, 求 500 发炮弹中命中数不超过 6 发的概率.

解 记 500 发炮弹中命中的炮弹数为 X, 它服从二项分布 $B(500, 0.01)$, 下面用三种方法计算 500 发炮弹中命中数不超过 6 发的概率.

(1) 用二项分布精确计算:

$$P\{X \leqslant 6\} = \sum_{k=0}^{6} \mathrm{C}_{500}^{k} 0.01^{k} 0.99^{500-k} \approx 0.763.$$

(2) 用泊松分布近似计算:

由于 $np = \lambda = 5$, 所以 $X \overset{\text{近似}}{\sim} P(5)$,

$$P\{X \leqslant 6\} = \sum_{k=0}^{6} \mathrm{C}_{500}^{k} 0.01^{k} 0.99^{500-k} \approx \sum_{k=0}^{6} \frac{5^{k}\mathrm{e}^{-5}}{k!} \approx 0.762.$$

(3) 用正态分布近似计算:

由于 $X \overset{\text{近似}}{\sim} N(500 \times 0.01, 500 \times 0.01 \times 0.99)$, 所以

$$P\{X \leqslant 6\} \approx \Phi\left(\frac{6 - 500 \times 0.01}{\sqrt{500 \times 0.01 \times 0.99}}\right) = \Phi(0.45) \approx 0.6736.$$

值得注意的是, 正态分布和泊松分布虽然都是二项分布的极限分布, 但后者要求 n 很大, p 很小, $np = \lambda$, 而前者只要求 n 充分大这一个条件.

一般来说, 对于 n 很大, p 很小 ($np \leqslant 5$) 的二项分布, 用正态分布来近似计算不如用泊松分布计算精确.

【实验 5.1】 用 Excel 验证二项分布逼近正态分布.

实验准备

学习附录二中如下 Excel 函数:

(1) 计算两区域或数组中对应数值之差平方和的函数 SUMXMY2.

(2) 计算二项分布概率值的函数 BINOM.DIST.

(3) 计算正态分布函数值的函数 NORM.DIST.

实验步骤

(1) 按图 5.2(a) 所示, 在 Excel 中做实验准备.

(2) 在单元格 C3 中输入公式: = C1*C2.

(3) 在单元格 C4 中输入公式: = C3*(1−C2).

(4) 在单元格 B6 中输入二项分布概率函数：

= BINOM.DIST(A6,C\$1,C\$2,FALSE),

并将其复制到单元格区域 B7:B12 中.

(5) 在单元格 C6 中输入正态分布概率密度函数：

= NORM.DIST(A6,C\$3,SQRT(C\$4),FALSE),

并将其复制到单元格区域 C7:C12 中.

(6) 在单元格 D6 中输入计算两列数据的误差平方和公式：

= SUMXMY2(B6:B12,C6:C12),

即得计算结果如图 5.2(b) 所示. 注意到其中的误差平方和为：0.000204023.

	A	B	C	D
1		$n=$	7	
2		$p=$	0.5	
3		$np=$		
4		$np(1-p)=$		
5	x	$B(n,p)$	$N(np,np(1-p))$	误差平方和
6	1			
7	2			
8	3			
9	4			
10	5			
11	6			
12	7			
13	8			

(a)

	A	B	C	D
1		$n=$	7	
2		$p=$	0.5	
3		$np=$	3.5	
4		$np(1-p)=$	1.75	
5	x	$B(n,p)$	$N(np,np(1-p))$	误差平方和
6	1	0.0546875	0.050566766	0.000204023
7	2	0.1640625	0.158562955	
8	3	0.2734375	0.280782481	
9	4	0.2734375	0.280782481	
10	5	0.1640625	0.158562955	
11	6	0.0546875	0.050566766	
12	7	0.0078125	0.009106686	
13	8			

(b)

图 5.2 实验准备与计算结果

(7) 用鼠标选中单元格区域 B6:C12, 作折线图 (参见实验 2.2), 如图 5.3(a) 所示.

(8) 修改单元格 C1 中数据为 10, 并将单元格区域 B6:C6 中公式复制到区域 B7:C15 中.

(9) 修改单元格 D6 中公式为：= SUMXMY2(B6:B15,C6:C15),

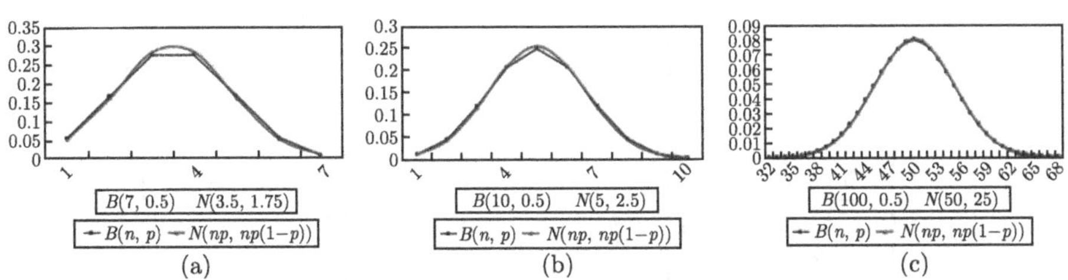

(a) (b) (c)

图 5.3 $n=7, 10, 100$ 时二项分布的概率函数图和正态分布的概率密度图

得到误差平方和为：0.0000833764. 作出的折线图, 如图 5.3(b) 所示.

(10) 再次修改单元格 C1 中数据为 100, 与 (8)、(9) 相仿, 可以依次得到误差平方和 2.57984×10^{-7}, 折线图如图 5.3(c) 所示.

说明: 随着 n 的增大, 二项分布逐渐逼近正态分布.

【微视频5-5】二项分布的正态近似

【拓展练习5-3】棣莫弗-拉普拉斯中心极限定理的应用

【实验讲解5-1】验证二项分布与正态分布的关系

【拓展阅读5-3】正态分布的背景

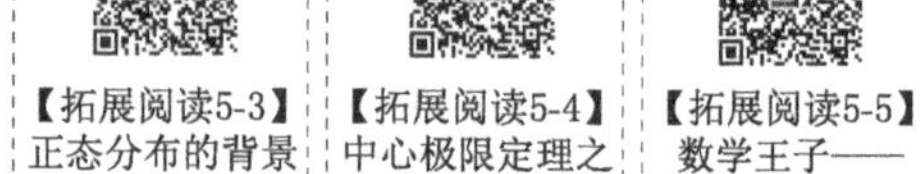

【拓展阅读5-4】中心极限定理之哲学思想

【拓展阅读5-5】数学王子——高斯

同步自测 5-2

一、填空

1. 设 $X_1, X_2, \cdots, X_n, \cdots$ 为相互独立、服从同一分布的随机变量序列, 且 $E(X_i) = \mu$, $D(X_i) = \sigma^2$, $i = 1, 2, \cdots$, 那么 $\lim\limits_{n\to\infty} P\left\{\dfrac{\sum\limits_{i=1}^{n} X_i - n\mu}{\sigma\sqrt{n}} \leqslant x\right\} =$__________.

2. 设随机变量 $X_i (i = 1, 2, \cdots)$ 相互独立、服从同一分布, $E(X_i) = 0$, $D(X_i) = \sigma^2$, $k = 1, 2, \cdots$, 则当 n 很大时, $\sum\limits_{i=1}^{n} X_i$ 的近似分布是__________.

二、单项选择

1. 设随机变量 $X_1, X_2, \cdots, X_n$ 相互独立, $S_n = X_1 + X_2 + \cdots + X_n$, 则根据中心极限定理, 当 n 充分大时, S_n 近似服从正态分布, 只要 $X_1, X_2, \cdots, X_n$(　　).

(A) 有相同的数学期望　　(B) 有相同的方差

(C) 服从同一指数分布　　(D) 服从同一离散分布

2. 设 $X_1, X_2, \cdots, X_n, \cdots (n > 2)$ 为相互独立分布的随机变量序列, 且均服从参数为 $\theta(\theta > 1)$ 的指数分布, 记 $\Phi(x)$ 为标准正态分布函数, 则 (　　).

(A) $\lim\limits_{n\to\infty} P\left\{\dfrac{\sum\limits_{i=1}^{n} X_i - n\theta}{\theta\sqrt{n}} \leqslant x\right\} = \Phi(x)$　　(B) $\lim\limits_{n\to\infty} P\left\{\dfrac{\sum\limits_{i=1}^{n} X_i - n\theta}{\sqrt{n\theta}} \leqslant x\right\} = \Phi(x)$

(C) $\lim\limits_{n\to\infty} P\left\{\dfrac{\theta\sum\limits_{i=1}^{n} X_i - n}{\sqrt{n}} \leqslant x\right\} = \Phi(x)$　　(D) $\lim\limits_{n\to\infty} P\left\{\dfrac{\sum\limits_{i=1}^{n} X_i - \theta}{\sqrt{n\theta}} \leqslant x\right\} = \Phi(x)$

3. 设 $X_1, X_2, \cdots, X_n, \cdots (n > 2)$ 为相互独立的随机变量序列, 且均服从参数为 $\lambda(\lambda > 0)$ 的泊松分布, 则当 n 充分大时, 下列选项正确的是 (　　).

(A) $\dfrac{\sum\limits_{i=1}^{n} X_i - n\lambda}{\sqrt{n\lambda}} \overset{\text{近似}}{\sim} N(0,1)$

(B) $\sum\limits_{i=1}^{n} X_i \overset{\text{近似}}{\sim} N(\lambda, n\lambda)$

(C) $\sum\limits_{i=1}^{n} X_i \overset{\text{近似}}{\sim} N(0,1)$

(D) $P\left\{\sum\limits_{i=1}^{n} X_i \leqslant x\right\} = \Phi(x)$

4. 设 $X_1, X_2, \cdots, X_n, \cdots (n > 2)$ 为独立同分布的随机变量序列, $EX_i = \mu, DX_i = \sigma^2 \neq 0$, 则当 n 充分大时, 下列选项不正确的是 (　　).

(A) $\dfrac{1}{n}\sum\limits_{i=1}^{n} X_i \overset{\text{近似}}{\sim} N\left(\mu, \dfrac{\sigma^2}{n}\right)$

(B) $\dfrac{1}{n}\sum\limits_{i=1}^{n} X_i \overset{\text{近似}}{\sim} N\left(\dfrac{\mu}{n}, \dfrac{\sigma^2}{n}\right)$

(C) $\sum\limits_{i=1}^{n} X_i \overset{\text{近似}}{\sim} N\left(n\mu, n\sigma^2\right)$

(D) $\lim\limits_{n\to\infty} P\left\{\left|\dfrac{\sum\limits_{i=1}^{n} X_i}{n} - \mu\right| < \varepsilon\right\} = 1$

5. 设 $X_1, X_2, \cdots, X_n, \cdots$ 为相互独立的随机变量序列, 且均服从参数为 λ 的泊松分布, 记 $\Phi(x)$ 为标准正态分布函数, 则下列正确的是 (　　).

(A) $\lim\limits_{n\to\infty} P\left\{\dfrac{\sum\limits_{i=1}^{n} X_i - n\lambda}{\lambda\sqrt{n}} \leqslant x\right\} = \Phi(x)$

(B) $\lim\limits_{n\to\infty} P\left\{\dfrac{\sum\limits_{i=1}^{n} X_i - n\lambda}{\sqrt{n\lambda}} \leqslant x\right\} = \Phi(x)$

(C) $\lim\limits_{n\to\infty} P\left\{\dfrac{\lambda\sum\limits_{i=1}^{n} X_i - n}{\sqrt{n}} \leqslant x\right\} = \Phi(x)$

(D) $\lim\limits_{n\to\infty} P\left\{\dfrac{\sum\limits_{i=1}^{n} X_i - \lambda}{\sqrt{n\lambda}} \leqslant x\right\} = \Phi(x)$

6. 设 $\eta_n \sim B(n,p), p \in (0,1)$, 则当 n 充分大时, 下列选项不正确的是 (　　).

(A) $\dfrac{\eta_n}{n}$ 依概率收敛于 p

(B) $\eta_n \overset{\text{近似}}{\sim} N(np, np(1-p))$

(C) $\dfrac{\eta_n}{n} \overset{\text{近似}}{\sim} N\left(p, \dfrac{p(1-p)}{n}\right)$

(D) $\dfrac{\eta_n - np}{\sqrt{p(1-p)}} \overset{\text{近似}}{\sim} N(0,1)$

第 5 章知识结构图

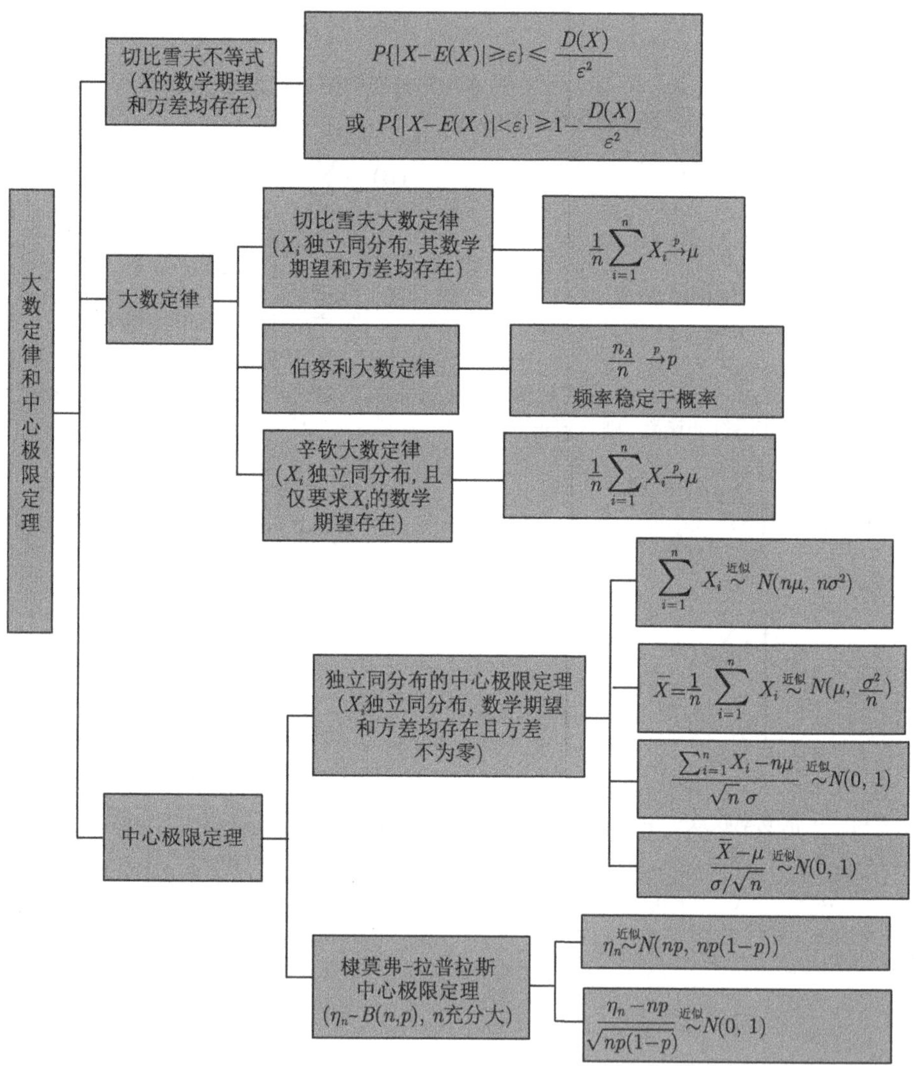

【就业率调查问题解答】

某部门为确定某高校应届毕业生的就业率 p, 将被调查的已就业应届毕业生的频率作为 p 的估计, 现在要保证有 90%以上的把握, 使得该高校被调查对象就业的频率与该高校应届毕业生的就业率 p 之间的差异不大于 5%, 问至少要调查多少个对象?

解 设共需调查 n 个对象, 其中就业的人数为 X, 则有

$$X \sim B(n,p).$$

由伯努利大数定律知, 当 n 很大时, 频率 $\dfrac{X}{n}$ 与概率 p 很接近, 因此可用频率作为 p 的估计.

根据棣莫弗–拉普拉斯中心极限定理, 当 n 很大时,

$$X \overset{\text{近似}}{\sim} N(np, np(1-p)).$$

因此,

$$\begin{aligned} P\left\{\left|\frac{X}{n}-p\right| \leqslant 0.05\right\} &= \left\{\left|\frac{X-np}{\sqrt{np(1-p)}}\right| \leqslant \frac{0.05n}{\sqrt{np(1-p)}}\right\} \\ &\approx 2\varPhi\left(\frac{0.05n}{\sqrt{np(1-p)}}\right)-1 \\ &= 2\varPhi\left(0.05\sqrt{\frac{n}{p(1-p)}}\right)-1. \end{aligned}$$

依题意, 可令

$$2\varPhi\left(0.05\sqrt{\frac{n}{p(1-p)}}\right)-1 \geqslant 0.90,$$

即 $\varPhi\left(0.05\sqrt{\dfrac{n}{p(1-p)}}\right) \geqslant 0.95$, 查表得 $\varPhi(1.645) = 0.95$, 所以 $0.05\sqrt{\dfrac{n}{p(1-p)}} \geqslant 1.645$, 从而

$$n \geqslant p(1-p)\frac{1.645^2}{0.05^2} = p(1-p) \times 1082.41.$$

又因为 $p(1-p) \leqslant 0.25$, 所以 $n \geqslant 270.6$, 即至少要调查 271 个对象.

习 题 5

1. 设随机变量 $X_1, X_2, \cdots, X_n$ 独立同分布, 且 $X \sim P(\lambda)$, $\overline{X} = \dfrac{1}{n}\sum\limits_{i=1}^{n} X_i$, 试利用切比雪夫不等式估计 $P\{|\overline{X}-\lambda| < 2\sqrt{\lambda}\}$ 的下界.

2. 设 $E(X) = -1, E(Y) = 1$, $D(X) = 1$, $D(Y) = 9$, $\rho_{XY} = -0.5$, 试根据切比雪夫不等式估计 $P\{|X+Y| \geqslant 3\}$ 的上界.

3. 设 $X_1, X_2, \cdots, X_{100}$ 是独立同服从参数为 9 的泊松分布的随机变量序列, $\overline{X} = \dfrac{1}{n}\sum\limits_{i=1}^{n} X_i$, 试计算 $P\{\overline{X} \leqslant 9.588\}$.

4. 据以往经验, 某种电器元件的寿命服从均值为 100 h 的指数分布. 现随机地取 16 只, 设它们的寿命是相互独立的. 求这 16 只元件的寿命的总和大于 1920 h 的概率.

5. 某营业厅的柜台为每位顾客服务的时间 (单位：min) 是相互独立的随机变量, 且服从同一分布, 其均值为 1.5, 方差为 1. 求对 100 位顾客的总服务时间不多于 3 小时的概率.

6. 将一枚硬币连抛 100 次, 则出现正面次数大于 65 的概率大约为多少？

7. 某种难度很大的手术成功率为 0.9, 现对 100 个病人进行这种手术, 用 X 记手术成功的人数, 求 $P\{84 < X < 95\}$.

8. 在天平上反复称量一质量为 a 的物品, 假设各次称量结果相互独立且同服从 $N(a, 0.04)$, 若以 $\overline{X}_n$ 表示 n 次称量结果的算术平均值, 为使 $P\{|\overline{X}_n - a| < 0.1\} \geqslant 0.95$, 则 n 最少取多少？

9. 某公司分理处负责供应某地区 10000 个客户某种商品, 假设该种商品在一段时间内每个客户需要用一件的概率为 0.5, 并假定在这一时间段内各个客户购买与否彼此独立. 问该公司分理处应预备多少件这种商品, 才能至少以 99.7%的概率保证不会脱销 (假定该种商品在某一时间段内每个客户最多可以购买一件).

10. 已知一本 250 页的书中, 每页的印刷错误的个数服从参数为 0.1 的泊松分布, 试求整书中的印刷错误总数不多于 30 个的概率.

11. 设车间有 100 台机床, 假定每台机床是否开工是独立的, 每台机器平均开工率为 0.64, 开工时需消耗电能 a kW, 问发电机只需供给该车间多少千瓦的电能就能以概率 0.99 保证车间正常生产？

12. 某保险公司的老年人寿保险有 1 万人参加, 每人每年交保费 200 元. 若老人在该年内死亡, 公司付给家属 1 万元. 假定老年人死亡率为 0.017, 试求保险公司在一年内的这项保险中亏本的概率.

13. 据调查, 某地区一对夫妻无孩子、有 1 个孩子、有 2 个孩子的概率分别为 0.05, 0.8, 0.15. 若该地区共有 400 对夫妻, 试求:

(1) 这 400 对夫妻的孩子总数超过 450 的概率;

(2) 这 400 对夫妻中, 只有 1 个孩子的夫妻数不多于 340 的概率.

第6章 Chapter 数理统计基础

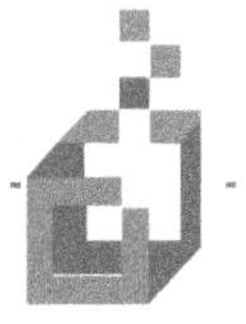

前面五章我们学习了概率论的基本知识, 从本章开始将学习数理统计的基本知识. 数理统计是研究随机现象的统计规律性的数学学科, 它有广泛的应用领域和颇具特色的研究方法. 数理统计以概率论为基础, 根据试验和观测得到的数据来研究随机现象, 对研究对象的客观规律性做出合理的估计和推断.

概率论和数理统计研究的都是随机现象的规律性, 但其研究问题的方法非常不同. 概率论中, 往往是在已知随机变量分布的条件下, 研究它的性质、特点等规律性, 比如求随机变量取某些特定值的概率、求随机变量的数字特征以及研究多个随机变量之间的关系等. 但是对一个具体的随机变量来说, 如何判断它服从某种分布? 如果知道了它服从某种分布, 又该如何确定它的各个参数? 这些问题都是数理统计所要研究的内容. 在数理统计中, 往往通过对随机变量进行多次独立重复试验, 获取试验数据, 然后利用这些数据来研究随机变量的分布类型及其参数, 对其分布函数、数字特征等进行估计和推断, 从而对所考察的问题作出推断和预测, 为进一步的决策和行动提供依据和建议.

数理统计研究的内容包括如何科学、有效地收集数据, 如何对获得的数据进行处理、分析和研究. 本教材主要介绍分析和研究随机数据的基本理论和基本方法.

本章作为数理统计基础, 学习总体、样本、统计量与抽样分布等有关基本概念, 以及关于正态总体的抽样分布定理.

【拓展阅读6-1】
数理统计简史

【质量控制问题】

某食盐厂用包装机包装的食盐, 每袋重量 500g, 通常在包装机正常的情况下, 袋装食盐的重量 X 服从正态分布, 均值为 500g, 标准差为 25g. 为进行生产质量控制, 厂家每天从当天的产品中随机抽出 30 袋食盐进行严格称重, 以检验包装机工作是否正常. 某日, 该厂随机抽取 30 袋食盐的重量分别为

表 6.1

475	500	485	454	504	439	492	501	463	461
464	494	512	451	434	511	513	490	521	514
449	467	499	484	508	478	479	499	529	480

从这些数据看, 包装机的工作正常吗?

6.1 总体和样本

研究随机现象首先要确定研究对象, 这就涉及总体和个体的概念.

6.1.1 总体与个体

总体或**母体**指我们研究对象的全体构成的集合, **个体**指总体中包含的每个成员. 例如, 在研究某高校学生生活消费状况时, 该校全体学生就是一个总体, 其中每一个学生是一个个体; 在某地区人口普查中, 总体是该地区的全体人口, 个体就是该地区的每一个人.

研究总体时, 我们所关心的往往是总体某方面的特性, 这些特性又常常可以用一个或多个数量指标来反映. 例如, 在研究某高校学生生活消费状况时, 关心的可能是学生们每月的生活消费额; 在研究某厂生产的灯泡质量时, 关心的可能是这些灯泡的寿命和光亮度等. 这时总体指一个或多个数量指标, 这些数量指标对我们来说是不了解或者说是未知的, 因此可以用一个或多个随机变量来表示它们. 可见, 总体可以是一维随机变量, 也可以是多维随机变量. 例如, 在研究某高校学生生活消费状况时, 可以用一个随机变量 X 表示学生的月生活消费额; 在研究某厂生产的灯泡的质量时, 可以用两个随机变量 Y 和 Z 分别表示灯泡的寿命和光亮度. 那么, 对上面两个问题的研究就转化为对总体 X 和总体 (Y, Z) 的研究了.

根据总体中包含个体的数量, 可以将总体分为**有限总体**和**无限总体**, 当总体中包含个体的数量很大时, 我们可以把有限总体看成是无限总体. 例如, 某厂某天生产的灯泡可以看作是有限总体, 而该厂生产的全部灯泡就可以看作为无限总体, 因为它包含过去和将来生产的灯泡的全部; 研究大气污染, 大气是无限总体; 研究国人的健康状况, 所有人是有限总体, 但可以近似认为是无限总体.

6.1.2 样本与抽样

实际应用中, 为了研究总体的特性, 总是从总体中抽出部分个体进行观察或试验, 根据观察或试验得到的数据推断总体的性质. 我们把从总体中抽出的部分

个体称为**样本**, 把样本中包含个体的数量称为**样本容量**, 把对样本的观察或试验的过程称为**抽样**, 把观察或试验得到的数据称为**样本观测值**, 或称**样本值**. 例如, 在对灯泡寿命的研究中, 我们可以用随机变量 X 表示灯泡寿命这个总体, 随机抽出 n 个灯泡, 测得其寿命分别为 $x_1, x_2, \cdots, x_n$, 就称它们是灯泡寿命这个总体 X 的样本观测值. 在抽样前, 不知道样本观测值究竟取何值, 应该把它们看作为随机变量, 记作 $X_1, X_2, \cdots, X_n$, 称其为容量为 n 的样本.

在应用中, 我们从总体中抽出的个体必须具有代表性, 样本中个体之间要具有相互独立性, 为保证这两点, 一般采用简单随机抽样的方法.

定义 6.1 一种抽样方法若满足下面两点, 称其为**简单随机抽样**:

(1) 总体中每个个体被抽到的机会是均等的;

(2) 样本中的个体相互独立.

由简单随机抽样得到的样本称为**简单随机样本**.

设 $X_1, X_2, \cdots, X_n$ 是从总体 X 中抽出的简单随机样本, 由定义可知, $X_1, X_2, \cdots, X_n$ 有下面两个特性.

(1) 代表性: $X_1, X_2, \cdots, X_n$ 均与 X 同分布, 即若 $X \sim F(x)$, 则对每一个 X_i 都有

$$X_i \sim F(x_i), \quad i = 1, 2, \cdots, n.$$

(2) 独立性: $X_1, X_2, \cdots, X_n$ 相互独立.

由这两个特性可知, 若 X 的分布函数为 $F(x)$, 则 $X_1, X_2, \cdots, X_n$ 的联合分布函数为

$$F(x_1, x_2, \cdots, x_n) = F(x_1)F(x_2)\cdots F(x_n).$$

若 X 具有概率密度 $f(x)$, 则 $X_1, X_2, \cdots, X_n$ 的联合概率密度为

$$f(x_1, x_2, \cdots, x_n) = f(x_1)f(x_2)\cdots f(x_n).$$

例 6.1 设总体 X 服从参数为 1/2 的指数分布, $X_1, X_2, \cdots, X_n$ 为来自总体 X 的简单随机样本, 求 $X_1, X_2, \cdots, X_n$ 的联合概率密度和联合分布函数.

解 X 的概率密度为

$$f(x) = \begin{cases} 2\mathrm{e}^{-2x}, & x > 0, \\ 0, & x \leqslant 0. \end{cases}$$

其分布函数为

$$F(x) = \begin{cases} \displaystyle\int_0^x 2\mathrm{e}^{-2x}\mathrm{d}x, & x > 0, \\ 0, & x \leqslant 0 \end{cases} = \begin{cases} 1 - \mathrm{e}^{-2x}, & x > 0, \\ 0, & x \leqslant 0. \end{cases}$$

则 $X_1, X_2, \cdots, X_n$ 的联合概率密度为

$$f(x_1,x_2,\cdots,x_n)=f(x_1)f(x_2)\cdots f(x_n)=\begin{cases}2^n\mathrm{e}^{-2\sum\limits_{i=1}^{n}x_i}, & x_i>0, i=1,2,\cdots,n,\\ 0, & \text{其他}.\end{cases}$$

$X_1, X_2, \cdots, X_n$ 的联合分布函数为

$$\begin{aligned}F(x_1,x_2,\cdots,x_n)&=F(x_1)F(x_2)\cdots F(x_n)\\&=\begin{cases}\prod\limits_{i=1}^{n}(1-\mathrm{e}^{-2x_i}), & x_i>0, i=1,2,\cdots,n,\\ 0, & \text{其他}.\end{cases}\end{aligned}$$

例 6.2 已知总体 X 的分布为 $P\{X=i\}=1/4, i=0, 1, 2, 3$, 抽取 $n=36$ 的简单随机样本 $X_1, X_2, \cdots, X_{36}$, 利用中心极限定理求 $Y=\sum\limits_{i=1}^{36}X_i$ 大于 50.4 小于 64.8 的概率.

解 总体 X 的均值和方差分别为

$$E(X)=\frac{1}{4}(0+1+2+3)=\frac{3}{2},$$

$$D(X)=E(X^2)-[E(X)]^2=\frac{1}{4}(0^2+1^2+2^2+3^2)-\left(\frac{3}{2}\right)^2=\frac{5}{4}.$$

由于 $X_1, X_2, \cdots, X_{36}$ 均与总体 X 同分布, 且相互独立, 所以由期望和方差的性质容易得到

$$E(Y)=E\left(\sum_{i=1}^{36}X_i\right)=36E(X)=36\times\frac{3}{2}=54,$$

$$D(Y)=D\left(\sum_{i=1}^{36}X_i\right)=36D(X)=36\times\frac{5}{4}=45.$$

又因为 $n=36$ 较大, 依据中心极限定理, $Y=\sum\limits_{i=1}^{36}X_i$ 近似服从正态分布 $N(54,45)$, 所以

$$P\{50.4<Y<64.8\}=P\left\{\frac{50.4-54}{\sqrt{45}}<\frac{Y-54}{\sqrt{45}}<\frac{64.8-54}{\sqrt{45}}\right\}$$

$$\approx \Phi(1.61) - \Phi(-0.54) = 0.9463 - 1 + 0.7054 = 0.6517.$$

注意, 如果没有特殊说明, 本教材中所说样本均指简单随机样本. 实际应用中, 总体的分布往往是未知或不完全知道的, 是需要通过样本观测值来进行研究和推断的.

【微视频6-1】总体与样本

【拓展练习6-1】总体与样本

6.1.3 直方图与经验分布函数

如前所述, 数理统计所研究的实际问题中总体的分布一般来说是未知的, 需要通过样本来推断. 但如果对总体一无所知, 那么, 所做推断的可信度一般也极为有限. 在很多情况下, 我们往往可以通过具体的应用背景或以往的经验, 再通过观察样本观测值的分布情况, 对总体的分布形式有个大致了解. 观察样本观测值的分布规律, 了解总体 X 的概率密度和分布函数, 常用直方图和经验分布函数.

1. 直方图

直方图是对一组数据 $x_1, x_2, \cdots, x_n$ 的分布情况的图形描述. 将数据的取值范围分成若干区间 (一般是等间隔的), 在等间隔的情况下, 每个区间的长度称为组距. 考察这些数据落入每一个小区间的频数或频率, 在每一个区间上画一个矩形, 它的宽度是组距, 高度可以是频数、频率或频率/组距, 所得直方图分别称为**频数直方图**、**频率直方图**和**密度直方图**.

在密度直方图中, 每一个矩形的面积恰好是数据落入对应小区间的频率, 由于数据量 n 很大时频率接近于概率, 如果数据 $x_1, x_2, \cdots, x_n$ 是来自连续总体 X 的样本观测值, 这时, 小矩形的面积就接近 X 的概率密度曲线之下该小区间之上曲边梯形的面积. 那么, 这种密度直方图的外轮廓就接近 X 的概率密度曲线 (参见图 6.1). 也就是说, 我们可以用样本观测值的密度直方图的顶部折线轮廓估计总体 X 的概率密度曲线, 从而大致了解总体 X 的分布形式.

值得注意的是, 组距对直方图的形态有很大的影响, 组距太小或太大时, 直方图反映概率密度的形态就不够准确, 一个合适的分组是希望密度直方图的形态接近总体的概率密度函数的形态. 手工计算常取组数等于 $\sqrt{n}$ 左右, 一些统计软件会根据样本容量和样本的取值范围自动确定一个合适的分组方式, 画出各种漂亮的直方图.

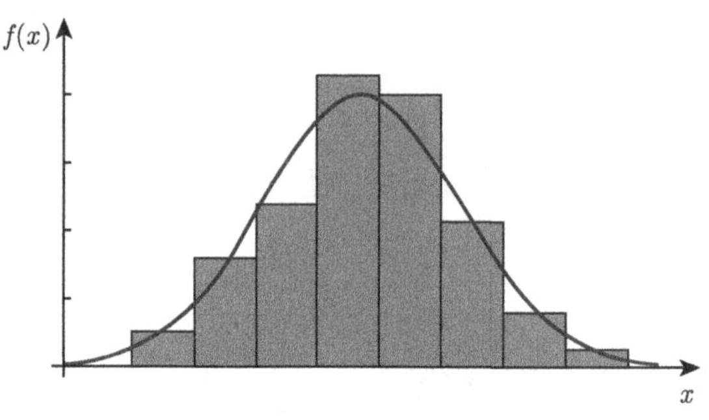

图 6.1 密度直方图

【实验 6.1】从某高校一年级学生的“高等数学”课程考试成绩中, 随机抽取 60 名学生的成绩如表 6.2:

表 6.2

76	69	71	77	69	71	83	69	85	85
86	77	74	95	66	87	66	51	68	73
77	62	66	73	93	79	63	87	87	54
80	57	72	72	58	76	72	76	69	71
81	75	66	74	60	67	79	63	88	78
85	72	58	90	61	70	77	68	80	79

试利用 Excel 的“数据分析”功能作学生成绩的频数直方图, 并通过直方图了解学生成绩的分布情况.

实验步骤:

(1) 数据分组.

因为 $\sqrt{60} \approx 7.75$, 取分组个数为 8. 数据的最小值为 51, 最大值为 95, 为分组方便起见, 考虑范围从 50 到 100, 分为 8 个组, 组距取 50 / 8 = 6.25, 分点分别为: 50, 56.25, 62.5, 68.75, 75, 81.25, 87.5, 93.75, 100. 整理学生成绩数据, 在“组上限”栏中填入各组的上限值, 如图 6.2 右所示.

	A	B	C	D	E	F	G
1	分数						组上限
2	76	80	86	81	77	85	56.25
3	69	57	77	75	62	72	62.5
4	71	72	74	66	66	58	68.75
5	77	72	95	74	73	90	75
6	69	58	66	60	93	61	81.25
7	71	76	87	67	79	70	87.5
8	83	72	66	79	63	77	93.75
9	69	76	51	63	87	68	100
10	85	69	68	88	87	80	
11	85	71	73	78	54	79	

图 6.2 数据整理与分组

(2) 打开直方图对话框.

在 Excel 顶部工具栏的“数据”一栏中选择“数据分析”, 打开“数据分析”对话框, 在“分析工具”列表中选择“直方图”选项, 单击“确定”按钮, 打开直方图对话框.

(3) 计算各组频数.

在打开的“直方图”对话框中, 依次输入 (或用鼠标拖动选择)“输入区域”、“接收区域”和“输出区域”, 如图 6.3 所示, 勾选“标志”和“图表输出”复选框后, 单击“确定”按钮. 得到频数分布的结果如图 6.4[①]所示, 同时得到频数直方图如图 6.5 所示.

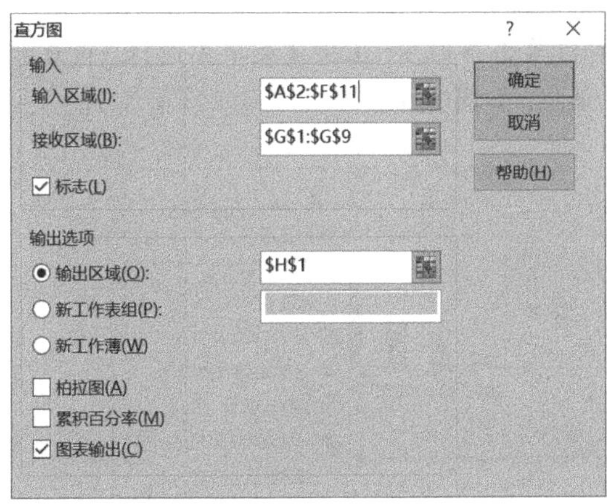

图 6.3 “直方图” 对话框

	A	B	C	D	E	F	G	H	I
1	分数						组上限	组上限	频率
2	76	80	86	81	77	85	56.25	56.25	2
3	69	57	77	75	62	72	62.5	62.5	6
4	71	72	74	66	66	58	68.75	68.75	9
5	77	72	95	74	73	90	75	75	17
6	69	58	66	60	93	61	81.25	81.25	14
7	71	76	87	67	79	70	87.5	87.5	8
8	83	72	66	79	63	77	93.75	93.75	3
9	69	76	51	63	87	68	100	100	1
10	85	69	68	88	87	80		其他	0
11	85	71	73	78	54	79			

图 6.4 计算各组频数

① 实验 6.1 中所有图中出现的“频率”应为“频数”, 这是 Excel 的汉化问题!

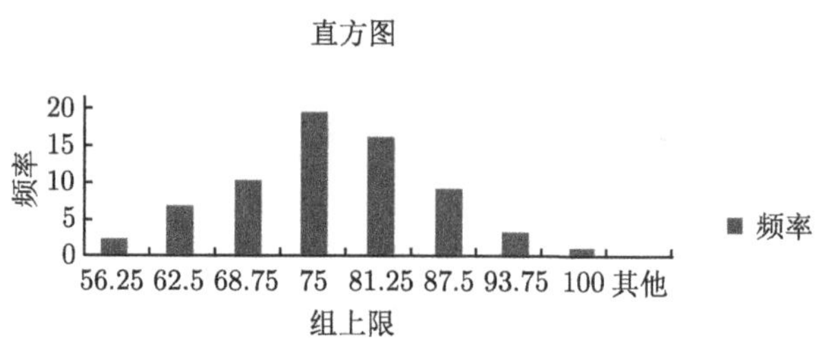

图 6.5 画出频数直方图

(4) 修改图形.

由于 Excel 自动生成的直方图只是频数条形图, 需要进一步修改才能得到所需的直方图. 鼠标右键单击条形图, 在快捷菜单中选择“设置数据系列格式”, 打开“数据系列格式”对话框, 如图 6.6 所示.

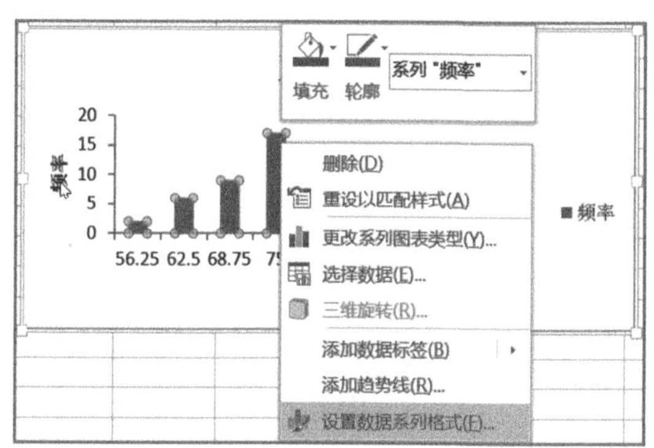

图 6.6 选择“设置数据系列格式”

在“系列选项”中修改“分类间距”为 1, 如图 6.7 所示.

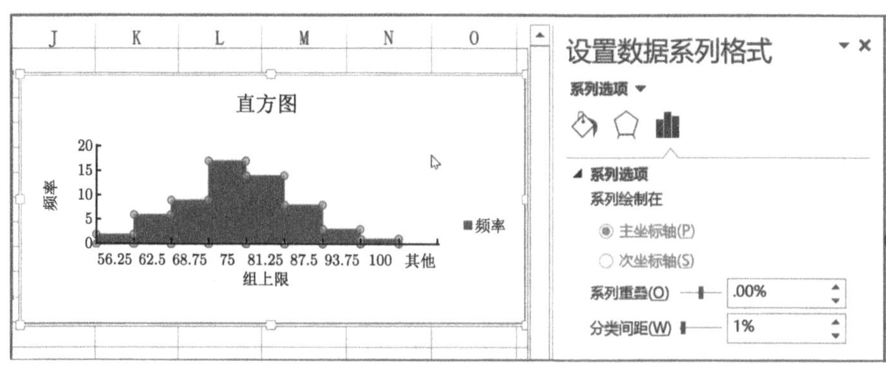

图 6.7 修改分类间距

修改其他各项颜色设置, 最后可得频数直方图如图 6.8 所示.

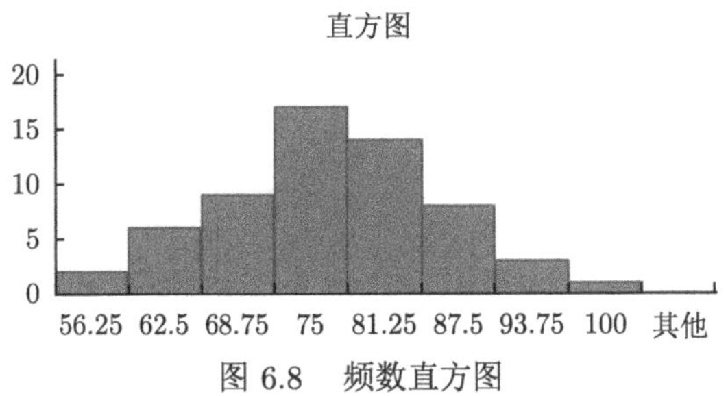

图 6.8 频数直方图

从学生成绩的频数直方图可以看到, 学生成绩在平均分附近比较密集, 较低或较高分数的学生比较少, 学生成绩的分布呈近似“钟形”对称, 即成绩分布近似正态分布.

还可以画出学生成绩的频率直方图和密度直方图, 由于三种直方图只是高度相差一定的倍数, 所以在研究总体分布的形态时, 三种直方图具有同样的作用.

2. 经验分布函数

为了解总体 X 的分布形式, 我们还可以根据样本观测值 $x_1, x_2, \cdots, x_n$ 构造一个函数 $F_n(x)$ 来近似总体 X 的分布函数, 函数 $F_n(x)$ 称为**经验分布函数**. 它的构造方法是这样的, 将样本观测值 $x_1, x_2, \cdots, x_n$ 按从小到大排成 $x_{(1)} \leqslant x_{(2)} \leqslant \cdots \leqslant x_{(n)}$, 定义

$$F_n(x)=\begin{cases} 0, & x<x_{(1)}, \\ \dfrac{k}{n}, & x_{(k)} \leqslant x<x_{(k+1)}, \quad k=1,2,\cdots,n-1, \\ 1, & x \geqslant x_{(n)}. \end{cases}$$

容易看出, 对于给定的任意实数 x, $F_n(x)$ 为 $x_1, x_2, \cdots, x_n$ 落在 $(-\infty, x)$ 中的观测数据的频率, 即事件 $\{X \leqslant x\}$ 在 n 次观测中发生的频率. 由伯努利大数定律可知, $F_n(x)$ 依概率收敛于 X 的分布函数 $F(x)$.

例 6.3 某食品厂生产听装饮料, 现从生产线上随机抽取 5 听饮料, 称得其净重 (单位: g) 为: 351, 347, 355, 344, 351. 这是一个容量为 5 的样本, 经排序可得有序样本: $x_{(1)}=344$, $x_{(2)}=347$, $x_{(3)}=351$, $x_{(4)}=351$, $x_{(5)}=355$. 其经验分布函数为

$$F_5(x)=\begin{cases} 0, & x<344, \\ 0.2, & 344 \leqslant x<347, \\ 0.4, & 347 \leqslant x<351, \\ 0.8, & 351 \leqslant x<355, \\ 1, & x \geqslant 355. \end{cases}$$

该函数的图形如图 6.9 所示.

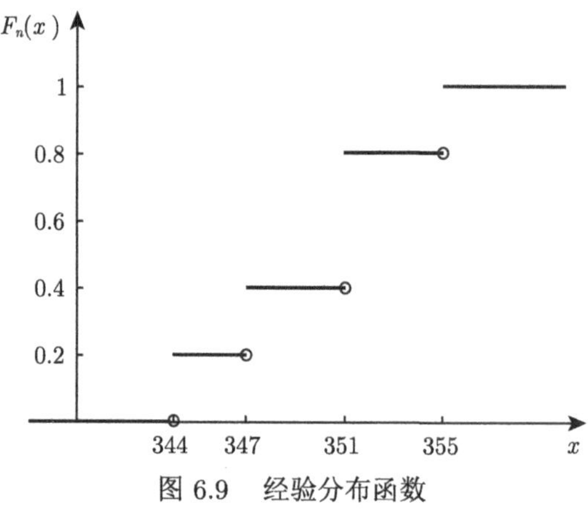

图 6.9 经验分布函数

实际上, 当 $n \to \infty$ 时, $F_n(x)$ 还以概率 1 一致地收敛于分布函数 $F(x)$, 苏联数学家格里汶科 (Glivenko, 1912—1995) 在 1933 年证明了这一更深刻的结论, 即

$$P\{\lim_{n\to\infty}\sup_{-\infty<x<\infty}|F_n(x)-F(x)|=0\}=1.$$

所以, 当 n 充分大时经验分布函数 $F_n(x)$ 是总体分布函数 $F(x)$ 的一个良好的近似. 由实验 6.1 中数据得到的学生成绩的经验分布函数图形的轮廓如图 6.10 所示, 由于数据量较大, 该图形可以较好地反映分布函数的形态.

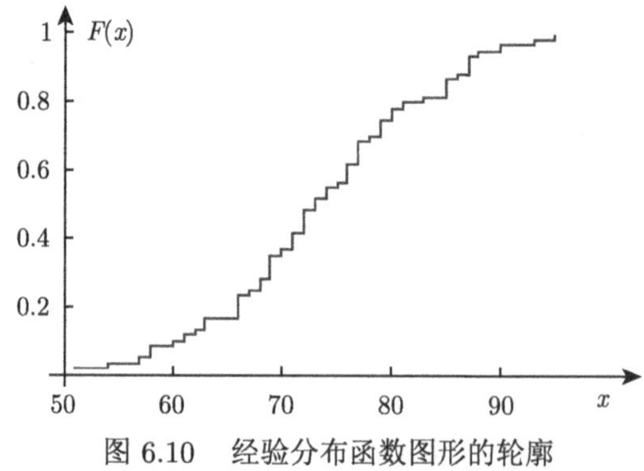

图 6.10 经验分布函数图形的轮廓

同步自测 6-1

一、填空

1. 设 X_1, X_2, $\cdots$, X_n 是来自正态总体 $N(0,\sigma^2)$ 的容量为 n 的样本, 则 X_1+X_n 服从的分布是____________.

2. 设 X_1, X_2, $\cdots$, X_n 是来自正态总体 $N(0,\,3^2)$ 的样本, 则 $X_1, X_2, \cdots, X_n$ 的联合概率密度为____________.

二、单项选择

1. 设 X_1, X_2, $\cdots$, X_n 是来自总体 X 的一个简单随机样本, 那么 X_1, X_2, $\cdots$, X_n 必满足 (　　).

(A) 分布相同但不相互独立　　(B) 相互独立同分布

(C) 相互独立但不同分布　　(D) 不能确定

2. 要了解一批灯泡的使用寿命, 从中抽取 60 只灯泡进行试验, 在这一问题中, 样本观测值是 (　　).

(A) 这一批灯泡　　(B) 抽取的 60 只灯泡

(C) 这一批灯泡的使用寿命　　(D) 抽取的 60 只灯泡的使用寿命

3. 已知总体 X 为参数为 p 的 0-1 分布, X_1, X_2, $\cdots$, X_n 是来自总体 X 的一个样本, 则 (　　).

(A) $\sum\limits_{i=1}^{n} X_i \sim B(n,\,p)$　　(B) $\sum\limits_{i=1}^{n} X_i$ 仍为 0-1 分布

(C) $\sum\limits_{i=1}^{n} X_i$ 的分布无法确定　　(D) $\sum\limits_{i=1}^{n} X_i \sim N(n,\,p)$

6.2 统计量与抽样分布

在利用样本推断总体的性质时, 往往需要对它进行一定的加工, 这样才能有效地利用其中的信息, 否则, 样本只是呈现为一堆 “杂乱无章” 的数据.

例 6.4 从某地区随机抽取 50 户农民, 调查其人均年收入情况, 得到数据 (单位: 元) 如表 6.3:

表 6.3

9240	8000	9160	7040	8700	10400	8240	6900	5740	4900
9720	9880	12660	6840	7640	9400	4080	8040	6100	8520
6020	7540	7880	9620	7040	7120	8540	8880	7680	8480
8820	11920	8200	8780	6140	8460	7460	8280	7920	8720
6960	6440	9260	8080	10100	7280	7420	8500	8640	7380

试对该地区农民收入的水平和贫富差距做个大致分析.

解 显然, 如果不进行加工, 面对这一大堆大小参差不齐的数据, 很难得出什么结论. 可以对这些数据稍事加工, 如记各农户的人均年收入分别为 x_1, x_2, $\cdots$,

x_{50}, 计算得到

$$\bar{x}=\frac{1}{50}\sum_{i=1}^{50}x_i=8095.2,\quad s=\sqrt{\frac{1}{50-1}\sum_{i=1}^{50}(x_i-\bar{x})^2}=1558.5.$$

这样, 就可以了解到该地区农民的平均收入和该地区农民贫富差距的大致情况: 农民的人均年收入的均值大约为 8095.2 元, 标准差约为 1558.5 元, 贫富差距不算很大.

由此例可见, 对样本的加工是十分重要的. 对样本的加工主要就是构造统计量.

6.2.1 统计量

定义 6.2 设 $X_1, X_2, \cdots, X_n$ 为来自总体 X 的样本, 称不含未知参数的样本的函数 $g(X_1,X_2,\cdots,X_n)$ 为**统计量**. 若 $x_1, x_2, \cdots, x_n$ 为样本观测值, 则称 $g(x_1, x_2, \cdots, x_n)$ 为**统计量**$g(X_1,X_2,\cdots,X_n)$ **的观测值**.

统计量是处理、分析数据的主要工具. 对统计量的一个最基本的要求就是可以将样本观测值代入进行计算, 因而, 统计量不能含有任何未知的参数.

例如, 假设 $X_1, X_2, \cdots, X_n$ 是来自总体 X 的样本, $X\sim N(\mu,\sigma^2)$, 其中 μ、σ^2 为未知参数, 则 X_1, $\frac{1}{2}X_1+\frac{1}{3}X_2$, $\min\{X_1, X_2, \cdots, X_n\}$ 均为统计量, 但诸如 $\frac{1}{n}\sum_{i=1}^{n}(X_i-\mu)^2$, $\frac{X_1}{\sigma}$ 等均不是统计量, 因它们含有未知参数 μ 或 σ.

下面介绍一些常用的统计量.

1. 有关一维总体的统计量

设 $X_1, X_2, \cdots, X_n$ 为总体 X 的样本, $x_1, x_2, \cdots, x_n$ 为样本观测值, 下面给出几个常用的有关一维总体的统计量及其观测值:

(1) 样本均值

$$\overline{X}=\frac{1}{n}\sum_{i=1}^{n}X_i.$$

$\overline{X}$ 常用来作为总体均值 (期望) 的估计量, 其观测值为

$$\bar{x}=\frac{1}{n}\sum_{i=1}^{n}x_i.$$

(2) 样本方差

$$S^2=\frac{1}{n-1}\sum_{i=1}^{n}(X_i-\overline{X})^2.$$

(3) 样本标准差

$$S=\sqrt{S^2}.$$

样本方差和样本标准差刻画了样本观测值的分散程度, 常用来作为总体方差和标准差的估计量, 它们的观测值分别记为

$$s^2=\frac{1}{n-1}\sum_{i=1}^{n}(x_i-\bar{x})^2,\quad s=\sqrt{s^2}=\sqrt{\frac{1}{n-1}\sum_{i=1}^{n}(x_i-\bar{x})^2}.$$

(4) 样本 k 阶原点矩 (简称样本 k 阶矩)

$$A_k=\frac{1}{n}\sum_{i=1}^{n}X_i^k\quad(k=1,2,\cdots).$$

(5) 样本 k 阶中心矩

$$B_k=\frac{1}{n}\sum_{i=1}^{n}(X_i-\overline{X})^k\quad(k=2,3,\cdots).$$

显然

$$A_1=\overline{X},\quad B_2=\frac{1}{n}\sum_{i=1}^{n}(X_i-\overline{X})^2.$$

A_k 和 B_k 的观测值分别记为 $a_k=\dfrac{1}{n}\sum\limits_{i=1}^{n}x_i^k$ 和 $b_k=\dfrac{1}{n}\sum\limits_{i=1}^{n}(x_i-\bar{x})^k$.

由期望和方差的性质容易得到下面定理.

定理 6.1 设总体 X 的期望 $E(X)=\mu$, 方差 $D(X)=\sigma^2$, $X_1, X_2, \cdots, X_n$ 为总体 X 的样本, $\overline{X}$, S^2 分别为样本均值和样本方差, 则

$$E(\overline{X})=E(X)=\mu,$$

$$D(\overline{X})=\frac{D(X)}{n}=\frac{\sigma^2}{n},$$
$$E(S^2)=D(X)=\sigma^2.$$

前两个结果可以由期望和方差的性质直接计算得到, 这里给出第三个结果的证明:

$$\begin{aligned}E(S^2)&=E\left[\frac{1}{n-1}\sum_{i=1}^{n}(X_i-\overline{X})^2\right]=E\left[\frac{1}{n-1}\left(\sum_{i=1}^{n}X_i^2-n\overline{X}^2\right)\right]\\&=\frac{1}{n-1}\left[\sum_{i=1}^{n}E(X_i^2)-nE(\overline{X}^2)\right]=\frac{1}{n-1}\left[\sum_{i=1}^{n}(\sigma^2+\mu^2)-n\left(\frac{\sigma^2}{n}+\mu^2\right)\right]\\&=\sigma^2.\end{aligned}$$

由辛钦大数定理和依概率收敛的性质可以证明下面定理.

定理 6.2 设总体 X 的 k 阶原点矩 $E(X^k)=\mu_k$ 存在 ($k=1, 2, \cdots, m$), $X_1, X_2, \cdots, X_n$ 为总体 X 的样本, $g(t_1, t_2, \cdots, t_m)$ 是 m 元连续函数, 则 $A_k=\frac{1}{n}\sum_{i=1}^{n}X_i^k$ 依概率收敛于 μ_k, $g(A_1, A_2, \cdots, A_m)$ 依概率收敛于 $g(\mu_1, \mu_2, \cdots, \mu_m)$. 即

$$A_k=\frac{1}{n}\sum_{i=1}^{n}X_i^k\xrightarrow{P}E(X^k)=\mu_k\quad(n\to\infty,k=1,2,\cdots,m),$$
$$g(A_1,A_2,\cdots,A_m)\xrightarrow{P}g(\mu_1,\mu_2,\cdots,\mu_m)\quad(n\to\infty).$$

特别有

$$\overline{X}\xrightarrow{P}E(X),n\to\infty,$$

$$\begin{aligned}B_2&=\frac{1}{n}\sum_{i=1}^{n}(X_i-\overline{X})^2=\frac{1}{n}\left(\sum_{i=1}^{n}X_i^2-n\overline{X}^2\right)\\&=A_2-A_1^2\xrightarrow{P}\mu_2-\mu_1^2=D(X),n\to\infty.\end{aligned}$$

定理 6.1 和定理 6.2 在后面的估计理论中将作为求总体参数矩估计量的依据.

2. 有关二维总体的统计量

设 $(X_1, Y_1), (X_2, Y_2), \cdots, (X_n, Y_n)$ 为二维总体 (X, Y) 的样本, 其观测值为 $(x_1, y_1), (x_2, y_2), \cdots, (x_n, y_n)$, 下面给出两个常用的二维总体的统计量及其观测值:

(1) 样本协方差

$$S_{XY} = \frac{1}{n-1}\sum_{i=1}^{n}(X_i - \overline{X})(Y_i - \overline{Y}).$$

(2) 样本相关系数

$$R_{XY} = \frac{S_{XY}}{S_X S_Y},$$

其中

$$S_X^2 = \frac{1}{n-1}\sum_{i=1}^{n}(X_i - \overline{X})^2, \quad S_Y^2 = \frac{1}{n-1}\sum_{i=1}^{n}(Y_i - \overline{Y})^2.$$

S_{XY} 和 R_{XY} 常分别用来作为总体 X 和 Y 的协方差 $\mathrm{Cov}(X, Y)$ 与相关系数 ρ_{XY} 的估计量. 其观测值分别为

$$s_{xy} = \frac{1}{n-1}\sum_{i=1}^{n}(x_i - \bar{x})(y_i - \bar{y}), \quad r_{xy} = \frac{s_{xy}}{s_x s_y},$$

其中

$$s_x^2 = \frac{1}{n-1}\sum_{i=1}^{n}(x_i - \bar{x})^2, \quad s_y^2 = \frac{1}{n-1}\sum_{i=1}^{n}(y_i - \bar{y})^2.$$

【实验 6.2】用 Excel 对例 6.4 中的数据计算统计量样本均值、样本方差和样本标准差的观测值.

实验准备

学习附录二中如下 Excel 函数:

(1) 样本均值函数 AVERAGE.

(2) 样本方差函数 VAR.S.

(3) 样本标准差函数 STDEV.S.

实验步骤

方法一

(1) 输入数据及统计量名, 如图 6.11 左所示.

(2) 计算样本均值 $\bar{x}$, 在单元格 H2 中输入公式: =AVERAGE(A2:E11).

(3) 计算样本方差 s^2, 在单元格 H3 中输入公式: =VAR.S(A2:E11).

(4) 计算样本标准差 s, 在单元格 H4 中输入公式: =STDEV.S(A2:E11).

计算结果:

$$\bar{x} = 8095.2, \quad s^2 = 2428890.78, \quad s = 1558.49,$$

如图 6.11 右所示.

	A	B	C	D	E	F	G
1			年收入				统计量
2	9240	9720	6020	8820	6960		样本均值 $\bar{x}$
3	8000	9880	7540	11920	6440		样本方差 s^2
4	9160	12660	7880	8200	9260		样本标准差 s
5	7040	6840	9620	8780	8080		
6	8700	7640	7040	6140	10100		
7	10400	9400	7120	8460	7280		
8	8240	4080	8540	7460	7420		
9	6900	8040	8880	8280	8500		
10	5740	6100	7680	7920	8640		
11	4900	8520	8480	8720	7380		

	A	B	C	D	E	F	G	H
1			年收入				统计量	
2	9240	9720	6020	8820	6960		样本均值 $\bar{x}$	8095. 2
3	8000	9880	7540	11920	6440		样本方差 s^2	2428890. 78
4	9160	12660	7880	8200	9260		样本标准差 s	1558. 4899
5	7040	6840	9620	8780	8080			
6	8700	7640	7040	6140	10100			
7	10400	9400	7120	8460	7280			
8	8240	4080	8540	7460	7420			
9	6900	8040	8880	8280	8500			
10	5740	6100	7680	7920	8640			
11	4900	8520	8480	8720	7380			

图 6.11　计算统计量

方法二

(1) 输入整理数据, 如图 6.12 左所示.

(2) 在 Excel 主菜单中选择 "数据"→"数据分析", 打开 "数据分析" 对话框, 在 "分析工具" 列表中选择 "描述统计" 选项, 单击 "确定" 按钮.

(3) 在打开的 "描述统计" 对话框中, 依次输入 "输入区域" 和 "输出区域", 选中 "标志位于第一行" 复选框以及 "汇总统计" 等复选框, 如图 6.12 中所示, 单击 "确定" 按钮.

得到描述统计的结果如图 6.12 右所示.

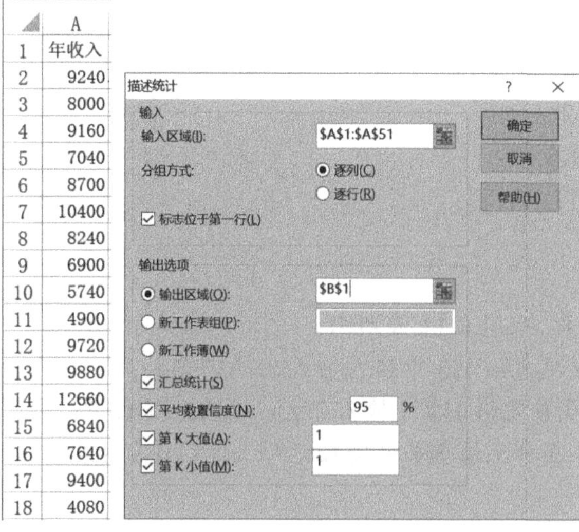

B	C
年收入	
平均	8095. 2
标准误差	220. 403756
中位数	8140
众数	7040
标准差	1558. 4899
方差	2428890. 78
峰度	1. 44641518
偏度	0. 24713221
区域	8580
最小值	4080
最大值	12660
求和	404760
观测数	50
最大(1)	12660
最小(1)	4080
置信度(95.(	442. 91793

图 6.12　描述统计

6.2.2 抽样分布

在使用统计量进行统计推断时, 常常需要知道它们的分布, 我们把统计量的分布称为**抽样分布**. 当总体的分布已知时, 抽样分布是确定的, 但要求出统计量的精确分布, 一般是比较困难的. 下面介绍来自正态总体的三个重要的常用统计量的分布.

1. χ^2 分布

定义 6.3 设 $X_1, X_2, \cdots, X_n$ 为相互独立的随机变量, 它们都服从标准正态分布 $N(0, 1)$, 则称随机变量

$$\chi^2 = \sum_{i=1}^{n} X_i^2$$

服从**自由度**为 n 的 χ^2 **分布**, 记为 $\chi^2 \sim \chi^2(n)$.

此处自由度指 χ^2 中包含独立变量的个数. 可以证明, $\chi^2(n)$ 的概率密度为

$$f_{\chi^2}(x) = \begin{cases} \dfrac{1}{2^{\frac{n}{2}}\Gamma\left(\dfrac{n}{2}\right)} x^{\frac{n}{2}-1}\mathrm{e}^{-\frac{x}{2}}, & x > 0, \\ 0, & x \leqslant 0, \end{cases}$$

其中 $\Gamma(\alpha)$ 称为伽马函数, 定义为

$$\Gamma(\alpha) = \int_0^{+\infty} x^{\alpha-1}\mathrm{e}^{-x}\mathrm{d}x, \quad \alpha > 0.$$

图 6.13 描绘了 $\chi^2(n)$ 分布的概率密度在 $n = 1, 4, 10, 20$ 时的图形. 可以看出, 随着 n 的增大, $f_{\chi^2}(x)$ 的图形趋于“平缓”, 其图形下区域的重心亦逐渐往右下移动.

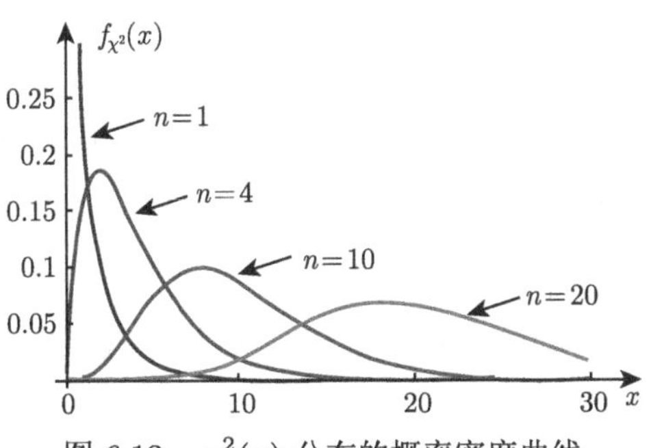

图 6.13 $\chi^2(n)$ 分布的概率密度曲线

χ^2 分布有如下性质:

(1) (可加性) 设 χ_1^2, χ_2^2 是两个相互独立的随机变量, 且 $\chi_1^2 \sim \chi^2(n_1)$, $\chi_2^2 \sim \chi^2(n_2)$, 则

$$\chi_1^2 + \chi_2^2 \sim \chi^2(n_1 + n_2).$$

(2) 设 $\chi^2 \sim \chi^2(n)$, 则 $E(\chi^2) = n$, $D(\chi^2) = 2n$.

证 (1) 由 χ^2 分布的定义易得到.

(2) 因为 $\chi^2 \sim \chi^2(n)$, 故存在相互独立、同分布于 $N(0, 1)$ 的随机变量 X_1, $X_2, \cdots, X_n$, 使

$$\chi^2 = \sum_{i=1}^{n} X_i^2,$$

又 $E(X_i) = 0$, $D(X_i) = 1$, 所以

$$E(\chi^2) = E\left(\sum_{i=1}^{n} X_i^2\right) = \sum_{i=1}^{n} E(X_i^2) = \sum_{i=1}^{n} D(X_i) = n.$$

再根据 $E(X_i^4)= 3$, 可得

$$\begin{aligned} D(\chi^2) &= \sum_{i=1}^{n} D(X_i^2) = \sum_{i=1}^{n}\{E(X_i^4) - [E(X_i^2)]^2\} \\ &= \sum_{i=1}^{n}\{E(X_i^4) - [D(X_i)]^2\} = \sum_{i=1}^{n}(3-1) = 2n. \end{aligned}$$

例 6.5 设 $X_1, X_2, \cdots, X_n$ 为来自总体 $N(0, 1)$ 的样本, 又设

$$Y = (X_1 + X_2 + X_3)^2 + (X_4 + X_5 + X_6)^2,$$

试求常数 C, 使 CY 为自由度为 2 的 χ^2 分布, 即 $CY \sim \chi^2(2)$.

解 令 $Y_1 = X_1+X_2+X_3, Y_2 = X_4+X_5+X_6$, 则 $Y_1 \sim N(0,3), Y_2 \sim N(0,3)$. 要使 $CY = CY_1^2 + CY_2^2 \sim \chi^2(2)$, 则需要 $\sqrt{C}Y_1 \sim N(0,1), \sqrt{C}Y_2 \sim N(0,1)$.

由 $D(\sqrt{C}Y_1) = CD(Y_1) = 3C = 1$, 可得 $C= 1/3$. 即当 $C= 1/3$ 时, 有 $\sqrt{C}Y_1 \sim N(0,1), \sqrt{C}Y_2 \sim N(0,1)$, 因此有 $CY = CY_1^2 + CY_2^2 \sim \chi^2(2)$.

2. t 分布

定义 6.4 设 $X \sim N(0,1), Y \sim \chi^2(n)$, X 与 Y 独立, 则称随机变量

$$T = \frac{X}{\sqrt{Y/n}}$$

服从自由度为 n 的 t **分布**, 又称为**学生氏分布** (Student distribution), 记为 $T \sim t(n)$.

英国统计学家哥塞特 (W. S. Gosset, 1876—1937) 在 1908 年以笔名 "Student" 发表的一篇论文中最先提出了 t 分布的定义.

可以证明 $t(n)$ 的概率密度为

$$f_t(x) = \frac{\Gamma\left(\frac{n+1}{2}\right)}{\sqrt{n\pi}\Gamma\left(\frac{n}{2}\right)}\left(1+\frac{x^2}{n}\right)^{-\frac{n+1}{2}}, \quad -\infty < x < +\infty.$$

显然它是 x 的偶函数, 图 6.14 描绘了 $n = 1, 3, 7$ 时 $t(n)$ 的概率密度曲线. 作为比较, 还描绘了 $N(0, 1)$ 的概率密度曲线.

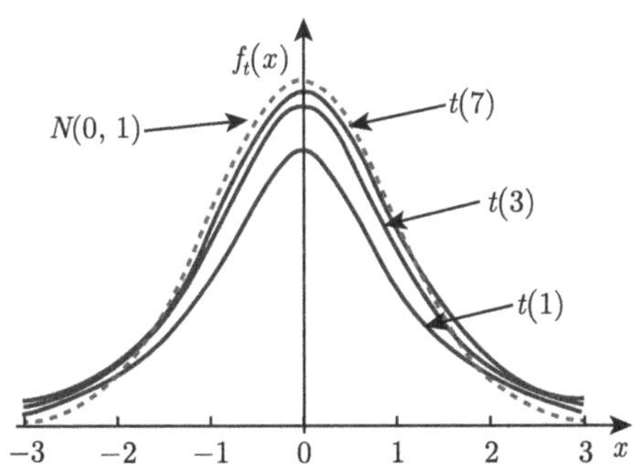

图 6.14 t 分布与 $N(0, 1)$ 的概率密度曲线

从图形可看出, 随着 n 的增大, $t(n)$ 的概率密度曲线与 $N(0, 1)$ 的概率密度曲线越来越接近. 可以证明 t 分布具有下面性质:

$$f_t(x) \to \frac{1}{\sqrt{2\pi}}e^{-\frac{x^2}{2}}, \quad n \to \infty.$$

即当 n 趋向无穷时, $t(n)$ 近似于标准正态分布 $N(0, 1)$.

一般地, 若 $n > 30$, 就可认为 $t(n)$ 基本与 $N(0, 1)$ 相差无几了.

3. F 分布

定义 6.5 设 $X \sim \chi^2(n_1)$, $Y \sim \chi^2(n_2)$, 且 X 与 Y 独立, 则称随机变量

$$F = \frac{X/n_1}{Y/n_2}$$

服从自由度为 (n_1, n_2) 的 F **分布**, 记为 $F \sim F(n_1, n_2)$.

可以证明 $F(n_1,n_2)$ 的概率密度函数为

$$f_F(x)=\begin{cases}\dfrac{\Gamma\left(\dfrac{n_1+n_2}{2}\right)\left(\dfrac{n_1}{n_2}\right)^{\frac{n_1}{2}}x^{\frac{n_1}{2}-1}}{\Gamma\left(\dfrac{n_1}{2}\right)\Gamma\left(\dfrac{n_2}{2}\right)\left(1+\dfrac{n_1}{n_2}x\right)^{\frac{n_1+n_2}{2}}}, & x>0,\\ 0, & x\leqslant 0.\end{cases}$$

图 6.15 描绘了两个 F 分布的概率密度曲线.

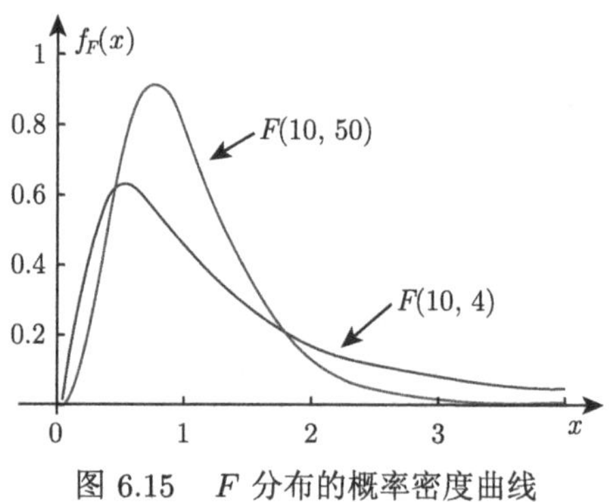

图 6.15　F 分布的概率密度曲线

由 F 分布的定义容易看出, 若 $F\sim F(n_1,\ n_2)$, 则 $1/F\sim F(n_2,\ n_1)$.

例 6.6　已知 $X\sim t(n)$, 求证 $X^2\sim F(1,\ n)$.

证　因为 X 可表示为 $X=\dfrac{M}{\sqrt{N/n}}$, 其中 $M\sim N(0,\ 1)$, $N\sim\chi^2(n)$ 且 M, N 相互独立, 由于 $M^2\sim\chi^2(1), N\sim\chi^2(n)$, 根据 F 分布的定义, 有 $X^2=\dfrac{M^2}{N/n}\sim F(1,n)$.

例 6.7　设 $X\sim N(0,\ \sigma^2)$, $X_1,\ X_2,\ X_3,\ X_4$ 为来自总体 X 的样本, 求 $Y=\dfrac{(X_1+X_2)^2}{(X_3-X_4)^2}$ 的分布.

解　将 $Y=\dfrac{(X_1+X_2)^2}{(X_3-X_4)^2}$ 改写成 $Y=\left(\dfrac{X_1+X_2}{\sqrt{2}\sigma}\right)^2\Big/\left(\dfrac{X_3-X_4}{\sqrt{2}\sigma}\right)^2$, 由于

$$X_1+X_2\sim N(0,2\sigma^2),\quad X_3-X_4\sim N(0,2\sigma^2),$$

因此 $\left(\dfrac{X_1+X_2}{\sqrt{2}\sigma}\right)^2\sim\chi^2(1),\left(\dfrac{X_3-X_4}{\sqrt{2}\sigma}\right)^2\sim\chi^2(1)$, 且 X_1+X_2 和 X_3-X_4 相互

独立, 所以

$$Y=\left(\frac{X_1+X_2}{\sqrt{2}\sigma}\right)^2\bigg/\left(\frac{X_3-X_4}{\sqrt{2}\sigma}\right)^2\sim F(1,1).$$

4. 正态总体的抽样分布定理

在数理统计问题中, 正态分布占据着十分重要的位置, 一方面, 在应用中许多随机变量的分布或者是正态分布, 或者接近于正态分布; 另一方面, 正态分布有许多优良性质, 便于进行较深入的理论研究. 因此, 我们着重讨论正态总体下的抽样分布, 给出有关正态分布的样本均值 $\overline{X}$ 和样本方差 S^2 的抽样分布定理.

定理 6.3 设 $X_1, X_2, \cdots, X_n$ 为来自正态总体 $N(\mu,\sigma^2)$ 的样本, $\overline{X}$, S^2 分别为样本均值和样本方差, 则有

(1) $\overline{X}\sim N\left(\mu,\ \dfrac{\sigma^2}{n}\right)$;

(2) $\dfrac{(n-1)S^2}{\sigma^2}\sim\chi^2(n-1)$;

(3) $\overline{X}$ 与 S^2 相互独立;

(4) $\dfrac{\overline{X}-\mu}{S/\sqrt{n}}\sim t(n-1)$.

证 由正态分布的性质容易得到 (1). 结论 (2) 和 (3) 的证明超出了本教材的范围, 故略去. 下面仅证明 (4).

由 (1) 知 $\overline{X}\sim N\left(\mu,\ \dfrac{\sigma^2}{n}\right)$, 从而 $\dfrac{\overline{X}-\mu}{\sigma/\sqrt{n}}\sim N(0,\ 1)$.

由 (2) 知 $\dfrac{(n-1)S^2}{\sigma^2}\sim\chi^2(n-1)$ 且 $\overline{X}$ 与 S^2 独立, 根据 t 分布的定义

$$\frac{\dfrac{\overline{X}-\mu}{\sigma/\sqrt{n}}}{\sqrt{\dfrac{(n-1)S^2}{\sigma^2}\Big/(n-1)}}=\frac{\overline{X}-\mu}{S/\sqrt{n}}\sim t(n-1).$$

例 6.8 某厂生产的灯泡寿命近似服从正态分布 $N(800,\ 40^2)$, 抽取 16 个灯泡的样本, 求平均寿命小于 775 小时的概率.

解 设灯泡寿命总体为 X, 因为 $X\sim N(800,\ 40^2)$, $n=16$, 所以样本均值 $\overline{X}\sim N\left(800,\dfrac{40^2}{16}\right)$, 即 $\overline{X}\sim N(800,100)$, 故

$$P\{\overline{X}<775\}=P\left\{\frac{\overline{X}-800}{10}<\frac{775-800}{10}\right\}=P\left\{\frac{\overline{X}-800}{10}<-2.5\right\}$$

$$= 1 - \Phi(2.5) = 1 - 0.9938 = 0.0062.$$

例 6.9 设总体 $X \sim N(\mu, 10^2)$, 抽取容量为 n 的样本, 样本均值记为 $\overline{X}$. 欲使 $\overline{X}$ 与 μ 的偏差小于 5 的概率大于等于 0.95, 样本容量 n 至少应该取多大?

解 因为总体 $X \sim N(\mu, 10^2)$, 从而

$$\overline{X} \sim N\left(\mu, \frac{100}{n}\right), \quad \frac{\overline{X} - \mu}{10/\sqrt{n}} \sim N(0, 1).$$

依题意, 令

$$P\{|\overline{X} - \mu| < 5\} \geqslant 0.95, \quad \text{即 } P\{\mu - 5 < \overline{X} < \mu + 5\} \geqslant 0.95,$$

$$P\left\{\frac{-5}{10/\sqrt{n}} < \frac{\overline{X} - \mu}{10/\sqrt{n}} < \frac{5}{10/\sqrt{n}}\right\} \geqslant 0.95,$$

即 $\Phi\left(\frac{\sqrt{n}}{2}\right) - \Phi\left(-\frac{\sqrt{n}}{2}\right) \geqslant 0.95$, $2\Phi\left(\frac{\sqrt{n}}{2}\right) - 1 \geqslant 0.95$, $\Phi\left(\frac{\sqrt{n}}{2}\right) \geqslant 0.975$.

查表知 $\Phi(1.96) = 0.975$, 由于 $\Phi(x)$ 单调不减, 应有

$$\frac{\sqrt{n}}{2} \geqslant 1.96, \quad n \geqslant 15.48.$$

故 n 至少应该取为 16.

例 6.10 设 $X_1, X_2, \cdots, X_n$ 为总体 $X \sim N(\mu, \sigma^2)$ 的样本, 求样本方差

$$S^2 = \frac{1}{n-1}\sum_{i=1}^{n}(X_i - \overline{X})^2$$

的均值和方差.

解 本题可以通过 χ^2 分布的均值和方差简单求出. 由定理 6.3

$$\frac{(n-1)S^2}{\sigma^2} \sim \chi^2(n-1),$$

所以有

$$E\left[\frac{(n-1)S^2}{\sigma^2}\right] = n - 1, \quad D\left[\frac{(n-1)S^2}{\sigma^2}\right] = 2(n-1).$$

于是

$$E\left(S^2\right) = \sigma^2, \quad D\left(S^2\right) = \frac{2\sigma^4}{n-1}.$$

由定理 6.3 容易证明下述有关两个总体的抽样分布定理.

定理 6.4 设 $X_1, X_2, \cdots, X_{n_1}$ 和 $Y_1, Y_2, \cdots, Y_{n_2}$ 分别为来自 $N(\mu_1, \sigma_1^2)$ 和 $N(\mu_2, \sigma_2^2)$ 的样本, 且它们相互独立, 设 $\overline{X}$, S_1^2, $\overline{Y}$, S_2^2, 分别为相应样本的样本均值和样本方差, 则

(1) $\dfrac{\overline{X}-\overline{Y}-(\mu_1-\mu_2)}{\sqrt{\dfrac{\sigma_1^2}{n_1}+\dfrac{\sigma_2^2}{n_2}}} \sim N(0,\ 1)$;

(2) $\dfrac{S_1^2/\sigma_1^2}{S_2^2/\sigma_2^2} \sim F(n_1-1,\ n_2-1)$;

(3) 当 $\sigma_1^2=\sigma_2^2=\sigma^2$ 时, $\dfrac{(\overline{X}-\overline{Y})-(\mu_1-\mu_2)}{S_w\sqrt{\dfrac{1}{n_1}+\dfrac{1}{n_2}}} \sim t(n_1+n_2-2)$,

其中 $S_w^2=\dfrac{(n_1-1)S_1^2+(n_2-1)S_2^2}{n_1+n_2-2}, \quad S_w=\sqrt{S_w^2}$.

证 (1) 由定理 6.3 中 (1) 知, $\overline{X} \sim N(\mu_1, \sigma_1^2/n_1)$,$\overline{Y} \sim N(\mu_2, \sigma_2^2/n_2)$, 又 $\overline{X}$ 与 $\overline{Y}$ 独立, 故由正态分布的性质知

$$\overline{X}-\overline{Y} \sim N\left(\mu_1-\mu_2, \frac{\sigma_1^2}{n_1}+\frac{\sigma_2^2}{n_2}\right),$$

所以

$$\frac{\overline{X}-\overline{Y}-(\mu_1-\mu_2)}{\sqrt{\dfrac{\sigma_1^2}{n_1}+\dfrac{\sigma_2^2}{n_2}}} \sim N(0,\ 1).$$

(2) 由定理 6.3 中 (2) 知, $\dfrac{(n_1-1)S_1^2}{\sigma_1^2} \sim \chi^2(n_1-1)$, $\dfrac{(n_2-1)S_2^2}{\sigma_2^2} \sim \chi^2(n_2-1)$, 且来自两个总体的样本是独立的, 即有 S_1^2 和 S_2^2 独立, 由 F 分布的定义知

$$\frac{\dfrac{(n_1-1)S_1^2/\sigma_1^2}{n_1-1}}{\dfrac{(n_2-1)S_2^2/\sigma_2^2}{n_2-1}} = \frac{S_1^2/\sigma_1^2}{S_2^2/\sigma_2^2} \sim F(n_1-1, n_2-1).$$

(3) 由于 $\overline{X}-\overline{Y} \sim N\left(\mu_1-\mu_2, \dfrac{\sigma^2}{n_1}+\dfrac{\sigma^2}{n_2}\right)$, 所以

$$U=\frac{(\overline{X}-\overline{Y})-(\mu_1-\mu_2)}{\sigma\sqrt{\dfrac{1}{n_1}+\dfrac{1}{n_2}}} \sim N(0,\ 1).$$

根据定理 6.3 中 (2)

$$\frac{(n_1-1)S_1^2}{\sigma^2}\sim\chi^2(n_1-1),\quad \frac{(n_2-1)S_2^2}{\sigma^2}\sim\chi^2(n_2-1),$$

由 χ^2 分布的性质

$$V=\frac{(n_1-1)S_1^2}{\sigma^2}+\frac{(n_2-1)S_2^2}{\sigma^2}\sim\chi^2(n_1+n_2-2).$$

由于 U 与 V 相互独立, 按 t 分布的定义

$$\frac{U}{\sqrt{V/(n_1+n_2-2)}}=\frac{(\overline{X}-\overline{Y})-(\mu_1-\mu_2)}{\sqrt{\frac{(n_1-1)S_1^2+(n_2-1)S_2^2}{n_1+n_2-2}}\sqrt{\frac{1}{n_1}+\frac{1}{n_2}}}\sim t(n_1+n_2-2).$$

设 $S_w^2=\dfrac{(n_1-1)S_1^2+(n_2-1)S_2^2}{n_1+n_2-2}$, 则

$$\frac{(\overline{X}-\overline{Y})-(\mu_1-\mu_2)}{S_w\sqrt{\frac{1}{n_1}+\frac{1}{n_2}}}\sim t(n_1+n_2-2).$$

例 6.11 设 $X_1, X_2, \cdots, X_{25}$ 和 $Y_1, Y_2, \cdots, Y_{25}$ 分别为来自两个独立总体 $N(0, 16)$ 和 $N(1, 9)$ 的样本, $\overline{X}$ 与 $\overline{Y}$ 分别表示相应的样本均值, 求 $P\{\overline{X}>\overline{Y}\}$.

解 因为 $\overline{X}\sim N\left(0,\dfrac{16}{25}\right)$, $\overline{Y}\sim N\left(1,\dfrac{9}{25}\right)$, 且相互独立, 所以

$$\overline{X}-\overline{Y}\sim N\left(-1,\frac{16}{25}+\frac{9}{25}\right)=N(-1,\ 1).$$

故

$$\begin{aligned}P\{\overline{X}>\overline{Y}\}&=P\{\overline{X}-\overline{Y}>0\}=1-P\{\overline{X}-\overline{Y}\leqslant 0\}\\&=1-P\left\{\frac{\overline{X}-\overline{Y}-(-1)}{1}\leqslant 1\right\}=1-\varPhi(1)=1-0.8413=0.1587.\end{aligned}$$

【微视频6-3】卡方分布

【微视频6-4】t分布

【微视频6-5】F分布

【拓展练习6-2】正态分布的抽样分布1

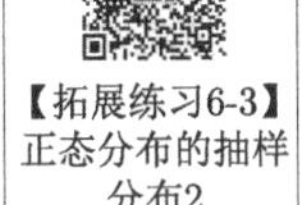
【拓展练习6-3】正态分布的抽样分布2

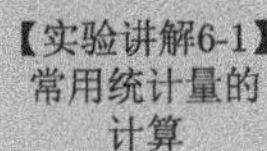
【实验讲解6-1】常用统计量的计算

【拓展阅读6-2】数理统计三剑客

同步自测 6-2

一、填空

1. 设 $X_1, X_2, \cdots, X_n$ 是来自总体 X 的简单随机样本, 则样本均值 $\overline{X}=$__________; 样本方差 $S^2=$__________; 样本的 k 阶 (原点) 矩 $A_k=$__________; 样本的 k 阶中心矩 $B_k=$__________.

2. 设 $X_1, X_2, \cdots, X_n$ 相互独立, 且都服从标准正态分布 $N(0, 1)$, 则 $\sum\limits_{i=1}^{n} X_i^2$ 服从__________分布.

3. 设总体 X 服从正态分布 $N(\mu,\sigma^2)$, $X_1, X_2, \cdots, X_n$ 是来自总体 X 的样本, 则 $\dfrac{\overline{X}-\mu}{\sigma/\sqrt{n}}$ 服从__________分布; $\dfrac{\overline{X}-\mu}{S/\sqrt{n}}$ 服从__________分布; $\dfrac{(n-1)S^2}{\sigma^2}$ 服从__________分布; $\dfrac{\sum\limits_{i=1}^{n}(X_i-\mu)^2}{\sigma^2}$ 服从__________分布.

4. 设 $X\sim N(0,1), Y\sim \chi^2(n)$, X 与 Y 独立, 则随机变量 $T=\dfrac{X}{\sqrt{Y/n}}$ 服从__________分布.

5. 设 $X_1, X_2, \cdots, X_n, X_{n+1}, \cdots, X_{n+m}$ 是来自正态总体 $N(0, \sigma^2)$ 的容量为 $n+m$ 的样本, 则统计量 $\dfrac{m\sum\limits_{i=1}^{n}X_i^2}{n\sum\limits_{i=n+1}^{n+m}X_i^2}$ 服从的分布是__________.

6. 设总体 $X\sim N(\mu,\sigma^2)$, $X_1, X_2, \cdots, X_n$ 是来自总体 X 的样本, 则 $E(\overline{X})=$__________; $D(\overline{X})=$__________, $E(S^2)=$__________.

二、单项选择

1. 设 $X_1, X_2, \cdots, X_n$ 是来自总体 $N(\mu, \sigma^2)$ 的样本, 其中 μ 已知, σ^2 未知, 则表达式 (　　) 不是统计量.

(A) $\frac{1}{n}\sum_{i=1}^{n}X_i$　　(B) $\frac{1}{n}\sum_{i=1}^{n}(X_i-\mu)^2$　　(C) $\max\limits_{1\leqslant i\leqslant n}\{X_i\}$　　(D) $\frac{1}{\sigma^2}\sum_{i=1}^{n}(X_i-\mu)^2$

2. 设 $X_1, X_2, \cdots, X_n$ 是来自总体 $N(\mu,\sigma^2)$ 的样本, 令 $Y=\frac{1}{\sigma^2}\sum_{i=1}^{n}(X_i-\overline{X})^2$, 则 $Y\sim$ (　　).

(A) $\chi^2(n)$　　(B) $N(\mu,\sigma^2)$　　(C) $\chi^2(n-1)$　　(D) $N(\mu,\sigma^2/n)$

3. 设 $X_1, X_2, \cdots, X_n$ 是来自总体 $N(0, 1)$ 的样本, $\overline{X}$ 与 S^2 分别是样本均值和样本方差, 则有 (　　).

(A) $\overline{X}\sim N(0,1)$　　(B) $n\overline{X}\sim N(0,1)$

(C) $\sum_{i=1}^{n}X_i^2\sim\chi^2(n)$　　(D) $\frac{\overline{X}}{S}\sim t(n-1)$

4. 设 $X_1, X_2, \cdots, X_{16}$ 是来自总体 $N(2, \sigma^2)$ 的样本, 则 $\frac{4\overline{X}-8}{\sigma}\sim$(　　).

(A) $t(15)$　　(B) $t(16)$　　(C) $\chi^2(15)$　　(D) $N(0, 1)$

6.3 分 位 数

在数理统计中, 若 X 为一个随机变量, 我们常常需要对给定事件 $\{X>x\}$ 的概率, 确定 x 取什么值. 由此确定的 x 通常是一个临界点, 称为分位数 (点), 来看如下定义.

定义 6.6 设 X 为随机变量, 若对给定的 $\alpha\in(0, 1)$, 存在一个实数 x_α 满足

$$P\{X>x_\alpha\}=\alpha,$$

则称 x_α 为 X 的**上 α 分位数 (点)**.

若 X 具有概率密度 $f(x)$, 则分位数 x_α 右边的一块阴影面积 (图 6.16) 为 α, 即 $\int_{x_\alpha}^{+\infty}f(t)\mathrm{d}t=\alpha$.

容易看出, X 的上 α 分位数 x_α 是关于 α 的减函数, 即 α 增大时 x_α 减小.

下面给出几种常用分布的上 α 分位数.

(1) 设 $Z\sim N(0, 1)$, 记 $N(0, 1)$ 的上 α 分位数为 z_α, 即有 $P\{Z>z_\alpha\}=\alpha$.

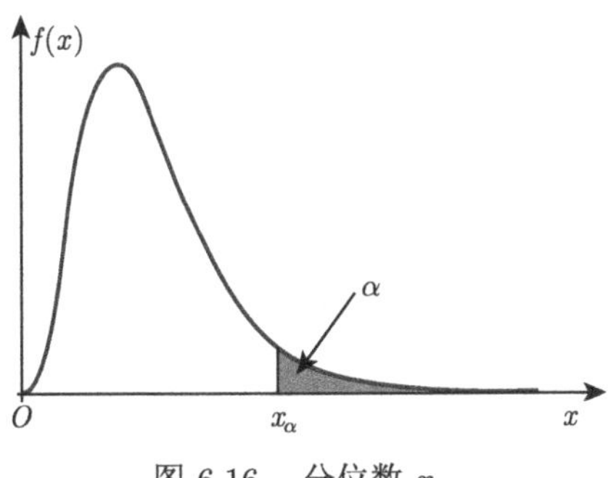

图 6.16 分位数 x_α

由于 $\Phi(z_\alpha)=P\{Z\leqslant z_\alpha\}=1-P\{Z>z_\alpha\}=1-\alpha$, 由标准正态分布函数表 (附录一中附表 2) 反过来查, 即可以得到 z_α 的值.

为使用方便, 表 6.4 列出了标准正态分布的几个常用分位数 z_α 的值.

表 6.4 常用的标准正态分布的分位数

α	0.001	0.005	0.01	0.025	0.05	0.10
z_α	3.090	2.576	2.326	1.960	1.645	1.282

由 $N(0,1)$ 的概率密度的对称性 (见图 6.17) 易知 $z_{1-\alpha}=-z_\alpha$.

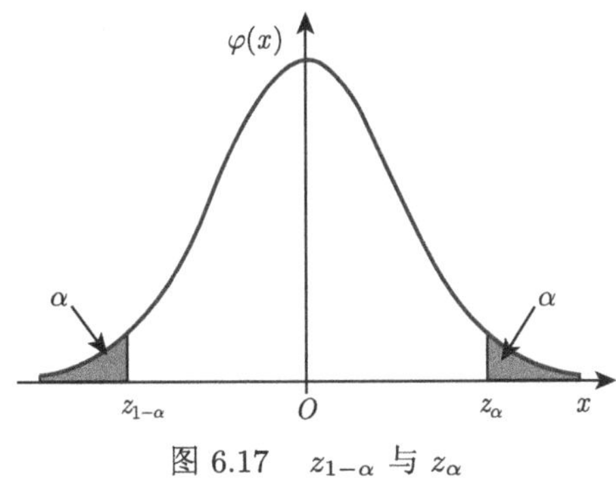

图 6.17 $z_{1-\alpha}$ 与 z_α

(2) 设 $\chi^2\sim\chi^2(n)$, 记 $\chi^2(n)$ 的上 α 分位数为 $\chi^2_\alpha(n)$, 即有

$$P\{\chi^2>\chi^2_\alpha(n)\}=\alpha.$$

附录一中附表 3 给出了 $n\leqslant 40$ 时 $\chi^2_\alpha(n)$ 的值. 英国统计学家费希尔 (R. A. Fisher 1890—1962) 曾证明, 当 n 较大时, $\chi^2_\alpha(n)\approx\dfrac{1}{2}(z_\alpha+\sqrt{2n-1})^2$.

(3) 设 $T\sim t(n)$, 记 $t(n)$ 的上 α 分位数为 $t_\alpha(n)$, 即有 $P\{T>t_\alpha(n)\}=\alpha$.

由 $t(n)$ 的概率密度的对称性 (见图 6.18) 知

$$t_{1-\alpha}(n) = -t_\alpha(n).$$

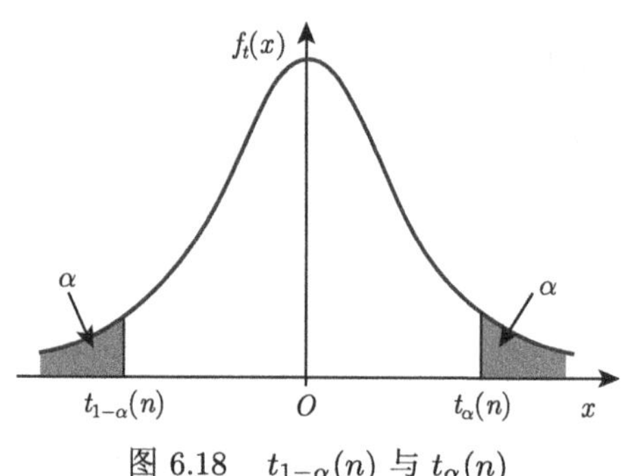

图 6.18 $t_{1-\alpha}(n)$ 与 $t_\alpha(n)$

附录一中附表 4 给出了 $n \leqslant 40$ 时 $t_\alpha(n)$ 的值, 当 $n > 40$ 时, 由于 $t(n)$ 近似 $N(0, 1)$, 所以

$$t_\alpha(n) \approx z_\alpha.$$

(4) 设 $F \sim F(n_1, n_2)$, 记 $F(n_1, n_2)$ 的上 α 分位数为 $F_\alpha(n_1, n_2)$, 即有 $P\{F > F_\alpha(n_1, n_2)\} = \alpha$. 附录一中附表 5 给出了部分 $F_\alpha(n_1, n_2)$ 的值.

另外, 由于 $F \sim F(n_1, n_2)$ 时 $1/F \sim F(n_2, n_1)$, 所以

$$\begin{aligned} P\left\{F > \frac{1}{F_\alpha(n_2, n_1)}\right\} &= P\left\{\frac{1}{F} < F_\alpha(n_2, n_1)\right\} \\ &= 1 - P\left\{\frac{1}{F} > F_\alpha(n_2, n_1)\right\} = 1 - \alpha, \end{aligned}$$

故 $F_{1-\alpha}(n_1, n_2) = \dfrac{1}{F_\alpha(n_2, n_1)}$.

例 6.12 求下列分位数:

(1) $z_{0.025}$, $\chi^2_{0.05}(20)$, $t_{0.1}(25)$, $F_{0.05}(10, 15)$;

(2) $t_{0.975}(4)$;

(3) $t_{0.05}(55)$;

(4) $F_{0.9}(14, 10)$;

(5) $\chi^2_{0.975}(200)$.

解 (1) 查表 6.1 知 $z_{0.025} = 1.96$. 也可由标准正态分布函数表 (附录一中附表 2), 对函数值 $\Phi(z_{0.025}) = 1 - 0.025 = 0.975$ 反查表得 $z_{0.025} = 1.96$. 分别查附

录一中的附表 3、附表 4、附表 5, 得到 $\chi^2_{0.05}(20) = 31.4104$, $t_{0.1}(25) = 1.3164$, $F_{0.05}(10, 15) = 2.54$.

(2) 在附表 4 中没有 $\alpha = 0.975$, 可先查出 $t_{0.025}(4) = 2.7764$, 利用对称性得到 $t_{0.975}(4) = -t_{0.025}(4) = -2.7764$.

(3) 在附表 4 中查不到 $t_{0.05}(55)$, 用近似公式 $t_{0.05}(55) \approx z_{0.05} = 1.645$.

(4) 在附表 5 中查不到 $F_{0.9}(14, 10)$, 但可查出 $F_{0.1}(10, 14) = 2.10$, 故

$$F_{0.9}(14,10) = \frac{1}{F_{0.1}(10,14)} = \frac{1}{2.10} \approx 0.476.$$

(5) 在附表 3 中查不到 $\chi^2_{0.975}(200)$, 先查出 $z_{0.975} = -z_{0.025} = -1.96$, 再作如下近似计算

$$\chi^2_{0.975}(200) \approx \frac{1}{2}(z_{0.975} + \sqrt{2\times 200 - 1})^2 = \frac{1}{2}(-1.96 + \sqrt{2\times 200 - 1})^2 \approx 162.27.$$

【实验 6.3】用 Excel 计算例 6.12 中的分位数:

(1) $z_{0.025}$; (2) $t_{0.975}(4)$; (3) $t_{0.05}(55)$; (4) $F_{0.9}(14, 10)$; (5) $\chi^2_{0.975}(200)$.

实验准备

学习附录二中如下 Excel 函数:

(1) 标准正态分布的分位数函数 NORM.S.INV.

(2) t 分布的上分位数函数 T.INV.2T.

(3) F 分布上分位数函数 F.INV.RT.

(4) χ^2 分布上分位数函数 CHISQ.INV.RT.

实验步骤

(1) 计算 $z_{0.025}$, 在单元格 B2 中输入公式:

=NORM.S.INV(0.975).

(2) 计算 $t_{0.975}(4)$, 由于 $t_{0.975}(4) = -t_{0.025}(4)$, 在单元格 B3 中输入公式:

= −T.INV.2T(2*0.025,4).

(3) 计算 $t_{0.05}(55)$, 在单元格 B4 中输入公式:

=T.INV.2T(2*0.05,55).

(4) 计算 $F_{0.9}(14, 10)$, 在单元格 B5 中输入公式:

=F.INV.RT(0.9,14,10).

(5) 计算 $\chi^2_{0.975}(200)$, 在单元格 B6 中输入公式:

=CHISQ.INV.RT(0.975,200).

计算结果如图 6.19 所示.

	A	B	C
1	分位数	值	
2	$z_{0.025}$	1.95996398	
3	$t_{0.975}(4)$	-2.7764451	
4	$t_{0.05}(55)$	1.67303397	
5	$F_{0.9}(14，10)$	0.47723667	
6	$\chi^2_{0.975}(200)$	162.727985	

图 6.19 计算分位数

例 6.13 设 X_1, X_2 是总体 $X \sim N(1, 2)$ 的样本, 试求概率 $P\{(X_1-X_2)^2 \leqslant 20.08\}$.

解 1 因为 $X \sim N(1, 2)$, 所以 $X_i \sim N(1, 2)$, $i = 1, 2$, 从而

$$X_1 - X_2 \sim N(0,4), \quad \frac{X_1-X_2}{2} \sim N(0,1), \quad \left(\frac{X_1-X_2}{2}\right)^2 \sim \chi^2(1).$$

记 $\chi^2 = \left(\frac{X_1-X_2}{2}\right)^2$, 所以 $P\{(X_1-X_2)^2 \leqslant 20.08\} = P\left\{\chi^2 \leqslant 5.02\right\} = 1 - P\{\chi^2 > 5.02\}$. 查表知 $\chi^2_{0.025}(1) = 5.02$, 即 $P\{\chi^2 > 5.02\} = 0.025$, 所以

$$P\{(X_1-X_2)^2 \leqslant 20.08\} = 1 - 0.025 = 0.975.$$

解 2 因 $X \sim N(1, 2)$, 所以

$$\frac{X_1-X_2}{2} \sim N(0,1),$$

从而

$$\begin{aligned} P\{(X_1-X_2)^2 \leqslant 20.08\} &= P\left\{\left|\frac{X_1-X_2}{2}\right| \leqslant \sqrt{5.02}\right\} \\ &= 2\Phi(\sqrt{5.02}) - 1 = 2\Phi(2.241) - 1 \\ &= 2 \times 0.9875 - 1 = 0.975. \end{aligned}$$

例 6.14 若从方差相等的两个正态总体中分别抽出 $n_1 = 8$ 和 $n_2 = 12$ 的独立样本, 样本方差分别为 S_1^2 和 S_2^2, 求 $P\{S_1^2/S_2^2 < 4.89\}$.

解 设两个正态总体分别为 $N(\mu_1, \sigma_1^2)$ 和 $N(\mu_2, \sigma_2^2)$. 根据定理 6.4,

$$F = \frac{S_1^2/\sigma_1^2}{S_2^2/\sigma_2^2} \sim F(n_1, n_2).$$

由于 $\sigma_1^2 = \sigma_2^2, n_1 = 8, n_2 = 12$, 所以

$$F = \frac{S_1^2}{S_2^2} \sim F(7, 11).$$

因此

$$P\left\{\frac{S_1^2}{S_2^2} < 4.89\right\} = P\{F < 4.89\} = 1 - P\{F > 4.89\}.$$

查表知 $F_{0.01}(7, 11) = 4.89$, 即 $P\{ F> 4.89\} = 0.01$, 故

$$P\left\{\frac{S_1^2}{S_2^2} < 4.89\right\} = 1 - 0.01 = 0.99.$$

【微视频6-6】分位数

【微视频6-7】单正态总体的抽样分布定理

【微视频6-8】两正态总体的抽样分布定理

【实验讲解6-2】常用分位数的计算

同步自测 6-3

一、填空

写出下列分位数:

$z_{0.015}$ =____________; $z_{0.95}$ =____________; $t_{0.1}(10)$ = ____________;
$\chi^2_{0.025}(25)$ =____________; $t_{0.025}(50)$ = ____________;
$F_{0.05}(12, 10)$ = ____________; $F_{0.95}(14, 16)$ = ____________.

二、单项选择

1. 对给定的 $\alpha \in (0, 1)$, 上分位数 x_α 满足 (　　).

(A) $P\{X \geqslant x_\alpha\} = \alpha$　　(B) $P\{X> x_\alpha\} = \alpha$
(C) $P\{X< x_\alpha\} = \alpha$　　(D) $P\{X \leqslant x_\alpha\} = \alpha$

2. 设 $\alpha \in (0, 1)$, 当 α 增大时, 上分位数 x_α(　　).

(A) 增大　　(B) 减小
(C) 不变　　(D) 无法确定

3. 设 $Z \sim N(0, 1)$, 则下面选项正确的是 (　　).

(A) $z_\alpha = -z_{1-\alpha}$　　(B) $z_\alpha = z_{1-\alpha}$
(C) $z_\alpha = 1 - z_{1-\alpha}$　　(D) 以上都不对

4. 设 $F \sim F(m, n)$, 记 $F(m, n)$ 的上 α 分位数为 $F_\alpha(m, n)$, 则 (　　).

(A) $F_{1-\alpha}(m,n) = \dfrac{1}{F_\alpha(m,n)}$　　(B) $F_{1-\alpha}(m,n) = \dfrac{1}{F_\alpha(n,m)}$
(C) $F_{1-\alpha}(m,n) = -F_\alpha(n,m)$　　(D) $F_{1-\alpha}(m,n) = 1 - F_\alpha(n,m)$

第 6 章知识结构图

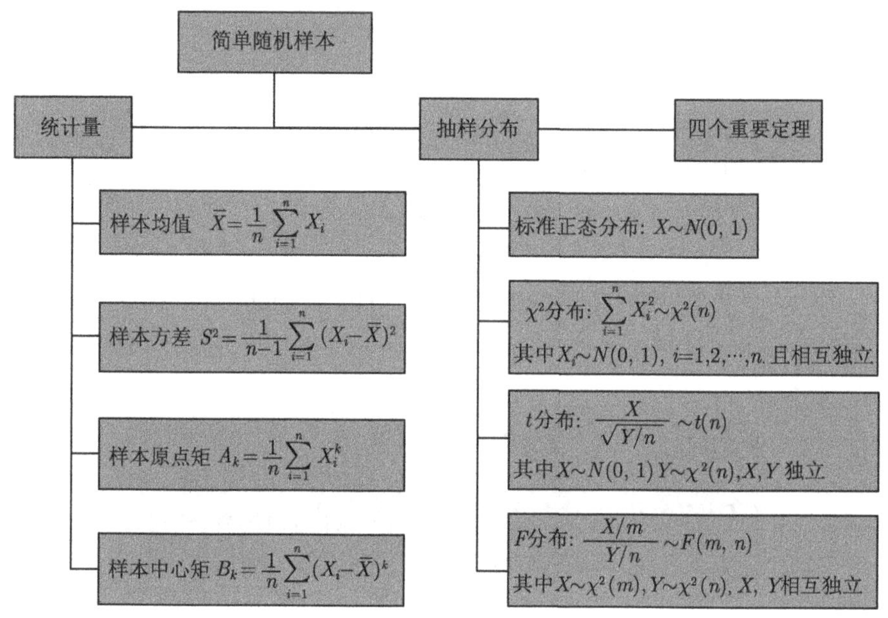

【质量控制问题解答】

某食盐厂用包装机包装的食盐, 每袋重量 500g, 通常在包装机正常的情况下, 袋装食盐的重量 X 服从正态分布, 均值为 500g, 标准差为 25g. 为进行生产质量控制, 他们每天从当天的产品中随机抽出 30 袋进行严格称重, 以检验包装机工作是否正常. 某日, 该厂随机抽取 30 袋盐的重量分别为

表 6.1

475	500	485	454	504	439	492	501	463	461
464	494	512	451	434	511	513	490	521	514
449	467	499	484	508	478	479	499	529	480

从这些数据看, 包装机的工作正常吗?

解 设 $X_1, X_2, \cdots, X_{30}$ 为来自袋装盐重量总体 $X\sim N(500, 25^2)$ 的样本. 由样本观测值得到

$$\bar{x}=\frac{1}{30}\sum_{i=1}^{30}x_i=485, \quad |\bar{x}-500|=15.$$

下面考察在包装机工作正常的情况下事件 $\{|\overline{X}-500|\geqslant 15\}$ 出现的概率:

由于 $X\sim N(500, 25^2)$, 由定理 6.3 知 $\overline{X}\sim N\left(500, \dfrac{25^2}{30}\right)$, 于是

$$\begin{aligned}P\{|\overline{X}-500|\geqslant 15\}&=1-P\{485<\overline{X}<515\}\\&=1-\left[\varPhi\left(\frac{515-500}{25/\sqrt{30}}\right)-\varPhi\left(\frac{485-500}{25/\sqrt{30}}\right)\right]\\&=2-2\varPhi(3.28)\approx 2-2\times 0.9995=0.0010.\end{aligned}$$

这说明, 如果包装机工作正常, $\{|\overline{X}-500|\geqslant 15\}$ 是一个小概率事件, 但在本次抽样中却出现了 $|\bar{x}-500|=15$, 因此可以推断包装机出了故障, 应该立即停产检修.

在实际生产中, 如果产品质量指标 $X\sim N(\mu, \sigma^2)$, 人们常用质量控制图来控制产品质量. 通常的做法是将产品质量的特征绘制在控制图上, 然后观察这些值随时间如何波动.

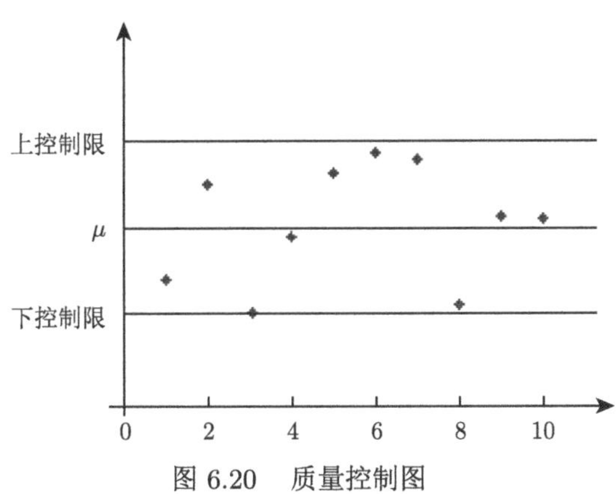

图 6.20 质量控制图

例如, 可以把不同时间的样本均值 $\bar{x}$ 绘制在图 6.20 上, 图中的两条平行线分别为上控制限和下控制限, 它们距中间的总体均值线 (过程均值线) 均相距 $\dfrac{3\sigma}{\sqrt{n}}$, 如果 $\bar{x}$ 落在上、下控制限的外面, 则有充分的理由说明目前的生产线工作不正常, 即生产过程失控, 应停产检修生产设备.

事实上, 由于总体 $X\sim N(\mu, \sigma^2)$, 则有 $\dfrac{\overline{X}-\mu}{\sigma/\sqrt{n}}\sim N(0, 1)$, 从而

$$P\left\{|\overline{X}-\mu|\geqslant\frac{3\sigma}{\sqrt{n}}\right\}=P\left\{\left|\frac{\overline{X}-\mu}{\sigma/\sqrt{n}}\right|\geqslant 3\right\}=1-P\left\{\left|\frac{\overline{X}-\mu}{\sigma/\sqrt{n}}\right|<3\right\}$$

$$= 1 - [\varPhi(3) - \varPhi(-3)] = 2 - 2\varPhi(3) = 0.0027.$$

即若生产线工作正常, $\bar{x}$ 落在上、下控制限的外面的概率是一个小概率事件, 如果 $\bar{x}$ 落在上、下控制限的外面, 就有理由认为生产线失控, 应该检修调整.

上例中 $\dfrac{3\sigma}{\sqrt{n}} = 13.69$, 两条控制限分别为 $\bar{\mu} = 513.69$ 和 $\underline{\mu} = 486.31$, 而实际抽样的结果为 $\bar{x} = 485$, 跑出了控制限, 所以可以推断包装机出了故障.

习 题 6

1. 已知总体 $X \sim P(\lambda)$, 写出来自总体 X 的样本 $X_1, X_2, \cdots, X_n$ 的联合分布律.

2. 已知总体 $X \sim \mathrm{Exp}(\theta)$, 写出来自总体 X 的样本 $X_1, X_2, \cdots, X_n$ 的联合概率密度.

3. 已知总体 X 服从参数为 p 的 0-1 分布, $X_1, X_2, \cdots, X_n$ 是 X 的一个样本, 其样本均值和样本方差分别为 $\overline{X}$ 和 S^2. 求 $E(\overline{X}), D(\overline{X}), E(S^2)$.

4. 设总体 X 的概率密度为 $f(x) = \dfrac{1}{2}\mathrm{e}^{-|x|}(-\infty < x < +\infty)$, $X_1, X_2, \cdots, X_n$ 是 X 的一个样本, 其样本均值和样本方差分别为 $\overline{X}$ 和 S^2, 计算 $E(\overline{X}), E(S^2)$.

5. 已知离散型总体 X 的分布为 $P\{X = i\} = 1/3$, $i = 2, 4, 6$. 抽取 $n = 54$ 的简单随机样本, 求其和介于区间 (216, 252) 内的概率 (利用中心极限定理近似计算).

6. 从总体 $N(52, 6.3^2)$ 中随机抽取一个容量为 36 的样本, 计算样本均值 $\overline{X}$ 落在 50.8 到 53.8 之间的概率.

7. 某种灯管的寿命 X(单位: h) 服从正态分布 $X \sim N(\mu, \sigma^2)$, $\overline{X}$ 为来自总体 X 的样本均值. 若μ 未知, $\sigma^2 = 100$, 现随机取 100 只这种灯管, 求 $\overline{X}$ 与 μ 的偏差小于 1 的概率.

8. 某种电器的寿命 X(单位: h) 服从正态分布 $X \sim N(\mu, \sigma^2)$, $\overline{X}$ 为来自总体 X 的样本均值. 求 $\overline{X}$ 与 μ 的偏差大于 $\dfrac{2\sigma}{\sqrt{n}}$ 的概率.

9. 在天平上反复称量重量为 w 的物体, 每次称量结果独立同服从 $N(w, 0.04)$, 若以 $\overline{X}$ 表示 n 次称重的算术平均值, 则为使 $P\{|\overline{X} - w| < 0.1\} > 0.95$, n 至少应该是多少?

10. 从正态总体 $N(0, 0.5^2)$ 中抽取样本 $X_1, X_2, \cdots, X_{10}$, 求 $P\left\{\sum\limits_{i=1}^{10} X_i^2 \geqslant 4\right\}$.

11. 从正态总体 $N(\mu, 0.5^2)$ 中抽取样本 $X_1, X_2, \cdots, X_{10}$, μ 未知, 求 $P\left\{\sum\limits_{i=1}^{10}(X_i - \overline{X})^2 \geqslant 0.675\right\}$.

第6章自测题

第7章 Chapter 参数估计

在统计分析中我们常常需要了解总体分布的数字特征, 前面第 4 章我们学习了随机变量的数学期望、方差等数字特征的计算方法, 这些计算常常需要用到随机变量的概率分布, 而实际问题中总体的概率分布一般是未知的, 那么怎么办呢? 这就涉及数理统计的核心问题——统计推断.

所谓统计推断是指根据样本数据对总体的分布或数字特征等作出合理的推断. 参数估计是统计推断的一种基本形式, 是数理统计学的一个重要分支, 它是根据样本数据来估计总体分布中未知参数的取值. 未知参数往往是总体的某个数字特征, 如数学期望、方差和相关系数等, 也可能是总体分布中其他未知量. 参数估计常用的方法有点估计和区间估计两种.

【装配线的平衡问题】

使装配线达到平衡是一项重要的经营管理活动, 主要目标是确保不同操作台的操作耗用近似相同的时间. 如果装配线不平衡, 操作员就会出现有时无事可做, 有时忙不过来的现象. 结果, 产品堆积在费时的操作台上, 影响整个装配线的效率. 建立装配线, 经常要使用各种管理科学工具, 常常需要估计各个操作台的平均装配时间, 以对装配线进行合理的调整. 下面随机记录了某装配线两个操作台各 30 次的装配时间 (单位: 分钟), 如何估计操作台的平均装配时间? 它们的平均装配时间有无显著差异?

表 7.1

X	2.27	1.87	1.93	2.25	1.21	1.66	1.64	1.73	2.41	1.95	2.12	1.82	2.09	1.05	2.04
	2.27	2.32	2.57	1.95	2.07	1.36	2.18	1.86	2.61	1.24	2.05	1.76	2.11	2.04	1.74
Y	2.96	2.6	3.23	3.86	3.82	3.89	3.54	3.21	2.76	3.44	2.96	3.34	2.67	4.12	4.38
	2.75	2.45	3.28	3.7	3.47	3.31	3.39	3.35	3.26	3.6	3.54	2.75	3.91	3.19	3.1

7.1 参数的点估计

所谓参数的点估计, 就是用一个数值来估计某个未知参数的值, 那么, 这个数值怎么来呢? 通常是依据某种特定的原则, 构造一个只依赖于样本的统计量作为未知参数的估计量, 用其观测值作为未知参数的估计值. 例如, 若一批产品的次品率 p 未知, 从这批产品中随机抽出 n 个做检查, 以随机变量 X 记其中次品个数, 那么, X/n 可以作为次品率 p 的估计量. 若抽出 100 个产品检验出 3 个次品, 那么 3/100 就可以作为次品率 p 的一个点估计值.

7.1.1 点估计的概念

定义 7.1 设总体 X 的分布函数为 $F(x;\ \theta_1,\ \theta_2,\ \cdots,\ \theta_m)$, 其中含有一个或多个未知参数$\theta_1,\ \theta_2,\ \cdots,\ \theta_m$, 又设 $X_1,\ X_2,\ \cdots,\ X_n$ 为总体的一个样本, $x_1,\ x_2,\ \cdots,\ x_n$ 是样本观测值, 构造 m 个统计量:

$$\hat{\theta}_i(X_1, X_2, \cdots, X_n), \quad i=1,2,\cdots,m,$$

用 $\hat{\theta}_i(X_1, X_2, \cdots, X_n)$ 的观测值 $\hat{\theta}_i(x_1, x_2, \cdots, x_n)$ 作为未知参数θ_i 的近似值的方法称为点估计法. 称 $\hat{\theta}_i(X_1, X_2, \cdots, X_n)$ 为未知参数θ_i 的估计量, 称 $\hat{\theta}_i(x_1, x_2, \cdots, x_n)$ 为未知参数θ_i 的估计值.

在不会混淆的情况下, $\hat{\theta}_i(X_1, X_2, \cdots, X_n)$ 和 $\hat{\theta}_i(x_1, x_2, \cdots, x_n)$ 均可称为 θ_i 的点估计.

例如, 在【装配线的平衡问题】中, 若以 $X_1,\ X_2,\ \cdots,\ X_n$ 表示一个操作台的 n 次装配时间, 可以选用 $\hat{\mu}=\overline{X}=\dfrac{1}{n}\sum\limits_{i=1}^{n}X_i$ 作为一个操作台装配时间总体均值 $\mu=E(X)$ 的估计量, 由前述第一个操作台的 30 次装配时间可以得到 μ 的点估计值是 $\hat{\mu}=\bar{x}=\dfrac{1}{30}\sum\limits_{i=1}^{30}x_i=1.939$.

由于估计量是样本的函数, 对相同的样本观测值, 用不同的估计量得到的参数的估计值往往不同, 因此, 如何选取估计量是点估计的关键问题. 选择估计量常用的方法有矩估计法和最大似然估计法.

【微视频7-1】
参数估计的概念

7.1.2 矩估计法

前面谈到, 可以用 $\overline{X}=\frac{1}{n}\sum_{i=1}^{n}X_i$ 的观测值来估计总体均值$\mu=E(X)$ 的值, 其实就是用样本的一阶矩来估计总体的一阶矩, 由辛钦大数定理易见其合理性. 事实上, 根据辛钦大数定律及其推论 (定理 5.4 和定理 6.2), 若总体 X 的 $k(k=1,2,\cdots)$ 阶矩$\mu_k=E(X^k)$ 存在, 样本的 k 阶矩 $A_k=\frac{1}{n}\sum_{i=1}^{n}X_i^k$ 依概率收敛于总体的 k 阶矩 μ_k, 样本矩的连续函数依概率收敛于总体矩相应的连续函数. 于是, 我们就引入了一种常用的点估计方法——**矩估计法**.

定义 7.2 用样本矩估计总体相应的矩, 用样本矩的连续函数估计总体矩相应的连续函数, 进而得到未知参数的估计量. 这种参数估计方法称为**矩估计法**, 所得估计量称为矩估计量.

矩估计法是英国统计学家卡尔 · 皮尔逊 (K. Pearson, 1857—1936) 于 1894 年提出的, 是最古老的一种估计法之一.

注意: 由矩估计法的定义知道, 若待估参数本身就是总体的某个矩 (这里既指原点矩也指中心矩), 直接用样本相应的矩作为它的矩估计量就可以了.

比如, 若总体 X 的均值 $E(X)$ 和方差 $D(X)$ 都存在, 但未知, 由于它们分别是总体的一阶原点矩和二阶中心矩, 那么, 可以分别用样本的一阶原点矩 $\overline{X}$ 和二阶中心矩 B_2 分别作为它们矩估计量, 即

$$\hat{E}(X)=\overline{X}=\frac{1}{n}\sum_{i=1}^{n}X_i,$$

$$\hat{D}(X)=B_2=\frac{1}{n}\sum_{i=1}^{n}(X_i-\overline{X})^2.$$

根据这种方法, 容易得到下面几个常用分布中参数的矩估计量:

(1) $X\sim N(\mu,\sigma^2)$, 由于 $E(X)=\mu$, $D(X)=\sigma^2$, 所以 μ 和 σ^2 的矩估计量分别为 $\hat{\mu}=\overline{X}$ 和 $\hat{\sigma^2}=B_2$.

(2) $X\sim Exp(\theta)$, 由于 $E(X)=\theta$, 所以 θ 的矩估计量为 $\hat{\theta}=\overline{X}$.

(3) $X\sim P(\lambda)$, 由于 $E(X)=\lambda$, 所以 λ 的矩估计量为 $\hat{\lambda}=\overline{X}$.

(4) $X\sim U(0,b)$, 由于 $E(X)=\frac{b}{2}$, 所以 $\frac{b}{2}$ 的矩估计量为 $\overline{X}$, 从而 b 的矩估计量 $\hat{b}=2\overline{X}$.

(5) $X\sim B(n,p)$, 其中 n 已知, 由于 $E(X)=np$, 所以 np 的矩估计量为 $\overline{X}$, 从而 p 的矩估计量 $\hat{p}=\overline{X}/n$.

一般地, 若总体 X 的分布有 m 个参数 $\theta_1, \theta_2, \cdots, \theta_m$, 显然, 如果总体 X 的 k 阶原点矩$\mu_k = E(X^k)(k=1,2,\cdots,m)$ 存在的话, 必依赖这些参数, 即

$$\begin{cases} \mu_1 = \mu_1(\theta_1, \theta_2, \cdots, \theta_m), \\ \qquad \cdots\cdots \\ \mu_m = \mu_m(\theta_1, \theta_2, \cdots, \theta_m). \end{cases}$$

若上述关于$\theta_1, \theta_2, \cdots, \theta_m$ 的方程组有解, 记为 $\theta_i = \theta_i(\mu_1, \mu_2, \cdots, \mu_m), i = 1,2,\cdots,m$. 按照用样本矩近似总体相应矩的原则, 用样本矩 $A_1, A_2, \cdots, A_m$ 分别替换总体相应的矩 $\mu_1, \mu_2, \cdots, \mu_m$ 便可得到 θ_i 的估计量

$$\hat{\theta}_i = \theta_i(A_1, A_2, \cdots, A_m), \quad i = 1,2,\cdots,m.$$

由于 $A_1, A_2, \cdots, A_m$ 均为样本 $X_1, X_2, \cdots, X_n$ 的函数, 不妨将上式记为

$$\hat{\theta}_i = \hat{\theta}_i(X_1, X_2, \cdots, X_n), \quad i = 1,2,\cdots,m.$$

称 $\hat{\theta}_i(X_1, X_2 \cdots, X_n)$ 是 θ_i 的矩估计量, 如果样本观测值为 $x_1, x_2, \cdots, x_n$, 称观测值 $\hat{\theta}_i(x_1, x_2, \cdots, x_n)$ 为 θ_i 的矩估计值.

上面实际上给出了求参数的矩估计量的一般方法, 易见求参数的矩估计量一般分为三步:

1. 若总体分布中有 m 个待估的参数, 写出总体的 1 至 m 阶原点矩, 构成关于待估参数的方程或方程组;

2. 从方程或方程组中解出待估参数;

3. 用样本矩代替其中相应的总体矩, 就得到待估参数的矩估计量.

例 7.1 设总体 X 服从几何分布, 分布律为 $P\{X=k\} = (1-p)^{k-1}p, k = 1,2,\cdots (0<p<1)$, 设 $X_1, X_2, \cdots, X_n$ 为总体的一个样本, 求未知参数 p 的矩估计量.

解 由于只有一个待估参数, 只需写出总体的一阶矩.

因为 $P\{X=k\} = (1-p)^{k-1}p, k=1,2,\cdots$, 所以总体 X 的一阶矩

$$\mu_1 = E(X) = \sum_{k=1}^{\infty} kP\{X=k\} = \sum_{k=1}^{\infty} k(1-p)^{k-1}p = -p\left[\sum_{k=1}^{\infty}(1-p)^k\right]'$$

$$= -p\left[\frac{1-p}{1-(1-p)}\right]' = -p\left[\frac{1-p}{p}\right]' = -p\left(-\frac{1}{p^2}\right) = \frac{1}{p}.$$

解得 $p = \frac{1}{\mu_1}$, 用样本的一阶矩 $A_1 = \overline{X}$ 代替总体 X 的一阶矩 μ_1, 得到 p 的矩估计量 $\hat{p} = \frac{1}{\overline{X}}$.

例 7.2 设总体 X 的分布律为

X	-1	0	1
p	θ^2-1	$2\theta(1-\theta)+1$	$(1-\theta)^2$

其中 θ 为未知参数, $X_1, X_2, \cdots, X_n$ 为总体的一个样本, 现有一个样本观测值 $x_1=-1, x_2=0, x_3=0$, 求 θ 的矩估计值.

解 由于只有一个待估参数, 只需写出总体 X 的一阶矩:

$$\mu_1=E(X)=-1\times(\theta^2-1)+0\times[2\theta(1-\theta)+1]+1\times(1-\theta)^2=2-2\theta,$$

解得 $\theta=\dfrac{2-\mu_1}{2}$.

用样本的一阶矩 $A_1=\overline{X}$ 代替总体 X 的一阶矩 μ_1, 即得 θ 的矩估计量为 $\hat{\theta}=\dfrac{2-\overline{X}}{2}$.

由样本观测值得到 $\bar{x}=\dfrac{-1+0+0}{3}=\dfrac{-1}{3}$, 所以 θ 的矩估计值为 $\hat{\theta}=\dfrac{2-(-1/3)}{2}=7/6$.

例 7.3 设总体 X 的概率密度为 $f(x;\theta)=\begin{cases}\theta\mathrm{e}^{-\theta x}, & x\geqslant 0,\\ 0, & x<0.\end{cases}$ $X_1, X_2, \cdots, X_n$ 为总体的一个样本, 今有 X 的 10 个观测值:

10.5	11	10.8	12	13
12.5	13.4	10.6	11.5	11.5

试用矩估计法估计 θ 的值.

解 由于只有一个待估参数, 只需写出总体的一阶矩

$$\mu_1=E(X)=\int_0^{\infty}x\theta\mathrm{e}^{-\theta x}\mathrm{d}x=\frac{1}{\theta},$$

解得 $\theta=\dfrac{1}{\mu_1}$. 用 A_1 代替 μ_1, 得 θ 的矩估计量为

$$\hat{\theta}=\frac{1}{A_1}=\frac{1}{\overline{X}}.$$

由样本观测值计算得到

$$\bar{x}=\frac{1}{10}(10.5+11+10.8+12+13+12.5+13.4+10.6+11.5+11.5)=11.68,$$

所以, θ 的矩估计值为 $\hat{\theta}=\dfrac{1}{\bar{x}}=\dfrac{1}{11.68}\approx 0.0856$.

例 7.4 设总体 X 的概率密度为

$$f(x;\theta)=\begin{cases}(\theta+1)x^{\theta}, & 0<x<1,\\ 0, & \text{其他},\end{cases}$$

其中 $\theta(\theta>-1)$ 为待估参数, $X_1, X_2, \cdots, X_n$ 为总体的一个样本, 求 θ 的矩估计量. 若抽样得到样本观测值为 0.8, 0.6, 0.4, 0.5, 0.5, 0.6, 0.6, 0.8, 求 θ 的矩估计值.

解 由于只有一个待估参数, 只需写出总体的一阶矩

$$\mu_1=E(X)=\int_0^1 x(\theta+1)x^{\theta}\mathrm{d}x=\frac{\theta+1}{\theta+2},$$

解得

$$\theta=\frac{1-2\mu_1}{\mu_1-1},$$

用 A_1 代替μ_1, 得 θ 的矩估计量为

$$\hat{\theta}=\frac{1-2A_1}{A_1-1}=\frac{1-2\overline{X}}{\overline{X}-1}.$$

由样本观测值计算得到

$$\bar{x}=\frac{1}{8}(0.8+0.6+0.4+0.5+0.5+0.6+0.6+0.8)=0.6,$$

所以, θ 的矩估计值为 $\hat{\theta}=\dfrac{1-2\bar{x}}{\bar{x}-1}=\dfrac{1-2\times 0.6}{0.6-1}=0.5.$

下面给出一个总体分布中有两个待估参数的例子.

例 7.5 设 $X_1, X_2, \cdots, X_n$ 为来自均匀分布 $X\sim U(a,b)$ 的一个样本, 求参数 a,b 的矩估计量.

解 由于待估参数有两个, 需要写出总体的一阶矩和二阶矩.

总体 X 的一阶、二阶矩分别为

$$\mu_1=E(X)=\frac{a+b}{2},$$

$$\mu_2=E(X^2)=D(X)+[E(X)]^2=\frac{(b-a)^2}{12}+\left(\frac{a+b}{2}\right)^2=\frac{a^2+ab+b^2}{3},$$

联立方程组:

$$\begin{cases}\mu_1=\dfrac{a+b}{2},\\[2mm] \mu_2=\dfrac{a^2+ab+b^2}{3},\end{cases}$$

解得 $a=\mu_1-\sqrt{3\mu_2-3\mu_1^2}, b=\mu_1+\sqrt{3\mu_2-3\mu_1^2}$.

用样本的一阶、二阶矩 A_1 和 A_2 分别代替总体的一阶、二阶矩 μ_1 和 μ_2, 得到 a,b 的矩估计量为

$$\hat{a}=A_1-\sqrt{3A_2-3A_1^2}=\overline{X}-\sqrt{\frac{3}{n}\sum_{i=1}^{n}X_i^2-3\overline{X}^2}=\overline{X}-\sqrt{\frac{3}{n}\sum_{i=1}^{n}(X_i-\overline{X})^2},$$

$$\hat{b}=A_1+\sqrt{3A_2-3A_1^2}=\overline{X}+\sqrt{\frac{3}{n}\sum_{i=1}^{n}X_i^2-3\overline{X}^2}=\overline{X}+\sqrt{\frac{3}{n}\sum_{i=1}^{n}(X_i-\overline{X})^2}.$$

矩估计法的优点是原理简单、使用方便, 使用时可以不知道总体分布的具体形式就能对总体的数字特征作出估计.

矩估计也有一些的缺点: (1) 矩估计法要求总体的矩存在, 若总体的矩不存在则矩估计法失效; (2) 某些总体的参数矩估计量不唯一, 这在应用时会带来不利; (3) 矩估计法只是利用了矩的信息而没有充分利用总体分布函数的信息. 所以矩估计法在体现总体分布特征上往往性质较差, 只有在样本容量 n 较大时, 才能保障它的优良性, 因而理论上讲, 矩法估计是以大样本为应用对象的.

【微视频7-2】参数的矩估计

【拓展练习7-1】求参数的矩估计1

【拓展练习7-2】求参数的矩估计2

7.1.3 最大似然估计法

最大似然估计法是求参数估计的另一种方法. 最大似然估计法的思想源于德国数学家高斯 (C. F. Gauss) 在 1821 年提出的误差理论. 然而这个方法常归于英国统计学家费希尔, 他在 1922 年提出将该方法作为估计方法, 并首先研究了这种方法的一些性质.

我们先来通过两个简单的例子了解一下最大似然估计法的思想.

引例 1 某少年和一个老猎人外出打猎. 一只野兔从前方穿过. 只听一声枪响野兔应声倒下, 试推测是谁打中了野兔?

可以推测这一枪是老猎人打中的. 因为老猎人命中的概率一般大于少年命中的概率. 只发一枪就打中, 推测这一枪是老猎人打中的显然是合理的.

引例 2 有个两外形相同的箱子, 各装 100 个球:

第一箱 99 个白球 1 个红球
第二箱 1 个白球 99 个红球

现从两箱子中任取一箱, 并从箱中任取一球, 结果所取得的球是白球, 试推测所取到的球来自哪一箱?

答案是第一箱. 因为第一箱白球远远多于红球, 更有利于白球的出现, 也就是说第一箱白球出现的概率较大. 因此, 推测取到的球来自第一箱是合理的.

两个引例中解决问题的思路称为最大似然思想. 最大似然思想的直观想法是: 一个随机试验如有若干个可能的结果 $A, B, C, \cdots$. 若在一次试验中, 结果 A 出现了, 则一般可以认为试验条件应该是对 A 出现有利, 也即试验条件应为使 A 出现的概率最大.

若 $X_1, X_2, \cdots, X_n$ 为总体 X 的一个样本, $\theta(\theta \in \Theta, \Theta$ 为 θ 的取值范围) 为总体 X 分布中的未知参数, 当样本观测值 $x_1, x_2, \cdots, x_n$ 出现时, 若要估计未知参数 θ, 根据最大似然思想, 自然要在 Θ 中选取使 $x_1, x_2, \cdots, x_n$ 出现的 “概率” 达到最大的 $\hat{\theta}$ 作为 θ 的估计值.

那么, $x_1, x_2, \cdots, x_n$ 出现的 “概率” 如何表示呢?

若 X 是离散型总体, 其分布律为 $P\{X=x\}=p(x;\theta)$, $x_1, x_2, \cdots, x_n$ 出现的概率是

$$L(\theta)=L(x_1,x_2,\cdots,x_n;\theta)=P\{X_1=x_1,X_2=x_2,\cdots,X_n=x_n\}=\prod_{i=1}^{n}p(x_i;\theta). \tag{7.1}$$

于是, θ 的估计值 $\hat{\theta}$ 应为函数 $L(\theta)$ 的最大值点;

若 X 是连续型总体, 其概率密度为 $f(x;\theta)$, 由于连续型 $X_1, X_2, \cdots, X_n$ 取任何观测值的概率都是零, 我们转向考虑 $X_1, X_2, \cdots, X_n$ 在 $x_1, x_2, \cdots, x_n$ 附近小邻域内出现的概率. 令

$$L(\theta)=L(x_1,x_2,\cdots,x_n;\theta)=\prod_{i=1}^{n}f(x_i;\theta). \tag{7.2}$$

由于 (7.2) 式中 $L(\theta)$ 越大, $X_1, X_2, \cdots, X_n$ 在 $x_1, x_2, \cdots, x_n$ 附近小邻域内出现的概率就越大, 于是 θ 的估计值 $\hat{\theta}$ 也应为函数 $L(\theta)$ 的最大值点.

注意: 若 $x_1, x_2,\cdots, x_n$ 是任意样本观测值, 由 (7.1) 式和 (7.2) 式定义的函数实际上分别是 $X_1, X_2, \cdots, X_n$ 的联合概率函数和联合概率密度函数.

称 (7.1) 式和 (7.2) 式是基于观测值 $x_1, x_2, \cdots, x_n$ 的**似然函数**.

综上, 我们得到点估计的又一常用方法——**最大似然估计法**.

定义 7.3 对任意给定样本观测值 $x_1, x_2, \cdots, x_n$, 若存在 $\hat{\theta}=\hat{\theta}(x_1, x_2, \cdots, x_n)$ 使似然函数 $L(\theta)$ 达到最大值, 则称 $\hat{\theta}=\hat{\theta}(x_1, x_2, \cdots, x_n)$ 为 θ 的**最大似然估计值**, 称 $\hat{\theta}(X_1, X_2, \cdots, X_n)$ 为 θ 的**最大似然估计量**.

根据定义, 求总体参数 θ 的最大似然估计, 实际上就是在 θ 的取值范围内求似然函数 $L(\theta)=L(x_1, x_2, \cdots, x_n; \theta)$ 的最大值点 $\hat{\theta}(x_1, x_2, \cdots, x_n)$ 的问题. 由于 $\ln L(\theta)=\ln L(x_1, x_2, \cdots, x_n; \theta)$(称为**对数似然函数**) 与 $L(\theta)=L(x_1, x_2, \cdots, x_n; \theta)$ 有相同的最大值点, 为计算方便, 我们常常通过求 $\ln L(\theta)=\ln L(x_1, x_2, \cdots, x_n; \theta)$ 的最大值点来得到 $\hat{\theta}(x_1, x_2, \cdots, x_n)$.

一般地, 求参数的最大似然估计可分为下面三步:

1. 根据总体分布写出基于样本观测值 $x_1, x_2, \cdots, x_n$ 的似然函数 $L(\theta)=L(x_1, x_2, \cdots, x_n; \theta)$;

2. 求 $L(\theta)=L(x_1, x_2, \cdots, x_n; \theta)$ 或 $\ln L(\theta)=\ln L(x_1, x_2, \cdots, x_n; \theta)$ 的最大值点. 这时往往需要解方程

$$\frac{\mathrm{d}L(\theta)}{\mathrm{d}\theta}=\frac{\mathrm{d}L(x_1,x_2,\cdots,x_n;\theta)}{\mathrm{d}\theta}=0 \tag{7.3}$$

或

$$\frac{\mathrm{d}\ln L(\theta)}{\mathrm{d}\theta}=\frac{\mathrm{d}\ln L(x_1,x_2,\cdots,x_n;\theta)}{\mathrm{d}\theta}=0. \tag{7.4}$$

求出驻点, 然后经判断得到最大值点 $\hat{\theta}(x_1, x_2, \cdots, x_n)$, 即为参数 θ 的最大似然估计值;

3. 若要写出 θ 的最大似然估计量, 只需将 $\hat{\theta}(x_1, x_2, \cdots, x_n)$ 改写为 $\hat{\theta}(X_1, X_2, \cdots, X_n)$ 即可.

方程 (7.3) 和方程 (7.4) 分别称为**似然方程**和**对数似然方程**.

上述方法同样适用于总体分布中含有多个未知参数 $\theta_1, \theta_2, \cdots, \theta_m$ 的情形. 此时, 只需要求出似然函数

$$L(\theta_1,\theta_2,\cdots,\theta_m)=L(x_1,x_2,\cdots,x_n;\theta_1,\theta_2,\cdots,\theta_m)$$

或者对数似然函数

$$\ln L(\theta_1,\theta_2,\cdots,\theta_m)=\ln L(x_1,x_2,\cdots,x_n;\theta_1,\theta_2,\cdots,\theta_m)$$

的最大值点 $\hat{\theta}_1,\hat{\theta}_2,\cdots,\hat{\theta}_m$ 就可以了.

例 7.6 设总体 X 的分布律为

X	0	1	2
p	θ	$1-2\theta$	θ

其中 $\theta\left(0<\theta<\dfrac{1}{2}\right)$ 为未知参数, 今对 X 进行观测, 得到如下样本观测值 0, 1, 2, 0, 2, 1. 求 θ 的最大似然估计值.

解 设 $X_1, X_2, \cdots, X_6$ 是来自 X 的样本, $x_1, x_2, \cdots, x_6$ 为其观测值, 根据 X 的分布律, 基于观测值 0, 1, 2, 0, 2, 1 的似然函数为

$$
\begin{aligned}
L(\theta) &= L(x_1, x_2, \cdots, x_6; \theta) \\
&= P\{X_1=0, X_2=1, X_3=2, X_4=0, X_5=2, X_6=1\} = \theta^4(1-2\theta)^2.
\end{aligned}
$$

对数似然函数为

$$
\ln L(\theta) = 4\ln\theta + 2\ln(1-2\theta),
$$

对数似然方程为

$$
\frac{\mathrm{d}\ln L(\theta)}{\mathrm{d}\theta} = \frac{4}{\theta} - \frac{4}{1-2\theta} = 0,
$$

解得 $\theta=\dfrac{1}{3}$, 由于 $\dfrac{\mathrm{d}^2\ln L(\theta)}{\mathrm{d}\theta^2} = -\dfrac{4}{\theta^2} - \dfrac{8}{(1-2\theta)^2} < 0$, 所以 $\hat{\theta}=\dfrac{1}{3}$ 即为 θ 的最大似然估计值.

例 7.7 总体 X 服从参数为 λ 的泊松分布, $\lambda(\lambda>0)$ 未知, 求参数 λ 的最大似然估计量.

解 设 $X_1, X_2, \cdots, X_n$ 是来自 X 的样本, $x_1, x_2, \cdots, x_n$ 是样本观测值.

由于 X 的分布律为 $P\{X=x\}=\dfrac{\lambda^x}{x!}\mathrm{e}^{-\lambda}, x=0,1,2,\cdots$, 故基于 $x_1, x_2, \cdots, x_n$ 的似然函数 (即样本 $X_1, X_2, \cdots, X_n$ 的联合概率函数) 为

$$
L(\lambda) = L(x_1, x_2, \cdots, x_n; \lambda) = \prod_{i=1}^{n}\left(\frac{\lambda^{x_i}}{x_i!}\mathrm{e}^{-\lambda}\right) = \mathrm{e}^{-n\lambda}\frac{\lambda^{\sum\limits_{i=1}^{n} x_i}}{\prod\limits_{i=1}^{n} x_i!}.
$$

对数似然函数为

$$
\ln L(\lambda) = -n\lambda + \sum_{i=1}^{n} x_i \ln\lambda - \sum_{i=1}^{n}\ln x_i!,
$$

对数似然方程为

$$
\frac{\mathrm{d}}{\mathrm{d}\lambda}\ln L(\lambda) = -n + \frac{1}{\lambda}\sum_{i=1}^{n} x_i = 0,
$$

解之得

$$\lambda = \frac{1}{n}\sum_{i=1}^{n} x_i = \bar{x}.$$

考虑到

$$\frac{\mathrm{d}^2}{\mathrm{d}\lambda^2}\ln L(\lambda) = -\frac{1}{\lambda^2}\sum_{i=1}^{n} x_i < 0,$$

所以, λ 的最大似然估计值为

$$\hat{\lambda} = \frac{1}{n}\sum_{i=1}^{n} x_i = \bar{x},$$

λ 的最大似然估计量为

$$\hat{\lambda} = \frac{1}{n}\sum_{i=1}^{n} X_i = \overline{X}.$$

例 7.8 设 1/2, 1/3, 2/3 为总体 X 的一个样本观测值, 总体 X 的概率密度为

$$f(x;\theta) = \begin{cases} \theta x^{\theta-1}, & 0 < x < 1, \\ 0, & \text{其他}. \end{cases}$$

其中$\theta(\theta > 0)$ 为待估参数, 求 θ 的最大似然估计值.

解 1 设 $X_1, X_2, \cdots, X_n$ 为总体 X 的一个样本, $x_1, x_2, \cdots, x_n$ 是样本观测值. 基于 $x_1, x_2, \cdots, x_n$ 的似然函数 (即 $X_1, X_2, \cdots, X_n$ 的联合概率密度函数) 为

$$\begin{aligned} L(\theta) &= L(x_1, x_2, \cdots, x_n; \theta) = \prod_{i=1}^{n} f(x_i;\theta) \\ &= \begin{cases} \theta^n (x_1 x_2 \cdots x_n)^{\theta-1}, & 0 < x_1, x_2, \cdots, x_n < 1 \\ 0, & \text{其他}. \end{cases} \end{aligned}$$

当 $0 < x_1, x_2, \cdots, x_n < 1$ 时, 对数似然函数

$$\ln L(\theta) = n\ln\theta + (\theta-1)\sum_{i=1}^{n}\ln x_i,$$

对数似然方程

$$\frac{\mathrm{d}}{\mathrm{d}\theta}\ln L(\theta) = \frac{n}{\theta} + \sum_{i=1}^{n}\ln x_i = 0,$$

解得

$$\theta = -\frac{n}{\sum\limits_{i=1}^{n}\ln x_i}.$$

考虑到

$$\frac{\mathrm{d}^2}{\mathrm{d}\theta^2}\ln L(\theta) = -\frac{n}{\theta^2} < 0.$$

所以, θ 的最大似然估计值为

$$\hat{\theta} = -\frac{n}{\sum_{i=1}^{n}\ln x_i},$$

将样本观测值 1/2, 1/3, 2/3 及样本容量 $n=3$ 代入计算得 $\hat{\theta} = \frac{3}{2\ln 3}$.

解 2 基于样本观测值 1/2, 1/3, 2/3 的似然函数为

$$L(\theta) = f\left(\frac{1}{2};\theta\right)\cdot f\left(\frac{1}{3};\theta\right)\cdot f\left(\frac{2}{3};\theta\right) = \theta^3\left(\frac{1}{9}\right)^{\theta-1},$$

对数似然函数为

$$\ln L(\theta) = 3\ln\theta + (1-\theta)\ln 9,$$

对数似然方程

$$\frac{\mathrm{d}}{\mathrm{d}\theta}\ln L(\theta) = \frac{3}{\theta} - \ln 9 = 0, \text{解得 } \theta = \frac{3}{2\ln 3},$$

考虑到 $\frac{\mathrm{d}^2}{\mathrm{d}\theta^2}\ln L(\theta) = -\frac{3}{\theta^2} < 0$, θ 的最大似然估计值为 $\hat{\theta} = \frac{3}{2\ln 3}$.

注意: 第 2 种解法是写似然方程时直接代入样本观测值, 这样求解过程比较简单. 但如果题目要求的是求最大似然估计量, 就必须用第一种方法, 这时可以写出 θ 的最大似然估量为 $\hat{\theta} = -\frac{n}{\sum \ln X_i}$.

例 7.9 设总体 X 的概率密度为

$$f(x;\theta) = \begin{cases} (\theta+1)x^{\theta}, & 0 < x < 1, \\ 0, & \text{其他}, \end{cases}$$

其中 $\theta(\theta > -1)$ 为待估参数, 求 θ 的最大似然估计量.

解 设 $X_1, X_2, \cdots, X_n$ 为总体 X 的一个样本, $x_1, x_2, \cdots, x_n$ 是样本观测值. 基于 $x_1, x_2, \cdots, x_n$ 的似然函数为

$$L(\theta) = L(x_1, x_2, \cdots, x_n;\theta) = \prod_{i=1}^{n} f(x_i;\theta)$$

$$= \begin{cases} (\theta+1)^n(x_1x_2\cdots x_n)^\theta, & 0 < x_1, x_2, \cdots, x_n < 1, \\ 0, & \text{其他}. \end{cases}$$

当 $0 < x_1, x_2, \cdots, x_n < 1$ 时, 对数似然函数为

$$\ln L(\theta) = n\ln(\theta+1) + \theta\sum_{i=1}^{n}\ln x_i,$$

对数似然方程为

$$\frac{\mathrm{d}}{\mathrm{d}\theta}\ln L(\theta) = \frac{n}{\theta+1} + \sum_{i=1}^{n}\ln x_i = 0,$$

解得

$$\theta = -1 - \frac{n}{\sum\limits_{i=1}^{n}\ln x_i}.$$

考虑到

$$\frac{\mathrm{d}^2}{\mathrm{d}\theta^2}\ln L(\theta) = -\frac{n}{(\theta+1)^2} < 0,$$

所以, θ 的最大似然估计值为

$$\hat{\theta} = -1 - \frac{n}{\sum\limits_{i=1}^{n}\ln x_i},$$

θ 的最大似然估计量为

$$\hat{\theta} = -1 - \frac{n}{\sum\limits_{i=1}^{n}\ln X_i}.$$

由例 7.4 和例 7.9 可以看出, 同一个总体同一参数的最大似然估计与矩估计可能是不相同的.

例 7.10 设 $X_1, X_2, \cdots, X_n$ 是 $N(\mu, \sigma^2)$ 的样本, 求 μ 与σ^2 的最大似然估计量.

解 设 $x_1, x_2, \cdots, x_n$ 是总体 X 的样本观测值. 由于 X 的概率密度为

$$f(x;\mu,\sigma^2) = \frac{1}{\sqrt{2\pi}\sigma}\exp\left\{-\frac{(x-\mu)^2}{2\sigma^2}\right\},$$

故基于 $x_1, x_2, \cdots, x_n$ 的似然函数为

$$L(\mu,\sigma^2)=\prod_{i=1}^{n}\frac{1}{\sqrt{2\pi}\sigma}\exp\left\{-\frac{(x_i-\mu)^2}{2\sigma^2}\right\}=\frac{1}{(2\pi)^{\frac{n}{2}}(\sigma^2)^{\frac{n}{2}}}\exp\left\{-\frac{\sum\limits_{i=1}^{n}(x_i-\mu)^2}{2\sigma^2}\right\},$$

对数似然函数

$$\ln L(\mu,\sigma^2)=-\frac{n}{2}\ln(2\pi)-\frac{n}{2}\ln\sigma^2-\frac{\sum\limits_{i=1}^{n}(x_i-\mu)^2}{2\sigma^2},$$

对数似然方程组

$$\begin{cases}\dfrac{\partial\ln L(\mu,\sigma^2)}{\partial\mu}=\dfrac{1}{\sigma^2}\sum\limits_{i=1}^{n}(x_i-\mu)=0,\\ \dfrac{\partial\ln L(\mu,\sigma^2)}{\partial\sigma^2}=-\dfrac{n}{2\sigma^2}+\dfrac{1}{2\sigma^4}\sum\limits_{i=1}^{n}(x_i-\mu)^2=0.\end{cases}$$

解对数似然方程组, 即得

$$\hat{\mu}=\frac{1}{n}\sum_{i=1}^{n}x_i,\quad \hat{\sigma}^2=\frac{1}{n}\sum_{i=1}^{n}(x_i-\bar{x})^2.$$

可以验证, 当 $\mu=\hat{\mu}, \sigma^2=\hat{\sigma}^2$ 时, $\ln L(\mu,\sigma^2)$ 达到最大值. 所以, μ 和 σ^2 的最大似然估计量分别为

$$\hat{\mu}=\frac{1}{n}\sum_{i=1}^{n}X_i,\quad \hat{\sigma}^2=\frac{1}{n}\sum_{i=1}^{n}(X_i-\overline{X})^2.$$

因此, 对于正态分布总体来说, μ 和σ^2 的最大似然估计与矩估计是相同的.

在求参数的最大似然估计时, 若似然方程 $L(\theta)$ 不可导或似然方程无解, 可以遵循最大似然估计的思想, 采用其他方法得到参数的最大似然估计.

例 7.11 求均匀分布 $X\sim U[a,b]$ 中参数 a, b 的最大似然估计量.

解 设 $X_1, X_2, \cdots, X_n$ 为总体 X 的一个样本, $x_1, x_2, \cdots, x_n$ 是样本观测值. 由于 X 的概率密度是

$$f(x;a,b)=\begin{cases}\dfrac{1}{b-a}, & a\leqslant x\leqslant b,\\ 0, & \text{其他},\end{cases}$$

基于 $x_1, x_2, \cdots, x_n$ 的似然函数为

$$L(a,b)=\begin{cases}\left(\dfrac{1}{b-a}\right)^n, & a\leqslant x_1,x_2,\cdots,x_n\leqslant b,\\ 0, & \text{其他}.\end{cases} \tag{7.5}$$

根据最大似然估计的定义, $\hat{a}$ 和 $\hat{b}$ 应使 $L(a, b)$ 达到最大值. 由式 (7.5) 知, 欲使 $L(a, b)$ 最大, 只有使 $b-a$ 最小, 因此 $\hat{b}$ 要尽可能小, $\hat{a}$ 要尽可能大, 但在 $a\leqslant x_1,x_2,\cdots,x_n\leqslant b$ 的约束下, 只能取

$$\hat{a}=\min\{x_1,x_2,\cdots,x_n\},\quad \hat{b}=\max\{x_1,x_2,\cdots,x_n\},$$

所以, 参数 a, b 的最大似然估计量为

$$\hat{a}=\min\{X_1,X_2,\cdots,X_n\},\quad \hat{b}=\max\{X_1,X_2,\cdots,X_n\}.$$

注意: 求总体分布中未知参数的最大似然估计必须知道总体的分布类型, 并写出似然函数或对数似然函数, 然后求其最大值点是解决问题的关键. 最大似然估计的优点是充分利用了总体分布的信息, 克服了矩估计的一些不足. 当然, 总体分布中未知参数的最大似然估计也有可能不存在.

7.1.4 估计量的评价标准

从上面的内容我们已经看到, 同一参数的估计量不是唯一的, 不同的估计方法求出的估计量可能不一样. 如例 7.4 与例 7.9 中 θ 的矩估计与最大似然估计是不一样的. 有时甚至用同一方法也可能得到同一参数的不同的估计量. 例如, 设总体 X 服从参数为λ 的泊松分布, 即

$$P\{X=k\}=\frac{\lambda^k}{k!}\mathrm{e}^{-\lambda},\quad k=0,1,2,\cdots.$$

由于 $\overline{X}$ 和 B_2 分别是 $E(X)=\lambda$ 和 $D(X)=\lambda$ 的矩估计量, 于是得到 λ 的两个不同的矩估计量 $\overline{X}$ 和 B_2.

既然估计量不是唯一的, 那么, 究竟孰优孰劣就要有一个评价标准. 评价估计量的好坏一般从以下三个方面考虑: 有无系统误差; 波动性的大小; 当样本容量增

大时估计值是否越来越精确. 这些方面涉及估计量的无偏性、有效性和相合性三个概念.

1. 无偏性

设 $\hat{\theta}=\hat{\theta}(X_1,X_2,\cdots,X_n)$ 是 θ 的一个估计量, 一般地, 将 $|E(\hat{\theta})-\theta|$ 称为用 $\hat{\theta}$ 估计 θ 的系统误差. 显然, 系统误差较小的估计量应该是较理想的. 当 $E(\hat{\theta})-\theta=0$ 时, 没有系统误差, 这时我们称 $\hat{\theta}$ 具有无偏性.

定义 7.4 设 $\hat{\theta}=\hat{\theta}(X_1,X_2,\cdots,X_n)$ 是参数 θ 的一个估计量, 若 $E(\hat{\theta})=\theta$, 则称 $\hat{\theta}$ 是 θ 的**无偏估计量**.

无偏性反映了对于不同的样本观测值, 虽然估计量 $\hat{\theta}$ 的取值在真值 θ 周围摆动, 但 $\hat{\theta}$ 的平均值是真值 θ. 因此, 我们希望一个估计量要具有无偏性.

根据定理 6.1, 对任意总体 X, 有 $E(\overline{X})=E(X)$, $E(S^2)=D(X)$. 所以, $\overline{X}=\dfrac{1}{n}\sum\limits_{i=1}^{n}X_i$ 和 $S^2=\dfrac{1}{n-1}\sum\limits_{i=1}^{n}(X_i-\overline{X})^2$ 分别是总体 X 的均值 $E(X)$ 和方差 $D(X)$ 的无偏估计. 而由于

$$B_2=\frac{1}{n}\sum_{i=1}^{n}(X_i-\overline{X})^2=\frac{n-1}{n}S^2,$$

$$E(B_2)=\frac{n-1}{n}E(S^2)=\frac{n-1}{n}D(X)\neq D(X).$$

所以, B_2 不是总体方差 $D(X)$ 的无偏估计量, 尽管 B_2 是 $D(X)$ 的矩估计量.

我们可以把 $S^2=\dfrac{1}{n-1}\sum\limits_{i=1}^{n}(X_i-\overline{X})^2=\dfrac{n}{n-1}B_2$ 看作对 B_2 的修正. 由于 S^2 具有无偏性, 在实际应用中常被采用.

例 7.12 设总体 X 的 k 阶矩 $\mu_k=E(X^k)(k=1,2,\cdots,n)$ 存在, 又设 X_1, $X_2,\cdots,X_n$ 是 X 的一个样本. 试证明不论总体服从什么分布, 样本的 k 阶矩 $A_k=\dfrac{1}{n}\sum\limits_{i=1}^{n}X_i^k$ 是总体的 k 阶矩 μ_k 的无偏估计量.

证 由于 $E(X_i^k)=E(X^k)=\mu_k$, $k=1,2,\cdots,n$.

$$E(A_k)=E\left(\frac{1}{n}\sum_{i=1}^{n}X_i^k\right)=\frac{1}{n}\sum_{i=1}^{n}E(X_i^k)=\frac{1}{n}\sum_{i=1}^{n}\mu_k=\mu_k.$$

所以, 样本的 k 阶矩 A_k 是总体的 k 阶矩 μ_k 的无偏估计量.

注: 对估计量的优劣的评价, 一般是基于概率意义上的, 在实际应用问题中, 含有多次反复使用此方法效果如何的意思. 对于无偏性, 即是在实际应用问题中若使用这一估计量算出多个估计值, 则它们的平均值可以接近于被估参数的真值.

这一点有时是有实际意义的, 如某一厂商长期向某一销售商提供一种产品, 在对产品的检验方法上, 双方同意采用抽样以后对次品率进行估计的办法. 如果这种估计是无偏的, 那么双方理应都能接受. 比如这一次估计次品率偏高, 厂商吃亏了, 但下一次估计可能偏低, 厂商的损失可以补回来, 由于双方的交往是长期多次的, 采用无偏估计, 总的来说是互不吃亏的.

然而不幸的是, 无偏性有时并无多大的实际意义. 这里有两种情况, 一种情况是在一类实际问题中没有多次抽样, 比如前面的例子中, 厂商和销售商没有长期合作关系, 纯属一次性的商业行为, 双方谁也吃亏不起, 这就没有什么 "平均" 可言. 另一种情况是被估计的量实际上是不能相互补偿的, 因此 "平均" 没有实际意义, 例如, 通过试验对某型号几批导弹的系统误差分别做出估计, 即使这一估计是无偏的, 但如果这一批导弹的系统误差实际估计偏左, 下一批导弹则估计偏右, 结果两批导弹在使用时都不能命中预定目标, 这里不存在 "偏左" 与 "偏右" 相互抵消或 "平均命中" 的问题.

由于无偏性的局限性, 对估计量我们还需要有其他的评价标准.

2. 有效性

同一个参数的无偏估计可以有很多, 哪一个较好一些呢? 设 $\hat{\theta}$ 是参数 θ 的无偏估计量, 对不同的样本观察值, 估计量 $\hat{\theta}$ 的取值在参数 θ 的真值周围摆动, 显然, 这种摆动范围越小越好, 而 $\hat{\theta}$ 的方差

$$D(\hat{\theta}) = E\{[\hat{\theta} - E(\hat{\theta})]^2\} = E[(\hat{\theta} - \theta)^2]$$

反映了这种摆动的范围. 因此, 同一个参数的多个无偏估计量中方差小者较好. 于是有下面定义.

定义 7.5 设 $\hat{\theta}_1 = \hat{\theta}_1(X_1, X_2, \cdots, X_n)$ 和 $\hat{\theta}_2 = \hat{\theta}_2(X_1, X_2, \cdots, X_n)$ 都是参数θ 的无偏估计, 若

$$D(\hat{\theta}_1) < D(\hat{\theta}_2),$$

则称无偏估计 $\hat{\theta}_1$ 比 $\hat{\theta}_2$ 有效.

例 7.13 设总体 X 的方差存在, 且 $E(X) = \mu$. $X_1, X_2, \cdots, X_n (n > 2)$ 为总体 X 的一个样本, 证明 $\overline{X}$, $\dfrac{1}{2}(X_1 + X_n)$, X_1 均为 μ 的无偏估计, 并指出哪一个是 μ 的最有效的估计量.

证 因为 $E(X)=\mu$,

$$E(\overline{X})=E\left[\frac{1}{2}(X_1+X_2)\right]=E\left(X_1\right)=E(X)=\mu,$$

所以, $\overline{X}$, $\frac{1}{2}(X_1+X_n), X_1$ 均为 μ 的无偏估计. 又因为

$$D(\overline{X})=\frac{\sigma^2}{n},\quad D\left[\frac{1}{2}(X_1+X_n)\right]=\frac{\sigma^2}{2},\quad D(X_1)=\sigma^2.$$

当 $n>2$ 时,

$$D(\overline{X})<D\left[\frac{1}{2}(X_1+X_n)\right]<D(X_1).$$

所以, 当 $n>2$ 时, 上面三个μ 的无偏估计量中, $\overline{X}$ 最有效, $\frac{1}{2}(X_1+X_n)$ 较 X_1 有效.

事实上, 若总体 X 的方差存在, $X_1, X_2, \cdots, X_n$ 为总体 X 的一个样本, 可以证明当 $\sum\limits_{i=1}^{n}a_i=1$ 时, $\sum\limits_{i=1}^{n}a_iX_i$ 是总体均值 μ 的无偏估计, 并且在所有形如 $\sum\limits_{i=1}^{n}a_iX_i$ 的无偏估计中 $\overline{X}$ 最有效.

3. 相合性

总体参数θ 的估计量 $\hat{\theta}(X_1,X_2,\cdots,X_n)$ 是样本的函数, 随着样本容量的增加, $\hat{\theta}(X_1,X_2,\cdots,X_n)$ 的值应该越来越接近真值 θ, 于是有:

定义 7.6 设 $\hat{\theta}=\hat{\theta}(X_1,X_2,\cdots,X_n)$ 是参数 θ 的一个估计量, 若 $\hat{\theta}$ 依概率收敛于 θ, 即对任意的 $\varepsilon>0$, 有

$$\lim_{n\to\infty}P\{|\hat{\theta}-\theta|<\varepsilon\}=1,$$

则称 $\hat{\theta}$ 是参数 θ 的**相合估计量**, 或者**一致估计量**.

由定理 6.2, 样本矩依概率收敛于总体对应的矩, 因而矩估计量均为相合估计量.

注意, 相合性只有在样本容量相当大时, 才能显示其优越性, 而在实际应用中, 往往很难达到, 因此实际应用中, 关于估计量的选择问题, 要视具体问题综合考虑各种评价而确定.

【微视频7-5】估计量的无偏性与有效性

【微视频7-6】估计量相合性

【拓展练习7-5】无偏估计的证明

【拓展练习7-6】估计量的无偏性与有效性证明

同步自测 7-1

一、填空

1. 总体参数的常用点估计方法有____________和____________.

2. 若一个样本观测值是 1, 0, 0, 1, 0, 1, 则总体均值的矩估计值是____________, 总体方差的矩估计值是____________.

3. 若 2, 2, 0, 3, 2, 3 是均匀分布总体 $U(0,\theta)$ 的观测值, 则 θ 的矩估计值是____________.

4. 设总体 X 的概率密度为 $f(x;\theta)=\begin{cases}\mathrm{e}^{-(x-\theta)}, & x\geqslant\theta,\\ 0, & x<\theta,\end{cases}$ 而 $X_1,X_2,\cdots,X_n$ 为来自 X 的样本, 则未知参数 θ 的矩估计量为____________.

5. 设总体 $X\sim P(\lambda)$, 其中 $\lambda>0$ 是未知参数, $X_1,X_2,\cdots,X_n$ 是 X 的一个样本, 则 λ 的矩估计量为____________.

6. 若 X 是离散型随机变量, 其分布律是 $P\{X=x\}=p(x;\theta)$, (θ 是待估计参数), 则基于样本观测值 $x_1,x_2,\cdots,x_n$ 的似然函数是____________, 若 X 是连续型随机变量, 其概率密度是 $f(x;\theta)$, 则基于样本观测值 $x_1,x_2,\cdots,x_n$ 的似然函数是____________.

7. 设未知参数 θ 的估计量是 $\hat{\theta}=\hat{\theta}(X_1,X_2,\cdots,X_n)$, 若____________, 称 $\hat{\theta}$ 是 θ 的无偏估计量. 设 $\hat{\theta}_1,\hat{\theta}_2$ 是未知参数 θ 的两个无偏估计量, 若____________, 则称 $\hat{\theta}_1$ 较 $\hat{\theta}_2$ 有效, 若 $\forall\varepsilon>0$, 有____________成立, 则 $\hat{\theta}$ 称为 θ 的一致估计量.

8. 对任意分布的总体 X, 样本均值 $\overline{X}$ 是____________的无偏估计量, 样本方差 S^2 是____________的无偏估计量.

9. 设总体 $X\sim P(\lambda)$, 其中$\lambda>0$ 是未知参数, $X_1,X_2,\cdots,X_n$ 是 X 的一个样本, 则λ 的最大似然估计量为____________.

10. 设总体 $X\sim Exp(\theta)$, 其中 θ 是未知参数, $X_1,X_2,\cdots,X_n$ 是 X 的一个样本, 则 θ 的最大似然估计量为____________.

二、单项选择

1. 若θ 是 X 的未知参数, $\hat{\theta}$ 是 θ 的估计量, 则 (　　).

(A) $\hat{\theta}$ 是一个数, 且近似等于 θ　　(B) $\hat{\theta}$ 是一个随机变量

(C) $\hat{\theta}$ 是一个统计量且 $E(\hat{\theta})=\theta$　　(D) 当 n 很大时, $\hat{\theta}$ 的值可以任意接近 θ

2. 设总体 $X\sim N(\mu,\sigma^2)$, μ 和 σ^2 均未知, 则 $\dfrac{1}{n}\sum\limits_{i=1}^{n}(X_i-\overline{X})^2$ 是 (　　).

(A) μ 的无偏估计　　(B) σ^2 的无偏估计

(C) μ 的矩估计　　(D) σ^2 的矩估计

3. 设 4,3,4,3,5,4,4,5 是来自总体 $N(\mu,2)$ 的一个样本观测值, 则μ 的矩估计值是 (　　).

(A) 4　　(B) 3　　(C) 4.5　　(D) 5

4. 矩估计量必然是 (　　).

(A) 无偏估计　　(B) 总体矩的函数

(C) 样本矩的函数　　(D) 最大似然函数

5. $X_1, X_2, \cdots, X_n$ 是总体 X 的一个样本, $D(X)$ 未知, 则 (　　) 是 $D(X)$ 的无偏估计量.

(A) $\frac{1}{n}\sum_{i=1}^{n-1}(X_i-\overline{X})^2$　　(B) $\frac{1}{n-1}\sum_{i=1}^{n-1}(X_i-\overline{X})^2$

(C) $\frac{1}{n-1}\sum_{i=1}^{n}(X_i-\overline{X})^2$　　(D) $\frac{1}{n}\sum_{i=1}^{n}(X_i-\overline{X})^2$

7.2 参数的区间估计

前面讲到的参数的点估计是一种简单、常用、有价值的估计方法, 为什么还要引入参数的区间估计呢? 这是因为点估计有它的不足之处: 点估计仅仅是给出未知参数的一个近似值, 既没有反映出这个近似值的误差范围, 也没有给出估计值的可信程度, 使用起来感觉把握不大. 与点估计不同的是, 区间估计不是给出参数的一个具体的近似值, 而是给出以一定的可靠性覆盖参数的一个区间, 这个区间实际上还给出了估计的误差范围. 在某些应用问题中, 给出估计的误差范围和可信度是人们所感兴趣的, 例如, 某工厂欲对出厂的一批电子元件的平均寿命进行估计, 强调以一定的可信程度 (比如 95%) 估计平均寿命的范围, 这里的可信程度是很重要的, 它涉及使用这些电子元件的可靠性. 应该如何进行估值呢? 显然, 仅采用点估计是不能达到目的, 这就需要引入区间估计.

7.2.1 区间估计的概念

简单地说, 区间估计是用两个统计量 $\hat{\theta}_1=\hat{\theta}_1(X_i, X_2, \cdots, X_n)$ 和 $\hat{\theta}_2=\hat{\theta}_2(X_1, X_2, \cdots, X_n)$ 所确定的区间 $\left(\hat{\theta}_1, \hat{\theta}_2\right)$ 作为参数 θ 的估计. 显然, 这个估计区间必须有一定的精度, 即区间长度 $\hat{\theta}_2-\hat{\theta}_1$ 不能太大, 太大不能说明任何问题; 另外, 这个估计区间必须有一定的可靠性, 即区间长度 $\hat{\theta}_2-\hat{\theta}_1$ 又不能太小, 太小难以保证可靠性要求. 比如用区间 (1, 100) 去估计某人的年龄, 虽然很可信, 却不能带来任何有用的信息; 反之, 若用区间 (30, 31) 去估计某人的岁数, 虽然提供了关于此人年龄的信息, 却很难使人相信这一结果的可靠性.

我们希望得到的估计区间既要有较高的精度, 又要有较高的可靠性. 但在获得的信息一定 (如样本容量固定) 的情况下, 这两者一般不可能同时达到最理想的状态. 通常是将可靠性固定在某一需要的水平上, 求得精度尽可能高的估计区间. 这种估计方法称为区间估计, 这样求得的估计区间称为置信区间.

置信区间的概念是由美籍波兰统计学家奈曼 (J. Neyman, 1894—1981) 于 1934 年提出的. 下面给出置信区间的严格定义.

定义 7.7 设 $X_1, X_2, \cdots, X_n$ 为总体 X 的一个样本, θ 为总体 X 的未知参数, 对给定的 $\alpha \in (0, 1)$, 如果有两个统计量 $\hat{\theta}_1 = \hat{\theta}_1(X_1, X_2, \cdots, X_n)$ 和 $\hat{\theta}_2 = \hat{\theta}_2(X_1, X_2, \cdots, X_n)$, 满足

$$P\{\hat{\theta}_1 < \theta < \hat{\theta}_2\} = 1 - \alpha, \tag{7.6}$$

则称区间 $(\hat{\theta}_1, \hat{\theta}_2)$ 是 θ 的一个**置信区间**, $\hat{\theta}_1$, $\hat{\theta}_2$ 分别称作**置信下限**和**置信上限**, $1-\alpha$ 称为**置信水平**或**置信度**.

说明:

(1) $(\hat{\theta}_1, \hat{\theta}_2)$ 是和样本有关的随机区间, $P\{\hat{\theta}_1 < \theta < \hat{\theta}_2\} = 1 - \alpha$ 是说随机区间 $(\hat{\theta}_1, \hat{\theta}_2)$ 以 $1-\alpha$ 的概率覆盖了未知参数 θ 的真值 (因为 θ 是未知的常数, 不能说 θ 落入 $(\hat{\theta}_1, \hat{\theta}_2)$ 的概率为 $1-\alpha$).

(2) 区间长度 $\hat{\theta}_2 - \hat{\theta}_1$ 描述了估计的精度, 置信水平 $1-\alpha$ 则描述了估计的可靠性. 一般而言, 区间长度 $\hat{\theta}_2 - \hat{\theta}_1$ 越小, 估计的精度越高; 置信水平 $1-\alpha$ 越大, 估计的可靠性越高.

在实际应用上, 可以这样来理解置信水平 $1-\alpha$: 因为 $(\hat{\theta}_1, \hat{\theta}_2)$ 是与样本有关的随机区间, 若取 100 个容量为 n 的样本, 用相同方法就会得到 100 个置信区间:$\left(\hat{\theta}_1^{(k)}, \hat{\theta}_2^{(k)}\right)$, $k=1, 2, \cdots, 100$. 如果 $1-\alpha = 95\%$, 那么, 根据大数定律, 其中约有 95 个区间包含了参数 θ 的真值, 约有 5 个区间不包含参数 θ 的真值. 因此, 当我们取一个样本观测值进行区间估计时, 有足够的理由可以认为所得置信区间包含了参数 θ 的真值, 但这样判断也可能会犯错误, 但犯错误的概率只有 5%.

(3) 当总体 X 为离散型随机变量时, 不一定能找到 $(\hat{\theta}_1, \hat{\theta}_2)$ 使得 $P\{\hat{\theta}_1 < \theta < \hat{\theta}_2\}$ 恰好等于 $1-\alpha$, 这时我们去找 $(\hat{\theta}_1, \hat{\theta}_2)$, 使 $P\{\hat{\theta}_1 < \theta < \hat{\theta}_2\}$ 大于 $1-\alpha$ 且尽可能接近 $1-\alpha$. 所以, 有些教材上把 (7.6) 式写成

$$P\{\hat{\theta}_1 < \theta < \hat{\theta}_2\} \geqslant 1 - \alpha$$

的形式.

下面给出求置信区间的一般步骤.

设 $X_1, X_2, \cdots, X_n$ 为总体 X 的一个样本, θ 为总体 X 的未知参数.

(1) 确定一个含有样本 $X_1, X_2, \cdots, X_n$ 和待估参数 θ(不包含其他未知参数) 的函数 $g = g(X_1, X_2, \cdots, X_n; \theta)$, 且其分布已知 (该函数称为**枢轴量**);

(2) 对给定的置信水平 $1-\alpha$, 确定常数 a, b 使得

$$P\{a < g(X_1, X_2, \cdots, X_n; \theta) < b\} = 1 - \alpha;$$

(3) 将上式改写为

$$P\{\hat{\theta}_1(X_1, X_2, \cdots, X_n) < \theta < \hat{\theta}_2(X_1, X_2, \cdots, X_n)\} = 1 - \alpha.$$

于是得到 θ 的置信水平为 $1-\alpha$ 的置信区间$(\hat{\theta}_1(X_1, X_2, \cdots, X_n), \hat{\theta}_2(X_1, X_2, \cdots, X_n))$.

如果已获得样本观测值 $x_1, x_2, \cdots, x_n$, 通过计算, 可以得到 θ 的置信水平为 $1-\alpha$ 的具体的置信区间 $(\hat{\theta}_1(x_1, x_2, \cdots, x_n), \hat{\theta}_2(x_1, x_2, \cdots, x_n))$.

区间估计的核心在于确定枢轴量, 一般分布的枢轴量是比较难确定的, 因此, 下面我们主要考虑总体服从正态分布时参数的区间估计.

【微视频7-7】区间估计的概念

7.2.2 正态总体均值的区间估计

设 $X_1, X_2, \cdots, X_n$ 为 $X \sim N(\mu, \sigma^2)$ 的样本, 对给定的置信水平 $1-\alpha$, $0 < \alpha < 1$, 我们来求参数 μ 的置信区间.

1. σ^2 已知时, μ 的置信区间

由于 $\overline{X}$ 是 μ 的无偏估计, 且由定理 6.3 知

$$\frac{\overline{X} - \mu}{\sigma/\sqrt{n}} \sim N(0, 1),$$

容易想到将 $Z = \dfrac{\overline{X} - \mu}{\sigma/\sqrt{n}}$ 作为求 μ 的置信区间的枢轴量. 对给定的置信水平 $1-\alpha$, 根据标准正态分布上 α 分位点的定义, 由图 7.1 易知

$$P\left\{-z_{\alpha/2} < \frac{\overline{X} - \mu}{\sigma/\sqrt{n}} < z_{\alpha/2}\right\} = 1 - \alpha, \tag{7.7}$$

即

$$P\left\{\overline{X} - \frac{\sigma}{\sqrt{n}} z_{\alpha/2} < \mu < \overline{X} + \frac{\sigma}{\sqrt{n}} z_{\alpha/2}\right\} = 1 - \alpha.$$

根据定义 7.7, 得到 μ 的一个置信水平为 $1-\alpha$ 的置信区间

$$\left(\overline{X} - \frac{\sigma}{\sqrt{n}} z_{\alpha/2}, \overline{X} + \frac{\sigma}{\sqrt{n}} z_{\alpha/2}\right).$$

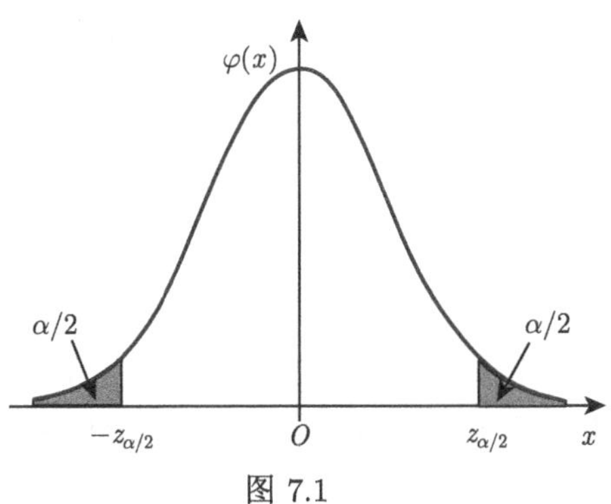

图 7.1

常将该对称区间写成较短的形式:

$$\left(\overline{X}\pm\frac{\sigma}{\sqrt{n}}z_{\alpha/2}\right).$$

当然, (7.7) 式中的不等式不是唯一的, 取两个对称的分位点 $-z_{\alpha/2}$ 和 $z_{\alpha/2}$ 是为了使两点之间的长度最小, 从而保证了所得置信区间的精度最大.

2. σ^2 未知时, μ 的置信区间

σ^2 未知时, 不能再用 $Z=\dfrac{\overline{X}-\mu}{\sigma/\sqrt{n}}$ 作为求 μ 的置信区间的枢轴量, 因为其中含有另一个未知参数 σ. 考虑到 S^2 是 σ^2 的无偏估计, 可以用 S 代替 σ, 且由定理 6.3 知 $\dfrac{\overline{X}-\mu}{S/\sqrt{n}}\sim t(n-1)$, 所以, 可以选用 $T=\dfrac{\overline{X}-\mu}{S/\sqrt{n}}$ 作为枢轴量.

由于 $t(n-1)$ 的概率密度图形类似于标准正态分布, 如图 7.2, 类似上面的过

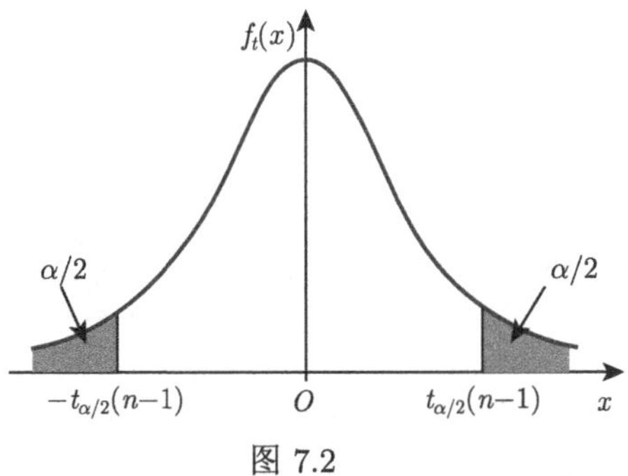

图 7.2

程, 可以得到 μ 的一个置信水平为 $1-\alpha$ 的置信区间

$$\left(\overline{X}-\frac{S}{\sqrt{n}}t_{\alpha/2}(n-1),\overline{X}+\frac{S}{\sqrt{n}}t_{\alpha/2}(n-1)\right).$$

也可将该对称区间写成较短的形式: $\left(\overline{X}\pm\frac{S}{\sqrt{n}}t_{\alpha/2}(n-1)\right)$.

例 7.14 某饮料自动售货机的杯装饮料灌装量近似服从正态分布, 标准差为 15ml, 若随机抽查的 36 杯饮料的平均灌装量为 225ml, 求自动售货机杯装饮料平均灌装量的置信水平为 95%的置信区间.

解 用 X 表示该自动售货机杯装饮料的灌装量, 设 $X\sim N(\mu,\sigma^2)$. 由于$\sigma=15$ 已知, 所以, μ 的置信水平为 $1-\alpha$ 的置信区间可由

$$\left(\overline{X}-\frac{\sigma}{\sqrt{n}}z_{\alpha/2},\overline{X}+\frac{\sigma}{\sqrt{n}}z_{\alpha/2}\right)$$

求出, 其中$\sigma=15$, $\bar{x}=225$, $n=36$, $\alpha=0.05$, 查表得 $z_{0.05/2}=z_{0.025}=1.96$. 代入上面置信区间的公式, $\left(225-\frac{15}{\sqrt{36}}\times1.96,\ 225+\frac{15}{\sqrt{36}}\times1.96\right)=(220.1,\ 229.9)$, 即$\mu$ 的置信水平为 95%的置信区间为 (220.1, 229.9).

例 7.15 已知某种灯泡的寿命服从正态分布, 现从一批灯泡中抽取 16 只, 测得其寿命 (单位: 小时) 如表 7.2 所示:

表 7.2

1510	1450	1480	1460	1520	1480	1490	1460
1480	1510	1530	1470	1500	1520	1510	1470

求该灯泡平均使用寿命的置信水平为 90%, 95%及 99%的置信区间, 并指出置信区间长度与置信水平的关系.

解 用 X 表示灯泡的寿命, 设 $X\sim N(\mu,\sigma^2)$, 由于σ^2 未知, 应用 $\left(\overline{X}\pm\frac{S}{\sqrt{n}}t_{\alpha/2}(n-1)\right)$ 计算 μ 的置信区间. 其中

$$n=16,\quad \bar{x}=\frac{1}{16}\sum_{i=1}^{16}x_i=1490,\quad s^2=\frac{1}{16-1}\sum_{i=1}^{16}(x_i-\bar{x})^2=613.33.$$

分别取 $\alpha=0.1,\alpha=0.05,\alpha=0.01$, 查表得 $t_{0.05}(15)=1.7531$, $t_{0.025}(15)=2.1315$, $t_{0.005}(15)=2.9467$. 将有关数据分别代入上面所选置信区间公式, 计算得到灯

泡平均使用寿命μ 的 90%, 95%及 99%的置信区间分别为 (1479.15, 1500.85), (1476.80, 1503.20) 和 (1471.76, 1508.24), 其长度分别为 21.7, 26.4 和 36.48. 可以看出置信水平越高, 置信区间的长度越长.

【**实验 7.1**】用 Excel 计算例 7.15 中的置信区间.

实验准备

学习附录二中如下 Excel 函数:

(1) 数字个数统计函数 COUNT.

(2) 样本均值函数 AVERAGE.

(3) 样本方差函数 VAR.S.

(4) t 分布的上分位数的函数 T.INV.2T.

(5) 平方根函数 SQRT.

实验步骤

(1) 输入数据及项目名, 如图 7.3 左所示.

	A	B	C	D	E
1	x		观测数	$n=$	
2	1510	1480	样本均值	$\bar{x}=$	
3	1450	1510	样本方差	$s^2=$	
4	1480	1530	置信水平	$1-\alpha=$	
5	1460	1470		$t_{\alpha/2}(n-1)=$	
6	1520	1500			
7	1480	1520	置信区间		
8	1490	1510			
9	1460	1470			
10					

	A	B	C	D	E
1	x		观测数	$n=$	16
2	1510	1480	样本均值	$\bar{x}=$	1490
3	1450	1510	样本方差	$s^2=$	613.33333
4	1480	1530	置信水平	$1-\alpha=$	0.95
5	1460	1470		$t_{\alpha/2}(n-1)=$	2.1314495
6	1520	1500			
7	1480	1520	置信区间	1476.80	1503.20
8	1490	1510			
9	1460	1470			
10					

图 7.3 置信水平为 95%的置信区间

(2) 计算观测数 n, 在单元格 E1 中输入公式: =COUNT(A2:B9).

(3) 计算样本均值 $\bar{x}$, 在单元格 E2 中输入公式: =AVERAGE(A2:B9).

(4) 计算样本方差 s^2, 在单元格 E3 中输入公式: =VAR.S(A2:B9).

(5) 在单元格 E4 中输入置信水平 $1-\alpha$ 的值: 0.95.

(6) 计算分位数 $t_{\alpha/2}(n-1)$, 在单元格 E5 中输入公式:

=T.INV.2T(1-E4,E1-1).

(7) 计算置信下限 $\bar{x}-\dfrac{s}{\sqrt{n}}t_{\alpha/2}(n-1)$, 在单元格 D7 中输入公式:

=E2-SQRT(E3/E1)*E5.

(8) 计算置信上限 $\bar{x}+\dfrac{s}{\sqrt{n}}t_{\alpha/2}(n-1)$, 在单元格 E7 中输入公式:

=E2+SQRT(E3/E1)*E5.

计算结果如图 7.3 右所示. 置信水平为 95%的置信区间为 (1476.80, 1503.20).

(9) 修改单元格 E4 中置信水平为: 0.90, 0.99, 可以得到置信水平为 90%及 99%的置信区间分别为 (1479.15, 1500.85) 和 (1471.76, 1508.24), 如图 7.4 所示.

	A	B	C	D	E
1	x		观测数	$n=$	16
2	1510	1480	样本均值	$\bar{x}=$	1490
3	1450	1510	样本方差	$s^2=$	613.33333
4	1480	1530	置信水平	$1-\alpha=$	0.9
5	1460	1470		$t_{\alpha/2}(n-1)=$	1.7530503
6	1520	1500			
7	1480	1520	置信区间	1479.15	1500.85
8	1490	1510			
9	1460	1470			

	A	B	C	D	E
1	x		观测数	$n=$	16
2	1510	1480	样本均值	$\bar{x}=$	1490
3	1450	1510	样本方差	$s^2=$	613.33333
4	1480	1530	置信水平	$1-\alpha=$	0.99
5	1460	1470		$t_{\alpha/2}(n-1)=$	2.9467129
6	1520	1500			
7	1480	1520	置信区间	1471.76	1508.24
8	1490	1510			
9	1460	1470			

图 7.4 置信水平为 90%及 99%的置信区间

7.2.3 正态总体方差的区间估计

设 $X_1, X_2, \cdots, X_n$ 为来自 $X \sim N(\mu, \sigma^2)$ 的样本, 对给定的置信水平 $1-\alpha$, $0<\alpha<1$, 我们来求参数 σ^2 的置信区间.

1. μ 已知时, σ^2 的置信区间

由于 $X \sim N(\mu, \sigma^2)$, 所以 $\sum\limits_{i=1}^{n}\left(\dfrac{X_i-\mu}{\sigma}\right)^2 \sim \chi^2(n)$, 可取

$$\chi^2=\sum_{i=1}^{n}\left(\frac{X_i-\mu}{\sigma}\right)^2=\frac{1}{\sigma^2}\sum_{i=1}^{n}(X_i-\mu)^2$$

作为枢轴量.

由于χ^2 的概率密度函数不是对称的, 对给定的置信水平 $1-\alpha$, 不容易找到精度最高的置信区间, 习惯上仍取尾部概率对称的两个分位数 $\chi^2_{1-\alpha/2}(n)$ 和 $\chi^2_{\alpha/2}(n)$ 来推导置信区间 (图 7.5), 这样得到的置信区间可能不是最短的, 但差别不大, 且方便许多.

显然

$$P\left\{\chi^2_{1-\alpha/2}(n)<\frac{1}{\sigma^2}\sum_{i=1}^{n}(X_i-\mu)^2<\chi^2_{\alpha/2}(n)\right\}=1-\alpha,$$

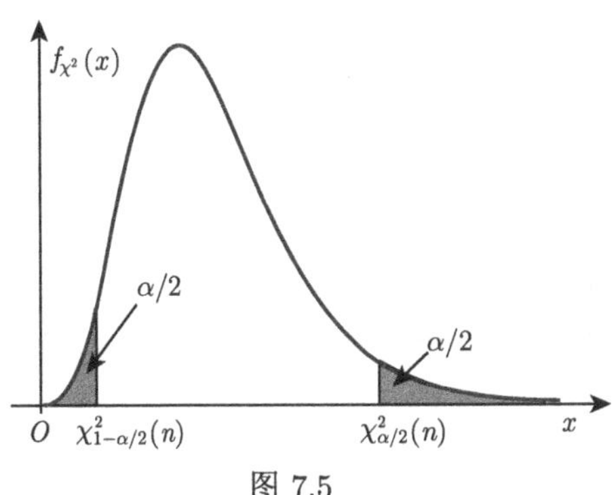

图 7.5

即

$$P\left\{\frac{\sum_{i=1}^{n}(X_i-\mu)^2}{\chi^2_{\alpha/2}(n)}<\sigma^2<\frac{\sum_{i=1}^{n}(X_i-\mu)^2}{\chi^2_{1-\alpha/2}(n)}\right\}=1-\alpha.$$

根据定义 7.7, 得到 σ^2 的一个置信水平为 $1-\alpha$ 的置信区间

$$\left(\frac{\sum_{i=1}^{n}(X_i-\mu)^2}{\chi^2_{\alpha/2}(n)},\ \frac{\sum_{i=1}^{n}(X_i-\mu)^2}{\chi^2_{1-\alpha/2}(n)}\right),$$

同时可得 σ 的一个置信水平为 $1-\alpha$ 的置信区间:

$$\left(\sqrt{\frac{\sum_{i=1}^{n}(X_i-\mu)^2}{\chi^2_{\alpha/2}(n)}},\ \sqrt{\frac{\sum_{i=1}^{n}(X_i-\mu)^2}{\chi^2_{1-\alpha/2}(n)}}\right).$$

2. μ 未知时, σ^2 的置信区间

由于μ 未知, 不能再用 $\sum_{i=1}^{n}\left(\frac{X_i-\mu}{\sigma}\right)^2$ 作为枢轴量, 考虑用 $\overline{X}$ 代换 μ, 由定理 6.3 知

$$\sum_{i=1}^{n}\left(\frac{X_i-\overline{X}}{\sigma}\right)^2=\frac{(n-1)S^2}{\sigma^2}\sim\chi^2(n-1),$$

所以, 可以取 $\chi^2=\sum\limits_{i=1}^{n}\left(\dfrac{X_i-\overline{X}}{\sigma}\right)^2$ 作为枢轴量. 类似 μ 已知的情形, 容易得到 σ^2 的一个置信水平为 $1-\alpha$ 的置信区间为

$$\left(\frac{\sum\limits_{i=1}^{n}\left(X_i-\overline{X}\right)^2}{\chi^2_{\alpha/2}(n-1)}, \frac{\sum\limits_{i=1}^{n}\left(X_i-\overline{X}\right)^2}{\chi^2_{1-\alpha/2}(n-1)}\right),$$

即

$$\left(\frac{(n-1)S^2}{\chi^2_{\alpha/2}(n-1)}, \frac{(n-1)S^2}{\chi^2_{1-\alpha/2}(n-1)}\right),$$

σ 的一个置信水平为 $1-\alpha$ 的置信区间为

$$\left(\frac{\sqrt{(n-1)}S}{\sqrt{\chi^2_{\alpha/2}(n-1)}}, \frac{\sqrt{(n-1)}S}{\sqrt{\chi^2_{1-\alpha/2}(n-1)}}\right).$$

为便于对照学习, 正态总体均值和方差的置信区间以及按 7.2.6 节中定义 7.8 所得单侧置信限一并放入表 7.3 中.

表 7.3 正态总体均值和方差的置信区间与单侧置信限

被估参数	条件	枢轴量及其分布	参数的置信区间	单侧置信限
μ	σ^2 已知	$Z=\dfrac{\overline{X}-\mu}{\sigma/\sqrt{n}}\sim N(0,1)$	$\left(\overline{X}\pm Z_{\alpha/2}\dfrac{\sigma}{\sqrt{n}}\right)$	$\bar{\mu}=\overline{X}+z_\alpha\dfrac{\sigma}{\sqrt{n}}$ $\underline{\mu}=\overline{X}-z_\alpha\dfrac{\sigma}{\sqrt{n}}$
	σ^2 未知	$T=\dfrac{\overline{X}-\mu}{S/\sqrt{n}}\sim t(n-1)$	$\left(\overline{X}\pm t_{\alpha/2}(n-1)\dfrac{S}{\sqrt{n}}\right)$	$\bar{\mu}=\overline{X}+t_\alpha(n-1)\dfrac{S}{\sqrt{n}}$ $\underline{\mu}=\overline{X}-t_\alpha(n-1)\dfrac{S}{\sqrt{n}}$
σ^2	μ 已知	$\chi^2=\sum\limits_{i=1}^{n}\left(\dfrac{X_i-\mu}{\sigma}\right)^2\sim\chi^2(n)$	$\left(\dfrac{\sum\limits_{i=1}^{n}(X_i-\mu)^2}{\chi^2_{\alpha/2}(n)}, \dfrac{\sum\limits_{i=1}^{n}(X_i-\mu)^2}{\chi^2_{1-\alpha/2}(n)}\right)$	$\overline{\sigma^2}=\dfrac{\sum\limits_{i=1}^{n}(X_i-\mu)^2}{\chi^2_{1-\alpha}(n)}$ $\underline{\sigma^2}=\dfrac{\sum\limits_{i=1}^{n}(X_i-\mu)^2}{\chi^2_{\alpha}(n)}$
	μ 未知	$\chi^2=\dfrac{(n-1)S^2}{\sigma^2}=\sum\limits_{i=1}^{n}\left(\dfrac{X_i-\overline{X}}{\sigma}\right)^2\sim\chi^2(n-1)$	$\left(\dfrac{\sum\limits_{i=1}^{n}(X_i-\overline{X})^2}{\chi^2_{\alpha/2}(n-1)}, \dfrac{\sum\limits_{i=1}^{n}(X_i-\overline{X})^2}{\chi^2_{1-\alpha/2}(n-1)}\right)$	$\overline{\sigma^2}=\dfrac{\sum\limits_{i=1}^{n}(X_i-\overline{X})^2}{\chi^2_{1-\alpha}(n-1)}$ $\underline{\sigma^2}=\dfrac{\sum\limits_{i=1}^{n}(X_i-\overline{X})^2}{\chi^2_{\alpha}(n-1)}$

例 7.16 根据例 7.15 中灯泡使用寿命的观测数据, 求该种灯泡使用寿命的方差的置信水平为 95%的置信区间.

解 用 X 表示灯泡的寿命, 设 $X \sim N(\mu, \sigma^2)$. 由于μ 未知, σ^2 的置信区间为

$$\left(\frac{(n-1)S^2}{\chi^2_{\alpha/2}(n-1)}, \frac{(n-1)S^2}{\chi^2_{1-\alpha/2}(n-1)}\right),$$

其中 $n=16$, $\bar{x}=\frac{1}{16}\sum_{i=1}^{16}x_i=1490$, $s^2=\frac{1}{16-1}\sum_{i=1}^{16}(x_i-\bar{x})^2=613.33$.

取$\alpha=0.05$, 查表得

$$\chi^2_{\alpha/2}(n-1)=\chi^2_{0.025}(15)=27.4884, \quad \chi^2_{1-\alpha/2}(n-1)=\chi^2_{0.975}(15)=6.2621,$$

将有关数据代入公式, 计算得到灯泡使用寿命方差的置信水平为 95%的置信区间为 (334.69, 1469.15).

【实验 7.2】 用 Excel 计算例 7.16 中 σ^2 的置信区间.

实验准备

学习附录二中如下 Excel 函数:

(1) 数字个数统计函数 COUNT.

(2) 样本均值函数 AVERAGE.

(3) 样本方差函数 VAR.S.

(4) χ^2 分布上分位数的函数 CHISQ.INV.RT.

实验步骤

(1) 输入数据及项目名, 如图 7.6 所示.

	A	B	C	D	E
1	x		观测数	$n=$	
2	1510	1480	样本均值	$\bar{x}=$	
3	1450	1510	样本方差	$s^2=$	
4	1480	1530		$\alpha=$	
5	1460	1470		$\chi^2_{\alpha/2}(n-1)=$	
6	1520	1500		$\chi^2_{1-\alpha/2}(n-1)=$	
7	1480	1520			
8	1490	1510	置信区间		
9	1460	1470			
10					

图 7.6 整理数据

(2) 计算观测数 n, 在单元格 E1 中输入公式:

= COUNT(A2:B9).

(3) 计算样本均值 $\bar{x}$, 在单元格 E2 中输入公式:

= AVERAGE(A2:B9).

(4) 计算样本方差 s^2, 在单元格 E3 中输入公式:

= VAR.S(A2:B9).

(5) 在单元格 E4 中输入α 的值: 0.05

(6) 计算分位数 $\chi^2_{\alpha/2}(n-1)$, 在单元格 E5 中输入公式:

=CHISQ.INV.RT(E4/2,E1-1).

(7) 计算分位数 $\chi^2_{1-\alpha/2}(n-1)$, 在单元格 E6 中输入公式:

=CHISQ.INV.RT(1-E4/2,E1-1).

(8) 计算置信下限 $\dfrac{(n-1)s^2}{\chi^2_{\alpha/2}(n-1)}$, 在单元格 D8 中输入公式:

=(E1-1)*E3/E5.

(9) 计算置信上限 $\dfrac{(n-1)s^2}{\chi^2_{1-\alpha/2}(n-1)}$, 在单元格 E8 中输入公式:

=(E1-1)*E3/E6.

计算结果如图 7.7 所示.

	A	B	C	D	E
1	x		观测数	$n=$	16
2	1510	1480	样本均值	$\bar{x}=$	1490
3	1450	1510	样本方差	$s^2=$	613.33333
4	1480	1530		$\alpha=$	0.05
5	1460	1470		$\chi^2_{\alpha/2}(n-1)=$	27.488393
6	1520	1500		$\chi^2_{1-\alpha/2}(n-1)=$	6.2621378
7	1480	1520			
8	1490	1510	置信区间	334.69	1469.15
9	1460	1470			

图 7.7 计算结果

7.2.4 两正态总体均值差的区间估计

应用中, 有时需要对两个总体的同一特征进行比较, 这就涉及两总体参数的区间估计问题, 首先来看两总体均值差的区间估计.

设 $X_1, X_2, \cdots, X_{n_1}$ 为来自总体 $X \sim N(\mu_1, \sigma_1^2)$ 的样本, $Y_1, Y_2, \cdots, Y_{n_2}$ 为来自总体 $Y \sim N(\mu_2, \sigma_2^2)$ 的样本, 且两样本相互独立, 其样本均值分别记为 $\overline{X}$ 和 $\overline{Y}$, 其样本方差分别记为 S_1^2 和 S_2^2. 对给定的置信水平 $1-\alpha, 0<\alpha<1$, 我们来求均值差 $\mu_1-\mu_2$ 的置信区间.

1. σ_1^2 和 σ_2^2 已知时, $\mu_1-\mu_2$ 的置信区间

由定理 6.4 知

$$\frac{\overline{X}-\overline{Y}-(\mu_1-\mu_2)}{\sqrt{\dfrac{\sigma_1^2}{n_1}+\dfrac{\sigma_2^2}{n_2}}} \sim N(0,\ 1),$$

取枢轴量

$$Z=\frac{\overline{X}-\overline{Y}-(\mu_1-\mu_2)}{\sqrt{\dfrac{\sigma_1^2}{n_1}+\dfrac{\sigma_2^2}{n_2}}}.$$

对给定的置信水平 $1-\alpha$, 由标准正态分布上 α 分位点的定义, 易知

$$P\left\{-z_{\alpha/2}<\frac{\overline{X}-\overline{Y}-(\mu_1-\mu_2)}{\sqrt{\dfrac{\sigma_1^2}{n_1}+\dfrac{\sigma_2^2}{n_2}}}<z_{\alpha/2}\right\}=1-\alpha,$$

即

$$P\left\{\overline{X}-\overline{Y}-z_{\alpha/2}\sqrt{\frac{\sigma_1^2}{n_1}+\frac{\sigma_2^2}{n_2}}<\mu_1-\mu_2<\overline{X}-\overline{Y}+z_{\alpha/2}\sqrt{\frac{\sigma_1^2}{n_1}+\frac{\sigma_2^2}{n_2}}\right\}=1-\alpha.$$

于是, 我们得到 $\mu_1-\mu_2$ 的一个置信水平为 $1-\alpha$ 的置信区间

$$\left(\overline{X}-\overline{Y}\pm z_{\alpha/2}\sqrt{\frac{\sigma_1^2}{n_1}+\frac{\sigma_2^2}{n_2}}\right).$$

值得一提的是, 实际应用中两个总体方差的信息往往是未知的, 在两个样本容量都比较大的情况下 $(n_1,\ n_2 \geqslant 30)$, 一般可采用两个样本方差 S_1^2 和 S_2^2 近似代替σ_1^2 和σ_2^2, 于是, $\mu_1-\mu_2$ 的一个置信水平为 $1-\alpha$ 的置信区间也可以由 $\left(\overline{X}-\overline{Y}\pm z_{\alpha/2}\sqrt{\dfrac{S_1^2}{n_1}+\dfrac{S_2^2}{n_2}}\right)$ 近似得到.

2. σ_1^2 和 σ_2^2 未知, 但知 $\sigma_1^2=\sigma_2^2$ 时, $\mu_1-\mu_2$ 的置信区间

由定理 6.4, 当 $\sigma_1^2=\sigma_2^2$ 时,

$$\frac{(\overline{X}-\overline{Y})-(\mu_1-\mu_2)}{S_w\sqrt{\dfrac{1}{n_1}+\dfrac{1}{n_2}}}\sim t(n_1+n_2-2),$$

其中

$$S_w^2=\frac{(n_1-1)S_1^2+(n_2-1)S_2^2}{n_1+n_2-2},\quad S_w=\sqrt{S_w^2}.$$

取枢轴量

$$T=\frac{(\overline{X}-\overline{Y})-(\mu_1-\mu_2)}{S_w\sqrt{\dfrac{1}{n_1}+\dfrac{1}{n_2}}},$$

类似上面过程, 容易得到 $\mu_1-\mu_2$ 的一个置信水平为 $1-\alpha$ 的置信区间为

$$\left(\overline{X}-\overline{Y}\pm t_{\alpha/2}(n_1+n_2-2)S_w\sqrt{\frac{1}{n_1}+\frac{1}{n_2}}\right).$$

例 7.17 耗氧率是跑步运动员生理活力的一个重要测度. 文献中介绍了大学生男运动员的两种不同的训练方法, 一种是在一定时段内每日连续训练; 另一种是间断训练 (两种训练方法的总训练时间相同). 下面给出了两种不同训练方法下的实测数据. 单位为毫升 (氧)/(千克 (体重)· 分钟). 设数据分别来自正态总体 $N(\mu_1,\sigma^2)$ 和 $N(\mu_2,\sigma^2)$, 两总体相互独立且方差相同, μ_1, μ_2, σ^2 均未知. 求两总体均值差 $\mu_1-\mu_2$ 的置信水平为 95%的置信区间.

表 7.4

	连续训练	间断训练
样本容量	$n_1=9$	$n_2=7$
样本均值	$\bar{x}=43.71$	$\bar{y}=39.63$
样本标准差	$s_1=5.88$	$s_2=7.68$

解 由于总体方差相等但未知, $\mu_1-\mu_2$ 的一个置信水平为 $1-\alpha$ 的置信区间为

$$\left(\bar{X}-\bar{Y}\pm t_{\alpha/2}(n_1+n_2-2)S_w\sqrt{\frac{1}{n_1}+\frac{1}{n_2}}\right),$$

其中 $1-\alpha$=0.95, $\alpha/2$=0.025, $t_{0.025}(n_1+n_2-2)=t_{0.025}(14)=2.1448$.

$$s_w^2=\frac{(n_1-1)s_1^2+(n_2-1)s_2^2}{n_1+n_2-2}=\frac{8\times5.88^2+6\times7.68^2}{14}=6.71^2.$$

将以上数据代入公式, 计算得到 $\mu_1-\mu_2$ 的一个置信水平为 95%的置信区间为

$$(43.71-39.63\pm 2.1448\times 6.71\times\sqrt{16/63}),$$

即

$$(4.08\pm 7.25)=(-3.17,11.33).$$

应用中, 我们可以通过求两正态总体均值差的置信区间来比较两个总体均值的大小, 并了解它们差别的大小.

例 7.18 一个消费者团体想要弄清楚使用普通无铅汽油和高级无铅汽油的汽车在行驶里程数上的差异. 该团体将同一品牌的汽车分成数量相同的两组, 并以一箱汽油为准对每辆汽车进行检验. 50 辆汽车注入普通无铅汽油, 50 辆汽车注入高级无铅汽油. 普通无铅汽油组的样本均值是 21.45 英里①, 样本标准差是 3.46 英里. 高级无铅汽油组的样本均值是 24.6 英里, 样本标准差是 2.99 英里. 假设汽车行驶里程数服从正态分布. 构造一个 95%的置信区间来估计使用普通无铅汽油和使用高级无铅汽油的汽车在平均行驶里程数上的差异.

解 设 X,Y 分别表示使用普通无铅汽油和高级无铅汽油的汽车行驶里程数, 且

$$X\sim N(\mu_1,\sigma_1^2),\quad Y\sim N(\mu_2,\sigma_2^2).$$

由于 n_1,n_2 比较大, 故采用 $\left(\overline{X}-\overline{Y}\pm z_{\alpha/2}\sqrt{\dfrac{S_1^2}{n_1}+\dfrac{S_2^2}{n_2}}\right)$ 近似计算$\mu_1-\mu_2$ 的置信区间. 由题设知

$$n_1=50,\ \bar{x}=21.45,\ s_1=3.46,\quad n_2=50,\ \bar{y}=24.6,\ s_2=2.99,\ \alpha=0.05,$$

查表知 $z_{\alpha/2}=z_{0.025}=1.96$.

将已知数据代入公式, 计算得到 $\mu_1-\mu_2$ 的置信水平为 95%的置信区间为 $(-4.42,-1.88)$.

由于$\mu_1-\mu_2$ 的置信上限为负数, 这意味着使用普通无铅汽油比使用高级无铅汽油的汽车行驶的平均里程数要少.

例 7.19 某药材种植基地, 为了比较甲、乙两类试验田种植某种药材的收获量, 随机抽取甲类试验田 8 块, 乙类试验田 10 块, 测得该药材的收获量如表 7.5(单位: kg)

表 7.5

甲类	12.6	10.2	11.7	12.3	11.1	10.5	10.6	12.2		
乙类	8.6	7.9	9.3	10.7	11.2	11.4	9.8	9.5	10.1	8.5

① 1 英里 ≈1.609 千米.

假定两类试验田药材的收获量都服从正态分布且方差相等, 求均值之差 $\mu_1-\mu_2$ 的置信水平为 95%的置信区间.

解 由于总体方差相等但未知, 可采用

$$\left(\overline{X}-\overline{Y}\pm t_{\alpha/2}(n_1+n_2-2)S_w\sqrt{\frac{1}{n_1}+\frac{1}{n_2}}\right),$$

计算 $\mu_1-\mu_2$ 的置信区间. 由两类试验的观测数据计算得

$$n_1=8,\quad \bar{x}=11.4,\quad s_1^2=0.851,$$

$$n_2=10,\quad \bar{y}=9.7,\quad s_2^2=1.378,$$

$$s_w=\sqrt{\frac{(n_1-1)s_1^2+(n_2-1)s_2^2}{n_1+n_2-2}}=\sqrt{\frac{7\times 0.851+9\times 1.378}{8+10-2}}=1.071,$$

$$s_w\sqrt{\frac{1}{n_1}+\frac{1}{n_2}}=1.071\sqrt{\frac{1}{8}+\frac{1}{10}}=0.508.$$

查 t 分布分位数表知 $t_{\alpha/2}(n_1+n_2-2)=t_{0.025}(16)=2.1199$. 故得$\mu_1-\mu_2$ 的置信水平为 95%的置信区间为 $(11.4-9.7\pm 2.1199\times 0.508)=(0.62, 2.78)$.

【实验 7.3】用 Excel 计算例 7.19 中均值差 $\mu_1-\mu_2$ 的置信区间.

实验准备

学习附录二中如下 Excel 函数:

(1) 数字个数统计函数 COUNT.

(2) 样本均值函数 AVERAGE.

(3) 样本方差函数 VAR.S.

(4) t 分布的上分位数的函数 T.INV.2T.

(5) 平方根函数 SQRT.

实验步骤

(1) 输入数据及项目名, 如图 7.8 左所示.

(2) 计算观测数 n_1, n_2:

在单元格 E1 中输入公式: =COUNT(A2:A9);

在单元格 F1 中输入公式: =COUNT(B2:B11).

(3) 计算样本均值 $\bar{x}, \bar{y}$:

在单元格 E2 中输入公式: =AVERAGE(A2:A9);

在单元格 F2 中输入公式: =AVERAGE(B2:B11).

(4) 计算样本方差 s_1^2, s_2^2:

在单元格 E3 中输入公式: =VAR.S(A2:A9);

在单元格 F3 中输入公式: =VAR.S(B2:B11).

(5) 在单元格 E4 中输入α 的值: 0.05.

(6) 计算 $t_{\alpha/2}(n_1+n_2-2)$, 在单元格 E5 中输入公式:

=T.INV.2T(E4,E1+F1-2).

	A	B	C	D
1	x	y	观测数	$n=$
2	12.6	8.6	样本均值	$\bar{x}=$
3	10.2	7.9	样本方差	$s^2=$
4	11.7	9.3		$\alpha=$
5	12.3	10.7		$t_{\alpha/2}(n_1+n_2-2)=$
6	11.1	11.2		$S_w=$
7	10.5	11.4		
8	10.6	9.8		
9	12.2	9.5		
10		10.1		
11		8.5		

	A	B	C	D	E	F
1	x	y	观测数	$n=$	8	10
2	12.6	8.6	样本均值	$\bar{x}=$	11.4	9.7
3	10.2	7.9	样本方差	$s^2=$	0.851428571	1.377777778
4	11.7	9.3		$\alpha=$	0.05	
5	12.3	10.7		$t_{\alpha/2}(n_1+n_2-2)=$	2.119905285	
6	11.1	11.2		$S_w=$	1.071214264	
7	10.5	11.4				
8	10.6	9.8		均值差的置信区间	0.62	2.78
9	12.2	9.5				
10		10.1				
11		8.5				

图 7.8 计算均值差 $\mu_1-\mu_2$ 的置信区间

(7) 计算 $s_w=\sqrt{\dfrac{(n_1-1)s_1^2+(n_2-1)s_2^2}{n_1+n_2-2}}$, 在单元格 E6 中输入公式:

=SQRT(((E1-1)*E3+(F1-1)*F3)/(E1+F1-2)).

(8) 计算置信区间 $\left(\bar{x}-\bar{y}\pm t_{\alpha/2}(n_1+n_2-2)s_w\sqrt{\dfrac{1}{n_1}+\dfrac{1}{n_2}}\right)$:

在单元格 E8 中输入公式: =(E2-F2-E5*E6*SQRT(1/E1+1/F1));

在单元格 F8 中输入公式: =(E2-F2+E5*E6*SQRT(1/E1+1/F1)).

计算结果如图 7.8 右所示.

7.2.5 两正态总体方差比的区间估计

应用中, 我们可以通过求两正态总体方差比的置信区间来比较两个总体方差的大小.

设 $X_1,X_2,\cdots,X_{n_1}$ 为来自总体 $X\sim N(\mu_1,\sigma_1^2)$ 的样本, $Y_1,Y_2,\cdots,Y_{n_2}$ 为来自总体 $Y\sim N(\mu_2,\sigma_2^2)$ 的样本, 两个样本相互独立, 又设 $\overline{X}$ 和 $\overline{Y}$ 分别为两个

样本的样本均值, S_1^2 和 S_2^2 分别为两个样本的样本方差. 对给定的置信水平 $1-\alpha$, $0<\alpha<1$, 我们来求方差比 σ_1^2/σ_2^2 的置信区间.

以下仅仅讨论 μ_1, μ_2 均未知的情况.

由定理 6.4 知

$$\frac{S_1^2/\sigma_1^2}{S_2^2/\sigma_2^2} \sim F(n_1-1,\, n_2-1),$$

取枢轴量

$$F=\frac{S_1^2/\sigma_1^2}{S_2^2/\sigma_2^2}.$$

对给定的置信水平 $1-\alpha$, 由 F 分布上 α 分位点的定义, 易知

$$P\left\{F_{1-\alpha/2}(n_1-1,n_2-1)<\frac{S_1^2/\sigma_1^2}{S_2^2/\sigma_2^2}<F_{\alpha/2}(n_1-1,n_2-1)\right\}=1-\alpha,$$

即

$$P\left\{\frac{S_1^2}{S_2^2}\frac{1}{F_{\alpha/2}(n_1-1,n_2-1)}<\frac{\sigma_1^2}{\sigma_2^2}<\frac{S_1^2}{S_2^2}\frac{1}{F_{1-\alpha/2}(n_1-1,n_2-1)}\right\}=1-\alpha,$$

于是, 我们得到 σ_1^2/σ_2^2 的一个置信水平为 $1-\alpha$ 的置信区间

$$\left(\frac{S_1^2}{S_2^2}\frac{1}{F_{\alpha/2}(n_1-1,n_2-1)},\ \frac{S_1^2}{S_2^2}\frac{1}{F_{1-\alpha/2}(n_1-1,n_2-1)}\right).$$

例 7.20 设用 X, Y 分别表示每千克中两种食品某种营养物质的含量 (单位: g), 且 $X\sim N(\mu_1, \sigma_1^2)$, $Y\sim N(\mu_2, \sigma_2^2)$, $\mu_1, \mu_2, \sigma_1, \sigma_2$ 均未知, 下面是两个独立的样本:

表 7.6

X	0.9	1.1	0.1	0.7	0.3	0.9	0.8	1.0	0.4		
Y	1.5	0.9	1.6	0.5	1.4	1.9	1.0	1.2	1.3	1.6	2.1

求 σ_1^2/σ_2^2 的置信水平为 95%的置信区间.

解 由于μ_1 和μ_2 未知, 可采用

$$\left(\frac{S_1^2}{S_2^2}\frac{1}{F_{\alpha/2}(n_1-1,n_2-1)},\ \frac{S_1^2}{S_2^2}\frac{1}{F_{1-\alpha/2}(n_1-1,n_2-1)}\right)$$

计算 σ_1^2/σ_2^2 的置信区间.

由两样本观测值得 $n_1=9$, $s_1^2=0.1186$, $n_2=11$, $s_2^2=0.2085$, $\alpha=0.05$, 查 F 分布的分位数表知

$$F_{0.025}(8,10)=3.85,\quad F_{0.975}(8,10)=\frac{1}{F_{0.025}(10,8)}=\frac{1}{4.30}=0.23,$$

故得 σ_1^2/σ_2^2 的置信水平为 0.95 的置信区间

$$\left(\frac{0.1186}{0.2085}\times\frac{1}{3.85},\frac{0.1186}{0.2085}\times\frac{1}{0.23}\right)=(0.1477,\,2.4732).$$

例 7.21 分别由工人和机器人操作钻孔机在钢部件上钻孔, 今测得所钻的孔的深度 (单位: cm) 如表 7.7:

表 7.7

工人操作	4.02	3.64	4.03	4.02	3.95	4.06	4.00	
机器人操作	4.01	4.03	4.02	4.01	4.00	3.99	4.02	4.00

涉及的两个总体分别为 $N(\mu_1,\sigma_1^2)$ 和 $N(\mu_2,\sigma_2^2)$, μ_1, μ_2, σ_1^2, σ_2^2 均未知, 两样本相互独立, 求 σ_1^2/σ_2^2 的置信水平为 90%的置信区间.

解 由于μ_1 和 μ_2 未知, 可采用

$$\left(\frac{S_1^2}{S_2^2}\frac{1}{F_{\alpha/2}(n_1-1,n_2-1)},\frac{S_1^2}{S_2^2}\frac{1}{F_{1-\alpha/2}(n_1-1,n_2-1)}\right)$$

计算 σ_1^2/σ_2^2 的置信区间.

现在 $n_1=7$, $n_2=8$, $1-\alpha=0.9$, $\alpha/2=0.05$, 经计算得 $s_1^2=0.02103$, $s_2^2=0.00017$, 查表知 $F_{0.05}(6,7)=3.87$, $F_{0.95}(6,7)=\dfrac{1}{F_{0.05}(7,6)}=\dfrac{1}{4.21}$, 所求的 σ_1^2/σ_2^2 的置信水平为 90%的置信区间为

$$\left(\frac{s_1^2}{s_2^2}\frac{1}{F_{0.05}(6,7)},\frac{s_1^2}{s_2^2}\frac{1}{F_{0.95}(6,7)}\right)=(31.704,516.54).$$

这个区间的下限大于 1, 在实际中, 我们就认为 σ_1^2 比 σ_2^2 大.

为方便对照学习, 两正态总体均值差和方差比的置信区间与按 7.2.6 节中定义 7.8 所得单侧置信限一并放入表 7.8 中.

表 7.8 两正态总体均值差与方差比的置信区间与单侧置信限

参数	条件	枢轴量及其分布	参数的置信区间	单侧置信限
$\mu_1-\mu_2$	两样本独立, σ_1^2, σ_2^2 已知	$Z=\dfrac{\overline{X}-\overline{Y}-(\mu_1-\mu_2)}{\sqrt{\dfrac{\sigma_1^2}{n_1}+\dfrac{\sigma_2^2}{n_2}}}\sim N(0,1)$	$\left(\overline{X}-\overline{Y}\pm z_{\alpha/2}\sqrt{\dfrac{\sigma_1^2}{n_1}+\dfrac{\sigma_2^2}{n_2}}\right)$	$\overline{\mu_1-\mu_2}=\overline{X}-\overline{Y}+z_\alpha\sqrt{\dfrac{\sigma_1^2}{n_1}+\dfrac{\sigma_2^2}{n_2}}$ $\underline{\mu_1-\mu_2}=\overline{X}-\overline{Y}-z_\alpha\sqrt{\dfrac{\sigma_1^2}{n_1}+\dfrac{\sigma_2^2}{n_2}}$
	两样本独立, $\sigma_1^2=\sigma_2^2$ 未知	$T=\dfrac{\overline{X}-\overline{Y}-(\mu_1-\mu_2)}{S_w\sqrt{\frac{1}{n_1}+\frac{1}{n_2}}}\sim t(n_1+n_2-2)$ 其中 $S_w=\sqrt{\dfrac{(n_1-1)S_1^2+(n_2-1)S_2^2}{n_1+n_2-2}}$	$\left(\overline{X}-\overline{Y}\pm t_{\alpha/2}(n_1+n_2-2)\cdot S_w\sqrt{\dfrac{1}{n_1}+\dfrac{1}{n_2}}\right)$	$\overline{\mu_1-\mu_2}=\overline{X}-\overline{Y}+t_\alpha(n_1+n_2-2)\cdot S_w\sqrt{\dfrac{1}{n_1}+\dfrac{1}{n_2}}$ $\underline{\mu_1-\mu_2}=\overline{X}-\overline{Y}-t_\alpha(n_1+n_2-2)\cdot S_w\sqrt{\dfrac{1}{n_1}+\dfrac{1}{n_2}}$
$\dfrac{\sigma_1^2}{\sigma_2^2}$	两样本独立, μ_1, μ_2 未知	$F=\dfrac{S_1^2/\sigma_1^2}{S_2^2/\sigma_2^2}\sim F(n_1-1,n_2-1)$	$\left(\dfrac{S_1^2}{S_2^2}\dfrac{1}{F_{\alpha/2}(n_1-1,n_2-1)},\dfrac{S_1^2}{S_2^2}\dfrac{1}{F_{1-\alpha/2}(n_1-1,n_2-1)}\right)$	$\overline{\left(\dfrac{\sigma_1^2}{\sigma_2^2}\right)}=\dfrac{S_1^2}{S_2^2}\dfrac{1}{F_{1-\alpha}(n_1-1,n_2-1)}$ $\underline{\left(\dfrac{\sigma_1^2}{\sigma_2^2}\right)}=\dfrac{S_1^2}{S_2^2}\dfrac{1}{F_\alpha(n_1-1,n_2-1)}$

【微视频7-11】双正态总体方差比的区间估计

7.2.6 单侧置信区间

上述置信区间中置信限都是双侧的, 但对于有些实际问题, 人们关心的只是参数在一个方向的界限. 例如, 购买化学药品时, 我们所关心的是化学药品中的杂质含量最多是多少, 即 "上限"; 而购买电子产品时更关心的是它们的使用寿命至少是多少, 即 "下限". 这就引出了单侧置信区间的概念.

定义 7.8 设 $X_1, X_2, \cdots, X_n$ 为总体 X 的一个样本, θ 是总体 X 的未知参数, 对于给定的 $\alpha\in(0,1)$,

(1) 如果有统计量 $\bar{\theta}=\bar{\theta}(X_1,X_2,\cdots,X_n)$, 满足

$$P\{\theta<\bar{\theta}\}=1-\alpha,$$

则称区间 $(-\infty,\bar{\theta})$ 是 θ 的一个置信水平为 $1-\alpha$ 的单侧置信区间, 称 $\bar{\theta}$ 为**单侧置信上限**.

(2) 如果有统计量 $\underline{\theta}=\underline{\theta}(X_1,X_2,\cdots,X_n)$, 满足

$$P\{\theta>\underline{\theta}\}=1-\alpha,$$

则称区间 $(\underline{\theta},+\infty)$ 是 θ 的一个置信水平为 $1-\alpha$ 的单侧置信区间, 称 $\underline{\theta}$ 为**单侧置信下限**. 单侧置信区间的求法与双侧置信区间的求法类似, 下面仅给出求正态总体均值和方差的单侧置信区间的部分过程.

设 $X_1, X_2, \cdots, X_n$ 为 $X\sim N(\mu,\sigma^2)$ 的样本, 对给定的置信水平 $1-\alpha$, $0<\alpha<1$, 我们分别讨论参数μ, σ^2 的单侧置信区间.

(1) σ^2 未知时, μ 的单侧置信区间:

由定理 6.3

$$\frac{\overline{X}-\mu}{S/\sqrt{n}}\sim t(n-1),$$

取 $T=\dfrac{\overline{X}-\mu}{S/\sqrt{n}}$ 作为枢轴量, 对给定的置信水平 $1-\alpha$, 如图 7.9 所示, 有

$$P\left\{\frac{\overline{X}-\mu}{S/\sqrt{n}}>-t_\alpha(n-1)\right\}=1-\alpha,$$

即

$$P\left\{\mu<\overline{X}+\frac{S}{\sqrt{n}}t_\alpha(n-1)\right\}=1-\alpha,$$

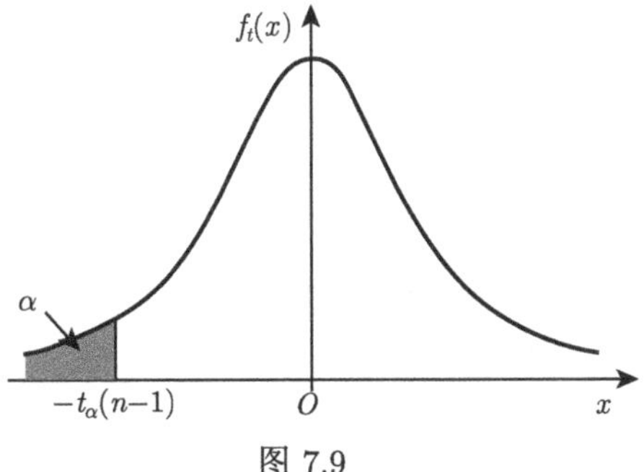

图 7.9

根据定义 7.8, 我们就得到了μ 的一个置信水平为 $1-\alpha$ 的单侧置信区间

$$\left(-\infty, \overline{X}+\frac{S}{\sqrt{n}}t_{\alpha}(n-1)\right).$$

μ 的置信水平为 $1-\alpha$ 的单侧置信上限为

$$\bar{\mu}=\overline{X}+\frac{S}{\sqrt{n}}t_{\alpha}(n-1).$$

另外, 如图 7.10 所示, 有 $P\left\{\dfrac{\overline{X}-\mu}{S/\sqrt{n}}<t_{\alpha}(n-1)\right\}=1-\alpha$, μ 的另一个置信水平为 $1-\alpha$ 的单侧置信区间为

$$\left(\overline{X}-\frac{S}{\sqrt{n}}t_{\alpha}(n-1), \infty\right),$$

μ 的置信水平为 $1-\alpha$ 的单侧置信下限为

$$\underline{\mu}=\overline{X}-\frac{S}{\sqrt{n}}t_{\alpha}(n-1).$$

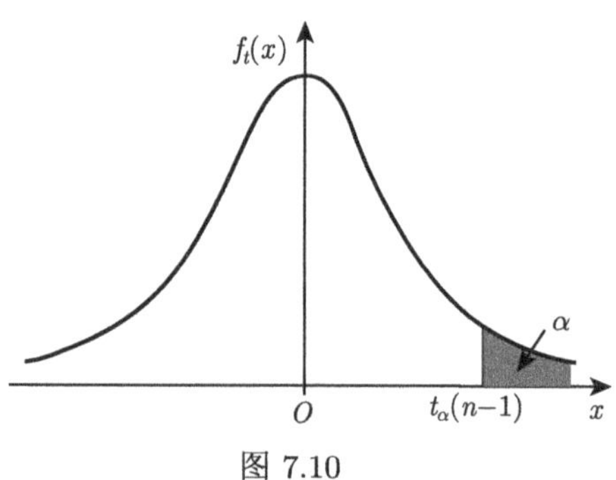

图 7.10

(2) μ 未知时, σ^2 的单侧置信区间:

由于

$$\sum_{i=1}^{n}\left(\frac{X_i-\overline{X}}{\sigma}\right)^2 \sim \chi^2(n-1),$$

取枢轴量 $\chi^2=\displaystyle\sum_{i=1}^{n}\left(\frac{X_i-\overline{X}}{\sigma}\right)^2$,

对给定的置信水平 $1-\alpha$, 如图 7.11 所示, 有

$$P\left\{\frac{1}{\sigma^2}\sum_{i=1}^{n}\left(X_i-\overline{X}\right)^2>\chi_{1-\alpha}^2(n-1)\right\}=1-\alpha,$$

即

$$P\left\{\sigma^2<\frac{\sum\limits_{i=1}^{n}\left(X_i-\overline{X}\right)^2}{\chi_{1-\alpha}^2(n-1)}\right\}=1-\alpha.$$

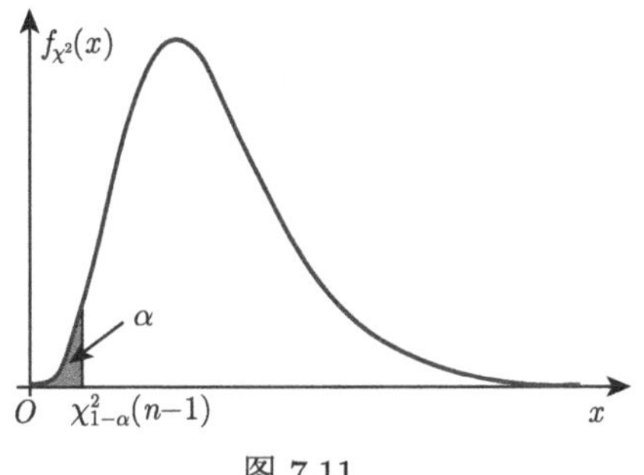

图 7.11

于是, 得到 σ^2 的一个置信水平为 $1-\alpha$ 的单侧置信区间 (注意 σ^2 一般大于 0)

$$\left(0,\ \frac{\sum\limits_{i=1}^{n}\left(X_i-\overline{X}\right)^2}{\chi_{1-\alpha}^2(n-1)}\right),$$

即

$$\left(0,\ \frac{(n-1)S^2}{\chi_{1-\alpha}^2(n-1)}\right).$$

σ^2 的一个置信水平为 $1-\alpha$ 的单侧置信上限为

$$\overline{\sigma^2}=\frac{(n-1)S^2}{\chi_{1-\alpha}^2(n-1)}.$$

考虑 $P\left\{\frac{1}{\sigma^2}\sum_{i=1}^{n}\left(X_i-\overline{X}\right)^2<\chi_{\alpha}^2(n-1)\right\}=1-\alpha$, 如图 7.12 所示.

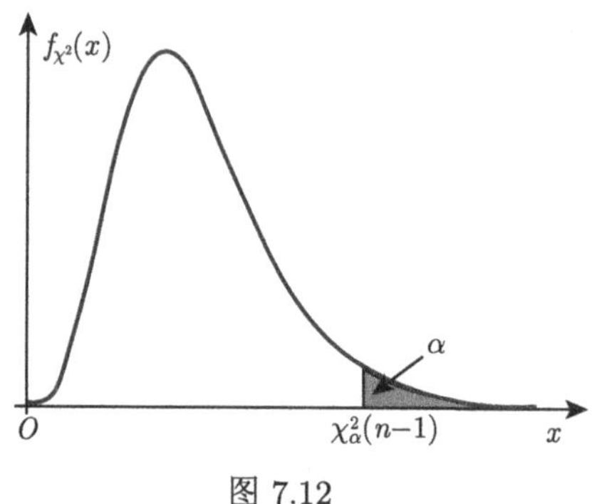

图 7.12

易知, σ^2 的另一个置信水平为 $1-\alpha$ 的单侧置信区间为

$$\left(\frac{\sum\limits_{i=1}^{n}\left(X_i-\overline{X}\right)^2}{\chi_\alpha^2(n-1)},\ +\infty\right),$$

即

$$\left(\frac{(n-1)S^2}{\chi_\alpha^2(n-1)},\ +\infty\right),$$

σ^2 的一个置信水平为 $1-\alpha$ 的单侧置信下限为

$$\underline{\sigma}^2=\frac{(n-1)S^2}{\chi_\alpha^2(n-1)}.$$

例 7.22 从一批汽车轮胎中随机地取 16 只做磨损试验, 记录其磨坏时所行驶路程 (单位: km), 算得样本均值 $\bar{x}=41116$, 样本标准差 $s=6346$. 设此样本来自正态总体 $X\sim N(\mu,\sigma^2)$, μ, σ^2 均未知, 问该种轮胎平均行驶路程至少是多少 (置信水平为 95%)?

解 由于 $X\sim N(\mu,\sigma^2)$ 且 μ,σ^2 均未知, 轮胎平均行驶路程的单侧置信下限可由下面公式计算得到

$$\underline{\mu}=\overline{X}-\frac{S}{\sqrt{n}}t_\alpha(n-1).$$

其中 $\bar{x}=41116$, $s=6346$, $n=16$, $\alpha=0.05$, $t_\alpha(n-1)=t_{0.05}(15)=1.753$.

于是置信水平为 95%的单侧置信下限为

$$\underline{\mu}\ =\ 41116-\frac{6346}{\sqrt{16}}\times 1.753=38334.87.$$

故该种轮胎平均行驶路程不少于 38334.87km, 其置信水平为 95%.

例 7.23 下面列出了自密歇根湖中捕获的 10 条鱼的聚氯联苯 (单位: mg/kg) 的含量 (这是一种有毒化学物):

12.0 11.6 11.8 10.4 10.8 12.2 11.9 12.4 12.6 11.5

设样本来自正态总体 $N(\mu,\sigma^2)$, μ, σ^2 均未知. 试求 μ 的置信水平为 95%的单侧置信上限.

解 由于 $X\sim N(\mu,\sigma^2)$ 且 μ, σ^2 均未知, μ 的置信水平为 $1-\alpha$ 的单侧置信上限可由下面公式计算得到

$$\bar{\mu}=\overline{X}+\frac{S}{\sqrt{n}}t_{\alpha}(n-1).$$

现在 $n=10$, $1-\alpha=0.95$, $\alpha=0.05$, $t_{0.05}(9)=1.8331$, 经计算得 $\bar{x}=11.72$, $s=0.686$. 所求置信上限为

$$\bar{\mu}=11.72+\frac{0.686}{\sqrt{10}}\times 1.8331=12.1177.$$

【微视频7-12】单侧置信区间

【拓展阅读7-1】现代统计学奠基人卡尔·皮尔逊

【拓展阅读7-2】二十世纪最有成就的统计学家罗纳德·费希尔

同步自测 7-2

一、填空

1. 设总体 $X\sim N(\mu,\sigma^2)$, $X_1,\cdots,X_n$ 是 X 的一个样本, 则当 σ^2 已知时, 求 μ 的置信区间所使用的枢轴量 $Z=$ __________; Z 服从__________ 分布; 当 σ^2 未知时, 求 μ 的置信区间所使用的枢轴量 $T=$ __________, T 服从__________ 分布.

2. 设总体 $X\sim N(\mu,\sigma^2)$, $X_1,\cdots,X_n$ 是 X 的一个样本, μ 未知时, 求 σ^2 的置信区间所使用的枢轴量为 $\chi^2=$__________; χ^2 服从__________ 分布.

3. 设总体 $X\sim N(\mu,\sigma^2)$, 随机抽取容量为 9 的简单随机样本, 得样本均值 $\bar{x}=5$, 标准差 $s=3$, 则未知参数 μ 的置信水平为 95%的置信区间是__________.

4. 为测定某药物的成分含量, 任取 16 个样品测得 $\bar{x}=3$, $s^2=3.26$. 假设被测总体服从正态分布, 总体方差 σ^2 的置信水平为 90%的置信区间是__________.

5. 设 $X_1, X_2, \cdots, X_{n_1}$ 是总体 $N(\mu_1, \sigma_1^2)$ 的一个样本, $\overline{X}$、S_1^2 分别是样本均值和样本方差; $Y_1, Y_2, \cdots, Y_{n_2}$ 是总体 $N(\mu_2, \sigma_2^2)$ 的一个样本, $\overline{Y}$、S_2^2 分别是样本均值和样本方差, 这两个样本相互独立, 则 $\dfrac{S_1^2/S_2^2}{\sigma_1^2/\sigma_2^2}$ 服从____________.

二、单项选择

1. 设总体 $X \sim N(\mu, \sigma^2)$, 其中 σ^2 已知, 对给定的样本观测值, 总体均值 μ 的置信区间长度 l, 与置信水平 $1-\alpha$ 的关系是 ( ).

(A) 当 $1-\alpha$ 变小时, l 变大　　(B) 当 $1-\alpha$ 变大时, l 变大

(C) 当 $1-\alpha$ 变小时, l 不变　　(D) $1-\alpha$ 与 l 的关系不能确定

2. 已知一批零件的长度 X(单位: cm) 服从正态分布 $N(\mu, 1)$, 从中随机抽取 16 个零件, 得到长度的平均值为 40cm, 则 μ 的置信水平为 90%的置信区间为 ( ).

(A) (39.6, 40.4)　(B) (30.4, 45.4)　(C) (40.5, 48.5)　(D) (45.5, 50.5)

3. 设一批零件的长度服从正态分布 $N(\mu, \sigma^2)$, 现从中随机抽取 16 个零件, 测样本均值为 $\bar{x} = 20\text{cm}$, 样本标准差 $s = 1\text{cm}$, 则 μ 的置信水平为 90%的置信区间是 ( ).

(A) $\left(20 - \dfrac{1}{4}t_{0.05}(16),\ 20 + \dfrac{1}{4}t_{0.05}(16)\right)$

(B) $\left(20 - \dfrac{1}{4}t_{0.1}(16),\ 20 + \dfrac{1}{4}t_{0.1}(16)\right)$

(C) $\left(20 - \dfrac{1}{4}t_{0.05}(15),\ 20 + \dfrac{1}{4}t_{0.05}(15)\right)$

(D) $\left(20 - \dfrac{1}{4}t_{0.1}(15),\ 20 + \dfrac{1}{4}t_{0.1}(15)\right)$

4. 设一自动包装机包装食品的重量服从正态分布 $N(\mu, \sigma^2)$, 现从中随机抽取 20 包食品, 称重并计算出样本标准差为 2 克, 则 σ^2 的置信水平为 95%的置信区间是 ( ).

(A) $\left(\dfrac{76}{\chi^2_{0.025}(19)}, \dfrac{76}{\chi^2_{0.975}(19)}\right)$　　(B) $\left(\dfrac{76}{\chi^2_{0.05}(19)}, \dfrac{76}{\chi^2_{0.95}(19)}\right)$

(C) $\left(\dfrac{38}{\chi^2_{0.025}(19)}, \dfrac{38}{\chi^2_{0.975}(19)}\right)$　　(D) $\left(\dfrac{76}{\chi^2_{0.025}(20)}, \dfrac{76}{\chi^2_{0.975}(20)}\right)$

第 7 章知识结构图

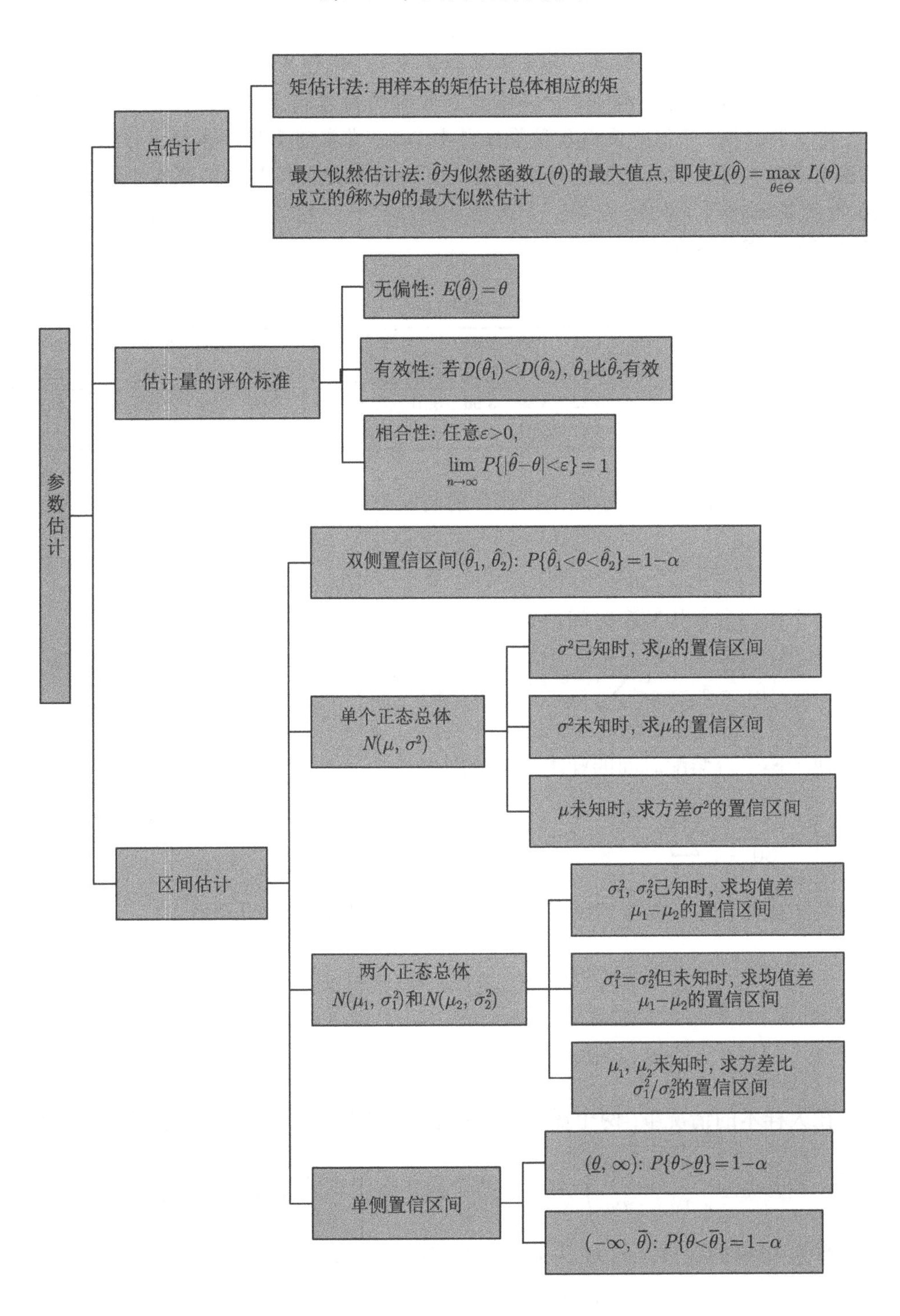

- 参数估计
  - 点估计
    - 矩估计法: 用样本的矩估计总体相应的矩
    - 最大似然估计法: $\hat{\theta}$为似然函数$L(\theta)$的最大值点, 即使$L(\hat{\theta})=\max\limits_{\theta\in\Theta} L(\theta)$成立的$\hat{\theta}$称为$\theta$的最大似然估计
  - 估计量的评价标准
    - 无偏性: $E(\hat{\theta})=\theta$
    - 有效性: 若$D(\hat{\theta}_1)<D(\hat{\theta}_2)$, $\hat{\theta}_1$比$\hat{\theta}_2$有效
    - 相合性: 任意$\varepsilon>0$, $\lim\limits_{n\to\infty} P\{|\hat{\theta}-\theta|<\varepsilon\}=1$
  - 区间估计
    - 双侧置信区间$(\hat{\theta}_1, \hat{\theta}_2)$: $P\{\hat{\theta}_1<\theta<\hat{\theta}_2\}=1-\alpha$
    - 单个正态总体$N(\mu, \sigma^2)$
      - σ^2已知时, 求μ的置信区间
      - σ^2未知时, 求μ的置信区间
      - μ未知时, 求方差σ^2的置信区间
    - 两个正态总体$N(\mu_1, \sigma_1^2)$和$N(\mu_2, \sigma_2^2)$
      - σ_1^2, σ_2^2已知时, 求均值差$\mu_1-\mu_2$的置信区间
      - $\sigma_1^2=\sigma_2^2$但未知时, 求均值差$\mu_1-\mu_2$的置信区间
      - μ_1, μ_2未知时, 求方差比σ_1^2/σ_2^2的置信区间
    - 单侧置信区间
      - $(\underline{\theta}, \infty)$: $P\{\theta>\underline{\theta}\}=1-\alpha$
      - $(-\infty, \overline{\theta})$: $P\{\theta<\overline{\theta}\}=1-\alpha$

【装配线的平衡问题解答】

使装配线达到平衡是一项重要的经营管理活动, 主要目标是确保不同操作台的操作耗用近似相同的时间. 如果装配线不平衡, 操作员就会出现有时无事可做, 有时忙不过来的现象. 结果, 产品堆积在费时的操作台上, 影响整个装配线的效率. 建立装配线, 经常要使用各种管理科学工具, 常常需要估计各个操作台的平均装配时间, 以对装配线进行合理的调整. 下面随机记录了某装配线两个操作台各 30 次的装配时间 (单位: 分钟), 如何估计操作台的平均装配时间? 它们的平均装配时间有无显著差异?

表 7.1

X	2.27	1.87	1.93	2.25	1.21	1.66	1.64	1.73	2.41	1.95	2.12	1.82	2.09	1.05	2.04
	2.27	2.32	2.57	1.95	2.07	1.36	2.18	1.86	2.61	1.24	2.05	1.76	2.11	2.04	1.74
Y	2.96	2.6	3.23	3.86	3.82	3.89	3.54	3.21	2.76	3.44	2.96	3.34	2.67	4.12	4.38
	2.75	2.45	3.28	3.7	3.47	3.31	3.39	3.35	3.26	3.6	3.54	2.75	3.91	3.19	3.1

解 设 X, Y 分别表示两个操作台的装配时间, 根据经验, 装配时间近似服从正态分布

$$X \sim N(\mu_1, \sigma_1^2), \quad Y \sim N(\mu_2, \sigma_2^2).$$

两个操作台平均装配时间的点估计

$$\hat{\mu}_1 = \bar{x} = \frac{1}{30}\sum_{i=1}^{30} x_i = 1.939, \quad \hat{\mu}_2 = \bar{y} = \frac{1}{30}\sum_{i=1}^{30} y_i = 3.3277.$$

两个操作台装配时间的样本方差分别为

$$s_1^2 = \frac{1}{30-1}\sum_{i=1}^{30}(x_i - \bar{x})^2 = 0.1441, \quad s_2^2 = \frac{1}{30-1}\sum_{i=1}^{30}(y_i - \bar{y})^2 = 0.2190.$$

两个操作台平均装配时间的置信水平为 95%的置信区间分别为

$$\left(\bar{x} - \frac{s_1}{\sqrt{30}}t_{0.025}(29), \bar{x} + \frac{s_1}{\sqrt{30}}t_{0.025}(29)\right) = (1.7973, 2.0807),$$

$$\left(\bar{y} - \frac{s_2}{\sqrt{30}}t_{0.025}(29), \bar{y} + \frac{s_2}{\sqrt{30}}t_{0.025}(29)\right) = (3.1529, 3.5024).$$

在大样本的情况下, 两个操作台平均装配时间之差 $\mu_1 - \mu_2$ 的置信区间可用 $\left(\overline{X} - \overline{Y} \pm z_{\alpha/2}\sqrt{\frac{S_1^2}{n_1} + \frac{S_2^2}{n_2}}\right)$ 计算. 两个操作台平均装配时间之差 $\mu_1 - \mu_2$ 的置信水平为 95%的置信区间为 $(-1.60, -1.17)$.

综上可见, 两个操作台平均装配时间的点估计 1.939 和 3.328 有明显的差异, 两个操作台平均装配时间的区间估计 (1.7973, 2.0801) 和 (3.1529, 3.5024) 不相交, 两个操作台平均装配时间之差的置信水平为 95%的置信区间为 (−1.60, −1.17) 中间不包括零, 这些都说明两个操作台的平均装配时间有显著差异, 进行调整后才能提高生产效率.

习 题 7

1. 设 $X \sim B(m, p)$, 其中 m 已知, 参数 p 未知, $X_1, X_2, \cdots, X_n$ 是来自 X 的简单随机样本, 求 p 的矩估计量. 若 $m=10$, 且有一样本观测值 $x_1=6$, $x_2=7$, $x_3=6$, $x_4=5$, $x_5=6$, $x_6=6$, 求 p 的矩估计值.

2. 设总体 X 的分布律为

X	1	2	3
p	θ^2	$2\theta(1-\theta)$	$(1-\theta)^2$

其中$\theta(0<\theta<1)$ 为未知参数, 现有一个样本观测值 $x_1=1, x_2=2, x_3=1$, 求 θ 的矩估计值.

3. 设总体 X 的概率密度函数为 $f(x;\theta)=\begin{cases}\dfrac{2}{\theta^2}(\theta-x), & 0<x<\theta,\\ 0, & \text{其他,}\end{cases}$ $\theta>0$ 是待估参数, $X_1, X_2, \cdots, X_n$ 是来自总体 X 的样本.

(1) 求参数 θ 的矩估计量;

(2) 抽样得到的样本观测值为 0.8, 0.6, 0.4, 0.5, 0.5, 0.6, 0.6, 0.8, 求参数 θ 的矩估计值.

4. 设总体 X 的概率密度为

$$f(x;\theta)=\frac{1}{2}\mathrm{e}^{-|x-\theta|}, \quad -\infty<x<+\infty,$$

$X_1, \cdots, X_n$ 是来自 X 的样本, 求参数 θ 的矩估计量. 现有一个样本观测值 $x_1=8, x_2=7, x_3=5, x_4=7, x_5=9, x_6=6$, 求$\theta$ 的矩估计值.

5. 设总体 X 的概率密度为 $f(x;\theta)=\begin{cases}\dfrac{1}{\theta}\mathrm{e}^{-(x-\mu)/\theta}, & x\geqslant\mu,\\ 0, & \text{其他,}\end{cases}$ 其中 $\theta(\theta>0), \mu$ 是未知参数, $X_1, \cdots, X_n$ 是来自 X 的简单随机样本, 求 θ 和 μ 的矩估计量.

6. 设总体 X 具有分布律

X	1	2	3
P	θ^2	$2\theta(1-\theta)$	$(1-\theta)^2$

其中 $\theta(0<\theta<1)$ 为未知参数. 已知取得了样本值 $x_1=1, x_2=2, x_3=1$, 试求 θ 的最大似然估计值.

7. 设总体 $X \sim B(m,p)$, m 已知, $0<p<1$ 未知, $X_1,\cdots,X_n$ 是来自 X 的简单随机样本, 求 p 的最大似然估计量.

8. 设总体 X 的密度函数为

$$f(x;\beta)=\begin{cases}\dfrac{\beta}{x^{\beta+1}}, & x>1,\\ 0, & x\leqslant 1,\end{cases}$$

其中未知参数 $\beta>1$, $X_1,X_2,\cdots,X_n$ 为取自总体 X 的简单随机样本, 求参数 β 的矩估计量和最大似然估计量.

9. 设总体 X 服从拉普拉斯分布

$$f(x;\theta)=\frac{1}{2\theta}\mathrm{e}^{-\frac{|x|}{\theta}}, \quad -\infty<x<+\infty,$$

其中 $\theta>0$. 如果取得样本观测值为 $x_1,x_2,\cdots,x_n$, 求参数 θ 的最大似然估计量.

10. 设总体 X 的概率密度为 $f(x;\theta)=\begin{cases}\theta\mathrm{e}^{-\theta x}, & x\geqslant 0,\\ 0, & x<0,\end{cases}$ 今从 X 中抽取 10 个个体, 得数据如下:

1050	1100	1080	1200	1300
1250	1340	1060	1150	1150

试用最大似然估计法估计 θ.

11. 设某电子元件的使用寿命 X 的概率密度为

$$f(x;\theta)=\begin{cases}2\mathrm{e}^{-2(x-\theta)}, & x>\theta,\\ 0, & x\leqslant\theta,\end{cases}$$

$\theta>0$ 为未知参数, $x_1,x_2,\cdots,x_n$ 是 X 的一组样本观测值, 求 θ 的最大似然估计量.

12. 设 X_1,X_2 是取自总体 $N(\mu,1)$ 的一个样本, 试证下面三个估计量均为 μ 的无偏估计量, 并确定最有效的一个.

$$\frac{2}{3}X_1+\frac{1}{3}X_2, \quad \frac{1}{4}X_1+\frac{3}{4}X_2, \quad \frac{1}{2}(X_1+X_2).$$

13. 设 X_1,X_2,X_3,X_4 是来自均值为 θ 的指数分布总体的样本, 其中 θ 未知, 设有估计量

$$T_1=\frac{1}{6}(X_1+X_2)+\frac{1}{3}(X_3+X_4),$$

$$T_2=(X_1+2X_2+3X_3+4X_4)/5,$$

$$T_3=(X_1+X_2+X_3+X_4)/4.$$

(1) 指出 T_1,T_2,T_3 哪几个是 θ 的无偏估计量;

(2) 在上述 θ 的无偏估计中指出哪一个较为有效.

14. 设总体 X 的数学期望为 μ, $X_1,\cdots,X_n$ 是来自 X 的简单随机样本. $a_1,a_2,\cdots,a_n$ 是任意常数, 证明 $\sum\limits_{i=1}^{n}a_iX_i\Big/\sum\limits_{i=1}^{n}a_i(\sum\limits_{i=1}^{n}a_i\neq 0)$ 是 μ 的无偏估计量.

15. 设总体 $X\sim N(\mu,\sigma^2), X_1,\cdots,X_n$ 是来自 X 的一个样本. 试确定常数 c, 使 $(\overline{X}^2-cS^2)$ 为μ^2 的无偏估计.

16. 设某种清漆的 9 个样品, 其干燥时间 (单位: h) 分别为

$$6.0,\quad 5.7,\quad 5.8,\quad 6.5,\quad 7.0,\quad 6.3,\quad 5.6,\quad 6.1,\quad 5.0.$$

设干燥时间总体服从 $N(\mu,\sigma^2)$; 在下面两种情况下, 求 μ 的置信水平为 95%的置信区间.

(1) 由以往的经验知$\sigma=0.6$;

(2) σ 未知.

17. 某机器生产圆筒状的金属品, 随机抽出 9 个样品, 测得其直径 (单位: cm) 分别为 1.01, 0.97, 1.03, 1.04, 0.99, 0.98, 0.99, 1.01, 1.03, 求此机器所生产的产品, 平均直径的置信水平为 99%的置信区间. 假设产品直径近似服从正态分布.

18. 某灯泡厂从当天生产的灯泡中随机抽取 9 只进行寿命测试, 取得数据如下 (单位: h): 1050, 1100, 1080, 1120, 1250, 1040, 1130, 1300, 1200. 设灯泡寿命服从正态分布, 试求当天生产的全部灯泡的平均寿命的置信水平为 95%的置信区间.

19. 设总体 $X\sim N(\mu,\sigma^2)$, 已知 $\sigma=\sigma_0$, 要使总体均值 μ 的置信水平为 $1-\alpha$ 的置信区间长度不大于 L, 问应抽取多大容量的样本?

20. 假设某种香烟的尼古丁含量 (单位: mg) 服从正态分布, 现随机抽取此种香烟 8 支为一样本, 测得其尼古丁平均含量为 18.6mg, 样本标准差 $s=2.4$mg, 试求此种香烟尼古丁含量方差的置信水平为 99%的置信区间.

21. 从某汽车电池制造厂生产的电池中随机抽取 5 个, 测得其寿命 (单位: h) 分别为 1.9, 2.4, 3.0, 3.5, 4.2, 求电池寿命方差的置信水平为 95%的置信区间, 假设电池寿命近似服从正态分布.

22. 设使用两种治疗严重膀胱疾病的药物, 其治疗所需时间 (单位: d) 均服从正态分布. 试验数据如下:

使用第一种药物 $n_1=14,\bar{x}_1=17,s_1^2=1.5$,

使用第二种药物 $n_2=16,\bar{x}_2=19,s_2^2=1.8$,

假设两正态总体的方差相等, 求使用两种药物平均治疗时间之差的置信水平为 99%的置信区间.

23. 测得两个民族中各 8 位成年人的身高 (单位: cm) 如下.

A 民族: 162.6 170.2 172.7 165.1 157.5 158.4 160.2 162.2

B 民族: 175.3 177.8 167.6 180.3 182.9 180.5 178.4 180.4

假设两正态总体的方差相等, 求两个民族平均身高之差的置信水平为 90%的置信区间.

24. 某钢铁公司的管理人员比较新旧两个电炉的温度状况, 它们抽取了新电炉的 31 个温度数据 (单位: ℃) 以及旧电炉的 25 个温度数据, 并计算得样本方差分别为 $s_1^2=75,s_2^2=100$, 假设新旧电炉的温度都服从正态分布, 试求新旧电炉温度的方差比的 95%的置信区间.

25. 工人和机器人独立操作在钢部件上钻孔, 钻孔深度分别服从 $N(\mu_1, \sigma_1^2)$ 和 $N(\mu_2, \sigma_2^2)$, $\mu_1, \mu_2, \sigma_1^2, \sigma_2^2$ 均未知, 今测得部分钻孔深度 (单位: cm) 如下.

工人操作: 4.02 3.94 4.03 4.02 3.95 4.06 4.00

机器人操作: 4.01 4.03 4.02 4.01 4.00 3.99 4.02 4.00

试求 σ_1^2/σ_2^2 的置信水平为 90%的置信区间.

26. 为了检测某化学物品种杂质的含量, 抽出 9 个样品, 测得每个样品杂质的含量为 1.01, 0.97, 1.03, 1.04, 0.99, 0.98, 0.99, 1.01, 1.03(单位: g), 求该化学物品平均杂质含量的置信水平为 95 的单侧置信区间下限. 假设杂质的含量近似服从正态分布.

27. 假设某种饮料中的维生素 C 含量 (单位: g) 服从正态分布, 现随机抽取此种饮料 8 瓶为一样本, 测得其维生素 C 平均含量为 18.6mg, 样本标准差 s= 2.4mg, 试求此种饮料维生素 C 含量方差的置信水平为 99%的单侧置信区间置信上限.

第8章 Chapter 假设检验

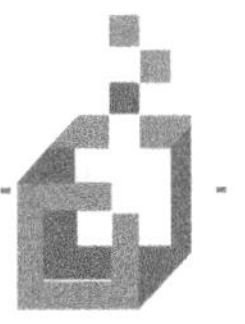

上一章我们介绍了统计推断的方法之一——参数估计, 它是对样本进行适当的加工, 以推断出总体参数的值或置信区间, 这种方法常用在人们对总体参数的真值一无所知时. 在实际应用中, 对总体参数的真值预先可能有所了解, 或根据经验可以对总体参数的真值提出假设, 这时, 常常需要通过样本带给我们的信息, 对所做假设进行验证, 这就是本章将要介绍的统计推断的又一种方法——假设检验.

假设检验分为参数假设检验和非参数假设检验. 当总体分布类型已知, 对总体分布中未知参数的检验称为参数假设检验; 当总体分布类型未知, 对总体的分布类型或分布性质的检验称为非参数假设检验. 本章主要学习参数的假设检验.

【质量检验问题】

国家规定某种药品所含杂质的含量不得超过 0.19 毫克/克, 某药厂对其生产的该种药品的杂质含量, 进行了两次抽样检验, 各测得 10 个数据 (单位: 毫克/克) 如表 8.1 所示:

表 8.1

第一次	0.183	0.186	0.188	0.191	0.189	0.196	0.196	0.197	0.209	0.215
第二次	0.182	0.183	0.187	0.187	0.193	0.198	0.198	0.199	0.211	0.212

该厂两次自检的结果均为合格, 厂家很有信心, 认为一定能通过药检局的质量检验. 但药检局用其报送的 20 个数据重新进行一次检验, 结果却是不合格, 这是为什么 (显著水平为 $\alpha = 0.05$)? 最终应该采纳谁的结果呢?

8.1 假设检验的基本概念

假设检验方法所依据的一个重要原理是 "小概率原理", 即 "小概率事件在一次试验中几乎是不会发生的". 我们都知道, 交通工具是有可能出事故的, 为什么我们还敢乘车、乘飞机呢? 买彩票有可能中百万大奖, 为什么我们不争先恐后地去买呢? 实际上, 因为这些都是小概率事件, 我们认为一次试验中它们是不会发生的! 正是 “小概率原理” 在指导我们的行为, 因此, “小概率原理” 又被称为 “实际推断原理”, 凡是依据 “小概率原理” 做出的推断我们都认为是合理的.

下面首先介绍依据 “小概率原理” 的假设检验的基本思想.

8.1.1 假设检验的基本思想

先看一个简单的问题.

例 8.1 某厂家向一家百货商店长期供应某种货物, 双方根据厂家的传统生产水平, 定出质量标准, 即若次品率超过 3%, 则百货商店拒收该批货物. 今有一批货物, 随机抽 50 件检验, 发现有次品 4 件, 问应如何处理这批货物?

如果双方商定用点估计方法作为验收方法, 即将样本的次品率 4/50 作为这批货物的次品率, 由于 $4/50 > 3\%$, 这批货物是要被拒收的. 但是厂家可能反对用这种方法验收. 他们认为, 由于抽样是随机的, 在这次抽样中, 次品的频率超过 3%, 不等于说这批产品的次品率 (概率) 真的超过了 3%. 就如同说掷一枚硬币, 正反两面出现的概率各为 1/2, 但若掷两次硬币, 不见得正、反面正好各出现一次. 如果百货商店也希望在维护自己利益的前提下, 不轻易地失去一个货源, 也会同意采用其他更合理的方法. 事实上, 对于这类问题, 通常就是采用假设检验的方法. 具体来说就是先假设次品率 $p \leqslant 3\%$, 然后根据抽样的结果来说明 $p \leqslant 3\%$这一假设是否合理. 注意, 这里用的是 “合理” 一词, 而不是 “正确”, 粗略地说就是 “认为 $p \leqslant 3\%$” 能否说得过去.

假设 $p \leqslant 3\%$, 用 X 表示随机抽取 n 件产品中所包含的次品数, 则 $X \sim B(n, p)$. 随机抽 50 件检验, 发现有次品 4 件的概率

$$P\{X=4\}=\mathrm{C}_{50}^{4}p^{4}(1-p)^{46} \leqslant \mathrm{C}_{50}^{4}0.03^{4}(1-0.03)^{46} \approx 0.046.$$

这说明, “随机抽 50 件产品检验, 发现有次品 4 件” 是一个小概率事件, 根据 “小概率原理”, 在一次试验中它是不应该发生的, 而现在它却发生了, 原因是 $p \leqslant 3\%$的假设出了问题, 应该否定 (或拒绝)$p \leqslant 3\%$的假设, 即有理由认为这批货物的次品率超过了 3%, 百货商店可以拒收该批货物.

根据上例可以看到假设检验的基本思想: 当我们对具体问题提出假设后, 可以由样本提供的信息决定是接受或拒绝这个假设, 如果在假设成立的条件下, 样本观测值的出现意味着一个小概率事件发生了, 根据 “小概率原理”, 这是不合理的, 就应该拒绝这个假设, 而与这个假设相反的结论就应该被接受.

再考察下面的例子.

例 8.2 一台包装机包装洗衣粉, 额定标准重量为 500g, 根据以往经验, 包装机的实际装袋重量服从正态分布 $N(\mu, \sigma^2)$, 其中$\sigma = 15\mathrm{g}$ 通常不会变化, 为检验

包装机工作是否正常, 随机抽取 9 袋, 称得洗衣粉净重数据如下 (单位: g):

497 506 518 524 488 517 510 515 516

问这台包装机工作是否正常?

所谓包装机工作正常, 即包装机包装洗衣粉的重量的均值应为额定重量 500g, 多装了厂家要亏损, 少装了损害消费者利益. 因此要检验包装机工作是否正常, 就是要检验总体均值$\mu=500$ 是否成立.

首先提出两个对立的假设:

$$H_0: \mu=500, \quad H_1: \mu \neq 500. \tag{8.1}$$

然后, 根据对样本观测值的加工计算, 对两个假设合理与否作出推断.

一般地, 可将类似问题表述如下:

设 $X \sim N(\mu, \sigma^2)$, σ^2 已知, $X_1, X_2, \cdots, X_n$ 为来自 X 的样本, $x_1, x_2, \cdots, x_n$ 为样本观测值, 首先提出两个对立的假设

$$H_0: \mu=\mu_0, \quad H_1: \mu \neq \mu_0. \tag{8.2}$$

然后, 根据对样本观测值的加工计算, 对两个假设作出判断, 拒绝两个假设中的一个, 就意味着接受另一个. 称 H_0 为**原假设** (**零假设**), 称 H_1 为**备选假设** (**备择假设**).

样本观测值 $x_1, x_2, \cdots, x_n$ 可以看做是抽样样本空间中的一个点 $(x_1, x_2, \cdots, x_n)$, 假设检验的实质是将样本空间划分成两个不相交的集合 R_0 和 $\bar{R}_0$, 其中 R_0 表示原假设 H_0 的**拒绝域**, $\bar{R}_0$ 表示 H_0 的**接受域**, 当 $(x_1, x_2, \cdots, x_n) \in R_0$, 拒绝原假设 H_0, 接受备择假设 H_1; 否则接受原假设 H_0, 拒绝备择假设 H_1. 那么, 如何来确定 H_0 的拒绝域 R_0 呢?

由于观测值 $x_1, x_2, \cdots, x_n$ 的随机性, 当 $(x_1, x_2, \cdots, x_n) \in R_0$ 时, 做出拒绝 H_0 的推断, 虽然合理, 也会犯错误, 但我们可以控制犯这种错误的概率. 事实上, 我们正是通过控制犯这种错误的概率的方法来确定 H_0 的拒绝域 R_0 的. 具体方法是给定一个小概率 α, 使 H_0 成立时, $(X_1, X_2, \cdots, X_n) \in R_0$ 的概率不超过小概率 α, 即

$$P\{(X_1, X_2, \cdots, X_n) \in R_0 \,|\, H_0\text{成立}\} \leqslant \alpha. \tag{8.3}$$

由此确定 R_0 后, 当实际抽到样本观测值 $(x_1, x_2, \cdots, x_n) \in R_0$ 时, 说明一次抽样小概率事件就发生了, 违背了小概率原理, 导致这种情况发生的原因是原假设不合理, 所以, 应该拒绝原假设 H_0, 接受备择假设 H_1, 此时犯错误的概率不会超过α.

通常, 我们可以先根据原假设 H_0 确定其拒绝域 R_0 的形式, 然后通过式 (8.3) 来具体确定 R_0 的范围.

针对上面 (8.2) 中提出的一对假设, 我们首先来确定 H_0 的拒绝域的形式.

由于 $\overline{X}$ 是μ 的无偏估计, 当 H_0 为真时 $\bar{x}$ 和μ_0 应该很接近, 即 $|\bar{x}-\mu_0|$ 不能太大, 当 $|\bar{x}-\mu_0|$ 太大时, 我们就怀疑 H_0 的正确性从而拒绝 H_0, 考虑到当 H_0 为真时 $X\sim N(\mu_0,\sigma^2)$, $\dfrac{\overline{X}-\mu_0}{\sigma/\sqrt{n}}\sim N(0,1)$, 衡量 $|\bar{x}-\mu_0|$ 的大小可以归结为衡量 $\left|\dfrac{\bar{x}-\mu_0}{\sigma/\sqrt{n}}\right|$ 的大小, 因此, H_0 的拒绝域的形式可以表示为 $R_0=\left\{\left|\dfrac{\bar{x}-\mu_0}{\sigma/\sqrt{n}}\right|\geqslant c\right\}$, 其中 c 为一正实数.

由于拒绝域和统计量 $Z=\dfrac{\overline{X}-\mu_0}{\sigma/\sqrt{n}}$ 有关, 也就是说检验的最终结论由 $Z=\dfrac{\overline{X}-\mu_0}{\sigma/\sqrt{n}}$ 的观测值决定, 所以我们称 $Z=\dfrac{\overline{X}-\mu_0}{\sigma/\sqrt{n}}$ 为**检验统计量**.

下面通过控制在 H_0 成立时 $(X_1,X_2,\cdots,X_n)\in R_0$ 的概率来确定 c 的值, 也就是确定 H_0 的拒绝域的范围.

对于给定的小概率 α, 按照拒绝域的形式构造小概率事件, 即通过 $P\left\{\left|\dfrac{\overline{X}-\mu_0}{\sigma/\sqrt{n}}\right|\geqslant c|H_0\text{成立}\right\}\leqslant\alpha$ 确定 c 的值.

由于 H_0 成立时 $Z=\dfrac{\overline{X}-\mu_0}{\sigma/\sqrt{n}}\sim N(0,1)$, 由图 8.1 易知

$$P\left\{\left|\frac{\overline{X}-\mu_0}{\sigma/\sqrt{n}}\right|\geqslant z_{\alpha/2}\right\}=\alpha.$$

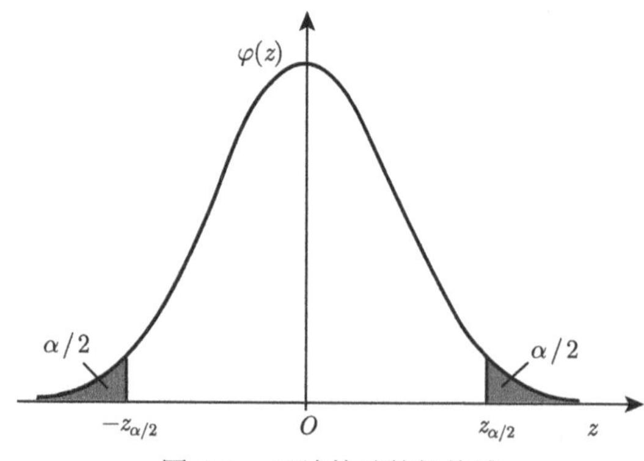

图 8.1 双边检验的拒绝域

因此, 我们可以取 $c = z_{\alpha/2}$, 把 $\left\{\left|\dfrac{\bar{x}-\mu_0}{\sigma/\sqrt{n}}\right| \geqslant z_{\alpha/2}\right\}$ 即 $\{|z| \geqslant z_{\alpha/2}\}$ 作为 H_0 的**拒绝域**.

H_0 的这个拒绝域对应抽样样本空间的一个子集, 也对应了实数轴 z 轴上的区间 $(-\infty, -z_{\alpha/2})$ 和 $(z_{\alpha/2}, +\infty)$, 称 $-z_{\alpha/2}$ 和 $z_{\alpha/2}$ 为 H_0 的**拒绝域的临界点 (值)**. 由于拒绝域 $\{|z| \geqslant z_{\alpha/2}\}$ 在数轴的两端 (见图 8.1), 故称这种检验为**双边检验**.

根据 (8.3) 式确定的拒绝域 R_0 的范围和小概率 α 的值有密切的关系, 称α 为检验的**显著水平**, α 越小称检验越显著, 一般α 常取 0.01, 0.05, 0.1 等.

根据上面结果, 对于例 8.2 中提出的假设 (见式 8.1), 若取显著水平 $\alpha = 0.05$, 则 H_0 的拒绝域为

$$\left\{|z| = \left|\frac{\bar{x}-\mu_0}{\sigma/\sqrt{n}}\right| \geqslant z_{\alpha/2}\right\} = \{|z| \geqslant z_{0.025}\} = \{|z| \geqslant 1.96\}.$$

由样本观测值计算检验统计量的观测值, 得到

$$\begin{aligned} z &= \frac{\bar{x}-\mu_0}{\sigma/\sqrt{n}} \\ &= \frac{(497+506+518+524+488+517+510+515+516)/9-500}{15/\sqrt{9}} = 2.02. \end{aligned}$$

$z = 2.02$ 落入了 H_0 的拒绝域, 因此, 在$\alpha = 0.05$ 的显著水平下, 应拒绝 H_0, 认为$\mu_0 \neq 500$, 即包装机工作不正常.

继续例 8.2 的问题, 如果想进一步判断当天包装机包装的洗衣粉的平均重量和 500g 相比, 哪个更大一些, 可以做下面两种类型的检验:

$$\textbf{右边检验}\quad H_0: \mu \leqslant \mu_0, \quad H_1: \mu > \mu_0.$$

或者

$$\textbf{左边检验}\quad H_0: \mu \geqslant \mu_0, \quad H_1: \mu < \mu_0.$$

右边检验和左边检验统称为**单边检验**. 下面分别推出这两种检验原假设的拒绝域:

(1) **右边检验** $H_0: \mu \leqslant \mu_0, \quad H_1: \mu > \mu_0.$

首先确定拒绝域的形式: 由于 $\overline{X}$ 是μ 的无偏估计, 当 H_0 为真时 $\bar{x}$ 应该不大于μ_0, 当 $\bar{x}-\mu_0$ 偏大时, 或者说 $\dfrac{\bar{x}-\mu_0}{\sigma/\sqrt{n}}$ 偏大时我们就怀疑 H_0 的正确性从而拒绝 H_0, 因此, H_0 的拒绝域的形式可以表示为 $R_0 = \left\{\dfrac{\bar{x}-\mu_0}{\sigma/\sqrt{n}} \geqslant c\right\}$, 其中 c 为一正实数, 由此确定 $Z = \dfrac{\overline{X}-\mu_0}{\sigma/\sqrt{n}}$ 作为检验统计量.

然后确定拒绝域的范围: 对于给定的小概率α, 通过 $P\left\{\dfrac{\overline{X}-\mu_0}{\sigma/\sqrt{n}}\geqslant c\,\middle|\,H_0\text{成立}\right\}\leqslant\alpha$ 确定临界点 c 的值.

由于 $X\sim N(\mu,\sigma^2)$, 所以 $Z=\dfrac{\overline{X}-\mu}{\sigma/\sqrt{n}}\sim N(0,1)$, 由图 8.2 易知

$$P\left\{\frac{\overline{X}-\mu}{\sigma/\sqrt{n}}\geqslant z_\alpha\right\}=\alpha,$$

当原假设成立时, 由于 $\dfrac{\overline{X}-\mu}{\sigma/\sqrt{n}}\geqslant\dfrac{\overline{X}-\mu_0}{\sigma/\sqrt{n}}$, 所以 $P\left\{\dfrac{\overline{X}-\mu_0}{\sigma/\sqrt{n}}\geqslant z_\alpha\right\}\leqslant\alpha$, 因此, 可以选择 $c=z_\alpha$, 得到 H_0 的拒绝域为

$$\left\{z=\frac{\bar{x}-\mu_0}{\sigma/\sqrt{n}}\geqslant z_\alpha\right\}.$$

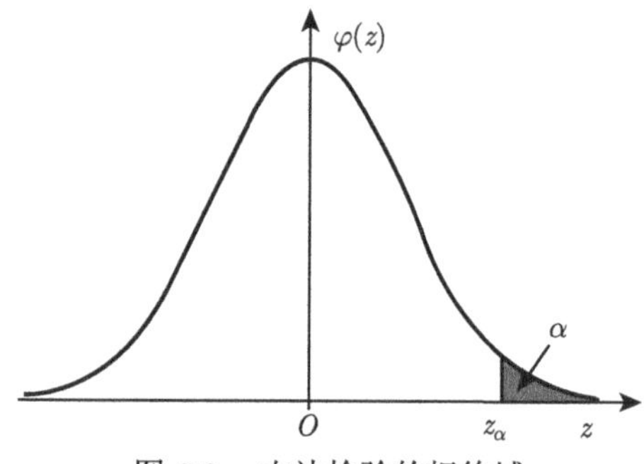

图 8.2 右边检验的拒绝域

由于拒绝域在数轴的右端, 故称此检验为右边检验.

(2) **左边检验** $H_0:\mu\geqslant\mu_0,\quad H_1:\mu<\mu_0$.

首先确定拒绝域的形式: 由于 $\overline{X}$ 是μ 的无偏估计, 当 H_0 为真时 $\bar{x}$ 应该不小于μ_0, 当 $\bar{x}-\mu_0$ 偏小时, 或者说 $\dfrac{\bar{x}-\mu_0}{\sigma/\sqrt{n}}$ 偏小时我们就怀疑 H_0 的正确性从而拒绝 H_0, 所以 H_0 的拒绝域的形式应为 $R_0=\left\{\dfrac{\bar{x}-\mu_0}{\sigma/\sqrt{n}}\leqslant c\right\}$, c 为一负实数, 仍可以确定 $Z=\dfrac{\overline{X}-\mu_0}{\sigma/\sqrt{n}}$ 作为检验统计量.

然后确定拒绝域的范围: 对于给定的小概率α, 通过 $P\left\{\dfrac{\overline{X}-\mu_0}{\sigma/\sqrt{n}}\leqslant c\,\middle|\,H_0\text{成立}\right\}$

$\leqslant \alpha$ 确定 c 的值.

由于 $X \sim N(\mu, \sigma^2)$, 所以 $Z = \dfrac{\overline{X} - \mu}{\sigma/\sqrt{n}} \sim N(0,1)$, 由图 8.3 易知

$$P\left\{\frac{\overline{X} - \mu}{\sigma/\sqrt{n}} \leqslant -z_\alpha\right\} = \alpha.$$

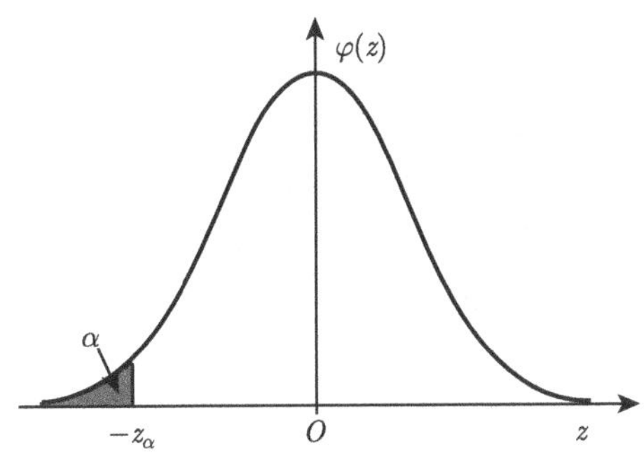

图 8.3　左边检验的拒绝域

当原假设成立时, 由于 $\dfrac{\overline{X} - \mu}{\sigma/\sqrt{n}} \leqslant \dfrac{\overline{X} - \mu_0}{\sigma/\sqrt{n}}$, 所以 $P\left\{\dfrac{\overline{X} - \mu_0}{\sigma/\sqrt{n}} \leqslant -z_\alpha\right\} \leqslant \alpha$, 因此, 可以选择临界点 $c = -z_\alpha$, 得到 H_0 的拒绝域为 $\left\{z = \dfrac{\bar{x} - \mu_0}{\sigma/\sqrt{n}} \leqslant -z_\alpha\right\}$.

由于拒绝域在数轴的左端, 故称此检验为左边检验.

现在我们回到例 8.2 包装机包装洗衣粉的问题上, 在显著水平$\alpha = 0.05$ 下进一步做右边检验:

$$H_0: \mu \leqslant 500, \quad H_1: \mu > 500.$$

仍选择 $Z = \dfrac{\overline{X} - \mu_0}{\sigma/\sqrt{n}}$ 作为检验统计量, 由于 H_0 的拒绝域为 $\left\{z = \dfrac{\bar{x} - \mu_0}{\sigma/\sqrt{n}} \geqslant z_{0.05}\right\}$, 即 $\{z \geqslant 1.645\}$, 而检验统计量的观测值 $z = 2.02$ 落入了拒绝域, 因此, 在$\alpha = 0.05$ 的显著水平下, 应拒绝 H_0, 做出$\mu > 500$ 的推断.

通过上例可以看到, 用假设检验方法解决实际问题的过程主要有四步:

(1) 提出原假设和备择假设;

(2) 确定检验统计量及原假设的拒绝域;

(3) 计算检验统计量的观测值;

(4) 根据检验统计量的观测值是否落入拒绝域做出推断.

【微视频8-1】假设检验的基本原理

【微视频8-2】假设检验的基本概念和方法

【拓展阅读8-1】小概率原理

【拓展阅读8-2】女士品茶与试验设计

8.1.2 假设检验的两类错误

假设检验依据“小概率原理”决定接受 H_0 或拒绝 H_0. 但是这一原理只是在概率意义下成立, 并不是严格成立的, 即不能说小概率事件在一次试验中绝对不可能发生. 因此, 假设检验问题可能会犯如下两类错误.

一是实际情况是 H_0 成立, 而检验的结果是拒绝了 H_0, 这时称该检验犯了**第一类错误**, 或“**弃真**”的错误; 二是实际情况是 H_0 不成立, 而检验的结果是接受了 H_0, 这时称该检验犯了**第二类错误**, 或称“**存伪**”的错误. 犯两类错误的概率可以分别表示如下:

犯第一类错误的概率:

$P\{$弃真$\} = P\{$拒绝 $H_0|H_0$ 为真$\} = P\{$检验统计量的观测值落入拒绝域 $|H_0$ 为真$\}$,

犯第二类错误的概率:

$P\{$存伪$\} = P\{$接受 $H_0|H_0$ 为假$\} = P\{$检验统计量的观测值未落入拒绝域 $|H_0$ 为假$\}$.

进行一个检验, 最理想的结果当然是犯两类错误的概率都尽可能小, 但是一般来说, 在样本容量 n 一定的情况下, 要使两者都达到最小是不可能的. 减小犯某一类错误的概率, 往往导致犯另一类错误的概率增大. 要想使犯两类错误的概率都减小, 只有靠增加样本容量才能做到.

根据前面的讲述, 我们容易知道, H_0 的拒绝域实际上是通过控制犯第一类错误的概率而得到的, 所以, 如果检验的显著水平为α, 则

$P\{$弃真$\} = P\{$拒绝 $H_0|H_0$ 为真$\} = P\{$检验统计量的观测值落入拒绝域 $|H_0$ 为真$\} \leqslant \alpha$.

在假设检验中, 不拒绝原假设时, 犯第二类错误的概率不容易计算, 也不容易控制. 但拒绝原假设时犯第一类错误的概率小于等于显著水平α, 由于显著水平α是我们事先取定的并且非常小, 因此, 我们拒绝原假设时犯错误的概率非常低且可以控制. 所以, 假设检验时拒绝原假设具有实际意义, 其结果应受到充分的重视; 不能拒绝原假设时, 必须结合其他信息才能作出较为准确的判断.

实际应用中, 常将以往的经验性结论作为原假设, 与其相反的结论作为备选假设. 这样, 原假设不会被轻易拒绝, 一旦结果为拒绝原假设, 其结果也是可以信

赖的, 因为此时犯第一类错误的概率不超过显著水平α; 如果结果为不能拒绝原假设, 考虑到原假设为以往的经验, 做出接受原假设的推断也是比较合理的.

同步自测 8-1

一、填空

1. 设 $X \sim N(\mu, \sigma^2)$, $X_1, X_2, \cdots, X_n$ 是来自 X 的样本, 当 σ^2 为已知时, 检验

$$H_0: \mu = \mu_0, \quad H_1: \mu \neq \mu_0.$$

所使用的统计量是__________, H_0 为真时它服从__________分布; 若给定显著水平α, 则拒绝域为__________.

2. 设总体 $X \sim N(\mu, \sigma^2)$, $X_1, X_2, \cdots, X_n$ 是来自总体的样本, 检验假设

$$H_0: \mu \leqslant \mu_0, \quad H_1: \mu > \mu_0.$$

当 σ^2 已知时, 检验统计量是__________, 在显著水平α 下, 拒绝域为__________.

3. 在假设检验中, 若检验结果是接受 H_0, 则可能犯第__________类错误, 这类错误称为__________; 若检验结果是拒绝 H_0, 则可能犯第__________类错误. 这类错误称为__________.

二、单项选择

1. 设 $X \sim N(\mu, \sigma^2)$, 当 σ^2 已知时, 检验 $H_0: \mu \geqslant \mu_0$, $H_1: \mu < \mu_0$. 在显著水平α 下, Z 检验的拒绝域为 (　　).

(A) $\left\{z = \dfrac{\bar{x} - \mu_0}{\sigma/\sqrt{n}} \leqslant -z_{\alpha/2}\right\}$　　(B) $\left\{|z| = \left|\dfrac{\bar{x} - \mu_0}{\sigma/\sqrt{n}}\right| \geqslant z_{\alpha/2}\right\}$

(C) $\left\{z = \dfrac{\bar{x} - \mu_0}{\sigma/\sqrt{n}} \geqslant z_{\alpha}\right\}$　　(D) $\left\{z = \dfrac{\bar{x} - \mu_0}{\sigma/\sqrt{n}} \leqslant -z_{\alpha}\right\}$

2. 设 $X \sim N(\mu, \sigma^2)$, 当 σ^2 已知时, 检验 $H_0: \mu \leqslant 1$, $H_1: \mu > 1$. 取显著水平 $\alpha = 0.05$ 下, 则 Z 检验的拒绝域为 (　　).

(A) $|\bar{x} - 1| \geqslant z_{0.05}$　　(B) $\bar{x} \leqslant z_{0.05}\dfrac{\sigma}{\sqrt{n}} + 1$

(C) $\bar{x} \geqslant z_{0.05}\dfrac{\sigma}{\sqrt{n}} + 1$　　(D) $|\bar{x} - 1| \geqslant z_{0.05}\dfrac{\sigma}{\sqrt{n}}$

3. 在显著水平 α 下的检验结果犯第一类错误的概率为 (　　).

(A) $\geqslant \alpha$　　(B) $1 - \alpha$　　(C) $> \alpha$　　(D) $\leqslant \alpha$

4. 在假设检验中, 如果 H_0 的拒绝域为 R_0, 那么样本观测值 $x_1, x_2, \cdots, x_n$ 的以下情况中, 拒绝 H_0 且不犯错误的是 (　　).

(A) H_0 成立, $(x_1,x_2,\cdots,x_n)\in R_0$ (B) H_0 成立, $(x_1,x_2,\cdots,x_n)\notin R_0$

(C) H_0 不成立, $(x_1,x_2,\cdots,x_n)\in R_0$ (D) H_0 不成立, $(x_1,x_2,\cdots,x_n)\notin R_0$

5. 在双边检验中, 如果在显著性水平 0.01 下拒绝 H_0, 那么在显著性水平 0.05 下, 下面结论正确的是 ( ).

(A) 必拒绝 H_0 (B) 可能拒绝, 也可能不拒绝 H_0

(C) 必不能拒绝 H_0 (D) 不接受, 也不拒绝 H_0

8.2 正态总体的参数检验

正态总体 $N(\mu,\sigma^2)$ 的两个重要参数是均值 μ 和方差 σ^2, 在实际应用中常会遇到单正态总体均值与方差的检验, 以及两个正态总体均值与方差的比较问题.

8.2.1 单正态总体均值与方差的检验

1. 单正态总体均值的检验

设总体 $X\sim N(\mu,\sigma^2)$, $X_1,X_2,\cdots,X_n$ 为来自 X 的样本, $x_1,x_2,\cdots,x_n$ 为样本观测值, 对均值 μ 的检验一般有下面三种形式:

(1) 双边检验 $H_0:\mu=\mu_0,\quad H_1:\mu\neq\mu_0$.

(2) 右边检验 $H_0:\mu\leqslant\mu_0,\quad H_1:\mu>\mu_0$.

(3) 左边检验 $H_0:\mu\geqslant\mu_0,\quad H_1:\mu<\mu_0$.

其中 μ_0 为已知常数.

下面分两种情况给出 H_0 的拒绝域:

(1) σ^2 为已知的情况.

在 8.1.1 节中已经知道, 当 σ^2 已知时, 上面三种检验的检验统计量均可采用 $Z=\dfrac{\overline{X}-\mu_0}{\sigma/\sqrt{n}}$, 在显著水平$\alpha$ 下, H_0 的拒绝域分别为

$$\left\{|z|=\left|\frac{\bar{x}-\mu_0}{\sigma/\sqrt{n}}\right|\geqslant z_{\alpha/2}\right\},\quad \left\{z=\frac{\bar{x}-\mu_0}{\sigma/\sqrt{n}}\geqslant z_\alpha\right\},\quad \left\{z=\frac{\bar{x}-\mu_0}{\sigma/\sqrt{n}}\leqslant -z_\alpha\right\}.$$

这三种检验称为均值的 Z 检验.

(2) σ^2 为未知的情况.

当 σ^2 未知时, 由于 $Z=\dfrac{\overline{X}-\mu_0}{\sigma/\sqrt{n}}$ 中含有未知的 σ, 不能再作为检验统计量. 考虑到样本方差 S^2 是 σ^2 的无偏估计, 且由定理 6.3 知 $T=\dfrac{\overline{X}-\mu_0}{S/\sqrt{n}}\sim t(n-1)$. 所以, 改用 $T=\dfrac{\overline{X}-\mu_0}{S/\sqrt{n}}$ 作为检验统计量, 其观测值为 $t=\dfrac{\bar{x}-\mu_0}{s/\sqrt{n}}$, 类似 σ^2 已知

的情形, 不难得到, 当 σ^2 未知时, 在显著水平 α 下, 上面三种检验的拒绝域分别为

$$\left\{|t|=\left|\frac{\bar{x}-\mu_0}{s/\sqrt{n}}\right|\geqslant t_{\alpha/2}(n-1)\right\},\quad \left\{t=\frac{\bar{x}-\mu_0}{s/\sqrt{n}}\geqslant t_{\alpha}(n-1)\right\},$$

$$\left\{t=\frac{\bar{x}-\mu_0}{s/\sqrt{n}}\leqslant -t_{\alpha}(n-1)\right\}.$$

这三种检验称为均值的 T 检验.

为方便对照学习, 单正态总体 $N(\mu,\sigma^2)$ 的均值μ 的 Z 检验和 T 检验一并列入表 8.2.

表 8.2 单正态总体 $N(\mu,\sigma^2)$ 的均值μ 的检验

检验名称	条件	检验类别	H_0	H_1	检验统计量	分布	拒绝域
Z 检验	σ^2 已知	双边检验	$\mu=\mu_0$	$\mu\neq\mu_0$	$Z=\dfrac{\overline{X}-\mu_0}{\sigma/\sqrt{n}}$	$N(0,1)$	$\{\|z\|\geqslant z_{\alpha/2}\}$
		右边检验	$\mu\leqslant\mu_0$	$\mu>\mu_0$			$\{z\geqslant z_{\alpha}\}$
		左边检验	$\mu\geqslant\mu_0$	$\mu<\mu_0$			$\{z\leqslant -z_{\alpha}\}$
T 检验	σ^2 未知	双边检验	$\mu=\mu_0$	$\mu\neq\mu_0$	$T=\dfrac{\overline{X}-\mu_0}{S/\sqrt{n}}$	$t(n-1)$	$\{\|t\|\geqslant t_{\alpha/2}(n-1)\}$
		右边检验	$\mu\leqslant\mu_0$	$\mu>\mu_0$			$\{t\geqslant t_{\alpha}(n-1)\}$
		左边检验	$\mu\geqslant\mu_0$	$\mu<\mu_0$			$\{t\leqslant -t_{\alpha}(n-1)\}$

注意: 假设检验与区间估计的提法虽然不同, 但解决问题的途径是相通的. 例如，正态总体 $N(\mu,\sigma^2)$ 的均值 μ 的双边假设检验在显著水平 α 下的接受域对应于置信水平为 $1-\alpha$ 的置信区间; μ 的单边假设检验在显著水平 α 下的接受域对应于置信水平为 $1-\alpha$ 的单侧置信区间. 在总体分布类型已知的条件下, 参数的假设检验与区间估计是从不同的角度回答了同一个问题, 假设检验是判断原假设 H_0 是否成立, 而区间估计解决的是参数的大小或范围的问题, 前者是定性的, 后者是定量的.

例 8.3 某车间生产铜丝, 其主要质量指标是折断力的大小. 用 X 表示该车间生产的铜丝的折断力. 根据过去的资料看, 可以认为 $X\sim N(285,\,4^2)$. 为提高折断力, 今换一种原材料, 估计方差不会有多大变化. 现抽取 10 个样品, 测得折断力 (单位: N) 为

$$289,286,285,284,286,285,285,286,298,292.$$

在 0.05 的显著水平下, 检验折断力是否显著变大?

解 设铜丝的折断力 $X\sim N(\mu,\sigma^2)$, 按题意已知方差 $\sigma^2=16$, 需检验

$$H_0:\quad \mu\leqslant 285,\quad H_1:\quad \mu>285,$$

此为右边检验. 由于方差已知, 应选用 Z 检验, 在显著水平$\alpha=0.05$ 下, H_0 的拒绝域为

$$\left\{z=\frac{\bar{x}-\mu_0}{\sigma/\sqrt{n}}\geqslant z_\alpha\right\}=\{z\geqslant z_{0.05}\}=\{z\geqslant 1.645\},$$

其中$\mu_0=285$, 由样本观测值计算得到

$$\bar{x}=\frac{1}{n}\sum_{i=1}^{n}x_i=287.6,\quad z=\frac{\bar{x}-\mu_0}{\sigma/\sqrt{n}}=\frac{287.6-285}{4/\sqrt{10}}=2.055>1.645.$$

由于 $z=2.055$ 落入拒绝域中, 故在 0.05 的显著水平下应拒绝 H_0, 可以认为折断力显著变大.

【实验 8.1】 在 Excel 中做例 8.3 中的均值检验.

实验准备

学习附录二中如下 Excel 函数:

(1) 数字个数统计函数 COUNT.

(2) 样本均值函数 AVERAGE.

(3) 平方根函数 SQRT.

(4) 标准正态分布的分位数函数 NORM.S.INV.

(5) 执行真假值判断的逻辑函数 IF.

实验步骤

(1) 输入数据及项目名, 如图 8.4 左所示.

	A	B	C
1	x		$\mu_0=$
2	289	标准差	$\sigma=$
3	286	观测数	$n=$
4	285	样本均值	$\bar{x}=$
5	284	显著水平	$\alpha=$
6	286	检验统计量	$z=$
7	285	临界点	$z_\alpha=$
8	285		
9	286		
10	298		
11	292		

	A	B	C	D
1	x		$\mu_0=$	285
2	289	标准差	$\sigma=$	4
3	286	观测数	$n=$	10
4	285	样本均值	$\bar{x}=$	287.6
5	284	显著水平	$\alpha=$	0.05
6	286	检验统计量	$z=$	2.0554805
7	285	临界点	$z_\alpha=$	1.6448536
8	285			拒绝H0
9	286			
10	298			
11	292			

图 8.4 均值 z 检验

(2) 在单元格 D1 中输入 μ_0: 285.

(3) 在单元格 D2 中输入标准差 σ: 4.

(4) 在单元格 D3 中输入公式计算观测数 n: =COUNT(A2:A11).

(5) 在单元格 D4 中输入公式计算样本均值 $\bar{x}$: =AVERAGE(A2:A11).

(6) 在单元格 D5 中输入显著水平 α: 0.05.

(7) 计算检验统计量的观测值 $z=\dfrac{\bar{x}-\mu_0}{\sigma/\sqrt{n}}$, 在单元格 D6 中输入公式:

= (D4-D1)/(D2/SQRT(D3)).

(8) 计算临界点 z_α, 在单元格 D7 中输入公式: = NORM.S.INV(1-D5).

(9) 判断, 在单元格 D8 中输入公式: =IF(D6>=D7,"拒绝 H0","不能拒绝 H0").

结果: 由于 $z=2.05548>z_{0.05}=1.64485$, 落入拒绝域中, 如图 8.4 右所示. 故在 0.05 的显著水平下应拒绝 H_0, 认为折断力显著变大.

例 8.4 某种元件, 要求其使用寿命不得低于 1000 小时, 现从一批这种元件中随机抽取 25 件, 测得其寿命样本均值为 950 小时, 样本标准差为 100 小时. 已知该种元件的寿命服从正态分布, 试问在 0.05 的显著水平下是否可以认为这批元件合格?

解 设原件的寿命 $X\sim N(\mu,\sigma^2)$, 按题意需检验

$$H_0:\mu\geqslant 1000,\quad H_1:\mu<1000.$$

此为左边检验. 由于总体的方差未知, 应选用 T 检验, 在显著水平 $\alpha=0.05$ 下, H_0 的拒绝域为

$$\left\{t=\frac{\bar{x}-\mu_0}{s/\sqrt{n}}\leqslant -t_\alpha(n-1)\right\}=\{t\leqslant -t_{0.05}(25-1)\}=\{t\leqslant -1.711\}.$$

现由 $n=25$, $\bar{x}=950$, $s=100$, $\mu_0=1000$ 计算得到

$$t=\frac{\bar{x}-\mu_0}{s/\sqrt{n}}=\frac{950-1000}{100/\sqrt{25}}=-2.5<-1.711.$$

可知, t 落入拒绝域中, 故在 0.05 的显著水平下应拒绝 H_0, 认为这批元件不合格.

例 8.4 中拒绝原假设的结论比较可靠, 这时候可能会犯第一类错误, 但是, 犯第一类错误的概率是可以预知的, 不会超过显著水平 0.05.

例 8.5 某地区 100 个登记死亡人的样本中, 其平均寿命为 71.8 岁, 标准差为 8.9, 假设人的寿命服从正态分布. 试问, 这是否暗示现在这个地区人的平均寿命不低于 70 岁 ($\alpha=0.05$)?

解 设该地区人的寿命 $X\sim N(\mu,\sigma^2)$, 按题意需检验

$$H_0:\mu\geqslant 70,\quad H_1:\mu<70.$$

此为左边检验. 由于总体方差未知, 应选用 T 检验, 在显著水平 $\alpha=0.05$ 下, H_0 的拒绝域为

$$\left\{t=\frac{\bar{x}-\mu_0}{s/\sqrt{n}}\leqslant -t_\alpha(n-1)\right\}=\{t\leqslant -t_{0.05}(100-1)\}=\{t\leqslant -t_{0.05}(99)\},$$

由于 $t_{0.05}(99) \approx z_{0.05} = 1.645$, 所以, H_0 的拒绝域为 $\{t \leqslant -1.645\}$.

现由 $n=100$, $\bar{x}=71.8$, $s=8.9$ 计算得到

$$t=\frac{\bar{x}-\mu_0}{s/\sqrt{n}}=\frac{71.8-70}{8.9/\sqrt{100}}=2.02>-1.645.$$

可知, t 未落入拒绝域中, 故在 0.05 的显著水平下, 没有足够理由拒绝 H_0, 可以认为这个地区人的平均寿命不低于 70 岁.

注意, 例 8.5 接受原假设的结论, 有一定的风险, 因为这时候可能犯第二类错误, 而犯第二类错误的概率不好把握, 可能会很大.

2. 单正态总体方差的检验

设 $X \sim N(\mu, \sigma^2)$, $X_1, X_2, \cdots, X_n$ 为来自 X 的样本, $x_1, x_2, \cdots, x_n$ 为样本观测值, 对方差 σ^2 的检验一般有下面三种形式:

(1) 双边检验 $H_0: \sigma^2=\sigma_0^2, \quad H_1: \sigma^2 \neq \sigma_0^2$.

(2) 右边检验 $H_0: \sigma^2 \leqslant \sigma_0^2, \quad H_1: \sigma^2 > \sigma_0^2$.

(3) 左边检验 $H_0: \sigma^2 \geqslant \sigma_0^2, \quad H_1: \sigma^2 < \sigma_0^2$.

其中 σ_0^2 为已知常数.

下面仅对μ 未知的情形讨论上面三种检验, 这种情况较为常见, μ 已知情形的有关结果汇总在表 8.3 中.

先看双边检验 $H_0: \sigma^2=\sigma_0^2, \quad H_1: \sigma^2 \neq \sigma_0^2$.

首先分析判断 H_0 的拒绝域的形式, 由于 $S^2=\dfrac{1}{n-1}\sum\limits_{i=1}^{n}(X_i-\overline{X})^2$ 是 σ^2 的无偏估计, 当原假设成立时, $\dfrac{s^2}{\sigma_0^2}$ 与 1 相比不能太大也不能太小, 考虑到 H_0 成立时 $\dfrac{(n-1)S^2}{\sigma_0^2} \sim \chi^2(n-1)$(定理 6.3), 衡量 $\dfrac{s^2}{\sigma_0^2}$ 的大小转化为衡量 $\dfrac{(n-1)s^2}{\sigma_0^2}$ 的大小, 因而, 当原假设成立时, $\dfrac{(n-1)s^2}{\sigma_0^2}$ 不能太大也不能太小, H_0 的拒绝域可以写成 $R_0=\left\{\dfrac{(n-1)s^2}{\sigma_0^2} \leqslant c_1\right\} \cup \left\{\dfrac{(n-1)s^2}{\sigma_0^2} \geqslant c_2\right\}$ 形式, 其中 $c_1 < c_2$ 为临界点, 并由此确定取 $\chi^2=\dfrac{(n-1)S^2}{\sigma_0^2}$ 作为检验统计量.

对给定的小概率 α, 下面由 $P\left\{\left\{\dfrac{(n-1)S^2}{\sigma_0^2} \leqslant c_1\right\} \cup \left\{\dfrac{(n-1)S^2}{\sigma_0^2} \geqslant c_2\right\} \middle| H_0\text{成立}\right\} \leqslant \alpha$ 确定拒绝域的临界点 c_1, c_2 的值.

由于 H_0 成立时, $\chi^2=\dfrac{(n-1)S^2}{\sigma_0^2}\sim\chi^2(n-1)$, 由图 8.5 易知

$$P\left\{\left\{\frac{(n-1)S^2}{\sigma_0^2}\leqslant\chi^2_{1-\alpha/2}(n-1)\right\}\cup\left\{\frac{(n-1)S^2}{\sigma_0^2}\geqslant\chi^2_{\alpha/2}(n-1)\right\}\right\}=\alpha,$$

所以, 可取 H_0 的拒绝域的临界点

$$c_1=\chi^2_{1-\alpha/2}(n-1),\quad c_2=\chi^2_{\alpha/2}(n-1).$$

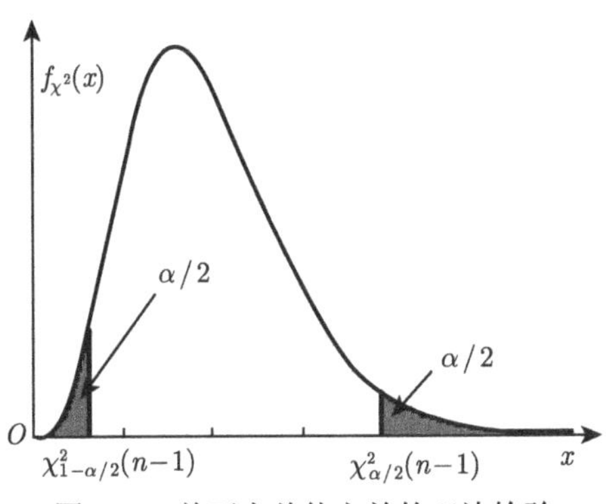

图 8.5 单正态总体方差的双边检验

于是得到, 在显著水平α 下, H_0 的拒绝域为

$$R_0=\{\chi^2\leqslant\chi^2_{1-\alpha/2}(n-1)\}\cup\{\chi^2\geqslant\chi^2_{\alpha/2}(n-1)\}.$$

再看右边检验

$$H_0:\sigma^2\leqslant\sigma_0^2,\quad H_1:\sigma^2>\sigma_0^2.$$

当原假设成立时, $\dfrac{s^2}{\sigma_0^2}$ 与 1 相比不能太大, 也可以说 $\dfrac{(n-1)s^2}{\sigma_0^2}$ 不能太大, 因此, 可以选择一个临界值 c 得到如下形式的拒绝域 $R_0=\left\{\dfrac{(n-1)s^2}{\sigma_0^2}\geqslant c\right\}$, 并由此确定取 $\chi^2=\dfrac{(n-1)S^2}{\sigma_0^2}$ 作为检验统计量.

对给定的小概率 α, 下面由 $P\left\{\dfrac{(n-1)S^2}{\sigma_0^2}\geqslant c\middle|H_0\text{成立}\right\}\leqslant\alpha$ 确定拒绝域的临界点 c 的值.

由于 $X \sim N(\mu,\sigma^2)$, $\dfrac{(n-1)S^2}{\sigma^2} \sim \chi^2(n-1)$, 由图 8.6 易知

$$P\left\{\frac{(n-1)S^2}{\sigma^2} \geqslant \chi^2_\alpha(n-1)\right\} = \alpha.$$

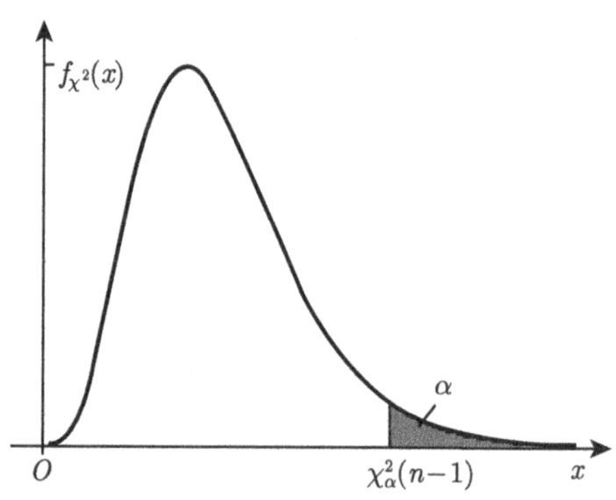

图 8.6　单正态总体方差的右边检验

当原假设成立时, 由于 $\dfrac{(n-1)S^2}{\sigma^2} \geqslant \dfrac{(n-1)S^2}{\sigma_0^2}$, 所以 $P\left\{\dfrac{(n-1)S^2}{\sigma_0^2} \geqslant \chi^2_\alpha(n-1)\right\} \leqslant \alpha$, 因此, 可取 $\{\,c=\chi^2_\alpha(n-1)\}$, 得到 H_0 的拒绝域为 $\left\{\chi^2 = \dfrac{(n-1)s^2}{\sigma_0^2} \geqslant \chi^2_\alpha(n-1)\right\}$.

同样的思路, 可知左边检验仍可以选用 $\chi^2 = \dfrac{(n-1)S^2}{\sigma_0^2}$ 作为检验统计量, 并且容易推出在显著水平α 下, 左边检验的 H_0 的拒绝域为 $\left\{\chi^2 = \dfrac{(n-1)s^2}{\sigma_0^2} \leqslant \chi^2_{1-\alpha}(n-1)\right\}$.

上述三种检验称为方差的$\boldsymbol{\chi^2}$ **检验**.

为方便对照学习, 单正态总体 $N(\mu,\sigma^2)$ 方差 σ^2 的两种 χ^2 检验一并列入表 8.3.

例 8.6　某厂生产某种型号的电池, 长期以来, 寿命 $X \sim N(\mu, 5000)$ (单位: h), 现有一批这种电池, 从它的情况看寿命的波动性有所改变, 随机抽取 26 只电池, 测出其寿命的样本方差为 9000(h^2). 试在 0.05 的显著水平下, 检验这批电池寿命的波动性较以往是否有显著变化.

表 8.3 单正态总体 $N(\mu,\sigma^2)$ 方差 σ^2 的检验

<table>
<tr><th>检验名称</th><th>条件</th><th>检验类别</th><th>H_0</th><th>H_1</th><th>检验统计量</th><th>分布</th><th>拒绝域</th></tr>
<tr><td rowspan="6">χ^2 检验</td><td rowspan="3">μ 已知</td><td>双边检验</td><td>$\sigma^2=\sigma_0^2$</td><td>$\sigma^2\neq\sigma_0^2$</td><td rowspan="3">$\chi^2=\sum\limits_{i=1}^{n}\left(\frac{X_i-\mu}{\sigma_0}\right)^2$</td><td rowspan="3">$\chi^2(n)$</td><td>$\{\chi^2\leqslant\chi^2_{1-\alpha/2}(n)\}\cup\{\chi^2\geqslant\chi^2_{\alpha/2}(n)\}$</td></tr>
<tr><td>右边检验</td><td>$\sigma^2\leqslant\sigma_0^2$</td><td>$\sigma^2>\sigma_0^2$</td><td>$\{\chi^2\geqslant\chi^2_{\alpha}(n)\}$</td></tr>
<tr><td>左边检验</td><td>$\sigma^2\geqslant\sigma_0^2$</td><td>$\sigma^2<\sigma_0^2$</td><td>$\{\chi^2\leqslant\chi^2_{1-\alpha}(n)\}$</td></tr>
<tr><td rowspan="3">μ 未知</td><td>双边检验</td><td>$\sigma^2=\sigma_0^2$</td><td>$\sigma^2\neq\sigma_0^2$</td><td rowspan="3">$\chi^2=\frac{(n-1)S^2}{\sigma_0^2}=\sum\limits_{i=1}^{n}\left(\frac{X_i-\overline{X}}{\sigma_0}\right)^2$</td><td rowspan="3">$\chi^2(n-1)$</td><td>$\{\chi^2\leqslant\chi^2_{1-\alpha/2}(n-1)\}\cup\{\chi^2\geqslant\chi^2_{\alpha/2}(n-1)\}$</td></tr>
<tr><td>右边检验</td><td>$\sigma^2\leqslant\sigma_0^2$</td><td>$\sigma^2>\sigma_0^2$</td><td>$\{\chi^2\geqslant\chi^2_{\alpha}(n-1)\}$</td></tr>
<tr><td>左边检验</td><td>$\sigma^2\geqslant\sigma_0^2$</td><td>$\sigma^2<\sigma_0^2$</td><td>$\{\chi^2\leqslant\chi^2_{1-\alpha}(n-1)\}$</td></tr>
</table>

解 设电池寿命 $X\sim N(\mu,\sigma^2)$, 按题意需检验

$$H_0:\sigma^2=5000,\quad H_1:\sigma^2\neq5000,$$

由于总体均值μ 未知, 取检验统计量 $\chi^2=\dfrac{(n-1)S^2}{\sigma_0^2}$, 在显著水平 $\alpha=0.05$ 下, H_0 的拒绝域为

$$\left\{\chi^2\leqslant\chi^2_{1-\alpha/2}(n-1)\right\}\cup\left\{\chi^2\geqslant\chi^2_{\alpha/2}(n-1)\right\},$$

即

$$\left\{\chi^2\leqslant\chi^2_{0.975}(25)\right\}\cup\left\{\chi^2\geqslant\chi^2_{0.025}(25)\right\},$$

查表得

$$\chi^2_{0.975}(25)=13.120,\quad \chi^2_{0.025}(25)=40.646,$$

而 $\chi^2=\dfrac{(n-1)s^2}{\sigma_0^2}=\dfrac{25\times9000}{5000}=45>40.646$ 落入了 H_0 的拒绝域, 应拒绝 H_0, 即认为这批电池寿命的波动性较以往有显著变化.

例 8.7 根据例 8.6, 由于电池寿命的样本方差比正常情况下总体的方差大得多, 容易怀疑电池寿命的波动性较以往变大了, 试检验这种猜想, 并且控制犯错误的概率为 0.01.

解 设电池寿命 $X\sim N(\mu,\sigma^2)$, 由于拒绝原假设的结论比较可靠, 并且可以控制犯错误的概率不超过显著水平$\alpha=0.01$, 所以, 应按如下方式提出原假设和备择假设:

$$H_0:\sigma^2\leqslant5000,\quad H_1:\sigma^2>5000.$$

取检验统计量 $\chi^2=\dfrac{(n-1)S^2}{\sigma_0^2}$, 在显著水平$\alpha=0.01$ 下, H_0 的拒绝域为: $\{\chi^2\geqslant\chi^2_{\alpha}(n-1)\}$, 即 $\{\chi^2\geqslant\chi^2_{0.01}(25)\}$. 查表得

$$\chi^2_{0.01}(25)=44.314.$$

	A	B	C
1		σ_0^2=	
2	样本方差	s^2 =	
3	观测数	n =	
4	显著水平	α=	
5	检验统计量	χ^2=	
6	临界点	$\chi^2_{1-\alpha/2}(n-1)$ =	
7		$\chi^2_{\alpha/2}(n-1)$ =	
8	结论		

	A	B	C
1		σ_0^2=	5000
2	样本方差	s^2 =	9000
3	观测数	n =	26
4	显著水平	α=	0.05
5	检验统计量	χ^2=	45
6	临界点	$\chi^2_{1-\alpha/2}(n-1)$ =	13.1197201
7		$\chi^2_{\alpha/2}(n-1)$ =	40.6464692
8	结论		拒绝H0

图 8.7 方差检验—双边卡方检验

在例 8.6 中已计算出 $\chi^2=\dfrac{(n-1)s^2}{\sigma_0^2}=45>44.314$, 落入了 H_0 的拒绝域, 应拒绝 H_0, 即可以认为这批电池寿命的波动性较以往变大了. 并且这种推断结果犯错误的概率不会超过 0.01.

【实验 8.2】 在 Excel 中做例 8.6、例 8.7 中的方差检验.

实验准备

学习附录二中如下 Excel 函数:

(1) χ^2 分布上分位数的函数 CHISQ.INV.RT.

(2) 执行真假值判断的逻辑函数 IF.

实验步骤

(1) 输入项目名, 如图 8.7 左所示.

(2) 在单元格 C1 中输入 σ_0^2: 5000.

(3) 在单元格 C2 中输入样本方差 s^2: 9000.

(4) 在单元格 C3 中输入观测数 n: 26.

(5) 在单元格 C4 中输入显著水平 α : 0.05.

(6) 计算检验统计量 $\chi^2=\dfrac{(n-1)s^2}{\sigma_0^2}$, 在单元格 C5 中输入公式:

=(C3-1)*C2/C1.

(7) 计算临界点$\chi^2_{1-\alpha/2}(n-1)$, 在单元格 C6 中输入公式: = CHISQ.INV.RT(1-C4/2,C3-1).

(8) 计算临界点$\chi^2_{\alpha/2}(n-1)$, 在单元格 C7 中输入公式:

= CHISQ.INV.RT(C4/2,C3-1).

(9) 判断, 在单元格 C8 中输入公式:

=IF(OR(C5<=C6, C5>=C7),"拒绝 H0", "不能拒绝 H0")

结果: 由于 C5=$\chi^2=45>$ C7 $=\chi^2_{0.025}(25)=40.6464692$, 落入拒绝域中, 如图 8.7 右所示. 故在 0.05 的显著水平下应拒绝 H_0, 电池寿命的波动性较以往有显

著变化.

考虑例 8.7, 做单边检验:

(10) 在单元格 C4 中修改显著水平 α: 0.01.

(11) 修改临界点$\chi_{\alpha}^{2}(n-1)$, 在单元格 C7 中输入公式:

= CHISQ.INV.RT(C4,C3-1).

(12) 修改单元格 C8 公式:

=IF(C5>=C7, "拒绝 H0", "不能拒绝 H0").

结果: 由于 $\mathrm{C5}=\chi^{2}=45>\mathrm{C7}=\chi_{0.01}^{2}(25)=44.3141049$, 落入拒绝域中, 如图 8.8 所示. 故在 0.01 的显著水平下拒绝 H_0, 电池寿命的波动性比以往变大了.

	A	B	C
1		$\sigma_0^2=$	5000
2	样本方差	$s^2=$	9000
3	样本数	$n=$	26
4	显著水平	$\alpha=$	0.01
5	检验统计量	$\chi^2=$	45
6	临界点		
7		$\chi^2_{\alpha}(n-1)=$	44.3141049
8	结论		拒绝H0

图 8.8 方差检验—单边 χ^2 检验

【微视频8-4】单正态总体均值的检验

【微视频8-5】单正态总体方差的检验

【实验讲解8-1】单正态总体均值的检验

【拓展练习8-1】单正态总体均值的检验

【拓展阅读8-3】新药的疗效检验

8.2.2 两正态总体均值与方差的比较

1. 两正态总体均值的比较

设 $X_1,X_2,\cdots,X_{n_1}$ 为来自总体 $X\sim N(\mu_1,\sigma_1^2)$ 的样本, $Y_1,Y_2,\cdots,Y_{n_2}$ 为来自总体 $Y\sim N(\mu_2,\sigma_2^2)$ 的样本, 且两样本相互独立, 其样本均值分别记为 $\overline{X}$ 和 $\overline{Y}$, 其样本方差分别记为 s_1^2 和 s_2^2. 两总体均值的比较有下面三种形式:

(1) 双边检验 $H_0:\mu_1=\mu_2,\quad H_1:\mu_1\neq\mu_2,$

(2) 右边检验 $H_0:\mu_1\leqslant\mu_2,\quad H_1:\mu_1>\mu_2,$

(3) 左边检验 $H_0:\mu_1\geqslant\mu_2,\quad H_1:\mu_1<\mu_2.$

下面分两种情况给出 H_0 的拒绝域:

(1) σ_1^2, σ_2^2 已知的情况.

当原假设 H_0 中的 "=" 成立时, 由定理 6.4 知

$$Z=\frac{\overline{X}-\overline{Y}}{\sqrt{\frac{\sigma_1^2}{n_1}+\frac{\sigma_2^2}{n_2}}}\sim N(0,\ 1),$$

将 $Z=\dfrac{\overline{X}-\overline{Y}}{\sqrt{\frac{\sigma_1^2}{n_1}+\frac{\sigma_2^2}{n_2}}}$ 作为检验统计量, 其观测值记为 $z=\dfrac{\bar{x}-\bar{y}}{\sqrt{\frac{\sigma_1^2}{n_1}+\frac{\sigma_2^2}{n_2}}}$, 类似 8.2.1 节中单正态总体均值的 Z 检验, 不难得到, 在显著水平α 下, 上面三种 Z 检验的拒绝域分别为

$$\{|z|\geqslant z_{\alpha/2}\},\quad \{z\geqslant z_\alpha\},\quad \{z\leqslant -z_\alpha\}.$$

(2) σ_1^2, σ_2^2 未知, 但知 $\sigma_1^2=\sigma_2^2=\sigma^2$ 的情况.

当原假设 H_0 中的 "=" 成立时, 由定理 6.4 知

$$T=\frac{\overline{X}-\overline{Y}}{S_w\sqrt{\frac{1}{n_1}+\frac{1}{n_2}}}\sim t(n_1+n_2-2),$$

其中 $S_w^2=\dfrac{(n_1-1)S_1^2+(n_2-1)S_2^2}{n_1+n_2-2}, S_w=\sqrt{S_w^2}$. 将 $T=\dfrac{\overline{X}-\overline{Y}}{S_w\sqrt{\frac{1}{n_1}+\frac{1}{n_2}}}$ 作为检验统计量, 其观测值为 $t=\dfrac{\bar{x}-\bar{y}}{s_w\sqrt{\frac{1}{n_1}+\frac{1}{n_2}}}$, 类似 8.2.1 节中单正态总体均值的 T 检验, 不难得到, 在显著水平 α 下, 上面三种 T 检验的拒绝域分别为

$$\{|t|\geqslant t_{\alpha/2}(n_1+n_2-2)\},\quad \{t\geqslant t_\alpha(n_1+n_2-2)\},\quad \{t\leqslant -t_\alpha(n_1+n_2-2)\}.$$

为方便对照学习, 两种情况下两独立正态总体均值的比较一并列入表 8.4.

表 8.4 两正态总体 $N(\mu_1,\sigma_1^2)$ 和 $N(\mu_2,\sigma_2^2)$ 的均值比较

名称	条件	类别	H_0	H_1	检验统计量	分布	拒绝域
Z 检验	两样本独立, σ_1^2, σ_2^2 已知	双边检验	$\mu_1=\mu_2$	$\mu_1\neq\mu_2$	$Z=\dfrac{\overline{X}-\overline{Y}}{\sqrt{\dfrac{\sigma_1^2}{n_1}+\dfrac{\sigma_2^2}{n_2}}}$	$N(0,1)$	$\{\lvert z\rvert\geqslant z_{\alpha/2}\}$
		右边检验	$\mu_1\leqslant\mu_2$	$\mu_1>\mu_2$			$\{z\geqslant z_\alpha\}$
		左边检验	$\mu_1\geqslant\mu_2$	$\mu_1<\mu_2$			$\{z\leqslant -z_\alpha\}$
T 检验	两样本独立, $\sigma_1^2=\sigma_2^2$ 但未知	双边检验	$\mu_1=\mu_2$	$\mu_1\neq\mu_2$	$T=\dfrac{\overline{X}-\overline{Y}}{S_w\sqrt{1/n_1+1/n_2}}$ 其中 $S_w=\sqrt{\dfrac{(n_1-1)S_1^2+(n_2-1)S_2^2}{n_1+n_2-2}}$	$t(n_1+n_2-2)$	$\{\lvert t\rvert\geqslant t_{\alpha/2}(n_1+n_2-2)\}$
		右边检验	$\mu_1\leqslant\mu_2$	$\mu_1>\mu_2$			$\{t\geqslant t_\alpha(n_1+n_2-2)\}$
		左边检验	$\mu_1\geqslant\mu_2$	$\mu_1<\mu_2$			$\{t\leqslant -t_\alpha(n_1+n_2-2)\}$

例 8.8 为估计两种方法组装产品所需时间的差异, 对两种不同的组装方法分别进行多次操作试验, 组装一件产品所需的时间 (单位: 分钟) 如表 8.5 所示.

表 8.5

方法一	28.3	30.1	29.0	37.6	32.1	28.8	36.0	37.2	38.5	34.4	28.0	30.0
方法二	27.6	22.2	31.0	33.8	20.0	30.2	31.7	26.0	32.0	31.2		

假设用两种方法组装一件产品所需时间均服从正态分布, 且方差相同, 试以 0.05 的显著水平, 推断两种方法组装产品所需平均时间有无显著差异.

解 这是两独立正态总体的均值比较问题, 若设第一种方法组装一件产品所需的时间 $X\sim N(\mu_1,\sigma^2)$, 第二种方法组装一件产品所需的时间 $Y\sim N(\mu_2,\sigma^2)$, 则需要检验的是

$$H_0:\mu_1=\mu_2,\quad H_1:\mu_1\neq\mu_2.$$

选 $T=\dfrac{\overline{X}-\overline{Y}}{S_w\sqrt{\dfrac{1}{n_1}+\dfrac{1}{n_2}}}$ 为检验统计量, 在显著水平 $\alpha=0.05$ 下, H_0 的拒绝域为

$$\{|t|\geqslant t_{\alpha/2}(n_1+n_2-2)\}=\{|t|\geqslant t_{0.025}(20)\},$$

查表得 $t_{0.025}(20)=2.086$, 现由

$$n_1=12,\quad n_2=10,\quad \bar{x}=\frac{1}{n_1}\sum_{i=1}^{n_1}x_i=32.5,\quad \bar{y}=\frac{1}{n_2}\sum_{i=1}^{n_2}y_i=28.57,$$

$$s_1^2=\frac{1}{n_1-1}\sum_{i=1}^{n_1}(x_i-\bar{x})^2=15.996,\quad s_2^2=\frac{1}{n_2-1}\sum_{i=1}^{n_2}(y_i-\bar{y})^2=20.662,$$

$$s_w=\sqrt{\frac{(n_1-1)s_1^2+(n_2-1)s_2^2}{n_1+n_2-2}}$$

$$=\sqrt{\frac{(12-1)\times 15.996+(10-1)\times 20.662}{12+10-2}}=4.254.$$

计算得到

$$t=\frac{\bar{x}-\bar{y}}{s_w\sqrt{\dfrac{1}{n_1}+\dfrac{1}{n_2}}}=\frac{32.5-28.57}{4.254\times\sqrt{\dfrac{1}{12}+\dfrac{1}{10}}}=2.158>2.086.$$

可知, t 落入拒绝域中, 故在 0.05 的显著水平下应拒绝 H_0, 可以认为两种方法组装一件产品所需平均时间有显著差异.

例 8.9 根据例 8.8 中数据, 试在 0.05 的显著水平下, 检验是否可以认为第一种方法组装一件产品所需的时间比第二种方法长? 在 0.01 的显著水平下又怎么样呢?

解 设第一种方法组装一件产品所需的时间 $X\sim N(\mu_1,\sigma^2)$, 第二种方法组装一件产品所需的时间 $Y\sim N(\mu_2,\sigma^2)$, 根据题意提出以下检验:

$$H_0:\mu_1\leqslant\mu_2,\quad H_1:\mu_1>\mu_2.$$

选 $T=\dfrac{\overline{X}-\overline{Y}}{S_w\sqrt{\dfrac{1}{n_1}+\dfrac{1}{n_2}}}$ 为检验统计量, 在显著水平 $\alpha=0.05$ 下, H_0 的拒绝域为 $\{t\geqslant t_{0.05}(20)\}=\{t\geqslant 1.725\}$, 在例 8.8 中已计算出 $t=2.158$, 可见 t 落入了 H_0 的拒绝域中, 故在 0.05 的显著水平下应拒绝 H_0, 可以认为第一种方法组装一件产品所需平均时间比第二种方法长.

在显著水平$\alpha=0.01$ 下, H_0 的拒绝域为: $\{t\geqslant t_{0.01}(20)\}=\{t\geqslant 2.528\}$, 由于 $t=2.158<2.528$, t 未落入 H_0 的拒绝域中, 不能拒绝 H_0, 即在 $\alpha=0.01$ 显著水平下拒绝 H_0 的理由不够充分. 也就是说没有足够的理由说明第一种方法组装一件产品所需平均时间比第二种方法长.

通过例 8.8 和例 8.9 看到, 假设检验的结果和检验的显著水平是密切相关的, 不同的显著水平, 结论可能是不一样的, 所以, 做结论时一定要指出检验的显著水平.

另外, 应用中, 当检验统计量的观察值未落入 H_0 的拒绝域时, 我们一般要说没有充分的理由拒绝 H_0, 最好不要说成 “接受 H_0”, 因为接受 H_0 会冒 “存伪” 的风险, 而且这种风险的大小是不容易估算的.

【实验 8.3】 在 Excel 中做例 8.8、例 8.9 中两个独立正态总体均值的比较.

实验准备

学习附录二中如下 Excel 函数:

(1) 数字个数统计函数 COUNT.

(2) 样本均值函数 AVERAGE.

(3) 样本方差函数 VAR.S.

(4) 平方根函数 SQRT.

(5) 执行真假值判断的逻辑函数 IF.

(6) t 分布的上分位数函数 T.INV.2T.

实验步骤

方法一

(1) 输入数据及项目名, 如图 8.9 左所示.

	A	B	C	D	E
1	方法一	方法二		方法一	方法二
2	28.3	27.6	观测数 =		
3	30.1	22.2	样本均值 =		
4	29	31	样本方差 =		
5	37.6	33.8	s_w =		
6	32.1	20	α =		
7	28.8	30.2	检验统计量 t =		
8	36	31.7	$t_{\alpha/2}(n_1+n_2-2)$ =		
9	37.2	26			
10	38.5	32	结论:		
11	34.4	31.2			
12	28				
13	30				

	A	B	C	D	E
1	方法一	方法二		方法一	方法二
2	28.3	27.6	观测数 =	12	10
3	30.1	22.2	样本均值 =	32.5	28.57
4	29	31	样本方差 =	15.99636	20.66233
5	37.6	33.8	s_w =	4.253945	
6	32.1	20	α =	0.05	
7	28.8	30.2	检验统计量 t =	2.157645	
8	36	31.7	$t_{\alpha/2}(n_1+n_2-2)$ =	2.085963	
9	37.2	26			
10	38.5	32	结论:	拒绝H0	
11	34.4	31.2			
12	28				
13	30				

图 8.9　两个独立正态总体均值的比较

(2) 计算观测数 n_1, n_2.

在单元格 D2 中输入公式: =COUNT(A2:A13);

在单元格 E2 中输入公式: =COUNT(B2:B11).

(3) 计算样本均值 $\bar{x}, \bar{y}$.

在单元格 D3 中输入公式: =AVERAGE(A2:A13);

在单元格 E3 中输入公式: =AVERAGE(B2:B11).

(4) 计算样本方差 s_1^2, s_2^2.

在单元格 D4 中输入公式: =VAR.S(A2:A13);

在单元格 E4 中输入公式: =VAR.S(B2:B11).

(5) 计算 $s_w = \sqrt{\dfrac{(n_1-1)s_1^2+(n_2-1)s_2^2}{n_1+n_2-2}}$,

在单元格 D5 中输入: =SQRT(((D2-1)*D4+(E2-1)*E4)/(D2+E2-2)).

(6) 在单元格 D6 中输入显著水平 α: 0.05.

(7) 计算检验统计量的观测值 $t=\dfrac{\bar{x}-\bar{y}}{s_w\sqrt{\dfrac{1}{n_1}+\dfrac{1}{n_2}}}$,

在单元格 D7 中输入公式: =(D3-E3)/(D5*SQRT(1/D2+1/E2)).

(8) 计算临界点 $t_{\alpha/2}(n_1+n_2-2)$, 在单元格 D8 中输入公式:

=T.INV.2T(D6,D2+E2-2).

(9) 判断, 在单元格 D10 中输入公式:

=IF(ABS(D7)> = D8,“拒绝 H0”,“不能拒绝 H0”).

结果: 由于 ABS(D7)= $|t|=2.157645>$ D8= $t_{0.025}(20)=2.085963$, 落入拒绝域中, 如图 8.9 右所示. 故在 0.05 的显著水平下应拒绝 H_0, 可以认为两种方法组装一件产品所需平均时间有显著差异.

考虑例 8.9:

(10) 修改临界点 $t_\alpha(n_1+n_2-2)$, 在单元格 D8 中输入公式:

=T.INV.2T(D6*2,D2+E2-2).

(11) 判断, 修改单元格 D10 中的公式:

=IF(D7>=D8,“拒绝 H0”,“不能拒绝 H0”).

结果: 由于 D7=$t=2.157645>$ D8 $=t_{0.05}(20)=1.724718$, 落入拒绝域中, 如图 8.10 左所示. 故在 0.05 的显著水平下应拒绝 H_0.

(12) 在单元格 D6 中修改显著水平α: 0.01, 计算结果如图 8.10 右所示.

	A	B	C	D	E
1	方法一	方法二		方法一	方法二
2	28.3	27.6	观测数 =	12	10
3	30.1	22.2	样本均值 =	32.5	28.57
4	29	31	样本方差 =	15.99636	20.66233
5	37.6	33.8	s_w =	4.253945	
6	32.1	20	α =	0.05	
7	28.8	30.2	检验统计量 t =	2.157645	
8	36	31.7	$t_\alpha(n_1+n_2-2)$=	1.724718	
9	37.2	26			
10	38.5	32	结论:	拒绝H0	
11	34.4	31.2			
12	28				
13	30				

	A	B	C	D	E
1	方法一	方法二		方法一	方法二
2	28.3	27.6	观测数 =	12	10
3	30.1	22.2	样本均值 =	32.5	28.57
4	29	31	样本方差 =	15.99636	20.66233
5	37.6	33.8	s_w =	4.253945	
6	32.1	20	α =	0.01	
7	28.8	30.2	检验统计量 t =	2.157645	
8	36	31.7	$t_\alpha(n_1+n_2-2)$=	2.527977	
9	37.2	26			
10	38.5	32	结论:	不能拒绝H0	
11	34.4	31.2			
12	28				
13	30				

图 8.10　两个独立正态总体均值比较的单边 t 检验

结果: 由于 D7 $=t=2.157645<$ D8 $=t_{0.01}(20)=2.527977$, 故在 0.01 的显著水平下不能拒绝 H_0.

方法二 (调用 Excel 的数据分析功能)

(1) 输入数据与图 8.9 左相仿.

(2) 在 Excel 主菜单中选择“数据”→“数据分析”, 打开“数据分析”对话框, 在“分析工具”列表中选择“t-检验: 双样本等方差假设”选项, 单击“确定”按钮.

(3) 在打开的“t-检验: 双样本等方差假设”对话框中, 依次输入“变量 1 的区域”、“变量 2 的区域”和“输出区域”, 选中“标志”复选框、“假设平均差”取 0, 如图 8.11 所示, 单击“确定”按钮.

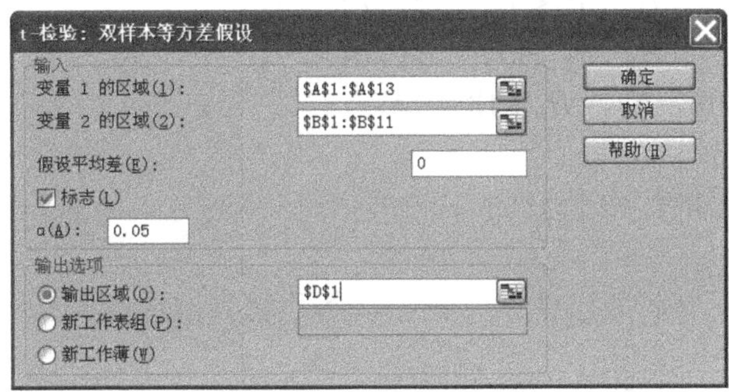

图 8.11 “t-检验: 双样本等方差假设”对话框

得到检验结果如图 8.12 所示.

图中显示, t 检验的双尾临界值为 2.085963, 即双边检验的拒绝域为 $\{|t| \geqslant 2.085963\}$, t 检验的单尾临界值为 1.724718, 即右边检验的拒绝域为 $\{t \geqslant 1.724718\}$, 而 t 的观测值为 2.157645, 可见, 在显著水平$\alpha = 0.05$ 下, 双边检验和右边检验的原假设均应被拒绝.

	A	B	C	D	E	F
1	方法一	方法二		t-检验: 双样本等方差假设		
2	28.3	27.6				
3	30.1	22.2			方法一	方法二
4	29	31		平均	32.5	28.57
5	37.6	33.8		方差	15.99636	20.66233
6	32.1	20		观测值	12	10
7	28.8	30.2		合并方差	18.09605	
8	36	31.7		假设平均差	0	
9	37.2	26		df	20	
10	38.5	32		t Stat	2.157645	
11	34.4	31.2		P(T<=t) 单尾	0.021648	
12	28			t 单尾临界	1.724718	
13	30			P(T<=t) 双尾	0.043296	
14				t 双尾临界	2.085963	

图 8.12 两个独立正态总体均值比较的“t-检验: 双样本等方差假设”

重复步骤 (2) 和 (3), 并将图 8.11 中 α 的值改为 0.01, 可以得到在显著水平$\alpha = 0.01$ 下的检验结果 (略).

2. 两正态总体方差的比较

设 $X_1, X_2, \cdots, X_{n_1}$ 为来自总体 $X \sim N(\mu_1, \sigma_1^2)$ 的样本, $Y_1, Y_2, \cdots, Y_{n_2}$ 为来自总体 $Y \sim N(\mu_2, \sigma_2^2)$ 的样本, 且两样本相互独立, 其样本均值分别记为 $\overline{X}$ 和 $\overline{Y}$, 其样本方差分别记为 S_1^2 和 S_2^2. 两总体方差的比较有下面三种形式:

(1) 双边检验 $H_0: \sigma_1^2 = \sigma_2^2, \quad H_1: \sigma_1^2 \neq \sigma_2^2$.

(2) 右边检验 $H_0: \sigma_1^2 \leqslant \sigma_2^2, \quad H_1: \sigma_1^2 > \sigma_2^2$.

(3) 左边检验 $H_0: \sigma_1^2 \geqslant \sigma_2^2, \quad H_1: \sigma_1^2 < \sigma_2^2$.

下面分两种情况给出 H_0 的拒绝域.

(1) μ_1,μ_2 已知的情况.

当 μ_1,μ_2 已知时, 由于

$$\frac{\sum\limits_{i=1}^{n_1}(X_i-\mu_1)^2}{\sigma_1^2} \sim \chi^2(n_1), \quad \frac{\sum\limits_{i=1}^{n_2}(Y_i-\mu_2)^2}{\sigma_2^2} \sim \chi^2(n_2),$$

所以

$$\frac{\dfrac{\sum\limits_{i=1}^{n_1}(X_i-\mu_1)^2}{\sigma_1^2}\Bigg/ n_1}{\dfrac{\sum\limits_{i=1}^{n_2}(Y_i-\mu_2)^2}{\sigma_2^2}\Bigg/ n_2} \sim F(n_1, n_2).$$

当原假设 H_0 中的 "=" 成立时, $\dfrac{\sum\limits_{i=1}^{n_1}(X_i-\mu_1)^2/n_1}{\sum\limits_{i=1}^{n_2}(Y_i-\mu_2)^2/n_2} \sim F(n_1, n_2)$.

选取检验统计量 $F = \dfrac{\sum\limits_{i=1}^{n_1}(X_i-\mu_1)^2/n_1}{\sum\limits_{i=1}^{n_2}(Y_i-\mu_2)^2/n_2}$, 习惯上 F 统计量的观测值仍以大写的 F 表示, 即 F 的观测值记为 $F = \dfrac{\sum\limits_{i=1}^{n_1}(x_i-\mu_1)^2/n_1}{\sum\limits_{i=1}^{n_2}(y_i-\mu_2)^2/n_2}$. 不难得到, 在显著水平 α

下, 上面三种 F 检验的拒绝域分别为 $\{F \leqslant F_{1-\alpha/2}(n_1, n_2)\} \cup \{F \geqslant F_{\alpha/2}(n_1, n_2)\}$, $\{F \geqslant F_{\alpha}(n_1, n_2)\}$, $\{F \leqslant F_{1-\alpha}(n_1, n_2)\}$.

(2) μ_1, μ_2 未知的情况.

当 μ_1, μ_2 未知时, 由定理 6.4 知

$$\frac{S_1^2/\sigma_1^2}{S_2^2/\sigma_2^2} \sim F(n_1 - 1, n_2 - 1),$$

当原假设 H_0 中的 "=" 成立时, $S_1^2/S_2^2 \sim F(n_1 - 1, n_2 - 1)$. 选取检验统计量 $F = S_1^2/S_2^2$, 不难得到, 在显著水平α 下, 上面三种 F 检验的拒绝分别为

$$\{F \leqslant F_{1-\alpha/2}(n_1 - 1, n_2 - 1)\} \cup \{F \geqslant F_{\alpha/2}(n_1 - 1, n_2 - 1)\},$$

$$\{F \geqslant F_{\alpha}(n_1 - 1, n_2 - 1)\}, \quad \{F \leqslant F_{1-\alpha}(n_1 - 1, n_2 - 1)\}.$$

为方便对照学习, 两种情况下两独立正态总体方差的比较一并列入表 8.6.

表 8.6 两正态总体 $N(\mu_1, \sigma_1^2)$ 和 $N(\mu_2, \sigma_2^2)$ 方差的比较

名称	条件	类别	H_0	H_1	检验统计量	分布	拒绝域
F 检验	两样本独立, μ_1, μ_2 已知	双边检验	$\sigma_1^2=\sigma_2^2$	$\sigma_1^2\neq\sigma_2^2$	$F=\dfrac{\sum_{i=1}^{n}(X_i-\mu_1)^2/n_1}{\sum_{i=1}^{n}(X_i-\mu_2)^2/n_2}$	$F(n_1, n_2)$	$\{F\leqslant F_{1-\alpha/2}(n_1,n_2)\}\cup\{F\geqslant F_{\alpha/2}(n_1,n_2)\}$
		左边检验	$\sigma_1^2\geqslant\sigma_2^2$	$\sigma_1^2<\sigma_2^2$			$\{F\leqslant F_{1-\alpha}(n_1,n_2)\}$
		右边检验	$\sigma_1^2\leqslant\sigma_2^2$	$\sigma_1^2>\sigma_2^2$			$\{F\geqslant F_{\alpha}(n_1,n_2)\}$
F 检验	两样本独立, μ_1, μ_2 未知	双边检验	$\sigma_1^2=\sigma_2^2$	$\sigma_1^2\neq\sigma_2^2$	$F=S_1^2\big/S_2^2$	$F(n_1-1,n_2-1)$	$\{F\leqslant F_{1-\alpha/2}(n_1-1,n_2-1)\}\cup\{F\geqslant F_{\alpha/2}(n_1-1,n_2-1)\}$
		左边检验	$\sigma_1^2\geqslant\sigma_2^2$	$\sigma_1^2<\sigma_2^2$			$\{F\leqslant F_{1-\alpha}(n_1-1,n_2-1)\}$
		右边检验	$\sigma_1^2\leqslant\sigma_2^2$	$\sigma_1^2>\sigma_2^2$			$\{F\geqslant F_{\alpha}(n_1-1,n_2-1)\}$

例 8.10 为比较不同季节出生的女婴体重的方差, 从某年 12 月和 6 月出生的女婴中分别随机地各取 10 名, 测得体重 (单位: g) 如表 8.7 所示:

表 8.7

12 月	3520	2203	2560	2960	3260	4010	3404	3506	3971	2198
6 月	3220	3220	3760	3000	2920	3740	3060	3080	2940	3060

假定冬、夏季女婴的体重分别服从正态分布 $N(\mu_1, \sigma_1^2), N(\mu_2, \sigma_2^2)$, 试在显著水平 $\alpha = 0.05$ 下检验冬、夏季节出生的女婴体重的方差是否有显著差异, 哪个更大一些?

解 设冬季出生的女婴体重 $X \sim N(\mu_1, \sigma^2)$，夏季出生的女婴体重 $Y \sim N(\mu_2, \sigma^2)$，这是两独立正态总体方差的比较问题，首先进行双边检验

$$H_0 : \sigma_1^2 = \sigma_2^2, \quad H_1 : \sigma_1^2 \neq \sigma_2^2.$$

由于 μ_1,μ_2 未知，选取检验统计量 $F = S_1^2/S_2^2$，在显著水平 $\alpha = 0.05$ 下，H_0 拒绝域为

$$\begin{aligned}&\{F \leqslant F_{1-\alpha/2}(n_1-1, n_2-1)\} \cup \{F \geqslant F_{\alpha/2}(n_1-1, n_2-1)\}\\ =&\{F \leqslant F_{0.975}(9,9)\} \cup \{F \geqslant F_{0.025}(9,9)\}.\end{aligned}$$

查表得

$$F_{0.975}(9,9) = \frac{1}{F_{0.025}(9,9)} = \frac{1}{4.03} = 0.248, \quad F_{0.025}(9,9) = 4.03.$$

由样本观测值计算得到

$$s_1^2 = 437817.7, \quad s_2^2 = 93955.6, \quad F = \frac{s_1^2}{s_2^2} = \frac{437817.7}{93955.6} = 4.66.$$

F 统计量的观测值落入 H_0 的拒绝域中，在 0.05 的显著水平下应拒绝 H_0，可以认为冬、夏季出生的女婴体重的方差有显著的差异.

由于 $s_1^2 = 437817.7$ 比 $s_2^2 = 93955.6$ 大得多，我们猜想 $\sigma_1^2 > \sigma_2^2$，为了验证我们的猜想，并使我们犯错误的概率可以控制，进一步做下面的右边检验

$$H_0 : \sigma_1^2 \leqslant \sigma_2^2, \quad H_1 : \sigma_1^2 > \sigma_2^2,$$

仍然选取检验统计量 $F = S_1^2/S_2^2$，在显著水平 $\alpha = 0.05$ 下，H_0 拒绝域为

$$\{F \geqslant F_\alpha(n_1-1, n_2-1)\} = \{F \geqslant F_{0.05}(9,9)\} = \{F \geqslant 3.179\},$$

而 $F = 4.66$ 落入了拒绝域中，所以，在 0.05 的显著水平下应拒绝 H_0，接受 H_1，即可以认为冬季出生的女婴比夏季出生的女婴体重的方差更大一些.

【实验 8.4】 在 Excel 中做例 8.10 中两个正态总体方差的比较.

实验准备

学习附录二中如下 Excel 函数：

(1) 数字个数统计函数 COUNT.

(2) 样本均值函数 AVERAGE.

(3) 样本方差函数 VAR.S.

(4) F 分布上分位数的函数 F.INV.RT.

(5) 执行真假值判断的逻辑函数 IF.

实验步骤

方法一

(1) 输入数据及项目名, 如图 8.13 左所示.

	A	B	C	D	E
1	12月	6月			
2	3520	3220	观测数 =		
3	2203	3220	样本均值 =		
4	2560	3760	样本方差 =		
5	2960	3000	α =		
6	3260	2920	F =		
7	4010	3740	$F_{1-\alpha/2}(n_1-1, n_2-1)$=		
8	3404	3060	$F_{\alpha/2}(n_1-1, n_2-1)$=		
9	3506	3080			
10	3971	2940			
11	2198	3060			

	A	B	C	D	E
1	12月	6月			
2	3520	3220	观测数 =	10	10
3	2203	3220	样本均值 =	3159.2	3200
4	2560	3760	样本方差 =	437817.73	93955.556
5	2960	3000	α =	0.05	
6	3260	2920	F =	4.6598387	
7	4010	3740	$F_{1-\alpha/2}(n_1-1, n_2-1)$=	0.2483859	
8	3404	3060	$F_{\alpha/2}(n_1-1, n_2-1)$=	4.0259942	
9	3506	3080			
10	3971	2940		拒绝H_0	
11	2198	3060			

图 8.13 两个独立正态总体方差比较的双边检验

(2) 计算观测数 n_1, n_2.

在单元格 D2 中输入公式: =COUNT(A2:A11);

在单元格 E2 中输入公式: =COUNT(B2:B11).

(3) 计算样本均值 $\bar{x}, \bar{y}$.

在单元格 D3 中输入公式: =AVERAGE(A2:A11);

在单元格 E3 中输入公式: =AVERAGE(B2:B11).

(4) 计算样本方差 s_1^2, s_2^2.

在单元格 D4 中输入公式: =VAR.S(A2:A11);

在单元格 E4 中输入公式: =VAR.S(B2:B11).

(5) 在单元格 D5 中输入显著水平 α: 0.05.

(6) 计算检验统计量的观测值 $F = s_1^2/s_2^2$, 在单元格 D6 中输入公式: =D4/E4.

(7) 计算临界点 $F_{1-\alpha/2}(n_1-1, n_2-1)$, 在单元格 D7 中输入公式:

=F.INV.RT(1-D5/2,D2-1,E2-1).

(8) 计算临界点 $F_{\alpha/2}(n_1-1, n_2-1)$, 在单元格 D8 中输入公式:

= F.INV.RT(D5/2,D2-1,E2-1).

(9) 判断, 在单元格 D10 中输入公式:

=IF(OR(D6<=D7,D6>=D8),"拒绝 H0","不能拒绝 H0").

结果: 由于 $F = 4.6598 > F_{0.025}(9, 9) = 4.026$, 落入拒绝域中, 如图 8.13 右所示. 故在 0.05 的显著水平下拒绝 H_0, 可以认为冬、夏季出生的女婴体重的方差有显著的差异.

(10) 为了检验

$$H_0: \sigma_1^2 \leqslant \sigma_2^2, \quad H_1: \sigma_1^2 > \sigma_2^2,$$

计算临界点 $F_\alpha(n_1-1, n_2-1)$, 在单元格 D12 输入公式:

= F.INV.RT(D5,D2-1,E2-1).

(11) 判断, 在单元格 D13 输入公式:

=IF(D6>=D12,“拒绝 H0”,“不能拒绝 H0”).

结果: 由于 $F = 4.6598 > F_{0.05}(9, 9) = 3.17889$, 落入拒绝域中, 如图 8.14 所示. 故拒绝原假设 H_0.

	A	B	C	D	E
1	12月	6月			
2	3520	3220	观测数 =	10	10
3	2203	3220	样本均值 =	3159.2	3200
4	2560	3760	样本方差 =	437817.73	93955.556
5	2960	3000	α =	0.05	
6	3260	2920	F =	4.6598387	
7	4010	3740	$F_{1-\alpha/2}(n_1-1, n_2-1)$=	0.2483859	
8	3404	3060	$F_{\alpha/2}(n_1-1, n_2-1)$=	4.0259942	
9	3506	3080			
10	3971	2940		拒绝H0	
11	2198	3060			
12			$F_\alpha(n_1-1, n_2-1)$=	3.1788931	
13				拒绝H0	

图 8.14　两个独立正态总体方差的比较

方法二

(1) 输入数据与图 8.13 左相仿.

(2) 为了检验 $H_0: \sigma_1^2 \leqslant \sigma_2^2, H_1$: $\sigma_1^2 > \sigma_2^2$, 在 Excel 主菜单中选择“数据”→“数据分析”, 打开“数据分析”对话框, 在“分析工具”列表中选择“F-检验: 双样本方差”选项, 单击“确定”按钮.

(3) 在打开的“F-检验: 双样本方差”对话框中, 依次输入“变量 1 的区域”、“变量 2 的区域”和“输出区域”, 选中“标志”复选框, 如图 8.15 所示, 单击“确定”按钮.

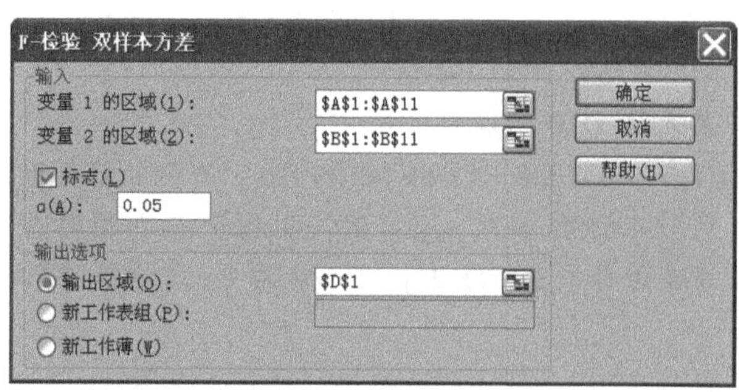

图 8.15　“F-检验: 双样本方差”对话框

得到检验结果如图 8.16 所示.

	A	B	C	D	E	F
1	12月	6月		F-检验 双样本方差分析		
2	3520	3220				
3	2203	3220			12月	6月
4	2560	3760		平均	3159.2	3200
5	2960	3000		方差	437817.7	93955.56
6	3260	2920		观测值	10	10
7	4010	3740		df	9	9
8	3404	3060		F	4.659839	
9	3506	3080		P(F<=f) 单尾	0.015774	
10	3971	2940		F 单尾临界	3.178893	
11	2198	3060				

图 8.16 “F-检验: 双样本方差分析” 结果

图中显示, F 检验的单尾临界值 (右边检验拒绝域的临界值) 为 3.178893, 即拒绝域为 $\{F \geqslant 3.178893\}$, F 检验统计量的观测值为 4.659839 落入了拒绝域, 因此, 应拒绝原假设.

例 8.11 两台车床生产同一种滚珠 (滚珠直径服从正态分布), 从中分别抽取 8 个和 7 个成品, 测得滚珠直径如表 8.8(单位: mm). 比较两台车床生产的滚珠直径是否有显著差异 ($\alpha = 0.05$).

表 8.8

T_1	85.6	85.9	85.7	85.8	85.7	86.0	85.5	85.4
T_2	86.7	85.7	86.5	85.7	85.8	86.3	86.0	

解 设第一台车床生产的滚珠直径 $X \sim N(\mu_1, \sigma_1^2)$, 第二台车床生产的滚珠直径 $Y \sim N(\mu_2, \sigma_2^2)$. 根据题意, 需进行两总体的均值比较, 由于两总体方差未知, 需要首先进行方差的齐性检验, 即检验 σ_1^2 和 σ_2^2 是否有显著差异, 然后再检验 μ_1 和 μ_2 是否有显著差异.

(1) 检验假设

$$H_0 : \sigma_1^2 = \sigma_2^2, \quad H_1 : \sigma_1^2 \neq \sigma_2^2.$$

由于 μ_1,μ_2 未知, 选取统计量 $F = S_1^2/S_2^2$, 在显著水平$\alpha = 0.05$ 下, 拒绝域为

$$\begin{aligned}&\{F \leqslant F_{1-\alpha/2}(n_1 - 1, n_2 - 1)\} \cup \{F \geqslant F_{\alpha/2}(n_1 - 1, n_2 - 1)\}\\=&\{F \leqslant F_{0.975}(7, 6)\} \cup \{F \geqslant F_{0.025}(7, 6)\}.\end{aligned}$$

查表得

$$F_{0.975}(7,6)=\frac{1}{F_{0.025}(6,7)}=\frac{1}{5.12}=0.195,\quad F_{0.025}(7,6)=5.70,$$

H_0 的拒绝域为 $\{F\leqslant 0.195\}\cup\{F\geqslant 5.70\}$. 由观测数据得到

$$n_1=8,\quad n_2=7,\quad \bar{x}=\frac{1}{n_1}\sum_{i=1}^{n_1}x=85.7,\quad \bar{y}=\frac{1}{n_2}\sum_{i=1}^{n_2}y=86.1,$$

$$s_1^2=\frac{1}{n_1-1}\sum_{i=1}^{n_2}(x-\bar{x})^2\approx 0.044,\quad s_2^2=\frac{1}{n_2-1}\sum_{i=1}^{n_2}(y-\bar{y})^2\approx 0.163,$$

$F=\dfrac{S_1^2}{S_2^2}=\dfrac{0.044}{0.163}=0.270$ 未落入 H_0 的拒绝域, 不能拒绝 H_0, 在 0.05 的显著水平下, 可以认为两台车床生产的滚珠直径的方差无显著差异.

(2) 根据 (1) 的结论, 可以在 $\sigma_1^2=\sigma_2^2$ 的条件下检验假设

$$H_0:\mu_1=\mu_2,\quad H_1:\mu_1\neq\mu_2.$$

选 $T=\dfrac{\overline{X}-\overline{Y}}{S_w\sqrt{\dfrac{1}{n_1}+\dfrac{1}{n_2}}}$ 为检验统计量, 其观测值为 $t=\dfrac{\bar{x}-\bar{y}}{s_w\sqrt{\dfrac{1}{n_1}+\dfrac{1}{n_2}}}$, 在显著水平 $\alpha=0.05$ 下, H_0 的拒绝域为

$$\{|t|\geqslant t_{\alpha/2}(n_1+n_2-2)\}=\{|t|\geqslant t_{0.025}(13)\}=\{|t|\geqslant 2.160\}.$$

计算得

$$s_w=\sqrt{\frac{(n_1-1)s_1^2+(n_2-1)s_2^2}{n_1+n_2-2}}=\sqrt{\frac{(8-1)\times 0.044+(7-1)\times 0.163}{8+7-2}}=0.315,$$

$$t=\frac{(\bar{x}-\bar{y})}{s_w\sqrt{\dfrac{1}{n_1}+\dfrac{1}{n_2}}}=\frac{85.7-86.1}{0.315\times\sqrt{\dfrac{1}{8}+\dfrac{1}{7}}}=-2.53.$$

可见, t 落入了 H_0 的拒绝域中, 故在 0.05 的显著水平下应拒绝 H_0, 认为两台车床生产的滚珠直径有显著差异.

【微视频8-6】双正态总体均值差的检验

【微视频8-7】双正态总体方差比的检验

【实验讲解8-2】两正态总体均值差检验

【拓展练习8-2】两正态总体方差与均值的比较1

【拓展练习8-3】两正态总体方差与均值的比较2

同步自测 8-2

一、填空

1. 设总体 $X\sim N(\mu,\sigma^2)$, $X_1,X_2,\cdots,X_n$ 是来自总体 X 的样本, 当 σ^2 未知时检验 H_0: $\mu=\mu_0,H_1:\mu\neq\mu_0$, 所用的检验统计量是____________; H_0 为真时它服从____________分布, 若给定显著水平α, 则拒绝域为____________.

2. 设 $X\sim N(\mu,\sigma^2)$, μ, σ^2 均未知, X_1, X_2, $\cdots$, X_n 是来自 X 的样本, 检验 $H_0:\mu\leqslant\mu_0,H_1:\mu>\mu_0$, 所使用的统计量是____________. 若给定显著水平α, 则拒绝域为____________.

3. 设 $X_1,X_2,\cdots,X_{n_1}$ 和 $Y_1,Y_2,\cdots,Y_{n_2}$ 分别为来自总体 $N(\mu_1,\sigma^2)$ 和 $N(\mu_2,\sigma^2)$ 的独立样本, 其中σ^2, μ_1, μ_2 都未知, 检验 $H_0:\mu_1=\mu_2,H_1:\mu_1\neq\mu_2$ 所使用的统计量是____________, H_0 为真时它服从____________分布. 若给定显著水平 α, 则拒绝域为____________.

二、单项选择

1. 设 $X\sim N(\mu,\sigma^2)$, 当 σ^2 未知时, 检验 $H_0:\mu=\mu_0,H_1:\mu\neq\mu_0$, 在显著水平 α 下, T 检验的拒绝域为 (　　).

(A) $\left\{|t|=\left|\dfrac{\bar{x}-\mu_0}{s/\sqrt{n}}\right|\geqslant t_{\alpha/2}(n)\right\}$　　(B) $\left\{|t|=\left|\dfrac{\bar{x}-\mu_0}{s/\sqrt{n}}\right|\geqslant t_{\alpha}(n-1)\right\}$

(C) $\left\{|t|=\left|\dfrac{\bar{x}-\mu_0}{s/\sqrt{n}}\right|\geqslant t_{\alpha/2}(n-1)\right\}$　　(D) $\left\{|t|=\left|\dfrac{\bar{x}-\mu_0}{s/\sqrt{n}}\right|\geqslant t_{\alpha}(n)\right\}$

2. 设 $X\sim N(\mu,\sigma^2)$, 当 σ^2 未知时, 检验 $H_0:\mu\leqslant 1$, $H_1:\mu>1$, 取显著水平 $\alpha=0.05$, 则 T 检验的拒绝域为 (　　).

(A) $|\bar{x}-1|\geqslant z_{0.05}$　　(B) $\bar{x}\geqslant 1+t_{0.05}(n-1)\dfrac{s}{\sqrt{n}}$

(C) $|\bar{x}-1|\geqslant z_{0.05}\dfrac{s}{\sqrt{n}}$　　(D) $\bar{x}\leqslant 1-t_{0.05}(n-1)\dfrac{s}{\sqrt{n}}$

3. 设 $X\sim N(\mu,\sigma^2)$, 当 μ 未知时, 检验 $H_0:\sigma^2=\sigma_0^2,H_1:\sigma^2\neq\sigma_0^2$, 应选择检验统计量 (　　).

(A) $\chi^2=\dfrac{(n-1)S^2}{\sigma^2}$　　(B) $\chi^2=\dfrac{(n-1)S^2}{\sigma_0^2}$

(C) $Z=\dfrac{\overline{X}-\mu}{S/\sqrt{n}}$　　(D) $T=\dfrac{\overline{X}-\mu}{\sigma_0/\sqrt{n}}$

4. 设 $X_1,X_2,\cdots,X_{n_1}$ 为来自总体 $X\sim N(\mu_1,\sigma_1^2)$ 的样本, $Y_1,Y_2,\cdots,Y_{n_2}$ 为来自总体 $Y\sim N(\mu_2,\sigma_2^2)$ 的样本, 且两样本相互独立, 其样本均值分别记为 $\overline{X}$ 和 $\overline{Y}$, 其样本方差分别记为 S_1^2 和 S_2^2. 对 μ_1, μ_2 未知的情况检验: $H_0:\sigma_1^2=\sigma_2^2,H_1:\sigma_1^2\neq\sigma_2^2$, H_0 的拒绝域为 (　　).

(A) $\{F\geqslant F_{\alpha}(n_1-1,n_2-1)\}$

(B) $\{F\leqslant F_{1-\alpha}(n_1-1,n_2-1)\}$

(C) $\{F\leqslant F_{1-\alpha/2}(n_1-1,n_2-1)\}\cup\{F\geqslant F_{\alpha/2}(n_1-1,n_2-1)\}$

(D) $\{F\leqslant F_{1-\alpha}(n_1-1,n_2-1)\}\cup\{F\geqslant F_{\alpha}(n_1-1,n_2-1)\}$

8.3 成对数据的检验与 p 值检验法 *

8.3.1 成对数据的假设检验

有时为了比较两种产品或两种仪器、两种方法的差异, 常在相同的条件下作对比试验, 得到一批成对的观测数据, 然后通过分析观测数据, 对两种仪器、两种方法的差异做出推断. 这种问题, 不同于前述两个正态总体均值与方差的比较, 常常转化为单总体均值与方差的检验问题.

例 8.12 有两台光谱仪 A, B 用来测量材料中某种金属的含量, 为鉴定它们的测量结果有无显著差异, 制备了 9 件试块 (它们的成分、金属含量、均匀性等各不相同), 现在分别用这两台机器对每一试块测量一次, 得到 9 对观测值如下:

表 8.9

x	0.20	0.30	0.40	0.50	0.60	0.70	0.80	0.90	1.00
y	0.10	0.21	0.52	0.32	0.78	0.59	0.68	0.77	0.89
$d=x-y$	0.10	0.09	-0.12	0.18	-0.18	0.11	0.12	0.13	0.11

问能否认为这两台仪器的测量结果有显著的差异?($\alpha=0.01$)

分析 本题中的数据是成对的, 即对同一试块测出一对数据, 我们看到一对数据与另一对之间的差异是由各种因素, 如材料成分、金属含量、均匀性等因素引起的, 这表明不能将光谱仪 A 对 9 个试块的测量结果 (即表中第一行) 看成是同一随机变量 (总体) 的观测值, 因此表中的第一行不能看成是一个样本, 同样也不能将表中第二行看成一个样本. 再者, 对每一对数据而言, 它们是同一试块用不同仪器测得的结果, 因此它们不是两个独立总体的观察结果. 综上所述, 不能用两独立总体均值比较的 T 检验法作检验.

由于同一对数据中两个数据之差异可看成是仅由这两台仪器性能的差异所引起的. 所以, 要判断两台仪器的测量结果有无显著的差异, 只需要判断各对数据之差, 即第三行数据是否为来自零均值总体的样本.

一般地, 设有 n 对相互独立的观测结果: $(X_1, Y_1), (X_2, Y_2), \cdots, (X_n, Y_n)$. 记 $D_1=X_1-Y_1, D_2=X_2-Y_2, \cdots, D_n=X_n-Y_n$, 则 $D_1, D_2, \cdots, D_n$ 相互独立. 若 $D_i\sim N(\mu_D,\sigma_D^2), i=1,2,\cdots,n$, 即 $D_1, D_2, \cdots, D_n$ 是正态总体 $N(\mu_D,\sigma_D^2)$ 的样本, 我们可以进行下面的检验:

(1) 双边检验 H_0: $\mu_D=0$, H_1: $\mu_D\neq 0$,

(2) 右边检验 H_0: $\mu_D\leqslant 0$, H_1: $\mu_D>0$,

(3) 左边检验 H_0: $\mu_D\geqslant 0$, H_1: $\mu_D<0$.

一般来说 σ_D^2 是未知的. 由于原假设中等号成立时, $\dfrac{\bar{D}}{S_D/\sqrt{n}}\sim t(n-1)$, 所以,

选用 $T=\dfrac{\bar{D}}{S_D/\sqrt{n}}$ 做检验统计量, 其观测值为 $t=\dfrac{\bar{d}}{s_d/\sqrt{n}}$, 其中 $\bar{D}$ 和 S_D 分别为 $D_1, D_2, \cdots, D_n$ 的样本均值和标准差, $\bar{d}$ 和 s_d 分别为它们的观测值. 三种检验的拒绝域分别为

$$\{|t| \geqslant t_{\alpha/2}(n-1)\}, \quad \{t \geqslant t_\alpha(n-1)\}, \quad \{t \leqslant -t_\alpha(n-1)\}.$$

下面回到例 8.12 的问题上.

解 若两台仪器无显著差异, 则各对数据的差异 $D_1, D_2, \cdots, D_n$ 属随机误差, 随机误差可以认为服从正态分布 $N(\mu_D, \sigma_D^2)$, 均值 μ_D 应为零. 于是, 要检验两台仪器有无显著差异的问题转化为利用样本观测值 $d_1, d_2, \cdots, d_n$ 检验假设

$$H_0{:}\mu_D=0, \quad H_1: \mu_D \neq 0.$$

H_0 的拒绝域为

$$\left\{\,|t| \geqslant t_{\alpha/2}(n-1)\right\}=\left\{\,|t| \geqslant t_{0.005}(8)\right\}=\left\{\,|t| \geqslant 3.355\right\}.$$

由 $n=9, \bar{d}=0.06, s_d=0.1227$, 计算得 $|t|=\left|\dfrac{\bar{d}}{s_d/\sqrt{n}}\right|=1.467<3.355$, 所以不能拒绝原假设, 没有足够理由说明这两台仪器的测量结果有显著的差异.

英国统计学家哥塞特 (W.S.Gosset, 1876—1937) 在 1908 年以笔名 “Student” 发表的一篇论文中曾给出下面例题.

例 8.13 为比较两种安眠药 A 和 B 的疗效, 以 10 个失眠患者为实验对象. 以 x 表示使用 A 后延长的睡眠时间, y 表示使用 B 后延长的睡眠时间. 每个患者各服用 A, B 两种药一次, 其延长的睡眠时间 (单位: h) 如表 8.10 所示:

表 8.10

患者	1	2	3	4	5	6	7	8	9	10
x	1.9	0.8	1.1	0.1	−0.1	4.4	5.5	1.6	1.6	4.6
y	0.7	−1.6	−0.2	−1.2	−0.1	3.4	3.7	0.8	0.8	0
$d=x-y$	1.2	2.4	1.3	1.3	0	1.0	1.8	0.8	0.8	4.6

现在考察这两种药的疗效有无显著差异 (显著水平 $\alpha=0.01$).

解 本例中的数据是成对的, 即同一患者先后服用安眠药 A 和 B 之后得到一对延长睡眠时间的数据. 表中各数据之间的差异既是由患者服用不同的药引起的, 又是由患者失眠轻重的差异引起的.

鉴于这种情况, 我们转而考虑各对数据的差 $d_1=x_1-y_1, d_2=x_2-y_2, \cdots, d_n=x_n-y_n$, $d_1, d_2, \cdots, d_n$ 是由患者服用不同的药引起的差异, 若两种药的疗

效无显著差异, $d_1, d_2, \cdots, d_n$ 应该为来自 $N(\mu, \sigma^2)$ 的样本, 且 $\mu=0$, 问题归结为在显著水平 $\alpha=0.01$ 之下检验:

$$H_0: \mu=0, \quad H_1: \mu \neq 0.$$

由于 σ^2 未知, 应采用 t 检验. H_0 的拒绝域为

$$\{|t| \geqslant t_{\alpha/2}(n-1)\} = \{|t| \geqslant t_{0.005}(9)\} = \{|t| \geqslant 3.249\}.$$

由 $n=10$, $\bar{d}=1.52$, $s_d=1.254$, 计算得 $|t| = \left|\dfrac{\bar{d}}{s_d/\sqrt{n}}\right| = \dfrac{1.52}{1.254/\sqrt{10}} = 3.83$ 落入了 H_0 的拒绝域, 所以在水平 $\alpha=0.01$ 之下拒绝原假设, 即认为 A, B 这两种药的疗效有显著差异.

【**实验 8.5**】在 Excel 中做例 8.13 中成对数据的均值比较检验.

实验准备

学习附录二中如下 Excel 函数:

(1) 数字个数统计函数 COUNT.

(2) 样本均值函数 AVERAGE.

(3) 样本标准差函数 STDEV.S.

(4) 平方根函数 SQRT.

(5) t-分布的上分位数的函数 T.INV.2T.

(6) 执行真假值判断的逻辑函数 IF.

实验步骤

方法一

(1) 输入数据及项目名如图 8.17 左所示, 其中 $d=x-y$.

	A	B	C	D	E
1	x	y	d		
2	1.9	0.7	1.2	观测数 =	
3	0.8	-1.6	2.4	样本均值 =	
4	1.1	-0.2	1.3	样本标准差 =	
5	0.1	-1.2	1.3		
6	-0.1	-0.1	0	α =	
7	4.4	3.4	1	检验统计量 t =	
8	5.5	3.7	1.8	$t_{\alpha/2}(n-1)$ =	
9	1.6	0.8	0.8		
10	1.6	0.8	0.8	结论:	
11	4.6	0	4.6		

	A	B	C	D	E
1	x	y	d		
2	1.9	0.7	1.2	观测数 =	10
3	0.8	-1.6	2.4	样本均值 =	1.52
4	1.1	-0.2	1.3	样本标准差 =	1.254149
5	0.1	-1.2	1.3		
6	-0.1	-0.1	0	α =	0.01
7	4.4	3.4	1	检验统计量 t =	3.832609
8	5.5	3.7	1.8	$t_{\alpha/2}(n-1)$ =	3.249836
9	1.6	0.8	0.8		
10	1.6	0.8	0.8	结论:	拒绝H_0
11	4.6	0	4.6		

图 8.17　成对数据总体均值的比较

(2) 计算观测数 n, 在单元格 E2 中输入公式: =COUNT(C2:C11).

(3) 计算样本均值 $\bar{d}$, 在单元格 E3 中输入公式: =AVERAGE(C2:C11).

(4) 计算样本标准差 s_d, 在单元格 E4 中输入公式: =STDEV.S(C2:C11).

(5) 在单元格 E6 中输入显著水平 α: 0.01.

(6) 计算检验统计量的观测值 $t=\dfrac{\bar{d}}{s_d/\sqrt{n}}$, 在单元格 E7 中输入公式:

=E3/(E4/SQRT(E2)).

(7) 计算临界点 $t_{\alpha/2}(n-1)$, 在单元格 E8 中输入公式:

=T.INV.2T(E6,E2-1).

(8) 判断, 在单元格 E10 中输入公式: =IF(ABS(E7)>=E8,"拒绝 H0","不能拒绝 H0").

结果: 由于 $|t|=3.832609>t_{0.005}(9)=3.249836$, 落入拒绝域中, 如图 8.17 右所示. 故在 0.01 的显著水平下应拒绝 H_0, 即认为 A, B 这两种药的疗效有显著差异.

方法二

(1) 输入数据与图 8.17 左相仿.

(2) 在 Excel 主菜单中选择 "数据"→"数据分析", 打开 "数据分析" 对话框, 在 "分析工具" 列表中选择 "t-检验: 平均值的成对二样本分析" 选项, 单击 "确定" 按钮.

(3) 在打开的 "t-检验: 平均值的成对二样本分析" 对话框中, 依次输入 "变量 1 的区域"、"变量 2 的区域"、"假设平均差" 和 "输出区域", 选中 "标志" 复选框, 显著水平α 改为 0.01, 如图 8.18 所示, 单击 "确定" 按钮. 得到检验结果如图 8.19 所示.

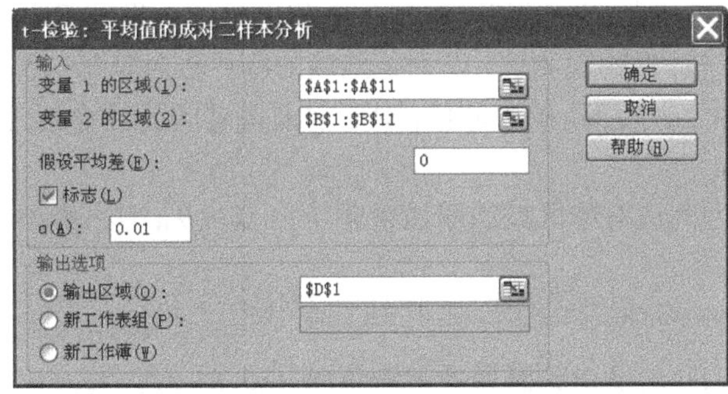

图 8.18 "t-检验: 平均值的成对二样本分析" 对话框

图中显示, 双尾检验 (双边检验: H_0: $\mu_1=\mu_2$, H_1: $\mu_1\neq\mu_2$.) 拒绝域的临界值为 3.249836, 即拒绝域为 $(-3.249836, 3.249836)$, t 检验统计量的值为 3.832609 落入了拒绝域, 故拒绝原假设, 即认为 A, B 这两种药的疗效有显著差异.

	A	B	C	D	E	F
1	x	y		t-检验: 成对双样本均值分析		
2	1.9	0.7				
3	0.8	-1.6			x	y
4	1.1	-0.2		平均	2.15	0.63
5	0.1	-1.2		方差	3.905	3.011222
6	-0.1	-0.1		观测值	10	10
7	4.4	3.4		泊松相关系数	0.779113	
8	5.5	3.7		假设平均差	0	
9	1.6	0.8		df	9	
10	1.6	0.8		t Stat	3.832609	
11	4.6	0		P(T<=t) 单尾	0.002006	
12				t 单尾临界	2.821438	
13				P(T<=t) 双尾	0.004012	
14				t 双尾临界	3.249836	

图 8.19 “t-检验: 成对双样本均值分析” 检验结果

【拓展阅读8-4】
两种萘含量测量
方法的比较问题

8.3.2 假设检验的 p 值检验法

前述假设检验的方法和很多经典的概率统计教科书一样, 根据检验统计量的观测值是否落入拒绝域来做出是否拒绝原假设的推断. 而现代统计软件中, 多采用计算 p 值的方法进行推断.

p 值是当原假设成立时得到样本观测值和更极端结果的概率. 也就是将样本观测值 (或检验统计量的观测值) 作为拒绝域的临界点时犯第一类错误的概率, 若 W 为检验统计量, w 为 W 的观测值, 对于前面讲过的各种检验, p 值通常由下面公式计算而得到.

(1) 拒绝域为两边对称区域的双边检验 H_0: $\theta = \theta_0$, H_1: $\theta \neq \theta_0$.

$$p = P\{|W| \geqslant |w|\} = 2P\{W \geqslant |w|\}.$$

(2) 拒绝域为两边非对称区域的双边检验 H_0: $\theta = \theta_0$, H_1: $\theta \neq \theta_0$.

$$p = 2\min\{P\{W \geqslant w\}, P\{W \leqslant w\}\}.$$

(3) 拒绝域为右边区域的右边检验 H_0: $\theta \leqslant \theta_0$, $H_1 : \theta > \theta_0$.

$$p = P\{W \geqslant w\}.$$

(4) 拒绝域为左边区域的左边检验 $H_0: \theta \geqslant \theta_0$, $H_1: \theta < \theta_0$.

$$p = P\{W \leqslant w\}.$$

根据 p 值的定义, 当 p 值很小时, 说明样本观测值的出现是一个小概率事件, 应当拒绝原假设, 显然, p 值越小, 拒绝原假设越不易犯错误, 即越有理由拒绝原假设. 通常我们根据实际问题选定显著水平 α(一般取 0.05), 检验时由样本观测值计算出 p 值, 然后通过比较 p 值和 α 的大小作判断: 当 $p < \alpha$ 时, 拒绝原假设 H_0, 此时称检验是显著的; 当 $p > \alpha$ 时, 不能拒绝原假设 H_0, 此时称检验是不显著的.

例 8.14 采用 p 值检验法做例 8.3.

某车间生产铜丝, 其主要质量指标是折断力的大小. 用 X 表示该车间生产的铜丝的折断力. 根据过去的资料看, 可以认为 $X \sim N(285, 4^2)$. 为提高折断力, 今换一种原材料, 估计方差不会有多大变化. 现抽取 10 个样品, 测得折断力 (单位: N) 为

$$289, 286, 285, 284, 286, 285, 285, 286, 298, 292.$$

在 0.05 的显著水平下, 检验折断力是否显著变大?

解 设铜丝的折断力 $X \sim N(\mu, \sigma^2)$, 按题意已知方差 $\sigma^2 = 16$, 需检验

$$H_0: \mu \leqslant 285, \quad H_1: \mu > 285.$$

此为右边检验.

由于方差已知, 检验统计量为 $z = \dfrac{\overline{X} - \mu_0}{\sigma/\sqrt{n}}$, 其中$\mu_0 = 285$, $\sigma = 4$, $n = 10$ 计算得到

$$\bar{x} = \frac{1}{n}\sum_{i=1}^{n} x_i = 287.6, \quad z = \frac{\bar{x} - \mu_0}{\sigma/\sqrt{n}} = \frac{287.6 - 285}{4/\sqrt{10}} = 2.05,$$

$$p = P\{Z \geqslant z\} = P\{Z \geqslant 2.05\} = 1 - \Phi(2.05) \approx 0.0202 < 0.05.$$

故在 0.05 的显著水平下应拒绝 H_0, 认为折断力显著变大.

【实验 8.6】 在 Excel 中使用 p 值检验法做例 8.3 中的均值检验.

实验准备

学习附录二中如下 Excel 函数:

(1) 标准正态分布的分布函数 NORM.S.DIST.

	A	B	C
1	x		$\mu_0=$
2	289	标准差	$\sigma=$
3	286	观测数	$n=$
4	285	样本均值	$\bar{x}=$
5	284	显著水平	$\alpha=$
6	286	检验统计量	$z=$
7	285	p值	$p=$
8	285		
9	286		
10	298		
11	292		
12			

	A	B	C	D	E
1	x		$\mu_0=$	285	
2	289	标准差	$\sigma=$	4	
3	286	观测数	$n=$	10	
4	285	样本均值	$\bar{x}=$	287.6	
5	284	显著水平	$\alpha=$	0.05	
6	286	检验统计量	$z=$	2.0554805	
7	285	p值	$p=$	0.0199163	
8	285			拒绝H0	
9	286				
10	298				
11	292				
12					

图 8.20 “均值 z-检验”

(2) 执行真假值判断的逻辑函数 IF.

实验步骤

(1) 输入数据及项目名, 如图 8.20 左所示.

(2) 在单元格 D1 中输入 μ_0: 285.

(3) 在单元格 D2 中输入标准差 σ: 4.

(4) 在单元格 D3 中输入公式计算观测数 n:

=COUNT(A2:A11).

(5) 在单元格 D4 中输入公式计算样本均值 $\bar{x}$:

=AVERAGE(A2:A11).

(6) 在单元格 D5 中输入显著水平 α: 0.05.

(7) 计算检验统计量的观测值 $z=\dfrac{\bar{x}-\mu_0}{\sigma/\sqrt{n}}$, 在单元格 D6 中输入公式:

= (D4-D1)/(D2/SQRT(D3)).

(8) 计算 p 值, $p=P\{Z\geqslant z\}=1-\Phi(z)$, 在单元格 D7 中输入公式:

=1-NORM.S.DIST(D6,TRUE).

(9) 判断, 在单元格 D8 中输入公式:

=IF(D7<D5,“拒绝 H0”,“不能拒绝 H0”).

结果: 由于 $p=0.0199163<\alpha=0.05$, 故在 0.05 的显著水平下应拒绝 H_0, 认为折断力显著变大. 如图 8.20 右所示.

【实验 8.7】 在 Excel 中使用 p 值检验法检验例 8.10 中冬夏季出生女婴体重的方差那个更大些.

实验准备

学习附录二中如下 Excel 函数:

(1) 数字个数统计函数 COUNT.

(2) 样本均值函数 AVERAGE.

(3) 样本方差函数 VAR.S.

(4) F 分布尾部概率函数 F.DIST.

(5) 执行真假值判断的逻辑函数 IF.

实验步骤

(1) 输入数据及项目名, 如图 8.21 所示.

(2) 计算观测数 n_1, n_2.

在单元格 D2 中输入公式: =COUNT(A2:A11);

在单元格 E2 中输入公式: =COUNT(B2:B11).

(3) 计算样本均值 $\bar{x}$, $\bar{y}$.

在单元格 D3 中输入公式: =AVERAGE(A2:A11);

在单元格 E3 中输入公式: =AVERAGE(B2:B11).

(4) 计算样本方差 s_1^2, s_2^2.

在单元格 D4 中输入公式: =VAR.S(A2:A11);

在单元格 E4 中输入公式: =VAR.S(B2:B11).

(5) 在单元格 D5 中输入显著水平α: 0.05.

(6) 计算检验统计量的观测值 $f = s_1^2/s_2^2$, 在单元格 D6 中输入公式: =D4/E4

(7) 计算 p 值, 由于该检验是拒绝域为右边区域的右边检验, 所以

$$p = P\{F \geqslant f\} = 1 - P\{F \leqslant f\}.$$

在单元格 D9 中输入公式:

=1-F.DIST(D6,D2-1,E2-1,TRUE).

即可得到: $p = 0.01577 < \alpha = 0.05$, 如图 8.21 所示. 故在 0.05 的显著水平下拒绝 H_0, 即可以认为冬季出生女婴比夏季出生女婴体重的方差更大些.

	A	B	C	D	E
1	12月	6月			
2	3520	3220	观测数 =	10	10
3	2203	3220	样本均值 =	3159.2	3200
4	2560	3760	样本方差 =	437817.73	93955.556
5	2960	3000	α =	0.05	
6	3260	2920	f=	4.6598387	
7	4010	3740			
8	3404	3060			
9	3506	3080	p=	0.0157743	
10	3971	2940			
11	2198	3060			

图 8.21 两个正态总体方差比较的 p 值检验法

【实验 8.8】 在 Excel 中使用 p 值检验法做例 8.13 中的检验.

实验准备

学习附录二中如下 Excel 函数:

(1) 数字个数统计函数 COUNT.

(2) 样本均值函数 AVERAGE.

(3) 样本标准差函数 STDEV.S.

(4) 平方根函数 SQRT.

(5) t 分布的尾部概率函数 T.DIST.2T.

(6) 执行真假值判断的逻辑函数 IF.

实验步骤

(1) 输入数据及项目名如图 8.22 所示, 其中 $d=x-y$.

(2) 计算观测数 n, 在单元格 E2 中输入公式: =COUNT(C2:C11).

(3) 计算样本均值 $\bar{d}$, 在单元格 E3 中输入公式: =AVERAGE(C2:C11).

(4) 计算样本标准差 s_d, 在单元格 E4 中输入公式: =STDEV.S(C2:C11).

(5) 在单元格 E6 中输入显著水平 α: 0.01.

(6) 计算检验统计量的观测值 $t=\dfrac{\bar{d}}{s_d/\sqrt{n}}$, 在单元格 E7 中输入公式:

=E3/(E4/SQRT(E2)).

(7) 计算 p 值, 由于该检验是拒绝域为两边对称区域的双边检验, 所以

$$p=P\{|T|\geqslant|t|\}=2P\{T\geqslant|t|\}.$$

在单元格 E9 中输入公式: =T.DIST.2T(E7,E2-1).

即可得到: $p=0.0040117<0.01$, 如图 8.22 所示. 故在 $\alpha=0.01$ 的显著水平下应拒绝 H_0, 即认为 A, B 这两种药的疗效有显著差异.

	A	B	C	D	E
1	*x*	*y*	*d*		
2	1.9	0.7	1.2	观测数 =	10
3	0.8	-1.6	2.4	样本均值 =	1.52
4	1.1	-0.2	1.3	样本标准差 =	1.2541487
5	0.1	-1.2	1.3		
6	-0.1	-0.1	0	α =	0.01
7	4.4	3.4	1	检验统计量 *t* =	3.8326094
8	5.5	3.7	1.8		
9	1.6	0.8	0.8	*p*=	0.0040117
10	1.6	0.8	0.8		
11	4.6	0	4.6		

图 8.22 成对数据总体均值比较的 p 值检验

【实验讲解8-3】p值检验法

【拓展阅读8-5】现代统计学杰出人物之埃贡·皮尔逊

【拓展阅读8-6】现代统计学的一代宗师——乔治·奈曼

【拓展阅读8-7】总体分布的假设检验

同步自测 8-3

一、填空

1. 在假设检验的 p 值检验法中, p 值的定义为____________.

2. 设总体 $X \sim N(\mu, \sigma^2)$, $X_1, X_2, \cdots, X_n$ 是来自总体的样本, 检验假设 H_0: $\mu = 100$, H_1: $\mu \neq 100$, 当 σ^2 为已知时检验统计量是____________; 若样本观测值为 $x_1, x_2, \cdots, x_n$, 在显著水平α 下, H_0 的拒绝域为____________; p 值的计算公式为____________.

3. 设总体 $X \sim N(\mu, \sigma^2)$, $X_1, X_2, \cdots, X_n$ 是来自总体的样本, 检验假设 $H_0: \mu \leqslant 100$, H_1: $\mu > 100$, 当 σ^2 未知时检验统计量是____________, 若样本观测值为 $x_1, x_2, \cdots, x_n$, 在显著水平α 下, H_0 的拒绝域为____________; p 值的计算公式为____________.

二、单项选择

1. 设 $X \sim N(\mu, \sigma^2)$, 当 σ^2 已知时, 检验 $H_0: \mu = 1, H_1: \mu \neq 1$, 在显著水平 α 下, Z 检验的 p 值的计算公式为 (　　).

(A) $p = P\left\{Z \leqslant \dfrac{\bar{x}-1}{\sigma/\sqrt{n}}\right\}$　　(B) $p = P\left\{Z \geqslant \dfrac{\bar{x}-1}{\sigma/\sqrt{n}}\right\}$

(C) $p = P\left\{|Z| \geqslant \left|\dfrac{\bar{x}-1}{\sigma/\sqrt{n}}\right|\right\}$　　(D) 以上都不是

2. 设 $X \sim N(\mu, \sigma^2)$, 当 σ^2 未知时, 检验 $H_0: \mu \geqslant 1, H_1: \mu < 1$, 取显著水平$\alpha = 0.05$ 下, 则 T 检验的 p 值的计算公式为 (　　).

(A) $p = P\left\{T \leqslant \dfrac{\bar{x}-1}{s/\sqrt{n}}\right\}$　　(B) $p = P\left\{T \geqslant \dfrac{\bar{x}-1}{s/\sqrt{n}}\right\}$

(C) $p = P\left\{|T| \geqslant \left|\dfrac{\bar{x}-1}{s/\sqrt{n}}\right|\right\}$　　(D) 以上都不是

3. 设 $X \sim N(\mu, \sigma^2)$, 当 μ 未知时, 检验 $H_0: \sigma^2 = \sigma_0^2, H_1: \sigma^2 \neq \sigma_0^2$, 若样本方差为 s^2, 则卡方检验的 p 值的计算公式为 (　　).

(A) $p = 2\min\left\{P\left\{\chi^2 \leqslant \dfrac{(n-1)s^2}{\sigma_0^2}\right\}, P\left\{\chi^2 \geqslant \dfrac{(n-1)s^2}{\sigma_0^2}\right\}\right\}$

(B) $p = P\left\{\chi^2 \leqslant \dfrac{(n-1)s^2}{\sigma_0^2}\right\}$

(C) $p = \min\left\{P\left\{\chi^2 \leqslant \dfrac{(n-1)s^2}{\sigma_0^2}\right\}, P\left\{\chi^2 \geqslant \dfrac{(n-1)s^2}{\sigma_0^2}\right\}\right\}$

(D) $p = P\left\{\chi^2 \geqslant \dfrac{(n-1)s^2}{\sigma_0^2}\right\}$

4. 设 $X_1, X_2, \cdots, X_{n_1}$ 为来自总体 $X \sim N(\mu_1, \sigma_1^2)$ 的样本, $Y_1, Y_2, \cdots, Y_{n_2}$ 为来自总体 $Y \sim N(\mu_2, \sigma_2^2)$ 的样本, 且两样本相互独立, 其样本方差分别记为 s_1^2 和 s_2^2. 对 μ_1, μ_2 未知的

情况检验: $H_0:\sigma_1^2\geqslant\sigma_2^2, H_1:\sigma_1^2<\sigma_2^2$, 则 F 检验的 p 值的计算公式为 (　　).

(A) $p=P\left\{\left\{F\leqslant\frac{s_1^2}{s_2^2}\right\}\cup\left\{F\geqslant\frac{s_1^2}{s_2^2}\right\}\right\}$

(B) $p=P\left\{F\geqslant\frac{s_1^2}{s_2^2}\right\}$

(C) $p=2\min\left\{P\left\{F\leqslant\frac{s_1^2}{s_2^2}\right\},P\left\{F\geqslant\frac{s_1^2}{s_2^2}\right\}\right\}$

(D) $p=P\left\{F\leqslant\frac{s_1^2}{s_2^2}\right\}$

第 8 章知识结构图

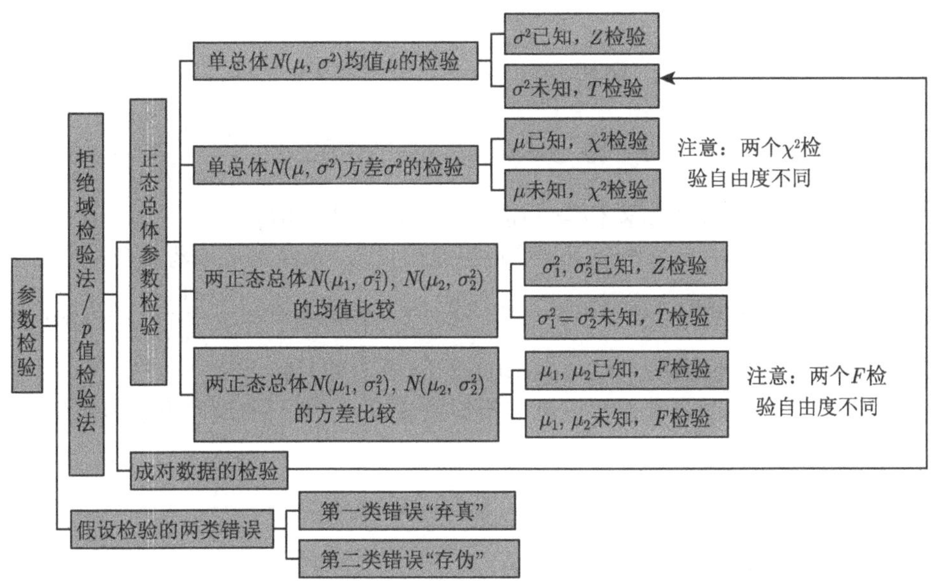

【质量检验问题解答】

国家规定某种药品所含杂质的含量不得超过 0.19 毫克/克, 某药厂对其生产的该种药品的杂质含量, 进行了两次抽样检验, 各测得 10 个数据 (单位: 毫克/克) 如下表所示:

表 8.1

第一次	0.183	0.186	0.188	0.191	0.189	0.196	0.196	0.197	0.209	0.215
第二次	0.182	0.183	0.187	0.187	0.193	0.198	0.198	0.199	0.211	0.212

该厂两次自检的结果均为合格, 厂家很有信心, 认为一定能通过药检局的质量检验. 但药检局用其报送的 20 个数据重新进行一次检验, 结果却是不合格, 这是为什么 (显著水平为 $\alpha = 0.05$)? 最终应该采纳谁的结果呢?

解 用 X 表示该药品杂质的含量, 其均值为 μ, 国家规定杂质含量的上限 $\mu = 0.19$, 根据经验, 一般认为 X 服从正态分布 (也可以用样本观测数据检验 X 的正态性, 这里略去此步), 质量检验的假设为

$$H_0 : \mu \leqslant 0.19, \quad H_1 : \mu > 0.19,$$

检验统计量为

$$T=\frac{\overline{X}-0.19}{S/\sqrt{n}}\sim t(n-1).$$

在 0.05 的显著水平下, H_0 的拒绝为 $\left\{t=\dfrac{\bar{x}-0.19}{s/\sqrt{n}}\geqslant t_{0.05}(n-1)\right\}$.

厂家第一次检验时, $n=10$, $\bar{x}=0.195$, $s=0.01015$, $t=\dfrac{\bar{x}-0.19}{s/\sqrt{n}}=1.557$. 检验统计量 t 未落入拒绝域 $\{t\geqslant t_{0.05}(9)\}=\{t\geqslant 1.8331\}$.

因而, 在 0.05 的显著水平下不能拒绝原假设, 厂家做出了该药品合格的结论.

厂家第二次检验时, $n=10$, $\bar{x}=0.195$, $s=0.01067$, $t=\dfrac{\bar{x}-0.19}{s/\sqrt{n}}=1.482$. 检验统计量 t 未落入拒绝域 $\{t\geqslant t_{0.05}(9)\}=\{t\geqslant 1.8331\}$.

因而, 在 0.05 的显著水平下不能拒绝原假设, 厂家又一次做出了该药品合格的结论.

药检局检验时, $n=20$, $\bar{x}=0.195$, $s=0.01014$, $t=\dfrac{\bar{x}-0.19}{s/\sqrt{n}}=2.206$.

这时 H_0 的拒绝为 $\{t\geqslant t_{0.05}(19)\}=\{t\geqslant 1.7291\}$, 检验统计量 t 落入了拒绝域.

因而, 在 0.05 的显著水平下拒绝原假设, 药检局做出了该药品不合格的结论.

药检局拒绝原假设的结论可能会犯一类错误, 但其犯一类错误的概率不会超过 0.05, 而厂家不拒绝原假设犯二类错误的概率是不容易控制的, 因此, 应该采纳药检局的结论, 即认为该药品不合格.

由此可见, 不拒绝原假设的结论有时是不可靠的, 当样本容量增大时, 可能就得出了相反的结论, 在实际应用中, 在各种条件许可的情况下, 要尽量增大样本容量.

注: 在原假设成立时, 前两次厂家检验的检验统计量为 $T=\dfrac{\overline{X}-0.19}{S/\sqrt{10}}\sim t(9)$, 分别计算前两次检验的 p 值得到

$$p=P\{T\geqslant t\}=P\{T\geqslant 1.557\}=0.0769>0.05,$$

$$p=P\{T\geqslant t\}=P\{T\geqslant 1.482\}=0.0862>0.05,$$

第三次药监局的检验统计量为 $T=\dfrac{\overline{X}-0.19}{S/\sqrt{20}}\sim t(19)$,

$$p=P\{T\geqslant t\}=P\{T\geqslant 2.206\}=0.0199<0.05.$$

采用 p 值检验法同样得到在 0.05 的显著水平下, 前两次都是不能拒绝原假设的, 第三次是拒绝原假设的.

习 题 8

1. 某炼铁厂铁水含碳量 (单位: %) 长期服从正态分布 $N(4.55, 0.108^2)$. 最近原材料有所改变, 现随机测定了 9 炉铁水, 其平均含碳量为 4.45%, 如果铁水含碳量的方差没有变化, 在显著性水平$\alpha = 0.05$ 下, 可否认为现在生产的铁水平均含碳量有显著变化?

2. 风调雨顺时某种植物的高度 (单位: cm) 服从正态分布, 平均高度为 32.50 cm, 方差为 1.21. 气候不佳可能影响植物的高度, 但方差基本不变. 现随机抽取 6 棵这种植物, 测量得到其高度分别为

$$32.46,\quad 31.54,\quad 30.10,\quad 29.76,\quad 31.67,\quad 31.23$$

在显著性水平 $\alpha = 0.01$ 下, 检验这种植物的平均高度有无显著变化?

3. 某种零件的长度服从正态分布 $N(\mu, \sigma^2)$, 方差 $\sigma^2= 1.21\text{mm}^2$, 随机抽取 16 件, 测得其平均长度为 31.40mm. 在显著性水平$\alpha = 0.01$ 下, 能否认为这批零件的平均长度大于 32.50mm?

4. 设购买某品牌汽车的人的年龄服从正态分布 $X \sim N(\mu, 5^2)$. 最近随机抽查了该车购买者 400 人, 得平均年龄为 30 岁, 在显著性水平 $\alpha = 0.01$ 下, 检验购买该品牌汽车的人的平均年龄是否低于 35 岁?

5. 假设显像管的寿命 X 服从 $X \sim N(\mu, 40^2)$. 随机抽取 100 只, 测得其平均寿命为 10000h, 若显像管的平均寿命不低于 10100h 被认为合格, 试在显著性水平$\alpha = 0.05$ 下检验这批显像管是否合格?

6. 某部门对当前市场的价格情况进行调查. 以鸡蛋为例, 所抽查的全省 20 个集市上, 售价的均值为 3.4 元/斤, 标准差为 0.2 元/斤. 已知往年的平均售价一直稳定在 3.25 元/斤左右, 假设鸡蛋的销售价格服从正态分布, 能否认为全省当前的鸡蛋售价和往年有明显不同 (1 斤 =500g, 显著性水平 $\alpha = 0.05$)?

7. 正常人的脉搏平均每分钟 72 次, 某医生测得 10 例 “四乙基铅中毒” 患者的脉搏数如下:

$$54,\quad 67,\quad 68,\quad 78,\quad 70,\quad 66,\quad 67,\quad 65,\quad 69,\quad 70$$

已知人的脉搏次数服从正态分布, 问在显著水平$\alpha = 0.05$ 下, “四乙基铅中毒” 患者的脉搏和正常人的脉搏有无显著差异?

8. 从某种试验物中取出 24 个样品, 测量其发热量 (单位: J), 算得平均值为 11958J, 样本标准差为 316J. 设发热量服从正态分布, 在显著性水平 $\alpha = 0.05$ 下, 是否可认为该试验物发热量的平均值不大于 12100 J?

9. 设某品牌饮料中维生素 C 的含量服从正态分布 $X \sim N(\mu, \sigma^2)$, μ, σ^2 均未知. 按规定, 100g 该饮料中的平均维生素 C 的含量不得低于 21mg. 现从工厂的一批产品中抽取 16 瓶, 测得其 100g 该饮料中维生素 C 含量的样本均值为 20mg, 样本方差为 3.984mg^2, 试在显著性水平$\alpha = 0.05$ 下检验该批饮料是否符合要求.

10. 某种电子元件的寿命 (单位: h) 服从正态分布. 现测得 16 只元件的寿命如下所示:

159	280	101	212	224	379	179	264
222	362	168	250	149	260	485	170

问在显著性水平$\alpha = 0.05$ 下, 是否可以认为元件的平均寿命显著小于 225h?

11. 假设某种元件的寿命 (单位: h) 服从正态分布, 要求其使用寿命不得低于 1000h, 现从一批这种元件中随机抽取 25 件, 测得其寿命样本均值为 950h, 样本标准差为 100h. 在 0.05 的显著水平下是否可以认为这批元件合格?

12. 已知全国高校男生百米跑成绩 (单位: s) 的标准差为 0.62s. 为了比较某高校与全国高校百米跑水平, 从该高校随机抽测男生 13 人的百米跑成绩, 计算得到样本标准差为 0.9s, 假设该校男生的百米跑成绩服从正态分布. 问该校男生百米跑成绩与全国高校有无显著差异 (显著性水平$\alpha = 0.05$)?

13. 正常情况下, 某食品加工厂生产的小包装酱肉每包重量 (单位: g) 服从正态分布, 标准差为 10g, 某日抽取 12 包, 测得其重量如下所示:

501	497	483	492	510	503	478	494
483	496	502	513				

问该日生产的酱肉每包重量的标准差是否正常 (显著性水平 $\alpha = 0.10$)?

14. 某自动车床生产产品的长度 (单位: cm) 服从正态分布, 按规定产品长度的方差不得超过 0.1cm^2, 为检验该自动车床的工作精度, 随机地取 25 件产品, 测得样本方差 0.1975cm^2. 问该车床生产的产品是否达到所要求的精度 (显著性水平$\alpha = 0.05$)?

15. 在漂白工艺中, 要考察温度对某种针织品断裂强度的影响, 在 70℃ 和 80℃ 下分别重复了 8 次试验测得断裂数据 (%) 如下所示:

70℃	20.5	18.5	19.5	20.9	21.5	19.5	21.0	21.2
80℃	17.7	20.3	20.0	18.8	19.0	20.1	20.2	19.1

假定断裂强度服从正态分布, 试问在这两种温度下, 断裂强度的方差有无显著差异? (显著性水平$\alpha = 0.10$)

16. 一台机床大修前曾加工一批零件, 共 n_1=10 件, 加工尺寸的样本方差为 $s_1^2 = 25\text{mm}^2$. 大修后加工一批零件, 共 $n_2 = 12$ 件, 加工尺寸的样本方差为 $s_2^2 = 4\text{mm}^2$. 设加工尺寸服从正态分布, 问此机床大修后, 精度有无明显提高 (显著性水平$\alpha = 0.05$)?

17. 对 7 岁儿童作身高 (单位: cm) 调查结果如下所示.

性别	人数 n	平均身高 $\bar{x}$	标准差 s
男	384	118.64	4.53
女	377	117.86	4.86

设身高服从正态分布, 能否说明性别对 7 岁儿童的身高有显著影响 (显著性水平$\alpha = 0.05$)? (提示: 先做方差齐性检验, 再做均值检验.)

18. 有若干人参加一个减肥锻炼, 在一年后测量了他们的身体脂肪含量, 结果如下所示 (%):

男生组:	13.3	19	20	8	18	22	20	31	21	12	16	12	24
女生组:	22	26	16	12	21.7	23.2	21	28	30	23			

假设身体脂肪含量服从正态分布, 试比较男生和女生的身体脂肪含量有无显著差异 (显著水平 $\alpha = 0.05$). (提示: 先做方差齐性检验, 再做均值检验.)

19. 装配一个部件时可以采用不同的方法, 所关心的问题是哪一个方法的效率更高. 劳动效率可以用平均装配时间反映. 现从不同的装配方法中各抽取 12 件产品, 记录下各自的装配时间 (单位: 分钟) 如下所示:

甲法	31	34	29	32	35	38	34	30	29	32	31	26
乙法	26	24	28	29	30	29	32	26	31	29	32	28

假设装配时间服从正态分布, 问两种方法的装配时间有无显著不同 (显著水平 $\alpha = 0.05$)? (提示: 先做方差齐性检验, 再做均值检验.)

20. 由 10 名学生组成一个随机样本, 让他们分别采用 A 和 B 两套数学试卷进行测试, 成绩如下所示:

试卷 A	78	63	72	89	91	49	68	76	85	55
试卷 B	71	44	61	84	74	51	55	60	77	39

假设学生成绩服从正态分布, 试检验两套数学试卷是否有显著差异 (显著性水平$\alpha = 0.05$).

21. 为了考察两种测量萘含量的液体层析方法: 标准方法和高压方法的测量结果有无显著差异, 取了 10 份试样, 每份分为两半, 一半用标准方法测量, 一半用高压方法测量, 每个试样的两个结果 (单位: mg) 如下所示:

标准	14.7	14.0	12.9	16.2	10.2	12.4	12.0	14.8	11.8	9.7
高压	12.1	10.9	13.1	14.5	9.6	11.2	9.8	13.7	12.0	9.1

假设萘含量服从正态分布, 试检验这两种化验方法有无显著差异 (显著水平 $\alpha = 0.05$).

第9章 Chapter 相关分析与一元回归分析

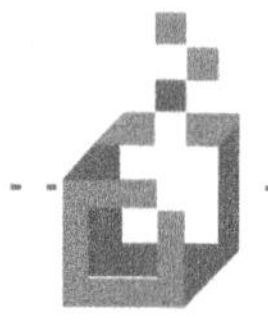

在现实生活中, 一些现象会同另外一些现象之间存在着既密切又不能完全确定的关系, 如人的身高和体重的关系, 股票价格与公司利润的关系, 商业活动中销售量与广告投入的关系, 人的年龄与血压的关系等. 如果用变量表征这些现象, 则表现为变量之间的相关关系, 即相关关系是指变量间的某种非确定的依赖关系. 研究变量间的相关关系常用到本章所述的相关分析和回归分析. 相关分析主要是利用图形或若干指标来分析变量间关联的紧密程度, 而回归分析则是针对具有相关关系的变量侧重考察变量之间的数量伴随关系, 并通过一定的数学表达式将这种数量关系描述出来, 用于预测和控制等实际问题.

按照变量的多少, 相关分析分为简单相关分析和多元相关分析, 多元相关分析又称为复相关分析. 回归分析分为一元回归分析和多元回归分析. 本章主要学习简单相关分析和一元回归分析的有关概念、理论和方法.

【促销对相对竞争力的影响问题】

在当今的超市经营中, 各类产品的促销活动繁多. 毋庸置疑, 各大超市进行促销活动的目的是增加销售量, 增强本企业的市场竞争力. 但是促销行为对增强企业竞争力的贡献究竟有多大呢? 这一直是企业极为关注的问题之一. 某超级市场连锁店想要研究促销对相对竞争力的影响, 因此收集了 15 个不同城市中与竞争对手相比的促销费用数据 (竞争对手费用为 100), 以及相对销售额数据 (竞争对手销售额为 100). 具体数据如表 9.1 所示.

表 9.1　15 个城市的相对促销费用及相对销售额数据

城市编号	1	2	3	4	5	6	7	8	9	10	11	12	13	14	15
相对促销费用	95	92	103	115	77	79	105	94	85	101	106	120	118	75	99
相对销售额	98	94	110	125	82	84	112	99	93	107	114	132	129	79	105

需要分析的问题为

1. 依据表 9.1 中的数据, 分析相对促销费用与相对销售额之间的线性关系是否显著;

2. 建立合适的模型, 从定量的角度分析促销对提高相对竞争力的影响.

9.1 简单相关分析

简单相关分析研究两个自变量之间的相关关系, 是最简单的相关关系分析, 这里两个变量均为随机变量. 简单相关分析通常包括三种方法:

第一, 绘制散点图, 利用两个变量的样本观测值绘制散点图, 并根据散点图中点的分布了解两变量相关关系的形态;

第二, 计算相关系数, 通过计算两个变量的相关系数来度量两者相关关系的强度;

第三, 相关性检验, 通过两个变量的样本观测值对两者的相关性进行检验.

9.1.1 散点图

散点图是描述变量之间关系的一种直观方法. 我们用坐标的横轴代表自变量 X, 纵轴代表因变量 Y, 每组观测数据 (x_i, y_i) 在坐标系中用一个点表示, 由这些点形成的散点图描述了两个变量之间的大致关系, 从中可以直观地看出变量之间的关系形态及关系强度. 图 9.1 是不同形态的散点图.

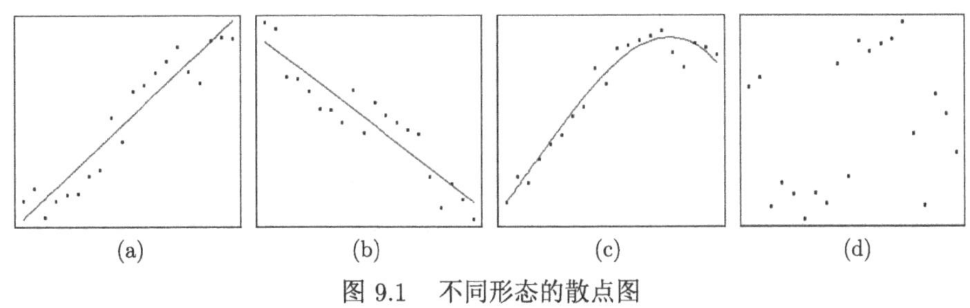

图 9.1 不同形态的散点图

从散点图可以看出, 变量间相关关系的表现形态大体上可分为线性相关、非线性相关、不相关等几种. 就两个变量而言, 如果变量之间的关系近似地表现为一条直线, 则称为线性相关, 如图 9.1(a) 和 (b); 如果变量之间的关系近似地表现为一条曲线, 则称为非线性相关或曲线相关, 如图 9.1(c); 如果两个变量的观测点很分散, 无任何规律, 则表示变量之间没有相关关系, 如图 9.1(d).

在线性相关中, 若两个变量的变动方向相同, 一个变量的数值增加, 另一个变量的数值也随之增加, 或一个变量的数值减少, 另一个变量的数值也随之减少, 则称为正相关, 如图 9.1(a); 若两个变量的变动方向相反, 一个变量的数值增加, 另一个变量的数值随之减少, 或一个变量的数值减少, 另一个变量的数值随之增加, 则称为负相关, 如图 9.1(b).

通过散点图可以判断两个变量之间有无相关关系, 并对变量间的关系形态做出大致的描述, 但散点图不能准确反映变量之间的关系密切程度. 因此, 为准确度量两个变量之间的关系密切程度, 需要计算相关系数.

9.1.2 相关系数

相关系数是对两个随机变量之间线性关系密切程度的度量. 若相关系数是根据两个变量全部数据计算的, 称为**总体相关系数**. 设 X, Y 为两个随机变量, 由定义 4.5 知, 当 $D(X)D(Y) \neq 0$ 时, 总体相关系数的计算公式为

$$\rho_{XY} = \frac{\mathrm{Cov}(X,Y)}{\sqrt{D(X)}\sqrt{D(Y)}},$$

其中 $\mathrm{Cov}(X, Y)$ 为变量 X 和 Y 的协方差, $D(X)$ 和 $D(Y)$ 分别为 X 和 Y 的方差.

设 $(x_i, y_i), i = 1, 2, \cdots, n$, 为 (X, Y) 的样本观测值, 记

$$\bar{x} = \frac{1}{n}\sum_{i=1}^{n} x_i, \quad \bar{y} = \frac{1}{n}\sum_{i=1}^{n} y_i, \quad s_x^2 = \frac{1}{n-1}\sum_{i=1}^{n}(x_i - \bar{x})^2,$$

$$s_y^2 = \frac{1}{n-1}\sum_{i=1}^{n}(y_i - \bar{y})^2, \quad s_{xy} = \frac{1}{n-1}\sum_{i=1}^{n}(x_i - \bar{x})(y_i - \bar{y}).$$

定义 9.1 若 $s_x s_y \neq 0$, 称

$$r_{xy} = \frac{s_{xy}}{s_x s_y} = \frac{\sum_{i=1}^{n}(x_i - \bar{x})(y_i - \bar{y})}{\sqrt{\left(\sum_{i=1}^{n}(x_i - \bar{x})^2\right)\left(\sum_{i=1}^{n}(y_i - \bar{y})^2\right)}}$$

为 $\{x_i\}$ 和 $\{y_i\}$ 的**相关系数**, 简称为样本相关系数. r_{xy} 常简记为 r.

可以证明 r_{xy} 具有下面两条性质:

(1) $|r_{xy}| \leqslant 1$;

(2) $|r_{xy}| = 1$ 时, 样本观测值 $(x_i, y_i), i = 1, 2, \cdots, n$ 在一条直线上.

定义 9.2 当 $r_{xy} > 0$ 时, 称 $\{x_i\}$ 和 $\{y_i\}$ **正相关**, 当 $r_{xy} < 0$ 时, 称 $\{x_i\}$ 和 $\{y_i\}$ **负相关**, 当 $r_{xy} = 0$ 时, 称 $\{x_i\}$ 和 $\{y_i\}$ **不相关**.

在实际应用中, 为了说明 $\{x_i\}$ 和 $\{y_i\}$ 的相关程度, 通常将相关程度分为以下几种情况: 当 $|r_{xy}| \geqslant 0.8$ 时, 可视 $\{x_i\}$ 与 $\{y_i\}$ 为高度线性相关; $0.5 \leqslant |r_{xy}| < 0.8$

时, 可视 $\{x_i\}$ 与 $\{y_i\}$ 为中度线性相关; $0.3 \leqslant |r_{xy}| < 0.5$ 时, 视 $\{x_i\}$ 与 $\{y_i\}$ 为低度线性相关; 当 $|r_{xy}| < 0.3$ 时, 说明 $\{x_i\}$ 与 $\{y_i\}$ 的线性相关程度极弱.

说明:

(1) 有时个别极端数据可能影响样本相关系数, 应用中要多加注意.

(2) $r_{xy} = 0$, 只能说明 $\{x_i\}$ 与 $\{y_i\}$ 之间不存在线性关系, 并不能说明 $\{x_i\}$ 与 $\{y_i\}$ 之间无其他关系.

(3) 一般情况下, 总体相关系数 ρ_{XY} 是未知的, 通常是将样本相关系数 r_{xy} 作为 ρ_{XY} 的估计值, 以推断两变量间的相关关系.

例 9.1 某建材实验室做陶粒混凝土实验时, 考察每立方米 (m^3) 混凝土的水泥用量 (kg) 对混凝土抗压强度 ($\mathrm{kg/cm}^2$) 的影响, 测得下列数据 (表 9.2).

表 9.2

水泥用量	150	160	170	180	190	200	210	220	230	240	250	260
抗压强度	56.9	58.3	61.6	64.6	68.1	71.3	74.1	77.4	80.2	82.6	86.4	89.7

求水泥用量和混凝土抗压强度的相关系数.

解 设 x 表示水泥用量, y 表示混凝土抗压强度, 根据表中数据计算出

$$\bar{x} = \frac{1}{12}\sum_{i=1}^{12} x_i = 205, \quad \bar{y} = \frac{1}{12}\sum_{i=1}^{12} y_i = 72.6.$$

利用下面公式计算出 y 与 x 的相关系数

$$r_{xy} = \frac{s_{xy}}{s_x s_y} = \frac{\sum_{i=1}^{12}(x_i - \bar{x})(y_i - \bar{y})}{\sqrt{\left(\sum_{i=1}^{12}(x_i - \bar{x})^2\right)\left(\sum_{i=1}^{12}(y_i - \bar{y})^2\right)}} = \frac{4347}{\sqrt{14300 \times 1323.82}} = 0.999.$$

于是可得水泥用量和混凝土抗压强度的相关系数为 0.999.

【实验 9.1】 画出例 9.1 中水泥用量和混凝土抗压强度的散点图并计算其相关系数.

实验准备

学习附录二中如下 Excel 函数:

计算相关系数函数 CORREL.

实验步骤

设 x 表示水泥用量, y 表示混凝土抗压强度.

(1) 利用 Excel 作出 y 与 x 的散点图.

依次选中单元格区域: B2:B13、C2:C13, 选择 Excel 中的“插入”选项卡, 单

击 图标右侧的下拉箭头, 选择"散点图", 如图 9.2 左, 即可得到抗压强度关于水泥用量的散点图, 修饰后如图 9.2 右所示.

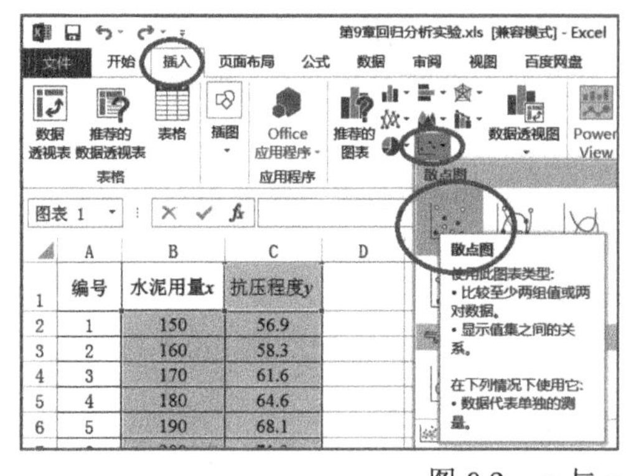

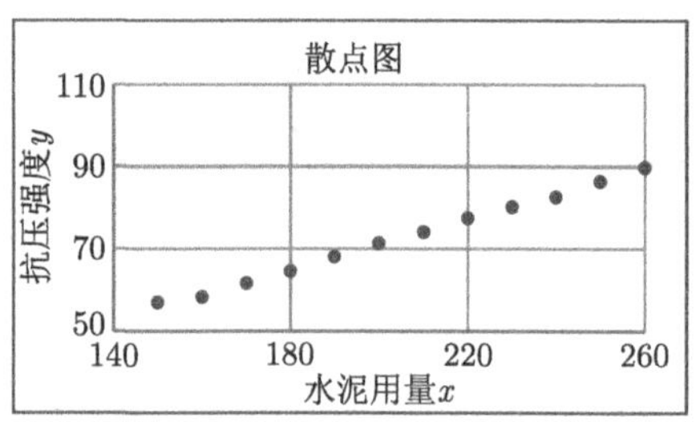

图 9.2　y 与 x 的散点图

可以看到, 散点图的散点分布和一条直线相比很接近, 说明混凝土抗压强度 y 与水泥用量 x 有很强的线性关系.

(2) 利用 Excel 计算 y 与 x 的相关系数.

1) 在单元格区域 B14 输入名称: y 与 x

在单元格 A15 中输入"$r =$", 如图 9.3 左所示.

	A	B	C
1	编号	水泥用量x	抗压强度y
2	1	150	56.9
3	2	160	58.3
4	3	170	61.6
5	4	180	64.6
6	5	190	68.1
7	6	200	71.3
8	7	210	74.1
9	8	220	77.4
10	9	230	80.2
11	10	240	82.6
12	11	250	86.4
13	12	260	89.7
14		y与x	
15	r =		

	A	B	C
1	编号	水泥用量x	抗压强度y
2	1	150	56.9
3	2	160	58.3
4	3	170	61.6
5	4	180	64.6
6	5	190	68.1
7	6	200	71.3
8	7	210	74.1
9	8	220	77.4
10	9	230	80.2
11	10	240	82.6
12	11	250	86.4
13	12	260	89.7
14		y与x	
15	r =	0.99909584	

图 9.3　计算准备

2) 计算相关系数, 在单元格 B15 中输入公式:

=CORREL(B2:B13,C2:C13)

即得 y 与 x 的相关系数 $r = 0.999$, 如图 9.3 右所示.

从相关系数的取值来看, 抗压强度 (y) 与水泥用量 (x) 高度相关.

9.1.3 相关性检验

设 (x_i, y_i) 为 (X, Y) 的样本观测值, $i = 1, 2, \cdots, n$. 相关性检验也就是利用样本观测值检验总体 X, Y 的相关系数是否为 0. 通常采用费希尔提出的 t 分布检验, 该检验可以用于小样本, 也可以用于大样本. 检验的具体步骤如下.

(1) 提出假设: 假设样本是从不相关的两个总体中抽出的, 即

$$H_0\text{: } \rho_{XY} = 0,\ H_1\text{: } \rho_{XY} \neq 0.$$

如果否定了 H_0 就认为 X, Y 是相关的.

(2) 可以证明, 当 H_0 成立时, 统计量 $T = r_{xy}\sqrt{\dfrac{n-2}{1-r_{xy}^2}} \sim t(n-2)$.

因为 H_0 成立时, $|r_{xy}|$ 应该很小, 从而 T 的观测值 $t = r_{xy}\sqrt{\dfrac{n-2}{1-r_{xy}^2}}$ 应该取值较小, 于是, 在显著水平 α 下 H_0 的拒绝域是

$$\{|t| \geqslant t_{\alpha/2}(n-2)\}.$$

若 T 的观测值记为 t, 衡量观测结果极端性的 P 值为

$$p = P\{|T| \geqslant |t|\} = 2P\{T \geqslant |t|\}.$$

【实验 9.2】 用来评价商业中心经营好坏的一个综合指标是单位面积的营业额, 它是单位时间内 (通常为一年) 的营业额与经营面积的比值. 对单位面积营业额的影响因素的指标有单位小时车流量、日人流量、居民年平均消费额、消费者对商场的环境、设施及商品的丰富程度的满意度评分. 这几个指标中车流量和人流量是通过同时对几个商业中心进行实地观测而得到的. 而居民年平均消费额、消费者对商场的环境、设施及商品的丰富程度的满意度评分是通过随机采访顾客而得到的平均值数据. 图 9.4 所示的 Excel 工作表为从某市随机抽取的 20 个商业中心有关数据, 试据此分析单位面积年营业额与其他各指标的相关关系. 并在显著水平 $\alpha = 0.05$ 下, 检验单位面积营业额与各变量之间的相关性.

实验准备

学习附录二中如下 Excel 函数:

(1) 计算相关系数函数 CORREL.

(2) 计算平方根函数 SQRT.

(3) t 分布的尾部概率函数 T.DIST.2T.

实验步骤

设各指标 (变量) 的变量名分别如下:

单位面积年营业额: y, 每小时机动车流量: x_1, 日人流量: x_2, 居民年消费额: x_3, 对商场环境的满意度: x_4, 对商场设施的满意度: x_5, 对商场商品丰富程度满意度: x_6.

	A	B	C	D	E	F	G	H
1	商业中心编号	单位面积年营业额(万元/平方米)y	每小时机动车流量(万辆)x_1	日人流量(万人)x_2	居民年消费额(万元)x_3	对商场环境的满意度x_4	对商场设施的满意度x_5	对商场商品丰富程度满意度x_6
2	1	2.5	0.51	3.9	1.94	7	9	6
3	2	3.2	0.26	4.24	2.86	7	4	6
4	3	2.5	0.72	4.54	1.63	8	8	7
5	4	3.4	1.23	6.98	1.92	6	10	10
6	5	1.8	0.69	4.21	0.71	8	4	7
7	6	0.9	0.36	2.91	0.62	5	6	5
8	7	1.7	0.13	1.43	1.88	4	9	2
9	8	2.6	0.58	4.14	1.99	7	10	6
10	9	2.1	0.81	4.66	0.96	8	5	7
11	10	1.9	0.37	2.15	1.87	4	9	3
12	11	3.4	1.26	6.47	2.1	10	10	10
13	12	3.9	0.12	5.33	3.47	5	6	7
14	13	1	0.23	2.53	0.56	5	2	4
15	14	1.7	0.56	3.78	0.77	7	4	6
16	15	2.6	1.04	5.53	1.3	10	7	9
17	16	2.7	1.18	5.98	1.28	8	7	9
18	17	1.4	0.61	1.27	1.48	6	7	1
19	18	3.2	1.05	5.77	2.16	7	10	9
20	19	2.9	1.06	5.71	1.74	6	9	9
21	20	2.5	0.58	4.11	1.85	7	9	6

图 9.4 商业中心经营状况指标与数据

(1) 利用 Excel 分别计算 y 与 $x_1, x_2, \cdots, x_6$ 的相关系数.

① 在单元格区域 B22:G22 依次输入名称: y 与 x_1、y 与 x_2、y 与 x_3、y 与 x_4、y 与 x_5、y 与 x_6, 单元格 A23 中输入 "$r=$", 如图 9.5 所示.

22		y 与x_1	y 与x_2	y 与x_3	y 与x_4	y 与x_5	y 与x_6
23	$r=$						

图 9.5 计算准备

② 计算相关系数, 在单元格 B23 中输入公式:=CORREL($B2:$B21,C2:C21).

③ 将 B23 中公式复制到单元格区域 C23:G23 中, 即得 y 与 x_1, x_2, x_3, x_4, x_5, x_6 的相关系数, 如图 9.6 所示.

从相关系数的取值来看, 单位面积营业额 (y) 与日人流量 (x_2)、居民年消费额 (x_3) 接近高度相关; y 与商场商品丰富程度满意度 (x_6) 则属于中度相关; y 与

每小时机动车流量 (x_1)、对商场环境的满意度 (x_4)、对商场设施的满意度 (x_5) 为低度相关.

22		y 与 x_1	y 与 x_2	y 与 x_3	y 与 x_4	y 与 x_5	y 与 x_6
23	r =	0.412712	0.79048	0.794563	0.341243	0.450197	0.697493

图 9.6 计算 y 与 $x_1, x_2, \cdots, x_6$ 的相关系数

(2) 相关性检验.

① 计算检验统计量的观测值 $t=r_{xy}\sqrt{\dfrac{n-2}{1-r_{xy}^2}}$, 在单元格 B24 中输入公式:

=B23*SQRT(20-2)/SQRT(1-B23∧2).

② 将单元格 B24 中公式复制到单元格区域 C24:G24 中, 即得各相关系数的检验统计量的观测值;

③ 计算 $p=2P\{T\geqslant|t|\}$ 值, 在单元格 B25 中输入公式: =T.DIST.2T(B24, 20-2).

④ 将单元格 B25 中公式复制到单元格区域 C25:G25 中, 即得各相关系数的检验 p 值, 如图 9.7 所示.

22		y 与 x_1	y 与 x_2	y 与 x_3	y 与 x_4	y 与 x_5	y 与 x_6
23	r =	0.412712	0.79048	0.794563	0.341243	0.450197	0.697493
24	t =	1.922346	5.475565	5.551949	1.540226	2.139055	4.129562
25	p =	0.070534	3.36E-05	2.86E-05	0.140901	0.046389	0.000629

图 9.7 y 与 $x_1, x_2, \cdots, x_6$ 相关系数的检验

从相关系数的检验结果来看, 单位面积营业额 (y) 与日人流量 (x_2)、居民年消费额 (x_3)、商场商品的丰富程度满意度 (x_6)、对商场设施的满意度 (x_5) 的相关系数显著不为 0($p<\alpha=0.05$, 拒绝相关系数为 0 的原假设), 即其相关性显著; 而不能拒绝 y 与每小时机动车流量 (x_1)、对商场环境的满意度 (x_4) 相关系数为 0 的假设 ($p>0.05$), 即其相关性不显著.

同步自测 9-1

一、填空

1. 若两个变量 X, Y 的相关系数 $\rho_{XY}=0$, 说明这两个变量的关系是________.

2. (X, Y) 的一组观测数据为 (x_i, y_i) $(i=1,2,\cdots,n)$. X 和 Y 的相关系数 $\rho_{XY}=$ ____________. 应用中常用 ____________ 作为 ρ_{XY} 的估计值.

3. 在 (X, Y) 的相关系数 ρ_{XY} 的显著性检验中, 当 H_0: $\rho_{XY}=0$ 成立时, 统计量 $T=r_{xy}\sqrt{\dfrac{n-2}{1-r_{xy}^2}}\sim$ ____________, 当显著水平为 α 时, H_0 的拒绝域为____________, 若 T 的观测值为 t, p 值 $=$ ____________.

二、单项选择

1. 若要以图形显示两个变量 X 和 Y 的关系, 最好创建 ( ).

(A) 直方图 (B) 饼图 (C) 柱形图 (D) 散点图

2. 在相关关系研究中对两个变量的要求是 ( ).

(A) 都是随机变量 (B) 都不是随机变量

(C) 一个是随机变量, 一个是常量 (D) 两个都是常量

3. 设 (x_i, y_i), $i=1,2,\cdots,n$, 为 (X, Y) 的样本观测值, 记

$$s_x^2=\frac{1}{n-1}\sum_{i=1}^{n}(x_i-\bar{x})^2,\quad s_y^2=\frac{1}{n-1}\sum_{i=1}^{n}(y_i-\bar{y})^2,\quad s_{xy}=\frac{1}{n-1}\sum_{i=1}^{n}(x_i-\bar{x})(y_i-\bar{y}).$$

则样本相关系数为 $r_{xy}=$ ( ).

(A) $r_{xy}=\sqrt{\dfrac{s_{xy}}{s_xs_y}}$ (B) $r_{xy}=\dfrac{s_{xy}}{s_xs_y}$ (C) $r_{xy}=\dfrac{s_{xy}}{\sqrt{s_xs_y}}$ (D) $r_{xy}=\dfrac{\sqrt{s_{xy}}}{s_xs_y}$

4. 设 (x_i, y_i), $i=1,2,\cdots,n$, 为 (X, Y) 的样本观测值, 相关系数 r_{xy} 满足 ( ).

(A) $r_{xy}\leqslant 1$ (B) $r_{xy}\geqslant 1$ (C) $|r_{xy}|\geqslant 1$ (D) $|r_{xy}|\leqslant 1$

5. 设 (x_i, y_i), $i=1,2,\cdots,n$, 为 (X, Y) 的样本观测值, 当 $r_{xy}=0$ 时, 可以推断 X, Y 之间的关系是 ( ).

(A) 正相关 (B) 负相关 (C) 不相关 (D) 独立

6. 在实际应用中, 若 $0.5\leqslant|r_{xy}|<0.8$, 可视 $\{x_i\}$ 与 $\{y_i\}(i=1,2,\cdots,n)$ 的相关程度为 ( ).

(A) 高度相关 (B) 中度线性相关

(C) 低度线性相关 (D) 不相关

9.2 回归分析

回归分析是针对两个或两个以上具有相关关系的变量, 研究它们的数量伴随关系, 并通过一定的数学表达式将这种关系描述出来, 建立**回归模型**.

回归分析中总假设因变量是随机变量, 自变量可以是随机变量也可以是一般变量 (可以控制或精确测量的变量), 我们只讨论自变量为一般变量的情况.

如果设随机变量 Y 是因变量, $x_1, x_2, \cdots, x_n$ 是影响 Y 的自变量, 回归模型的一般形式为

$$Y=f(x_1,x_2,\cdots,x_n)+\varepsilon,$$

其中 ε 为均值为 0 的正态随机变量, 它表示除 $x_1, x_2, \cdots, x_n$ 之外的随机因素对 Y 的影响.

在回归分析中, 当只有一个自变量时, 称为**一元回归分析**; 当自变量有两个或两个以上时, 称为**多元回归分析**; f 是线性函数时, 称**线性回归分析**, 所建回归模型称为**线性回归模型**; f 是非线性函数时; 称**非线性回归分析**, 所建回归模型称为**非线性回归模型**.

线性回归模型的一般形式为

$$Y = \beta_0 + \beta_1 x_1 + \beta_2 x_2 + \cdots + \beta_k x_k + \varepsilon,$$

其中, β_0 和 $\beta_i (i = 1, 2, \cdots, k)$ 是未知常数, 称为**回归系数**, 实际中常假定 $\varepsilon \sim N(0, \sigma^2)$.

特殊地, 一元线性回归模型的一般形式为

$$Y = \beta_0 + \beta_1 x + \varepsilon,$$

由 $\varepsilon \sim N(0, \sigma^2)$, 容易推出 $Y \sim N(\beta_0 + \beta_1 x, \sigma^2)$.

本章主要讨论一元线性回归分析和可化为线性回归的一元非线性回归分析, 它们是反映两个变量之间关系的简单模型, 我们从中可以了解到回归分析的基本思想、方法和应用.

【拓展阅读9-1】
回归名称的来历

9.2.1 一元线性回归分析

一元线性回归分析的内容主要包括如下几个方面:

(1) 模型选择;

(2) 参数估计——回归系数 β_0 和 β_1 及随机误差 ε 的方差 σ^2 的估计;

(3) 模型检验——回归方程的显著性检验;

(4) 模型优劣判定——回归方程的判定系数;

(5) 模型诊断——回归模型的残差分析;

(6) 模型预测.

下面用一个例子来说明如何进行一元线性回归分析.

一家房地产公司调查了某城市的房产销售价格与房产评估价值 20 组数据如表 9.3 所示, 用来研究房产的销售价格与评估价值之间的关系.

表 9.3 房产的评估价值与销售价格的关系 (单位：元/m^2)

序号	1	2	3	4	5	6	7	8	9	10
评估价值 x	4497	2780	3144	3959	7283	2732	2986	4775	3912	2935
销售价格 y	6890	4850	5550	6200	11650	4500	3800	8300	5900	4750
序号	11	12	13	14	15	16	17	18	19	20
评估价值 x	4012	3168	5851	2345	2089	5625	2086	2261	3595	578
销售价格 y	4050	4000	9700	4550	4090	8000	5600	3700	5000	2240

试根据这些数据进行房产的评估价值 (x) 与销售价格 (Y) 之间的回归分析.

1. 模型选择

为了研究这些数据中所蕴含的规律性, 首先在 Excel 中由 20 对数据作出散点图, 如图 9.8 所示.

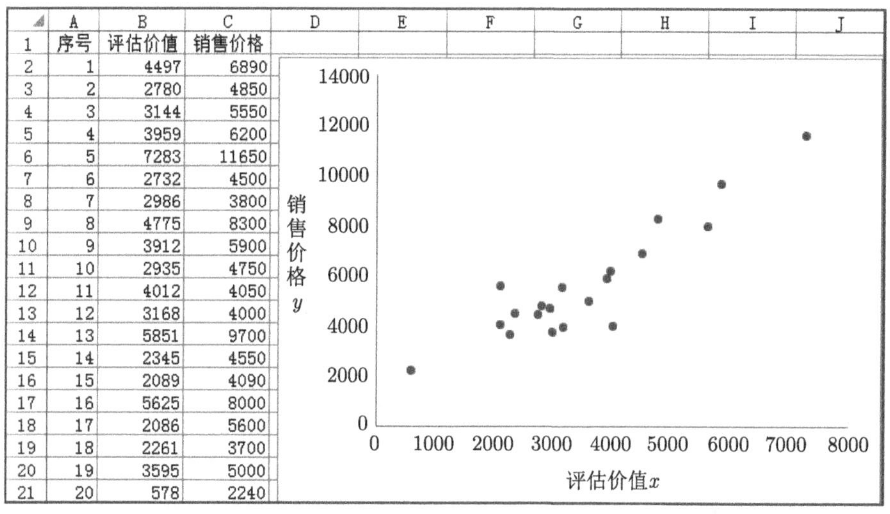

图 9.8 评估价值与销售格的散点图

观察图 9.8, 发现数据点大致落在一条直线附近, 这告诉我们变量 x 和 Y 大致呈线性关系. 从图中还可看到, 这些点又不完全在一条直线上, 这表明 x 和 Y 的关系并没有确切到给定 x 就可以唯一确定 Y 的程度. 事实上, 还有许多其他随机因素对 Y 产生影响.

如果只研究 x 和 Y 的关系, 可以考虑建立一元线性回归模型

$$Y=\beta_0+\beta_1 x+\varepsilon, \quad \varepsilon \sim N\left(0, \sigma^2\right), \tag{9.1}$$

其中 ε 是除评估价值 x 外其他诸多随机因素对销售价格 Y 的综合影响, 假定它是零均值的正态随机变量.

由 (9.1) 式, 不难算得 Y 的数学期望

$$E(Y)=\beta_0+\beta_1 x, \tag{9.2}$$

该式表示当 x 已知时, 可以精确地算出 $E(Y)$. 称方程 (9.2) 为 Y 关于 x 的**回归方程**, 称 β_0 和 β_1 为**回归参数**或**回归系数**.

现给定变量 x 的一组取值 $x_i, i=1,2,\cdots,n$, 对随机变量 Y 进行独立观测, 得到观测值为 $Y_i, i=1,2,\cdots,n$. 由 (9.1) 式得

$$Y_i=\beta_0+\beta_1 x_i+\varepsilon_i, \tag{9.3}$$

这里 ε_i 是不能观测的随机误差. 由于各次观测独立, ε_i 可以看作是相互独立且与 ε 同分布的随机变量, 即有

$$Y_i=\beta_0+\beta_1 x_i+\varepsilon_i, \varepsilon_i \text{ 相互独立, 且 } \varepsilon_i \sim N(0,\sigma^2), \quad i=1,2,\cdots,n. \tag{9.4}$$

(9.4) 式是对理论模型进行统计推断的依据, 也常称 (9.4) 式为一元线性回归模型.

要建立一元线性回归模型, 首先利用 n 组独立观测数据 (x_1, y_1), (x_2, y_2), $\cdots$, (x_n, y_n) 来估计 β_0 和 β_1, 以估计值 $\hat{\beta}_0$ 和 $\hat{\beta}_1$ 分别代替 (9.2) 式中的 β_0 和 β_1, 得到

$$\hat{E}(Y)=\hat{\beta}_0+\hat{\beta}_1 x.$$

常将该式表示为

$$\hat{Y}=\hat{\beta}_0+\hat{\beta}_1 x. \tag{9.5}$$

由于此方程的建立依赖于观察或试验积累的数据, 所以称其为 Y 关于 x 的**经验回归方程**, 简称回归方程, 回归方程对应的直线称为回归直线. 当给定 $x=x_0$ 时, $\hat{Y}_0=\hat{\beta}_0+\hat{\beta}_1 x_0$ 称为**拟合值** (**预测值**或**回归值**).

那么, 如何利用 n 组独立观察数据来估计回归参数 β_0 和 β_1, 进而得到它们的估计值 $\hat{\beta}_0$ 和 $\hat{\beta}_1$ 呢? 常用的方法有最小二乘估计和最大似然估计, 下面只介绍 β_0 和 β_1 的最小二乘估计法.

2. 参数估计

(1) β_0 和 β_1 的最小二乘估计

设对模型 (9.1) 中的变量 x, Y 进行了 n 次独立观察, 得观测值 $(x_i, y_i)(i=1,2,\cdots,n)$. 由 (9.3) 式知随机误差 $\varepsilon_i=y_i-(\beta_0+\beta_1 x_i)$. 最小二乘法的思想是: 由 x_i, y_i 估计 β_0, β_1 时, 使误差平方和

$$Q(\beta_0,\beta_1)=\sum_{i=1}^{n}[y_i-(\beta_0+\beta_1 x_i)]^2$$

达到最小的 $\hat{\beta}_0$, $\hat{\beta}_1$ 分别作为 β_0, β_1 的估计, 并称 $\hat{\beta}_0$, $\hat{\beta}_1$ 分别为 β_0, β_1 的**最小二乘估计**.

通常可采用微积分中求极值的方法, 求出使 $Q(\beta_0,\beta_1)$ 达到最小值的 $\hat{\beta}_0$ 和 $\hat{\beta}_1$. 具体地, 求解方程

$$\begin{cases} \dfrac{\partial Q(\beta_0,\beta_1)}{\partial \beta_0}=0, \\ \dfrac{\partial Q(\beta_0,\beta_1)}{\partial \beta_1}=0, \end{cases}$$

即

$$\begin{cases} \sum\limits_{i=1}^{n}[y_i-(\beta_0+\beta_1 x_i)]=0, \\ \sum\limits_{i=1}^{n}[y_i-(\beta_0+\beta_1 x_i)]\,x_i=0, \end{cases} \tag{9.6}$$

或

$$\begin{cases} n\beta_0+\beta_1\sum\limits_{i=1}^{n}x_i=\sum\limits_{i=1}^{n}y_i, \\ \beta_0\sum\limits_{i=1}^{n}x_i+\beta_1\sum\limits_{i=1}^{n}x_i^2=\sum\limits_{i=1}^{n}y_i x_i, \end{cases} \tag{9.7}$$

称方程 (9.6) 或方程 (9.7) 为**正则方程**. 解正则方程得

$$\begin{cases} \hat{\beta}_0=\bar{y}-\hat{\beta}_1\bar{x}, \\ \hat{\beta}_1=\dfrac{\sum\limits_{i=1}^{n}(x_i-\bar{x})(y_i-\bar{y})}{\sum\limits_{i=1}^{n}(x_i-\bar{x})^2}=\dfrac{l_{xy}}{l_{xx}}, \end{cases} \tag{9.8}$$

其中

$$\bar{x}=\frac{1}{n}\sum_{i=1}^{n}x_i,\quad \bar{y}=\frac{1}{n}\sum_{i=1}^{n}y_i,\quad l_{xx}=\sum_{i=1}^{n}(x_i-\bar{x})^2,\quad l_{xy}=\sum_{i=1}^{n}(x_i-\bar{x})(y_i-\bar{y}).$$

从而得到回归方程

$$\hat{Y}=\hat{\beta}_0+\hat{\beta}_1 x.$$

上述推导是对 (x,Y) 的一组观测值 (x_i,y_i) 做出的, $i=1,2,\cdots,n$, 将 (x_i,y_i)

换成 (x_i, Y_i) 便得到系数 β_0, β_1 的最小二乘估计量

$$\begin{cases} \hat{\beta}_0 = \bar{Y} - \hat{\beta}_1 \bar{x}, \\ \hat{\beta}_1 = \dfrac{\sum\limits_{i=1}^{n}(x_i - \bar{x})(Y_i - \bar{Y})}{\sum\limits_{i=1}^{n}(x_i - \bar{x})^2}, \end{cases}$$

其中, $\bar{Y} = \dfrac{1}{n}\sum\limits_{i=1}^{n} Y_i$, $\bar{x} = \dfrac{1}{n}\sum\limits_{i=1}^{n} x_i$. 可以证明, $\hat{\beta}_0$, $\hat{\beta}_1$ 分别是回归系数 β_0, β_1 的无偏估计量, 见【拓展阅读 9-2】.

例 9.2 建立表 9.2 中销售价格 Y 与评估价值 x 之间的回归方程, 并计算参数 β_0 和 β_1 的最小二乘估计.

解 首先计算 $\bar{x} = \dfrac{1}{n}\sum\limits_{i=1}^{n} x_i = 3530.65$, $\bar{y} = \dfrac{1}{n}\sum\limits_{i=1}^{n} y_i = 5666$,

$$l_{xx} = \sum_{i=1}^{n}(x_i - \bar{x})^2 = 44932506.55, \quad l_{xy} = \sum_{i=1}^{n}(x_i - \bar{x})(y_i - \bar{y}) = 60717452.$$

参数 β_1 和 β_0 的最小二乘估计分别为

$$\hat{\beta}_1 = \frac{l_{xy}}{l_{xx}} = \frac{60717452}{44932506.55} = 1.351303,$$

$$\hat{\beta}_0 = \bar{y} - \hat{\beta}_1 \bar{x} = 5666 - 1.3513 \times 3530.65 = 895.02.$$

因此, 回归方程为 $\hat{Y} = 895.02 + 1.3513x$.

(2) 随机误差方差的估计

对一元线性回归模型 $Y = \beta_0 + \beta_1 x + \varepsilon, \varepsilon \sim N(0, \sigma^2)$, 由观测值 $(x_1,\ y_1)$, $(x_2,\ y_2)$, $\cdots$, $(x_n,\ y_n)$, 通过参数估计得到了回归方程 $\hat{Y} = \hat{\beta}_0 + \hat{\beta}_1 x$, 平方和 $S_{\mathrm{E}} = \sum\limits_{i=1}^{n}(Y_i - \hat{Y}_i)^2$ 说明了实际观测值 Y_i 与估计值 $\hat{Y}_i$ 之间的差异程度. 我们称 $\hat{\sigma}^2 = \dfrac{S_{\mathrm{E}}}{n-2}$ 为**均方残差**, 可以证明它是 σ^2 的无偏估计, 即有

$$E(\hat{\sigma}^2) = E\left[\frac{S_{\mathrm{E}}}{n-2}\right] = \sigma^2,$$

见【拓展阅读 9-3】. 因此, 我们将 $\hat{\sigma}=\sqrt{\dfrac{S_{\mathrm{E}}}{n-2}}$ 作为随机误差 ε 的标准差σ 的估计, 称 $\hat{\sigma}=\sqrt{\dfrac{S_{\mathrm{E}}}{n-2}}$ 为随机误差 ε 的**估计标准误差**, 简称**标准误差**, 或叫**根均方残差**.

估计标准误差 $\hat{\sigma}$ 反映了利用回归方程预测因变量 Y 的预测误差的大小, 若各观测点靠近回归直线, $\hat{\sigma}$ 越小, 回归直线对各观测点的代表性就越好, 根据回归方程进行预测也就越准确. 可见 $\hat{\sigma}$ 从一个侧面反映了回归直线的拟合程度.

例 9.2 建立了回归方程 $\hat{Y}=895.02+1.3513x$, 可以计算得到

$$S_{\mathrm{E}}=\sum_{i=1}^{n}(Y_i-\hat{Y}_i)^2=15783976.4,$$

随机误差方差的估计为

$$\hat{\sigma}^2=\frac{S_{\mathrm{E}}}{n-2}=876887.58,$$

估计标准误差为

$$\hat{\sigma}=\sqrt{\frac{S_{\mathrm{E}}}{n-2}}=936.4228.$$

3. 模型检验

一元线性回归模型的检验就是对回归方程的显著性进行检验.

对一元线性回归模型 $Y=\beta_0+\beta_1x+\varepsilon,\varepsilon\sim N(0,\sigma^2)$, 由 $(x,\ Y)$ 的任意一组观测数据 $(x_1,\ y_1),(x_2,\ y_2),\cdots,(x_n,\ y_n)$ 都可以用最小二乘法得到回归方程 $\hat{Y}=\hat{\beta}_0+\hat{\beta}_1x$, 但这样得到的回归方程不一定都有意义. 还需要利用观测数据对模型 (9.2) 是否为 x 的线性函数做检验, 如果 β_1 显著为 0, 用最小二乘法得到的 $\hat{Y}=\hat{\beta}_0+\hat{\beta}_1x$ 就没有意义. 这时称回归方程**不显著**; 如果 $\beta_1\neq0$, $\hat{Y}=\hat{\beta}_0+\hat{\beta}_1x$ 就有意义, 这时称回归方程是**显著**的.

综上, 一元线性回归方程的显著性检验, 就是要根据观测数据检验假设

$$H_0\colon\ \beta_1=0,\quad H_1\colon\ \beta_1\neq0.$$

如果检验结果拒绝原假设 H_0, 说明一元线性回归方程是显著的、有意义的, 否则, 表明 Y 与 x 线性关系不显著, 不需要建立这种模型了. 这时 Y 与 x 可能有下面几种情况:

(1) Y 与 x 可能没有关系;

(2) Y 与 x 可能是非线性关系;

(3) 影响 Y 取值的可能除 x 和随机误差 ε 外, 还有其他不能忽略的因素.

在一元线性回归方程的显著性检验中, 有 t 检验、F 检验等多种等价的检验方法. 这里仅介绍常用的 F 检验法.

我们首先研究影响观测值 y_i 的因素. 注意到回归方程 $\hat{Y}=\hat{\beta}_0+\hat{\beta}_1 x$ 只反映了 x 对 Y 的影响, 所以**拟合值** $\hat{y}_i$ 是观测值 y_i 中只受 x_i 影响的那一部分, 而 $y_i-\hat{y}_i$ 则是除去 x_i 的影响后, 受其他种种因素影响的部分, 故将 $y_i-\hat{y}_i$ 称为**残差**. 于是, 观测值 y_i 可以分解为两部分 $\hat{y}_i$ 和 $y_i-\hat{y}_i$. 另外, $y_i-\bar{y}$ 也可分解为两部分:

$$y_i-\bar{y}=(\hat{y}_i-\bar{y})+(y_i-\hat{y}_i).$$

记

$$S_{\mathrm{T}}=\sum_{i=1}^{n}(y_i-\bar{y})^2, \quad S_{\mathrm{M}}=\sum_{i=1}^{n}(\hat{y}_i-\bar{y})^2, \quad S_{\mathrm{E}}=\sum_{i=1}^{n}(y_i-\hat{y}_i)^2.$$

S_{T} 反映了观测数据总的波动, 称为**总变差平方和**, S_{M} 反映了由于自变量 x 的变化影响因变量 Y 的差异, 体现了 x 对 Y 的影响, 称为**回归平方和**; S_{E} 反映了种种其他因素对 Y 的影响, 称为**残差平方和**.

注意到 $\hat{\beta}_0,\hat{\beta}_1$ 满足正则方程 (9.6), 有

$$\begin{cases}\displaystyle\sum_{i=1}^{n}[y_i-(\hat{\beta}_0+\hat{\beta}_1 x_i)]=0,\\ \displaystyle\sum_{i=1}^{n}[y_i-(\hat{\beta}_0+\hat{\beta}_1 x_i)]x_i=0,\end{cases} \quad \text{即有} \begin{cases}\displaystyle\sum_{i=1}^{n}(y_i-\hat{y}_i)=0,\\ \displaystyle\sum_{i=1}^{n}(y_i-\hat{y}_i)\,x_i=0.\end{cases}$$

由 $\hat{y}_i=\hat{\beta}_0+\hat{\beta}_1 x_i$ 及 $\bar{y}=\hat{\beta}_0+\hat{\beta}_1\bar{x}$, 得到 $\hat{y}_i-\bar{y}=\hat{\beta}_1(x_i-\bar{x})$, 于是

$$\begin{aligned}\sum_{i=1}^{n}(y_i-\hat{y}_i)(\hat{y}_i-\bar{y})&=\sum_{i=1}^{n}(y_i-\hat{y}_i)\left[\hat{\beta}_1(x_i-\bar{x})\right]\\ &=\hat{\beta}_1\left[\sum_{i=1}^{n}(y_i-\hat{y}_i)x_i-\sum_{i=1}^{n}(y_i-\hat{y}_i)\bar{x}\right]=0.\end{aligned}$$

从而

$$\begin{aligned}S_{\mathrm{T}}&=\sum_{i=1}^{n}(y_i-\bar{y})^2=\sum_{i=1}^{n}[(\hat{y}_i-\bar{y})+(y_i-\hat{y}_i)]^2\\ &=\sum_{i=1}^{n}(\hat{y}_i-\bar{y})^2+\sum_{i=1}^{n}(y_i-\hat{y}_i)^2=S_M+S_E.\end{aligned}$$

即总变差平方和 S_{T} 可以分解为两部分：回归平方和 S_{M} 与残差平方和 S_{E}.

上述推导是对一组观测值 $(x_i, y_i)(i=1,2,\cdots,n)$ 做出的, 当换成 (x_i, Y_i) 时, 上述 $S_{\mathrm{T}}, S_{\mathrm{M}}, S_{\mathrm{E}}$ 皆为统计量:

$$S_{\mathrm{T}}=\sum_{i=1}^{n}(Y_i-\bar{Y})^2, \quad S_{\mathrm{M}}=\sum_{i=1}^{n}(\hat{Y}_i-\bar{Y})^2, \quad S_{\mathrm{E}}=\sum_{i=1}^{n}(Y_i-\hat{Y}_i)^2.$$

$S_{\mathrm{M}}/S_{\mathrm{E}}$ 为 x 的影响部分与随机因素影响部分的相对比值. 若它不是显著地大, 表明回归方程中的 x 并不是影响 Y 的一个重要的因素, 于是由数据得到的回归方程就没有什么意义; 如果它显著地大, 表明 x 的作用显著地比随机因素大, 这样方程就有意义. 所以我们考虑用 $S_{\mathrm{M}}/S_{\mathrm{E}}$ 构造检验统计量.

可以证明, 当原假设 H_0 成立时 ($S_{\mathrm{M}}/S_{\mathrm{E}}$ 不显著地大), 即 $\beta_1=0$ 时, 有

$$F=\frac{S_{\mathrm{M}}}{S_{\mathrm{E}}/(n-2)}\sim F(1,n-2).$$

将 $F=\dfrac{S_{\mathrm{M}}}{S_{\mathrm{E}}/(n-2)}$ 作为检验统计量, H_0 的拒绝域为

$$\{F\geqslant F_\alpha(1,n-2)\}.$$

若 F 统计量的观测值为 f, 则 p 值为

$$p=P\{F\geqslant f\}.$$

回归方程的显著性检验结果, 通常汇总为方差分析表, 如表 9.4 所示.

表 9.4 方差分析表

来源	平方和	自由度	均方	F 统计量	p 值
回归	S_{M}	1	S_{M}	$\dfrac{S_{\mathrm{M}}}{S_{\mathrm{E}}/(n-2)}$	P
残差	S_{E}	$n-2$	$S_{\mathrm{E}}/(n-2)$		
总计	S_{T}	$n-1$			

【实验 9.3】 使用 Excel 建立表 9.2 中销售价格 Y 与评估价值 x 之间的回归方程, 并对所建立的回归方程作显著性检验.

实验准备

学习附录二中如下 Excel 函数:

(1) 回归直线的斜率函数 SLOPE.

(2) 回归直线的截距函数 INTERCEPT.

(3) 离差平方和函数 DEVSQ.

(4) 对应数值之差的平方和函数 SUMXMY2.

(5) F 分布尾部概率函数 F.DIST.RT.

实验步骤

(1) 建立回归方程.

① 计算参数 β_1, 在单元格 B22 中输入公式:

=SLOPE(C2:C21,B2:B21).

② 计算参数 β_0, 在单元格 B23 中输入公式:

=INTERCEPT(C2:C21,B2:B21).

即可得到 β_0, β_1 的估计值, 如图 9.9 左所示.

据此得到回归方程:

$$\hat{Y} = 895.02 + 1.3513x.$$

③ 计算回归值 $\hat{y}_i$, 在单元格 D2 中输入公式:

=B\$23+B\$22*B2.

将单元格 D2 中公式复制到单元格区域: D3:D21, 如图 9.9 右.

	A	B	C
1	序号	评估价值x	销售价格y
2	1	4497	6890
3	2	2780	4850
4	3	3144	5550
5	4	3959	6200
6	5	7283	11650
7	6	2732	4500
8	7	2986	3800
9	8	4775	8300
10	9	3912	5900
11	10	2935	4750
12	11	4012	4050
13	12	3168	4000
14	13	5851	9700
15	14	2345	4550
16	15	2089	4090
17	16	5625	8000
18	17	2086	5600
19	18	2261	3700
20	19	3595	5000
21	20	578	2240
22	参数β_1	1.3513035	
23	参数β_0	895.0204	

	A	B	C	D
1	序号	评估价值x	销售价格y	$\hat{y}_i$
2	1	4497	6890	6971.83
3	2	2780	4850	4651.64
4	3	3144	5550	5143.52
5	4	3959	6200	6244.83
6	5	7283	11650	10736.56
7	6	2732	4500	4586.78
8	7	2986	3800	4930.01
9	8	4775	8300	7347.49
10	9	3912	5900	6181.32
11	10	2935	4750	4861.10
12	11	4012	4050	6316.45
13	12	3168	4000	5175.95
14	13	5851	9700	8801.50
15	14	2345	4550	4063.83
16	15	2089	4090	3717.89
17	16	5625	8000	8496.10
18	17	2086	5600	3713.84
19	18	2261	3700	3950.32
20	19	3595	5000	5752.96
21	20	578	2240	1676.07
22	参数β_1	1.3513035		
23	参数β_0	895.0204		

图 9.9　β_0, β_1 的估计值

(2) 计算方差分析表.

① 计算 $y_1, y_2, \cdots, y_n$ 的总变差平方和 S_{T}、回归平方和 S_{M} 和残差平方和 S_{E}:

计算 $\mathrm{S_T}$, 在单元格 B28 中输入公式: = DEVSQ(C2:C21).

计算 $\mathrm{S_E}$, 在单元格 B27 中输入公式: = SUMXMY2(C2:C21,D2:D21).

计算 $\mathrm{S_M}$, 在单元格 B26 中输入公式: = B28-B27.

计算自由度, 在单元格 C26 中输入数值: 1.

在单元格 C27 中输入公式: =COUNT(B2:B21)-2.

在单元格 C28 中输入公式: =COUNT(B2:B21)-1.

计算平均平方和, 在单元格 D26 中输入公式: =B26.

在单元格 D27 中输入公式: =B27/C27.

② 计算检验统计量 F 的值和检验 p 值:

计算检验统计量 F, 在单元格 E26 中输入公式: =D26/D27.

计算检验 P 值, 在单元格 B28 中输入公式: =F.DIST.RT(E26,1,C27).

从而得到方差分析表.

根据检验 P 值, 如图 9.10, $P = 1.49 \times 10^{-8} < 0.05$, 拒绝原假设, 故 β_1 显著非 0, 回归方程显著.

24	方差分析表					
25	来源	平方和	自由度	均方	F统计量	P值
26	回归	82047704	1	82047704	93.56696	1.49E-08
27	残差	15783976	18	876887.58		
28	总计	97831680	19			

图 9.10 回归方程的显著性检验

4. 模型优劣判定

前面已讲到观测数据 $y_1, y_2, \cdots, y_n$ 的总变差平方和 S_{T} 可以分解为回归平方和 S_{M} 与残差平方和 S_{E} 两部分, 即

$$S_{\mathrm{T}} = S_{\mathrm{M}} + S_{\mathrm{E}}.$$

回归平方和与总变差平方和之比值称为**判定系数**, 记为 R^2, 即

$$R^2 = \frac{S_{\mathrm{M}}}{S_{\mathrm{T}}} = 1 - \frac{S_{\mathrm{E}}}{S_{\mathrm{T}}}.$$

判定系数 R^2 可以解释为 $y_1, y_2, \cdots, y_n$ 的总变化量中被回归方程所描述的比例. R^2 越大, 总变化量中被回归方程所描述的比例就越大, 说明自变量对因变量的影响越大. 从而残差平方和就越小, 即拟合效果越好. 可见 R^2 反映了回归方程对数据的拟合程度, 是衡量回归模型的一个很重要的统计量, 称 R^2 为回归方程的**拟合优度**.

在一元回归模型中, 可以证明 R 恰好是由 $(x_i, y_i), i = 1, 2, \cdots, n$ 计算得到的样本相关系数 r, 即有 $R^2 = r^2$.

事实上,

$$
\begin{aligned}
S_{\mathrm{M}} &= \sum_{i=1}^{n} (\hat{y}_i - \bar{y})^2 = \sum_{i=1}^{n} (\hat{\beta}_0 + \hat{\beta}_1 x_i - \hat{\beta}_0 - \hat{\beta}_1 \vec{x})^2 \\
&= \hat{\beta}_1^2 \sum_{i=1}^{n} (x_i - \bar{x})^2,
\end{aligned}
$$

再由 (9.8) 式得

$$
S_{\mathrm{M}} = \hat{\beta}_1 \sum_{i=1}^{n} (x_i - \bar{x})(y_i - \bar{y}),
$$

所以

$$
\begin{aligned}
R^2 = \frac{S_{\mathrm{M}}}{S_{\mathrm{T}}} &= \frac{\sum\limits_{i=1}^{n} (\hat{y}_i - \bar{y})^2}{\sum\limits_{i=1}^{n} (y_i - \bar{y})^2} = \frac{\hat{\beta}_1 \sum\limits_{i=1}^{n} (x_i - \bar{x})(y_i - \bar{y})}{\sum\limits_{i=1}^{n} (y_i - \bar{y})^2} \\
&= \left[\frac{\sum\limits_{i=1}^{n} (x_i - \bar{x})(y_i - \bar{y})}{\sqrt{\sum\limits_{i=1}^{n} (x_i - \bar{x})^2} \sqrt{\sum\limits_{i=1}^{n} (y_i - \bar{y})^2}} \right]^2 = r^2.
\end{aligned}
$$

【实验 9.4】使用 Excel 画出表 9.2 中销售价格 Y 与评估价值 x 之间的回归直线, 并计算回归方程的拟合优度.

实验步骤

(1) 在 Excel 中画出 y 与 x 之间的散点图 (参见实验 9.1), 如图 9.8 所示.

(2) 用鼠标右击散点图中的数据点, 在弹出的快捷菜单中选择“添加趋势线”, 如图 9.11 所示.

(3) 在打开的“设置趋势线格式”对话框中,“趋势线选项”取默认的“线性”; 修改“趋势预测”中“向前”和“向后”为 0.1, 选中“显示公式”和“显示 R 平方值”复选框, 如图 9.12 所示.

单击“确定”按钮, 得到回归直线、回归方程与拟合优度, 如图 9.13 所示.

图中显示, 回归直线的方程为 $\hat{Y} = 1.3513x + 895.02$, 方程的拟合优度为 0.8387.

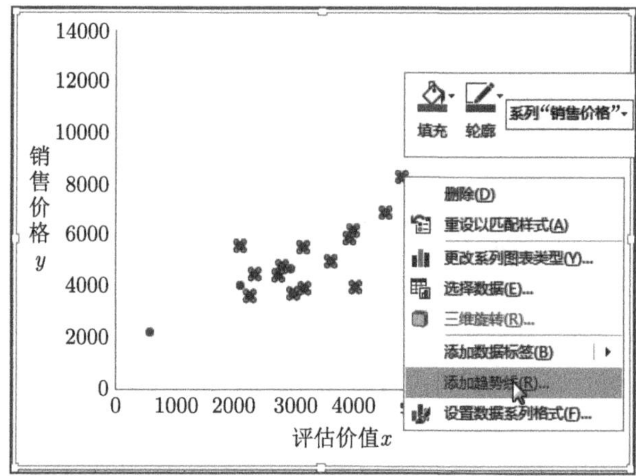

图 9.11　添加趋势线

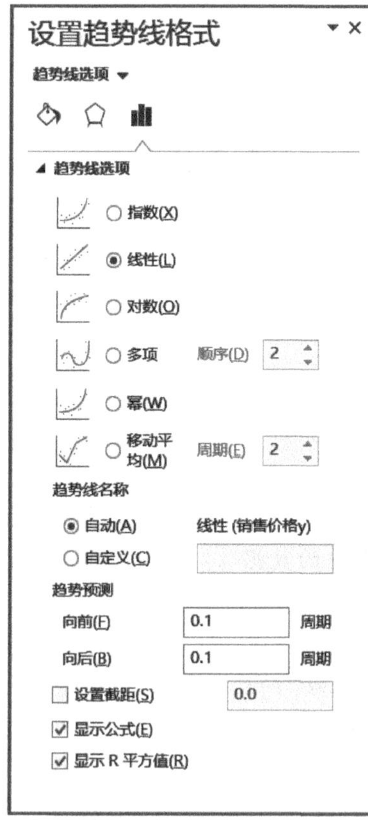

设置趋势线格式

趋势线选项

趋势线选项

○ 指数(X)

◉ 线性(L)

○ 对数(O)

○ 多项　顺序(D) 2

○ 幂(W)

○ 移动平均(M)　周期(E) 2

趋势线名称

◉ 自动(A)　线性 (销售价格y)

○ 自定义(C)

趋势预测

向前(F) 0.1 周期

向后(B) 0.1 周期

☐ 设置截距(S) 0.0

☑ 显示公式(E)

☑ 显示 R 平方值(R)

图 9.12　“添加趋势线”对话框

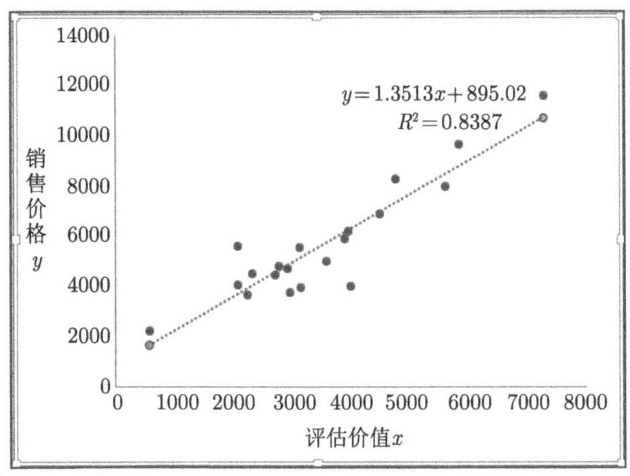

图 9.13 回归直线、回归方程与拟合优度

5. 模型诊断

在一元线性回归模型 (9.4) 中假定了随机误差 $\varepsilon_i(i=1,2,\cdots,n)$ 的正态性、独立性和同方差性. 模型诊断就是要判断所建回归模型是否符合这些假定. 这里介绍回归模型诊断的一种方便常用的方法：残差分析.

在一元线性回归模型 (9.4) 式中, 误差 $\varepsilon_i=Y_i-(\beta_0+\beta_1x_i)(i=1,2,\cdots,n)$ 是未知的、不可观测的. 若所建回归方程 $\hat{Y}=\hat{\beta}_0+\hat{\beta}_1x$ 合适, 残差 $\hat{\varepsilon}_i=Y_i-\hat{Y}_i(i=1,2,\cdots,n)$ 可看做是误差 ε_i 的估计, 即 $\hat{\varepsilon}_i=Y_i-\hat{Y}_i$ 应基本上反映未知误差 ε_i 的上述特性. 利用残差 $\hat{\varepsilon}_i=Y_i-\hat{Y}_i(i=1,2,\cdots,n)$ 的特征反过来考察原模型的合理性就是残差分析的基本思想.

将回归方程应用于实际之前必须进行残差分析, 这是十分重要的一个环节. 如果残差基本符合模型中对误差的假定, 才能最终认为所选模型是合适的, 所建回归方程是可行的, 可以用于预测和控制, 否则, 所选模型可能不合适, 需要改进, 所建回归方程也不能应用于实际.

残差的正态性检验可以通过第 8 章所讲的分布拟合检验法进行检验, 也可以用频率检验、残差图分析等方法进行检验. 下面简单介绍残差正态性的频率检验及残差图分析方法.

1) 残差正态性的频率检验

残差正态性的频率检验是一种很直观的检验方法. 其基本思想是将残差落在某范围的频率与正态分布在该范围的概率 (或称为理论频率) 相比较, 通过二者之间偏差的大小评估残差的正态性.

在回归模型中, 若假定 $\varepsilon_i\sim N(0,\sigma^2)$, 则 $\dfrac{\varepsilon_i}{\sigma}\sim N(0,1)(i=1,2,\cdots,n)$. 由于

均方残差

$$\hat{\sigma}^2 = \frac{1}{n-2}\sum_{i=1}^{n}\hat{\varepsilon}_i^2 = \frac{1}{n-2}S_{\mathrm{E}}$$

是 σ^2 的无偏估计. 因此, 当 n 较大时, $\dfrac{\hat{\varepsilon}_i}{\hat{\sigma}}\ (i=1,2,\cdots,n)$ 可近似认为是取自标准正态分布总体的样本. 称 $\dfrac{\hat{\varepsilon}_i}{\hat{\sigma}}\ (i=1,2,\cdots,n)$ 为**标准化残差**.

由于服从 $N(0,1)$ 的随机变量取值在 $(-1,1)$ 内的概率约为 0.68, 在 $(-1.5,1.5)$ 内的概率约为 0.87, 在 $(-2,2)$ 内的概率约为 0.95 等等, 因此理论上, 标准化残差 $\dfrac{\hat{\varepsilon}_i}{\hat{\sigma}}(i=1,2,\cdots,n)$ 中有大约 68%的点应在 $(-1,\ 1)$ 内, 87%的在 $(-1.5,\ 1.5)$ 内, 95%的在 $(-2,\ 2)$ 内等等. 如果残差在某些区间内的频率与上述理论频率有较大的偏差, 则有理由怀疑 $\hat{\varepsilon}_i$, 从而怀疑 ε_i 正态性假定的合理性, $i=1,2,\cdots,n$.

用这种方法检验残差的正态性是十分方便的. 在实际应用中, 一般取二三个具有代表性的区间即可.

2) 残差图分析

凡是以残差 $\hat{\varepsilon}_i$ 为纵坐标, 而以观测值 y_i, 拟合值 $\hat{y}_i$, 自变量 $x_i(i=1,2,\cdots,n)$ 或序号、观测时间等为横坐标的散点图, 均称为**残差图**.

可以通过残差图对误差项的正态性、等方差性、独立性及对模型中是否应该包含自变量的高次项、观测值中是否存在异常值等作出直观的考察.

如果线性回归模型的假定成立, 标准化残差 $\dfrac{\hat{\varepsilon}_i}{\hat{\sigma}}(i=1,2,\cdots,n)$ 应相互独立且近似服从 $N(0,\ 1)$, 那么残差图中绝大多数散点 (95%) 应随机地分布在 -2 到 $+2$ 的带子里. 这样的残差图称为合适的残差图, 如图 9.14(a).

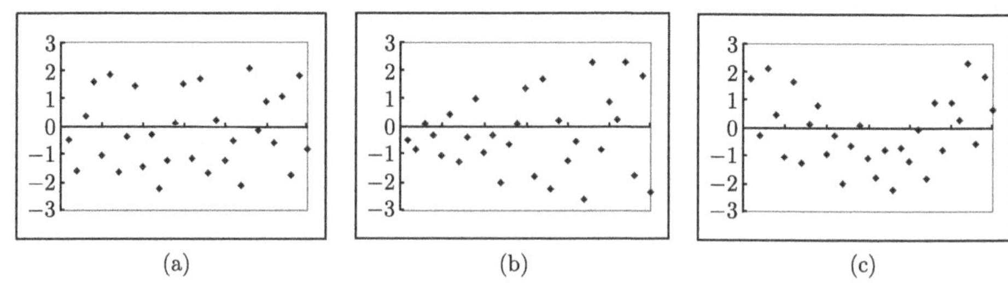

图 9.14 正常的残差、非等方差以及模型形式不合适时的残差

图 9.14(b) 表明残差的方差随自变量的增大而增大, 不是常数. 图 9.14(c) 散点分布有二次趋势, 表明回归模型不合适, 可以考虑在回归模型中加入自变量的二次项, 建立非线性回归方程.

【**实验 9.5**】使用 Excel 数据分析功能对表 9.2 中销售价格 Y 与评估价值 x 作一元线性回归分析.

实验步骤

(1) 将表 9.2 中的数据整理如图 9.8 所示.

(2) 在 Excel 顶部工具栏中选择 "数据"→"数据分析", 打开 "数据分析" 对话框, 在 "分析工具" 列表中选择 "回归" 选项, 单击 "确定" 按钮.

(3) 在打开的 "回归" 对话框中, 依次输入 "Y 值输入区域" 和 "X 值输入区域", 选中 "标准残差", 如图 9.15 所示, 单击 "确定" 按钮.

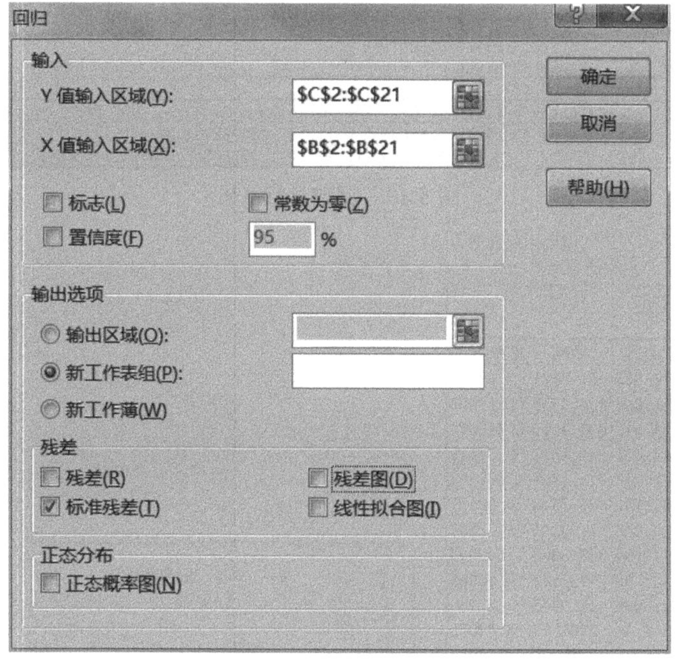

图 9.15 "回归" 对话框

得到回归分析的结果如图 9.16 和图 9.17 所示.

结果显示, 回归方程为

$$\hat{y} = 895.02 + 1.3513x.$$

方程的拟合优度 R^2 为 0.8387. F 统计量的 p 值 $= 1.49\times10^{-8} < 0.05$, 说明 β_1 显著非 0, 回归方程显著, 图 9.16 中最后一行是对 β_1 进行 t 检验的结果, 和 F 检验的结果一致. 其中回归系数 $\beta_1 = 1.3513$, 意味着评估价值 x 每增加 1(元/m^2), 销售价格平均增加 1.35(元/m^2).

利用图 9.17 左的标准残差数据作散点图 (参见实验 9.1) 可以得到标准残差图, 如图 9.17 右. 从标准残差图可以看出, 所建回归模型基本是合适的.

	A	B	C	D	E	F	G	H	I
1	SUMMARY OUTPUT								
2									
3	回归统计								
4	Multiple	0.915785							
5	R Square	0.838662							
6	Adjusted	0.829699							
7	标准误差	936.4228							
8	观测值	20							
9									
10	方差分析								
11		df	SS	MS	F	gnificance F			
12	回归分析	1	82047704	82047704	93.56696	1.49E-08			
13	残差	18	15783976	876887.6					
14	总计	19	97831680						
15									
16		Coefficien	标准误差	t Stat	P-value	Lower 95%	Upper 95%	下限 95.0%	上限 95.0%
17	Intercept	895.0204	535.8327	1.670336	0.11215	-230.722	2020.763	-230.722	2020.7631
18	X Variabl	1.351303	0.139698	9.673002	1.49E-08	1.057808	1.644799	1.057808	1.6447991

图 9.16 回归分析结果

RESIDUAL OUTPUT			
观测值	预测 Y	残差	标准残差
1	6971.832	-81.8321	-0.08978
2	4651.644	198.3559	0.217628
3	5143.519	406.4815	0.445974
4	6244.831	-44.8308	-0.04919
5	10736.56	913.4364	1.002183
6	4586.781	-86.7815	-0.09521
7	4930.013	-1130.01	-1.2398
8	7347.494	952.5055	1.045048
9	6181.32	-281.32	-0.30865
10	4861.096	-111.096	-0.12189
11	6316.45	-2266.45	-2.48665
12	5175.95	-1175.95	-1.2902
13	8801.497	898.503	0.985798
14	4063.827	486.173	0.533408
15	3717.893	372.1066	0.408259
16	8496.102	-496.102	-0.5443
17	3713.839	1886.161	2.069413
18	3950.318	-250.318	-0.27464
19	5752.956	-752.956	-0.82611
20	1676.074	563.9262	0.618715

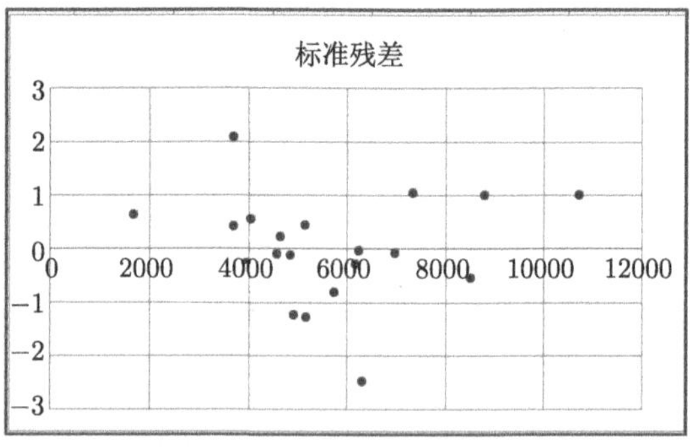

图 9.17 标准残差

6. 模型预测

在回归方程通过各种检验后, 就可以利用它对因变量的取值进行预测了. 对因变量的取值进行预测分为点预测 (点估计) 和区间预测 (区间估计), 点预测是根据回归方程代入自变量的值, 得到对应因变量的预测值, 而区间预测则是在点预测的基础上, 给出给定置信水平下的因变量的预测区间.

1) 点预测

假设通过各种检验的 “最优” 回归方程为

$$\hat{Y}=\hat{\beta}_0+\hat{\beta}_1 x.$$

对给定的 x_0 值, 代入回归方程中就可得 $\hat{Y}_0=\hat{\beta}_0+\hat{\beta}_1 x_0$ 的值. 它既可以作为实际值 $Y_0=\beta_0+\beta_1 x_0+\varepsilon_0$ 的估计值, 也可以作为 $E(Y_0)=\beta_0+\beta_1 x_0$ 的估计值, 这就是所谓的点预测.

例如, 销售价格 y 对评估价值 x 的回归方程为

$$\hat{Y}=895.02+1.3513x,$$

当已知评估价值 x_0 =5000(元/m^2) 时, 就可以预测销售价格为

$$\hat{Y}_0=895.02+1.3513x_0=7651.52.$$

2) 区间预测

区间预测分为个体的区间预测和均值的区间预测, 这里只介绍个体的区间预测.

对给定的 x_0 值, 因变量 Y 的相应值 Y_0 是一个随机变量, 记成

$$Y_0=\hat{Y}_0+\varepsilon_0, \quad \varepsilon_0\sim N(0,\sigma^2).$$

由于 Y_0 服从正态分布, 且 $E(Y_0)=E(\hat{Y}_0)$, 可以证明

$$T=\frac{Y_0-\hat{Y}_0}{\hat{\sigma}\sqrt{1+\dfrac{1}{n}+\dfrac{(x_0-\bar{x})^2}{l_{xx}}}}\sim t(n-2),$$

其中 $\hat{\sigma}=\sqrt{\dfrac{S_{\mathrm{E}}}{n-2}}$, $l_{xx}=\sum\limits_{i=1}^{n}(x_i-\bar{x})^2$. 因此, 对给定的 x_0, 在给定的置信水平 $1-\alpha$ 下, 有

$$P\{|T|\leqslant t_{\alpha/2}(n-2)\}=1-\alpha,$$

于是, Y_0 的置信区间为

$$\left(\hat{Y}_0-t_{\alpha/2}(n-2)\hat{\sigma}\sqrt{1+\frac{1}{n}+\frac{(x_0-\bar{x})^2}{l_{xx}}},\hat{Y}_0+t_{\alpha/2}(n-2)\hat{\sigma}\sqrt{1+\frac{1}{n}+\frac{(x_0-\bar{x})^2}{l_{xx}}}\right).$$

可以看出，对于给定的 n 和 α, l_{xx} 越大或 x_0 越靠近 $\bar{x}$, 区间的长度就越短，预测精度就越高. 由于 $l_{xx}=\sum_{i=1}^{n}(x_i-\bar{x})^2$ 刻画了观测点 $x_1, x_2, \cdots, x_n$ 的分散程度，因此，想提高预测精度就要使 $x_1, x_2, \cdots, x_n$ 尽量分散.

例如，销售价格 y 对评估价值 x 的回归方程

$$\hat{Y}=895.02+1.3513x,$$

当已知评估价值 x_0 =5000(元/m^2) 时，就可以得到销售价格 (元/m^2) 的置信水平为 95%的置信区间：(5589.97, 9713.07).

9.2.2　可化为线性回归的一元非线性回归

现实世界中严格的线性模型并不多见，它们或多或少都带有某种程度的近似，在不少情况下，非线性模型可能更加符合实际，因此，非线性回归与线性回归同样重要. 下面主要介绍可化为线性回归的一元非线性回归分析.

在对数据进行分析时，常常先描出数据的散点图，判断两个变量间可能存在的函数关系. 如果两个变量间存在线性关系，我们可以用前面所述的方法建立一元线性回归方程 $\hat{y}=\hat{\beta}_0+\hat{\beta}_1x$ 来描述，如果它们之间存在着一种非线性关系，这时常用的方法是通过变量变换，使新变量之间具有线性关系，然后利用一元线性回归方法对其进行分析.

表 9.5 给出了一些常见的可线性化的一元非线性函数及其线性化方法.

表 9.5　典型函数及线性化方法

函数名称	函数表达式	线性化方法
双曲线函数	$1/y=a+b/x$	$u=1/x, v=1/y$
幂函数	$y=ax^b$	$u=\ln x, v=\ln y$
指数函数	$y=a\mathrm{e}^{bx}$	$u=x, v=\ln y$
	$y=a\mathrm{e}^{b/x}$	$u=1/x, v=\ln y$
对数函数	$y=a+b\ln x$	$u=\ln x, v=y$
S 型函数	$y=\dfrac{1}{a+b\mathrm{e}^{-x}}$	$u=\mathrm{e}^{-x}, v=1/y$

下面通过一个具体实例说明一元非线性回归分析的方法：

【**实验 9.6**】设随机变量 x 与 y 的观测数据如下, 试建立 y 与 x 的回归模型.

表 9.6

x	2	3	4	5	7	8	10	11	14	15	16	18	19
y	106.42	108.20	109.58	109.50	110.00	109.93	110.49	110.59	110.60	110.90	110.76	111.00	111.20

下面分三步进行分析建立模型:

1. 确定回归函数可能形式

为确定可能的函数形式, 首先描出数据的散点图. 步骤如下:
选中单元格区域: B2:C14, 做散点图 (参见实验 9.1), 如图 9.18 所示.

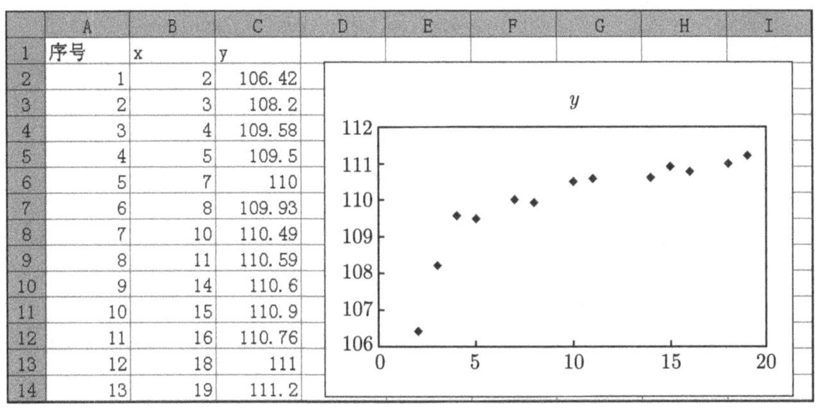

	A	B	C
1	序号	x	y
2	1	2	106.42
3	2	3	108.2
4	3	4	109.58
5	4	5	109.5
6	5	7	110
7	6	8	109.93
8	7	10	110.49
9	8	11	110.59
10	9	14	110.6
11	10	15	110.9
12	11	16	110.76
13	12	18	111
14	13	19	111.2

图 9.18　y 与 x 散点图

散点图呈现出明显的向上且上凸的趋势, 可能选择的函数关系有很多, 比如可以给出如下三种曲线函数:

$$1/y = a + b/x, \quad y = a + b\ln x, \quad y = a + b\sqrt{x}.$$

令 $u = 1/x, v = 1/y, w = \ln x, z = \sqrt{x}$, 三种曲线函数又可以表示为

$$v = a + bu, \quad y = a + bw, \quad y = a + bz.$$

2. 变量变换

(1) 增加变量 $u = 1/x$, 在单元格 D2 中输入公式: =1/B2;
并将单元格 D2 中公式复制到单元格区域 D3: D14 中.
(2) 增加变量 $v = 1/y$, 在单元格 E2 中输入公式: =1/C2;
并将单元格 E2 中公式复制到单元格区域 E3: E14 中.

(3) 增加变量 $w=\ln x$, 在单元格 F2 中输入公式: =LN(B2);
并将单元格 F2 中公式复制到单元格区域 F3: F14 中.
(4) 增加变量 $z=\sqrt{x}$, 在单元格 G2 中输入公式: =SQRT(B2);
并将单元格 G2 中公式复制到单元格区域 G3: G14 中.
结果如图 9.19 所示.

	A	B	C	D	E	F	G
1	序号	x	y	u=1/x	v=1/y	w=ln$x$	z=sqrt(x)
2	1	2	106.42	0.5	0.009397	0.693147	1.414214
3	2	3	108.2	0.333333	0.009242	1.098612	1.732051
4	3	4	109.58	0.25	0.009126	1.386294	2
5	4	5	109.5	0.2	0.009132	1.609438	2.236068
6	5	7	110	0.142857	0.009091	1.94591	2.645751
7	6	8	109.93	0.125	0.009097	2.079442	2.828427
8	7	10	110.49	0.1	0.009051	2.302585	3.162278
9	8	11	110.59	0.090909	0.009042	2.397895	3.316625
10	9	14	110.6	0.071429	0.009042	2.639057	3.741657
11	10	15	110.9	0.066667	0.009017	2.70805	3.872983
12	11	16	110.76	0.0625	0.009029	2.772589	4
13	12	18	111	0.055556	0.009009	2.890372	4.242641
14	13	19	111.2	0.052632	0.008993	2.944439	4.358899

图 9.19　增加四个变量

分别做 v 对 u, y 对 w 和 y 对 z 散点图 (参见实验 9.1), 如图 9.20 所示.

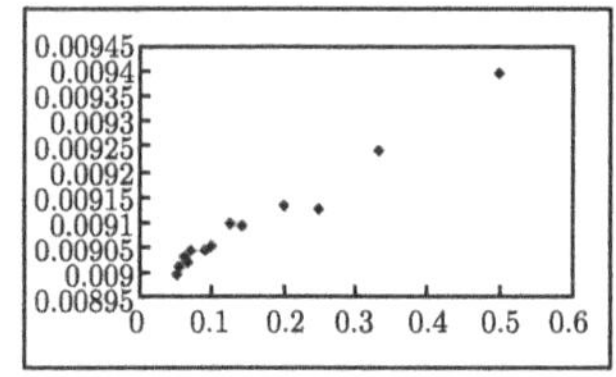

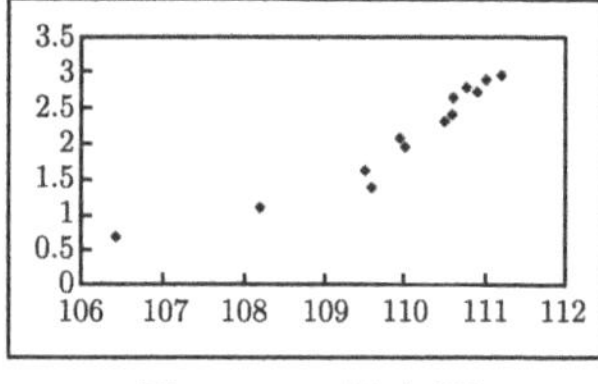

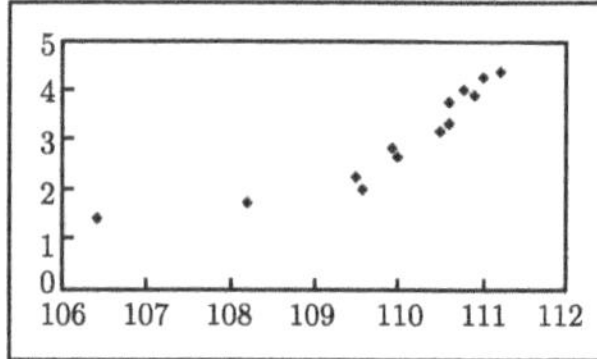

图 9.20　散点图

从散点图可以看出变换后的两变量的关系接近线性, 可以考虑建立线性回归模型.

3. 回归方程的比较

利用实验 9.5 中介绍的方法分别建立 v 和 u、y 和 w 及 y 和 z 线性回归方程为

(1) $v=0.0090+0.0008u$.

模型的各项检验结果如图 9.21.

(2) $y=106.315+1.7140\,w$.

	A	B	C	D	E	F	G	H	I
1	SUMMARY OUTPUT								
2									
3	回归统计								
4	Multiple	0.986705							
5	R Square	0.973586							
6	Adjusted	0.971185							
7	标准误差	1.9E-05							
8	观测值	13							
9									
10	方差分析								
11		df	SS	MS	F	Significance F			
12	回归分析	1	1.47E-07	1.47E-07	405.4441	4.97E-10			
13	残差	11	3.99E-09	3.62E-10					
14	总计	12	1.51E-07						
15									
16		Coefficien	标准误差	t Stat	P-value	Lower 95%	Upper 95%	下限 95.0%	上限 95.0%
17	Intercept	0.008967	8.37E-06	1071.138	5.9E-29	0.0089482	0.00898505	0.0089482	0.00898505
18	X Variabl	0.000829	4.12E-05	20.13564	4.97E-10	0.0007385	0.00091981	0.00073854	0.00091981

图 9.21 模型 1

模型的各项检验结果如图 9.22.

	A	B	C	D	E	F	G	H	I
1	SUMMARY OUTPUT								
2									
3	回归统计								
4	Multiple R	0.936651							
5	R Square	0.877315							
6	Adjusted R	0.866162							
7	标准误差	0.486379							
8	观测值	13							
9									
10	方差分析								
11		df	SS	MS	F	Significance F			
12	回归分析	1	18.6083	18.6083	78.66052	2.41876E-06			
13	残差	11	2.602211	0.236565					
14	总计	12	21.21051						
15									
16		Coefficient	标准误差	t Stat	P-value	Lower 95%	Upper 95%	下限 95.0%	上限 95.0%
17	Intercept	106.3147	0.430032	247.2248	5.95E-22	105.3681791	107.261169	105.368179	107.261169
18	X Variable	1.713977	0.193253	8.869076	2.42E-06	1.28862986	2.13932464	1.28862986	2.13932464

图 9.22 模型 2

(3) $y = 106.301 + 1.1947z$.

模型的各项检验结果如图 9.23.

从上面三个结果看, 三个线性模型均有效 (这里略去做残差分析, 有兴趣的读者可以自己做一做). 其中第一个模型的判定系数 R^2 最大、标准误差最小, 即第一个方程拟合得最好, 所以应选用线性回归方程 $v = 0.0090 + 0.0008\ u$, 原数据

的回归方程为

$$\frac{1}{\hat{Y}}=0.0090+0.0008\frac{1}{x},$$

即

$$\hat{Y}=\frac{x}{0.0090x+0.00081}.$$

	A	B	C	D	E	F	G	H	I
1	SUMMARY OUTPUT								
2									
3	回归统计								
4	MultipleR	0.886082							
5	R Square	0.785142							
6	AdjustedR	0.765609							
7	标准误差	0.643658							
8	观测值	13							
9									
10	方差分析								
11		df	SS	MS	F	Significance F			
12	回归分析	1	16.65325	16.65325	40.19652	5.5206E-05			
13	残差	11	4.557255	0.414296					
14	总计	12	21.21051						
15									
16		Coefficient	标准误差	t Stat	P-value	Lower 95%	Upper 95%	下限 95.0%	上限 95.0%
17	Intercept	106.3013	0.600469	177.0305	2.34E-20	104.979652	107.622898	104.979652	107.622898
18	X Variable	1.194729	0.188441	6.340073	5.52E-05	0.77997318	1.60948426	0.77997318	1.60948426

图 9.23 模型 3

由本例可以看到, 通过变量变换, 使新变量之间具有线性关系, 对新变量建立线性模型, 从而得到用原变量表达的非线性模型的方法是一种建立非线性模型的有效方法.

同步自测 9-2

一、填空

1. 已知一元线性回归方程为 $\widehat{Y}=\widehat{\beta}_0+15x$ 且 $\bar{x}=4,\bar{y}=80$, 那么, 当 $x=10$ 时, Y 的预测值 $\hat{y}=$__________________.

2. 由一组观测数据 $(x_i, y_i)(i=1,2,\cdots,n)$ 计算得 $\bar{x}=150, \bar{y}=200$, $l_{xx}=25$, $l_{xy}=65$, 则 Y 对 x 的回归方程为__________________.

3. 在一元线性回归模型 $Y=\beta_0+\beta_1x+\varepsilon$ 中, 如 $H_0: \beta_0=0$ 成立, 统计量 $F=\dfrac{S_{\mathrm{M}}}{S_{\mathrm{E}}/(n-2)}$ 服从的分布是__________________, 当显著水平为 α 时, H_0 的拒绝域为__________________, 若 F 的观测值为 F_0, p 值 =__________________.

4. 一元线性回归分析中回归方程的判定系数 $R^2=$__________________. 回归直线的拟合效果和 R^2 的关系是__________________.

二、单项选择

1. 在一元线性回归模型 $Y=\beta_0+\beta_1x+\varepsilon$ 中, 假定随机变量 ε 服从的分布是 ( ).

(A) 两点分布 (B) $N(0,1)$ (C) $N(1,\sigma^2)$ (D) $N(0,\sigma^2)$

2. 已知一元线性回归方程为 $\hat{Y}=\hat{\beta}_0+4x$ 且 $\bar{x}=3, \bar{y}=6$, 则 $\hat{\beta}_0=$ ( ).

(A) 0 (B) 6 (C) -6 (D) 2

3. 在一元线性回归中, 下列式子中 ( ) 是不正确的.

(A) $l_{xx}=\sum\limits_{i=1}^{n}(x_i-\bar{x})^2$ (B) $S_{\mathrm{M}}=\sum\limits_{i=1}^{n}(\hat{y}_i-\bar{y})^2$

(C) $S_{\mathrm{E}}=\sum\limits_{i=1}^{n}(y_i-\hat{y}_i)^2$ (D) $l_{xy}=\sum\limits_{i=1}^{n}(x_i-y_i)^2$

4. 在一元线性回归模型 $Y=\beta_0+\beta_1x+\varepsilon$ 中, 假定随机变量 ε 服从分布 $N(0,\sigma^2)$ 相当于假定 ( ).

(A) $Y\sim N(0,\sigma^2)$ (B) $Y\sim N(\beta_0+\beta_1x,\sigma^2)$

(C) Y 是常量 (D) $Y\sim N(0,1)$

5. 在一元线性回归模型 $Y=\beta_0+\beta_1x+\varepsilon$ 中, ( ) 是随机误差 ε 的标准差 σ 的估计.

(A) $\hat{\sigma}=\sqrt{\dfrac{S_{\mathrm{E}}}{n-2}}$ (B) $\hat{\sigma}=\dfrac{S_{\mathrm{E}}}{n-2}$ (C) $\hat{\sigma}^2=\dfrac{S_{\mathrm{E}}}{n-2}$ (D) $\hat{\sigma}=\sqrt{\dfrac{S_{\mathrm{E}}}{n-1}}$

第 9 章知识结构图

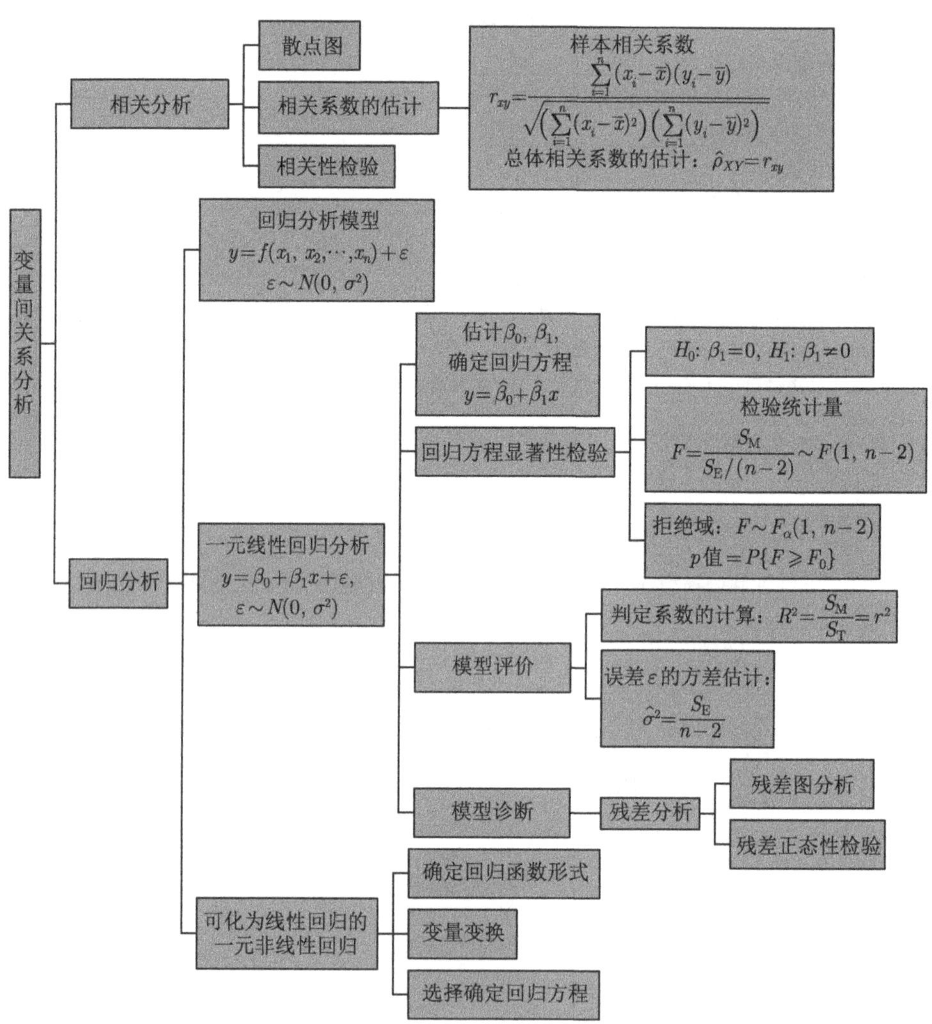

【促销对相对竞争力的影响问题解答】

在当今的超市经营中，各类产品的促销活动繁多. 毋庸置疑，各大超市进行促销活动的目的是增加销售量，增强本企业的市场竞争力. 但是促销行为对增强企业竞争力的贡献究竟有多大呢? 这一直是企业极为关注的问题. 某超级市场连锁店想要研究促销对相对竞争力的影响，因此收集了 15 个不同城市中与竞争对手相比

的促销费用数据 (竞争对手费用为 100), 以及相对销售额数据 (竞争对手销售额为 100). 其具体数据如表 9.1 所示.

需要分析的问题为

1. 依据表 9.1 中的数据, 分析相对促销费用与相对销售额之间的线性关系是否显著;

2. 建立合适的模型, 从定量的角度分析促销对提高相对竞争力的影响.

解 1. 相对促销费用和相对销售额之间关系的分析.

研究两个数值型变量之间的关系, 往往先从它们之间的散点图做直观的分析, 然后再选择合适的模型进行分析. 通过所给数据, 利用 Excel 软件做出相对促销费用和相对销售额的散点图, 如图 9.24 所示.

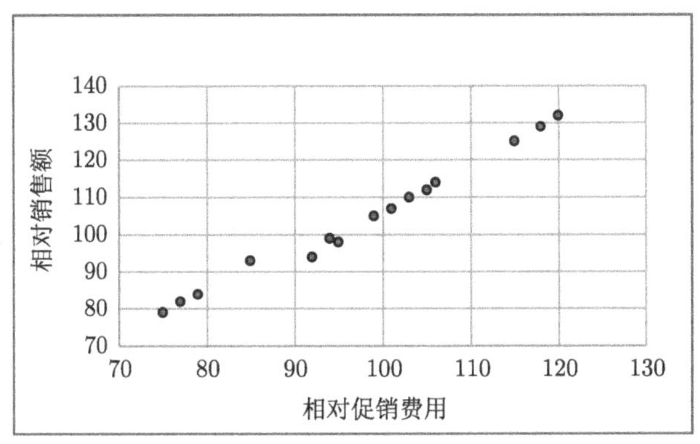

图 9.24 相对促销费用和相对销售额的散点图

从散点图可以看出, 相对促销费用和相对销售额之间存在着明显的线性关系. 另一方面, 计算相对促销费用和相对销售额的相关系数

$$r_{xy} = \frac{s_{xy}}{s_x s_y} = \frac{\sum_{i=1}^{15}(x_i - \bar{x})(y_i - \bar{y})}{\sqrt{\left(\sum_{i=1}^{15}(x_i - \bar{x})^2\right)\left(\sum_{i=1}^{15}(y_i - \bar{y})^2\right)}} = 0.9935.$$

可以发现, 相对促销费用和相对销售额的相关系数约为 1, 二者具有较强的线性关系.

为更加确切地描述二者之间的关系, 我们对相对促销费用和相对销售额做相关性检验. 首先假设

$$H_0 : \rho_{XY} = 0, \quad H_1 : \rho_{XY} \neq 0.$$

当 H_0 成立时, 统计量 $T = r_{xy}\sqrt{\dfrac{n-2}{1-r_{xy}^2}} \sim t(n-2)$. 取显著水平 $\alpha = 0.05$. 于是, 在该显著水平下 H_0 的拒绝域是

$$\{|t| \geqslant t_{0.025}(13)\} = \{|t| \geqslant 2.16\}.$$

记 T 的观测值为 t, 可得 $t = r_{xy}\sqrt{\dfrac{13-2}{1-r_{xy}^2}}$ =31.495725. 衡量观测结果极端性的 P 值为

$$p = P\{|T| \geqslant |t|\} = 2P\{T \geqslant |t|\} = 1.16327 \times 10^{-13}.$$

显然, 相对促销费用和相对销售额之间的线性关系显著.

2. 相对促销费用和相对销售额的线性回归分析.

1) 模型选择及参数估计

根据上面的分析, 建立以相对促销费用为自变量, 以相对销售额为因变量的线性回归模型

$$\hat{Y} = \hat{\beta}_0 + \hat{\beta}_1 x,$$

其中 $\hat{\beta}_0 = \bar{y} - \hat{\beta}_1\bar{x}$, $\hat{\beta}_1 = \dfrac{\sum\limits_{i=1}^{n}(x_i-\bar{x})(y_i-\bar{y})}{\sum\limits_{i=1}^{n}(x_i-\bar{x})^2} = \dfrac{l_{xy}}{l_{xx}}$. 计算得

$$\bar{x} = \frac{1}{15}\sum_{i=1}^{15} x_i = 97.6, \quad \bar{y} = \frac{1}{n}\sum_{i=1}^{n} y_i = 104.2,$$

$$l_{xx} = \sum_{i=1}^{n}(x_i-\bar{x})^2 = 2879.6, \quad l_{xy} = \sum_{i=1}^{n}(x_i-\bar{x})(y_i-\bar{y}) = 3308.2.$$

于是, 相对促销费用和相对销售额的线性回归模型为

$$\hat{Y} = -7.9268 + 1.1488x.$$

从所得到的回归方程来看, 促销可以增加相对销售额, 有利于提高企业的竞争力. 在其他因素不变的情况下, 相对促销费用每提高一个百分点, 相对销售额会相应提高 1.149 个百分点.

由于均方残差 σ^2 从一个侧面反映了回归直线的拟合程度, 现计算标准误差为

$$\hat{\sigma} = \sqrt{\frac{S_{\mathrm{E}}}{15-2}} = \sqrt{\frac{\sum\limits_{i=1}^{n}(Y_i-\hat{Y}_i)^2}{15-2}} = 1.96.$$

所以线性回归方程 $\hat{Y} = -7.9268 + 1.1488x$ 的估计标准误差为 1.96.

2) 模型检验——回归方程的显著性检验.

一元线性回归方程的显著性检验, 就是要根据观测数据检验假设

$$H_0\colon \beta_1 = 0, \quad H_1\colon \beta_1 \neq 0.$$

如果检验结果拒绝原假设 H_0, 说明一元线性回归方程是显著的. 分别计算总变差平方和、回归平方和、残差平方和得

$$S_{\mathrm{T}} = \sum_{i=1}^{15} (y_i - \bar{y})^2 = 3850.4,$$

$$S_{\mathrm{M}} = \sum_{i=1}^{15} (\hat{y}_i - \bar{y})^2 = 3800.59287,$$

$$S_{\mathrm{E}} = \sum_{i=1}^{15} (y_i - \hat{y}_i)^2 = 49.807126.$$

选取 $F = \dfrac{S_{\mathrm{M}}}{S_{\mathrm{E}}/(15-2)}$ 作为检验统计量, H_0 的拒绝域为

$$\{F \geqslant F_{0.05}(1, 13)\} = \{F \geqslant 4.67\}.$$

记 F 统计量的观测值为 f, 根据数据计算得 $f = 991.9807$. 则 p 值为

$$p = P\{F \geqslant f\} = 1.16 \times 10^{-13}.$$

显然, 我们所建立的回归方程 $\hat{Y} = -7.9268 + 1.1488x$ 是显著的.

回归方程的显著性检验结果汇总为方差分析表 9.7.

表 9.7　方差分析表

来源	平方和	自由度	均方	F 统计量	p 值
回归	3800.59287	1	3800.592874	991.9807	1.1633E−13
残差	49.807126	13	3.831317384		
总计	3850.4	14			

3) 模型优劣判定——回归方程的判定系数

计算得

$$R^2 = \frac{S_{\mathrm{M}}}{S_{\mathrm{T}}} = 1 - \frac{S_{\mathrm{E}}}{S_{\mathrm{T}}} = 0.99899.$$

拟合优度 R^2 反映了回归方程对数据的拟合程度，越大拟合程度越好. 本例中 R^2 约为 1, 说明我们所建立的回归模型具有很高的拟合度.

4) 模型诊断——回归模型的残差分析.

线性回归模型假定了随机误差 $\varepsilon_i(i=1,2,\cdots,15)$ 的正态性、独立性和同方差性. 模型诊断就是要判断所建回归模型是否符合这些假定. 为了验证模型的合理性, 我们绘制残差图 (图 9.25), 发现图中绝大多数散点都随机地分布在–2 到 +2 的带子里, 所以本例中所建立的回归模型残差的正态性通过了检验.

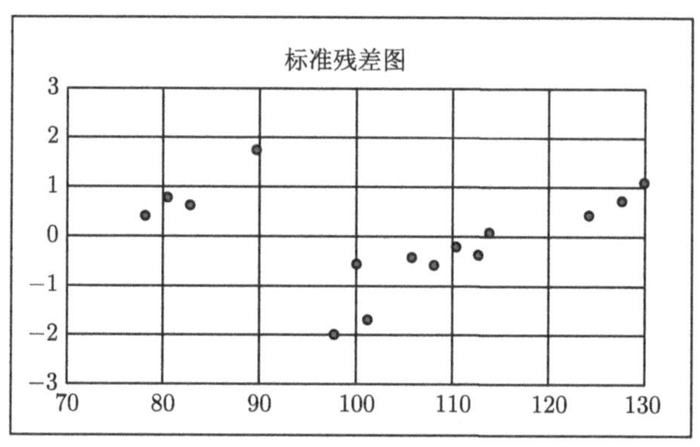

图 9.25 残差图

综上可知, 我们所建立的回归模型是合理的, 该模型很好地解释了相对促销与相对销售额之间的关系. 不仅如此, 企业还可以根据相对促销额度对相对销售额进行合理的预测.

习 题 9

1. 面对各种诱人的食物, 想要保持身材的你是否留意过每种食物所含的脂肪和热量? 下表中列出了 16 种食物每百克中的脂肪含量和热量.

(1) 这两个指标之间是否存在某种关联? 如果存在, 这种关系的表现形式是什么?

(2) 计算每百克食物中脂肪含量和热量两个变量的相关系数, 并在 0.05 的显著水平下, 检验相关系数是否显著?

食物	脂肪/克	热量/千卡
薯片	30.67	521
甜甜圈	14.68	227
原味手指饼干	22.70	494
玉米饼	2.40	151
炸薯条	11.01	201
炸鸡翅	10.97	224
巧克力	40.10	589

续表

食物	脂肪/克	热量/千卡
冰淇淋	5.30	127
辣条	23.70	357
鸭脖	5.80	206
士力架	23.60	489
香辣豆腐干	11.30	197
酸辣粉	3.87	97
三明治	11.84	219
鸡蛋饼	7.58	151
沙琪玛	30.40	505

注：1 千卡 =4.186 千焦.

2. 某家电厂需要研究广告投入的效果, 从所有销售额相似的地区中随机选 16 个地区, 分别统计这些地区的销售额和广告费用数据如下所示 (单位：万元)：

地区	1	2	3	4	5	6	7	8	9	10	11	12	13	14	15	16
销售额	5600	5200	3200	4200	4750	4400	3850	5900	3100	3250	4500	2800	5800	3300	4050	6100
广告费用	450	400	200	330	380	350	290	480	180	210	360	150	470	250	300	500

试对销售额与广告费进行相关分析：

(1) 画出散点图;

(2) 求出销售额与广告费的样本相关系数;

(3) 对销售额与广告费的相关系数进行显著性检验.

3. 美国黄石公园中有一 “老守信者 (Old Faithful)” 间歇喷泉, 它的两次喷发之间的时间间隔是随机的, 但与上一次喷发的持续时间有关, 以下是 21 组数据 (时间以分钟计).

上一次喷发持续时间 (x)	2.0	1.8	3.7	2.2	2.1	2.4	2.6	2.8	3.3	3.5	3.7
两次喷发之间的间隔 (y)	50	57	55	47	53	50	62	57	72	62	63
上一次喷发持续时间 (x)	3.8	4.5	4.7	4.0	4.0	1.7	1.8	4.9	4.2	4.3	
两次喷发之间的间隔 (y)	70	85	75	77	70	43	48	70	79	72	

设题目符合回归模型所要求的条件.

(1) 画出 x 相对于 y 的散点图;

(2) 建立线性回归方程.

4. 为研究温度对某个化学过程中产量的影响, 收集到的数据 (规范化形式) 如下所列:

温度 (x)	-5	-4	-3	-2	-1	0	1	2	3	4	5
产量 (y)	1	5	4	7	10	8	9	13	14	13	18

试画出散点图, 并建立产量 y 与温度 x 之间的回归方程.

5. 为考察某种毒药的剂量 (以毫克/单位容量计) 与老鼠死亡之间的关系, 取多组老鼠 (每组 25 只) 作试验, 得到以下数据:

剂量 (x)	4	6	8	10	12	14	16	18
死亡的老鼠数 (y)	1	3	6	8	14	16	20	21

(1) 画出散点图, 并求出 y 相对于 x 的线性回归方程;

(2) 所求回归方程是否显著?

6. 为研究肉鸡的增重与某种饲料添加剂之间的关系, 测得数据如下 (单位：g)：

添加剂量 x	0	25	50	75	100	125	150	175	200	225
7 天后增重 y	206	222	256	296	324	375	363	408	407	434

试画出散点图, 并对 x 与 y 进行回归分析, 建立回归方程.

第 10 章 Chapter 方差分析

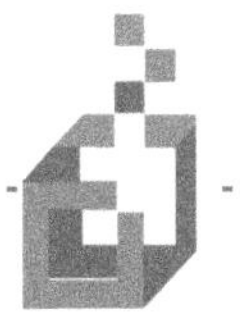

方差分析是英国统计学家费希尔在 20 世纪 20 年代创立的. 起初用于农田间试验结果的分析, 随后迅速发展完善, 被广泛应用于工、农业生产, 经济、管理领域, 工程技术和科学研究中. 方差分析与回归分析在方法上有许多相似之处, 但又有本质区别, 回归分析研究两个或多个数值型变量之间的关系, 而方差分析是研究分类自变量对数值型因变量的影响.

在生产实践和科学试验中, 我们考察的某个数量指标往往受到一种或多种因素的影响, 例如影响农作物产量的因素有种子品种、肥料、雨水等; 影响化工产品产出率的因素可能有原料成分、剂量、催化剂、反应温度、机器设备和操作水平等; 影响儿童识记效果的因素有教学材料、教学方法等. 为了找出影响某数量指标最显著的因素, 并指出它们在什么状态下对结果最有利, 就要先做试验, 然后对试验数据进行统计分析, 鉴别各个因素对试验结果的影响程度, 这就要用到方差分析.

在试验中, 我们把要考察的数量指标称为试验指标. 影响试验指标的因素分为两类, 一类是可控因素, 如生产中的原料、剂量、催化剂、反应温度等为可控因素; 而测量误差、天气条件等为不可控因数. 方差分析中所提到的因素均指可控因素.

如果一项试验中只有一个因素在改变, 我们就称该试验为单因素试验; 如果有两个因素在改变, 我们就称该试验为双因素试验. 试验中因素所处的状态称为因素水平.

方差分析就是要通过对试验数据的分析, 研究试验指标受一个或多个因素影响程度的一种统计分析方法. 具体来说, 方差分析是把来自不同因素水平下的试验指标作为来自不同总体的样本, 通过检验这些总体的均值是否相等, 判断各因素的不同水平对试验指标的影响是否有显著差异. 由于检验各总体均值是否相等的方法是通过计算试验指标的变差而实现的, 所以称之为方差分析.

根据影响试验指标因素个数的不同, 方差分析分为**单因素试验方差分析**、**双因素试验方差分析**和**多因素试验方差分析**. 本章只讨论单因素试验的方差分析和双因素试验的方差分析两种情况.

【补钙剂量和年龄对人体骨密度的影响问题】

骨密度全称是骨骼矿物质密度, 是骨质量的一个重要指标, 在一定程度上反映人体的健康状况. 研究表明, 低骨密度是骨质疏松症的重要风险因子, 人们一般通过摄入钙剂、维生素 D 及其活性产物, 以及磷酸盐等药品或保健食品的方式来提高骨密度. 然而人体对钙的吸收率随着年龄的增长会有所降低. 因此, 为探索年龄和补钙剂量对骨密度的影响, 某医学研究机构对一些志愿者进行了如下试验: 首先将志愿者按照年龄分为 7 组, 每个年龄组的 4 个志愿者随机接受 4 组不同剂量 (B_1, B_2, B_3, B_4) 的补钙试验, 一年后测量的骨密度值如表 10.1 所示. 假定其他可能影响骨密度的因素均可控制, 试分析:

1. 不同的补钙剂量对骨密度是否有显著的差异;
2. 不同的年龄对骨密度是否有显著的差异.

表 10.1 不同年龄和不同补钙剂量对骨密度的影响

A: 年龄	B: 补钙剂量			
	B_1	B_2	B_3	B_4
A_1	2.42	1.65	2.75	3.35
A_2	1.99	1.76	2.58	3.12
A_3	2.03	1.64	2.91	2.99
A_4	1.87	1.64	2.91	2.99
A_5	1.35	1.28	2.14	2.68
A_6	2.12	1.90	2.35	0.52
A_7	0.38	0.09	0.25	0.63

10.1 单因素试验的方差分析

10.1.1 单因素试验的方差分析问题

为考虑单一因素对某试验指标的影响, 应该把影响该试验的其他因素相对固定, 而让所考虑的因素改变, 从而观察该因素的改变对试验指标所造成的影响, 并由此分析、推断该因素的影响是否显著以及应该如何选用该因素. 下面以一个简单的例子说明单因素试验的方差分析要解决的问题.

例 10.1 某化肥生产商要检验甲、乙、丙三种新产品的效果, 在同一地区选取 18 块大小相同、土质相近的农田, 播种同样的种子, 用等量的甲、乙、丙化肥各施于六块农田, 试验结果每块农田的粮食产量如 10.2 所示 (单位: 吨).

表 10.2

	产量					
甲化肥	50	46	49	52	48	48
乙化肥	49	50	47	47	46	49
丙化肥	51	50	49	46	50	50

试根据试验数据推断甲、乙、丙三种化肥的肥效是否存在差异.

本例中, 只考虑化肥这一个因素 (记为 A) 对粮食产量 (试验指标) 的影响, 三种不同的化肥称为该因素的三个不同水平 (分别记为 A_1, A_2, A_3). 从表中数据看出, 即使是施同一种化肥, 由于随机因素 (温度, 湿度等) 的影响, 产量也不同. 因而有:

(1) 粮食产量 (试验指标) 是随机变量, 是数值型的变量;

(2) 把同一化肥 (A 的同一水平) 得到的粮食产量看作同一总体抽得的样本, 施不同化肥得到的粮食产量视为不同总体下抽得的样本, 故表中数据应看成从三个总体 X_1, X_2, X_3 中分别抽取了容量为 6 的样本的观测值.

推断甲、乙、丙三种化肥的肥效是否存在差异的问题, 就是要辨别粮食产量之间的差异主要是由随机误差造成的, 还是由化肥造成的, 这一问题可归结为三个总体 X_1, X_2, X_3 是否有相同分布的讨论. 由于在实际中有充分的理由认为粮食产量服从正态分布, 且在安排试验时, 除所关心的因素 (该题中的化肥) 外, 其他试验条件总是尽可能做到一致, 这就使我们不妨认为三个总体的方差相同, 即 $X_i \sim N(\mu_i, \sigma^2)$, $i=1,2,3$.

因此, 推断三个总体是否具有相同分布的问题就简化为：检验三个具有相同方差的正态总体均值是否相等的问题, 即检验

$$H_0\text{：}\ \mu_1=\mu_2=\mu_3,\quad H_1\text{：}\ \mu_1\ ,\mu_2\ ,\mu_3\ \text{不全相等}.$$

像这类仅考虑一个因素对试验指标的影响, 把来自同一个因素的不同水平下的试验指标看作来自同方差的多个正态总体的样本, 通过检验这多个总体的均值是否相等, 判断该因素的不同水平对试验指标的影响是否有显著差异, 或者说判断该因素对试验指标是否有显著影响, 就是单因素方差分析要解决的问题. 当因素只有两个水平时, 这类问题也可以用第 8 章讲过的两正态总体均值比较的方法来解决.

10.1.2 单因素试验方差分析的数学模型

单因素方差分析问题的一般提法为：因素 A 有 m 个水平 $A_1, A_2, \cdots, A_m$, 在 A_i 水平下, 试验指标总体 $X_i \sim N(\mu_i, \sigma^2)$, $i=1, 2, \cdots, m$. 其中 μ_i 和 σ^2 均未知, 希望对不同水平下试验指标总体的均值进行比较.

设在因素 A 的第 i 个水平 A_i 下进行 $n_i(n_i \geqslant 2)$ 次独立试验, 得到第 i 个试验指标总体 X_i 的样本：$X_{i1}, X_{i2}, \cdots, X_{in_i}$, $i=1, 2, \cdots, m$. 全部试验指标如表 10.3 所示. 从不同水平 (总体) 中抽出的样本容量可以相同, 也可以不同. 若样

本容量相同, 即 $n_1=n_2=\cdots=n_m$, 则称样本数据为**均衡数据**; 若样本容量不完全相同, 即至少存在不相等的两个数 i,j, 使得 $n_i\neq n_j$, 则称样本数据为**非均衡数据**.

表 10.3 单因素试验结果

因素 A 的水平	试验指标			
A_1	X_{11}	X_{12}	$\cdots$	X_{1n_1}
A_2	X_{21}	X_{22}	$\cdots$	X_{2n_2}
$\cdots$	$\cdots$	$\cdots$	$\cdots$	$\cdots$
A_i	X_{i1}	X_{i2}	$\cdots$	X_{in_i}
$\cdots$	$\cdots$	$\cdots$	$\cdots$	$\cdots$
A_m	X_{m1}	X_{m2}	$\cdots$	X_{mn_m}

由 $X_i\sim N(\mu_i,\sigma^2)$ 知 $X_{ij}\sim N(\mu_i,\,\sigma^2),\ j=1,2,\cdots,n_i$, 于是有 $X_{ij}-\mu_i\sim N(0,\sigma^2)$, 故 $X_{ij}-\mu_i$ 可以看作是随机误差, 记 $X_{ij}-\mu_i=\varepsilon_{ij}$, 则单因素方差分析的数学模型常常表示为

$$\begin{cases} X_{ij}=\mu_i+\varepsilon_{ij}, \\ \varepsilon_{ij}\sim N(0,\sigma^2), \quad \text{各 } \varepsilon_{ij} \text{ 相互独立}, \\ i=1,2,\cdots,m; \quad j=1,2,\cdots,n_i. \end{cases} \tag{10.1}$$

其中 $\mu_1,\mu_2,\cdots,\mu_m,\sigma^2$ 均为未知参数, 对于该模型, 方差分析的基本任务是

(1) 检验假设

$$H_0\text{:}\ \mu_1=\mu_2=\cdots=\mu_m, \quad H_1\text{:}\ \mu_1,\,\mu_2,\,\cdots,\,\mu_m \text{ 不全相等;} \tag{10.2}$$

(2) 对未知参数 $\mu_i(i=1,2,\cdots,m)$, σ^2 进行估计.

10.1.3 单因素试验方差分析的方法

为了方便起见, 可将上述单因素方差分析模型中的 μ_i 记为: $\mu_i=\mu+\nu_i$, 其中 $\mu=\dfrac{1}{n}\sum\limits_{i=1}^{m}n_i\mu_i$ 称为总均值, $n=\sum\limits_{i=1}^{m}n_i$. $\nu_i=\mu_i-\mu(i=1,2,\cdots,m)$ 称为因素 A 第 i 个水平因素 A_i 的附加效应, 易知 $\sum\limits_{i=1}^{m}n_i\nu_i=0$.

于是, 单因素方差分析模型也可以表示为

$$\begin{cases} X_{ij}=\mu+\nu_i+\varepsilon_{ij}, \\ \varepsilon_{ij}\sim N(0,\sigma^2), \quad \text{各 } \varepsilon_{ij} \text{ 相互独立}, \\ i=1,2,\cdots,m; \quad j=1,2,\cdots,n_i, \\ \sum\limits_{i=1}^{m}n_i\nu_i=0. \end{cases}$$

那么, 检验具有相同方差的正态总体均值是否相等, 等价于检验每个水平因素下的附加效应是否为零, 即检验假设:

$$H_0\colon \nu_1=\nu_2=\cdots=\nu_m=0,\quad H_1\colon \nu_1,\nu_2,\cdots,\nu_m \text{ 不全为零}. \tag{10.3}$$

下面简单介绍检验统计量及检验方法.

以 $\bar{X}$ 表示所有 X_{ij} 的总平均值, $\bar{X}_{i.}$ 表示第 i 组数据的组内平均值, 即

$$\bar{X}=\frac{1}{n}\sum_{i=1}^{m}\sum_{j=1}^{n_i}X_{ij},\quad \bar{X}_{i.}=\frac{1}{n_i}\sum_{j=1}^{n_i}X_{ij},$$

其中 $n=n_1+n_2+\cdots+n_m$.

统计量

$$S_{\mathrm{T}}=\sum_{i=1}^{m}\sum_{j=1}^{n_i}(X_{ij}-\bar{X})^2$$

称为**总离差平方和**, 或简称**总平方和**. 它反映了全部试验数据的差异, 或者说是反映全部试验数据的差异波动程度.

统计量

$$S_A=\sum_{i=1}^{m}\sum_{j=1}^{n_i}(\bar{X}_{i.}-\bar{X})^2=\sum_{i=1}^{m}n_i(\bar{X}_{i.}-\bar{X})^2$$

反映了每组数据均值和总平均值的差异, 也就是因素 A 在各个水平下的不同作用在数据中引起的波动, 称为**组间离差平方和**, 简称**组间平方和**, 或称**因素 A 效应平方和**.

统计量

$$S_{\mathrm{E}}=\sum_{i=1}^{m}\sum_{j=1}^{n_i}(X_{ij}-\bar{X}_{i.})^2$$

反映了组内数据和组内平均的差异, 也就是由随机误差造成的数据波动, 称为**组内离差平方和**, 或称为**误差平方和**. 可以证明 $S_{\mathrm{T}}=S_A+S_{\mathrm{E}}$(见【拓展阅读 10-1】).

构造检验统计量

$$F=\frac{S_A/(m-1)}{S_{\mathrm{E}}/(n-m)},$$

可以证明, 在 H_0 成立下

$$F=\frac{S_A/(m-1)}{S_{\mathrm{E}}/(n-m)}\sim F(m-1,n-m)(\text{见【拓展阅读 10-2】}).$$

当原假设成立时, 各总体均值相等, 各样本均值间的差异应该较小, 因素 A 的效应平方和也应较小, F 统计量取很大值应该是稀有的情形. 所以对给定显著性水平 $\alpha \in (0, 1)$, H_0 的拒绝域为

$$\left\{F = \frac{S_A/(m-1)}{S_{\mathrm{E}}/(n-m)} \geqslant F_\alpha(m-1, n-m)\right\}.$$

若由观测数据 $x_{ij}(j = 1, 2, \cdots, n_i; i = 1, 2, \cdots, m)$ 计算得到 F 的观测值为 f, 当 f 落入拒绝域时拒绝原假设 H_0, 可以认为所考虑的因素 A 对响应变量有显著影响; 否则不能拒绝 H_0, 认为所考虑的因素 A 对响应变量无显著影响.

另外, F 统计量的 p 值为 $p = P\{F \geqslant f\}$, 在显著水平 α 下, 若 $p = P\{F \geqslant f\} < \alpha$, 则拒绝原假设 H_0, 可以认为所考虑的因素对响应变量有显著影响; 否则不能拒绝 H_0, 认为所考虑的因素对响应变量无显著影响.

通常将上述计算结果表示为表 10.4 所示的方差分析表.

表 10.4 单因素试验结果

方差来源	平方和	自由度	均方	F 值	p 值
因素 A(组间)	S_A	$m-1$	$S_A/(m-1)$	$\dfrac{S_A/(m-1)}{S_{\mathrm{E}}/(n-m)}$	$P\{F \geqslant f\}$
误差 (组内)	S_{E}	$n-m$	$S_{\mathrm{E}}/(n-m)$		
总和	S_{T}	$n-1$			

方差分析表信息全面, 直观明了, 通过观察 p 值, 可立刻得出在一定的显著水平下因素 A 对其各水平间的差异是否显著.

最后, 简单介绍一下单因素试验方差分析中的未知参数 $\mu_i(i = 1, 2, \cdots, m)$, σ^2 的估计问题, 由于

$$E\left(\bar{X}\right) = \mu, \quad E\left(\bar{X}_{i.}\right) = \mu_i,$$

且无论 (10.3) 式中的原假设是否成立, 均有

$$\frac{S_{\mathrm{E}}}{\sigma^2} \sim \chi^2(n-m), \quad E\left(\frac{S_{\mathrm{E}}}{n-m}\right) = \sigma^2.$$

所以 $\hat{\mu} = \bar{X}$, $\hat{\mu}_{i.} = \bar{X}_{i.}$ 和 $\hat{\sigma}^2 = \dfrac{S_{\mathrm{E}}}{n-m}$ 分别是未知参数 μ, $\mu_i(i = 1, 2, \cdots, m)$ 和 σ^2 的无偏估计.

【实验 10.1】利用 Excel 的数据分析工具对例 10.1 作方差分析.

实验步骤

(1) 将例 10.1 中数据输入 Excel 中, 如图 10.1 所示.

(2) 在 Excel 顶部工具栏中选择 "数据" →"数据分析", 打开 "数据分析" 对话框, 在 "分析工具" 列表中选择 "方差分析: 单因素方差分析" 选项, 单击 "确定" 按钮.

(3) 在打开的“方差分析：单因素方差分析”对话框中，输入“输入区域”：B2:D8，“分组方式”取默认的“列”方式，选中“标志位于第一行”复选框，如图 10.2 所示，单击“确定”按钮.

	A	B	C	D
1	18块农田产量			
2		甲化肥	乙化肥	丙化肥
3	产量	50	49	51
4		46	50	50
5		49	47	49
6		52	47	46
7		48	46	50
8		48	49	50

图 10.1 18 块农田产量

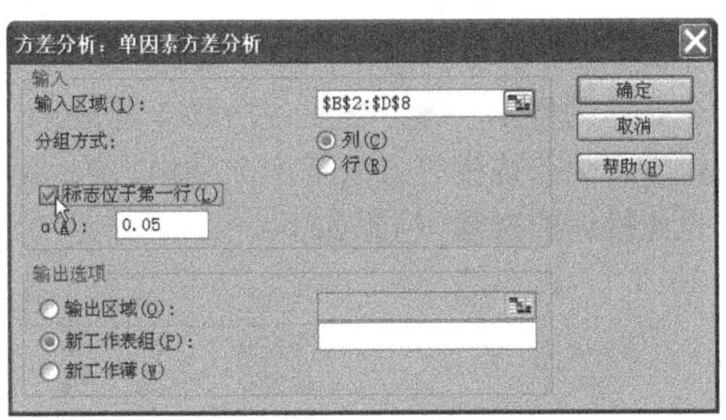

图 10.2 “方差分析：单因素方差分析”对话框

得到单因素方差分析的结果如图 10.3 所示.

(4) 结果分析.

第一部分“SUMMARY”提供拟合模型的一般信息，包括各分组的名称、观测数、和、均值和方差，如图 10.3 上所示.

	A	B	C	D	E	F	G
1	方差分析：单因素方差分析						
2							
3	SUMMARY						
4	组	观测数	求和	平均	方差		
5	甲化肥	6	293	48.83333	4.166667		
6	乙化肥	6	288	48	2.4		
7	丙化肥	6	296	49.33333	3.066667		
8							
9							
10	方差分析						
11	差异源	SS	df	MS	F	P-value	F crit
12	组间	5.444444	2	2.722222	0.847751	0.447908	3.68232
13	组内	48.16667	15	3.211111			
14							
15	总计	53.61111	17				

图 10.3 单因素方差分析的结果

第二部分为方差分析表，其中各项含义可参见表 10.3 的说明. 最右边多了一列：在 $\alpha = 0.05$ 的显著水平下，单因素方差分析 F 检验的临界值 (即 F 统计量的上 α 分位点：F_α).

从方差分析表可以看出，F 检验统计量的观测值为 0.847751，小于临界值 3.68232，没有落入拒绝域，所以不能拒绝原假设，没有足够的证据证明三种化肥的肥效有显著差异. 另外, 根据 p 值 $= 0.447908 > 0.05$(显著水平), 也能得到同样的结论.

例 10.2 消费者与产品生产者、销售者或服务的提供者之间经常发生纠纷. 当发生纠纷后, 消费者常常会向消费者协会投诉. 为了对几个行业的服务质量进行评价, 消费者协会在零售业、旅游业、航空公司、家电制造业分别抽取了不同的企业作为样本. 每个行业各抽取 5 家企业, 所抽取的这些企业在服务对象、服务内容、企业规模等方面基本上是相同的. 现统计出最近一年中消费者对总共 20 家企业投诉的次数, 结果如下:

行业	投诉次数				
零售业	57	66	49	40	44
旅游业	68	39	29	45	56
航空公司	31	49	21	34	40
家电制造业	44	51	65	77	58

通常, 受到投诉的次数越多, 说明服务的质量越差. 消费者协会想知道这几个行业之间的服务质量是否有显著差异, 试进行方差分析.

本例采用单因素方差分析法, 只考虑行业这一个因素对投诉次数的影响, 四个不同的行业称为该因素的四个不同水平. 原假设是: 不同行业对服务质量的投诉次数没有显著差异.

【实验 10.2】利用 Excel 的数据分析工具对例 10.2 作方差分析.

实验步骤

(1) 将数据输入 Excel 中, 如图 10.4 所示.

	A	B	C	D
1	消费者对四个行业的投诉次数			
2	零售业	旅游业	航空公司	家电制造业
3	57	68	31	44
4	66	39	49	51
5	49	29	21	65
6	40	45	34	77
7	44	56	40	58

图 10.4 消费者对四个行业的投诉次数

(2) 在 Excel 工具栏中选择 "数据" →"数据分析", 打开 "数据分析" 对话框, 在 "分析工具" 列表中选择 "方差分析: 单因素方差分析" 选项, 单击 "确定" 按钮.

(3) 在打开的 "方差分析: 单因素方差分析" 对话框中, 输入 "输入区域": A2:D7, "分组方式" 取默认的 "列" 方式, 选中 "标志位于第一行" 复选框, 如图 10.5 所示, 单击 "确定" 按钮.

得到单因素方差分析的结果如图 10.6 所示.

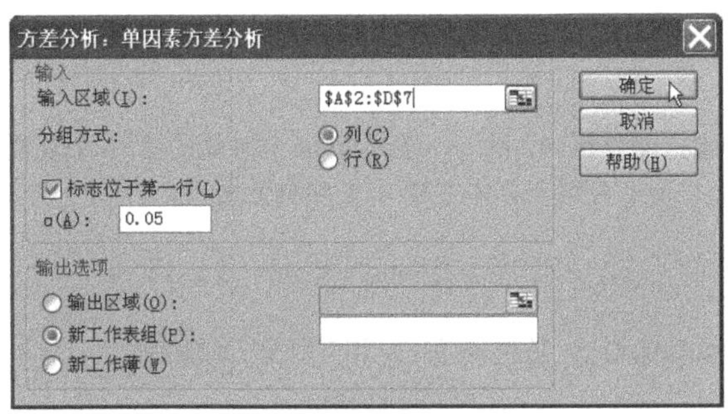

图 10.5 “方差分析：单因素方差分析” 对话框

	A	B	C	D	E	F	G
1	方差分析：单因素方差分析						
2							
3	SUMMARY						
4	组	观测数	求和	平均	方差		
5	零售业	5	256	51.2	108.7		
6	旅游业	5	237	47.4	228.3		
7	航空公司	5	175	35	108.5		
8	家电制造	5	295	59	162.5		
9							
10							
11	方差分析						
12	差异源	SS	df	MS	F	P-value	F crit
13	组间	1502.55	3	500.85	3.295066	0.047647	3.238872
14	组内	2432	16	152			
15							
16	总计	3934.55	19				

图 10.6 单因素方差分析的结果

(4) 结果分析：从方差分析表可以看出，F 检验统计量的观测值为 3.295066，大于临界值 3.238872，落入了拒绝域，所以可以拒绝原假设，认为 4 个行业之间的服务质量有显著差异. 另外. 根据 p 值 $= 0.047647 < 0.05$(显著水平)，也能得到同样的结果.

从平均投诉的次数来看，家电制造业最高 (59)，航空公司最低 (35)，从各分组的方差来看，航空公司的服务最稳定 (方差最小).

【微视频10-1】单因素方差分析

【实验讲解10-1】单因素方差分析

【拓展阅读10-1】单因素试验总平方和的分解

【拓展阅读10-2】单因素试验方差分析中的F检验统计量

同步自测 10-1

一、填空

1. 在单因素试验方差分析中, 设 x_{ij} 表示第 i 个总体的第 j 个观测值, 每个总体 $x_i \sim N(\mu_i, \sigma^2)$, $i=1,2,\cdots,m$. 若每个总体各取 n 个观测数据, 那么, 有

$$x_{ij} = \mu_i + \varepsilon_{ij}, \quad 1 \leqslant i \leqslant m, \quad 1 \leqslant j \leqslant n,$$

其中 μ_i 表示第 i 个总体的均值, 随机误差 ε_{ij} 相互独立, 均服从____________.

2. 单因素试验方差分析总平方和 $S_{\mathrm{T}} = \sum_{i=1}^{m}\sum_{j=1}^{n_i}(X_{ij}-\bar{X})^2$、组间平方和 $S_A = \sum_{i=1}^{m} n_i(\bar{X}_{i.}-\bar{X})^2$ 及误差平方和 $S_{\mathrm{E}} = \sum_{i=1}^{m}\sum_{j=1}^{n_i}(X_{ij}-\bar{X}_{i.})^2$ 的关系是________.

3. 根据下面的方差分析表指出检验统计量服从的分布是____________, 在显著水平为 0.05 时, 原假设的拒绝域为____________, 检验统计量的观测值为________, 检验统计量____________(是 \ 否) 落入了拒绝域, p 值 =____________, 无论是根据拒绝域法或 p 值法, 原假设都应该______, 即所研究的因素对试验数据的影响是____________.

方差来源	平方和	自由度	均方	F 值	p 值
组间	5.44	2	2.72	0.84	0.44
组内	48.16	15	3.21		
总计	53.60	17			

二、单项选择

1. 方差分析就是通过对试验数据进行分析, 研究多个正态总体 (　　) 是否相等.

(A) 均值　　(B) 方差　　(C) 标准差　　(D) 都不是

2. 单因素方差分析中反映了组内数据和组内平均值差异的是 (　　).

(A) 总离差平方和　　(B) 组内离差平方和

(C) 组间离差平方和　　(D) 都不是

3. 单因素试验方差分析的检验统计量为 $F = \dfrac{S_A/(m-1)}{S_{\mathrm{E}}/(n-m)}$, 对给定显著性水平 $\alpha \in (0,1)$, H_0 的拒绝域为

$$\left\{F = \frac{S_A/(m-1)}{S_{\mathrm{E}}/(n-m)} \geqslant F_\alpha(m-1, n-m)\right\}.$$

若由观测数据 $x_{ij}(j=1,2,\cdots,n_i; i=1,2,\cdots,m)$ 计算得到 F 的观测值为 F_0, 那么, F 统计量的 p 值为 (　　).

(A) $p = P\{F \leqslant F_0\}$　　(B) $p = P\{F \geqslant 2F_0\}$

(C) $p = P\{F \geqslant F_0\}$　　(D) $p = P\{F \leqslant 2F_0\}$

10.2 双因素试验的方差分析

单因素试验的方差分析研究的是试验指标受一个因素不同水平的影响. 但在一些实际问题中, 影响试验指标的因素不止一个, 这些因素间还可能存在交互作用, 这就要考虑两个或多个因素的问题. 为简单起见, 下面仅考虑两个因素的情况.

10.2.1 双因素等重复试验的方差分析

对于双因素试验的方差分析, 除了需要分别考虑每一个因素对试验指标的影响作用, 还要考虑两因素的交互作用. 现对因素 A, B 不同水平下的每对组合 (A_i, B_j) 都作等重复观测. 若第一个因素 A 有 l 个水平, 第二个因素 B 有 m 个水平. 在因素 A 的第 i 个水平和因素 B 的第 j 个水平下均进行了 $n(n>1)$ 次试验, 试验指标记为 $X_{ijk}, i=1,2,\cdots,l; j=1,2,\cdots,m; k=1,2,\cdots,n$. 全部试验指标如表 10.5 所示.

表 10.5 双因素等重复试验结果

因素 B / 因素 A	B_1	B_2	$\cdots$	B_j	$\cdots$	B_m
A_1	$X_{111}\cdots X_{11n}$	$X_{121}\cdots X_{12n}$	$\cdots$	$X_{1j1}\cdots X_{1j1}$	$\cdots$	$X_{1m1}\cdots X_{1mn}$
A_2	$X_{211}\cdots X_{21n}$	$X_{221}\cdots X_{22n}$	$\cdots$	$X_{2j1}\cdots X_{2j1}$	$\cdots$	$X_{2m1}\cdots X_{2mn}$
	$\cdots$	$\cdots$	$\cdots$	$\cdots$	$\cdots$	$\cdots$
A_i	$X_{i11}\cdots X_{i1n}$	$X_{i21}\cdots X_{i2n}$	$\cdots$	$X_{ij1}\cdots X_{ijn}$	$\cdots$	$X_{im1}\cdots X_{imn}$
$\cdots$	$\cdots$	$\cdots$	$\cdots$	$\cdots$	$\cdots$	$\cdots$
A_l	$X_{l11}\cdots X_{l1n}$	$X_{l21}\cdots X_{l2n}$	$\cdots$	$X_{lj1}\cdots X_{ljn}$	$\cdots$	$X_{lm1}\cdots X_{lmn}$

若设 $X_{ijk}\sim N(\mu_{ij},\sigma^2), i=1,2,\cdots,l; j=1,2,\cdots,m; k=1,2,\cdots,n$. X_{ijk} 之间相互独立, 双因素等重复试验的方差分析的数学模型可以表示为

$$\begin{cases} X_{ijk}=\mu_{ij}+\varepsilon_{ijk}, \\ \varepsilon_{ijk}\sim N(0,\sigma^2), \quad \text{各 } \varepsilon_{ij} \text{ 相互独立}, \\ i=1,2,\cdots,l; \quad j=1,2,\cdots,m; \quad k=1,2,\cdots,n, \end{cases} \tag{10.4}$$

记

$$\begin{cases} \mu=\dfrac{1}{lm}\displaystyle\sum_{i=1}^{l}\sum_{j=1}^{m}\mu_{ij}, \\ \mu_{i\cdot}=\dfrac{1}{m}\displaystyle\sum_{j=1}^{m}\mu_{ij}, i=1,2,\cdots,l, \\ \mu_{\cdot j}=\dfrac{1}{l}\displaystyle\sum_{i=1}^{l}\mu_{ij}, j=1,2,\cdots,m. \end{cases} \tag{10.5}$$

称 μ 为总平均, 称 $\mu_{i.}$ 为因素 A 的第 i 个水平的平均, 称 $\mu_{.j}$ 为因素 B 的第 j 个水平的平均, 并称

$$\alpha_i = \frac{1}{m}\sum_{j=1}^{m}(\mu_{ij} - \mu_{.j}) = \mu_{i.} - \mu, \quad i = 1, 2, \cdots, l \tag{10.6}$$

为因素 A 的第 i 个水平 A_i 的效应, 它度量了水平 A_i 对总体平均 μ "贡献" 的大小. 相应地, 称

$$\beta_j = \frac{1}{l}\sum_{i=1}^{l}(\mu_{ij} - \mu_{i.}) = \mu_{.j} - \mu, \quad j = 1, 2, \cdots, m \tag{10.7}$$

为因素 B 的第 j 个水平 B_j 的效应, 它度量了水平 B_j 对总体平均 μ "贡献" 的大小.

记

$$\gamma_{ij} = \mu_{ij} - \mu - \alpha_i - \beta_j, \quad i = 1, 2, \cdots, l; \quad j = 1, 2, \cdots, m. \tag{10.8}$$

由于 $\mu_{ij} - \mu$ 可理解为水平搭配 $A_i * B_j$ 对试验结果的总效应, γ_{ij} 则表示总效应 $\mu_{ij} - \mu$ 减去水平 A_i 的效应 α_i 和水平 B_j 的效应 β_j, 因此 γ_{ij} 实际表示的是水平搭配 $A_i * B_j$ 对试验结果的交互效应. 易见

$$\sum_{i=1}^{l}\alpha_i = 0, \quad \sum_{j=1}^{m}\beta_j = 0; \quad \sum_{i=1}^{l}\gamma_{ij} = 0, \quad \sum_{j=1}^{m}\gamma_{ij} = 0. \tag{10.9}$$

将 (10.8) 代入 (10.4), 可得双因素等重复实验的方差分析模型为

$$\begin{cases} X_{ijk} = \mu + \alpha_i + \beta_j + \gamma_{ij} + \varepsilon_{ijk}, \\ \varepsilon_{ijk} \sim N(0, \sigma^2), \quad \text{各 } \varepsilon_{ijk} \text{ 相互独立}, \\ i = 1, 2, \cdots, l; \quad j = 1, 2, \cdots, m; \quad k = 1, 2, \cdots, n, \\ \displaystyle\sum_{i=1}^{l}\alpha_i = 0, \quad \sum_{j=1}^{m}\beta_j = 0, \quad \sum_{i=1}^{l}\gamma_{ij} = 0, \quad \sum_{j=1}^{m}\gamma_{ij} = 0, \end{cases} \tag{10.10}$$

其中 $\mu, \alpha_i, \beta_j, \gamma_{ij}$ 及 σ^2 均是未知参数.

要判断因素 A, 因素 B, 以及交互效应 $A * B$ 的影响, 需分别检验:

$$H_{0A}\text{：} \alpha_1 = \alpha_2 = \cdots = \alpha_l = 0, \ H_{1A}\text{：} \alpha_1, \alpha_2, \cdots, \alpha_l \text{ 不全为零};$$

$$H_{0B}\text{：} \beta_1 = \beta_2 = \cdots = \beta_m = 0, \ H_{1B}\text{：} \beta_1, \beta_2, \cdots, \beta_m \text{ 不全为零};$$

$$H_{0(A*B)}\text{：} \gamma_{11} = \gamma_{12} = \cdots = \gamma_{lm} = 0, \ H_{1(A*B)}\text{：} \gamma_{11}, \gamma_{12}, \cdots, \gamma_{lm} \text{ 不全为零}.$$

和单因素情况类似, 为检验上述假设也需要对总离差平方和

$$S_{\mathrm{T}}=\sum_{i=1}^{l}\sum_{j=1}^{m}\sum_{k=1}^{n}(X_{ijk}-\bar{X})^2$$

进行合理分解, 其中,

$$\bar{X}=\frac{1}{lmn}\sum_{i=1}^{l}\sum_{j=1}^{m}\sum_{k=1}^{n}X_{ijk}$$

为总平均值. 另外还需要引进以下统计量:

组内平均值

$$\bar{X}_{ij.}=\frac{1}{n}\sum_{k=1}^{n}X_{ijk},\quad \bar{X}_{i..}=\frac{1}{mn}\sum_{j=1}^{m}\sum_{k=1}^{n}X_{ijk},\quad \bar{X}_{.j.}=\frac{1}{ln}\sum_{i=1}^{l}\sum_{k=1}^{n}X_{ijk};$$

因素 A 平方和

$$S_A=mn\sum_{i=1}^{l}(\bar{X}_{i..}-\bar{X})^2;$$

因素 B 平方和

$$S_B=ln\sum_{j=1}^{m}(\bar{X}_{.j.}-\bar{X})^2;$$

误差平方和

$$S_{\mathrm{E}}=\sum_{i=1}^{l}\sum_{j=1}^{m}\sum_{k=1}^{n}(X_{ijk}-\bar{X}_{ij.})^2;$$

交互作用平方和

$$S_{A*B}=n\sum_{i=1}^{l}\sum_{j=1}^{m}(\bar{X}_{ij.}-\bar{X}_{i..}-\bar{X}_{.j.}-\bar{X})^2.$$

可以证明 (【拓展阅读 10-3】)

$$S_{\mathrm{T}}=S_A+S_B+S_{A*B}+S_{\mathrm{E}}. \tag{10.11}$$

为进一步了解各因素水平对各离差平方和的影响, 令

$$\bar{\varepsilon}_{ij.}=\frac{1}{n}\sum_{k=1}^{n}\varepsilon_{ijk},\quad i=1,2,\cdots,l;j=1,2,\cdots,m;$$

$$\bar{\varepsilon}_{i..}=\frac{1}{mn}\sum_{j=1}^{m}\sum_{k=1}^{n}\varepsilon_{ijk},\quad i=1,2,\cdots,l;\quad \bar{\varepsilon}_{.j.}=\frac{1}{ln}\sum_{i=1}^{l}\sum_{k=1}^{n}\varepsilon_{ijk},j=1,2,\cdots,m.$$

$$\bar{\varepsilon}=\frac{1}{mln}\sum_{i=1}^{l}\sum_{j=1}^{m}\sum_{k=1}^{n}\varepsilon_{ijk}=\frac{1}{lm}\sum_{i=1}^{l}\sum_{j=1}^{m}\bar{\varepsilon}_{ij.}=\frac{1}{m}\sum_{j=1}^{m}\bar{\varepsilon}_{.j.}=\frac{1}{l}\sum_{i=1}^{l}\bar{\varepsilon}_{i..}.$$

由 (10.10) 得

$$\bar{X}_{ij.}=\mu+\alpha_i+\beta_j+\bar{\varepsilon}_{ij.},\quad i=1,2,\cdots,l;j=1,2,\cdots,m; \tag{10.12}$$

$$\bar{X}_{i..}=\mu+\alpha_i+\bar{\varepsilon}_{i..},\quad i=1,2,\cdots,l; \tag{10.13}$$

$$\bar{X}_{.j.}=\mu+\beta_i+\bar{\varepsilon}_{.j.},\quad j=1,2,\cdots,m. \tag{10.14}$$

将 (10.12)—(10.14) 代入各平方和得

$$S_A=nm\sum_{i=1}^{l}(\alpha_i+\bar{\varepsilon}_{i..}-\bar{\varepsilon})^2;\quad S_B=nl\sum_{j=1}^{m}(\beta_j+\bar{\varepsilon}_{.j.}-\bar{\varepsilon})^2;$$

$$S_{A*B}=n\sum_{i=1}^{l}\sum_{j=1}^{m}(\gamma_{ij}+\bar{\varepsilon}_{ij.}-\bar{\varepsilon}_{i..}-\bar{\varepsilon}_{.j.}+\bar{\varepsilon})^2;\quad S_{\mathrm{E}}=\sum_{i=1}^{l}\sum_{j=1}^{m}\sum_{k=1}^{n}(\varepsilon_{ijk}-\bar{\varepsilon}_{ij.})^2.$$

由此可见 S_A 除依赖于随机误差变量 ε_{ijk} 外, 主要依赖于因素 A 各水平效应 $\alpha_i, i=1,2,3,\cdots,l$, 即 S_A 能够描述因素 A 各个水平效应的影响; S_B 除依赖于随机误差变量 ε_{ijk} 外, 主要依赖因素 B 的各水平效应 $\beta_j, j=1,2,3,\cdots,m$, 即 S_B 能够描述因素 B 的各个水平效应的影响; S_{A*B} 除依赖于随机误差变量 ε_{ijk} 外, 主要依赖因素 A 和因素 B 水平搭配 A_i*B_j 的交互效应, 即 S_{A*B} 能够描述水平搭配的交互效应的影响; S_{E} 仅依赖随机误差 ε_{ijk}, 即 S_{E} 能够描述随机误差的影响.

分别取检验统计量

$$F_A=\frac{S_A/(l-1)}{S_{\mathrm{E}}/[lm(n-1)]},\quad F_B=\frac{S_B/(m-1)}{S_{\mathrm{E}}/[lm(n-1)]}\ \text{及}\ F_{(A*B)}=\frac{S_{(A*B)}/[(l-1)(m-1)]}{S_{\mathrm{E}}/[lm(n-1)]}$$

作为检验假设 H_{0A}, H_{0B} 及 $H_{0(A*B)}$ 的检验统计量. 有如下结论:

在 H_{0A} 成立时

$$F_A=\frac{S_A/(l-1)}{S_{\mathrm{E}}/[lm(n-1)]}\sim F_\alpha(l-1,lm(n-1)); \tag{10.15}$$

在 H_{0B} 成立时

$$F_B=\frac{S_B/(m-1)}{S_{\mathrm{E}}/[lm(n-1)]}\sim F_\alpha(m-1,lm(n-1)); \tag{10.16}$$

在 $H_{0(A*B)}$ 成立时

$$F_{(A*B)}=\frac{S_{(A*B)}/[(l-1)(m-1)]}{S_{\mathrm{E}}/[lm(n-1)]}\sim F_\alpha((l-1)(m-1),lm(n-1)); \tag{10.17}$$

对于给定的显著性水平 α, H_{0A} 的拒绝域为

$$\left\{F_A=\frac{S_A/(l-1)}{S_{\mathrm{E}}/[lm(n-1)]}\geqslant F_\alpha(l-1,lm(n-1))\right\}.$$

H_{0B} 的拒绝域为

$$\left\{F_B=\frac{S_B/(m-1)}{S_{\mathrm{E}}/[lm(n-1)]}\geqslant F_\alpha(m-1,lm(n-1))\right\}.$$

$H_{0(A*B)}$ 的拒绝域为

$$\left\{F_{(A*B)}=\frac{S_{(A*B)}/[(l-1)(m-1)]}{S_{\mathrm{E}}/[lm(n-1)]}\geqslant F_\alpha((l-1)(m-1),lm(n-1))\right\}.$$

另外, 若 F_A, F_B 和 $F_{(A*B)}$ 统计量的观测值分别为 f_A, f_B 和 $f_{(A*B)}$ 则

当值 $p=P\{F_A\geqslant f_A\}<\alpha$ 时拒绝 H_{0A}, 否则不能拒绝 H_{0A};

当值 $p=P\{F_B\geqslant f_B\}<\alpha$ 时拒绝 H_{0B}, 否则不能拒绝 H_{0B};

当值 $p=P\{F_{(A*B)}\geqslant f_{(A*B)}\}<\alpha$ 时拒绝 $H_{0(A*B)}$, 否则不能拒绝 $H_{0(A*B)}$.

双因素等重复试验的方差分析表的形式见表 10.6.

表 10.6　双因素等重复试验的方差分析表

方差来源	平方和	自由度	均方	F 值	p 值
因素 A	S_A	$l-1$	$S_A/(l-1)$	$\dfrac{S_A/(l-1)}{S_{\mathrm{E}}/[lm(n-1)]}$	$P\{F_A\geqslant f_A\}$
因素 B	S_B	$m-1$	$S_B/(m-1)$	$\dfrac{S_B/(m-1)}{S_{\mathrm{E}}/[lm(n-1)]}$	$P\{F_B\geqslant f_B\}$
交互作用	S_{A*B}	$(l-1)(m-1)$	$S_{A*B}/[(l-1)(m-1)]$	$\dfrac{S_{A*B}/[(l-1)(m-1)]}{S_{\mathrm{E}}/[lm(n-1)]}$	$P\{F_{A*B}\geqslant f_{A*B}\}$
误差	S_{E}	$lm(n-1)$	$S_{\mathrm{E}}/[lm(n-1)]$		
总和	S_{T}	$lmn-1$			

利用表中的信息, 就可以对每个因素各水平间的差异是否显著做出判断, 同时推断出各个因素间的交互作用是否显著.

例 10.3 (双因素等重复试验的方差分析)　考虑合成纤维收缩率 (因素 A) 和总拉伸倍数 (因素 B) 对纤维弹性 y 的影响. 收缩率取 4 个水平: $A_1=0$, $A_2=4$, $A_3=8$, $A_4=12$; 因素 B 也取 4 个水平: $B_1=460$, $B_2=520$, $B_3=580$, $B_4=640$. 在每个组合 A_iB_j 下重复做二次试验, 弹性数据如表 10.7 所示.

表 10.7　合成纤维收缩率和总拉伸倍数对纤维弹性的影响

A: 收缩率	B: 拉伸倍数			
	460	520	580	640
0	71, 73	72, 73	75, 73	77, 75
4	73, 75	76, 74	78, 77	74, 74
8	76, 73	79, 77	74, 75	74, 73
12	75, 73	73, 72	70, 71	69, 69

考虑如下问题:

(1) 收缩率 (因素 A)、拉伸倍数 (因素 B) 对弹性 y 有无显著性影响?

(2) 因素 A 和因素 B 是否有交互作用?

解 本例可以采用双因素等重复试验的方差分析, 就是要检验如下假设:

H_{0A}: 不同收缩率对弹性无影响, H_{1A}: 不同收缩率对弹性有显著影响;

H_{0B}: 不同拉伸倍数对弹性无影响, H_{1B}: 不同拉伸倍数对弹性有显著影响;

$H_{0(A*B)}$: 因素 A 和因素 B 无交互作用, $H_{l(A*B)}$: 因素 A 和因素 B 有交互作用.

具体计算可以在 Excel 中进行 (参见实验 10.3).

【实验 10.3】使用 Excel 的数据分析工具对例 10.3 进行双因素等重复试验的方差分析.

分析步骤如下:

(1) 将表 10.6 中数据输入 Excel 中, 如图 10.7 所示.

	A	B	C	D	E	F
1	合成纤维收缩率和总拉伸倍数对纤维弹性的影响					
2			B: 总拉伸倍数			
3			B460	B520	B580	B640
4	A: 收缩率	A0	71	72	75	77
5			73	73	73	75
6		A4	73	76	78	74
7			75	74	77	74
8		A8	76	79	74	74
9			73	77	75	73
10		A12	75	73	70	69
11			73	72	71	69

图 10.7 收缩率和总拉伸倍数对纤维弹性的影响

(2) 在 Excel 工具栏中选择 “数据”→“数据分析”, 打开 “数据分析” 对话框, 在 “分析工具” 列表中选择 “方差分析: 可重复双因素分析” 选项, 单击 “确定” 按钮.

(3) 在打开的 “方差分析: 可重复双因素分析” 对话框中, 输入 “输入区域”: B3:F11, 输入 “每一样本的行数”: 2, 如图 10.8 所示, 单击 “确定” 按钮.

得到可重复双因素方差分析的结果如图 10.9 所示.

(4) 结果分析:

从方差分析表 (第 33 行 ~ 第 40 行) 可以看出:

样本因素 (因素 A): $p < 0.0001 < 0.05$, 差异显著, 表示收缩率对纤维弹性有显著影响.

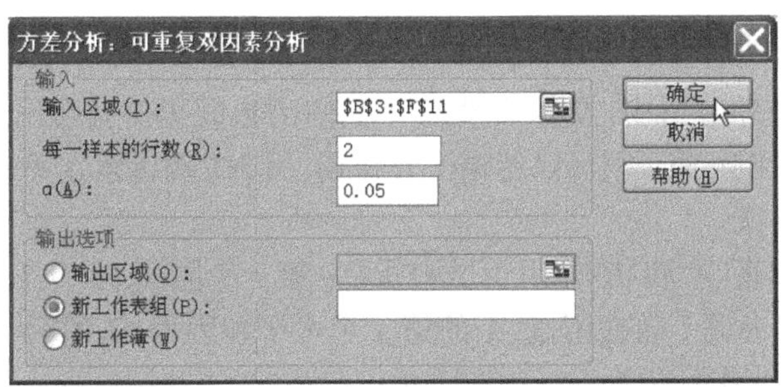

图 10.8 “方差分析：可重复双因素分析”对话框

列因素 (因素 B): $p = 0.1363 > 0.05$, 差异不显著, 表示拉伸倍数对纤维弹性无显著影响.

交互因素：$p = 0.000591 < 0.05$, 差异显著, 表示合成纤维收缩率和总拉伸倍数有显著交互作用.

	A	B	C	D	E	F
1	方差分析：可重复双因素分析					
2	SUMMARY	B460	B520	B580	B640	总计
3	A0					
4	观测数	2	2	2	2	8
5	求和	144	145	148	152	589
6	平均	72	72.5	74	76	73.625
7	方差	2	0.5	2	2	3.696429
8						
9	A4					
10	观测数	2	2	2	2	8
11	求和	148	150	155	148	601
12	平均	74	75	77.5	74	75.125
13	方差	2	2	0.5	0	2.982143
14						
15	A8					
16	观测数	2	2	2	2	8
17	求和	149	156	149	147	601
18	平均	74.5	78	74.5	73.5	75.125
19	方差	4.5	2	0.5	0.5	4.410714
20						
21	A12					
22	观测数	2	2	2	2	8
23	求和	148	145	141	138	572
24	平均	74	72.5	70.5	69	71.5
25	方差	2	0.5	0.5	0	4.571429
26						
27	总计					
28	观测数	8	8	8	8	
29	求和	589	596	593	585	
30	平均	73.625	74.5	74.125	73.125	
31	方差	2.553571	6.571429	7.553571	7.839286	

32							
33	方差分析						
34	差异源	SS	df	MS	F	P-value	F crit
35	样本	70.59375	3	23.53125	17.51163	2.62E-05	3.238872
36	列	8.59375	3	2.864583	2.131783	0.136299	3.238872
37	交互	79.53125	9	8.836806	6.576227	0.000591	2.537667
38	内部	21.5	16	1.34375			
39							
40	总计	180.2188	31				

图 10.9 “方差分析：可重复双因素分析”的结果

【微视频10-2】双因素等重复试验的方差分析

【实验讲解10-2】双因素等重复试验的方差分析

【拓展阅读10-3】双因素试验总平方和的分解

10.2.2 双因素无重复试验的方差分析

在双因素方差分析中, 如果在实际中已知因素间无交互作用, 或者交互作用对试验指标的影响很弱, 则可以忽略交互作用, 此时, 对因素水平的每一个组合试验次数可以是一次.

设有两个因素 A 和 B 作用于试验指标, 第一个因素 A 有 l 个水平, 第二个因素 B 有 m 个水平. 若在因素 A 的第 i 个水平和因素 B 的第 j 个水平下均进行一次试验, 试验指标记为 $X_{ij}, i=1,2,\cdots,l; j=1,2,\cdots,m$. 全部试验指标如表 10.8 所示.

表 10.8 双因素无重复试验结果

因素 B / 因素 A	B_1	B_2	$\cdots$	B_j	$\cdots$	B_m
A_1	X_{11}	X_{12}	$\cdots$	X_{1j}	$\cdots$	X_{1m}
A_2	X_{21}	X_{22}	$\cdots$	X_{2j}	$\cdots$	X_{2m}
$\cdots$	$\cdots$	$\cdots$	$\cdots$	$\cdots$	$\cdots$	$\cdots$
A_i	X_{i1}	X_{i2}	$\cdots$	X_{ij}	$\cdots$	X_{im}
$\cdots$	$\cdots$	$\cdots$	$\cdots$	$\cdots$	$\cdots$	$\cdots$
A_l	X_{l1}	X_{l2}	$\cdots$	X_{lj}	$\cdots$	X_{lm}

若设 $X_{ij} \sim N(\mu_{ij}, \sigma^2), i=1,2,\cdots,l; j=1,2,\cdots,m$. X_{ij} 之间相互独立, 双因素无重复试验的方差分析的数学模型可以表示为

$$\begin{cases} X_{ij} = \mu_{ij} + \varepsilon_{ij}, \\ \varepsilon_{ij} \sim N(0,\sigma^2), \quad \text{各 } \varepsilon_{ij} \text{ 相互独立}, \\ i=1,2,\cdots,l; \quad j=1,2,\cdots,m. \end{cases} \tag{10.18}$$

这里 μ_{ij}, σ^2 均为未知参数.

注意到此时不考虑两因素的交互作用, 继续沿用 10.2.1 节中的记号, 则有

$$\gamma_{ij} = 0, \quad i=1,2,\cdots,l;\ j=1,2\cdots,m.$$

根据 (10.8) 式可得 $\mu_{ij} = \mu + \alpha_i + \beta_j$. 因此 (10.18) 式可写成

$$\begin{cases} X_{ij} = \mu + \alpha_i + \beta_j + \varepsilon_{ij}, \\ \varepsilon_{ij} \sim N(0,\sigma^2), \quad \text{各 } \varepsilon_{ij} \text{ 相互独立}, \\ i=1,2,\cdots,l; \quad j=1,2,\cdots,m. \end{cases} \tag{10.19}$$

欲判断因素 A 的水平变化对结果的影响是否显著, 即检验:

$$H_{0A}\text{:}\ \alpha_1 = \alpha_2 = \cdots = \alpha_l = 0, \quad H_{1A}\text{:}\ \alpha_1, \alpha_2, \cdots, \alpha_l \text{ 不全为零};$$

欲说明因素 B 有无显著影响, 需检验:

H_{0B}：$\beta_1=\beta_2=\cdots=\beta_m=0$，　H_{1B}：$\beta_1,\beta_2,\cdots,\beta_m$ 不全为零;

沿用双因素等重复试验方差分析中的概念和记号, 统计量

$$\bar{X}=\frac{1}{lm}\sum_{i=1}^{l}\sum_{j=1}^{m}X_{ij};\quad \bar{X}_{i.}=\frac{1}{m}\sum_{j=1}^{m}X_{ij}\text{ 及 }\bar{X}_{.j}=\frac{1}{l}\sum_{i=1}^{l}X_{ij}$$

分别称为总平均值、组内平均值. 令

$$\bar{\varepsilon}_{i.}=\frac{1}{m}\sum_{j=1}^{m}\varepsilon_{ij},\quad \bar{\varepsilon}_{.j}=\frac{1}{l}\sum_{i=1}^{l}\varepsilon_{ij},\quad \bar{\varepsilon}=\frac{1}{ml}\sum_{i=1}^{l}\sum_{j=1}^{m}\varepsilon_{ij}=\frac{1}{l}\sum_{i=1}^{l}\bar{\varepsilon}_{i.}=\frac{1}{m}\sum_{j=1}^{m}\bar{\varepsilon}_{.j},$$

则有

$$\bar{X}_{i.}=\mu+\alpha_i+\bar{\varepsilon}_{i.},\quad i=1,2,3,\cdots,l,$$

$$\bar{X}_{.j}=\mu+\beta_j+\bar{\varepsilon}_{.j},\quad j=1,2,3,\cdots,m.$$

此时, 因素 A 离差平方和、因素 B 离差平方和, 以及误差平方和分别为

$$S_A=m\sum_{i=1}^{l}(\bar{X}_{i.}-\bar{X})^2=m\sum_{i=1}^{l}(\alpha_i+\bar{\varepsilon}_{i.}-\bar{\varepsilon})^2,$$

$$S_B=l\sum_{j=1}^{m}(\bar{X}_{.j}-\bar{X})^2=l\sum_{j=1}^{m}(\beta_j+\bar{\varepsilon}_{.j}-\bar{\varepsilon})^2,$$

$$S_{\mathrm{E}}=\sum_{i=1}^{l}\sum_{j=1}^{m}(X_{ij}-\bar{X}_{i.}-\bar{X}_{.j}-\bar{X})^2=\sum_{i=1}^{l}\sum_{j=1}^{m}(\varepsilon_{ij}-\bar{\varepsilon}_{i.}-\bar{\varepsilon}_{.j}+\bar{\varepsilon})^2.$$

易见, S_{E} 仅依赖于随机误差变量 ε_{ij}, 即 S_{E} 能够描述随机误差 ε_{ij} 的影响. S_A 除依赖于随机误差 ε_{ij} 外, 还依赖因素 A 的各水平效应 $\alpha_i, i=1,2,3,\cdots,l$, 即 S_A 能够描述 A 的各个水平效应的影响. S_B 除依赖于随机误差 ε_{ij} 外, 还依赖因素 B 的各水平效应 $\beta_j, j=1,2,3,\cdots,m$, 即 S_B 能够描述 B 的各个水平效应的影响.

与双因素等重复试验方差分析类似, 总离差平方和

$$S_{\mathrm{T}}=\sum_{i=1}^{l}\sum_{j=1}^{m}(X_{ij}-\bar{X})^2$$

可以分解为

$$S_T = S_A + S_B + S_E. \tag{10.20}$$

构造检验统计量

$$F_A = \frac{S_A/(l-1)}{S_E/[(l-1)(m-1)]},$$

$$F_B = \frac{S_B/(m-1)}{S_E/[(l-1)(m-1)]}.$$

可以证明, 在 H_{0A} 成立时, 检验统计量

$$F_A = \frac{S_A/(l-1)}{S_E/[(l-1)(m-1)]} \sim F(l-1,(l-1)(m-1)).$$

在 H_{0B} 成立时, 检验统计量

$$F_B = \frac{S_B/(m-1)}{S_E/[(l-1)(m-1)]} \sim F(m-1,(l-1)(m-1)).$$

对于给定的显著性水平 α, H_{0A} 的拒绝域为

$$\{F_A \geqslant F_\alpha(l-1,(l-1)(m-1))\}.$$

H_{0B} 的拒绝域为

$$\{F_B \geqslant F_\alpha(m-1,(l-1)(m-1)\}.$$

另外, 若 F_A, F_B 统计量的观测值分别为 f_A, f_B, 则
当值 $p = P\{F_A \geqslant f_A\} < \alpha$ 时拒绝 H_{0A}, 否则不能拒绝 H_{0A};
当值 $p = P\{F_B \geqslant f_B\} < \alpha$ 时拒绝 H_{0B}, 否则不能拒绝 H_{0B}.
无交互作用的双因素方差分析表见表 10.9.

表 10.9 双因素无重复试验的方差分析表

方差来源	平方和	自由度	均方	F 值	p 值
因素 A	S_A	$l-1$	$S_A/(l-1)$	$\dfrac{S_A/(l-1)}{S_E/[(l-1)(m-1)]}$	$P\{F_A \geqslant f_A\}$
因素 B	S_B	$m-1$	$S_B/(m-1)$	$\dfrac{S_B/(m-1)}{S_E/[(l-1)(m-1)]}$	$P\{F_B \geqslant f_B\}$
误差	S_E	$(l-l)(m-1)$	$S_E/[(l-1)(m-1)]$		
总和	S_T	$lm-1$			

利用方差分析表中的信息, 就可以判断出每个因素对试验指标的影响是否显著.

例 10.4 为了提高一种橡胶的定强, 考虑三种不同的促进剂 (因素 A)、四种不同分量的氧化锌 (因素 B) 对定强的影响, 对配方的每种组合试验一次, 总共试验了 12 次, 得到数据如表 10.10 所示.

表 10.10 不同促进剂、不同分量的氧化锌对橡胶定强的影响

A: 促进剂	B: 氧化锌			
	1	2	3	4
1	31	34	35	39
2	33	36	37	38
3	35	37	39	42

试分析不同促进剂和不同分量氧化锌对橡胶的定强是否有显著影响.

要分析不同促进剂和不同分量氧化锌对橡胶的定强是否有显著影响, 由于没有重复观测数据, 采用无重复试验的双因素方差分析, 即要检验:

H_{0A}: 不同促进剂对定强无影响, H_{1A}: 不同促进剂对定强有显著影响;

H_{0B}: 氧化锌的不同分量对定强无影响, H_{1B}: 氧化剂的不同分量对定强有显著影响.

具体计算可以在 Excel 中进行 (参见实验 10.4).

【实验 10.4】使用 Excel 的数据分析工具对例 10.4 进行双因素无重复试验的方差分析.

分析步骤如下:

(1) 将表 10.10 中数据输入 Excel 中, 如图 10.10 所示.

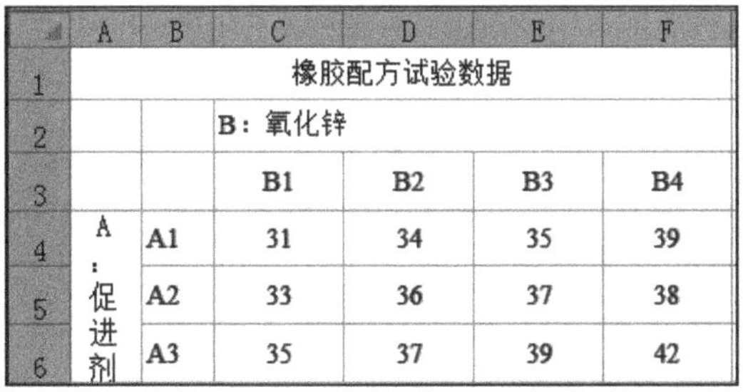

	A	B	C	D	E	F
1	橡胶配方试验数据					
2			B：氧化锌			
3			B1	B2	B3	B4
4	A：促进剂	A1	31	34	35	39
5		A2	33	36	37	38
6		A3	35	37	39	42

图 10.10 橡胶配方试验数据

(2) 在 Excel 顶部工具栏中选择“数据”→“数据分析”, 打开“数据分析”对话框, 在“分析工具”列表中选择“方差分析: 无重复双因素分析”选项, 单击“确定”按钮.

(3) 在打开的“方差分析: 无重复双因素分析”对话框中, 输入“输入区域”: B3:F6, 复选“标志”, 输入“输出区域”: C9, 如图 10.11 所示, 单击“确定”按钮.

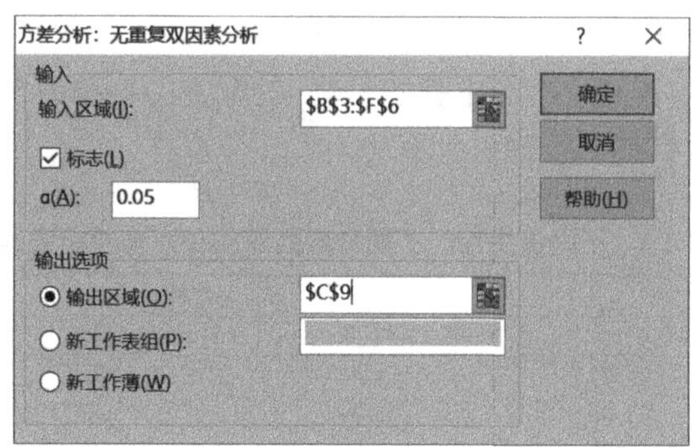

图 10.11 “方差分析：无重复双因素分析” 对话框

得到无重复双因素方差分析的结果如图 10.12 所示.

9	方差分析：无重复双因素分析						
10							
11	SUMMARY	观测数	求和	平均	方差		
12	A1	4	139	34.75	10.91667		
13	A2	4	144	36	4.666667		
14	A3	4	153	38.25	8.916667		
15							
16	B1	3	99	33	4		
17	B2	3	107	35.66667	2.333333		
18	B3	3	111	37	4		
19	B4	3	119	39.66667	4.333333		
20							
21							
22	方差分析						
23	差异源	SS	df	MS	F	P-value	F crit
24	行	25.16667	2	12.58333	18.12	0.002866	5.143253
25	列	69.33333	3	23.11111	33.28	0.00039	4.757063
26	误差	4.166667	6	0.694444			
27							
28	总计	98.66667	11				

图 10.12 计算方差分析表

(4) 结果分析：从方差分析表中可以看出：

因素 A(即促进剂因素-行): $p = 0.002866 < 0.05$, 差异显著, 表示使用不同促进剂会对橡胶的定强有显著影响.

因素 B(即氧化锌因素-列): $p = 0.00039 < 0.05$, 差异显著, 表示使用不同氧化锌会对橡胶的定强有显著影响.

通过比较 F 统计量的观测值和拒绝域临界值的大小可以得到同样的结论.

同步自测 10-2

一、填空

1. 双因素无重复试验的方差分析的数学模型可以表示为

$$x_{ij} = \mu + \alpha_i + \beta_j + \varepsilon_{ij},$$

$$\varepsilon_{ij} \sim N(0, \sigma^2), \text{且相互独立}, i = 1, 2, \cdots, l; j = 1, 2, \cdots, m.$$

其中 μ 表示平均的效应, ε_{ij} 为随机误差, α_i 和 β_j 分别表示因素 A 的第 i 个水平和因素 B 的第 j 个水平的附加效应, 它们还应满足条件 ________.

2. 双因素等重复试验 (均衡数据) 的方差分析的数学模型可以表示为

$$x_{ijk} = \mu + \alpha_i + \beta_j + \gamma_{ij} + \varepsilon_{ijk};$$

$$\varepsilon_{ijk} \sim N(0, \sigma^2), \text{且相互独立}; i = 1, 2, \cdots, l; j = 1, 2, \cdots, m; k = 1, 2, \cdots, n.$$

其中 μ 表示平均的效应, ε_{ijk} 为随机误差, α_i 和β_j 分别表示因素 A 的第 i 个水平和因素 B 的第 j 个水平的附加效应, γ_{ij} 表示因素 A 的第 i 个水平和因素 B 的第 j 个水平的交互效应, 它们还应满足条件________.

3. 根据下面的双因素无重复试验的方差分析表, 指出 A, B 两因素显著性检验的检验统计量服从的分布分别是________ 和________, 检验统计量的观值分别为________ 和________, p 值分别为________ 和________, 根据 p 值检验法, 在 0.05 的显著水平下, A, B 两因素对试验数据的影响分别是________ 和________.

方差来源	自由度	平方和	均方	F 值	p 值
因素 A	2	25.2	12.58	18.12	0.003
因素 B	3	69.3	23.1	33.28	0.0004
随机误差	6	4.17	0.694		
总计	11	98.67			

二、单项选择

1. 在双因素方差分析中, 如果对两因素水平的每一个组合试验次数是一次, 那么 (　　).

(A) 只能做无交互作用的双因素方差分析

(B) 只能做有交互作用的双因素方差分析

(C) 两种都能做

(D) 两种都不能做

2. 双因素等重复试验的方差分析要做几个 F 检验? (　　)

(A) 1 个　　(B) 2 个　　(C) 3 个　　(D) 4 个

3. 为了研究溶液温度对液体植物的影响, 将温度控制在三个水平进行试验获取数据, 并进行方差分析, 称这种方差分析为 (　　).

(A) 单因素方差分析　　(B) 双因素方差分析

(C) 三因素方差分析　　(D) 以上都不是

第 10 章知识结构图

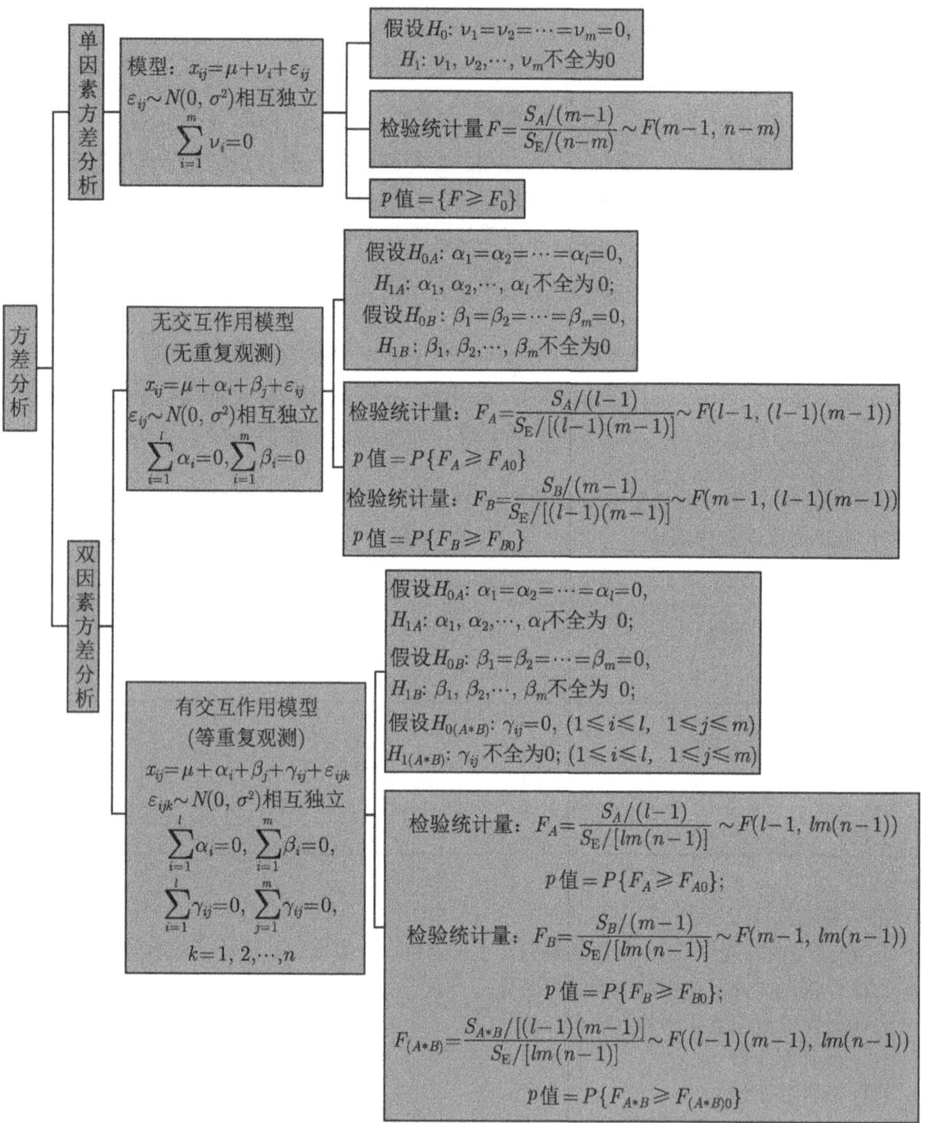

【补钙剂量和年龄对人体骨密度的影响问题解答】

骨密度全称是骨骼矿物质密度,是骨质量的一个重要指标,在一定程度上反映人体的健康状况.研究表明,低骨密度是骨质酥松症的重要风险因子,人们一般通过摄入钙剂、维生素 D 及其活性产物,以及磷酸盐等药品或保健食品的方式来提高骨密度. 然而人体对钙的吸收率随着年龄的增长会有所降低. 因此, 为探索年龄和补钙剂量对骨密度的影响, 某医学研究机构对一些志愿者进行了如下试验: 首先将志愿者按照年龄分为 7 组, 每个年龄组的 4 个志愿者随机接受 4 组不同剂量 (B_1, B_2, B_3, B_4) 的补钙试验, 一年后测量的骨密度值如表 10.1 所示. 假定其他可能影响骨密度的因素均为控制, 试分析:

1. 不同的补钙剂量对骨密度是否有显著的差异;
2. 不同的年龄对骨密度是否有显著的差异.

解 该医学机构同时研究年龄 (因素 A) 和补钙剂量 (因素 B) 对骨密度的影响, 因素 A 有 7 个水平, 因素 B 有 4 个水平. 由于两个因子不同水平组合下的观测值只有 1 个, 因此该问题属于双因素无重复试验的方差分析. 用 α_i 表示因素 A 第 i 个水平对骨密度的主效应, 用β_j 表示因素 B 第个 j 水平对骨密度的主效应, 要检验不同的补钙剂量和年龄对骨密度是否有显著的差异, 需要建立如下假设:

$$H_{0A}\text{: } \alpha_1 = \alpha_2 = \cdots = \alpha_7 = 0, \quad H_{1A}\text{: } \alpha_1 , \alpha_2, \cdots, \alpha_7, \text{不全为零;}$$

$$H_{0B}\text{: } \beta_1 = \beta_2 = \cdots = \beta_4 = 0, \quad H_{1B}\text{: } \beta_1, \beta_2, \cdots, \beta_4 \text{ 不全为零.}$$

根据已知数据得

$$S_A = 4\sum_{i=1}^{7}(\bar{X}_{i.} - \bar{X})^2 = 14.15,$$

$$S_B = 7\sum_{j=1}^{4}(\bar{X}_{.j} - \bar{X})^2 = 3.96,$$

$$S_{\mathrm{E}} = \sum_{i=1}^{7}\sum_{j=1}^{4}(X_{ij} - \bar{X}_{i.} - \bar{X}_{.j} - \bar{X})^2 = 4.98.$$

选取检验统计量

$$F_A = \frac{S_A/(7-1)}{S_{\mathrm{E}}/[(7-1)(4-1)]}, \quad F_B = \frac{S_B/(4-1)}{S_{\mathrm{E}}/[(7-1)(4-1)]}.$$

在 H_{0A} 成立时, 检验统计量

$$F_A = \frac{S_A/6}{S_{\mathrm{E}}/18} \sim F(6, 18);$$

在 H_{0B} 成立时, 检验统计量

$$F_B = \frac{S_B/3}{S_{\mathrm{E}}/18} \sim F(3, 18).$$

由于 $\alpha = 0.05$, 所以 H_{0A} 的拒绝域为

$$\left\{F_A=\frac{S_A/6}{S_{\mathrm{E}}/18}\geqslant F_{0.05}(6,18)\right\}=\left\{F_A=\frac{S_A/6}{S_{\mathrm{E}}/18}\geqslant 2.66\right\}.$$

H_{0B} 的拒绝域为

$$\left\{F_B=\frac{S_B/3}{S_{\mathrm{E}}/18}\geqslant F_{0.05}(3,18)\right\}=\left\{F_B=\frac{S_B/3}{S_{\mathrm{E}}/18}\geqslant 3.16\right\}.$$

利用 Excel 软件可得如下方差分析表 (表 10.11).

表 10.11 年龄和补钙剂量对骨密度影响的方差分析表

方差来源	平方和	自由度	均方	F 值	p 值
因素 A(年龄)	14.15094	6	2.35849	8.526866	0.000177
因素 B(补钙剂量)	3.963811	3	1.32127	4.776909	0.012777
误差	4.978714	18	0.276595		
总和	23.09347	27			

显然, 在 $\alpha=0.05$ 的显著水平下, 不同的补钙剂量和年龄对骨密度均有显著的影响效应.

习 题 10

1. 一试验用来比较 A, B, C, D 四种不同药品解除外科手术后疼痛的延续时间 (单位：h), 结果如下表:

药品	时间长度/h				
A	8	6	4	5	
B	6	6	4	4	
C	8	10	10	10	12
D	4	4	2		

试在显著性水平 $\alpha=0.05$ 下检验各种药品对解除疼痛的延续时间有无显著性差异. 设数据分别来自正态总体, 各样本相互独立.

2. 某房地产开发商为研究购房者的背景特征与购房者对房价的看法之间的关系, 专门设计了调查问卷, 获得了购房者的一些基本资料以及他们对房产价格的看法, 其中一项要求受访购房者为房价的高低打分, 从 1 到 100 分, 如果觉得价格高则打分也高, 不同学历购房者对房价的打分情况如下.

请用单因素方差分析检验不同学历的购房者是否对房价有一致的看法.

初中	1	6	51	60	21	48
高中	4	34	17	10	3	22
大专	57	75	73	35	68	48
本科	51	65	99	40	24	20

3. 为治理环境, 节约水资源, 对某种污水进行回收重复使用前安排混凝沉淀实验, 研究药剂种类和反应时间对评价指标——出水 COD(chemical oxygen demand, 化学需氧量) 的影响, 现选取三种药剂 ($FeCl_3$, $Al_2(SO_4)_3$, $FeSO_4$), 三种反应时间 (3min, 5min, 1min), 组成 9 个实验, 获得如下数据. 取显著水平 $\alpha = 0.05$, 试分析药剂种类和反应时间对出水 COD 影响的显著性.

药剂种类	反应时间/min		
	B_1(3min)	B_2(5min)	B_3(1min)
$A_1(FeCl_3)$	41	11	13
	10	11	9
$A_2(Al_2(SO_4)_3)$	9	10	7
	7	8	11
$A_3(FeSO_4)$	5	13	12
	11	14	13

4. 酿造厂有化验员三名, 担任发酵粉的颗粒检验. 今有三位化验员每天从该厂所产的发酵粉中抽样一次, 连续 10 天, 每天检验其中所含颗粒的百分率, 结果如下所示. 试分析 3 名化验员的化验技术之间与每日所抽取样本之间有无显著差异?

		因素 B(化验时间)									
		B_1	B_2	B_3	B_4	B_5	B_6	B_7	B_8	B_9	B_{10}
因素 A(化验员)	A_1	10.1	4.7	3.1	3.0	7.8	8.2	7.8	6.0	4.9	3.4
	A_2	10.0	4.9	3.1	3.2	7.8	8.2	7.7	6.2	5.1	3.4
	A_3	10.2	4.8	3.0	3.0	7.8	8.4	7.8	6.1	5.0	3.3

5. 工厂订单的多少直接反映了工厂生产的产品的畅销程度, 因此工厂订单数目的增减是经营者所关心的. 经营者为了研究产品的外形设计及销售地区对月订单数目的影响, 记录了一个月中不同外形设计的该类产品在不同地区的订单数据:

销售地区	设计 1	设计 2	设计 3
地区 1	700	450	560
地区 2	597	357	420
地区 3	697	552	720
地区 4	543	302	515

试用双因素方差分析检验该产品的外形设计与销售地区是否对订单的数量有所影响.

6. 下表给出某种化工过程在三种浓度、四种温度水平下得率的数据. 假设在诸水平搭配下得率的总体服从正态分布, 且方差相等, 试在 $\alpha = 0.05$ 水平下检验不同浓度下得率有无显著差异; 在不同温度下得率有无显著差异; 交互作用的效应是否显著?

浓度/%	温度/°C			
	10	24	38	52
2	41	11	13	10
	10	11	9	12
4	9	10	7	6
	7	8	11	10
6	5	13	12	14
	11	14	13	10

7. 某房地产开发商想要了解本市商品房各类房型在各地的销售情况, 搜集了房屋的销售量数据 (单位: 套):

		三室两厅	两室两厅	复式房型	其他
A 区	1 月份	652	521	67	486
	2 月份	711	548	59	338
B 区	1 月份	481	521	50	391
	2 月份	509	425	55	348
C 区	1 月份	397	561	28	147
	2 月份	314	570	24	184
D 区	1 月份	157	138	8	96
	2 月份	164	194	5	57
其他	1 月份	217	449	5	147
	2 月份	145	492	8	108

试用有交互作用的双因素方差分析检验地区与房型之间是否存在交互作用.

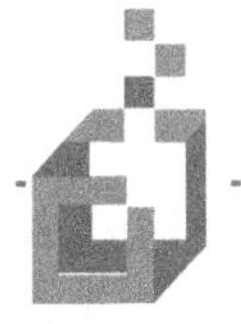

习题参考答案

第 1 章习题答案

同步自测 1-1

一、填空

1. $\Omega=\{2,3,4,\cdots,12\}$.　2. $\Omega=\{白, 黑\}$.　3. $\Omega=\{0,1,2\}$.

4. $\Omega=\{x|\ 2<x<3\}$.

二、单项选择

1. D.　2. B.　3. C.

同步自测 1-2

一、填空

1. (1) $A\bar{B}\bar{C}$.　(2) $A\cup B\cup C$.　(3) $AB\bar{C}\cup A\bar{B}C\cup \bar{A}BC$.

(4)$\bar{A}\bar{B}\bar{C}\cup A\bar{B}\bar{C}\cup \bar{A}B\bar{C}\cup \bar{A}\bar{B}C$.　(5) $\bar{A}\bar{B}\bar{C}$ 或 $\overline{A\cup B\cup C}$.　(6) $\overline{A}(B\cup C)$.

2. (1)$1-P(A)$.　(2)$P(B)-P(AB)$.

(3)$P(A)+P(B)+P(C)-P(AB)-P(AC)-P(BC)+P(ABC)$.

3. (1) 5/8.　(2) 0.　(3) 3/8.

二、单项选择

1. C.　2. D.　3. A.　4. B.　5. C .

同步自测 1-3

一、填空

1. (1) $\dfrac{2}{n(n-1)}$.　(2) $\dfrac{n-3}{n}$.　(3) $1-\dfrac{(n-5)(n-6)(n-7)}{n(n-1)(n-2)}$.

2. 5/12.

3. (1) 28/45.　(2) 16/45.　(3)1/45.　(4) 1/5.

4. 15/16.

二、单项选择

1. D.　2. A.　3. D.　4. D.　5. D.　6. B.

同步自测 1-4

一、填空

1. 4/11. 2. 7/9. 3. 1. 4. 0.0083 或 9/1078. 5. 0.3. 6. 3/4.

二、单项选择

1. A. 2. C. 3. D.

同步自测 1-5

一、填空

1. (1) $P(B)=\sum_{i=1}^{n}P(A_i)P(B|A_i)$. (2) $P(A_i|B)=\dfrac{P(A_i)P(B|A_i)}{\sum_{i=1}^{n}P(A_i)P(B|A_i)}$.

2. 0.93. 3. 11/30. 4. 5/12. 5. 0.9977.

二、单项选择

1. A. 2. D. 3. D. 4. B.

同步自测 1-6

一、填空

1. $P(AB)=P(A)P(B)$.

$P(AB)=P(A)P(B), P(BC)=P(B)P(C)$,

$P(AC)=P(A)P(C), P(ABC)=P(A)P(B)P(C)$.

2. (1) 0.64. (2) 0.32. (3) 0.04. (4) 0.2.

3. 0.42.

4. (1) 0.3. (2) 0.5.

5. 4.

二、单项选择

1. B. 2. B. 3. C. 4. B. 5. B. 6. D.

习题 1

1. (4), (6).
2. $P(AB)\leqslant P(A)\leqslant P(A\cup B)\leqslant P(A)+P(B)$.
3. $1-p$.
4. 0.6.
5. 11/15, 4/15, 17/20, 3/20.
6. (1) 1/12, (2) 1/20.
7. 3/8, 9/16, 1/16.
8. 0.3, 0.6, 0.1.
9. 13/28.
10. 17/25.
11. $1/\pi+1/2$.
12. 1/3.

13. 1/5.
14. 13/24, 3/13.
15. 196/197 (0.9949).
16. 102/151 (0.6755).
17. 3/5.
18. 0.5.
19. 0.75.
20. (1) 第二种. (2) 第一种.

第 2 章习题答案

同步自测 2-1

一、填空

1. $F(b)-F(a)$, $F(b)-F(a)-p_2$, $F(b)-F(a)+p_1$, $F(b)-F(a)-p_2+p_1$.
2. 1, -1, $1-\mathrm{e}^{-2}$.

二、单项选择

1. A. 2. B. 3. C. 4. B.

同步自测 2-2

一、填空

1. 0.4.
2. 0.8.
3. 0.3.
4. $P\{X=k\}=\mathrm{C}_{20}^{k}0.3^{k}0.7^{20-k}$, $k=0,1,2,\cdots,20$.
5. $P\{X=k\}=\dfrac{6^{k}\mathrm{e}^{-6}}{k!}$, $k=0,1,2,\cdots$.
6. $\mathrm{e}^{-\lambda}$.

二、单项选择

1. B. 2. C. 3. B. 4. B. 5. A.

同步自测 2-3

一、填空

1. 5.
2. 1.
3. $\sqrt{3}/2$.
4. 0.875.
5. 1.
6. $1-\mathrm{e}^{-1}$.
7. 3.

二、单项选择

1. D.　2. D.　3. C.　4. B.　5. B.　6. B.　7. C.　8. C.
9. B.　10. B.

同步自测 2-4

一、填空

1. $\dfrac{2}{\pi(4+y^2)}$.
2. $F\left(\dfrac{y-1}{3}\right)$.
3. 0.2.
4. $N(-1,4)$.
5. 0.7257, 0.8950, 0.8822.

二、单项选择

1. D.　2. B.　3. C.　4. C.　5. A.

习题 2

1. (1)

X	1	2	3	4	5	6
P	$\frac{11}{36}$	$\frac{9}{36}$	$\frac{7}{36}$	$\frac{5}{36}$	$\frac{3}{36}$	$\frac{1}{36}$

(2)

$$F(x)=\begin{cases} 0, & x<1, \\ \dfrac{11}{36}, & 1\leqslant x<2, \\ \dfrac{20}{36}, & 2\leqslant x<3, \\ \dfrac{27}{36}, & 3\leqslant x<4, \\ \dfrac{32}{36}, & 4\leqslant x<5, \\ \dfrac{35}{36}, & 5\leqslant x<6, \\ 1, & x\geqslant 6. \end{cases}$$

2.

X	-1	99
P	$\frac{125}{126}$	$\frac{1}{126}$

3. (1) $F(x)=\begin{cases}0, & x<-1,\\ \dfrac{1}{4}, & -1\leqslant x<1,\\ \dfrac{3}{4}, & 1\leqslant x<2,\\ 1, & x\geqslant 2.\end{cases}$

(2) $\frac{1}{4}$, $\frac{1}{4}$, $\frac{3}{4}$.

4. (1) $\frac{1}{3}$, (2) $\frac{1}{16}$.

5. (1) $\frac{1}{2}$, (2) $\frac{\sqrt{2}}{4}$.

6. (1) 1, (2) 0.4, (3) $f(x)=\begin{cases}2x, & 0<x<1,\\ 0, & \text{其他}.\end{cases}$

7. 0.1631.

8. (1) $e^{-1.5}$, (2) $1-e^{-2.5}$.

9. 0.997.

10. 3/5.

11. e^{-1}.

12. Y 的分布律是

Y	0	1	4	9
P	$\frac{1}{5}$	$\frac{7}{30}$	$\frac{1}{5}$	$\frac{11}{30}$

Z 的分布律为

Z	0	1	2	3
P	$\frac{1}{5}$	$\frac{7}{30}$	$\frac{1}{5}$	$\frac{11}{30}$

13. $f_Y(y)=\begin{cases}\dfrac{1}{y}\dfrac{1}{\sqrt{2\pi}\sigma}e^{-\frac{(\ln y-\mu)^2}{2\sigma^2}}, & y>0,\\ 0, & y\leqslant 0.\end{cases}$

14. $f_Y(y)=\begin{cases}1, & 0<y<1,\\ 0, & \text{其他}.\end{cases}$

15. $f_Y(y)=\begin{cases}\dfrac{1}{2y}, & e^2<y<e^4,\\ 0, & \text{其他}.\end{cases}$

16. (1) $f_{Y_1}(y)=\begin{cases}\dfrac{1}{18}y^2, & -3<y<3,\\ 0, & \text{其他}.\end{cases}$

(2) $f_{Y_2}(y)=\begin{cases}\dfrac{3}{2}(3-y)^2, & 2<y<4,\\ 0, & \text{其他}.\end{cases}$

17. $P\{Y=k\}=\mathrm{C}_5^k(\mathrm{e}^{-2})^k(1-\mathrm{e}^{-2})^{5-k}, k=0,1,\cdots .5$; 0.5167.

18. (1) 0.5328,　0.9996,　0.6977,　0.5,　(2) $d \leqslant 0.42$.

19. 0.95.

20. (1) 0.4018,　(2) 0.3353.

21. 0.954.

第 3 章习题答案

同步自测 3-1

一、填空

1. 1.　2. $\int_{-\infty}^{y}\int_{-\infty}^{x} f(x,y)\mathrm{d}x\mathrm{d}y$, 1.　3. $\begin{cases} \dfrac{1}{A}, & (x,y)\in G, \\ 0, & \text{其他}. \end{cases}$　4. 1/3.

5. 6, 1/2.

二、单项选择

1. A.　2. C.　3. D.　4. A.　5. B.

同步自测 3-2

一、填空

1. $P\{X=x_i\}=\sum\limits_{j=1}^{\infty} p_{ij}$, $i=1,2,\cdots$.

2. $\int_{-\infty}^{+\infty} f(x,y)\mathrm{d}y$, $\int_{-\infty}^{+\infty} f(x,y)\mathrm{d}x$.

3. $\begin{cases} \dfrac{1}{2}, & 0\leqslant y\leqslant 2, \\ 0, & \text{其他}. \end{cases}$

4. $\begin{cases} \dfrac{1}{2}, & 1\leqslant x\leqslant \mathrm{e}^2, 0\leqslant y\leqslant \dfrac{1}{x}, \\ 0, & \text{其他}. \end{cases}$　$\begin{cases} \dfrac{1}{2x}, & 1\leqslant x\leqslant \mathrm{e}^2, \\ 0, & \text{其他}. \end{cases}$　1/4.

二、单项选择

1. B.　2. B.　3. B.　4. D.

同步自测 3-3

一、填空

1. 2/3.　2. 2.

二、单项选择

1. C.　2. D.

同步自测 3-4

一、填空

1. $p_{ij}=p_{i\cdot}p_{\cdot j},\ i,\ j=1,\ 2,\ \cdots$.

2. $f(x,y)=f_X(x)f_Y(y)$ 几乎处处成立.

二、单项选择

1. B. 2. A. 3. D.

同步自测 3-5

一、填空

1. 1/10. 2. $P(3.5)$. 3. $B(15,0.1)$. 4. $N(-1,5),N(5,14)$.

5. 1/4.

二、单项选择

1. B. 2. A. 3. C. 4. D. 5. D. 6. A.

习题 3

1.

X \ Y	1	2
1	$\frac{1}{3}$	$\frac{1}{3}$
2	$\frac{1}{3}$	0

2. (1) $P\{X=i,Y=j\}=\dfrac{C_3^iC_2^jC_3^{2-i-j}}{C_8^2},i,j=0,1,2,i+j\leqslant 2.$

或

X \ Y	0	1	2
0	$\frac{3}{28}$	$\frac{6}{28}$	$\frac{1}{28}$
1	$\frac{9}{28}$	$\frac{6}{28}$	0
2	$\frac{3}{28}$	0	0

(2) 9/14.

3. (1) 4. (2) 0. (3) 1/2.

4. 65/72.

5.

$X \backslash Y$	0	1	2	3	$p_{i\cdot}$
0	0.125	0.125	0	0	0.25
1	0	0.25	0.25	0	0.5
2	0	0	0.125	0.125	0.25
$p_{\cdot j}$	0.125	0.375	0.375	0.125	1

6. (1) 1/5.

(2) (X, Y) 关于 X 和关于 Y 的边缘分布律分别为

X	1	2
P_i	$\frac{2}{5}$	$\frac{3}{5}$

Y	-1	0
P_j	$\frac{3}{5}$	$\frac{2}{5}$

(X, Y) 关于 X 和关于 Y 的边缘分布函数分别为

$$F_X(x)=\begin{cases}0, & x<1,\\ \dfrac{2}{5}, & 1\leqslant x<2,\\ 1, & x\geqslant 2,\end{cases}\qquad F_Y(y)=\begin{cases}0, & y<-1,\\ \dfrac{3}{5}, & -1\leqslant y<0,\\ 1, & y\geqslant 0.\end{cases}$$

7. (X, Y) 关于 X 和关于 Y 的边缘分布律分别为

X	-1	0	1
p	$\frac{5}{12}$	$\frac{1}{6}$	$\frac{5}{12}$

Y	0	1	2
p	$\frac{7}{12}$	$\frac{1}{3}$	$\frac{1}{12}$

8. $f_X(x)=\begin{cases}\mathrm{e}^{-x}, & x>0,\\ 0, & x\leqslant 0,\end{cases}\qquad f_Y(y)=\begin{cases}y\mathrm{e}^{-y}, & y>0,\\ 0, & y\leqslant 0.\end{cases}$

9. (1) $c=21/4$.

(2) $f_X(x)=\begin{cases}\dfrac{21x^2(1-x^4)}{8}, & 0<|x|<1,\\ 0, & \text{其他}.\end{cases}\qquad f_Y(y)=\begin{cases}\dfrac{7y^{\frac{5}{2}}}{2}, & 0<y<1,\\ 0, & \text{其他}.\end{cases}$

10. $f_X(x)=\begin{cases}\dfrac{1}{2x}, & 1\leqslant x\leqslant \mathrm{e}^2,\\ 0, & \text{其他}.\end{cases}\qquad f_Y(y)=\begin{cases}\dfrac{\mathrm{e}^2-1}{2}, & 0\leqslant y\leqslant \mathrm{e}^{-2},\\ \dfrac{1}{2}\left(\dfrac{1}{y}-1\right), & \mathrm{e}^{-2}<y\leqslant 1,\\ 0, & \text{其他}.\end{cases}$

11. 当 $0<x<1$ 时, $f_{Y|X}(y|x)=\begin{cases}\dfrac{1}{x}, & 0<y<x<1,\\ 0, & \text{其他}.\end{cases}$

12. 当 $-1<y<1$ 时, $f_{X|Y}(x|y)=\begin{cases}\dfrac{1}{1-|y|}, & |y|<x<1,\\ 0, & \text{其他}.\end{cases}$

13. 47/64.

14. (1) 当 $0<y<1$ 时, $f_{X|Y}(x|y)=\begin{cases}\dfrac{3}{2}x^2y^{-\frac{3}{2}}, & -\sqrt{y}\leqslant x\leqslant\sqrt{y},\\ 0, & \text{其他}.\end{cases}$

当 $0<|x|<1$ 时, $f_{Y|X}(y|x)=\begin{cases}\dfrac{2y}{1-x^4}, & x^2\leqslant y<1,\\ 0, & \text{其他}.\end{cases}$

(2) 7/15.

15. 2/9, 1/9.

16. (1) X 与 Y 的联合分布律为

$X \backslash Y$	3	4	5	$p_{i\cdot}$
1	0.1	0.2	0.3	0.6
2	0	0.1	0.2	0.3
3	0	0	0.1	0.1
$p_{\cdot j}$	0.1	0.3	0.6	1

(2) X 与 Y 不相互独立.

17. X 与 Y 不相互独立.

18. X 与 Y 不相互独立.

19. (1) (X,Y) 关于 X 和关于 Y 的边缘分布律分别为

X	0.4	0.8
p	0.8	0.2

Y	2	5	8
p	0.2	0.42	0.38

(2) X 与 Y 不相互独立.

20. (1) $f_X(x)=\begin{cases}x/2, & 0<x<2,\\ 0, & \text{其他}.\end{cases}$ $\quad f_Y(y)=\begin{cases}1/2+y/4, & -2<y<0,\\ 1/2-y/4, & 0<y<2,\\ 0, & \text{其他}.\end{cases}$

(2) X 与 Y 不相互独立.

21. X 与 Y 不相互独立.

22. X 与 Y 不相互独立.

23. X 与 Y 不相互独立.

24. 所以 $Z=\max(X, Y)$, $W=\min(X, Y)$ 的分布律分别为

Z	0	1	2
p	0.2	0.6	0.2

W	-1	0	1
p	0.16	0.53	0.31

25. (1) $Z_1=X+Y$ 的分布律为

$Z=X+Y$	-2	0	1	3	4
p	0.1	0.2	0.5	0.1	0.1

(2) $Z_2=\max\{X,Y\}$ 的分布律为

$Z=\max\{X,Y\}$	-1	1	2
p	0.1	0.2	0.7

26. (1) $f_Z(z)=\begin{cases} z, & 0<z<1, \\ 2-z, & 1\leqslant z<2, \\ 0, & \text{其他}. \end{cases}$ (2) $f_Z(z)=\begin{cases} 1-\mathrm{e}^{-z}, & 0<z<1, \\ (\mathrm{e}-1)\mathrm{e}^{-z}, & z\geqslant 1, \\ 0, & \text{其他}. \end{cases}$

27. 0.5.

28. (1)X 与 Y 不相互独立. (2) $f_Z(z)=\begin{cases} \dfrac{1}{2}z^2\mathrm{e}^{-z}, & z>0, \\ 0, & z\leqslant 0. \end{cases}$

29. $f_U(u)=\begin{cases} 2(1-u), & 0\leqslant u<1, \\ 0, & \text{其他}. \end{cases}$ $f_V(v)=\begin{cases} 2v, & 0\leqslant v<1, \\ 0, & \text{其他}. \end{cases}$

第 4 章习题答案

同步自测 4-1

一、填空

1. $-0.2, 2.8, 4.4$. 2. np. 3. λ. 4. $\dfrac{a+b}{2}$. 5. θ. 6. 4. 7. -1. 8. 0. 9. 0, 0, 0.

二、单项选择

1. C. 2. A. 3. A. 4. D. 5. D. 6. C.

同步自测 4-2

一、填空

1. 4, 7. 2. $\dfrac{1}{2\mathrm{e}}$. 3. 6, 0.4. 4. 18.4. 5. 104. 6. 2.

二、单项选择

1. D. 2. C. 3. C. 4. B. 5. A. 6. D.

同步自测 4-3

一、填空

1. -1. 2. 20.2. 3. 6. 4. 0.9. 5. 0.

二、单项选择

1. C. 2. A. 3. B. 4. B. 5. D.

习题 4

1. 7/8, 9/2, 15/8.
2. -2, -10, 8.8.
3. 2.25.
4. (1) np_1. (2) $n(p_1+p_2-p_1p_2)$.
5. 6.
6. 28.
7. 不存在.
8. 不存在.
9. 50h.
10. 0.
11. (1) 3. (2) 1/4.
12. 2.
13. 3.
14. $a=1$, $b=0.5$.
15. 2, 0, 4.8, 0.6, 0.2.
16. 71/64, 71/4.
17. 乙机床生产的零件质量更好, 质量更稳定.
18. 3/80.
19. 4/3.
20. 3.
21. 11/144.
22. 0.4, 1, 0.6, 1.6, 0.4, -0.6, 0.44, 0.6.
23. 2/3, 0, 1/18, 1/6.
24. 0.
25. X 与 Y 不相关, X 与 Y 不相互独立.
26. 0, 0.
27. 0, 0.
28. 1, 3.
29. 11, 51.
30. 1/20, 143/700.
31. 略
32. 1/3, 3, 0.

第 5 章习题答案

同步自测 5-1

一、填空

1. 1/25. 2. 1/2. 3. 0.81. 4. 1/12. 5. 1. 6. 1.

二、单项选择

1. C.　2. B.　3. C.　4. A.　5. D.　6. C.

同步自测 5-2

一、填空

1. $\Phi(x)$.　2. $N(0, n\sigma^2)$.

二、单项选择

1. C.　2. A.　3. A.　4. B.　5. B.　6. D.

习题 5

1. $1-1/(4n)$.
2. 7/9.
3. 0.975.
4. 0.2119.
5. 0.9987.
6. 0.0013.
7. 0.9297.
8. 16.
9. 5138.
10. 0.8413.
11. $75.184a$.
12. 0.0102.
13. (1) 0.1251, (2) 0.9938.

第 6 章习题答案

同步自测 6-1

一、填空

1. $N(0, 2\sigma^2)$.　2. $f(x_1, x_2, \cdots, x_n) = \dfrac{1}{(18\pi)^{\frac{n}{2}}} \mathrm{e}^{-\frac{\sum\limits_{i=1}^{n} x_i^2}{18}}$

二、单项选择

1. B.　2. D.　3. A.

同步自测 6-2

一、填空

1. $\dfrac{1}{n}\sum\limits_{i=1}^{n} X_i$, $\dfrac{1}{n-1}\sum\limits_{i=1}^{n}(X_i-\overline{X})^2$, $\dfrac{1}{n}\sum\limits_{i=1}^{n} X_i^k$, $\dfrac{1}{n}\sum\limits_{i=1}^{n}(X_i-\bar{X})^k$.
2. $\chi^2(n)$.
3. $N(0,1)$, $t(n-1)$, $\chi^2(n-1)$, $\chi^2(n)$.
4. $t(n)$.

5. $F(n, m)$.

6. $\mu, \dfrac{\sigma^2}{n}, \sigma^2$.

二、单项选择

1. D.　2. C.　3. C.　4. D.

同步自测 6-3

一、填空

2.17, −1.645, 1.3722, 40.6465, 1.96, 2.91, 0.4098.

二、单项选择

1. B.　2. B.　3. A.　4. B.

习题 6

1. $P\{X_1=x_1, X_2=x_2, \cdots, X_n=x_n\}=\dfrac{\lambda^{\sum\limits_{i=1}^{n} x_i}}{\prod\limits_{i=1}^{n} x_i!}\mathrm{e}^{-n\lambda}, x_i=0,1,2,\cdots (i=1,2,\cdots,n)$.

2. $f(x_1, x_2, \cdots, x_n)=\begin{cases}\dfrac{1}{\theta^n}\mathrm{e}^{\frac{-\sum\limits_{i=1}^{n} x_i}{\theta}}, & x_1, x_2, \cdots, x_n>0, \\ 0, & \text{其他}.\end{cases}$

3. $p, \quad \dfrac{p(1-p)}{n}, \quad p(1-p)$.

4. 0, 2.

5. 0.4987.

6. 0.8293.

7. 0.6826.

8. 0.0456.

9. 16.

10. 0.1.

11. 0.975.

第 7 章习题答案

同步自测 7-1

一、填空

1. 矩估计法, 最大似然估计法.　2. 0.5, 0.25.　3. 4.

4. $\overline{X}-1$.　5. $\overline{X}$.　6. $\prod\limits_{i=1}^{n} p(x_i;\theta), \prod\limits_{i=1}^{n} f(x_i;\theta)$.

7. $E(\hat{\theta})=\theta, D(\hat{\theta}_1)<D(\hat{\theta}_2), \lim\limits_{n\to\infty} P\{|\hat{\theta}-\theta|<\varepsilon\}=1$.

8. $E(X), D(X)$.　9. $\overline{X}$.　10. $\overline{X}$.

二、单项选择

1. B. 2. D. 3. A. 4. C. 5. C.

同步自测 7-2

一、填空

1. $\dfrac{\overline{X}-\mu}{\sigma/\sqrt{n}}$, $N(0,\ 1)$, $\dfrac{\overline{X}-\mu}{S/\sqrt{n}}$, $t(n-1)$.

2. $\dfrac{(n-1)S^2}{\sigma^2}$, $\chi^2(n-1)$. 3. (2.7, 7.3).

4. (1.96, 6.74). 5. $F(n_1-1,\ n_2-1)$.

二、单项选择

1. B. 2. A. 3. C. 4.A.

习题 7

1. $\hat{p}=\dfrac{\overline{X}}{m}.\hat{p}=0.6$.

2. $\hat{\theta}=5/6$.

3. (1) $\hat{\theta}=3\overline{X}$ 为 θ 的无偏估计量. (2) 1.8.

4. $\hat{\theta}=\overline{X}$. $\hat{\theta}=7$.

5. $\hat{\theta}=\sqrt{A_2-A_1^2}=\sqrt{\dfrac{1}{n}\sum\limits_{i=1}^{n}(X_i-\overline{X})^2}$.

$\hat{\mu}=A_1-\sqrt{A_2-A_1^2}=\overline{X}-\sqrt{\dfrac{1}{n}\sum\limits_{i=1}^{n}(X_i-\overline{X})^2}$.

6. $\hat{\theta}=5/6$.

7. $\hat{p}=\dfrac{\overline{X}}{m}$.

8. 矩估计量 $\hat{\beta}=\dfrac{\overline{X}}{\overline{X}-1}$, 最大似然估计量 $\hat{\beta}=\dfrac{n}{\sum\limits_{i=1}^{n}\ln X_i}$.

9. $\hat{\theta}=\dfrac{1}{n}\sum\limits_{i=1}^{n}|X_i|$.

10. $\hat{\theta}$ =0.000856.

11. $\hat{\theta}=\min\{X_1,X_2,\cdots,X_n\}$.

12. 证明略, $\dfrac{1}{2}(X_1+X_2)$ 最有效.

13. (1) T_1,T_3 是 θ 的无偏估计量. (2) T_3 较为有效.

14. 证明略.

15. $c=1/n$.

16. (1) (5.608, 6.392). (2) (5.558, 6.442).

17. (0.978, 1.033).

18. (1071.78, 1210.45).
19. $n \geqslant 4\left(\dfrac{\sigma_0 z_{\alpha/2}}{L}\right)^2$.
20. (1.99, 40.76).
21. (0.29, 6.73).
22. (−3.3, −0.7).
23. (−18.78, −9.80)
24. (0.34, 1.61).
25. (2.87, 46.32).
26. $\underline{\mu} = 0.99$.
27. $\overline{\sigma^2} = 32.54$.

第 8 章习题答案

同步自测 8-1

一、填空

1. $Z = \dfrac{\overline{X} - \mu_0}{\sigma/\sqrt{n}}$, $N(0,1)$, $\left\{|z| = \left|\dfrac{\bar{x} - \mu_0}{\sigma/\sqrt{n}}\right| \geqslant z_{\alpha/2}\right\}$.

2. $Z = \dfrac{\overline{X} - \mu_0}{\sigma/\sqrt{n}}$, $\left\{z = \dfrac{\bar{x} - \mu_0}{\sigma/\sqrt{n}} \geqslant z_\alpha\right\}$.

3. 二, 存伪; 一, 弃真.

二、单项选择

1. D.　　2. C.　　3. D.　　4. C.　　5. A.

同步自测 8-2

一、填空

1. $T = \dfrac{\overline{X} - \mu_0}{S/\sqrt{n}}$, $t(n-1)$, $\left\{|t| = \left|\dfrac{\bar{x} - \mu_0}{s/\sqrt{n}}\right| \geqslant t_{\alpha/2}(n-1)\right\}$.

2. $T = \dfrac{\overline{X} - \mu_0}{S/\sqrt{n}}$,$\left\{t = \dfrac{\bar{x} - \mu_0}{s/\sqrt{n}} \geqslant t_\alpha(n-1)\right\}$.

3. $T = \dfrac{\overline{X} - \overline{Y}}{S_w\sqrt{\dfrac{1}{n_1} + \dfrac{1}{n_2}}}$, $t(n_1 + n_2 - 2)$, $\{|t| \geqslant t_{\alpha/2}(n_1 + n_2 - 2)\}$.

二、单项选择

1. C.　　2. B.　　3. B.　　4. C.

同步自测 8-3

一、填空

1. p 值是当原假设成立时得到样本观测值和更极端结果的概率. 也就是将样本观测值（或检验统计量的观测值）作为拒绝域的临界点时犯第一类错误的概率.

2. $Z=\dfrac{\overline{X}-100}{\sigma/\sqrt{n}}$, $\left\{|z|=\left|\dfrac{\bar{x}-100}{\sigma/\sqrt{n}}\right|\geqslant z_{\alpha/2}\right\}$, $p=P\left\{|Z|\geqslant\left|\dfrac{\bar{x}-100}{\sigma/\sqrt{n}}\right|\right\}$.

3. $T=\dfrac{\overline{X}-100}{S/\sqrt{n}}$, $\left\{t=\dfrac{\bar{x}-100}{s/\sqrt{n}}\geqslant t_{\alpha}(n-1)\right\}$, $p=P\left\{T\geqslant\dfrac{\bar{x}-100}{s/\sqrt{n}}\right\}$.

二、单项选择

1. C.　2. A.　3. A.　4. D.

习题 8

1. 有显著变化.
2. 有显著变化.
3. 没有足够的理由认为这批零件的平均长度大于 32.50mm.
4. 可以认为购买某品牌汽车的人平均年龄低于 35 岁.
5. 不合格.
6. 可以认为全省当前的鸡蛋售价与往年明显不同.
7. 有显著差异.
8. 可以认为该试验物发热量的平均值不大于 12100J.
9. 不符合规定要求.
10. 不可以认为元件的平均寿命显著小于 225h.
11. 不可以认为这批元件合格.
12. 有显著差异.
13. 正常的.
14. 没有达到所要求的精度.
15. 可以认为两种温度下的断裂强度方差无显著差异.
16. 精度有明显提高.
17. 第一步：方差齐性检验, 在显著性水平 $\alpha=0.05$ 下, 可以认为性别对儿童身高的方差无显著影响.

第二步：均值检验, 在显著性水平 $\alpha=0.05$ 下, 可以认为性别对儿童身高有显著影响.

18. 第一步：方差齐性检验, 在显著性水平 $\alpha=0.05$ 下, 可以认为男生和女生身体脂肪含量的方差无显著差异.

第二步：均值检验, 在显著性水平 $\alpha=0.05$ 下, 可以认为男生和女生的身体脂肪含量无显著差异.

19. 第一步：方差齐性检验, 在显著性水平 $\alpha=0.05$ 下, 可以认为这两种方法的装配时间的方差无显著差异.

第二步：均值检验, 在 0.05 的显著性水平下, 可以认为这两种方法的装配时间有显著不同.

20. 有显著差异.
21. 有显著差异.

第 9 章习题答案

同步自测 9-1

一、填空

1. 不相关.

2. $\rho_{XY}=\dfrac{\operatorname{Cov}(X,Y)}{\sqrt{D(X)}\sqrt{D(Y)}}$, 样本相关系数 r_{xy}.

3. $t(n-2),\{|t|>t_{\alpha/2}(n-2)\}, p=P\{|T|\geqslant|t|\}=2P\{T\geqslant|t|\}$.

二、单项选择

1. D.　2. A.　3. B.　4. D.　5. C.　6. B.

同步自测 9-2

一、填空

1. 170.

2. $\hat{Y}=-190+\dfrac{13}{5}x$.

3. $F(1,n-2)$, $F>F_\alpha(1,n-2)$, $P=P\{F\geqslant F_0\}$.

4. $\dfrac{\sum\limits_{i=1}^{n}(\hat{y}_i-\bar{y})^2}{\sum\limits_{i=1}^{n}(y_i-\bar{y})^2}$, R^2 越接近于 1, 回归直线的拟合程度就越好；反之, R^2 越接近于 0, 回归直线的拟合程度就越差.

二、单项选择

1. D.　2. C.　3. D.　4. B.　5. A.

习题 9

1. (1) 散点图 (略), 正线性相关关系. (2) 样本相关系数 $r\approx0.96$, 脂肪含量和热量的相关性显著.

2. (1) 散点图 (略).

(2) 样本相关系数：$r=0.991$.

(3) 销售额与广告费的相关性显著.

3. (1) 散点图 (略).　(2) 线性回归方程 $\hat{Y}$ =31.013+9.790x.

4. 散点图 (略), 回归方程 $\hat{Y}$ =9.273+1.463x.

5. (1) 散点图 (略). 线性回归方程为 $\hat{Y}=-5.964+1.554x$.　(2) 回归效果显著.

6. 散点图 (略), 回归方程 $\hat{Y}=194.81+1.519x-0.0021x^2$.

第 10 章习题答案

同步自测 10-1

一、填空

1. $N(0,\sigma^2)$.　2. $S_{\mathrm{T}}=S_A+S_{\mathrm{E}}$.

3. $F(2,15)$, $\{F\geqslant F_{0.05}(2,15)\}$, 0.84, 否, 0.44, 不被拒绝, 显著的.

二、单项选择

1. A.　2. B.　3. C.

同步自测 10-2

一、填空

1. $\sum_{i=1}^{l}\alpha_i=0$, $\sum_{j=1}^{m}\beta_j=0$.

2. $\sum_{i=1}^{l}\alpha_i=0$, $\sum_{j=1}^{m}\beta_i=0$, $\sum_{i=1}^{l}\gamma_{ij}=0$, $\sum_{j=1}^{m}\gamma_{ij}=0$.

3. $F(2, 6)$ 和 $F(3, 6)$, 18.12 和 33.28 , 0.003 和 0.0004, 显著的, 显著的.

二、单项选择

1. A.　　2. C.　　3. A.

习题 10

1. 各种药品对解除疼痛的延续时间有显著性差异.

2. 对房价的看法存在明显的差异.

3. 因素 A(药剂种类) 对出水 COD 有显著影响; 因素 B (反应时间) 对出水 COD 的影响不显著.

4. 技术之间无显著差异, 取样本之间有显著差异.

5. 销售地区对订单的数量有显著影响, 外形设计对订单的数量有显著影响.

6. 不同浓度下的得率有显著差异; 不同温度下的得率无显著差异; 交互作用不显著.

7. 有交互作用.

References 参考文献

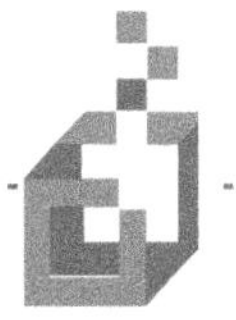

[1] 盛骤, 谢式千, 潘承毅. 概率论与数理统计. 4 版. 北京: 高等教育出版社, 2008.

[2] 茆诗松, 程依明, 濮晓龙. 概率论与数理统计. 2 版. 北京: 高等教育出版社, 2004.

[3] 袁德美, 安军, 陶宝. 概率论与数理统计. 北京: 高等教育出版社, 2016.

[4] 叶俊, 梁恒, 李劲松. 概率论与数理统计. 北京: 高等教育出版社, 2016.

[5] 东华大学概率统计教研组. 概率论与数理统计. 北京: 高等教育出版社, 2017.

[6] 王建平, 王万雄. 概率论与数理统计. 北京: 高等教育出版社, 2015.

[7] 张宇. 张宇概率论与数理统计 9 讲. 北京: 高等教育出版社, 2017.

[8] 陈希孺. 概率论与数理统计. 北京: 科学出版社, 2000.

[9] 孙荣恒. 应用数理统计. 2 版. 北京: 科学出版社, 2003.

[10] 葛余博, 等. 概率论与数理统计. 北京: 清华大学出版社, 2005.

[11] 王松桂, 等. 概率论与数理统计. 2 版. 北京: 科学出版社, 2004.

[12] 程依明, 张新生, 周纪芗. 概率统计习题精解. 北京: 科学出版社, 2002.

[13] 阎国辉, 等. 最新概率论与数理统计教与学参考. 3 版. 北京: 中国致公出版社, 2003.

[14] 谢琍, 尹素菊, 陈立萍, 等. 概率论与数理统计解题指导. 北京: 北京大学出版社, 2003.

[15] 王光臣, 张云, 等. 概率论与数理统计辅导及习题精解. 北京: 中国社会出版社, 2005.

[16] 威廉・费勒. 概率论及其应用：卷 1. 3 版. 胡迪鹤, 译. 北京: 人民邮电出版社, 2014.

[17] 徐小平. 概率论与数理统计应用案例分析. 北京: 科学出版社, 2019.

[18] Griffiths D. 深入浅出统计学. 李芳, 译. 北京: 电子工业出版社, 2013.

[19] Pirnot T L. 身边的数学. 翻译版. 原书第 2 版. 吴润衡, 张杰, 刘喜波, 杨志辉, 译. 北京: 机械工业出版社, 2011.

[20] Miller I, Miller M, John E. Freund's Mathematical Statistics with Applications. 7th ed. 影印版. 北京: 清华大学出版社, 2005.

[21] Devore J L. Probability and Statistics for Engineering and the Sciences. 北京: 高等教育出版社, 2004.

[22] 孙海燕, 周梦, 李卫国, 等. 数理统计. 北京: 北京航空航天大学出版社, 2016.

[23] DeGroot M H, Schervish M J. Probability and Statistics. 北京: 机械工业出版社, 2012.

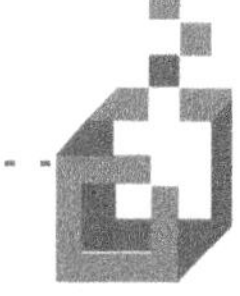

概率统计常用表

附表 1 泊松分布表 $P\{X \leqslant k\}=\sum_{i=0}^{k}\frac{\lambda^i}{i!}\mathrm{e}^{-\lambda}$

λ \ k	0	1	2	3	4	5	6	7	8	9	10	11	12
0.1	0.905	0.995	1.000	1.000									
0.2	0.819	0.982	0.999	1.000									
0.3	0.741	0.963	0.996	1.000									
0.4	0.670	0.938	0.992	0.999	1.000								
0.5	0.607	0.910	0.986	0.998	1.000								
0.6	0.549	0.878	0.977	0.997	1.000								
0.7	0.497	0.844	0.966	0.994	0.999	1.000							
0.8	0.449	0.809	0.953	0.991	0.999	1.000							
0.9	0.407	0.772	0.937	0.987	0.998	1.000							
1	0.368	0.736	0.920	0.981	0.996	0.999	1.000						
1.1	0.333	0.699	0.900	0.974	0.995	0.999	1.000						
1.2	0.301	0.663	0.879	0.966	0.992	0.998	1.000						
1.3	0.273	0.627	0.857	0.957	0.989	0.998	1.000						
1.4	0.247	0.592	0.833	0.946	0.986	0.997	0.999	1.000					
1.5	0.223	0.558	0.809	0.934	0.981	0.996	0.999	1.000					
1.6	0.202	0.525	0.783	0.921	0.976	0.994	0.999	1.000					
1.7	0.183	0.493	0.757	0.907	0.970	0.992	0.998	1.000					
1.8	0.165	0.463	0.731	0.891	0.964	0.990	0.997	0.999	1.000				
1.9	0.150	0.434	0.704	0.875	0.956	0.987	0.997	0.999	1.000				
2	0.135	0.406	0.677	0.857	0.947	0.983	0.995	0.999	1.000				
2.1	0.122	0.380	0.650	0.839	0.938	0.980	0.994	0.999	1.000				
2.2	0.111	0.355	0.623	0.819	0.928	0.975	0.993	0.998	1.000				
2.3	0.100	0.331	0.596	0.799	0.916	0.970	0.991	0.997	0.999	1.000			
2.4	0.091	0.308	0.570	0.779	0.904	0.964	0.988	0.997	0.999	1.000			
2.5	0.082	0.287	0.544	0.758	0.891	0.958	0.986	0.996	0.999	1.000			
2.6	0.074	0.267	0.518	0.736	0.877	0.951	0.983	0.995	0.999	1.000			
2.7	0.067	0.249	0.494	0.714	0.863	0.943	0.979	0.993	0.998	0.999	1.000		
2.8	0.061	0.231	0.469	0.692	0.848	0.935	0.976	0.992	0.998	0.999	1.000		
2.9	0.055	0.215	0.446	0.670	0.832	0.926	0.971	0.990	0.997	0.999	1.000		
3	0.050	0.199	0.423	0.647	0.815	0.916	0.966	0.988	0.996	0.999	1.000		
3.1	0.045	0.185	0.401	0.625	0.798	0.906	0.961	0.986	0.995	0.999	1.000		
3.2	0.041	0.171	0.380	0.603	0.781	0.895	0.955	0.983	0.994	0.998	1.000		
3.3	0.037	0.159	0.359	0.580	0.763	0.883	0.949	0.980	0.993	0.998	0.999	1.000	
3.4	0.033	0.147	0.340	0.558	0.744	0.871	0.942	0.977	0.992	0.997	0.999	1.000	
3.5	0.030	0.136	0.321	0.537	0.725	0.858	0.935	0.973	0.990	0.997	0.999	1.000	
3.6	0.027	0.126	0.303	0.515	0.706	0.844	0.927	0.969	0.988	0.996	0.999	1.000	
3.7	0.025	0.116	0.285	0.494	0.687	0.830	0.918	0.965	0.986	0.995	0.998	1.000	1.000
3.8	0.022	0.107	0.269	0.473	0.668	0.816	0.909	0.960	0.984	0.994	0.998	1.000	1.000
3.9	0.020	0.099	0.253	0.453	0.648	0.801	0.899	0.955	0.981	0.993	0.998	1.000	1.000
4	0.018	0.092	0.238	0.433	0.629	0.785	0.889	0.949	0.979	0.992	0.997	1.000	1.000

续表

λ \ k	0	1	2	3	4	5	6	7	8	9	10	11	12	13	14
5	0.007	0.040	0.125	0.265	0.440	0.616	0.762	0.867	0.932	0.968	0.986	0.995	0.998	0.999	1.000
6	0.002	0.017	0.062	0.151	0.285	0.446	0.606	0.744	0.847	0.916	0.957	0.980	0.991	0.996	0.999
7	0.001	0.007	0.030	0.082	0.173	0.301	0.450	0.599	0.729	0.830	0.901	0.947	0.973	0.987	0.994
8	0.000	0.003	0.014	0.042	0.100	0.191	0.313	0.453	0.593	0.717	0.816	0.888	0.936	0.966	0.983
9	0.000	0.001	0.006	0.021	0.055	0.116	0.207	0.324	0.456	0.587	0.706	0.803	0.876	0.926	0.959
10	0.000	0.000	0.003	0.010	0.029	0.067	0.130	0.220	0.333	0.458	0.583	0.697	0.792	0.864	0.917
11	0.000	0.000	0.001	0.005	0.015	0.038	0.079	0.143	0.232	0.341	0.460	0.579	0.689	0.781	0.854
12	0.000	0.000	0.001	0.002	0.008	0.020	0.046	0.090	0.155	0.242	0.347	0.462	0.576	0.682	0.772
13	0.000	0.000	0.000	0.001	0.004	0.011	0.026	0.054	0.100	0.166	0.252	0.353	0.463	0.573	0.675
14	0.000	0.000	0.000	0.000	0.002	0.006	0.014	0.032	0.062	0.109	0.176	0.260	0.358	0.464	0.570
15	0.000	0.000	0.000	0.000	0.001	0.003	0.008	0.018	0.037	0.070	0.118	0.185	0.268	0.363	0.466

λ \ k	15	16	17	18	19	20	21	22	23	24	25	26	27	28	29
5	1.000	1.000													
6	0.999	1.000													
7	0.998	0.999	1.000	1.000											
8	0.992	0.996	0.998	0.999	1.000										
9	0.978	0.989	0.995	0.998	0.999	1.000	1.000								
10	0.951	0.973	0.986	0.993	0.997	0.998	0.999	1.000							
11	0.907	0.944	0.968	0.982	0.991	0.995	0.998	0.999	1.000	1.000					
12	0.844	0.899	0.937	0.963	0.979	0.988	0.994	0.997	0.999	0.999	1.000				
13	0.764	0.835	0.890	0.930	0.957	0.975	0.986	0.992	0.996	0.998	0.999	1.000	1.000		
14	0.669	0.756	0.827	0.883	0.923	0.952	0.971	0.983	0.991	0.995	0.997	0.999	0.999	1.000	1.000
15	0.568	0.664	0.749	0.819	0.875	0.917	0.947	0.967	0.981	0.989	0.994	0.997	0.998	0.999	1.000

附表 2 标准正态分布函数表 $\Phi(x)=\frac{1}{\sqrt{2\pi}}\int_{-\infty}^{x}e^{-\frac{t^2}{2}}dt$

x	0	0.01	0.02	0.03	0.04	0.05	0.06	0.07	0.08	0.09
0	0.5000	0.5040	0.5080	0.5120	0.5160	0.5199	0.5239	0.5279	0.5319	0.5359
0.1	0.5398	0.5438	0.5478	0.5517	0.5557	0.5596	0.5636	0.5675	0.5714	0.5753
0.2	0.5793	0.5832	0.5871	0.5910	0.5948	0.5987	0.6026	0.6064	0.6103	0.6141
0.3	0.6179	0.6217	0.6255	0.6293	0.6331	0.6368	0.6406	0.6443	0.6480	0.6517
0.4	0.6554	0.6591	0.6628	0.6664	0.6700	0.6736	0.6772	0.6808	0.6844	0.6879
0.5	0.6915	0.6950	0.6985	0.7019	0.7054	0.7088	0.7123	0.7157	0.7190	0.7224
0.6	0.7257	0.7291	0.7324	0.7357	0.7389	0.7422	0.7454	0.7486	0.7517	0.7549
0.7	0.7580	0.7611	0.7642	0.7673	0.7704	0.7734	0.7764	0.7794	0.7823	0.7852
0.8	0.7881	0.7910	0.7939	0.7967	0.7995	0.8023	0.8051	0.8078	0.8106	0.8133
0.9	0.8159	0.8186	0.8212	0.8238	0.8264	0.8289	0.8315	0.8340	0.8365	0.8389
1	0.8413	0.8438	0.8461	0.8485	0.8508	0.8531	0.8554	0.8577	0.8599	0.8621
1.1	0.8643	0.8665	0.8686	0.8708	0.8729	0.8749	0.8770	0.8790	0.8810	0.8830
1.2	0.8849	0.8869	0.8888	0.8907	0.8925	0.8944	0.8962	0.8980	0.8997	0.9015
1.3	0.9032	0.9049	0.9066	0.9082	0.9099	0.9115	0.9131	0.9147	0.9162	0.9177
1.4	0.9192	0.9207	0.9222	0.9236	0.9251	0.9265	0.9279	0.9292	0.9306	0.9319
1.5	0.9332	0.9345	0.9357	0.9370	0.9382	0.9394	0.9406	0.9418	0.9429	0.9441
1.6	0.9452	0.9463	0.9474	0.9484	0.9495	0.9505	0.9515	0.9525	0.9535	0.9545
1.7	0.9554	0.9564	0.9573	0.9582	0.9591	0.9599	0.9608	0.9616	0.9625	0.9633
1.8	0.9641	0.9649	0.9656	0.9664	0.9671	0.9678	0.9686	0.9693	0.9699	0.9706
1.9	0.9713	0.9719	0.9726	0.9732	0.9738	0.9744	0.9750	0.9756	0.9761	0.9767
2	0.9772	0.9778	0.9783	0.9788	0.9793	0.9798	0.9803	0.9808	0.9812	0.9817
2.1	0.9821	0.9826	0.9830	0.9834	0.9838	0.9842	0.9846	0.9850	0.9854	0.9857
2.2	0.9861	0.9864	0.9868	0.9871	0.9875	0.9878	0.9881	0.9884	0.9887	0.9890
2.3	0.9893	0.9896	0.9898	0.9901	0.9904	0.9906	0.9909	0.9911	0.9913	0.9916
2.4	0.9918	0.9920	0.9922	0.9925	0.9927	0.9929	0.9931	0.9932	0.9934	0.9936
2.5	0.9938	0.9940	0.9941	0.9943	0.9945	0.9946	0.9948	0.9949	0.9951	0.9952
2.6	0.9953	0.9955	0.9956	0.9957	0.9959	0.9960	0.9961	0.9962	0.9963	0.9964
2.7	0.9965	0.9966	0.9967	0.9968	0.9969	0.9970	0.9971	0.9972	0.9973	0.9974
2.8	0.9974	0.9975	0.9976	0.9977	0.9977	0.9978	0.9979	0.9979	0.9980	0.9981
2.9	0.9981	0.9982	0.9982	0.9983	0.9984	0.9984	0.9985	0.9985	0.9986	0.9986
3	0.9987	0.9987	0.9987	0.9988	0.9988	0.9989	0.9989	0.9989	0.9990	0.9990
3.1	0.9990	0.9991	0.9991	0.9991	0.9992	0.9992	0.9992	0.9992	0.9993	0.9993
3.2	0.9993	0.9993	0.9994	0.9994	0.9994	0.9994	0.9994	0.9995	0.9995	0.9995
3.3	0.9995	0.9995	0.9995	0.9996	0.9996	0.9996	0.9996	0.9996	0.9996	0.9997
3.4	0.9997	0.9997	0.9997	0.9997	0.9997	0.9997	0.9997	0.9997	0.9997	0.9998
3.5	0.9998	0.9998	0.9998	0.9998	0.9998	0.9998	0.9998	0.9998	0.9998	0.9998

附表 3 χ^2 分布分位数表 $P\{\chi^2(n) > \chi^2_\alpha(n)\} = \alpha$

n \ α	0.005	0.01	0.025	0.05	0.1	0.9	0.95	0.975	0.99	0.995
1	7.8794	6.6349	5.0239	3.8415	2.7055	0.0158	0.0039	0.0010	0.0002	0.0000
2	10.5966	9.2103	7.3778	5.9915	4.6052	0.2107	0.1026	0.0506	0.0201	0.0100
3	12.8382	11.3449	9.3484	7.8147	6.2514	0.5844	0.3518	0.2158	0.1148	0.0717
4	14.8603	13.2767	11.1433	9.4877	7.7794	1.0636	0.7107	0.4844	0.2971	0.2070
5	16.7496	15.0863	12.8325	11.0705	9.2364	1.6103	1.1455	0.8312	0.5543	0.4117
6	18.5476	16.8119	14.4494	12.5916	10.6446	2.2041	1.6354	1.2373	0.8721	0.6757
7	20.2777	18.4753	16.0128	14.0671	12.0170	2.8331	2.1673	1.6899	1.2390	0.9893
8	21.9550	20.0902	17.5345	15.5073	13.3616	3.4895	2.7326	2.1797	1.6465	1.3444
9	23.5894	21.6660	19.0228	16.9190	14.6837	4.1682	3.3251	2.7004	2.0879	1.7349
10	25.1882	23.2093	20.4832	18.3070	15.9872	4.8652	3.9403	3.2470	2.5582	2.1559
11	26.7568	24.7250	21.9200	19.6751	17.2750	5.5778	4.5748	3.8157	3.0535	2.6032
12	28.2995	26.2170	23.3367	21.0261	18.5493	6.3038	5.2260	4.4038	3.5706	3.0738
13	29.8195	27.6882	24.7356	22.3620	19.8119	7.0415	5.8919	5.0088	4.1069	3.5650
14	31.3193	29.1412	26.1189	23.6848	21.0641	7.7895	6.5706	5.6287	4.6604	4.0747
15	32.8013	30.5779	27.4884	24.9958	22.3071	8.5468	7.2609	6.2621	5.2293	4.6009
16	34.2672	31.9999	28.8454	26.2962	23.5418	9.3122	7.9616	6.9077	5.8122	5.1422
17	35.7185	33.4087	30.1910	27.5871	24.7690	10.0852	8.6718	7.5642	6.4078	5.6972
18	37.1565	34.8053	31.5264	28.8693	25.9894	10.8649	9.3905	8.2307	7.0149	6.2648
19	38.5823	36.1909	32.8523	30.1435	27.2036	11.6509	10.1170	8.9065	7.6327	6.8440
20	39.9968	37.5662	34.1696	31.4104	28.4120	12.4426	10.8508	9.5908	8.2604	7.4338
21	41.4011	38.9322	35.4789	32.6706	29.6151	13.2396	11.5913	10.2829	8.8972	8.0337
22	42.7957	40.2894	36.7807	33.9244	30.8133	14.0415	12.3380	10.9823	9.5425	8.6427
23	44.1813	41.6384	38.0756	35.1725	32.0069	14.8480	13.0905	11.6886	10.1957	9.2604
24	45.5585	42.9798	39.3641	36.4150	33.1962	15.6587	13.8484	12.4012	10.8564	9.8862
25	46.9279	44.3141	40.6465	37.6525	34.3816	16.4734	14.6114	13.1197	11.5240	10.5197
26	48.2899	45.6417	41.9232	38.8851	35.5632	17.2919	15.3792	13.8439	12.1981	11.1602
27	49.6449	46.9629	43.1945	40.1133	36.7412	18.1139	16.1514	14.5734	12.8785	11.8076
28	50.9934	48.2782	44.4608	41.3371	37.9159	18.9392	16.9279	15.3079	13.5647	12.4613
29	52.3356	49.5879	45.7223	42.5570	39.0875	19.7677	17.7084	16.0471	14.2565	13.1211
30	53.6720	50.8922	46.9792	43.7730	40.2560	20.5992	18.4927	16.7908	14.9535	13.7867
31	55.0027	52.1914	48.2319	44.9853	41.4217	21.4336	19.2806	17.5387	15.6555	14.4578
32	56.3281	53.4858	49.4804	46.1943	42.5847	22.2706	20.0719	18.2908	16.3622	15.1340
33	57.6484	54.7755	50.7251	47.3999	43.7452	23.1102	20.8665	19.0467	17.0735	15.8153
34	58.9639	56.0609	51.9660	48.6024	44.9032	23.9523	21.6643	19.8063	17.7891	16.5013
35	60.2748	57.3421	53.2033	49.8018	46.0588	24.7967	22.4650	20.5694	18.5089	17.1918
36	61.5812	58.6192	54.4373	50.9985	47.2122	25.6433	23.2686	21.3359	19.2327	17.8867
37	62.8833	59.8925	55.6680	52.1923	48.3634	26.4921	24.0749	22.1056	19.9602	18.5858
38	64.1814	61.1621	56.8955	53.3835	49.5126	27.3430	24.8839	22.8785	20.6914	19.2889
39	65.4756	62.4281	58.1201	54.5722	50.6598	28.1958	25.6954	23.6543	21.4262	19.9959
40	66.7660	63.6907	59.3417	55.7585	51.8051	29.0505	26.5093	24.4330	22.1643	20.7065

附表 4　t 分布分位数表 $P\{t(n) > t_\alpha(n)\} = \alpha$

n \ α	0.25	0.2	0.1	0.05	0.025	0.01	0.005	0.001
1	1.0000	1.3764	3.0777	6.3138	12.7062	31.8205	63.6567	318.3088
2	0.8165	1.0607	1.8856	2.9200	4.3027	6.9646	9.9248	22.3271
3	0.7649	0.9785	1.6377	2.3534	3.1824	4.5407	5.8409	10.2145
4	0.7407	0.9410	1.5332	2.1318	2.7764	3.7469	4.6041	7.1732
5	0.7267	0.9195	1.4759	2.0150	2.5706	3.3649	4.0321	5.8934
6	0.7176	0.9057	1.4398	1.9432	2.4469	3.1427	3.7074	5.2076
7	0.7111	0.8960	1.4149	1.8946	2.3646	2.9980	3.4995	4.7853
8	0.7064	0.8889	1.3968	1.8595	2.3060	2.8965	3.3554	4.5008
9	0.7027	0.8834	1.3830	1.8331	2.2622	2.8214	3.2498	4.2968
10	0.6998	0.8791	1.3722	1.8125	2.2281	2.7638	3.1693	4.1437
11	0.6974	0.8755	1.3634	1.7959	2.2010	2.7181	3.1058	4.0247
12	0.6955	0.8726	1.3562	1.7823	2.1788	2.6810	3.0545	3.9296
13	0.6938	0.8702	1.3502	1.7709	2.1604	2.6503	3.0123	3.8520
14	0.6924	0.8681	1.3450	1.7613	2.1448	2.6245	2.9768	3.7874
15	0.6912	0.8662	1.3406	1.7531	2.1314	2.6025	2.9467	3.7328
16	0.6901	0.8647	1.3368	1.7459	2.1199	2.5835	2.9208	3.6862
17	0.6892	0.8633	1.3334	1.7396	2.1098	2.5669	2.8982	3.6458
18	0.6884	0.8620	1.3304	1.7341	2.1009	2.5524	2.8784	3.6105
19	0.6876	0.8610	1.3277	1.7291	2.0930	2.5395	2.8609	3.5794
20	0.6870	0.8600	1.3253	1.7247	2.0860	2.5280	2.8453	3.5518
21	0.6864	0.8591	1.3232	1.7207	2.0796	2.5176	2.8314	3.5272
22	0.6858	0.8583	1.3212	1.7171	2.0739	2.5083	2.8188	3.5050
23	0.6853	0.8575	1.3195	1.7139	2.0687	2.4999	2.8073	3.4850
24	0.6848	0.8569	1.3178	1.7109	2.0639	2.4922	2.7969	3.4668
25	0.6844	0.8562	1.3163	1.7081	2.0595	2.4851	2.7874	3.4502
26	0.6840	0.8557	1.3150	1.7056	2.0555	2.4786	2.7787	3.4350
27	0.6837	0.8551	1.3137	1.7033	2.0518	2.4727	2.7707	3.4210
28	0.6834	0.8546	1.3125	1.7011	2.0484	2.4671	2.7633	3.4082
29	0.6830	0.8542	1.3114	1.6991	2.0452	2.4620	2.7564	3.3962
30	0.6828	0.8538	1.3104	1.6973	2.0423	2.4573	2.7500	3.3852
31	0.6825	0.8534	1.3095	1.6955	2.0395	2.4528	2.7440	3.3749
32	0.6822	0.8530	1.3086	1.6939	2.0369	2.4487	2.7385	3.3653
33	0.6820	0.8526	1.3077	1.6924	2.0345	2.4448	2.7333	3.3563
34	0.6818	0.8523	1.3070	1.6909	2.0322	2.4411	2.7284	3.3479
35	0.6816	0.8520	1.3062	1.6896	2.0301	2.4377	2.7238	3.3400
36	0.6814	0.8517	1.3055	1.6883	2.0281	2.4345	2.7195	3.3326
37	0.6812	0.8514	1.3049	1.6871	2.0262	2.4314	2.7154	3.3256
38	0.6810	0.8512	1.3042	1.6860	2.0244	2.4286	2.7116	3.3190
39	0.6808	0.8509	1.3036	1.6849	2.0227	2.4258	2.7079	3.3128
40	0.6807	0.8507	1.3031	1.6839	2.0211	2.4233	2.7045	3.3069

附表 5 F 分布分位数表 $P\{F(n_1,n_2) > F_\alpha(n_1,n_2)\} = \alpha \quad (\alpha = 0.1)$

n_2 \ n_1	1	2	3	4	5	6	7	8	9	10	11	12	13	14	15	16	17	18	19	20	25	30	35	40	50	60	80	100	120
1	39.86	49.50	53.59	55.83	57.24	58.20	58.91	59.44	59.86	60.19	60.47	60.71	60.90	61.07	61.22	61.35	61.46	61.57	61.66	61.74	62.05	62.26	62.42	62.53	62.69	62.79	62.93	63.01	63.06
2	8.53	9.00	9.16	9.24	9.29	9.33	9.35	9.37	9.38	9.39	9.40	9.41	9.41	9.42	9.42	9.43	9.43	9.44	9.44	9.44	9.45	9.46	9.46	9.47	9.47	9.47	9.48	9.48	9.48
3	5.54	5.46	5.39	5.34	5.31	5.28	5.27	5.25	5.24	5.23	5.22	5.22	5.21	5.20	5.20	5.20	5.19	5.19	5.19	5.18	5.17	5.17	5.16	5.16	5.15	5.15	5.15	5.14	5.14
4	4.54	4.32	4.19	4.11	4.05	4.01	3.98	3.95	3.94	3.92	3.91	3.90	3.89	3.88	3.87	3.86	3.86	3.85	3.85	3.84	3.83	3.82	3.81	3.80	3.80	3.79	3.78	3.78	3.78
5	4.06	3.78	3.62	3.52	3.45	3.40	3.37	3.34	3.32	3.30	3.28	3.27	3.26	3.25	3.24	3.23	3.22	3.22	3.21	3.21	3.19	3.17	3.16	3.16	3.15	3.14	3.13	3.13	3.12
6	3.78	3.46	3.29	3.18	3.11	3.05	3.01	2.98	2.96	2.94	2.92	2.90	2.89	2.88	2.87	2.86	2.85	2.85	2.84	2.84	2.81	2.80	2.79	2.78	2.77	2.76	2.75	2.75	2.74
7	3.59	3.26	3.07	2.96	2.88	2.83	2.78	2.75	2.72	2.70	2.68	2.67	2.65	2.64	2.63	2.62	2.61	2.61	2.60	2.59	2.57	2.56	2.54	2.54	2.52	2.51	2.50	2.50	2.49
8	3.46	3.11	2.92	2.81	2.73	2.67	2.62	2.59	2.56	2.54	2.52	2.50	2.49	2.48	2.46	2.45	2.45	2.44	2.43	2.42	2.40	2.38	2.37	2.36	2.35	2.34	2.33	2.32	2.32
9	3.36	3.01	2.81	2.69	2.61	2.55	2.51	2.47	2.44	2.42	2.40	2.38	2.36	2.35	2.34	2.33	2.32	2.31	2.30	2.30	2.27	2.25	2.24	2.23	2.22	2.21	2.20	2.19	2.18
10	3.29	2.92	2.73	2.61	2.52	2.46	2.41	2.38	2.35	2.32	2.30	2.28	2.27	2.26	2.24	2.23	2.22	2.22	2.21	2.20	2.17	2.16	2.14	2.13	2.12	2.11	2.09	2.09	2.08
11	3.23	2.86	2.66	2.54	2.45	2.39	2.34	2.30	2.27	2.25	2.23	2.21	2.19	2.18	2.17	2.16	2.15	2.14	2.13	2.12	2.10	2.08	2.06	2.05	2.04	2.03	2.01	2.01	2.00
12	3.18	2.81	2.61	2.48	2.39	2.33	2.28	2.24	2.21	2.19	2.17	2.15	2.13	2.12	2.10	2.09	2.08	2.08	2.07	2.06	2.03	2.01	2.00	1.99	1.97	1.96	1.95	1.94	1.93
13	3.14	2.76	2.56	2.43	2.35	2.28	2.23	2.20	2.16	2.14	2.12	2.10	2.08	2.07	2.05	2.04	2.03	2.02	2.01	2.01	1.98	1.96	1.94	1.93	1.92	1.90	1.89	1.88	1.88
14	3.10	2.73	2.52	2.39	2.31	2.24	2.19	2.15	2.12	2.10	2.07	2.05	2.04	2.02	2.01	2.00	1.99	1.98	1.97	1.96	1.93	1.91	1.90	1.89	1.87	1.86	1.84	1.83	1.83
15	3.07	2.70	2.49	2.36	2.27	2.21	2.16	2.12	2.09	2.06	2.04	2.02	2.00	1.99	1.97	1.96	1.95	1.94	1.93	1.92	1.89	1.87	1.86	1.85	1.83	1.82	1.80	1.79	1.79
16	3.05	2.67	2.46	2.33	2.24	2.18	2.13	2.09	2.06	2.03	2.01	1.99	1.97	1.95	1.94	1.93	1.92	1.91	1.90	1.89	1.86	1.84	1.82	1.81	1.79	1.78	1.77	1.76	1.75
17	3.03	2.64	2.44	2.31	2.22	2.15	2.10	2.06	2.03	2.00	1.98	1.96	1.94	1.93	1.91	1.90	1.89	1.88	1.87	1.86	1.83	1.81	1.79	1.78	1.76	1.75	1.74	1.73	1.72
18	3.01	2.62	2.42	2.29	2.20	2.13	2.08	2.04	2.00	1.98	1.95	1.93	1.92	1.90	1.89	1.87	1.86	1.85	1.84	1.84	1.80	1.78	1.77	1.75	1.74	1.72	1.71	1.70	1.69
19	2.99	2.61	2.40	2.27	2.18	2.11	2.06	2.02	1.98	1.96	1.93	1.91	1.89	1.88	1.86	1.85	1.84	1.83	1.82	1.81	1.78	1.76	1.74	1.73	1.71	1.70	1.68	1.67	1.67
20	2.97	2.59	2.38	2.25	2.16	2.09	2.04	2.00	1.96	1.94	1.91	1.89	1.87	1.86	1.84	1.83	1.82	1.81	1.80	1.79	1.76	1.74	1.72	1.71	1.69	1.68	1.66	1.65	1.64
25	2.92	2.53	2.32	2.18	2.09	2.02	1.97	1.93	1.89	1.87	1.84	1.82	1.80	1.79	1.77	1.76	1.75	1.74	1.73	1.72	1.68	1.66	1.64	1.63	1.61	1.59	1.58	1.56	1.56
30	2.88	2.49	2.28	2.14	2.05	1.98	1.93	1.88	1.85	1.82	1.79	1.77	1.75	1.74	1.72	1.71	1.70	1.69	1.68	1.67	1.63	1.61	1.59	1.57	1.55	1.54	1.52	1.51	1.50
50	2.81	2.41	2.20	2.06	1.97	1.90	1.84	1.80	1.76	1.73	1.70	1.68	1.66	1.64	1.63	1.61	1.60	1.59	1.58	1.57	1.53	1.50	1.48	1.46	1.44	1.42	1.40	1.39	1.38
100	2.76	2.36	2.14	2.00	1.91	1.83	1.78	1.73	1.69	1.66	1.64	1.61	1.59	1.57	1.56	1.54	1.53	1.52	1.50	1.49	1.45	1.42	1.40	1.38	1.35	1.34	1.31	1.29	1.28
120	2.75	2.35	2.13	1.99	1.90	1.82	1.77	1.72	1.68	1.65	1.63	1.60	1.58	1.56	1.55	1.53	1.52	1.50	1.49	1.48	1.44	1.41	1.39	1.37	1.34	1.32	1.29	1.28	1.26

F 分布分位数表 $P\{F(n_1,n_2) > F_\alpha(n_1,n_2)\} = \alpha \quad (\alpha = 0.05)$

n_2 \ n_1	1	2	3	4	5	6	7	8	9	10	11	12	13	14	15	16	17	18	19	20	40	60	80	100	120
1	161.5	199.5	215.7	224.6	230.2	234.0	236.8	238.9	240.5	241.9	243.0	243.9	244.7	245.4	246.0	246.5	246.9	247.3	247.7	248.0	251.1	252.2	252.7	253.0	253.3
2	18.51	19.00	19.16	19.25	19.30	19.33	19.35	19.37	19.38	19.40	19.40	19.41	19.42	19.42	19.43	19.43	19.44	19.44	19.44	19.45	19.47	19.48	19.48	19.49	19.49
3	10.13	9.55	9.28	9.12	9.01	8.94	8.89	8.85	8.81	8.79	8.76	8.74	8.73	8.71	8.70	8.69	8.68	8.67	8.67	8.66	8.59	8.57	8.56	8.55	8.55
4	7.71	6.94	6.59	6.39	6.26	6.16	6.09	6.04	6.00	5.96	5.94	5.91	5.89	5.87	5.86	5.84	5.83	5.82	5.81	5.80	5.72	5.69	5.67	5.66	5.66
5	6.61	5.79	5.41	5.19	5.05	4.95	4.88	4.82	4.77	4.74	4.70	4.68	4.66	4.64	4.62	4.60	4.59	4.58	4.57	4.56	4.46	4.43	4.41	4.41	4.40
6	5.99	5.14	4.76	4.53	4.39	4.28	4.21	4.15	4.10	4.06	4.03	4.00	3.98	3.96	3.94	3.92	3.91	3.90	3.88	3.87	3.77	3.74	3.72	3.71	3.70
7	5.59	4.74	4.35	4.12	3.97	3.87	3.79	3.73	3.68	3.64	3.60	3.57	3.55	3.53	3.51	3.49	3.48	3.47	3.46	3.44	3.34	3.30	3.29	3.27	3.27
8	5.32	4.46	4.07	3.84	3.69	3.58	3.50	3.44	3.39	3.35	3.31	3.28	3.26	3.24	3.22	3.20	3.19	3.17	3.16	3.15	3.04	3.01	2.99	2.97	2.97
9	5.12	4.26	3.86	3.63	3.48	3.37	3.29	3.23	3.18	3.14	3.10	3.07	3.05	3.03	3.01	2.99	2.97	2.96	2.95	2.94	2.83	2.79	2.77	2.76	2.75
10	4.96	4.10	3.71	3.48	3.33	3.22	3.14	3.07	3.02	2.98	2.94	2.91	2.89	2.86	2.85	2.83	2.81	2.80	2.79	2.77	2.66	2.62	2.60	2.59	2.58
11	4.84	3.98	3.59	3.36	3.20	3.09	3.01	2.95	2.90	2.85	2.82	2.79	2.76	2.74	2.72	2.70	2.69	2.67	2.66	2.65	2.53	2.49	2.47	2.46	2.45
12	4.75	3.89	3.49	3.26	3.11	3.00	2.91	2.85	2.80	2.75	2.72	2.69	2.66	2.64	2.62	2.60	2.58	2.57	2.56	2.54	2.43	2.38	2.36	2.35	2.34
13	4.67	3.81	3.41	3.18	3.03	2.92	2.83	2.77	2.71	2.67	2.63	2.60	2.58	2.55	2.53	2.51	2.50	2.48	2.47	2.46	2.34	2.30	2.27	2.26	2.25
14	4.60	3.74	3.34	3.11	2.96	2.85	2.76	2.70	2.65	2.60	2.57	2.53	2.51	2.48	2.46	2.44	2.43	2.41	2.40	2.39	2.27	2.22	2.20	2.19	2.18
15	4.54	3.68	3.29	3.06	2.90	2.79	2.71	2.64	2.59	2.54	2.51	2.48	2.45	2.42	2.40	2.38	2.37	2.35	2.34	2.33	2.20	2.16	2.14	2.12	2.11
16	4.49	3.63	3.24	3.01	2.85	2.74	2.66	2.59	2.54	2.49	2.46	2.42	2.40	2.37	2.35	2.33	2.32	2.30	2.29	2.28	2.15	2.11	2.08	2.07	2.06
17	4.45	3.59	3.20	2.96	2.81	2.70	2.61	2.55	2.49	2.45	2.41	2.38	2.35	2.33	2.31	2.29	2.27	2.26	2.24	2.23	2.10	2.06	2.03	2.02	2.01
18	4.41	3.55	3.16	2.93	2.77	2.66	2.58	2.51	2.46	2.41	2.37	2.34	2.31	2.29	2.27	2.25	2.23	2.22	2.20	2.19	2.06	2.02	1.99	1.98	1.97
19	4.38	3.52	3.13	2.90	2.74	2.63	2.54	2.48	2.42	2.38	2.34	2.31	2.28	2.26	2.23	2.21	2.20	2.18	2.17	2.16	2.03	1.98	1.96	1.94	1.93
20	4.35	3.49	3.10	2.87	2.71	2.60	2.51	2.45	2.39	2.35	2.31	2.28	2.25	2.22	2.20	2.18	2.17	2.15	2.14	2.12	1.99	1.95	1.92	1.91	1.90
25	4.24	3.39	2.99	2.76	2.60	2.49	2.40	2.34	2.28	2.24	2.20	2.16	2.14	2.11	2.09	2.07	2.05	2.04	2.02	2.01	1.87	1.82	1.80	1.78	1.77
30	4.17	3.32	2.92	2.69	2.53	2.42	2.33	2.27	2.21	2.16	2.13	2.09	2.06	2.04	2.01	1.99	1.98	1.96	1.95	1.93	1.79	1.74	1.71	1.70	1.68
50	4.03	3.18	2.79	2.56	2.40	2.29	2.20	2.13	2.07	2.03	1.99	1.95	1.92	1.89	1.87	1.85	1.83	1.81	1.80	1.78	1.63	1.58	1.54	1.52	1.51
80	3.96	3.11	2.72	2.49	2.33	2.21	2.13	2.06	2.00	1.95	1.91	1.88	1.84	1.82	1.79	1.77	1.75	1.73	1.72	1.70	1.54	1.48	1.45	1.43	1.41
100	3.94	3.09	2.70	2.46	2.31	2.19	2.10	2.03	1.97	1.93	1.89	1.85	1.82	1.79	1.77	1.75	1.73	1.71	1.69	1.68	1.52	1.45	1.41	1.39	1.38
120	3.92	3.07	2.68	2.45	2.29	2.18	2.09	2.02	1.96	1.91	1.87	1.83	1.80	1.78	1.75	1.73	1.71	1.69	1.67	1.66	1.50	1.43	1.39	1.37	1.35

F 分布分位数表 $P\{F(n_1,n_2)>F_\alpha(n_1,n_2)\}=\alpha\quad(\alpha=0.025)$

n_2 \ n_1	1	2	3	4	5	6	7	8	9	10	11	12	13	14	15	16	17	18	19	20	40	80	100	120
1	647.8	799.5	864.2	899.6	921.9	937.1	948.2	956.7	963.3	968.6	973.0	976.7	979.8	982.5	984.9	986.9	988.7	990.4	991.8	993.1	1006	1012	1013	1014
2	38.51	39.00	39.17	39.25	39.30	39.33	39.36	39.37	39.39	39.40	39.41	39.41	39.42	39.43	39.43	39.44	39.44	39.44	39.45	39.45	39.47	39.49	39.49	39.49
3	17.44	16.04	15.44	15.10	14.88	14.73	14.62	14.54	14.47	14.42	14.37	14.34	14.30	14.28	14.25	14.23	14.21	14.20	14.18	14.17	14.04	13.97	13.96	13.95
4	12.22	10.65	9.98	9.60	9.36	9.20	9.07	8.98	8.90	8.84	8.79	8.75	8.71	8.68	8.66	8.63	8.61	8.59	8.58	8.56	8.41	8.33	8.32	8.31
5	10.01	8.43	7.76	7.39	7.15	6.98	6.85	6.76	6.68	6.62	6.57	6.52	6.49	6.46	6.43	6.40	6.38	6.36	6.34	6.33	6.18	6.10	6.08	6.07
6	8.81	7.26	6.60	6.23	5.99	5.82	5.70	5.60	5.52	5.46	5.41	5.37	5.33	5.30	5.27	5.24	5.22	5.20	5.18	5.17	5.01	4.93	4.92	4.90
7	8.07	6.54	5.89	5.52	5.29	5.12	4.99	4.90	4.82	4.76	4.71	4.67	4.63	4.60	4.57	4.54	4.52	4.50	4.48	4.47	4.31	4.23	4.21	4.20
8	7.57	6.06	5.42	5.05	4.82	4.65	4.53	4.43	4.36	4.30	4.24	4.20	4.16	4.13	4.10	4.08	4.05	4.03	4.02	4.00	3.84	3.76	3.74	3.73
9	7.21	5.71	5.08	4.72	4.48	4.32	4.20	4.10	4.03	3.96	3.91	3.87	3.83	3.80	3.77	3.74	3.72	3.70	3.68	3.67	3.51	3.42	3.40	3.39
10	6.94	5.46	4.83	4.47	4.24	4.07	3.95	3.85	3.78	3.72	3.66	3.62	3.58	3.55	3.52	3.50	3.47	3.45	3.44	3.42	3.26	3.17	3.15	3.14
11	6.72	5.26	4.63	4.28	4.04	3.88	3.76	3.66	3.59	3.53	3.47	3.43	3.39	3.36	3.33	3.30	3.28	3.26	3.24	3.23	3.06	2.97	2.96	2.94
12	6.55	5.10	4.47	4.12	3.89	3.73	3.61	3.51	3.44	3.37	3.32	3.28	3.24	3.21	3.18	3.15	3.13	3.11	3.09	3.07	2.91	2.82	2.80	2.79
13	6.41	4.97	4.35	4.00	3.77	3.60	3.48	3.39	3.31	3.25	3.20	3.15	3.12	3.08	3.05	3.03	3.00	2.98	2.96	2.95	2.78	2.69	2.67	2.66
14	6.30	4.86	4.24	3.89	3.66	3.50	3.38	3.29	3.21	3.15	3.09	3.05	3.01	2.98	2.95	2.92	2.90	2.88	2.86	2.84	2.67	2.58	2.56	2.55
15	6.20	4.77	4.15	3.80	3.58	3.41	3.29	3.20	3.12	3.06	3.01	2.96	2.92	2.89	2.86	2.84	2.81	2.79	2.77	2.76	2.59	2.49	2.47	2.46
16	6.12	4.69	4.08	3.73	3.50	3.34	3.22	3.12	3.05	2.99	2.93	2.89	2.85	2.82	2.79	2.76	2.74	2.72	2.70	2.68	2.51	2.42	2.40	2.38
17	6.04	4.62	4.01	3.66	3.44	3.28	3.16	3.06	2.98	2.92	2.87	2.82	2.79	2.75	2.72	2.70	2.67	2.65	2.63	2.62	2.44	2.35	2.33	2.32
18	5.98	4.56	3.95	3.61	3.38	3.22	3.10	3.01	2.93	2.87	2.81	2.77	2.73	2.70	2.67	2.64	2.62	2.60	2.58	2.56	2.38	2.29	2.27	2.26
19	5.92	4.51	3.90	3.56	3.33	3.17	3.05	2.96	2.88	2.82	2.76	2.72	2.68	2.65	2.62	2.59	2.57	2.55	2.53	2.51	2.33	2.24	2.22	2.20
20	5.87	4.46	3.86	3.51	3.29	3.13	3.01	2.91	2.84	2.77	2.72	2.68	2.64	2.60	2.57	2.55	2.52	2.50	2.48	2.46	2.29	2.19	2.17	2.16
25	5.69	4.29	3.69	3.35	3.13	2.97	2.85	2.75	2.68	2.61	2.56	2.51	2.48	2.44	2.41	2.38	2.36	2.34	2.32	2.30	2.12	2.02	2.00	1.98
30	5.57	4.18	3.59	3.25	3.03	2.87	2.75	2.65	2.57	2.51	2.46	2.41	2.37	2.34	2.31	2.28	2.26	2.23	2.21	2.20	2.01	1.90	1.88	1.87
35	5.48	4.11	3.52	3.18	2.96	2.80	2.68	2.58	2.50	2.44	2.39	2.34	2.30	2.27	2.23	2.21	2.18	2.16	2.14	2.12	1.93	1.82	1.80	1.79
40	5.42	4.05	3.46	3.13	2.90	2.74	2.62	2.53	2.45	2.39	2.33	2.29	2.25	2.21	2.18	2.15	2.13	2.11	2.09	2.07	1.88	1.76	1.74	1.72
45	5.38	4.01	3.42	3.09	2.86	2.70	2.58	2.49	2.41	2.35	2.29	2.25	2.21	2.17	2.14	2.11	2.09	2.07	2.04	2.03	1.83	1.72	1.69	1.68
50	5.34	3.97	3.39	3.05	2.83	2.67	2.55	2.46	2.38	2.32	2.26	2.22	2.18	2.14	2.11	2.08	2.06	2.03	2.01	1.99	1.80	1.68	1.66	1.64
60	5.29	3.93	3.34	3.01	2.79	2.63	2.51	2.41	2.33	2.27	2.22	2.17	2.13	2.09	2.06	2.03	2.01	1.98	1.96	1.94	1.74	1.63	1.60	1.58
70	5.25	3.89	3.31	2.97	2.75	2.59	2.47	2.38	2.30	2.24	2.18	2.14	2.10	2.06	2.03	2.00	1.97	1.95	1.93	1.91	1.71	1.59	1.56	1.54
80	5.22	3.86	3.28	2.95	2.73	2.57	2.45	2.35	2.28	2.21	2.16	2.11	2.07	2.03	2.00	1.97	1.95	1.92	1.90	1.88	1.68	1.55	1.53	1.51
90	5.20	3.84	3.26	2.93	2.71	2.55	2.43	2.34	2.26	2.19	2.14	2.09	2.05	2.02	1.98	1.95	1.93	1.91	1.88	1.86	1.66	1.53	1.50	1.48
100	5.18	3.83	3.25	2.92	2.70	2.54	2.42	2.32	2.24	2.18	2.12	2.08	2.04	2.00	1.97	1.94	1.91	1.89	1.87	1.85	1.64	1.51	1.48	1.46
120	5.15	3.80	3.23	2.89	2.67	2.52	2.39	2.30	2.22	2.16	2.10	2.05	2.01	1.98	1.94	1.92	1.89	1.87	1.84	1.82	1.61	1.48	1.45	1.43

F 分布分位数表 $P\{F(n_1,n_2)>F_\alpha(n_1,n_2)\}=\alpha \quad (\alpha=0.01)$

n_2 \ n_1	1	2	3	4	5	6	7	8	9	10	11	12	13	14	15	16	17	18	19	20	40	80	120
1	4052.2	4999.5	5403.4	5624.6	5763.7	5859.0	5928.4	5981.1	6022.5	6055.9	6083.3	6106.3	6125.9	6142.7	6157.3	6170.1	6181.4	6191.5	6200.6	6208.7	6286.8	6326.2	6339.4
2	98.50	99.00	99.17	99.25	99.30	99.33	99.36	99.37	99.39	99.40	99.41	99.42	99.42	99.43	99.43	99.44	99.44	99.44	99.45	99.45	99.47	99.49	99.49
3	34.12	30.82	29.46	28.71	28.24	27.91	27.67	27.49	27.35	27.23	27.13	27.05	26.98	26.92	26.87	26.83	26.79	26.75	26.72	26.69	26.41	26.27	26.22
4	21.20	18.00	16.69	15.98	15.52	15.21	14.98	14.80	14.66	14.55	14.45	14.37	14.31	14.25	14.20	14.15	14.11	14.08	14.05	14.02	13.75	13.61	13.56
5	16.26	13.27	12.06	11.39	10.97	10.67	10.46	10.29	10.16	10.05	9.96	9.89	9.82	9.77	9.72	9.68	9.64	9.61	9.58	9.55	9.29	9.16	9.11
6	13.75	10.92	9.78	9.15	8.75	8.47	8.26	8.10	7.98	7.87	7.79	7.72	7.66	7.60	7.56	7.52	7.48	7.45	7.42	7.40	7.14	7.01	6.97
7	12.25	9.55	8.45	7.85	7.46	7.19	6.99	6.84	6.72	6.62	6.54	6.47	6.41	6.36	6.31	6.28	6.24	6.21	6.18	6.16	5.91	5.78	5.74
8	11.26	8.65	7.59	7.01	6.63	6.37	6.18	6.03	5.91	5.81	5.73	5.67	5.61	5.56	5.52	5.48	5.44	5.41	5.38	5.36	5.12	4.99	4.95
9	10.56	8.02	6.99	6.42	6.06	5.80	5.61	5.47	5.35	5.26	5.18	5.11	5.05	5.01	4.96	4.92	4.89	4.86	4.83	4.81	4.57	4.44	4.40
10	10.04	7.56	6.55	5.99	5.64	5.39	5.20	5.06	4.94	4.85	4.77	4.71	4.65	4.60	4.56	4.52	4.49	4.46	4.43	4.41	4.17	4.04	4.00
11	9.65	7.21	6.22	5.67	5.32	5.07	4.89	4.74	4.63	4.54	4.46	4.40	4.34	4.29	4.25	4.21	4.18	4.15	4.12	4.10	3.86	3.73	3.69
12	9.33	6.93	5.95	5.41	5.06	4.82	4.64	4.50	4.39	4.30	4.22	4.16	4.10	4.05	4.01	3.97	3.94	3.91	3.88	3.86	3.62	3.49	3.45
13	9.07	6.70	5.74	5.21	4.86	4.62	4.44	4.30	4.19	4.10	4.02	3.96	3.91	3.86	3.82	3.78	3.75	3.72	3.69	3.66	3.43	3.30	3.25
14	8.86	6.51	5.56	5.04	4.69	4.46	4.28	4.14	4.03	3.94	3.86	3.80	3.75	3.70	3.66	3.62	3.59	3.56	3.53	3.51	3.27	3.14	3.09
15	8.68	6.36	5.42	4.89	4.56	4.32	4.14	4.00	3.89	3.80	3.73	3.67	3.61	3.56	3.52	3.49	3.45	3.42	3.40	3.37	3.13	3.00	2.96
16	8.53	6.23	5.29	4.77	4.44	4.20	4.03	3.89	3.78	3.69	3.62	3.55	3.50	3.45	3.41	3.37	3.34	3.31	3.28	3.26	3.02	2.89	2.84
17	8.40	6.11	5.18	4.67	4.34	4.10	3.93	3.79	3.68	3.59	3.52	3.46	3.40	3.35	3.31	3.27	3.24	3.21	3.19	3.16	2.92	2.79	2.75
18	8.29	6.01	5.09	4.58	4.25	4.01	3.84	3.71	3.60	3.51	3.43	3.37	3.32	3.27	3.23	3.19	3.16	3.13	3.10	3.08	2.84	2.70	2.66
19	8.18	5.93	5.01	4.50	4.17	3.94	3.77	3.63	3.52	3.43	3.36	3.30	3.24	3.19	3.15	3.12	3.08	3.05	3.03	3.00	2.76	2.63	2.58
20	8.10	5.85	4.94	4.43	4.10	3.87	3.70	3.56	3.46	3.37	3.29	3.23	3.18	3.13	3.09	3.05	3.02	2.99	2.96	2.94	2.69	2.56	2.52
25	7.77	5.57	4.68	4.18	3.85	3.63	3.46	3.32	3.22	3.13	3.06	2.99	2.94	2.89	2.85	2.81	2.78	2.75	2.72	2.70	2.45	2.32	2.27
30	7.56	5.39	4.51	4.02	3.70	3.47	3.30	3.17	3.07	2.98	2.91	2.84	2.79	2.74	2.70	2.66	2.63	2.60	2.57	2.55	2.30	2.16	2.11
35	7.42	5.27	4.40	3.91	3.59	3.37	3.20	3.07	2.96	2.88	2.80	2.74	2.69	2.64	2.60	2.56	2.53	2.50	2.47	2.44	2.19	2.05	2.00
40	7.31	5.18	4.31	3.83	3.51	3.29	3.12	2.99	2.89	2.80	2.73	2.66	2.61	2.56	2.52	2.48	2.45	2.42	2.39	2.37	2.11	1.97	1.92
45	7.23	5.11	4.25	3.77	3.45	3.23	3.07	2.94	2.83	2.74	2.67	2.61	2.55	2.51	2.46	2.43	2.39	2.36	2.34	2.31	2.05	1.91	1.85
50	7.17	5.06	4.20	3.72	3.41	3.19	3.02	2.89	2.78	2.70	2.63	2.56	2.51	2.46	2.42	2.38	2.35	2.32	2.29	2.27	2.01	1.86	1.80
60	7.08	4.98	4.13	3.65	3.34	3.12	2.95	2.82	2.72	2.63	2.56	2.50	2.44	2.39	2.35	2.31	2.28	2.25	2.22	2.20	1.94	1.78	1.73
80	6.96	4.88	4.04	3.56	3.26	3.04	2.87	2.74	2.64	2.55	2.48	2.42	2.36	2.31	2.27	2.23	2.20	2.17	2.14	2.12	1.85	1.69	1.63
100	6.90	4.82	3.98	3.51	3.21	2.99	2.82	2.69	2.59	2.50	2.43	2.37	2.31	2.27	2.22	2.19	2.15	2.12	2.09	2.07	1.80	1.63	1.57
110	6.87	4.80	3.96	3.49	3.19	2.97	2.81	2.68	2.57	2.49	2.41	2.35	2.30	2.25	2.21	2.17	2.13	2.10	2.07	2.05	1.78	1.61	1.55
120	6.85	4.79	3.95	3.48	3.17	2.96	2.79	2.66	2.56	2.47	2.40	2.34	2.28	2.23	2.19	2.15	2.12	2.09	2.06	2.03	1.76	1.60	1.53

F 分布分位数表 $P\{F(n_1,n_2) > F_\alpha(n_1,n_2)\} = \alpha \quad (\alpha = 0.005)$

n_2 \ n_1	1	2	3	4	5	6	7	8	9	10	11	12	13	14	15	16	17	18	19	20	30	50	100	120
1	16211	20000	21615	22500	23056	23437	23715	23925	24091	24225	24334	24426	24505	24572	24630	24682	24727	24767	24803	24836	25044	25211	25338	25359
2	198.50	199.00	199.17	199.25	199.30	199.33	199.36	199.37	199.39	199.40	199.41	199.42	199.42	199.43	199.43	199.44	199.44	199.44	199.45	199.45	199.47	199.48	199.49	199.49
3	55.55	49.80	47.47	46.19	45.39	44.84	44.43	44.13	43.88	43.69	43.52	43.39	43.27	43.17	43.08	43.01	42.94	42.88	42.83	42.78	42.47	42.21	42.02	41.99
4	31.33	26.28	24.26	23.15	22.46	21.97	21.62	21.35	21.14	20.97	20.82	20.70	20.60	20.51	20.44	20.37	20.31	20.26	20.21	20.17	19.89	19.67	19.50	19.47
5	22.78	18.31	16.53	15.56	14.94	14.51	14.20	13.96	13.77	13.62	13.49	13.38	13.29	13.21	13.15	13.09	13.03	12.98	12.94	12.90	12.66	12.45	12.30	12.27
6	18.63	14.54	12.92	12.03	11.46	11.07	10.79	10.57	10.39	10.25	10.13	10.03	9.95	9.88	9.81	9.76	9.71	9.66	9.62	9.59	9.36	9.17	9.03	9.00
7	16.24	12.40	10.88	10.05	9.52	9.16	8.89	8.68	8.51	8.38	8.27	8.18	8.10	8.03	7.97	7.91	7.87	7.83	7.79	7.75	7.53	7.35	7.22	7.19
8	14.69	11.04	9.60	8.81	8.30	7.95	7.69	7.50	7.34	7.21	7.10	7.01	6.94	6.87	6.81	6.76	6.72	6.68	6.64	6.61	6.40	6.22	6.09	6.06
9	13.61	10.11	8.72	7.96	7.47	7.13	6.88	6.69	6.54	6.42	6.31	6.23	6.15	6.09	6.03	5.98	5.94	5.90	5.86	5.83	5.62	5.45	5.32	5.30
10	12.83	9.43	8.08	7.34	6.87	6.54	6.30	6.12	5.97	5.85	5.75	5.66	5.59	5.53	5.47	5.42	5.38	5.34	5.31	5.27	5.07	4.90	4.77	4.75
11	12.23	8.91	7.60	6.88	6.42	6.10	5.86	5.68	5.54	5.42	5.32	5.24	5.16	5.10	5.05	5.00	4.96	4.92	4.89	4.86	4.65	4.49	4.36	4.34
12	11.75	8.51	7.23	6.52	6.07	5.76	5.52	5.35	5.20	5.09	4.99	4.91	4.84	4.77	4.72	4.67	4.63	4.59	4.56	4.53	4.33	4.17	4.04	4.01
13	11.37	8.19	6.93	6.23	5.79	5.48	5.25	5.08	4.94	4.82	4.72	4.64	4.57	4.51	4.46	4.41	4.37	4.33	4.30	4.27	4.07	3.91	3.78	3.76
14	11.06	7.92	6.68	6.00	5.56	5.26	5.03	4.86	4.72	4.60	4.51	4.43	4.36	4.30	4.25	4.20	4.16	4.12	4.09	4.06	3.86	3.70	3.57	3.55
15	10.80	7.70	6.48	5.80	5.37	5.07	4.85	4.67	4.54	4.42	4.33	4.25	4.18	4.12	4.07	4.02	3.98	3.95	3.91	3.88	3.69	3.52	3.39	3.37
16	10.58	7.51	6.30	5.64	5.21	4.91	4.69	4.52	4.38	4.27	4.18	4.10	4.03	3.97	3.92	3.87	3.83	3.80	3.76	3.73	3.54	3.37	3.25	3.22
17	10.38	7.35	6.16	5.50	5.07	4.78	4.56	4.39	4.25	4.14	4.05	3.97	3.90	3.84	3.79	3.75	3.71	3.67	3.64	3.61	3.41	3.25	3.12	3.10
18	10.22	7.21	6.03	5.37	4.96	4.66	4.44	4.28	4.14	4.03	3.94	3.86	3.79	3.73	3.68	3.64	3.60	3.56	3.53	3.50	3.30	3.14	3.01	2.99
19	10.07	7.09	5.92	5.27	4.85	4.56	4.34	4.18	4.04	3.93	3.84	3.76	3.70	3.64	3.59	3.54	3.50	3.46	3.43	3.40	3.21	3.04	2.91	2.89
20	9.94	6.99	5.82	5.17	4.76	4.47	4.26	4.09	3.96	3.85	3.76	3.68	3.61	3.55	3.50	3.46	3.42	3.38	3.35	3.32	3.12	2.96	2.83	2.81
25	9.48	6.60	5.46	4.84	4.43	4.15	3.94	3.78	3.64	3.54	3.45	3.37	3.30	3.25	3.20	3.15	3.11	3.08	3.04	3.01	2.82	2.65	2.52	2.50
30	9.18	6.35	5.24	4.62	4.23	3.95	3.74	3.58	3.45	3.34	3.25	3.18	3.11	3.06	3.01	2.96	2.92	2.89	2.85	2.82	2.63	2.46	2.32	2.30
35	8.98	6.19	5.09	4.48	4.09	3.81	3.61	3.45	3.32	3.21	3.12	3.05	2.98	2.93	2.88	2.83	2.79	2.76	2.72	2.69	2.50	2.33	2.19	2.16
40	8.83	6.07	4.98	4.37	3.99	3.71	3.51	3.35	3.22	3.12	3.03	2.95	2.89	2.83	2.78	2.74	2.70	2.66	2.63	2.60	2.40	2.23	2.09	2.06
50	8.63	5.90	4.83	4.23	3.85	3.58	3.38	3.22	3.09	2.99	2.90	2.82	2.76	2.70	2.65	2.61	2.57	2.53	2.50	2.47	2.27	2.10	1.95	1.93
60	8.49	5.79	4.73	4.14	3.76	3.49	3.29	3.13	3.01	2.90	2.82	2.74	2.68	2.62	2.57	2.53	2.49	2.45	2.42	2.39	2.19	2.01	1.86	1.83
70	8.40	5.72	4.66	4.08	3.70	3.43	3.23	3.08	2.95	2.85	2.76	2.68	2.62	2.56	2.51	2.47	2.43	2.39	2.36	2.33	2.13	1.95	1.80	1.77
80	8.33	5.67	4.61	4.03	3.65	3.39	3.19	3.03	2.91	2.80	2.72	2.64	2.58	2.52	2.47	2.43	2.39	2.35	2.32	2.29	2.08	1.90	1.75	1.72
90	8.28	5.62	4.57	3.99	3.62	3.35	3.15	3.00	2.87	2.77	2.68	2.61	2.54	2.49	2.44	2.39	2.35	2.32	2.28	2.25	2.05	1.87	1.71	1.68
100	8.24	5.59	4.54	3.96	3.59	3.33	3.13	2.97	2.85	2.74	2.66	2.58	2.52	2.46	2.41	2.37	2.33	2.29	2.26	2.23	2.02	1.84	1.68	1.65
110	8.21	5.56	4.52	3.94	3.57	3.30	3.11	2.95	2.83	2.72	2.64	2.56	2.50	2.44	2.39	2.35	2.31	2.27	2.24	2.21	2.00	1.82	1.66	1.63
120	8.18	5.54	4.50	3.92	3.55	3.28	3.09	2.93	2.81	2.71	2.62	2.54	2.48	2.42	2.37	2.33	2.29	2.25	2.22	2.19	1.98	1.80	1.64	1.61

附录二 Excel 函数简介

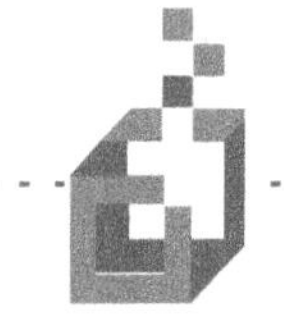

(1) 函数 AVERAGE 的使用格式:

AVERAGE(number1, number2, ···)

功能: 返回其参数的算术平均值; 参数可以是数值或包含数值的名称、数组或引用.

计算公式:

$$\frac{1}{n}\sum_{i=1}^{n} x_i.$$

(2) 函数 BINOM.DIST 的使用格式:

BINOM.DIST(number_s, trials, probability_s, cumulative)

功能: 返回二项式分布的概率值. number_s 为试验成功的次数, trials 为独立试验的总次数, probability_s 为每次试验中成功的概率, Cumulative 为一逻辑值, 用于确定函数的形式. 如果 cumulative 为 TRUE, 函数 BINOMDIST 返回累积概率 (即分布函数值); 如果为 FALSE, 返回概率函数值, 即 number_s 次成功的概率.

计算公式: 若 $X \sim B(n,p)$, 则

$$\begin{aligned}\text{BINOM.DIST}(k,\ n,\ p,\ \text{TRUE}) &= P\{X \leqslant k\}\\ &= \sum_{i=0}^{k} \mathrm{C}_n^i p^i (1-p)^{n-k} (k=0,1,2,\cdots,n),\end{aligned}$$

$$\begin{aligned}\text{BINOM.DIST}(k,\ n,\ p,\ \text{FALSE}) &= P\{X = k\}\\ &= \mathrm{C}_n^k p^k (1-p)^{n-k} (k=0,1,2,\cdots,n).\end{aligned}$$

注: 早期版本为 BINOMDIST, 使用格式:

BINOMDIST(number_s, trials, probability_s, cumulative)

(3) 函数 CHISQ.INV.RT 的使用格式:

CHISQ.INV.RT(probability,deg_freedom)

功能: 返回 χ^2 分布的上 α 分位数. 其中 $\alpha=$ probability 为 χ^2 分布的单尾概率, Deg_freedom 为自由度. 若 $X\sim\chi^2(n)$, $P\{X>\chi^2_\alpha(n)\}=\alpha$, 则 χ^2 分布的上 α 分位数 $\chi^2_\alpha(n)$=CHIINV. INV.RT(α, n).

注: 早期版本为 CHIINV, 使用格式:

CHIINV(probability, deg_freedom)

(4) 函数 COMBIN 的使用格式:

COMBIN(number, number_chosen)

功能: 返回从给定数目的对象集合中提取若干对象的组合数. number 为对象的总数量, number_chosen 为每一组合中对象的数量.

计算公式:

$$\text{COMBIN}(n,k)=\mathrm{C}_n^k=\frac{n!}{k!(n-k)!}.$$

(5) 函数 COUNT 的使用格式:

COUNT(value1, value2, $\cdots$)

功能: 返回包含数字的单元格以及参数列表中数字的个数.

(6) 函数 CORREL 的使用格式:

CORREL(array1,array2)

功能: 返回单元格区域 array1 和 array2 中两组数据之间的相关系数.

计算公式:

$$\frac{\sum_{i=1}^{n}(x_i-\bar{x})(y_i-\bar{y})}{\sqrt{\sum_{i=1}^{n}(x_i-\bar{x})^2\sum_{i=1}^{n}(y_i-\bar{y})^2}}.$$

(7) 函数 DEVSQ 的使用格式:

DEVSQ(number1, number2, $\cdots$)

功能: 返回数据点与样本平均值偏差的平方和. number1, number2, $\cdots$ 为 1 到 30 个需要计算偏差平方和的参数, 也可以不使用这种用逗号分隔参数的形式, 而用单个数组或对数组的引用.

计算公式:

$$\sum_{i=1}^{n}(x_i-\bar{x})^2.$$

(8) 函数 FACT 的使用格式:

FACT(number)

功能: 返回数 number 的阶乘, 如果输入的 number 不是整数, 则截尾取整.

计算公式:

$$\mathrm{FACT}(n)=n!.$$

(9) 函数 F.DIST.RT 的使用格式:

F.DIST.RT(x, degrees_freedom1, degrees_freedom2)

功能: 返回两组数据 F 分布的尾部概率. 其中 degrees_freedom1、degrees_freedom2 为两个自由度.

计算公式: 若 $X\sim F(n_1,n_2)$, $\mathrm{F.DIST.RT}(x,\ n_1,\ n_2)=P\{X>x\}$.

注: 早期版本为 FDIST, 使用格式:

FDIST(x, degrees_freedom1, degrees_freedom2)

(10) 函数 F.INV.RT 的使用格式:

F.INV.RT(probability, degrees_freedom1, degrees_freedom2)

功能: 返回 F 分布的上 α 分位数, 其中 $\alpha=$ probability 为 F 分布的单尾概率, degrees_freedom1 和 degrees_freedom2 为两个自由度.

计算公式: 若 $X\sim F(n_1,n_2)$, $P\{X>F_\alpha^2(n_1,n_2)\}=\alpha$, 则 F 分布的上 α 分位数:

$$F_\alpha(n_1,n_2)=\mathrm{F.INV.RT}(\alpha,\ n_1,\ n_2).$$

注: 早期版本为 FINV, 使用格式:

FINV(probability, degrees_freedom1, degrees_freedom2)

(11) 函数 IF 的使用格式:

IF(logical_test, value_if_true, value_if_false)

功能: 执行真假值判断, 根据逻辑计算的真假值, 返回不同结果. 其中 logical_test 表示条件表达式. value_if_true 为当 logical_test 为 TRUE 时返回的值. value_if_false 为当 logical_test 为 FALSE 时返回的值.

(12) 函数 INTERCEPT 的使用格式:

INTERCEPT(known_y's, known_x's)

功能: 返回回归直线的截距. 其中 known_y's 为因变量观测数据或单元格区域. known_x's 为自变量观测数据或单元格区域.

(13) 函数 NORM.DIST 的使用格式:

NORM.DIST(x, mean, standard_dev, cumulative)

功能: 返回给定均值和标准差的正态分布函数值. 其中, x 为一实数值, mean 为正态分布的均值, standard_dev 正态分布的标准差, cumulative 为一逻辑值, 指明函数的形式. 如果 cumulative 为 TRUE, 函数 NORM.DIST 返回累积概率函数值 (即分布函数值); 如果为 FALSE, 则返回概率密度函数值.

计算公式: 若 $X \sim N(\mu, \sigma^2)$, 其概率密度函数为 $f(x)$, 分布函数为 $F(x)$, 则

$$\text{NORM.DIST}(x,\ \mu,\ \sigma,\ \text{TRUE}) = F(x) = \int_{-\infty}^{x} f(t)\mathrm{d}t,$$

$$\text{NORM.DIST}(x,\ \mu,\ \sigma,\ \text{FALSE}) = f(x) = \frac{1}{2\pi\sqrt{\sigma}}\mathrm{e}^{-\frac{(x-\mu)^2}{2\sigma^2}}.$$

注: 早期版本为 NORMDIST, 使用格式:

NORMDIST(x, mean, standard_dev, cumulative)

(14) 函数 NORM.S.DIST 的使用格式:

NORM.S.DIST(z, cumulative)

功能: 返回标准正态分布的分布函数值. 其中 z 为实数; cumulative 是决定函数形式的逻辑值. 如果 cumulative 为 TRUE, 则 NORMS.DIST 返回累积分布函数; 如果为 FALSE, 则返回概率密度函数.

计算公式:

$$\text{NORM.S.DIST}(x,\text{TRUE}) = \varPhi(x) = \int_{-\infty}^{x} \frac{1}{2\pi}\mathrm{e}^{-\frac{t^2}{2}}\mathrm{d}t,$$

$$\text{NORM.S.DIST}(x,\text{FALSE}) = \frac{1}{2\pi}\mathrm{e}^{-\frac{x^2}{2}}.$$

注: 早期版本为 NORMSDIST, 使用格式:

NORMSDIST(z, cumulative)

(15) 函数 NORM.S.INV 的使用格式:

NORM.S.INV(probability)

功能: 返回标准正态分布的分布函数的反函数值. 其中 probability 为标准正态分布的概率值.

计算公式: 若 $X \sim N(0,1)$, 其分布函数记为 $\varPhi(x)$, 则 $\text{NORMSINV}(\alpha) = \varPhi^{-1}(\alpha)$, α 为一个概率值.

注: 早期版本为 NORMSINV, 使用格式:

NORMSINV(probability)

(16) 函数 POISSON.DIST 的使用格式:

POISSON.DIST(x, mean, cumulative)

功能：返回泊松分布的概率值. 其中 x 为事件数, mean 为期望值, cumulative 为一逻辑值, 确定所返回的概率形式. 如果 cumulative 为 TRUE, 函数 POISSON 返回泊松累积概率; 如果为 FALSE, 则返回泊松概率函数值.

计算公式：若 $X \sim P(\lambda)$, 则

$$\text{POISSON.DIST}(k,\ \lambda,\ \text{TRUE}) = P\{X \leqslant k\} = \sum_{i=0}^{k} \frac{\lambda^i \mathrm{e}^{-\lambda}}{i!}, \quad k = 0, 1, 2, \cdots,$$

$$\text{POISSON.DIST}(k,\ \lambda,\ \text{FALSE}) = P\{X = k\} = \frac{\lambda^k \mathrm{e}^{-\lambda}}{k!}, \quad k = 0, 1, 2, \cdots.$$

注：早期版本为 POISSON, 使用格式：

POISSON(x, mean, cumulative)

(17) 函数 POWER 的使用格式：

POWER(number, power)

功能：返回给定数字的乘幂. 其中 number 为底数, power 为指数.

计算公式：

$$\text{POWER}(n, k) = n^k.$$

(18) 函数 SLOPE 的使用格式：

SLOPE(known_y's, known_x's)

功能：返回回归直线的斜率. 其中 known_y's 为因变量观测数据或单元格区域. known_x's 为自变量观测数据或单元格区域.

(19) 函数 SQRT 的使用格式：

SQRT(number)

功能：返回正平方根, 其中 number 是要计算平方根的数.

计算公式：

$$\text{SQRT}(x) = \sqrt{x}.$$

(20) 函数 STDEV.S 的使用格式：

STDEV.S(number1, number2, $\cdots$)

功能：计算给定样本的标准差. 计算公式为

$$\sqrt{\frac{1}{n-1}\sum_{i=1}^{n}(x_i - \bar{x})^2} = \sqrt{\frac{n\sum_{i=1}^{n} x_i^2 - \left(\sum_{i=1}^{n} x_i\right)^2}{n(n-1)}}.$$

注：早期版本为 STDEV, 使用格式：

STDEV(number1, number2, ⋯)

(21) 函数 SUM 的使用格式：

SUM(number1, [number2], ⋯)

功能：将指定为参数的所有数字相加. 每个参数都可以是单元格引用、数组、常量、公式或另一个函数的结果.

计算公式：

$$\sum_{i=1}^{n} x_i.$$

(22) 函数 SUMPRODUCT 的使用格式：

SUMPRODUCT(array1, array2, array3, ⋯)

功能：返回多个区域 array1, array2, array3, ⋯ 对应数值乘积之和.

计算公式：

$$\sum_{i=1}^{n} x_i y_i, \sum_{i=1}^{n} x_i y_i z_i, \cdots.$$

(23) 函数 SUMXMY2 的使用格式：

SUMXMY2(array_x, array_y)

功能：返回两数组中对应数值之差的平方和. 其中 array_x 为第一个数组或数值区域, array_y 为第二个数组或数值区域.

计算公式：

$$\sum_{i=1}^{n} (x_i - y_i)^2.$$

(24) 函数 T.DIST.2T 的使用格式：

T.DIST.2T(x, degrees_freedom)

功能：返回 t 分布的双尾概率. 其中 Degrees_freedom 为自由度.

计算公式：若 $X \sim t(n)$, 则 $\text{T.DIST.2T}(x, n) = P\{|X| > x\}$.

注：早期版本为 TDIST, 使用格式：

TDIST(x, degrees_freedom, tails)

(25) 函数 T.INV.2T 的使用格式：

T.INV.2T(probability, degrees_freedom)

功能：返回给定自由度的 t 分布的上 $\alpha/2$ 分位数. 其中 $\alpha = \text{probability}$ 为 t 分布的双尾概率, degrees_freedom 为分布的自由度.

计算公式：若 $X \sim t(n)$, $P\{X > t_\alpha(n)\} = \alpha$, 则 t 分布的上 α 分位数

$$t_\alpha(n) = \text{T.INV.2T}(2\alpha, n).$$

注：早期版本为 TINV, 使用格式：
TINV(probability, degrees_freedom)
(26) 函数 VAR.S 的使用格式：
VAR.S(number1, number2, $\cdots$)
功能：计算给定样本的方差.
计算公式：

$$\frac{1}{n-1}\sum_{i=1}^{n}(x_i-\bar{x})^2 = \frac{n\sum_{i=1}^{n}x_i^2-\left(\sum_{i=1}^{n}x_i\right)^2}{n(n-1)}.$$

注：早期版本为 VAR, 使用格式：
VAR(number1, number2, $\cdots$)
(27) 函数 VAR.P 的使用格式：
VAR.P(number1, number2, $\cdots$)
功能：计算样本的二阶中心矩.
计算公式：

$$\frac{1}{n}\sum_{i=1}^{n}(x_i-\bar{x})^2 = \frac{n\sum_{i=1}^{n}x_i^2-\left(\sum_{i=1}^{n}x_i\right)^2}{n^2}.$$

注：早期版本为 VARP, 使用格式：
VARP(number1, number2, $\cdots$)